NINGXIA
NIECHI DONGWU
DILI QUXI QUHUA JI FENLEI GUANLI

主编／韩崇选 石建宁 曹川健 南小宁

宁夏啮齿动物
地理区系区划及分类管理

黄河出版传媒集团
阳光出版社

图书在版编目（CIP）数据

宁夏啮齿动物地理区系区划及分类管理 / 韩崇选等
主编. -- 银川：阳光出版社，2018.12
　　ISBN 978-7-5525-4710-8

　　Ⅰ. ①宁… Ⅱ. ①韩… Ⅲ. ①啮齿目－动物地理学－
宁夏②啮齿目－动物区系－宁夏③啮齿目－动物分类学－
宁夏 Ⅳ. ①Q959.837
　　中国版本图书馆CIP数据核字 (2018) 第302406号

宁夏啮齿动物地理区系区划及分类管理

韩崇选　石建宁　曹川健　南小宁　主编

责任编辑　王　燕　冯中鹏
封面设计　张　宁
责任印制　岳建宁

黄河出版传媒集团
阳 光 出 版 社　出版发行

出 版 人　薛文斌
地　　址　宁夏银川市北京东路139号出版大厦（750001）
网　　址　http://www.ygchbs.com
网上书店　http://shop129132959.taobao.com
电子信箱　yangguangchubanshe@163.com
邮购电话　0951-5014139
经　　销　全国新华书店
印刷装订　宁夏凤鸣彩印广告有限公司
印刷委托书号　（宁）0012053

开　　本　889 mm×1194 mm　1/16
印　　张　29.25
字　　数　500千字
版　　次　2019年1月第1版
印　　次　2019年1月第1次印刷
书　　号　ISBN 978-7-5525-4710-8
定　　价　288.00元

前　　言

　　宁夏回族自治区位于黄土高原、蒙古高原和青藏高原的交汇地带(北纬 35°14′~39°23′,东经 104°17′~107°39′)。南北跨长约 456 km,东西宽约 250 km,总面积约 66 400 km²。北部和西北部与内蒙古后套平原、腾格里沙漠毗连,西南与陇中黄土高原相邻,南抵甘肃陇山山地与陇东黄土高原,东邻鄂尔多斯高原,东南与陕北高原相邻,属典型的黄土高原与内蒙古高原过渡地带。

　　宁夏气候多变,地形、地貌复杂,植被类型多样。宁南六盘山区属中温带半湿润区,中部黄土高原及荒漠区属中温带半干旱区,北部引黄灌区属中温带干旱区。区内高原与山地交错,大地构造复杂,地形南北狭长,地势南高北低,西部高差较大,东部起伏较缓。六盘山、贺兰山和罗山是宁夏天然林的主要分布区;宁中南部的盐池、同心、海原等县的南部和西吉、隆德、固原等县大部的半干旱地区,属干旱草原植被类型;干旱草原带以北,包括盐池、同心、海原等县的中北部。中卫、中宁和灵武等县的山区以及引黄灌区属典型的荒漠草原植被类型;而中卫市黄河以北的卫宁北山和平罗县陶乐的鄂尔多斯台地多为荒漠植被类型。

　　区内啮齿动物资源丰富,成分复杂,生态类型多样。据统计,宁夏境内有啮齿动物40 种,隶属 9 科 26 属,约占全国啮齿动物总数的 1/6。其中,古北界种类(P)29 种,东洋界种类(O)4 种,广布种(W)7 种。其中,达乌尔黄鼠、小家鼠、褐家鼠、黑线仓鼠、长爪沙鼠、子午沙鼠、五趾跳鼠、三趾跳鼠和蒙古兔 9 种在宁夏全境均有分布。蒙古兔种群数量持续高发,危害严重。鼢鼠是宁南山区和黄土高原区的主要害鼠,对幼林致死率在 1/3左右,局部地区致死率可达 90%以上。东方田鼠在黄灌区局部密度较高,对幼林致死率在 15.0 %~76.0 %之间。子午沙鼠、三趾跳鼠等在中部数量也很大,对荒漠植被也造成一

1

定的威胁。也就是说,鼠(兔)害治理效果的优劣是决定宁夏造林成败的关键因素之一。

生态系统是一个生物群落与支持这个群落的无机物组成的系统。其中生物群落中的各种动植物、微生物之间以及与无机物之间进行着能量流动与物质循环,维持着一个相对的动态平衡,即生态平衡。害鼠是生态系统中的一个组分,因而害鼠治理必须全面考虑整个生态系统,既考虑生态系统各组分的改变如何影响或改变害鼠数量的变化,也要考虑控制害鼠后害鼠数量的变化对整个生态系统的影响。因此害鼠治理应从生态学的观点出发,通过调节生态系统中的组分来控制害鼠的数量与危害。要改变过去孤立地着眼于某一害鼠的防治或仅仅考虑杀死某一害鼠个体或群体为目的的防治。

所有的鼠害综合治理方法都会对害鼠的生态系统产生影响。保护天敌是加强生态系统中的天敌组分;灭鼠剂的使用是减少生态系统中害鼠这一组分,使用不当,也会杀灭天敌。农林牧各种操作技术也会影响害鼠的生态系统。防治害鼠不只是对付害鼠,而是依靠调节生态系统中各组分的相对量,控制害鼠的种群数量,达到降低危害的目的,从而使害鼠管理走上系统化、规范化、科学化的轨道,逐步实现害鼠综合管理与环境保护有机的结合。

为此,从20世纪90年代开始,我们联合有关教学、科研、生产单位,从林木鼠害治理关键技术研究,评价害鼠(兔)治理措施的效果、操作性、持续性、安全性和经济性,制定生态林和经济林不同时期鼠害(兔)治理技术方案和操作规程入手,结合对30多年积累资料的系统分析,初步提出宁夏林草啮齿动物治理策略与方案,现将研究成果编辑成册,以便在今后鼠(兔)害治理研究和林业生产实践中不断改进和补充。

全书共分4个部分。第一部分简要介绍林木鼠(兔)害研究的主要方法及其生物学习性,第二部分系统论述宁夏啮齿动物分类,第三部分阐述宁夏森林与草原啮齿动物区系及动物地理区划,第四部分全面介绍各种啮齿动物取食危害特性与分类治理策略及方法。书中列举了大量的研究资料及其分析结果,从操作性、实用性、经济性和效果持续性等方面对各种鼠(兔)害治理措施进行系统评价,制定不同治理措施的技术参数和操作要领,以期为选择合理的林木鼠(兔)害治理模式和评价其治理效果及经济效益提供参考。由于涉足林木害(兔)鼠治理研究时间较短,研究仅为初步成果,难免存在缺陷和不足,只起到抛砖引玉的作用,敬请广大同行提出宝贵意见,以便逐步改进完善。

目　　录

第一章　啮齿动物调查研究的生物学基础 ……………………………………………… 1

第一节　啮齿动物的外部形态 …………………………………………………… 1

一、外形特征 ………………………………………………………………… 2

二、毛被与毛色 ……………………………………………………………… 4

三、外形测量 ………………………………………………………………… 5

第二节　啮齿动物的头骨结构 …………………………………………………… 6

一、颅骨 ……………………………………………………………………… 6

二、下颌骨 …………………………………………………………………… 13

三、牙齿 ……………………………………………………………………… 14

四、头骨测量 ………………………………………………………………… 16

第三节　鼠类生物学基础 ………………………………………………………… 21

一、鼠类栖息场所 …………………………………………………………… 21

二、鼠类巢区 ………………………………………………………………… 23

三、鼠类洞道 ………………………………………………………………… 25

四、鼠类食性食量 …………………………………………………………… 29

五、鼠类活动规律 …………………………………………………………… 32

六、鼠类繁殖 ………………………………………………………………… 34

七、越冬习性 ………………………………………………………………… 38

第四节　鼠类种群生态学基础 …………………………………………………… 40

一、种群特征 ………………………………………………………………… 40

二、种群增长 ………………………………………………………………… 44

三、种群数量波动 ·· 46

四、种群数量调节 ·· 48

五、鼠类活动的距离与迁移 ·· 52

第五节　鼠类群落生态学基础 ································ 54

一、生物群落 ··· 54

二、群落结构 ··· 55

三、群落多样性 ··· 56

四、生态位及种间关系 ··· 59

五、鼠类群落排序 ·· 64

第六节　林木啮齿动物调查研究 ···························· 66

一、啮齿动物数量调查 ··· 66

二、啮齿动物区系调查 ··· 73

三、啮齿动物种群结构调查 ·· 77

四、啮齿动物洞穴结构调查 ·· 79

五、啮齿动物繁殖特性调查 ·· 79

六、啮齿动物取食调查 ··· 81

七、药剂测定和评价 ·· 87

八、林木鼠害调查方法 ··· 95

第二章　宁夏啮齿动物的分类 ······························ 97

第一节　啮齿目 ··· 98

一、啮齿目主要分类特征 ··· 98

二、啮齿目的亚目 ·· 101

　YM1. 松鼠型亚目 ··· 101

　　ZK1. 松鼠总科 ·· 102

　　K1. 松鼠科 ·· 102

　　YK1. 松鼠亚科 ··· 102

　　　S1. 岩松鼠属 ··· 103

　　　　Z1. 岩松鼠 ··· 103

　　　S2. 花鼠属 ··· 109

　　　　Z2. 花鼠 ··· 109

　　　S3. 花松鼠属 ··· 117

Z3. 黄腹花松鼠 …………………………………… 117

YK2. 土拨鼠亚科 …………………………………… 121

S4. 黄鼠属 …………………………………………… 121

Z4. 达乌尔黄鼠 …………………………………… 121

YM2. 鼠型亚目 ………………………………………… 130

ZK2. 鼠总科 …………………………………………… 130

K2. 鼠科 ……………………………………………… 131

YK3. 鼠亚科 ………………………………………… 134

S5. 小鼠属 ………………………………………… 135

Z5. 小家鼠 ……………………………………… 135

S6. 姬鼠属 ………………………………………… 143

Z6. 黑线姬鼠 …………………………………… 145

Z7. 中华姬鼠 …………………………………… 151

Z8. 大林姬鼠 …………………………………… 155

S7. 鼠属 …………………………………………… 159

Z9. 褐家鼠 ……………………………………… 159

Z10. 黄胸鼠 …………………………………… 167

S8. 白腹鼠属 ……………………………………… 174

Z11. 社鼠 ……………………………………… 174

Z12. 北社鼠 …………………………………… 178

Z13. 安氏白腹鼠 ……………………………… 183

K3. 仓鼠科 …………………………………………… 185

YK4. 仓鼠亚科 ……………………………………… 186

S9. 毛足鼠属 ……………………………………… 187

Z14. 小毛足鼠 ………………………………… 187

S10. 大仓鼠属 …………………………………… 192

Z15. 大仓鼠 …………………………………… 192

S11. 仓鼠属 ……………………………………… 200

Z16. 黑线仓鼠 ………………………………… 200

Z17. 灰仓鼠 …………………………………… 207

Z18. 长尾仓鼠 ………………………………… 212

Z19. 短尾仓鼠 ···································· 217

YK5. 田鼠亚科 ···································· 220

  S12. 麝鼠属 ···································· 221

    Z20. 麝鼠 ···································· 221

  S13. 鼹形鼠属 ···································· 225

    Z21. 鼹形田鼠 ···································· 225

  S14. 绒鼠属 ···································· 230

    Z22. 洮州绒鼠 ···································· 230

  S15. 田鼠属 ···································· 232

    Z23. 东方田鼠 ···································· 232

    Z24. 根田鼠 ···································· 241

YK6. 沙鼠亚科 ···································· 245

  S16. 沙鼠属 ···································· 246

    Z25. 长爪沙鼠 ···································· 247

    Z26. 子午沙鼠 ···································· 254

K4. 鼹形鼠科 ···································· 261

YK7. 鼢鼠亚科 ···································· 262

  S17. 鼢鼠属 ···································· 262

    Z27. 甘肃鼢鼠 ···································· 266

    Z28. 中华鼢鼠 ···································· 283

    Z29. 斯氏鼢鼠 ···································· 294

ZK3. 跳鼠总科 ···································· 297

K5. 跳鼠科 ···································· 297

YK8. 跳鼠亚科 ···································· 298

  S18. 三趾跳鼠属 ···································· 298

    Z30. 三趾跳鼠 ···································· 298

  S19. 羽尾跳鼠属 ···································· 304

    Z31. 安氏羽尾跳鼠 ···································· 304

YK9. 五趾跳鼠亚科 ···································· 306

  S20. 五趾跳鼠属 ···································· 306

    Z32. 五趾跳鼠 ···································· 306

Z33. 巨泡五趾跳鼠 ·············· 312

YK10. 心颅跳鼠亚科 ·············· 314

S21. 三趾心颅跳鼠属 ·············· 315

Z34. 三趾心颅跳鼠 ·············· 315

S22. 心颅跳鼠属 ·············· 318

Z35. 五趾心颅跳鼠 ·············· 318

K6. 林跳鼠科 ·············· 321

YK11. 林跳鼠亚科 ·············· 321

S23. 林跳鼠属 ·············· 321

Z36. 林跳鼠 ·············· 321

ZK4. 睡鼠总科 ·············· 324

K7. 睡鼠科 ·············· 324

YK12. 林睡鼠亚科 ·············· 325

S24. 毛尾睡鼠属 ·············· 325

Z37. 六盘山毛尾睡鼠 ·············· 325

第二节 兔形目 ·············· 326

一、兔形目的分类地位 ·············· 326

二、兔形目的鉴别特征 ·············· 328

三、兔形目的科 ·············· 328

K8. 兔科 ·············· 328

YK13. 兔亚科 ·············· 334

S25. 兔属 ·············· 334

Z38. 草兔 ·············· 334

K9. 鼠兔科 ·············· 346

S26. 鼠兔属 ·············· 347

Z39. 达乌尔鼠兔 ·············· 348

Z40. 贺兰山鼠兔 ·············· 354

第三章 宁夏森林与草原啮齿动物区系及动物地理区划 ·············· 359

第一节 宁夏自然植被类型及其哺乳动物群 ·············· 359

一、宁南六盘山山地植被类型及其哺乳动物群 ·············· 359

二、宁南黄土高原丘陵区植被及其哺乳动物群 ·············· 360

三、宁中缓坡黄土丘陵半荒漠植被类型及其哺乳动物群 …………… 361

四、银川平原植被类型及其哺乳动物群 …………………………… 362

五、贺兰山山地植被类型及其哺乳动物群 ………………………… 362

六、腾格里沙漠沙地荒漠植被类型及其哺乳动物群 ……………… 363

第二节　宁夏啮齿动物种类的自然分布与危害程度 …………… 363

一、松鼠科种类的分布与危害程度 ……………………………… 363

二、鼠科种类的分布与危害程度 ………………………………… 364

三、仓鼠科种类的分布与危害程度 ……………………………… 366

四、鼹形鼠科种类的分布与危害程度 …………………………… 369

五、跳鼠科种类的分布与危害程度 ……………………………… 370

六、林跳鼠科种类的分布与危害程度 …………………………… 371

七、睡鼠科种类的分布与危害程度 ……………………………… 371

八、兔科种类的分布与危害程度 ………………………………… 372

九、鼠兔科种类的分布与危害程度 ……………………………… 372

第三节　宁夏林草啮齿动物的区系及地理区划 ………………… 377

一、宁夏的自然地理概况 ………………………………………… 377

二、宁夏啮齿动物的种类及区系 ………………………………… 381

三、宁夏林草啮齿动物的地理区划 ……………………………… 388

第四章　啮齿动物取食危害特性与分类治理策略及方法 ……… 396

第一节　松鼠科害鼠的取食危害特性和治理策略及方法 ……… 396

一、松鼠类的取食危害特性和治理策略及方法 ………………… 396

二、黄鼠类的取食危害特性和治理策略及方法 ………………… 398

第二节　鼠科害鼠的取食危害特性和治理策略及方法 ………… 399

一、家栖鼠类的取食危害特性和治理策略及方法 ……………… 399

二、姬鼠类的取食危害特性和治理策略及方法 ………………… 401

第三节　仓鼠科害鼠的取食危害特性和治理策略及方法 ……… 402

一、仓鼠类的取食危害特性和治理策略及方法 ………………… 402

二、田鼠类的取食危害特性和治理策略及方法 ………………… 404

三、沙鼠类的治理策略及方法 …………………………………… 411

第四节　鼹形鼠科害鼠的取食危害特性和治理策略及方法 …… 413

一、鼢鼠类的取食危害特性 ……………………………………… 413

二、鼢鼠类的治理策略及方法 ……………………………………………… 415

第五节　跳鼠科害鼠的取食危害特性和治理策略及方法 ……………………… 422

一、跳鼠类的取食危害特性 ………………………………………………… 422

二、跳鼠类的治理策略及方法 ……………………………………………… 422

第六节　蒙古兔的取食危害特性和治理策略及方法 …………………………… 424

一、蒙古兔的取食危害特性 ………………………………………………… 424

二、兔害的治理策略及方法 ………………………………………………… 425

第七节　鼠兔类的取食危害特性和治理策略及方法 …………………………… 427

一、鼠兔的取食危害特征 …………………………………………………… 427

二、鼠兔类治理的策略与方法 ……………………………………………… 428

参考文献 …………………………………………………………………………… 429

中文索引 …………………………………………………………………………… 434

外文索引 …………………………………………………………………………… 449

第一章 啮齿动物调查研究的生物学基础

第一节 啮齿动物的外部形态

农林有害生物中啮齿动物属庞然大物，但在哺乳动物中却属小型，少数体型大的种类也仅属中型。主要分布于我国的肥尾心颅跳鼠（*Salpingotus crassicauda*），体长仅 41～54 mm，体重约 10 g；非洲巢鼠（*Delanymys brooksi*）的体长约 57 mm，体重约 5 g；而世界上最大的啮齿动物水豚（*Hydrochaerus hydrochaeris*）的体长则达 1.3 m，高 0.5 m，体重达 50 kg；在我国体型最大的啮齿动物为河狸（*Castor fiber*），其体长达 1 m，体重达 30 kg；而啮齿动物多数种类的体长在 100～200 mm 之间，体重在 150g 以下。

啮齿动物因全身被毛，四肢发育正常，而明显有别于鲸目（Cetacea）、鳍脚目（Pinnipedia）、海牛目（Sirenia）和翼手目（Chiroptera）；以脚趾末端具爪，而明显有别于有蹄类；以鼻吻部略前突但不呈狭长的尖锥形，而明显有别于灵长目（Primates）、食肉目（Carnivora）、食虫目（Insectivora）、树鼩目（Scandentia）和长鼻目（Proboscidea）。啮齿动物最突出的，有别于任何其他哺乳动物大类群的特征是：头骨上下颌均各具有两颗终生生长的大型凿状门齿，其门齿仅唇面具珐琅质，无犬齿，在门齿与颊齿（前臼齿与臼齿的合称）之间有很大的齿隙；下颌骨与颅骨连接的关节面呈长轴形，与上颌骨的结合较松弛，其下颌既可左右也可前后移动；雌性鼠体内有两条子宫颈，均直接与阴道通连，没有子宫体，称双子宫；大多数啮齿动物具有很发达的盲肠。

由于地理分布和生活环境及生活习性不同，啮齿动物的体形、眼、耳、尾、毛、肢、趾、爪也有不同。生活在开阔的草原景观中的啮齿动物具有发达的听觉器官，如兔、鼠兔及跳鼠具有发达的耳壳。而生活在地下的鼠耳壳退化或不发达，眼睛很小，颈的分化也差，但听泡发达，所以听觉很灵敏。

一、外形特征

同其他哺乳动物一样，啮齿动物的身体可分为头、颈、躯干、尾和四肢等（图1-1）。

（一）头部（head）

头部偏圆而略长，两侧生有两只眼睛。

1. 眼部（eye）　　眼的位置大致居中，将头部分为颜面部和颅部。多数种类的眼较小，但松鼠亚科（Sciuridae）、鼯鼠亚科（Petauristidae）、跳鼠科（Dipodidae）和沙鼠亚科（Gerbillinae）种类的眼较大；少数几乎终生营地下穴居生活种类的眼极为退化，如竹鼠亚科（Rhizomyidae）和鼢鼠亚科（Myospalacinae）仅存细小的孔洞，而鼹形鼠（*Spalax*）则已全盲。

2. 鼻吻部（snout, proboscis）　　鼻和嘴分别生在颜面的上、下部，通常合称为鼻吻部。鼻孔（nares）生于鼻吻部的先端，下方为上、下唇包绕的嘴，其尖端称鼻端或鼻吻端，是啮齿动物身体最靠前的部分。啮齿动物的鼻吻部较向前伸长，但不似食虫类动物那样尖锥。

3. 颜面部（face）　　两侧称颊部（gena）。颊部下方，下唇的下后方为喉部（laryngeal）。在上唇和颊部生有坚硬的刚毛，为其触觉器官，称触须（palp, tentacle）。

4. 颅部（skull）　　也称脑颅部，其前部称额部（frons）。在颅部两侧生有一对外耳，其耳壳的长、短和形状因不同鼠种营不同的生活方式而差异很大。兔类（*Lepus*）的耳壳很长，多达 120 mm 以上，而与其近缘的鼠兔类（*Ochotona*）的耳长则都在 30 mm 以下，长耳跳鼠（*Euchoreutes naso*）的耳长接近其体长之半，而旱獭类（*Marmota*）和黄鼠类（*Spermophilus*）的耳壳退化，只存痕状物，竹鼠科和鼢鼠亚科等营地下生活的种类则已完全没有外耳壳。

（二）颈部（cervix）

颈部在头部后方，是头与躯体连接的部分，一般均较短。在密林、灌丛和草丛中栖息的鼠类，如常年在林木枝杈或植物丛中穿行的某些松鼠科和鼠科（Muridae）种类，以及以跳跃为其主要运动方式的跳鼠科种类，都有较长的颈部，以保持行动的灵活。挖洞居住的鼠类，如沙鼠亚科和仓鼠亚科（Cricetinae）等的颈部均较短，有利于其挖掘、推送洞土及洞内转身；在坚硬的基岩层挖掘深洞的鼠类，如旱獭（*Marmota*）和完全营地下生活的鼠类（竹鼠科和鼢鼠亚科种类），则已几乎没有明显的颈部。

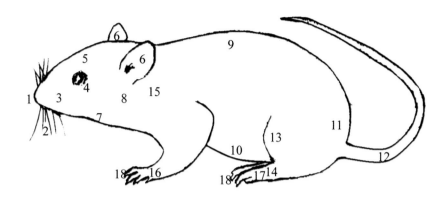

图 1-1　鼠类外形示意（引自韩崇选等，2005）

1.吻　2.须　3.颊　4.眼　5.额　6.耳　7.喉　8.颈　9.背　10.腹
11.臀　12.尾　13.股　14.后足　15.肩　16.前足　17.趾　18.爪

（三）躯干（body）

躯干部体积最大，为动物的主要部分，许多重要的器官均位于体躯内。啮齿动物的体躯较长而略呈弓形弯曲。

1. 背部　体躯的上面，介于颈部和骨盆之间的部分称背面或背部（body back），由前向后，背面可分为前背（上背部）和后背（下背部）。前背的前部两侧，连接前肢的部位称肩部（shoulder），后背后部连接后肢的部位称臀部（buttocks，fundament）。

2. 体侧　体躯的两侧称体侧。

3. 腹面　体躯的下面称腹面，由前向后，腹面可分为胸部（bosom，breast，brisket，chest）和腹部（venter，abdomen）。

4. 泌殖口　在体躯的后面生有消化道的排出口肛门（anus）。肛门前有泌尿生殖孔，雄性有阴茎，其尿道口位于阴茎的末端。雌性的生殖口，阴门位于肛门前方，其前方另有一尿道口。在雄性个体的阴茎两侧，生有薄壁皮肤隆起的阴囊，睾丸藏于其中。

5. 乳头　在雌性繁殖个体的腹面两侧（分胸位和腹位）生有乳头数对，哺乳期乳头膨大分泌乳汁，有供乳史的乳头伸长。

6. 睾丸　雄性幼体的睾丸很小，隐于腹腔内；雌性幼体和亚成体的乳头也不显露。因此，通常需用剖检法确认此年龄段鼠类的性别。

7. 鼠蹊腺　在泌尿生殖孔两侧的鼠蹊部有分泌鼠臭味的鼠蹊腺，麝鼠（*Ondatra*

zibethicus）和河狸都具有能分泌芳香气体的香腺，短尾仓鼠（*Cricetulus eversmanni*）的腹部还生有发达的腹腺，俗称"大肚脐"。

（四）尾部（trail）

尾在躯干的后部、肛门的上方，不同种类尾的长短、大小和形状千差万别。鼠科种类的尾较长，多与其体长相近，蹶鼠属（*Sicista*）等的尾可达体长的 1.5 倍或更长；仓鼠科（Cricetidae）一些种类的尾却较短，仅有体长之半或更短；兔尾鼠属（*Lagurus*）、毛足鼠属（*Phodopus*）和鼠兔属则没有外尾，仅残存几节尾椎骨。巢鼠（*Micromys minutus*）和攀鼠（*Vernava fulva*）等的尾细长，有利于缠绕植物的枝和茎向上攀爬；松鼠科中的一些树栖种类的尾巴很粗大，当其在枝杈间蹿跳时起舵的作用，一定程度上还可减少身体下落的速度；河狸的尾极为特殊，甚大而扁，覆有大型鳞片，游水时用以掌握航向。多数种类的尾均覆密毛，但许多鼠科种类的尾却几乎无毛，环状鳞片清晰可见，豪猪科（Hystricidae）的尾部还生有许多用以防御天敌的角质长刺。一些跳鼠科种类的长尾端部生有黑白相间的毛穗，其在夜间跳跃时用甩尾方法传递信息及改变行进方向，以摆脱天敌追捕。

（五）四肢（extremity, limb）

四肢生于躯体的前后两侧，是主要的运动器官。营穴居生活的种类四肢多短粗，在森林或高草丛中栖息的种类多体形纤细，四肢修长，行动敏捷。生活在荒漠草原的跳鼠，由于长时间远距离的跳跃觅食，后肢大于前肢几倍。鼯鼠科种类的体侧前后肢间均生有皮翼，是它们在空中滑翔的特化适应器官。与地下挖掘活动有关的竹鼠科和鼢鼠亚科种类的前足掌很粗大，鼢鼠亚科种类的前爪长超过其趾长；巢鼠的脚趾末端变粗，脚掌有垫状物，爪弯曲而锐利，均有助于攀树和在枝上奔走。在戈壁滩上生存的种类通常足掌裸露；潮湿环境中的鼠类除足掌裸露外，还多具发达的掌垫；而生活在草原和沙丘中的种类的后足掌常密覆短毛。营水中生活的河狸和水鼩的后足趾间具半蹼，在水中起浆的作用。长期营地下生活的鼢鼠，由于经常挖掘洞道，前肢和爪都比后肢健壮发达；也有少数指甲扁平，如旅鼠、田鼠类的前肢爪短，中间的三趾爪长小于趾长；又如三趾跳鼠拇指和末趾退化缺失。这些都是长期对自然环境适应和选择的结果。

二、毛被与毛色

全身被毛是哺乳动物的特征。

（一）毛被（hair）

毛被在春秋冷暖交替的季节需要更换即换毛。啮齿动物的毛被可分针毛、绒毛和须毛三种。

1. 针毛（seta，bristle） 长而坚韧，依一定的方向着生（毛向），具保护作用。

2. 绒毛（fluff，fuzz） 位于针毛的下层，无毛向，毛干的髓部发达，保温性好。

3. 须毛（palp，tentacle） 为特化的针毛，有触觉作用。

（二）毛色

毛被的颜色与其栖息环境的温度和辐射热有关。啮齿动物不但有最常见的全身灰黑色（褐家鼠、莫氏田鼠）、灰褐色（小家鼠、仓鼠），也有黄褐色（社鼠）、棕褐色（黑线姬鼠）、红棕色、红褐色或栗棕色（红背鼠平、棕背鼠平、东方田鼠）和沙灰色（狭颅田鼠）。有些鼠类的背腹毛色完全不同，如沙鼠和跳鼠的背毛为土黄色，腹毛为白色。毛被的颜色与组成毛被的每根毛的颜色有关，毛有单色，也有毛尖和毛基颜色不同的双色毛和三色毛。

三、外形测量

啮齿动物的外形测量主要包括体长、尾长、后足长、耳长、体重和胴体重（图1-2）。其中，长度单位采用 mm，体重单位用 g。

体重（avoirdupois） 整体重量。

胴体重（acetone body or ketone body） 除去全部内脏的重量。

体长（body length） 从吻端至肛门或尾基的直线距离。

尾长（tail length） 从肛门或尾基至尾端（端毛除外）的直线距离。

后足长（back leg length） 从后跟至最长趾端（爪除外）的直线距离。

耳长（auris length） 从耳孔下缘至耳壳顶端（端毛除外）的距离。

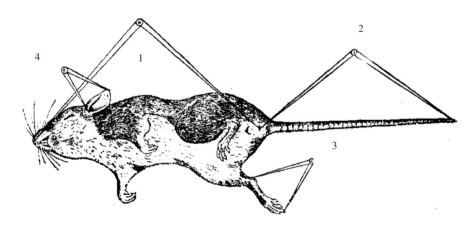

图1-2 鼠类外形测量

1.体长 2.尾长 3.后足长 4.耳长

第二节 啮齿动物的头骨结构

啮齿动物骨骼系统十分复杂，现在仅把其与分类有关的头骨结构进行阐述。啮齿动物的头骨（cephalic os）可分为颅骨（上颌骨）与下颌骨两大部分。颅骨包围在脑、平衡及听觉器官的外面形成颅腔，并与一部分面骨共同形成眼窝；面骨形成颜面的骨质基础，围绕在口、咽腔及鼻腔周围（图1–3～图1–8）。

一、颅骨

（一）颅骨背面

颅骨背面从后向前依次为枕骨、顶间骨、顶骨、鳞状骨、额骨、颧骨、泪骨、上颌骨、前颌骨和鼻骨（图1–3）。

1. 颧弓（arcus zygomaticum） 位于头骨的两侧，由背面看这两条骨弓包围着一对卵圆形大孔，由上颌骨的颧突、颧骨和鳞状骨的颧突共同构成。

2. 头骨背面的7条骨缝

（1）人字缝（sutura lambdoidea） 是枕骨和顶间骨之间的横行骨缝。

（2）顶间缝（sutura interparictalis） 位于顶间骨和顶骨之间。

（3）冠状缝（sutura coronalis） 是额骨和顶骨间横行的骨缝。

（4）矢状缝（sutura sagittalis） 位于顶骨和额骨正中。

（5）鼻间缝（sutura inernasalis） 是两鼻骨间的骨缝，为矢状缝向前的延续。

（6）横缝（sutura transversalis） 是额骨、鼻骨、前颌骨、上颌骨之间的横行骨缝。

（7）鼻前颌缝（sutura nasoincisiva） 是鼻骨、前颌骨间的骨缝。

3. 头骨背面5条隆起的嵴

（1）枕外嵴（crista occipitalis externa） 又称枕外结节（protuberantia occipitalis externa），位于枕骨顶面正中线处。

（2）项嵴（crista nuchalis） 是枕骨和顶间骨、顶骨相接的横嵴，构成头骨的后缘。

（3）鼓骨上嵴（crista supratympanica） 由顶间骨外侧和额嵴垂直相交处开始，向腹侧达外耳听道。

（4）颞嵴（crista temporalis） 由鳞状骨颧突外侧缘向后延伸达鼓骨上嵴。

（5）额嵴（crista frontalis） 形成眼眶的上缘，由额骨外侧向后延伸越过顶骨和鼓骨上嵴垂直相接。

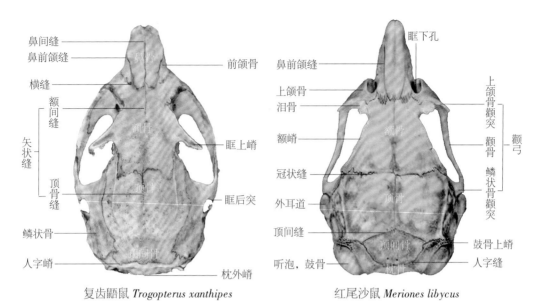

复齿鼯鼠 *Trogopterus xanthipes*　　　　红尾沙鼠 *Meriones libycus*

图 1-3　啮齿动物颅骨结构背面观

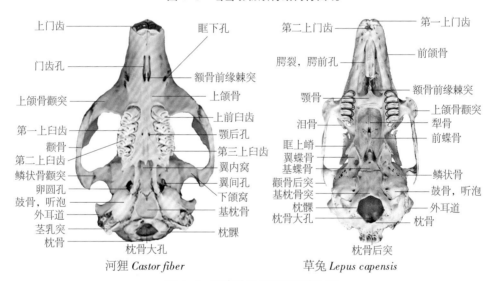

河狸 *Castor fiber*　　　　草兔 *Lepus capensis*

图 1-4　啮齿动物颅骨结构腹面观

（二）颅骨腹面

颅骨腹面由后向前依次为枕骨、鼓骨、基蝶骨、前蝶骨、鳞状骨、颧骨、腭骨、上颌骨、前颌骨（图 1-4）。

1. 颅骨腹侧面的孔

（1）枕骨大孔（foramen occipitale magnum）　是颅腔与椎管相通的孔道，位于头骨后部正中。

(2) 颈静脉孔（foramen jugulare） 又称后破裂孔（foramen lacerum posterius），是第9～11对脑神经与颈内动脉翼腭支和颈内静脉的通道，位于鼓泡与枕髁之间的一条狭长裂缝。

(3) 舌下神经孔（foramen hypoglossi） 位于枕髁基部和颈突之间，颈静脉孔的后内侧，是第12对脑神经的通道。

(4) 茎乳突孔（foramen stylomastoideum） 位于外耳道后面，是面神经的通道。

(5) 颈动脉孔（foramen carotis） 位于鼓泡内侧管，是颈内动脉进入颅腔的通道。

(6) 耳咽管（tuba auditiva） 又名欧氏管（tuba custachii），是咽至耳鼓的通道。

(7) 岩鼓裂（fissura petrotympanica） 位于鼓泡前方，是颈内动脉翼腭支和鼓索神经的通道。

(8) 中破裂孔（foramen lacerum medius） 位于岩鼓裂的内侧前方，为颈内动脉翼腭支的通道。

(9) 卵圆孔（foramen ovale） 位于岩鼓裂的前方，翼外突后外缘，为三叉神经下颌支的通路。

(10) 翼间孔（foramen interpterygoigeum） 位于基蝶骨中部两侧，翼外突和翼内突之间。

(11) 眶裂（fissura orbitalis） 又名前破裂孔（foramen lacerum anterius）。内侧以基蝶骨和前蝶骨为界，前面以前蝶骨翼为界，是一条长形宽裂缝。其和开在眼窝内的圆孔相通，是第3～6对脑神经的眼支和上颌支的通道。

(12) 腭后孔（foramen palatinum posteriora） 紧靠腭骨水平骨板的外侧缘，为一长形小孔，是腭动脉及三叉神经腭支通道。

(13) 腭裂（fissura palatinum） 又名腭前孔（foramen anteriora）。是被前颌骨的腭部和上颌骨的腭部所包围的一条狭长的裂缝，是门齿管的通路。

2. 颅骨腹侧面的窝

(1) 翼窝（fossa pterygoidea） 位于翼外突和翼内突之间。

(2) 下颌窝（fossa mandibularis） 是鳞状骨颧突腹面的深窝，与下颌骨的髁状突形成可动关节。

（三）颅骨侧面结构

颅骨侧面从后向前依次为枕骨、顶间骨、乳突骨、鼓骨、鳞状骨、顶骨、颧骨、基蝶骨、前蝶骨、颧骨、泪骨、上颌骨、前颌骨和鼻骨（图1-5）。

1. 头骨侧面的 4 个大孔

(1) 外鼻孔（exteral nares） 位于颅骨的前端。

（2）眶下孔（infraorbital aperture） 位于前颌骨后上方，眶下缘的下方，包绕眶下神经的骨质较薄。

（3）眼窝（eyehole，eye-socket） 由颧弓围着。

（4）外耳道（exteral perihaemal canal） 位于鼓泡外侧。

2. 头骨侧面的 11 个小孔 除了在腹侧面介绍的岩鼓裂、茎乳突孔、中破裂孔和卵圆孔外，还有以下供神经及血管的出入小孔。

（1）臼后孔（foramen postglenoidale） 位于鼓泡背前方，为一边缘不整齐的半月状隙，是横窦的静脉通道。

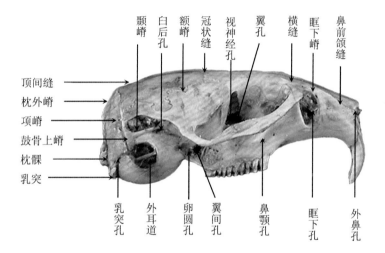

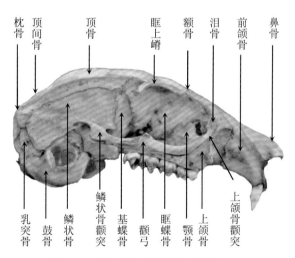

图 1-5 啮齿动物颅骨结构侧面观

上图为布氏田鼠 *Microtus brandvtii*，下图为复齿鼯鼠 *Trogopterus xanthipes*

（2）翼蝶管（canalis alisphenoidale）　位于翼外突外侧的凹陷内，卵圆孔的前方，是颈内动脉的通道。

（3）圆孔（foramen rotundum）　位于眼窝内视神经孔的后下方，是第 3～6 对脑神经的眼支及上颌支的通道。

（4）视神经孔（foramen opticum）　位于前蝶骨的眶蝶骨部，是视神经的通路。

（5）前筛孔（foramen ethmoidale anterius）　位于视神经孔背前方，是三叉神经鼻睫支通道。

（6）蝶腭孔（foramen sphenopalatinum）　位于视神经孔前方近腹侧，是通入鼻腔的蝶聘血管和神经的通道。

（7）眶下孔（foramen infraorbitalis）　由上颌骨的颧突基部和上颌骨体一起围成眶下管，眶下管的前方开口称眶下孔，孔背侧宽圆，腹面成裂缝状，亦称眶下裂，是三叉神经的通道。

3.头骨侧面的嵴　头骨侧面可见的嵴，除有枕外嵴、项嵴、鼓骨上嵴、颞嵴、额嵴以外，还有围绕着眶下孔，尖端朝前延伸到前颌骨后端的眶下嵴（ccrista infeaorbitalis；图 1-5，图 1-6）。

（四）颅骨后面结构

从头骨的后面可见枕骨、乳突骨、鳞状骨及鼓骨等。向两侧突出的颧弓从后面也可看到一部分。从头骨后面可看清楚下列结构：枕骨大孔、一对枕髁、一对颈突（又名副乳突）、一对鼓泡和在头骨背面可见到的枕外嵴、项嵴及鼓骨上嵴（图 1-6）。

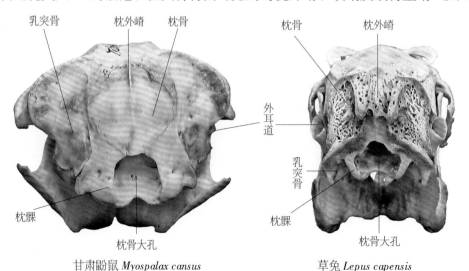

甘肃鼢鼠 *Myospalax cansus*　　　　草兔 *Lepus capensis*

图 1-6　啮齿动物头骨的后面观

（五）颅骨的主要骨片

1. 枕骨（os occipitale）　围在枕骨大孔四周，构成颅腔后壁及颅底的后半部。

2. 顶间骨（os interparietale）　位于颅顶的后部，后面接上枕骨，前面和两侧接顶骨，其间交错的骨缝甚为明显。

3. 顶骨（os parictale）　被额嵴分为扁平长方形的顶部和向腹外侧倾斜的颞部，是构成颅腔顶壁的一对主要骨片。

4. 额骨（os frontalis）　位于顶骨的前方，从额间缝分为左右两块。前方与鼻骨相接处靠外侧的突起，称额突。额嵴将额骨分为额部和眶部。额部形成颅腔前部和鼻腔后部的顶；眶部构成眼窝内侧壁的大部分，后接髁骨，腹侧与蝶骨、上颌骨相邻，前连泪骨和上颌骨。在眶部的腹侧接近边缘处有前筛孔。额骨的内侧面有一横嵴，是颅腔嗅窝和大脑窝之间的界限，近前方是筛嵴。

5. 颞骨（os temporale）　是颅腔侧壁和侧腹壁，包括鳞状骨、鼓骨、岩骨和乳突骨四部分，是构成颅腔侧壁和侧腹壁的骨片。

（1）鳞状骨（os squamosum）　鳞状骨位于顶骨两侧，它的前缘形成眼眶的后缘，与额骨及蝶骨相接。背面达到额嵴，与额骨及顶骨相接，并以一宽的鼓骨上突向后延伸，在鼓骨上嵴处和枕骨及乳突骨相接。鼓骨上突的前腹缘和鼓泡之间形成一半月状隙，称臼后孔。由鳞状骨中部向前突起形成颧突，与颧骨相接，参与构成颧弓（arcus zygomaticum）。颧突的外侧缘向后形成颞嵴，延伸达鼓骨上嵴，一个与此相对称的嵴从颧突的内侧缘向前延伸。在颧突基部腹面有一前后走向的窄窝，称下颌窝。其与下颌骨的髁状突形成可动关节。在关节面之间有一由纤维软骨构成的关节盘，以减少骨间摩擦。

（2）鼓骨（os tympanum）　鼓骨也叫听泡。位于鳞状骨的后下方，包括向腹面凸出的薄壁圆形的鼓泡和开口在鼓泡外侧后方的外听道。鼓泡构成中耳腔的外壁，内有3块听小骨。鼓泡的内壁有一鼓膜沟（sulcus tympanicus）。鼓泡腹面的前内侧为耳咽管（eustachian tube），将咽和耳鼓贯通，管壁边缘不整齐，主要是由鼓泡壁的突起形成。另外，基蝶骨的一条浅沟也参与组成管壁。

（3）岩骨（os petrosum）　岩骨位于颅腔内鼓骨的内侧壁，包括耳蜗管和骨迷路。在岩骨外侧面中央有卵圆窗，其腹侧面有正圆窗。岩骨的内侧面有面神经管的开口，为第7对脑神经的通路，其后方为内听道，是第8对脑神经的通路。在其背侧有一容纳小脑副绒球的腔，称弓形窝（fossa arcuata）。在岩骨的内侧前缘处有一向前方斜行的嵴，称岩嵴（crista petrosa）。在其外侧有一三角形突起与鼓骨相接。突起的前内侧缘和鼓泡背侧壁形成鼓索小管的延续。

（4）乳突骨（os mastoideum）　乳突骨位于鼓泡后上方，上枕骨和外枕骨之间，为一方形骨片，形成弓形窝的外侧壁。在其外下缘，外听道的后方是茎乳突孔。

6. 蝶骨　被蝶骨间软骨结合分为基蝶骨和前蝶骨。

（1）基蝶骨（os basisphenoidale）　基蝶骨位于基枕骨前方，由基蝶骨向两侧发出蝶骨翼，向背面延伸和鳞状骨相接。每侧的翼蝶骨上有翼内突和翼外突，其间有一个翼窝。翼内、外突分别是下颌翼内肌和翼外肌的起点。

（2）前蝶骨（os presphenoidale）　前蝶骨位于基蝶骨前方，骨体前尖后宽。它和腭骨的垂直部共同形成咽腔的骨质顶。前蝶骨向眼窝内延伸的部分为三角形的眶蝶骨，其背面和额骨的眶部相接，后面以骨缝和翼蝶骨相连。眶蝶骨的中部有一视神经孔。

7. 筛骨（os ethmoidale）　位于颅腔前壁及鼻腔内。由筛板、骨质鼻中隔和筛骨迷路组成。筛板是颅腔及鼻腔之间的筛状横隔，向背前方倾斜，其脑面呈凹窝状，恰好容纳嗅球。筛板上有大量筛孔，供嗅神经的通过。骨质鼻中隔为一块垂直的薄骨片，前方接鼻中隔软骨，两者和犁骨共同形成完整的鼻中隔。筛骨迷路是由卷曲成迷路状的薄片筛鼻甲组成，后连于筛板，向前伸入鼻腔后部。

8. 前颌骨（os incisivum）　又称门齿骨，是构成颜面部的骨质基础，包括骨体、腭突及鼻额突，很发达。骨体上有上门齿齿槽，齿槽向后延伸到上颌骨前部。鼻泪管（ductus nasolacrimalis）位于上颌骨门齿齿槽的外侧，向腹面跨过前颌骨齿槽，进入颌鼻甲骨。腭突从骨体腹侧面靠近中线处向后突出，形成腭裂的前内侧缘。鼻额突是由骨体向背后方伸出的一长突，嵌在鼻骨和上颌骨之间，其后端沿一锯齿形骨缝和额骨相接。

9. 上颌骨（os maxilla）　位于前颌骨的后面，是面骨中最大的一块，包括骨体、颧突、齿槽突、蝶眶突和腭突，参与形成鼻腔、口腔及眼窝。

10. 鼻骨（os nasale）　是鼻腔的背壁，在外侧和前颌骨的鼻额突相接，两侧鼻骨在中线以直缝相连。

11. 泪骨（os lacrimale）　泪骨是在眼窝前方背壁上的一长形小骨，其后缘和额骨相接。前面和腹面形成上颌隐窝外侧壁的一部分。

12. 颧骨（os zygomaticum）　是一块两头尖、向腹外侧稍弯的小骨棒。前与上颌骨的额突相接，后与鳞状骨的颧突相接，形成颧弓。左右颧弓外缘的最大距离为颧宽，是头骨的最宽部分。

13. 腭骨（os palatinum）　分为水平部和垂直部。水平部为近似长方形的骨板，前接上颌骨腭突，外侧接上颌骨齿槽突，构成硬腭的后部，其游离的后缘形成鼻后孔（内鼻孔）的边缘，连软腭。紧靠水平骨板的外侧缘有一长形小孔（腭后孔）。垂直部形成鼻后孔的侧壁。腭骨的背部沿一交错的骨缝与蝶蝶骨相接。

14. 翼骨（os pterygoldeum）　位于最后孔的两侧，前端和腭骨蝶腭突的后内侧缘犬牙相错，向后和基蝶骨的腹侧相连。

15. 鼻甲骨（os turbinata）　可分为上鼻甲骨（ossa nasoturbinata）和颌鼻甲骨（ossa maxilloturbinata）。上鼻甲骨附着于鼻骨上，内侧面平滑，外侧面有简单的卷曲。颌鼻甲骨附着于前颌骨体的内侧壁，分为两叶骨板：上叶突向背方，下叶弯向前颌骨，形成鼻泪管的一部分。鼻甲骨为鼻腔黏膜附着的支架，其迷路状的特殊结构大大增加了附着在其上面的鼻腔黏膜的面积。

16. 犁骨（os vomer）　也称锄骨，位于鼻腔正中，前蝶骨的前方，构成鼻中隔的基部。前端和前颌骨相接，背侧有一深槽，容纳鼻中隔软骨。犁骨向后形成两个向腹外侧斜行的翼，翼在外侧和上颌骨的眶部相接，向后和筛骨相接，形成鼻泪管的骨质顶。

二、下颌骨

左右下颌骨（mandibula）在前端以软骨结合相连，包括骨体及下颊支两部（图1-7）。骨体包括前端有的门齿部和臼齿部。门齿与臼齿齿槽间是宽阔的虚齿位。下颌支靠后面有三个突起，最上面的为钩状的冠状突，或称喙突，供颞肌附着。中间的突起为髁状突，或称关节突。冠状突和髁状突之间的半圆形凹缘称下颌切迹（in-

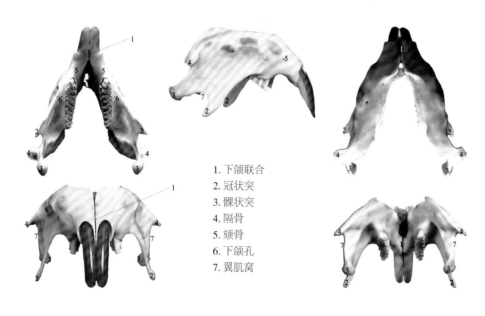

1. 下颌联合
2. 冠状突
3. 髁状突
4. 隔骨
5. 颊骨
6. 下颌孔
7. 翼肌窝

图 1-7　啮齿动物下颌骨（甘肃鼢鼠）

cisura mandibulae)。最下面的一个突起为朝向后方的隅突（processusa ngularis），其外侧腹缘有药肌嵴，嵴 lae）。上方的凹面，称咬肌窝，供咬肌的附着。颏孔（foramen mentale）位于该嵴终止处的前方。下颌支的内侧面有下颌孔，位于髁状突的基部，约在关节面和第三臼齿后缘连接线的中点上。下颌齿槽神经由下颌孔通入，沿下颌体内的下颌管前行，由颏孔穿出。下颌支内侧的凹面称翼肌窝，前上方的凹面为翼外肌附着处。靠后下方的凹面为翼内肌附着处。

三、牙齿

哺乳动物的牙齿（tooth）着生在前颌骨、上颌骨和下颌骨上，属异齿型。牙齿分化为门齿（incisor，fore-tooth）、犬齿（canine tooth，dogtooth）、前臼齿（premolar）和臼齿（molar，cheek tooth）。门齿有切割食物的功能，犬齿有撕裂食物的功能，臼齿有咬、切、压、磨碎食物的多种功能。哺乳动物最初生长的门齿、犬齿和前臼齿叫做乳齿，需要脱换一次。臼齿无乳齿，不需要脱换。哺乳动物的牙齿是槽性齿，齿根插入齿槽中，齿内有髓腔。牙可分为齿冠和齿根两部分，其主体成分为齿质（dentine），齿冠外面是珐琅质或釉质（enamel），齿根外面或齿冠突棱间是白垩质（cement）充填。

（一）牙齿的种类

异齿型哺乳类动物的牙齿分为门牙、犬齿、前臼齿和臼齿。

1. 门齿（incisor）与犬齿（canine） 门齿也叫前切齿，位于上下颌的最前端，分为上门齿和下门齿。其主要功能是衔咬、切断食物。原始的真哺乳亚纲动物（eutherian mammal）上下颌各有 3 对门齿。犬齿位于门齿之后，上下颌两侧各 1 枚，齿冠呈圆锥形或侧扁的短剑状，具有撕咬的功能，也是攻击和防卫的武器。食肉动物犬齿最为发达，许多动物的犬齿消失或退化。

2. 前臼齿（premolar）与臼齿（molar） 前臼齿位于犬齿之后，臼齿之前。原始的真哺乳亚纲哺乳动物上下颌两侧各有 4 枚前臼齿。前臼齿和臼齿的区别有两点，一是臼齿齿冠形态复杂；二是臼齿没有换齿的程序。主要功能是用于研磨、粉碎食物。

一般说来，哺乳动物从幼体到成体，门齿、犬齿和前臼齿都经过换齿的程序。换齿后的门齿、犬齿、前臼齿和臼齿一起称为恒齿系（permanent dentition）；换齿之前的门齿、犬齿、前臼齿称乳齿系（milk dentition）。区别乳齿和恒齿有两点：一是乳齿没齿根；二是乳齿较小。换齿后的门齿和犬齿为单根。前臼齿和臼齿合称颊齿（cheek tooth），齿根一般在两个以上，但少数种类的前臼齿也为单根。

根据牙齿和食性的关系，颊齿大致可分为食肉动物的切尖型、食草动物的脊齿型和杂食动物的瘤齿型。啮齿动物的颊齿属脊齿型，前臼齿 0～3 枚，上前臼齿依次为第一上前臼齿（PM¹）、第二上前臼齿（PM²）和第三上前臼齿（PM³），下前臼齿依次为第一下前臼齿（PM₁）、第二下前臼齿（PM₂）和第三下前臼齿（PM₃）；臼齿 1~3 枚，上臼齿依次为第一上臼齿（M¹）、第二上臼齿（M²）和第三上臼齿（M³），下臼齿依次为第一下臼齿（M₁）、第二下臼齿（M₂）和第三下臼齿（M₃）（图 1-8）。

（二）齿式（Dental formulae）

由于牙齿与食性有密切的关系，因而不同生活习性的哺乳动物牙齿的形状和数目均有很大变异。齿型和齿数在同一种内是稳定的，这对于哺乳动物的分类有重要意义。通常以齿式来表示一侧牙齿的数目。其公式多写为分数等式的形式，分子依次为上颌一侧的门齿、犬齿、前臼齿、臼齿数，分母为下颌一侧的门齿、犬齿、前臼齿、臼齿数，不同齿型间用圆点隔开，等号后为该动物的牙齿总数。

$$齿式=\frac{上门齿·上犬齿·上前臼齿·上臼齿}{下门齿·下犬齿·下前臼齿·下臼齿}=总齿数$$

由于齿是对称生长的，只需写出一侧的数目，但牙齿的总数则应将各齿数相加乘以 2。齿式的另一形式是将各齿的拉丁文第一字母大写，用上下标表达齿数，各齿间用"："分开。例如兔形目绝大多数种类的齿式可表示为：

$$齿式=I_1^2:C_0^0:PM_2^3:M_3^3=28$$

（三）啮齿动物牙齿的特点

啮齿动物最主要的形态特征是无犬齿，取代犬齿位置的是宽大齿隙（diasteme）。啮齿目（Rodentia）上、下颌各有 1 对门齿，兔形目（Lagomorpha）上颌有 2 对门齿，为前后排列。由于兔形目中的鼠兔从外形、生活习性到对人类为害均与啮齿目相似，通常将两目并称为啮齿类（grelis），统属哺乳纲（Mammalia）（图 1-8）。食虫目（Insectivora）种类的外形与啮齿类亦相近，但他们有 3 对上门齿，且有犬齿，无齿隙。这是区别两者的关键。

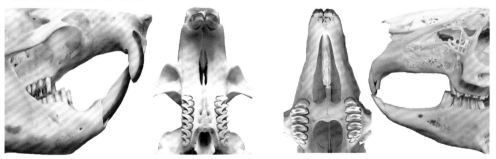

图 1-8　啮齿目 Rodentia 与兔形目 Lagomorpha 牙齿比较

左为中华鼢鼠 *Myospalax fontanierii*，右为草兔 *Lepus capensis*

啮齿动物门齿非常发达，尖锐呈凿状，表面覆有一层坚硬的珐琅质，里面是松软的齿质，由于门齿无齿根，可终生生长，需要经常咬磨，形成凿状，故得名为啮齿动物。

门齿的这一特性，不是啮齿动物特有的，实际上啮齿动物这一特性出现相对较晚。生活在侏罗纪时期的哺乳动物祖先兽孔目类群（therapsids）就有这一特性。侏罗纪时期的多瘤齿类（Multituberculates）是一种小型早期似啮齿类的食草哺乳动物（始新世早期灭绝），其牙齿特点也与啮齿类相似。现有的袋熊科（Phascolomidae）、岩狸科和狐猴科（Lemuridae）动物的门齿也具有这样的特性。但像啮齿类这样极端特化的例子很少。

啮齿动物牙齿高度特化，没有犬齿，其牙齿分化为门齿、前臼齿和臼齿。因前臼齿和臼齿均生在颊部，也合称颊齿（buccal tooth）。门齿与前臼齿之间有一宽阔的间隙，称为齿虚位（diastema）。门齿仅在前面有珐琅质，所以后面的软齿质比前面消耗快，结果形成总是尖利的凿刀形门牙。门齿无齿根（gingiva），能终生生长，所以必须磨损，以求得生长平衡。这一独特的磨牙特性，使其牙齿非常尖利、有效。这也是鼠类获得巨大成功的关键之一。门齿的颜色（黄、白、橙），前缘表面有无纵沟，齿尖后缘有无缺刻，以及与上颌骨所形成的角度（垂直或前倾）等都可作为分类的依据。

一些鼠类的前臼齿退化，变得细小，而更多种类已仅存门齿和臼齿。啮齿动物的臼齿数不超过 6 枚，颊齿从前往后数，倒数 3 枚为臼齿，其余为前臼齿，最少的只有 3 枚臼齿。臼齿的形状为长柱形，由于釉质伸入齿质并发生褶皱，而使臼齿咀嚼面有多种结构。兔科中呈横形的嵴状，鼠科中呈 3 纵列的丘状结节（或称齿突 dentation），仓鼠亚科中呈左右对称的 2 纵列结节，而田鼠亚科的臼齿表面平坦，釉质在齿的内、外侧楔入齿质内，构成一系列左右交错的片状分叶。已知，鼠兔科的牙齿数计有 26 颗，兔科牙齿计有 28 颗，啮齿目一般不超过 22 颗，但非洲的多齿滨鼠属（Heliophobius）则例外，也有 28 颗牙齿；牙齿最少的是新几内亚特产的颊齿鼠（Mavermvs ellermani），其上、下颌总共只有 4 颗门齿和 4 颗臼齿。

四、头骨测量

（一）头骨的基本度量

头骨的测量包括以下内容（图 1-3 ~ 图 1-7，图 1-9，图 1-10）。

1. 头骨最大长（greatest length）　过去的文献中与颅全长混用。是指从头骨的最前端突出部至最后端的直线距离，即头骨的最大长度。

2. 颅全长（greatest length） 简称颅长。是指从上齿槽中点至项嵴后缘突出点的直线距离。

（1）上齿槽中点（prosthion） 指两前颌骨最前端中点，对于前颌骨前端分开的类群，采用两前颌骨最前端连线之中点。

（2）项嵴后缘突出点（akrokranion） 指头骨顶部最后缘突出点，也就是枕骨的最后端，包括枕外嵴。

3. 枕鼻长（occipitionasal length） 也称枕鼻骨长（occipitionasal length）。指从鼻缝点到项嵴后缘突出点的直线距离，也可以定义为鼻骨前端至枕骨最后端的直线距离。

4. 颅基长（condylobasal length） 也称枕基长，是指从上门齿前面最前端或其连线中点至项嵴后缘突出点的直线距离。

5. 颅基底长（condylobasilar length） 指从上门齿中缝与齿槽后缘交点至头骨左右枕踝后缘连线中点的直线距离，也可以理解为是从前颌骨的上门齿后面至枕骨最后端的直线距离。

6. 基长（basal length） 是指从上齿槽中点至枕骨大孔下缘中点（basion）的最短距离。

7. 基底长（basilar length） 指从上门齿中缝与齿槽后缘交点至枕骨大孔下缘中点的直线距离。

8. 前颌长（premolare-prosthion length） 指从上齿槽中点至两上颊齿列最前缘端连线与腭中缝交点的最短距离。

9. 鼻骨长（greatest length of the nasals） 指鼻骨最大长度，指从鼻缝点到两鼻骨后缘连线中点的直线距离。

10. 鼻骨宽（greatest width of nasal） 也称鼻骨最大宽，指左右鼻骨外侧缘间的最大宽度。

11. 鼻骨前宽（width of front-end nasal） 指左右鼻骨前端与两前颌骨前端接合点间的直线距离。

12. 鼻前颌宽（nasal-premaxilla width） 也称鼻骨后宽。指左右鼻骨与两前颌骨后端接合点间的直线距离。

13. 鼻上颌宽（nasal-upper-jaw width） 指左右鼻骨与两上颌骨前端接合点间的直线距离。

14. 鼻吻长（viscerocranium length） 是从上齿槽中点到鼻根点的直线距离。鼻根点（nasion）也称鼻根，是额骨前缘与鼻骨中缝的交点。

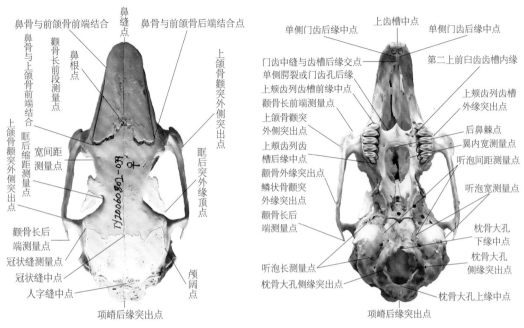

图 1-9　兔形目 Lagomorpha 头骨主要测量点

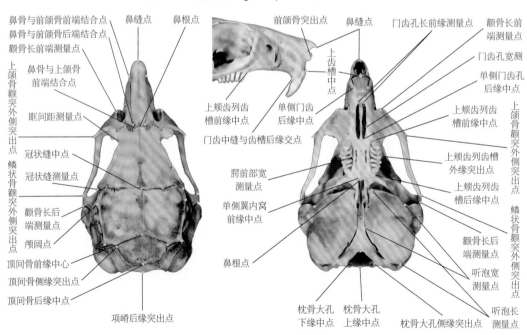

图 1-10　啮齿目 Rodentia 头骨主要测量点

15. 鼻颅长（midian frontal length）　是从鼻根点到项嵴后缘突出点的直线距离。

16. 腭长（palatilar length）　指从上门齿槽中点到后鼻棘点的距离。后鼻棘点

（staphylion）也称颅骨测定点，是翼间孔前缘与腭中缝的交点。

17. 颧宽（zygomatic breadth，zygomatic length）　是指左右颧弓外缘间的最大宽度。也就是左右颧点间的距离。颧点（zygion）是两颧弓外侧的最突出点。

18. 口盖长（palatal length）　是指从中间门齿齿槽前缘到腭部后缘（不包括棘突在内）的最短距离。也就是从上门齿槽中点到翼间孔最前端（不包括棘突在内）连线的距离。

19. 齿虚位（diatesma length）　也称齿隙和齿隙长（length of the diastema），指从最后门齿槽后缘到同侧前臼齿槽最前缘的距离。

20. 上颌齿隙长（length of the diastema）　指从最后上门齿槽后缘到同侧前臼齿槽最前缘的距离。

21. 眶间宽（interorbital length，least breadth between the orbits）　指左右眼眶前缘与泪管（entorbitale）对应位置间的距离。也是左右眼眶内缘之间的最小距离。

22. 乳突间距（greatest mastoid breadth）　也称后头宽（width of brain case）和乳突宽（mastoid width），指后头两乳突外侧最突出点（otion）之间的距离。也可以定义为颅骨后部左右乳突之间的最大宽度。

23. 听泡长（length of tympanic bulla）　听泡的最大长度（不包括副枕突在内）。

24. 听泡宽（width of tympanic bulla）　听泡的最大宽度。

25. 下颌骨长（mandibular length）　也称下颌长（total length），是下颌骨的最大水平直线长，指从下牙点到下颌角点的直线距离。下牙点（infradentale）也称龈下点。是下颌骨最前端中点，也是牙龈前面的最高点。位于门齿中缝外缘齿槽基部，是骨测量法的标记。

26. 上齿列长（length of upper cheek teeth）　也称上颊齿列长，是上颌颊齿列（前臼齿和臼齿）齿冠的最大长度。

27. 下齿列长（length of lower cheek teeth）　也称下颊齿列长，是下颌颊齿列（前臼齿和臼齿）齿冠的最大长度。

28. 上颌白齿外宽（greatest palata breadth）　也称上腭宽，是指左右上颊齿列外缘基部间的最大宽度。

（二）啮齿动物头骨的特有度量

1. 啮齿动物共有的独特度量

（1）顶骨缝长（parietal suture length）　指两顶骨接合缝的长度，即氏状缝与冠状缝交点到氏状缝与人字嵴交点间的直线距离，也可以理解为冠状缝与人字嵴中点间的距离。

(2) 门齿孔长 (foramen incisivum length)　指门齿孔的最大长度。因为兔形目门齿孔与腭孔合为一孔，所以也可以说是腭裂 (fissura palatinum) 或腭前孔 (foramen anteriora) 的最大长度。

(3) 门齿孔宽 (foramina incisive width)　指两门齿孔最外缘间的最大距离。

(4) 腭桥长 (palatal bridge length)　指单侧门齿孔最后缘点至同侧翼内窝最前缘点的距离。

(5) 翼内窝宽 (post palatal width)　也称中翼骨窝宽。指翼内窝的最大宽度。

(6) 听泡长径 (greatest diameter of the tympanic bulla)　是听泡的最大直径，指与颅骨纵轴成后锐角方向听泡的宽度，一般从颅骨的腹面测量。

(7) 听泡间距 (distance between the tympanic bulla)　指两听泡内缘间的最小距离。

(8) 听泡外宽 (width between oral point of the tympanic bulla)　指两听泡最外缘点间的距离。

(9) 脑颅高 (height of braincase)　指颅骨顶点至听泡下缘的最大高度。

2. 兔形目的特有量度

(1) 冠状缝长 (coronal suture length，sutura coronalis length)　指额骨与顶骨间横向骨缝的长度。测量时以额骨左右后侧缘与顶骨交合点为准。

(2) 颧弓长 (greatest length of zygomatic)　指眼眶下缘的最大长度，也就是眼眶下缘最前端突出点与最后端突出点间的直线距离。

(3) 颧弓前宽 (oral zygomatic width)　指左右上颌颧突外侧缘间的最大宽度，也就是两颧弓前端外缘最突出点间的直线距离。

(4) 颧弓后宽 (aboral zygomatic width)　指左右鳞骨颧突外侧缘间的最大直线距离，也可以说是两颧弓后部外缘间的最大宽度。

(5) 眶后缩距 (interorbital length)　也称眶间宽，指两眼眶间的最小距离，即眼眶后部两额骨凹陷间的距离。

(6) 腭桥宽 (palatal bridge width)　指左右第二上前臼齿内缘间的距离。

(7) 听泡短径 (least diameter of the tympanic bulla)　是听泡的最小直径，一般与听泡长径垂直，也从颅骨的腹面测量。

(8) 听泡长 (length of tympanic bulla)　是听泡最大长度。指从外耳道外侧缘最突出点至听泡内侧缘最突出点的直线距离，一般从侧面测量。

3. 啮齿目的特有量度

（1）额骨缝长（frontal length）　是氏状缝在额骨间的长度，指从氏状缝与冠状缝交点至氏状缝与横缝交点的直线距离。

（2）顶间骨长（interparietal length）　是顶间骨的最大长度，指顶间骨前后缘中点（包括突出部分）间的距离。

（3）顶间骨宽（interparietal width）　是顶间骨的最大宽度，是顶间骨左右侧缘与顶骨接合点间的直线距离。

（4）腭前部宽（anterior palatal breadth）　指左右第一上臼齿齿槽间的最小距离。

第三节　鼠类生物学基础

一、鼠类栖息场所

鼠类的适应性很强，从寒冷的高山到干热的沙漠，从茂密的森林到辽阔的草原，从农村到城镇都有它们分布的踪迹。根据鼠类的栖息场所，可将鼠类分为野栖类和家栖类。野栖鼠类中的黄鼠多分布于草原与半荒漠的田埂、路旁、草地；旱獭多栖息在山地草原；沙土鼠喜居沙土地带；鼢鼠栖息很广，农田、草原、荒坡、河谷、山地都有分布；花鼠、岩松鼠多栖息在丘陵灌丛、沟缘、梯田侧畔等地；红背䶄、棕背䶄多栖息于森林地带；黑线姬鼠、大仓鼠多穴居于耕地及附近田埂、堤边和路旁。家栖鼠类多栖息于住室、仓库、厨房、厕所、下水道等处。

根据鼠类对环境条件适应能力的大小及分布范围的广狭，可以将鼠分成两个类型：一类是广域性鼠种，如褐家鼠、黑线仓鼠、鼹鼠、黄鼠、黄毛鼠等，对于环境没有特殊要求，能生活在温带、暖温带、亚寒带等各种自然地理带和不同地理区域内，所以，它们的分布极为广泛。另一类是狭域性鼠种，如五趾心颅跳鼠、银色高山䶄、短耳沙鼠、睡鼠、攀鼠等，它们对于栖息地内的某些条件有严格的选择性，只能在特定的栖息地内生活。狭域性鼠类对栖息地都有某种程度的依赖性，栖息地内条件的任何改变，常常会使它们的数量减少，甚至引起死亡或迁居别地。总的来看，任何一种鼠的分布中心地区的环境条件对该种鼠的生活都是最适宜的，因此在这个特定范围里，可以说它们是广域性的。随着分布区往四周扩大，愈来愈接近分布的边缘地区，那时生存条件也渐渐变得不适宜鼠的栖居，鼠的数量不但会因而变少，甚至这里的环境条件已经成为阻止它们分布和限制其生存的要素了，于是鼠的类型在这里也就由广域性逐步转变成了狭域性。

（一）最适生境

鼠类的分布区长期受到各种历史的和现代的自然条件影响，形成了许多不同的鼠类生活环境，鼠在各种不同生活环境中的数量和分布方式会出现非常大的差异。长爪沙鼠的最适生境常常出现在辽阔的高纬度草原地区，这里往往综合了许多地理和天时的有利因素，具备该鼠生活和繁衍的优越条件，使得栖息在这一生境内的鼠能常年保持比较高的数量。尽管有时会由于自然条件突然恶化而引起种群密度降低，但不久后，鼠密度很快恢复到原来的水平。

草原黄鼠是干旱草原地带具有代表性的鼠种，常在地表形成砂土硬壳和以黄蒿、禾草为优势植物的坡沟内或山梁上的密度较高，密度分别为 5.11 只/hm² 和 2.5 只/hm²。构成草原黄鼠最适生境的原因主要是由地形和土壤等地理特点所决定，因为坡沟内的辐射热大，能促进土壤温度升高，植物的蒸腾作用又能使沟里的空气变得温和、湿润，适宜于黄鼠生活。这里的优势植物是黄鼠赖以生存的主要食源，尤其在黄鼠破土出蛰的早春季节，更需要饱含水分的植物为食。黄蒿根和禾草不但在春天萌发较早，并且水分丰富，所以成为黄鼠最爱吃的食物。同时黄蒿和禾草的植株比较低矮（25～30 cm），盖度较小，正好适合黄鼠活动，所以成为它们的最适生境。

黑线仓鼠在平原地带主要栖息于农田附近的荒地、田埂和小片人工林里。黄毛鼠和针毛鼠是华南地区的两种主要农业害鼠，前者喜欢生活于潮湿多水的稻田、旱生作物地和菜园，这里的作物终年都能供给它们稳定而充裕的食物，尤其菜园更是黄毛鼠大量集中的最佳场所；针毛鼠的最适生境则是一些山地农田、山坡和山脚下的茅草灌丛荒地。

跳鼠多栖息在荒漠草原中的丘陵地、平坦的草地或镶嵌在草原里的小片沙地，以及半固定沙丘的灌木丛下和沙丘斜坡上，很少分布在水位高、湿度大的滩地、沼泽、盐碱地或土质坚实的环境。

（二）栖息地的环境因素

鼠类栖息地的条件包括生态环境和生物因素。生态环境是指气候因素（温度、湿度、降水等）和地理因素（地形、土壤、水分等）的总合。所有生态环境中的各个因素都是密切相关和彼此制约的，其中任何一个因素或条件发生变化，就有可能或必然引起整个生活环境的改变，从而对鼠类正常生活规律产生直接或间接的影响。

鼠类并非孤立地生活在栖息地内，而是与其他各种动物和植物共同组成一个特殊的生物群落，它们之间既存在着食物链关系，也存在着种间的相互竞争。当两个血缘关系非常亲近的鼠种生活在同一栖息地时，为了解决生存竞争中的矛盾，不是一种鼠把另一种鼠排斥出去，就是它们的生态性状在进化过程中发生分离。生活在东北林区的棕背鼾和红背鼾之间的情况就是生态性状分离的一个最明显实例。红背鼾和棕背鼾像一对伴生的堂兄弟，后来棕背鼾分化成居住在比较干燥的生境里，喜欢吃植物的叶、茎等绿色部分；而红背鼾却分化成栖息在湿度较大的生境里，并在落叶松的原始森林中占有优势地。生活在同一林区内的两种鼾类，由于生态性状发生分化，降低了种间的相互竞争，从而使两者能和平共处。森林进行采伐后，环境逐渐趋向干旱，棕背鼾因为生活条件适宜，数量不断增加，栖息地的范围也随着扩大，而红背鼾的发展相应地受到抑制，数量大减。然而，长爪沙鼠和子午沙鼠的共处却以另一种方式进行分化，它们各自演变成只有白天及夜间活动的生态性状，以此解决同栖一地的生存竞争矛盾。

二、鼠类巢区

1909 年 Selton 提出了巢区（home range）这一术语，Burt 于 1940 年把巢区定义为是动物在其巢附近进行取食、生殖、育幼等日常活动的区域。绝大多数啮齿动物营穴居生活，巢区研究对了解其活动范围、空间资源的利用格局、社群关系（包括婚配制度），进而探讨其繁殖策略和种群动态规律有着重要的理论和实践意义。

（一）巢区的观测方法

调查巢区的方法较多，可分为直接观察法和间接观测法。

1. 直接观察法 直接观察法能在自然状态下直接获得动物活动地点的准确记录，可真实反映动物的活动区域。不过，此法耗时多，一次观察对象有限，且仅适合分布于开阔栖地的昼行性种类。Agren 等（1989）曾利用直接观察法，通过对长爪沙鼠自然种群中贮食行为和攻击行为的研究，发现长爪沙鼠巢区边界相当清晰。

2. 间接观测法 间接观测法摆脱了对昼间或夜间活动动物观测的约束，因而在巢区研究中普遍应用。

3. 标志重捕法（capture-mark-recapture） 常用方格布笼（间距一般为 5～15m）并以剪趾、染毛、剪毛或佩戴耳标等作个体标记。此法经长期实践检验而被国内外学者肯定，收集和处理数据的方法也日臻完善。其操作简便有效，且追踪个体多、所获信息量大。但标志重捕法由于人为布笼重复捕捉，在一定程度上影响动物的活动，这是鼠类巢区活动研究所不希望的。有些学者指出方格布笼法对群居型、非均匀分布种类不适用，认为依洞口布笼较为合理，但对此类动物的合理布笼间距未曾研究，这是今后尚须解决的技术问题。

4. 自然痕迹法（natural signs） 自然痕迹法是观察动物的活动痕迹（爪印、粪粒、食物残屑及土丘等）来研究动物巢区的一种方法，是在动物自由活动情况下的跟踪方法，能准确地反映鼠类的活动区域。Justice 等（1969）结合切趾，借助煤烟灰纸记录爪印，研究了宅居小家鼠的巢区。后来随着活性染料和荧光粉剂的使用，许多研究者或用活性染料拌饵，让鼠类取食，或将荧光粉撒在动物毛皮上（亦可将盛有荧光粉的带孔小囊附着于动物身体上），然后通过记录鼠类活动后的粪便或荧光粉痕迹来测定巢区（Brown 等，1961；Goodyear 等，1989；Lemmen 等，1985；Mikesic 等，1992）。不过，此法追踪的个体有限，持续时间也较短，且天气条件对观察结果影响极大。另外，同标志重捕法一样，难以用于地下活动的种类（鼢鼠、竹鼠等）。

5. 同位素标志法（radioactive materials technique）　同位素法首见于 Goldfrey（1954），是用 Co^{60} 植入黑田鼠（*Microtus agretis*）身体；借助 Geiger-Muller 计数器追踪定位动物的活动区域的研究。此法只需对动物进行一次处理，便能达到较长期的跟踪定位目的，对地面或地下活动的鼠类定位均相当精确，但难以辨别个体，且追踪检测要很接近动物，对动物活动影响较大。

6. 无线电遥测法（radio-telemetr technique）　随着电子技术的发展，20 世纪 60 年代以后，生物遥测技术得以迅速发展和广泛应用。此法尤适于生性隐蔽，难于观察的啮齿类巢区研究。它对动物干扰小，使用方便，所跟踪的个体均可辨别，且跟踪范围不受观察样地的限制。不过，在应用过程中，其定位可能会受到天敌等因素的干扰，这需观察者不断提高判断异常信号的能力。此外现有的一般遥测仪（如美国的 AVM）尚测不到主巢较深的地下生活型啮齿动物的活动，故此法在对洞穴鼠类活动研究应用上会受到包括发射器的重量、灵敏度及信号可持续时间等技术问题的限制。

（二）巢区及其影响因素

鼠类巢区变化反映生活史策略及其种群的动态变化。它与外部因子（如生境质量包括资源分布）和内部因素（如繁殖活力、种群密度、社群状况等）密切相关，但巢区状况与各因子的相关程度有种间差异。因而，在时间、空间、个体甚至群落尺度上对上述问题进行综合的研究，是全面了解鼠类空间行为的适应及种群变化规律的重要环节。食物资源是评价生境质量的首要尺度，其丰盛度和分布格局对动物巢区变化的作用已为许多研究所证实。白足鼠（*Peromyscus leucopus*）和拉布拉多白足鼠的研究表明，栖息在开阔地（生境质量相对较低）的个体巢区要比在灌丛（最适生境）中的巢区大（Hixon，1980；Ostfeld，1985；Taitt，1981；Wolff，1985）。通过额外补加食物可明显缩小西岸田鼠（*Microtus townsedii*）和拉布拉多白足鼠的巢区面积（Taitt 等，1981；Wolff，1985）。高质量生境能满足鼠类活动所需的资源、能量以及避难所，巢区较小；反之，在资源相对贫乏的生境中，鼠类生活所需的巢区将扩大。

随着种群调节机制的深入研究，巢区变化与种群内部因素关系的问题已越来越受关注。其中，巢区与生活史（主要是繁殖节律）的关系研究认为，鼠类在繁殖期的资源要求（包括物质、能量或配偶等）要高于非繁殖期，故所需巢区相对较大（孙儒泳，1992；Bilenca，1998）。但 Krebs 等（1995）和 Chambers 等（1982）对小家鼠的研究显示非繁殖期的巢区显著大于繁殖期，这可能与非繁殖期小家鼠"游荡性（no-madic）"社会行为特征有关。

种群密度影响巢区的效应目前有不同的分析结果。Erlinge（1990）和 Urayama（1995）等研究认为密度与巢区大小呈负相关，在高密度情况下，鼠类的巢区面积缩小或重叠程度增加；但 Batzli（1993）、Bondrrup（1986）和 Priotto（1990）等人分别对加氏鼠（*Clethrionomys gapperi*）、加州田鼠（*Microtus californicus*）、歌田鼠（*M. miurus*）、南美原鼠（*Aakodon azarae*）高低密度条件下的比较研究显示，巢区大小与种群密度无相关关系。

Bond 等（1999）对犬尾田鼠（*M. canicaudus*）研究表明群体中同性竞争和可占有的适宜交配的雌鼠数量限制着雄鼠的巢区大小。优势个体的存在影响从属个体的生理和行为适应，并限制了从属个体在留居地内的活动或促使其外迁。而性别间巢区大小的差异，反映了雌雄个体不同的繁殖投资策略，雄鼠尽可能多地与雌鼠交配；而雌性则尽最大可能提高子代存活。如草地田鼠、棕背鼠、加州田鼠、歌田鼠、泰加田鼠（*M. xanthognathus*）和欧鼠（*C. glareolus*）等的雄鼠巢区显著大于雌鼠。显然这种差异对动物选择适量的高质量交配对象及降低幼仔死亡，提高繁殖成效是有利的。

巢区随动物（尤雄性动物）的体重增加而扩大，如歌田鼠等，一般的解释是巢区大小须以保证供应动物充足食物资源为前提，动物越大，所需资源越多，巢区面积就越大（孙儒泳，1992；Batzli，1993）。小家鼠雌鼠的巢区与体重呈二次负相关关系，雌性怀孕、哺乳的生理需求限制了动物的活动（Mikesic 等，1992）。而 Chambers 等（2000）对小家鼠的研究认为巢区大小与体重无显著相关关系。显然，体重与巢区的关系较为复杂，尚不能用体重来预测巢区的变化。

三、鼠类洞道

鼠类的洞穴除了少数树栖、半水栖的鼯鼠、松鼠和麝鼠外，绝大部分是在地下挖土掘洞过穴居生活。鼠类洞道不但是鼠类居住和休息的场所，而且还是它们避敌、贮存食物、分娩哺乳、蛰眠过冬的地方。尽管洞外四季寒暑交替，风霜雨雪等气候变幻无常（夏季在骄阳直晒下地表温度可高达 50~60 ℃，冬季在冰封雪盖地表温度会下降到−30 ℃ 至 −40 ℃）；然而，在鼠洞里却能保持一个相对稳定的小生境，在洞道的深处始终维持着比较适宜的温度和湿度，因此，很少会影响鼠类的正常生活。鼠类挖洞穴居的习性是在自然选择过程中形成的一种本能，也是对于外界环境变化的适应性。

（一）鼠类的洞道结构

同类的鼠种一般都有近似的洞道结构，而亲缘关系较远的鼠种，洞道结构相差悬殊。然而，在不同生境和不同季节里同一种鼠的洞道结构也有所差异。

鼠类洞道由洞口、洞道、老窝、粮仓、厕所、盲洞等构成（图 1−11）。洞道的长短、直径大小、深浅与鼠种的体形大小、生活习性、季节活动、地理环境有直接的关系。

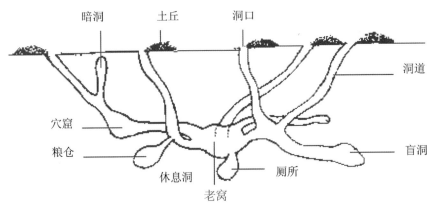

图 1−11　鼠类洞道结构示意

1. 洞口与土丘　鼠类不同，洞道的洞口大小、形状和数目亦不相同。鼠类挖洞时常将土推出洞外（抛土），在地面上形成一个个小土丘，鼠类的掘洞方式不同，土丘的形状也有很大差异。旱獭将推出的土形成一个特殊的瞭望台，黄鼠将抛土堆积在洞口四周，长爪沙鼠的抛土散乱似顺涡状，有的鼠抛土则散开像扇形或呈一长条。三趾跳鼠和五趾跳鼠的土丘离洞口可达 1 m 多。甘肃鼢鼠和中华鼢鼠雄鼠土丘在地面上呈直线排列，雌鼠呈扇形排列；草原鼢鼠的土丘在地面上呈 "S" 型排列。旱獭洞道的洞口直径可达 15 ~ 20 cm；小毛足鼠和鼷鼠的洞口直径只有 2 ~ 3 cm。仓鼠类的洞口与地面垂直，黄鼠类的与地面呈斜角；而鼢鼠的洞道在地面上很难找到洞口。洞口的形状有圆形（仓鼠）、长圆形（黄鼠）或扁圆形（沙鼠、兔尾鼠）。大多数鼠洞口敞开，但跳鼠和小毛足鼠白天常把洞口用被推出的抛沙虚掩着。黄鼠、跳鼠的洞口数目只有 1 个，仓鼠、毛足鼠、针毛鼠和鼷鼠有洞口 2 ~ 3 个，兔尾鼠和狭颅田鼠有洞口 6 ~ 8 个，沙鼠和布氏田鼠等有 10 个以上的洞口。多数鼠洞道的洞口之间有跑道。根据洞口的特征，可以鉴别出洞里鼠的种类。

一般有鼠的洞口光滑、整齐、无蛛网，或有足迹和跑道，洞口周围多有新鲜、疏松、成堆状的土丘，以及粪便和尿迹，或有被啃食的庄稼和植物食迹。

2. 洞道　　洞道是鼠在地下活动的通道。通过四通八达、纵横交错和上下分层的洞道把洞口、老窝、厕所和粮仓相互沟通，形成一个完整的洞道体系。洞道的长短、直径、入土的深浅同鼠体大小、形状、挖掘能力和生活习性有关。

鼷鼠、毛足鼠和仓鼠等的洞道分支少，且较短浅，长不过 1 ~ 2 m。鼢鼠洞道很复杂，甘肃鼢鼠的洞道在林地可占地 1 / 4 hm²，高原鼢鼠的洞道总长度在草原上可达 400 ~ 500 m。

窟是洞道上扩大的部分，其数目和位置不固定，但多数在洞道的上方；在降水集中的地方，鼢鼠洞道内的窟演变为防水洞。

暗窗（朝天洞）是跳鼠类、仓鼠类和鼢鼠类的洞道中特有的构造，由洞道斜向或直通上方，末端几乎紧挨地表。鼢鼠的朝天洞是从老窝通向地表的一条垂直洞道，上面有一层 2 ~ 3 cm 厚的土封住洞口；甘肃鼢鼠的朝天洞不与临时性常洞交叉相连。鼠在洞内受到外界刺激的惊扰时，就离开老窝躲进暗窗，一旦危险迫近，便冲破顶部薄土层逃窜。遇到天敌追击时鼠类常在洞里用后足猛抛虚土，匆忙堵塞洞道。

3. 老窝　　老窝的位置通常在洞系的下层，距地面较深，特别是一些有冬眠习性的鼠类（黄鼠和旱獭），冬季的蛰眠老窝（巢室）常建在距地面 1 m 以下。巢室略呈圆形，四壁光滑，土质坚硬，繁殖期和越冬季节还可见到由细软的碎草、鸟羽、兽毛等铺垫而成的睡垫。老窝的形状、大小、结构、材料因鼠种而异，有的呈盘状或球形，有的呈盆形或碗状。有时，在同一种鼠中，会出现雌雄鼠老窝形状不同的情况。如，黄鼠的雄鼠老窝为球形，雌鼠巢成盆状，材料多由各种植物叶片组成，有的还有鸟羽、兽毛、马尾、纸屑、烂棉、绳头等；中华鼢鼠的雄鼠老窝呈球形，雌鼠呈碗状；大仓鼠的雄鼠巢像只碗，构造粗糙而松散，而雌鼠巢则如盘形，结构细致而紧密。鼷鼠的老窝在野外的巢全为球形，在人类建筑物中的巢为碗状。一般黄鼠和鼢鼠雄鼠的老窝比雌鼠的大。多数鼠洞道内只有一个老窝，兔尾鼠、黄鼠、沙鼠、棕色田鼠等洞道也经常出现 2 ~ 3 个老窝，其中包括正在使用的和被废弃的或冬眠老窝。

4. 厕所　　厕所的情况在各种鼠类的洞道中各不相同。仓鼠类常利用地下洞道，稍经扩大即作为排泄粪尿的场所。背纹毛足鼠有时直接在贮粮的仓库里排泄。黄鼠和兔尾鼠常在洞系的老窝附近挖有好几个厕所。沙鼠洞道内一般没有厕所，常在洞口的抛土上排泄。田鼠类的洞道内无厕所，为了排泄会特地出洞，赶到跑道尽头的盲洞里排泄。中华鼢鼠的厕所从休息洞与粮仓相反的底角部向下斜伸，长 50 ~ 120 cm，兼顾集水功能；而甘肃鼢鼠的厕所位于休息洞和粮仓之上，斜上长 60 ~ 80 cm，底部下凹，直径 10 ~ 14 cm。

5. 粮仓　粮仓是温带和亚寒带地区非冬眠鼠类秋后贮粮的地方。贮粮习性在仓鼠、田鼠、兔尾鼠、沙鼠和鼢鼠中表现得最明显。多数洞道中有 2 ~ 3 个粮仓，有的沙鼠洞道内有5 ~ 6 个粮仓。贮存在粮仓里的食物常见的有鲜草、种籽、谷物、块根、块茎、树根、干草节等。

群居鼠类和独居鼠类的洞道结构有所差异。群居鼠类是以家族为单位共居在一个复杂的洞系内，如旱獭、鼠兔、长爪沙鼠、东方田鼠等。洞系分为永久栖息洞和临时栖息洞。永久栖息洞又有冬季洞和夏季洞两种：冬季洞较复杂，总长 10 ~ 20 m，有老窝 3 ~ 5 个，内垫有干草，距离地面 1.5 ~ 2.0 m，最深可达 4 m；夏洞较短，临时栖息洞更简单，无老窝，多分布在栖息洞和取食场所周围（图 1-12）。常是成鼠与 1 ~ 2 龄仔鼠同居。有时，数个家族聚居，达 3 ~ 10 只，曾在一个洞系中发现冬眠旱獭 24 只。

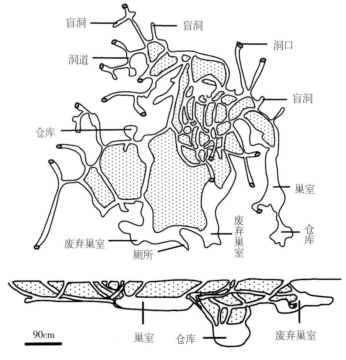

图 1-12　布氏田鼠洞穴结构示意（仿方喜业，1981）
上图为水平剖面，下图为垂直剖面

独居鼠类有黄鼠、仓鼠、花鼠、跳鼠、鼢鼠等。除在繁殖期外，一般 1 洞 1 鼠，洞的构造简单。但鼢鼠的洞道比较复杂，分 3 层，地面洞口常被堵塞，不易被发现。

在其取食洞的地面常有大小不等的土丘。取食洞与地面平行，距地面 8～15 cm，直径 7～10 cm。这种洞相当长，并且弯曲多枝，多在主道两旁。在洞道末端常出现小的隆起，上有裂缝，这是它们拖拉整株植物的地方。洞中有贮藏粮食的仓库，多数在地畔，大小不等，洞内常有临时贮备的粮食。洞道中层，一般有 1～2 条向下直伸或斜向老窝的通道，老窝距地面 1.5～3.0 m。洞道的下层是老窝，老窝内由休息洞、粮仓和厕所组成。

（二）鼠类洞道与鼠害治理的关系

由于栖息地不同，不同物种对于生活条件的要求也不一样。同时，鼠类还以不同的方式适应各种不良环境和度过困难时期，而洞穴就是调节鼠类与不良环境关系的最好小生境。不同鼠种的洞系结构不论在繁简程度，洞道长度，入土深浅，有无粮仓等方面都有其自己的特殊形式和与其相关的适应意义。只有通过实地调查和研究，才能客观地掌握有关鼠洞构造的规律和特点。只有针对不同鼠的洞道特点才能有效地发动群众进行创造性的和科学性的大面积灭鼠；否则，缺乏有关鼠类洞系构造的知识，相应的捕杀方法灭鼠工作就难于奏效。

四、鼠类食性食量

食性在动物生命活动中占有重要地位，因为动物是异养生物，所以需要以其他生物（植物或动物）作为营养来源。因此各种动物的食性便决定了它在生物群落中的地位和作用，食物链就成为最重要的种间关系之一。此外，生命的最基本特征是新陈代谢，动物机体与环境之间的物质交换也是依据食物的联系。因此，食性往往对动物的生长、发育、繁殖、死亡、分布、迁移起着极为重要的影响，转而成为影响动物数量变动的重要因素。动物食性的特点，往往决定该动物对人类益害的程度。

（一）食性的特化和组成

1. 狭食性和广食性　按食性特化程度的不同，可以分为狭食性和广食性的动物。啮齿动物虽然是植食性的，但大多数啮齿动物食谱中所包含的种类还是比较丰富的，其中还包括少量的动物。为了区分各种食物的主次，常将食物分为基本食物、次要食物和偶然食物。当然这种区分是形式上的，因为，它们还决定于喜食程度及食物在自然界中的多少和容易获得程度。直接在野外观察动物的取食、室内饲养中观察动物的选食，可以帮助推断喜食性（嗜食性），根据喜食程度就可以将食物区分为最喜食的、喜食的和不喜食的等。

近年来评价植食性哺乳动物食物组成与饲料可利用量之间关系的方法很多（Lechowice，1983），如对田鼠类采用选择性指数（Preference lndex，PI）分析二者关系的各种模式。其模型如下：

$$PI=\frac{Di}{Vi}=\frac{在该鼠食物中所占的比例}{在饲料供应中所占的比例}\quad (Batzli，1983)$$

$$PI<(\frac{1}{2}\sim\frac{1}{10})\qquad 不适口$$

$$PI\geqslant 1\qquad\qquad 适口$$

$$1<PI\leqslant 2\qquad\qquad 适口性低$$

$$2<PI\leqslant 5\qquad\qquad 适口性高$$

$$PI>5\qquad\qquad 适口性最高$$

2. 生产性、维持性和填补性　根据食物的生物价值，有时将食物区分为生产性的、维持性的和填补性的。生产性的食物不仅保证正常的生命活动，并成为生长、储存和繁殖的能源；维持性的食物只能保证在食物条件差的时期维持生命；填补性的食物是在动物饥饿状况下，填充胃的食物。

（二）食性的变化

鼠类的食性，也不是一成不变的，不同的季节有不同的食谱，尤其在我国东北、西北和内蒙古等地，环境的季节变化很明显，鼠类的食性必然要随着季节交替而发生变化。因此在选择灭鼠的饵料时，不但要注意杀灭对象的食性特点，还要注意其食性的季节变化。否则就可能因为用饵不当而影响灭鼠效果。

1. 食性的季节性变化　环境条件的季节变化，也影响动物食性的季节变化。在热带雨林里，气候的季节变化很小，全年都有各种各样的食物，因此，许多种类食性很特化，因此没必要有对周期性食物缺少的适应。在温带和寒带里，随着纬度的增高，气候条件和食物条件的季节性变化很大，特别是冬季的积雪对食物保障影响特别大。

具有冬眠习性的啮齿动物，在冬季不动不食（有的休眠期长达 6～7 月），即使如此，其食物组成在其活动期仍有变化。例如小黄鼠，春季喜食含维生素丰富的鲜嫩多汁植物，当草原干黄的盛夏，大量挖掘鳞茎，而在准备冬眠的育肥季节，除食绿色部分外，还食短命植物的种子以及冰草和羽芽的颖果等。而草原黄鼠，出蛰后以植物根及萌发的幼芽为食物，妊期也吃些昆虫，夏季则以植物的绿色部分为食，秋季则以浆果和草种籽为主要食物。

小家鼠、小林姬鼠、各种仓鼠、鼢鼠、黑线姬鼠、黄鼠、子午沙鼠等，喜欢吃植物的种子。在播种时节它们盗食农田播下的种子，在农作物生长阶段咬毁植物茎、叶及地下块茎；在农作物成熟时，它们咬断作物、盗吃粮食，把大量的粮食搬进洞内贮藏，有的咬棉桃吃棉籽，有的吃胡麻、花生、禾谷类作物种子，营地下生活的鼢鼠则盗食马铃薯、萝卜等地下块茎。

鼠类的食性是有选择性的。它们喜欢吃鲜、甜、含水量较多的作物茎秆，秋季嗜食乳熟阶段种子。危害方式也各种各样，如黄鼠春季刨种、挖根、吃嫩幼苗，以洞口为圆心或成垄向外扩展，把 30 cm 多高的谷苗常抽掉心叶，取食它们最需要的部分。高原鼠兔对各种植物及植物的部位都有不同程度的选择，如禾本科、莎草及豆科等，对其中早熟禾、扁穗水草、披碱草、苔草、小蒿草、针茅、狗娃花、委陵菜、多枝黄芪等更为喜好。这些植物不是牲畜的主要饲草。就牧草的叶、茎、花、种子及根、芽均可被食，尤嗜食鲜嫩多汁的绿色部分。喜欢程度与植物的密度有一定关系，植物密度愈大，取食的频次越高。但也有一些植物不论处于何等高度，对其取食较恒定。

2. 食性的地理变化　恒温动物的食性中，在高纬度地带比低纬度地带需更高热能的食物，这是因为高纬度地带气候较冷，恒温动物保持恒定体温的一个手段是增加产热量，即化学体温调节，高热能食物的增多是对寒冷的一种适应。这首先表现在自南到北（北半球）动物食性程度的增加上，在某些植食性啮齿动物中，也表现为种子和绿色部分的比重上。例如普通田鼠，在南方只有 10% 的胃里有种子，往北有 19%，再往北有 26% 田鼠胃中有种子。其次，从食性分化来讲，从南往北，往往广食性和食性季节变异增大，如普通田鼠在南方 70～80 种植物，往北会增加至 90～100 种。

总之，鼠类的食性无论是季节变化还是地理上的变异，其原因不外有两个方面：一是出于鼠类本身的需要，例如冬秋季节，气温日趋下降，一般鼠类都趋向于采食发热量比较高的食物如果实、种子等；二是根据环境提供的条件，即获得某种食物的可能性。如棕背䶄冬季啃食树皮，绝不是出于它对树皮的偏好，而是因为环境中缺乏食物所致。各种鼠类的生态特点，都是在漫长的岁月中经过自然选择形成的。对于一种土著动物，既然已经成为生物群落中固有的一个组成成分，那么，除非出现异乎寻常的变动，一般来说，环境中的食物来源应该是能够满足鼠类的基本需要的。但在不同的季节和年度里，气候或其他条件的变化，如果影响鼠类的食物条件，就可能影响当地某些鼠类的数量。

（三）食量

食量指标准常常是与体重比较的相对重量，鼠类的食量是十分惊人的。田鼠每昼夜的食量可达到它体重的 1～3 倍。通常鼠类每天的食量，相当于它体重的 1/10～1/15。例如体重 41 g 的长爪沙䶄均日食 4 g，体重 60 g 的成䶄均日食 8.38 g。鼠类食量的大小与食物中所含热量的多少、动物的新陈代谢强度以及和代谢有密切关系的生理、生态特性、生长速度、活动性和外界温度都有关系。一般肉食性动物比草食性动物的食量较小；而在草食性动物之间，食种子、果实和块根（茎）的动物比吃茎、叶部分的食量较小。动物在生长发育时期通常需要较大量的食物，如果此时食物不足，就会使动物的生长发育受到抑制。食物充足，能大大提高动物的繁殖率。因此，肉食性动物的生殖率通常直接取决于其捕获物的数量。如在鼠类大发生以后，狐、黄鼬等鼠类天敌的数量会明显地增多。

（四）鼠类对矿物营养和水的需求

1. 矿物营养　矿物营养主要包括钠、钾、钙、镁、氯、磷、铁等微量元素，矿物元素调节细胞的渗透压，影响蛋白质的胶体状态，也是新陈代谢中不可缺少的，因此矿物元素的缺乏，往往会引起各种疾病。

2. 鼠类对水分的需求　水是正常生命活动所必需的，小白鼠在没有水条件下，比有水而没有食物条件下，死亡快 10 倍。动物可以通过饮水，通过食物中含的水量或在冬季某些地区吃雪等途径获得水，雪水与一般饮水不同，几乎不含矿物质，因此，长期饮用雪水易引起缺乏矿物营养的疾病。但水中含过多矿质也是有害的，海水和许多干旱地带的盐湖对哺乳动物是不适宜的。

不同地带的啮齿动物的需水量是不相同的，栖息于林区的根田鼠，以干食物饲养，平均日耗水量为 344 ml/kg，而栖息于草原的兔尾鼠仅为 100 ml/kg，如果供给多汁食物，完全不需外加饮水。在自然界中，不少荒漠和干草原的啮齿类，在干旱季节只得食用植物的叶、茎和根而完全没有饮水。许多啮齿类还可舔取附于植物上的露水。

五、鼠类活动规律

鼠类活动规律是保证其生活条件及调解与环境适应性的重要生态学特征之一。主要包括活动、休息和取食昼夜交替的日生活节律；在日生活节律变化中，可分为昼出活动、夜出活动，晨昏活动和全昼夜活动类型，此外，还有季节性规律周期，昼夜单峰型、双峰型和多峰型活动类型。

鼠类活动规律的变化，是与其食物、繁殖、蛰眠等生态特征紧密相连的，同时与外环境因子的变化关系也十分密切。因此，研究啮齿动物活动的周期性规律，具有很大的实践意义，它对于了解鼠类活动规律及发生成因，制订科学的鼠害治理方案和环境安全诊断指标有着重要的参考价值。

（一）鼠类日活动规律

啮齿类的昼夜活动型，即活动和休息的日节律变化，可以区分为白天活动和夜晚活动类型、晨昏活动和全昼夜活动等类型。如果将活动强度以 4 h 为单位用图表示，可见有单峰型、双峰型和多峰型的昼夜活动节律。影响鼠类昼夜活动的外界条件首先是光。黄鼠、旱獭、大沙鼠、布氏田鼠等白天活动的鼠类其出洞和入洞时间随着日出和日落时间的季节变化而发生相应变化，且阴天早晨出洞比晴天的迟，傍晚入洞比晴天的早。

气候条件的变化影响着鼠的活动。一般白天活动的鼠，在阴、雨、风天活动少，春秋中午活动多，而夏季则是午前、后晌活动多，正午活动少。如草原黄鼠在春季温暖的日子里，每天 10：00～18：00 活动频繁，而在 6～7 月，11：00～15：00 很少活动。在季节性的活动中，有两个特别活跃的时期，即出蛰后不久的交配活动和幼鼠断乳分居时期。前一个时期在 4 月中、下旬，即清明至谷雨这个阶段；后一个时期在 7 月上、中旬，即大暑至小暑这阶段。

温度最高时昼出活动的种类常减少地面活动甚至数小时不出洞；而春、秋季这些动物整个白天在地面活动，结果其活动型由春季的单峰型，变为夏季的双峰型，再转为秋季的单峰型。

鼠的活动时间因鼠种而异。大仓鼠、子午沙鼠、黑线姬鼠、跳鼠等主要在夜间活动；黄鼠、长爪沙鼠、旱獭、花鼠等则是白天活动，而鼢鼠、鼯类、巢鼠白天黑夜都活动，但夜晚活动比白天活动频繁。

昼夜活动的类型由动物的食性决定。以种子为主要食物的大林姬鼠和林姬鼠其食物的营养价值较高，不易于消化，一次取食可以保持较长时间，这些鼠类是夜晚活动的双峰型种类。由于夜出活动被天敌所害机会比白天活动种类少，但种子分散，为获取足够的种子，需有较大的活动范围和活动距离，姬鼠形态上四肢强壮，其长度较大，大眼、高耳都是适应于夜出活动的特征。普通田鼠等主要是以植物的绿色部分为食，其营养价值较低，一次取食不能保持很长时间，因此一天内必须多次外出取食，这些鼠类是全天活动的多峰型的活动种类，白天被天敌所害的机会较多，它们往往有复杂的洞穴构造，除栖居洞外还有临时洞，洞口间有复杂的跑道互相联结，其活动范围通常较小。也有些种类的昼夜活动，没有一定的节律，而是有很大的可塑性，栖居于人类住房的如小家民、褐家鼠就是这样。

鼠的活动规律与年龄、食源、筑巢、繁殖和生活环境、气候条件、季节变化等有密切的关系。多数鼠在出生后 3 个月到 2～3 年内活动量最大，3 周内的幼鼠和 3 年以上的成年鼠活动能量较差。当觅食、筑巢、交配时，活动量增加。雌鼠在怀孕和哺乳期活动范围显著缩小。

昼夜活动与地理条件有联系，通常同一个种类在其分布区中心，由于环境条件相对较合适，其活动就较在分布区边缘的为低。因此，日生活节律是动物对各种外因和内因，单个的和综合的一种行为上适应的复杂的反映。

（二）日生活节律的季节变动

布氏田鼠的活动与季节性气候变化具有密切关系。方喜业等（1981）选择 2 个栖有 5～8 只鼠的洞群，每月两次在洞群 10 m 处用直观法进行全日连续观察，记录出入洞时间、地面活动频次、活动时间和距离。冬季用定路线旅行式调查法观察鼠在地面活动痕迹。冬季布氏田鼠靠贮存食物生活，地面活动极少。但在晴朗无风雪天气，中午 11：00～14：00 也偶见个别鼠在雪上活动。3 月中旬开始，鼠的地面活动迅速增加。根据对两个洞群布氏田鼠的按月观察结果，4 月初出入洞时间分别为 8：00 和 15：00 左右；6 月出洞时间提前到 6：00，入洞时间推迟到 18：30 左右。春季活动高峰在 11：00～13：00，呈单峰型，日活动频次虽低于夏秋，但活动范围大于其他季节。春季活动增加显然与气温回升，巢内储备食物用尽地面植物萌芽有关；而植物稀疏和交尾活动是造成活动范围较大的可能因素。一年中，夏季布氏田鼠出洞时间最早，入洞时间最晚，地面活动时间长达 15～16 h，但活动高峰集中在早、晚，活动曲线呈双峰型。中午活动频次的降低，说明布氏田鼠对高温适应力较差，夏季牧场食草充足，所以活动范围不大。秋季气温逐渐下降，出洞时间推迟，入洞时间提前，但活动频次并不低于夏季，这与布氏田鼠开始修建或扩建巢穴，大量储存越冬食物有关。活动曲线同春季，呈单峰型。深秋，气温降低，地面活动逐渐减少，渐次转入冬季生活方式。

六、鼠类繁殖

繁殖是最重要的生命观象之一。繁殖的结果，不仅维持了种族的延续，而且增长了数量。啮齿动物是胎生动物，因此有发情、交配、妊娠、产仔和哺乳等一系列与繁殖有关的生理生态现象。

（一）两性差异

大型兽类两性差异比较明显，但鼠类中，除外生殖器和大（雄）小（雌）有别外，很少有两性差异的副性特征。雄性长爪沙鼠在性成熟后，喉部至胸腹部有 1 条纵行的土黄色长纹，而雌鼠则不明显或完全没有，可称为繁殖期的两性差异即婚色。

（二）性成熟

性成熟是指生殖器官已发育完成并开始具有生殖能力。各种鼠类自出生后达到性成熟的年龄极不一致（雌性比雄为早）。这与动物的寿命和体型大小有关（表 1-1）。

（三）性周期

动物达到性成熟以后生殖器官发生一系列的变化，导致雌性准备和雄性交配的生理状态，叫做动情期。这种现象雌性比雄性表现得更为明显。动情期在有些鼠类1年只发生1次，即单周期的鼠类，如冬眠鼠类和高寒地区的鼢鼠皆属于单周期；有些鼠类1年发生多次，是多周期的鼠类。

1. 雌性动情期

（1）动情前期 动情期前不久，垂体前叶分泌促性腺激素的作用增强，促使卵巢中的滤泡，迅速发育，而成熟的滤泡所分泌的滤泡激素进入血液，并通过神经系统引起生殖器官充血和阴门肿胀增大。雌性的精神状态显得不安，但此时还不接受雄兽交配。

表1-1 性成熟与体型大小和寿命的关系

种类	体型大小	寿命(a)	性成熟（月）
小家鼠、普通田鼠、鼩	较小	1.5 ~ 2.0	2
鼠属	较大	2.0 ~ 3.0	2 ~ 3
花鼠	较大	6.0 ~ 7.0	6
黄鼠	较大	5.0 ~ 6.0	12
旱獭	较大	15.0	24

（2）动情期 卵巢发育到最大的体积，如野兔在安静期的卵巢重量为180~200 mg，到了动情期则达到1 000 ~ 2 140 mg，个别达5350 mg；普通田鼠在安静期卵巢只有2 mg，而到了动情期则达到84 ~ 100 mg。阴门开放，周围略为肿起，与其他兽类相反，阴道上皮显得角化，分泌黏液不多。滤泡中的卵已成熟，滤泡破裂，卵进入输卵管。卵子由卵巢排出的过程叫做排卵。多数种类能自发排卵，排卵后才与雄兽交配；少数种类，如野兔、黄鼠，必须交配之后才排卵，叫作诱发排卵。啮齿动物的动情期延续的时间很短，如家鼠仅为12 ~ 21 h。一般排卵之后动情期的表现也就逐渐消失。

如果卵已受精，就进入妊娠期，黄体开始发育，动情期也就停止。分娩之后的鼠类，相隔几天甚至当天，重新出现动情周期；而单周期的鼠类则一直要到第2年才能出现动情期。如果卵没有受精，则转入动情后期。妊娠雌体的比例大小即妊娠率，常是某种动物种群繁殖强度变化的重要指标之一。

（3）动情后期 排卵后滤泡内形成的假黄体开始萎缩，生殖器官逐渐恢复原状，性欲显著减退，进入安静期。

（4）安静期 安静期也叫间情期，是介于两个动情期之间的时期。雌性的生殖器官处于安静状态，子宫紧缩，阴门缩小，卵巢退化，乳头小，乳腺不发达。

啮齿动物的动情周期，一般限于1周之内，松鼠科的种类可达2周以上。

现在，对影响雌兽性周期的内外因素及其机制了解的比较清楚，其中最重要的是滤泡素、垂体促性腺激素和黄体酮激素。调节机制的中心是垂体。垂体接受来自两方面的作用：一是来自食源中的维生素和类固醇；另一是外界的信号，通过大脑作用于垂体。由滤泡、胎盘和黄体分泌的激素也作用于垂体，大脑皮层的兴奋，引起垂体前叶分泌滤泡刺激素和黄体刺激素，分别促进滤泡的成熟、排卵和促进黄体的发育。

2. 雄性动情期　雄性的动情期与雌性的动情期相一致。主要表现是精巢的体积增大，如野兔从 3 mm 增大到 36 mm；棕背䶄从 3～4 mm 增大到 10～12 mm，并降入阴囊；精子逐渐成熟，精囊腺肥大，精神状态发生一系列波动。如串洞、追逐、鸣叫、争雌咬斗和产生外激素等。从生物学意义上来看，这些表现都是促进完成交配和受精过程的复杂行为，即使是雄兽间的咬斗行为，也有利于种群的复壮。动情期之后，精囊腺缩小，精巢退化并退入腹腔。由于鼠类常为 1 雄多雌交配，交配之后机体大为衰弱，致使雄鼠死亡率增高。

（四）繁殖期

啮齿动物的繁殖期是自然界食物条件最有利于育仔的时期。单周期的冬眠鼠类，在早春出蛰后不久即开始发情交配。出蛰日期以纬度的差异和气候的变化情况而定。旱獭出蛰（3 月底、4 月初）后于 4 月中下旬（喜马拉雅旱獭）或 5 月份（西伯利亚旱獭）发情交配，动情期约为 20 d 左右；蒙古黄鼠出蛰（3 月底至 4 月上旬）经数日到 1 周后，就进入动情交配期；跳鼠类也在 4 月出蛰，于 4 月中旬发情交配。多周期的非冬眠鼠类，1 年内可重复发情多次。例如，在西宁地区小家鼠每年 3 月份至 9 月份可产仔 2～4 次，产仔间隔为 25～102 d，平均间隔时间为 50.9 d，由此推测小家鼠 1 年约可产仔 7.1 次；长爪沙鼠在牧区全年都能发情和受孕，农区也仅在 12 月份暂时中断繁殖。根据在野外捕回的孕鼠待其产后，使两性同居，60 d 即有再次产仔的情况，推算出每只雌鼠每年可能繁殖 4～6 次。作为种群的繁殖期，可以全年进行交配和产仔，但一年中的个体繁殖只能 2～3 次。

（五）妊娠期与胚胎发育

卵子在输卵管中受精之后，就是妊娠期的开始。受精卵从输卵管移入子宫，在未植入子宫壁之前，依靠子宫乳的营养渡过最初发育阶段，叫妊娠潜伏期。一般啮齿类的潜伏期平均为 5 d，如黄鼠、小家鼠 4～5 d，黑家鼠 5～6 d。多周期鼠类如果上窝仔鼠出生之后，不久又妊娠，则出现下一胎的妊娠期与上一窝的哺乳期的重叠现象，潜伏期可能会延长。但胚胎植入子宫壁之后，胚胎发育的日期一般没有变化。

1. 妊娠期　啮齿动物妊娠期的长短因体型的大小而异；就同种来看，亦因个体间的营养状况和潜伏期的长短而不同。一般松鼠科的妊娠期较长，如旱獭约为 40 d，花鼠 35～40 d。小型啮齿动物的妊娠期则较短，如小林姬鼠的妊娠期为 23～29 d，巢鼠

21 d，小家鼹均为 18.8（16～25）d，褐家鼠和长爪沙鼠 21 d，黑线仓鼠 20～21 d，中华鼢鼠约为 30 d。

2. 分娩 分娩就是产仔。临近产期的田鼠往往表现得很不安宁，甚至有停食现象。产后，有的种类常吞食胎盘、胎膜和黏液，这对因妊娠而消耗养分较大的母体是非常有益的适应行为。

3. 产仔数 产仔数常作为繁殖的指标。啮齿动物是双子宫动物，每次排卵数多，产仔数也多。啮齿动物的产仔数因种和个体的不同而异，最少的仅 1 只，多的可达十几只（褐家鼠）。通常，中等年龄的个体平均产仔数要多于老年和初次繁殖的个体。

4. 死胎、胚斑死胎和妊娠期 胚胎、胚斑与母鼠的生活力有关，随着雌鼠年龄的增加，死胎率也增高。胚斑是产仔后胎盘留下的斑痕。新斑黑而粗，旧斑谈而细，新旧两代的胚斑相间排列。虽然胚斑是胎盘留下的，但由于一部分胚胎在其发育的各阶段死亡而被吸收，所以母鼠的胚斑数不能完全代表其产仔数。单周期的胚斑可以保存 3～6 个月；多周期的保存到 5 个月以后，个别的竟达到 17 个月之久（鼢鼠）。

（六）哺乳期与胎后发育

啮齿动物的妊娠期一般不长，胚胎发育不完全，初产仔全身无毛，眼耳紧闭。但出生之后，生长发育很快。动物的生长和发育是相辅相成的，生长到一定时期，就进入发育上的变化阶段，发育变化反过来又影响生长的速度。因此，生长过程中具有转折点和阶段性。阶段性既可表现在形态结均上，也可表现在生理上及行为上。例如，根据小家鼠的形态、行为和性的发育，可以把它的胚后发育大致分成 4 个阶段。

1. 乳鼠阶段 自初生至 15 d 龄。此阶段体温调节机制尚未形成，气体代谢水平较低。形态发育迅速，体重、体长、尾长和后足长在此期高速增长，至 15 d 龄后减缓；同时，披毛在此期内基本长全，睁眼，耳孔开裂，门齿长出，开始断乳过程。

2. 幼鼠阶段 幼鼠阶段 15～25（或 30）d 龄。此阶段生长率下降，但仍保持较高水平；气体代谢水平最高。体温调节机制在 20 d 龄时形成，断乳。形态上重要标志是上下颌臼齿长全，并开始独立觅食。

3. 亚成体阶段 亚成体阶段自 25（或 30）～70（或 75）d 龄。此阶段最明显的特征是两性生殖器官迅速发育，雄鼠在 55～65 d 龄时睾丸重达最高点，并降入阴囊；附睾具精子；雌鼠在 70～75 d 龄间阴门开孔。生长率在此期间明显下降，60 d 龄后体重、体长等的瞬时生长率均降至 1 % 以下。气体代谢水平下落，但保持相对平稳。少数个体在春夏季参加繁殖。

啮齿动物胎后发育与环境条件的变化有密切关系。多周期的鼠类，春季出生的个体生长发育较快，当年可以达到性成熟，并能参加繁殖；夏末秋初出生的个体，发育较缓慢，入冬后甚至停止发育，直到翌年春季才达到性成熟，开始参加繁殖。单周期的都到第 2 年或第 2 年才达到性成熟，并开始繁殖。例如，武晓东（1990）调查发现，1986 年 5 月重捕到 1 只 1985 年 9 月标志的、体重 25 g 的布氏田鼠，经过 8 个月的时间，体重只增加 9 g。

幼鼠阶段的个体，能逐步离开母巢独立觅食并过渡到过独立生活。例如布氏田鼠一般在 5 月中、下旬大量幼仔出巢活动，出巢活动时的体重多数在 10～15 g 之间。幼鼠在洞外活动 7～10 d 后，即开始分居。幼鼠离开母巢后独立生活是逐步进行的。开始时仍回到母巢，先在离母巢较近的距离内（10 m 之内）挖几个临时洞，也利用离母巢较近的废弃洞。逐渐离母巢远去，最后距母巢的一定距离外定居下来。从开始分居到幼鼠定居，需 3～5 d 的时间（武晓东，1988）。但群栖性的鼠类，当年最后 1 窝仔鼠常与母鼠集群而居，而旱獭（1 年产 1 窝）也与母鼠同居越冬。像这种冬季的群聚生活，也是对不良环境的一和适应。幼鼠分居以后，离母巢的距离因种而异。黄鼠距母洞 20～90 m 建筑洞穴，个别的达 104～105 m；棕背䶄为几十米；而麝鼠可达几千米以上。

七、越冬习性

低纬度的热带地区的气候季节变化不明显，水、热变化的幅度不大，气候温和，食物丰富，鼠类全年都有优越的生活条件；家栖鼠类，因生活在人为的环境条件下，故自然界对它们的影响相对较小；而高纬度的温带、寒带地区，气候的变化十分明显：夏季温度较高、雨量较多、食物丰富、冬季气候寒冷、食物减少、生活条件极为严酷。生活在这些地区的啮齿动物，通常以贮藏食物越冬或进入冬眠。

（一）贮存食物

自然界中食物条件明显地季节变化，尤其是食物丰富与贫乏季节有规律的交替，使许多哺乳动物在进化过程中形成了贮存食物的本能。贮存食物的本能在非迁移的全年活动的种类表现得最典型。例如松鼠贮藏蕈类，它将蕈搬到两个树枝之间，一般都挂于 1.5～5.0 m 高度，很易干燥和发现，但多数其他啮齿类难以找食。

布氏田鼠从 8 月就开始清理旧的洞穴，它们成群储存食物，将冷蒿等青草切断或整根地拖到洞穴中，一层层堆积在粮仓中，多的可达 10 kg，有人曾在内蒙古挖出一洞 18 kg 的粮仓。每一洞群有仓库 1～4 个，平均体积 20 cm × 40 cm × 20 cm。其进行储存时间长达 2.0～2.5 月。在干草原少雪、多风的严寒季节里，他们很少到地面活

动，而依靠储存的食物越冬，像这样进行集体储存食物的啮齿类还有很多，如大沙鼠、红尾沙鼠、子午沙鼠、达乌尔鼠兔等。

（二）蛰眠

蛰眠是北方小型啮齿动物度过不良环境条件的一种适应现象，包括夏眠和冬眠。夏眠与夏季的干旱有关，不一定每年都出现；冬眠则是每年一定出现的习性。啮齿动物的冬眠大致可以分为 3 种类型。

1. 不定期冬眠　如松鼠、小飞鼠等在冬季特别寒冷的日子里，可以暂时进入蛰眠状态。

2. 间断性冬眠　蛰眠的程度较深，体温也有下降，但容易惊醒。在冬季较温暖的日子里，甚至可以外出活动，并有贮粮的习性，如花鼠。

3. 不间断冬眠　例如旱獭、黄鼠和跳鼠等都是典型的冬眠鼠类。这些动物进入冬眠之后，不食不动，完全依靠体内贮存的脂肪维持其有限的代谢作用和生命活动。机体呈昏睡状态，心跳、体温和呼吸都急剧下降，血液中 CO_2 的含量增高，对外界的刺激和疾病的感染抵抗能力都比平时差，甚至受到轻度伤害也不惊醒。

入蛰是温度下降、光照缩短以及食物丰富等环境因素综合作用的结果，但在饥饿状态下，更容易进入冬眠。

除外界因素的作用之外，冬眠动物本身还有其自身的生理基础。在体内贮存有一定数量的营养物质，作为冬眠时能量消耗的物质基础；体温能随着环境温度的变化而升降；当代谢作用降低时，仍能维持机体内各种生理过程的协调作用。

冬眠动物的体温，一般认为在 0.1 ~ 1.0 ℃到 8 ~ 10 ℃之间。低于 0 ℃或 1 ℃时，动物会被冻僵；高于 10 ~ 12 ℃时，会使动物苏醒而恢复活动状态。因此冬眠动物的越冬窝巢都土冻土层以下，温度在 1 ~ 10 ℃之间。

黄鼠一般在气温低于 10 ℃时开始冬眠。圈伏巢内，嘴鼻紧贴肛门，不食不动，体温由活动期 38 ℃左右下降至 2 ℃左右，心脏跳动由每分钟 120 次以上，降为 5 ~ 10 次，维持最低的血液循环。在 0 ℃左右时，机体的各种生理过程正常协调，其脂肪凝固点降低，由于内分泌的控制作用，脂肪积累增加，代谢减弱，使血液中二氧化碳增加，血液酸性加大，麻醉呼吸中枢神经，减少呼吸次数，以调节冬眠时热量的消耗，使体温大大降低，黄鼠处于昏迷状态。这是黄鼠长期适应不利环境的一种表现，是在冬眠过程中所获得的生理特点。

随着春回大地，草木萌发，沉睡一年的黄鼠，在洞穴内头、脚发生痉挛动作，加强呼吸作用，加快了心脏跳动，睁开惺忪的大眼，进入正常的活跃状态之中，便钻出洞外到地面活动，这叫做"出蛰"。黄鼠出蛰的个体，有早有迟，出蛰的顺序是先雄后雌、最后是亚成体。

据研究黄鼠从 3 月下旬雄鼠先出蛰，到 5 月 10 日雄雌鼠数才相接近，这时出蛰也基本完毕。到 5 月中旬捕获雄鼠逐渐减少，雌鼠逐渐增多。这与它们洞穴位置、所处光照、温度高低、营养状况和个体生理转化快慢等条件有密切的关系。在山西不同地区观察，当大气温度日平均 2 ℃以上，地面温度在 6 ℃以上，雄鼠开始出蛰；气温上升到 10 ℃，地面温度上升到 12 ℃时，雌鼠开始出蛰。

冬眠期一般长达半年或更长。冬眠的鼠类有以下特点：每年仅有 1 次，繁殖期短，冬眠期鼠的死亡率较小，它们的种群数量能够保持在一个比较稳定的水平。活动期较短，栖居地比较稳定（跳鼠例外），因而其活动范围不大，一般也不做远距离的迁移。不同年份的出蛰时间相差可达数周，因而影响它们的繁殖和危害期。

第四节　鼠类种群生态学基础

种群是在一定生境中同种个体的组合。对种群生态的研究历来是生态学，特别是动物生态学最为活跃的领域。种群生态以种群作为研究对象，主要研究种群的动态及其数量控制问题。

一、种群特征

种群（population）是在一定空间中同种个体的组合。这是最一般的定义，有时候种群这个术语也用来表示包括几个异种个体的集合，在这种情况下，最好用混合种群（mixed population）一词，以便与单种种群（single population）相区别。种群的概念，既可以从抽象上，也可以从具体上去应用。讨论种群生态学理论，这里的种群是抽象的；谈论某块森林中的梅花鹿种群，某个池塘中的鲤鱼种群，则是具体的某个种群。当从具体意义上用种群这个概念时，无论从空间上和时间上的界限，多少是随研究工作者的方便而划定的。例如，大至研究全世界蓝鲸种群，小至一块草地上的黄鼠种群。实验室中饲养的一群小家鼠，也可以称为一个实验种群。

一般来说，自然种群有三个基本特征：①空间特征，即种群具有一定的分布区域。②数量特征，每单位空间上的个体数量或生物量（即密度，这往往是变动的）。③遗传特征，种群具有一定的基因组成，即基因库，以区别于其他物种或种群。基因组成同样是处于变动之中的。

（一）种群密度（population density）

种群密度通常以单位空间的个体数或生物量来表示。种群的大小是以种群数量的多少来定的。种群密度的大小与环境条件有关系，也与动物本身的生物学特性有关。因此，动物的种群密度具有种间差异和空间差异。了解动物的种群密度具有重要的意义。因为在生物群落中，某一个种的作用，在很大程度上取决于它的密度。严格说来，密度和数量是有区别的，但是在生态学文献中，数量、大小、密度三个词常常指的是同一回事。

（二）出生率（natality）

出生率是指单位时间动物出生个体数的百分比。通常分为最大出生率（maximum natality）和实际出生率（realized natality）或称生态出生率（ecological natality）。最大出生率是指种群处于理想条件下（即无任何生态因子的限制作用，生殖只受生理因素的限制）的出生率。在特定环境条件下种群实际上的出生率称为实际出生率。

鼠类是以繁殖力强而著称的，但是各种鼠类的繁殖力亦有很大的差异。一般不冬眠的鼠类比冬眠的黄鼠和旱獭等鼠类的出生率高，地表活动的鼠类比终生栖居地下的鼠类高。鼠类出生率的大小，主要取决于鼠类本身的繁殖特点。如1年中动情期开始的迟早、妊娠期和哺乳期的长短，每年胎数和每胎仔数、幼鼠性成熟的年龄，当年出生的幼鼠是否参加繁殖，母鼠产仔后是否能紧接着再受孕，种群中死胎和吸收胚的比例、性成熟母鼠的妊娠率以及雄鼠的繁殖强度等，都对鼠类的出生率有直接影响。此外，种群的年龄组成和性别比例等也都是关系到出生率的重要指标。

（三）死亡率（mortality）

死亡率是指某一时间内种群个体死亡的百分数。有指整个种群的平均死亡率，也有处于不同发育阶段群体的特殊死亡率。同样，可以区分为最低死亡率（minimum mortality）和生态死亡率（ecological mortality）。最低死亡率是种群在最适条件下，种群中的个体都是由于年老而死亡，即动物都活到了生理寿命（physiological longevity）才死亡的。种群的生理寿命是指种群处于最适条件下的平均寿命，而不是某个特殊个体可能具有的最长寿命。生态寿命则是指种群在特定环境条件下的平均实际寿命。显然，只有一部分个体才能活到生理寿命，多数则死于捕食者、疾病、不良气候等原因。动物死亡的原因，主要有下列几种：①达到生理寿命而死亡；②因食物不足饥饿而死；③因细菌、病毒、原生动物、蠕虫和节足动物的寄生而引起动物发生疾病而死；④竞争者和食肉动物的侵害；⑤天敌和不良气候条件的影响，例如严寒、酷暑、水灾、火灾、暴雨和冰冻等；⑥其他偶然性的死亡。

动物不同的发育阶段死亡率也有差异，这种差异依赖于种的遗传性和生活条件。例如：通过对内蒙古东部地区322只雌性黄鼠的调查，观察到从胚胎至幼鼠成长的全过程中、胚胎期死亡 19.6％，哺乳期死亡 17.2％，幼鼠期死亡 9.8％，定居期的幼鼠死亡更多，达 21.6％。最后剩下的当年生幼鼠仅为 27.2％，即 72.8％在发育和成长的不同阶段死亡了。动物死亡率的大小，在很大程度上取决于该种动物对环境的适应能力。一般生殖力较低的鼠类，寿命相对较高，如河狸可活 50 a，旱獭可活 15 a，一般松鼠科的鼠类可活 10 a 左右。出生率高的种类，其寿命要短得多，如小家鼠和田鼠一般只能活 1～2 a。短寿命的鼠类的死亡率也高。故有人认为，鼠类的极高出生率是对极高死亡率的一种适应特点。

假设在迁出等于迁入的情况下，死亡率对动物种群数量变动的影响往往更为明显。因为高的出生率可因高的死亡率而失去作用；反之，低的出生率可因低的死亡率而使钟群持续扩大。不过对于绝大多数啮齿动物，尤其是那些繁殖力强、死亡率高、寿命仅 1～2 a 的小型鼠类，在繁殖季节主要应注意其出生率，当繁殖结束后，就应该把注意力集中在它的死亡率上。

（四）种群组成

1. 年龄组成 种群的年龄组成与种群的出生率和死亡率有密切关系。种群的生态年龄通常划分为三个时期：生育前期、生育期和生育后期。在一个种群之中，如果包含大量的幼体，种群将迅速增大；各年龄组的分布比较平均时，种群比较稳定；具有大量老年个体时，种群数量就要下降。各个龄级的个数与种群个体总数的比例，叫龄级比例（age ratio）。动物即使在生育期中，不同的年龄其生育力也不相同。因此研究种群的数量动态，不能离开种群内的年龄分布状况。通过种群的年龄组成，可以大致看出种群变化的动向，这种动向，可用年龄锥体（age pyramid）来表示。

关于鼢鼠年龄组的划分，张孚允等（1980）采用过颅全长和颧宽的指标，对划分成体和老体有困难；郑生武等（1984）采用过顶嵴间宽指标；李晓晨（1992）曾用过头骨干重法，虽较准确，但操作复杂；李金钢等（1995）采用了胴体重法，参照体重、体长、毛色及骨学、性腺发育等指标，先把甘肃鼢鼠做不同性别之间的胴体重均数差异性检验，将雌雄两性胴体重分别作次数分配图，通过次数分配图把甘肃鼢鼠划分出 5 个年龄组；江廷安等（1996）以胴体作指标，参考体重、头骨特征及繁殖特性等将宁夏西吉县甘肃鼢鼠也划分为 5 个年龄组。

有些动物由于年龄鉴别困难，也可以分成两组：性成熟和未成熟。如麝鼠在两个不同年度中，比例较高的幼体（85％）发生在前几年强烈捕猎种群密度下降以后，使存留部分的出生率提高；而在另一年度比例较低的幼体（5％）则形成另一种极端，二者形成鲜明的对照。这是在 14 a 的调查数据中抽出的两个最低和最高的典型，其间还有很多过渡的情况。

2. 性比 种群中两性个体数目的比例叫性比。自然界鼠类的性比一般为1:1，但不同的鼠类，种群性比差异较大，对于同一种群，因栖息地环境、种群结构、年度、季节、气候、食物等因素的变化，种群性比也发生变化。但长期统计结果显示，鼠类种群的性比基本接近。黄鼠雄雌比为1:1.27（3347只）；五趾跳鼠为1:1.02（247只）；花鼠比为1:0.98（106只）；大仓鼠为1:0.67（82只）；黑线仓鼠，雄雌比为1:0.87（58只）；中华鼢鼠为1:0.82（111只）（柳枢，1965）。1964～1965年在雁北阳高袁家皂捕获的14034只黄鼠，其雌雄比为1:0.88。按月统计结果：春季3月末全为雄鼠，4月雌雄比为1:2.49，5月为1:0.82，6月为1:0.52，7月出现幼鼠，直到9月雌体一直占优势，为1:0.92。这说明不同季节和不同年龄的性比有显著差别。李金钢等（1999）对延安市甘肃鼢鼠种群性比进行了研究。3年共捕获971只甘肃鼢鼠，雌鼠593只、雄鼠378只，3年总性比（♀/♂）为1.57，雌性显著多于雄性。1992～1994各年度的总性比分别为1.53、1.47和1.71。江廷安（1998）研究了宁夏回族自治区西吉县1991～1993年甘肃鼢鼠的性比变化，4年种群总性比（♀/♂）为1.83，Ⅰ幼年组雌雄比为0.96，Ⅱ亚成年组为2.52，Ⅲ成年1组为2.21，Ⅳ成年2组为1.60，Ⅴ老年组为0.83。

（五）生命表和存活曲线

1. 生命表的编制 生命表（life table）是完整有效地反映种群各年龄组的存活、死亡和生命期的方法，是描述种群死亡过程的有用工具。出生率、死亡率、各年龄的存活率，都是种群统计中的重要特征，它们影响着种群数量变动。它最初出现在人口统计学中，用以估计人的期望寿命。1921年由Raymond pearl第一次引入普通生物学。编制静态生命表是假定种群经历的环境是年复一年地没有变化、而实际上各年龄组的个体，都是在不同的时间出生，经历了不同的环境条件，并且对于动物的死亡和出生，在不同年份是有差异、不可能一成不变。尽管如此，人们通过静态生命表所得的各项理论值，对进一步认识种群生命周期有着十分可贵的参考价值。所以近年来已经运用于动物种群生态学之中。

2. 种群内禀增长力 动物的内禀增长能力决定于生殖能力、寿命和发育速度等。测定内禀增长能力还需要以出生率和死亡率来衡量，而二者又与年龄结构有关。

3. 生命表的种类 生命表分为2大类，即动态生命表（dynamic life table）和静态生命表（static life table）。它们收集数据的方法各有不同。动态生命表是根据观察同一时间出生的生物群的死亡历程而获得的数据编制成的生命表。因此，动态生命表也称为特定年龄生命表（age specific life table）或同生群生命表（cohort life table）。静态生命表是根据在某一特定时间，对种群作年龄结构调查，并根据其结果而编制的。所以静态生命表又称为特定时间生命表（time specific life table）。典型的静态生命表是Decvey（1947）根据穆丽（Muric）在美国阿拉斯加民族公园中搜集的 608 个达氏盘羊（*Otrs dalli*）的头骨，确定其死亡年龄而编制的生命表。

4. 存活曲线　　存活曲线对研究种群死亡过程是很有价值的。Decvey（1947）以相对年龄（即以平均寿命的百分比表示的年龄）作为横坐标，存活率的数作纵坐标，绘成存活曲线图，以比较不同寿命动物的存活曲线。他把存活曲线划分为 3 种基本类型。

A 型：凸形的存活曲线。表示种群在接近于生理寿命之前，只有少数个体死亡，即绝大部分个体都能达到生理寿命。

B 型：呈对角线的存活曲线。表示各年龄期的死亡率是相等的。

C 型：凹型的存活曲线。表示幼体的死亡率很高，以后的死亡率低而稳定。

在现实生活中的动物种群，不会有这样典型的存活曲线，但可接近于某型或中间型。大型哺乳动物和人的存活曲线，接近于 A 型，海洋鱼类、海产无脊椎动物和寄生虫等，接近于 C 型，许多鸟类接近于 B 型。

二、种群增长

当一个物种被引入到一个新的地方，或者说一个数量较小的动物种群生活在一个空间和食物都比较充分的地方，其种群的迁出量和死亡率很小，它的种群数量就会得到增长。理论上讨论种群的增长，一般从两个方向进行描述。一个是种群在理想条件下或者一个种引入到某一新地区开始时的种群增长过程；另一个就是在实际环境条件下的增长过程，或一个种引入一个新地区后的全部增长过程。

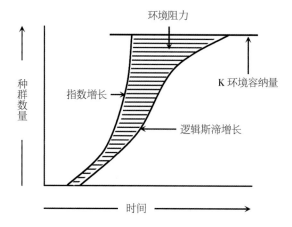

图 1-13　种群增长曲线（仿 Kendeigh，1974）

（一）几何级数增长

几何级数增长（geometric growth）的数学表达式为：

$$\frac{dN}{dt}=rN$$

这里的 N 表示种群的数量，t 表示时间；$\frac{dN}{dt}$ 为种群数量随时间的变化率，r 是种群平均的瞬时增长率。若以 b 和 d 表示种群平均的瞬时出生率和瞬时死亡率，那么（假定没有迁入和迁出或迁入等于迁出）。其积分形式为：

$$N_t = N_0 e^{rt}$$

假设初始种群 $N_0=100$，$r=0.5$（♀/a），则以后种群数量的几何级数的增长过程。种群的变化过程随着年度的增加，一是其指数在增长，这种增长也称为指数式增长；二是种群数量呈几何级数增长。以种群数量 N_t 对时间作图（图1-13），说明种群的指数增长呈"J"字形，因此，种群的几何级数增长又称为"J型"增长。

（二）种群在有限环境中的逻辑斯谛增长

任何物种的增长实际上都不可能是无限的，都要受到包括空间、食物等因素的限制，因而不可能按理想状况无限地增长下去。增长开始逐步加快，当达到高速点后，速度逐步递减，最后不再增长，种群数量稳定在某个水平上，也可能在某一特定水平附近波动。这样就形成了所谓逻辑斯谛增长或"S"形增长或对数式增长（图1-13）。

1. 逻辑斯谛增长方式有两个基本假定

（1）设想有一个环境条件允许的最大种群数量，称为环境容纳量或负荷量（carrying capacity），通常以"K"表示。当种群数量达到 K 值时，将不再增长。

（2）设想环境对种群的阻力是按比例随密度上升而上升的。种群每增加一个个体，对增长率产生 1/K 的负影响。如果 K=100，每一个体产生 1/100 的抑制性影响。

其增长速度的变化趋势，可以用下列数学模型加以描述：

$$\frac{dN}{dt} = rN\left\{1 - \frac{N}{K}\right\}$$

此模型是逻辑斯谛方程，其积分式是

$$N_t = \frac{K}{1 - e^{a-rt}}$$

式中 K、r、t、e 与上述相同，参数 a 的取值取决于 N_0。

显然，随着 N 的上升，$1-\frac{N}{K}$ 越来越小，$\frac{dN}{dt}$ 也越来越小，当 $N=K$ 时，$1-\frac{N}{K}=0$，$\frac{dN}{dt}=0$。其种群增长率（$\frac{dN}{dt}$）等于种群潜在的最大增长（rN）与最大增长的可实现程度（$1-\frac{N}{K}$）的乘积。

2. 逻辑斯谛增长有 5 个阶段

（1）初始的低速区种群开始增长，繁殖基数很低，虽然阻力很小，但增长不快。

（2）加速区阻力增大一些，但仍然较小，随着繁殖基数逐渐加大，增长速度越来越快。

（3）拐点随着个体数目增加，阻力进一步加大，将在某一点抵消增长率上升的势头，增长速度不再上升。达一点称为拐点，它处于 $K/2$ 的地方。

（4）减速区阻力进一步加大，增长速度越来越慢。

（5）饱和区阻力已大到接近 K 值，增长越来越慢，最后完全停止，种群数量达到环境容纳量。

自然界中存在的自然种群，种群建立已久，其种群密度已经在 K 值附近波动，所以很难观察到逻辑斯谛增长；只有将种群引入新环境，才会出现这种增长方式。如 1800 年将绵羊引入塔斯马尼亚岛以后的种群增长，在增长前期显出"S"型曲线，1850 年后，种群在 1703 头上下不规则波动。

三、种群数量波动

在种群逻辑斯谛增长模型中，K 值是可以无限接近而不可超越的。实际上，种群可以超过 K 值，同时 K 值本身也不是一个不变的量，当种群增长到 K 值附近时，其变化有几种可能性：种群在相当长的时期内维持在一个水平上；种群崩溃，甚至消亡。这两种情况都比较少见。通常种群数量达到一定水平以后，经常进行有规律或无规律的波动。

（一）数量变动

鼠类在自然界的数量，是随外界环境及其本身的许多因素不断变化。有的年份数量很低，有的年份则数量猛增，其间的差距可自几倍至千余倍不等。如我国新疆的小家鼠 10 年左右大爆发一次，大爆发年几乎可以毁掉所有农作物，并成亿万只大迁徙。黑龙江伊春林区小型鼠类 3 年出现一次高峰期。1949～1960 年，褐家鼠数次袭击日本等四国，西南海岸造成严重的鼠害。因此，过去的生态学家都认为周期性的波动主要出现在北方寒带及森林地区。Krebs（1973）对此观点提出质疑，认为温带及其他地区也可能存在这种周期性。

1. 波动阶段　波动性一般可分为增长期、高峰期、下降期、低潮期 4 个阶段。

（1）增长期　鼠类种群数量一般从春季到次年春季有极大增长，某些种类可在 2～3 a 内逐渐增长，也有些种类可在 1 a 或 1～2 个季节内迅速增长。

（2）高峰期　由春季到次年春季数量变动很小，典型高峰期为 1 a，少数可持续 2 a。高峰年春季数量略有下降的趋势，接着或多或少的继续上升，故高峰期内春秋间数量相差不大。

（3）下降期　本期数量下降的速度很大。Chitty（1955）曾提出 3 种下降类型的

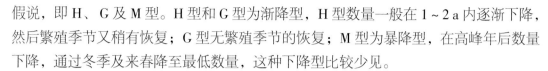

假说，即 H、G 及 M 型。H 型和 G 型为渐降型，H 型数量一般在 1～2 a 内逐渐下降，然后繁殖季节又稍有恢复；G 型无繁殖季节的恢复；M 型为暴降型，在高峰年后数量下降，通过冬季及来春降至最低数量，这种下降型比较少见。

（4）低潮期　该阶段鼠类种群密度较低，数量相对稳定，是增长期的前奏。

2. 波动原因　动物种群数量变动是繁殖、死亡和迁徙的反映，所以三者是数量变动的推动力，而繁殖又是主要的推动力，特别是啮齿动物更是这样。研究证实幼鼠性成熟是种群周期波动的重要因素，其次是繁殖期的长短。增长期可以出现在冬季，可延长繁殖季节，而高峰期及下降期则在夏季，可能缩短繁殖期。其他如每胎仔数，怀孕率与周期性波动均有一定的关系。死亡率的研究尚很薄弱，一些国外资料证明，成鼠死亡率在增长期及高峰期较低而下降期较高，幼鼠死亡率在高峰期及下降期均高，胚胎吸收率各期变化不大。关于存活率的研究，限于方法上的原因，研究更少。

3. 变动类型

（1）数量极不稳定类型　种群数量极不稳定类型的鼠类生态寿命多是 1 a 或少于 1 a 的种类，出生力高，种群数量波动很大。小啮齿类（田鼠、鼹类、旅鼠、姬鼠、家鼠、仓鼠）是哺乳类中出生力最高的，其种群数量在不同年代或不同季节变动极大。例如布氏田鼠在低潮年平均密度为 1.3 只/hm²，而高峰期密度可达 786 只/ hm²，相差达到 600 倍。

由于小型啮齿类繁殖能力强，很短几年数量就可以达到新的高水平，同时又因为小啮齿类对外界不良环境条件的抵抗力弱，寿命短，数量很快就下降，因此这些动物的数量上升经常经过 2～4 年就会发生。如普通田鼠和旅鼠常经 3～4 年大发生 1 次，林姬鼠 2～5 年爆发 1 次。除了这种局部地方的数量上升以外，还有大面积同时出现许多种类的 10 年周期的大量繁殖现象。

（2）数量不稳定类型　数量不稳定类型的鼠类生态寿命比较长，出生力较低，种群数量还常出现剧烈变化，例如松鼠、野兔等。松鼠数量也不稳定，但是由于其出生力较小，其数量变动程度不如上面这些小啮齿类上升和下降的幅度大。其出生力较小，对不良环境条件抵抗力有所增强，寿命也较长，死亡率有所降低。在自然条件下，有一部分松鼠能活 6～7 a。对于小啮齿类，针叶树种子的丰收年，使当年秋冬季的繁殖强度就能明显增加，并一直持续到来年夏季。而对于松鼠，只能在当年 8～9 月多产一窝幼仔，主要还是依靠次年温暖季节，因此其数量的上升年总是较种子丰收晚一年。

松鼠的食谱相当丰富，但主要是针叶树的种子。食物中松子不足时，松鼠被迫取食其他食物来维持生命，这使机体营养不良、消瘦、得病，有时还要迁移，结果是大量的死亡，特别在严寒的冬季，因此，次春参加繁殖的松鼠就少，降低出生力，甚至完全停止繁殖。

在一般条件下，松鼠1年产2窝（春、夏各1窝）即1对松鼯均得9个幼仔，秋季捕获时，幼松鼠约占种群82%（多数是春季产的），性比约1:1。在食物条件较坏年份，还能产2窝，但1对松鼯均只能得4.9~5.8幼仔（多数是夏季产的），幼体占种群的70%，但缺乏种子的严冬以后，繁殖停止或者只有一部分产1窝，不孕的比例甚大，幼体占种群的比例不到50%，繁殖比例低于正常年份。因此，在种子歉收的次年，特别是连续两年歉收以后，松鼠的数量会剧烈下降。至于天气条件对于松鼠数量变动的直接影响，要较上述的小啮齿类小得多。主要的针叶树种3~6年丰收1次，松鼠的数量也就随着有同样的变动，当然不同地区，有所差异。

（3）种群数量稳定类型　种群数量稳定类型的鼠类是长命而出生力小的种类，其种群数量相当稳定。许多哺乳动物抵抗不良环境条件的能力相当强，寿命也长，因此其数量变动缓慢，幅度很小，不会出现大量繁殖或骤然大幅度下降。这些动物出生力低，不同年间变化不大，而死亡率也是相当稳定并处于相当低的水平，属于这一类的主要是大型哺乳类，有蹄类、食肉类和啮齿类的旱獭、豚鼠及部分鼯鼠等。

（二）鼠类种群数量的周期变动的判别

1. Stenseth 等（1980）的变动指数 S（cyclical indexs）　设 D_i 为第 i 年的种群密度，则各年以 10 为底的对数 $\log D_i$ 的标准差 S 为变动指数。当 S<0.5 时，种群为非周期性波动；当 S>0.5 时，为周期性波动。

2. Taitt 等（1985）变动指数（S_1^2）　以各年 $\ln D_i$ 的方差 S_i^2 为变动指数。当 S_i^2<0.5 时，则仅有季节变动；当 S_i^2>1.0 时则有周期性年变动。

实际上，这两个变动指标存在一定关系，即 $S=S_i^2/\ln 10$，所以：

$$S>0.5 \text{ 等价于 } S_i^2>0.5 \cdot \ln 10=1.1513 \quad ①$$

$$S_i^2>1.0 \text{ 等价于 } S>1/\ln 10=0.4303 \quad ②$$

$$S_i^2<0.5 \text{ 等价于 } S<0.5/\ln 10=0.2171 \quad ③$$

由①和②式看出，两个周期性年动态指标 S>0.5 和 S_i^2>1.0 略有差别。

四、种群数量调节

种群的数量变动及数量变动的机制是种群生态学研究的核心内容。影响种群数量的直接因素是出生率、死亡率、迁出和迁入，因此凡能影响到种群这4个特征的因素都会影响到种群的数量。由此看出，决定种群数量动态过程的是因子的综合作用。

种群数量变动机制一直有内因与外因之争。早期学派以外因说为主，认为是气候、捕食关系、寄生，特别是发病的作用。Green 和 Larson（1937）研究了美洲兔（*Lepus americanus*）高峰后激烈减少的原因，认为是"休克病"。经过深入研究自然疫源性疫病的流行规律，特别是鼠疫流行后啮齿动物数量大量减少的实况，认为大发生后数量的急剧下降多数情况下与流行病有密切的关系。20 世纪 50 年代以后，内因学派强调种群内部自我调节的各种学说均以与密度有关的反馈调节原理为基础；认为种群动态均具相对稳定性，一旦种群密度偏离其水平时，则具有使其恢复到原来水平的反馈调节机制，这是自然选择保存种的一种生物学的自我调节。许多资料证实小型啮齿动物数量下降，并不出现在食物缺乏的年份，当种群下降时采取补充食物措施亦不能阻止其下降；Elton（1942）也发现疾病与种群下降之间并无明显关系。20 世纪 60 年代以后，种群内部自我调节学说重新引起人们重视。

种群数量变动的机制学说大致可分为 3 类：第一类认为，气候因素是对种群密度变动起主要作用的因素，生物因素（寄生、敌害和疾病等）则是次要的；第二类认为，只有与密度有关的因素才能控制种群数量；第三类持中间立场，同意与密度无关因素（气候、物理化学、某些生物因素）、与密度部分有关因素（捕食现象、寄生现象、种间竞争）以及与密度完全有关因素——种内竞争的作用。

（一）密度制约因素

种群增长速度随密度增高而减慢。这种普遍现象是动物种群具有相对稳定性的主要原因。无论是在实验室条件下，还是在自然界中，都能看到当种群密度增加时，繁殖减少的情况。试验证明：如果笼内关着过多的鼠，即使给以足够食物，胚胎仍可能在母体子宫中死亡。这说明鼠类的正常繁殖除了食物条件以外，还取决于鼠的数量与空间大小的比例，笼里鼠量过多，雌鼠会发生生殖器官退化现象。周庆强等（1992）对布氏田鼠栖息密度不同的种群同时进行取样，研究密度对布氏田鼠种群发展的调节作用，结果表明，在高密度区布氏田鼠种群繁殖强度受到抑制，雌鼠怀孕率、雄鼠睾丸下降率、贮精囊肥大率和睾丸长度都小于低密度种群。其繁殖季节结束时间也早于低密度种群，幼鼠肥满度较小，性成熟速度较慢，在种群年龄结构中，幼鼠所占比例小于低密度种群。又如栖息在亚寒带针叶林的红背䶄，如果 5 月份种群密度增高，当年生的性成熟个体数就减少。有时种群增长的速度，因种群一直没有达到最高密度，所以几乎没有变化，而达到最高密度后，增长速度就很快下降。这种情况常见于数量变动急剧的种，如旅鼠。

强调与密度有关因素的是生物学派，其中又分为种内调节和种间调节学派。

1. 种内调节　种内自动调节学说主要有 3 种，即行为调节—温·爱德华（Wyune-Edwards）学说、遗传调节—奇蒂（Chitty）学说和内分泌调节—克里斯琴（Christian）学说。

内分泌调节—克里斯琴（Christian）学说，也叫群居心理应激学说及行为—内分泌负反馈调节学说。Christian（1964）认为，随着种群密度的增加，个体相互间的干扰，作为一种群居压力刺激中枢神经系统，特别是从视丘下部，经由神经内分泌系统给予脑下垂体–肾上腺系统的影响，使脑垂体前叶促肾上腺皮原激素分泌增加进而刺激肾上腺分泌肾上腺皮质激素，然后又反馈影响脑垂体，促使性腺激素分泌量随之减少，影响排卵植入、胚胎存活，导致生殖力下降、死亡率增高，并影响母体授乳、幼体发育等方面以降低种群数量、社群压力即个体间相互作用所产生的社群心理紧张强度。群体高密度也通过增加死亡率和降低出生率来降低种群的数量。20 世纪 60 年代以后，Christion 更多的强调了影响出生力的方面，并与 Daris 于 1964 年提出行为内分泌负反馈调节机制，将内分泌生理调节与社群行为联系起来，多种鼠类以此种机制，制止种群数量无限增长，避免破坏共栖息环境，以保证种群相对稳定及健康的发展。我国学者杨荷芳等（1979）对布氏田鼠，曾谱祥等（1979）对新疆小家鼠的研究证实了该假设。

目前，随着对化学信息研究的逐步开展，已经知道许多啮齿动物在拥挤条件下。分泌出数种促使分散、抑制繁殖、破坏妊娠和增强进攻性行为的外激素于体外，它们从各方面影响种群的数量。无疑，化学信息为一崭新的领域，这方面的研究定将有助于揭示动物种群调节规律，还可望为鼠害防治提供一条不造成环境污染的新途径。

遗传调节–奇蒂（Chitty）学说，也叫遗传多型学说。Chitty 认为种群个体体质随密度而变化，是行为类型选择的结果，是由遗传特性决定的。种群数量增长期是一种遗传类型占优势，而下降期则是另一种类型占优势，当种群数量上升时，自然选择繁殖力强的类型，使种群数量上升，达到高峰，由于社群拥挤而引起亲代产生弱生育力，它们对不利环境更敏感，种群数量因而下降，如此连续几代直到高生育力代之以低生育力为止。因此，认为种群自我调节是通过体质的恶化而实现的。

2. 种间关系

（1）捕食与猎物的关系　捕食作用为一种限制因素，在一定条件下，其作用是很显著的。例如猛禽和食肉兽限制旅鼠的数量。

当猎物的数量增加时，捕食动物的繁殖能力也提高，致使捕食动物种群数量增加。如果猎物对捕食动物的影响是无可置疑的话，那么后者对前言的影响却不完全是这样。在一般情况下，由于猎物的数量远远超过捕食动物的数量，如在田鼠数量多的年份，比其天敌（鼬、狐等）的数量可高出四五千倍之多。而且鼠类有洞穴很隐蔽，它自有一套防御的适应能力。捕食动物常常只能捕食病态的动物，从而使猎物种群成分的质量提高。19 世纪末，挪威狩猎学会为保护雷鸟而捕杀猛禽和食肉兽，结果适得其反，捕食与猎物是相互依赖关系，而不是单方面的依赖关系。

（2）寄生物与宿主的关系　寄生物（寄生虫、病原微生物）可以致病，但宿主也能产生免疫力等自卫反应。因此，只有在一定条件下，寄生物才能成为大量死亡的原因，而并不是经常起作用的因素。

3. 食物关系　食物的数量、质量以及水分含量，直接影响到动物的生理状况（生活力），从而也能影响动物的繁殖力。例如，松子歉收、松鼠的营养不良，使种群内不孕鼠的比例升高，秋季幼鼠的百分数比丰收年下降 1/4 多（82 % ~ 50 %），而且雌性的比例也低于一般水平；大沙鼠在正常年份，妊娠率仅为 65 % ~ 70 %，多则 80 %，但在气候和食物良好的年份，妊娠率可达 85 % ~ 90 %，甚至 95 %；食物中水分含量低于 60 % 时，田鼠就会停止繁殖。

生态系统中能量转化的研究表明，动物对其所拥有的食物远远未被充分利用，这至少对食草动物是这样。但对杂食和肉食动物来说，食物可能与密度的关系更为密切。

（二）非密度制约因素

1. 气候因素　个体生态学的研究表明，温度、湿度和光照等因素对动物的寿命、生殖力以及其他许多特性都有影响。这些影响有的是直接的，有的是间接的，也是经常起作用的因素。例如，春天来得早，能使当年新生的仔鼠性成熟（多周期鼠类）并参加繁殖，从而使种群数量增加；春季过冷，可使繁殖推迟，使当年出生的仔鼠达不到性成熟，或仅有少数个体达到性成熟，从而使种群数量增长缓慢。雪被过薄、春季忽冷忽热、夏季干旱以及秋雨连绵等都对鼠类的生活十分不利。小家鼠在 18 ℃时繁殖旺盛，而超过 30 ~ 31 ℃时，则繁殖停止。大沙鼠的繁殖强度与前一年 10 月至当年 5 月的降水量成正比。

光照通过神经—内分泌影响到动物的性活动，春夏开始繁殖与长日照有关，秋后繁殖结束是短日照的结果。

分布于新疆北部的小家鼠，初春种群的繁殖基数（亦即越冬鼠存活数量）主要受冬季的雪被厚度和 40 cm 地温影响，两者皆为显著正相关；秋末种群高峰期数量与上冬的雪被、春季气温和地温之间，皆为极显著正相关。由此可见，这些因素的影响较强烈。

应该指出，恒温动物的体温调节机能比较完善，相对地不依赖于气候条件。如我国学者对新疆北部小家鼠种群数量消长同气候的关系所得的结论认为：种群增长率的变动，通常主要取决于内部因素，实际上仍是种群本身反馈的表现。由于存在反馈作用，不同数量级种群对外界的反应有明显的差别。当种群处于上升阶段时，对外界的影响通常比较敏感，一旦各种有利条件综合出现，就能使种群数量暴发；暴发之后，种群内部即产生反馈；在反馈过程中，内部因素起支配作用，外部因素的作用就被削弱，甚至被排斥或掩盖。因此，认为种群内部的反馈作用是种群数量消长的根本原因。

2. 空间因素 从种内竞争角度探讨，群体数量的自我调节可通过限制生存，排除群体内的过剩者来调节其数量。

(1) 巢区和领域 指某种动物的个体或特定群体防卫异体或异群体侵入的地域，这样有利于逃避天敌危害，使种群分散，预防因数量增高而形成的拥挤，有利于保持雌雄比例和幼体，从而达到群体数量相对的稳定性。如美洲黄鼠依靠领域性，保持其数量稳定。

(2) 等级 即鼠类社群中形成的优劣等级关系。优等个体将劣等个体排除在繁殖之外，并特意将其驱赶到有高度死亡的恶劣的环境中去，以保持其数量的相对稳定性。

(3) 生活空间 生活空间也是限制种群增长的因素。如前所述，鼠类能够得以正常繁殖，取决于鼠的数量与空间大小的比例，与适宜生活地点的数量有关系。例如，在麝鼠没有固定的生活地区时，其死亡率比有固定地段的死亡率高。所以天然居住环境的间断性和变异性，是限制有机体大量繁殖的最本质的因素之一。

五、鼠类活动的距离与迁移

迁移是指构成种群的个体迁入或迁出种群所占区域的活动。一个生境内啮齿动物的数量变动，除受出生与死亡影响之外，还受迁入和迁出活动的影响。

动物的迁移可以分为两种类型，即周期性迁移和非周期性迁移。

(一) 周期性迁移

1. 季节性迁移 这种迁移是因为生活区的食物条件发生了变化，或因为要定期迁到越冬条件较好的地方去而发生的。例如，栖息于东北红松林内的大林姬鼠，以种子为食。暖季采伐迹地内的食物丰富，冷季林内的隐蔽条件较好。所以，春季它们从林内迁入采伐迹地；秋后，由迹地又迁入林内。蒙古黄鼠季节性地侵入或迁出各种农田，在各种生活区的分布密度也是依季节变化和食物条件为转移的。甘肃鼢鼠经过漫长的冬季，大批向田埂和林区转移，寻求新的食源；到了夏秋季节，又出现季节性向农田迁移；秋季是它的贮粮季节，鼢鼠开始从林区往农田迁移。这种季节性的迁移活动，有利于不同生境间种群的个体交换、混合和重新组合。

2. 繁殖期迁移 即繁殖开始或结束时个体的重新组合以及当家族解体时幼体的分

居。当然，这种迁移也是与环境条件的变化相关联的，但不是直接而是间接的。这种迁移是由动物生理状况的变化以及与其有关的种内关系的变化引起的。

　　每年繁殖 1 次的鼠类，家族的解体或幼体的分居发生在秋季（如黄鼠），或春季集体越冬之后（如旱獭）。1 年繁殖多次的种类，幼体分居延续的时间很长。这种分居时期的迁移活动是一切动物共同的特性，因为每个动物都必须有自己的巢区，否则就不能维持自己的生命或延续种的生命。

　　迁移动物群的性别和年龄的组成表明迁移与繁殖的关系。在未成熟的田鼠迁移群中性比近于 1:1。在性成熟的田鼠群中，大部分是雄的。这是因为繁殖时期，雄性的活动力比雌性大，雌性对洞穴的依恋性强。正是由于雄性的迁移活动强，使不同亲缘关系的个体得以混杂，有利于减少或消除近亲繁殖的不利影响。

　　动物的迁移也是一种寻求最适生境的适应活动，既有利于与其食物分布相适宜的重新分配和种群的生存和发展，亦有利于维持并进一步扩大其分布区。

（二）非周期性迁移

　　一般情况下，多数鼠是不迁移的。当生活条件恶化时，就会发生非周期性的迁移。松鼠在大量繁殖年代，如果遇上食物条件不足时，就会发生大规模的定向迁移。标志调查结果表明，松鼠能迁移到 200 km 以外的地方，但这种迁移，大多数个体都死于迁移途中。

　　在食物、饮水缺乏时，有些鼠类会由栖息地迁移到农作物和水草丰富的地方。如布氏田鼠在大发生时，为了寻找食物迁移距离可达 50 ~ 60 km。施银柱等 1973 年 6 月调查，鼠类由于大量繁殖，密度增加，向外扩散和移居的现象很普遍。在内蒙古锡林郭勒盟太扑寺旗调查时，距该地 5 km 以外大面积草场没有布氏田鼠，只有少量黄鼠。可是 1974 年 4 月中旬调查，这里不但有了布氏田鼠，而且洞口密度达到 2 000 洞/hm² 以上。由于降雨、地势低洼的地方积水和过分潮湿，布氏田鼠可以移居到地势较高的地方。这种扩大往往是暂时的，因此被称为分布区界线的波动。

　　褐家鼠（*Rattus norvegicus*）是在住宅与田间迁移的，当田间作物成熟时，就从住宅来到田野间去生活；当田间粮食收获归仓后，它们又随着收获的粮食迁回室内。至于在房间之间、室内外之间以及街道之间等小范围的交窜迁移则更是经常的、普遍的现象。这种现象属于一种转回性迁移，主要是由于季节性的变化而引起的。有些鼠类因气候改变，引起小规模的转换栖息地点，如暴雨可使在低洼地栖居的黑线姬鼠等转移到附近的高地；在洪水泛滥及其他危害原因存在时，鼠类还进行一些不转回性迁移，以保存自己的种群。例如，号称"旅行癖"的旅鼠（*Lemmus obensis*），它们的繁殖力相当高，一对旅鼠，经过几年的时间便能繁殖成为几千万只的大群，在秋末便开始大规模的旅行，由高的地方向低的地方迁移。据报道，在 1980 年的 7 月中旬，埃及有两个省遇到了鼠类的大规模迁移，数不清的老鼠像潮水般地滚滚而来，大白天也到处乱跑，不仅啃毁庄稼，甚至连家禽和儿童也成了鼠类侵犯的目标。研究鼠类迁移的目的，在于准确掌握不同鼠种的迁移习性，寻找引起迁移的原因，了解迁移的速度、方向、季节、距离等，以便集中歼灭迁移鼠，防止窜入它地进行危害。

（三）鼠类活动的距离

鼠类的活动多循一定路线，如褐家鼠常沿墙根、墙角、夹道行走，在这些地方常形成明显的跑道。有明显的活动路线的鼠类，可在其跑道上布放夹子等进行捕杀。鼠的活动距离也随鼠种而异。家栖鼠多在住室及其周围活动，由于季节、食源等条件变化，也可到住宅附近的野外活动。野栖鼠基本上在农田、草地、荒坡活动。有的秋末也可侵入住室内。它们的活动范围，沙鼠一般 100～200 m，远可达 1 000 m 左右，黄鼠 300～500 m，跳鼠的活动范围的半径可达数千米，布氏田鼠迁移距离远至 4～10 km。有的鼠（如板齿鼠）善游泳，能游过百米多宽的河流。

第五节　鼠类群落生态学基础

一、生物群落

生物群落（biotic community）是在一定地段或一定生境里的各种生物种群结合在一起的结构单元。如森林鸟类群落、草原啮齿动物群落，或者植食性昆虫群落、草原生态系统中的黑线仓鼠 + 达乌尔鼠兔 + 达乌尔黄鼠群落。显然生物群落是一种泛指的名词，可以用来指明任何大小和自然特性的生物种群的集合体。

自然环境中的任何生物都不是孤立的，不同种群通过相互作用组织起来的总体，可以表现出各个种群简单叠加所不能解释的现象，而且单纯依靠生态系统的物质循环和能流也不足以解释这些现象。在生产实践中，有害动物的防治、珍稀动物的保护、资源动物的合理利用等问题已不再是单纯依靠种群生态学所能解决的，它还涉及群落生态学或以生态系统为背景的高层次研究。尽管目前所做的研究工作只包括生物群落学的某些片断，但对生态系统的研究而言，详细而深入地认识这些小分室的结构和功能也是十分必要的。因此群落生态学是介于种群生态学和系统生态学中间的一个不可缺少的环节。

目前动物群落生态学已成为动物生态学的一个重要分支学科。它的研究领域包括群落格局和群落过程。前者研究群落结构、群落资源分享和群落功能，后者研究群落组织和群落演替。我国在 20 世纪 60 年代对啮齿动物群落演替的研究已有一些基础性描述和分析。近 20 年来我国关于啮齿动物群落生态的研究有了较大发展。20 世纪 80 年代后出现了一些有关动物群落多样性的研究，在群落结构方面，大部分工作都是通过比较不同类型生境中群落的组成和多样性来研究各类群落结构及其与环境因素的关系，并通过相似系数或群落系数来比较各个群落的相似程度，据此对群落分类。部分研究应用了多元分析方法对啮齿动物群落进行分类。总的来看，我国关于啮齿动物群落生态学研究工作，大多集中在群落结构方面。有关群落组织、群落的多样性和稳定性的关系，群落资源分享以及群落演替方面的理论性探讨开展得还很不够，在研究工作理论化、模型化等方面与国际水平尚有较大差距。

二、群落结构

（一）群落划分依据

划分群落的具体指标是种类组成及其优势程度，同时，考虑环境因子（地形、植被）。优势种在群落中起着主要作用，同时，应注意某些具有指示意义的稀有种。此外，要注意个别地段由于地形的局部变化以及人类活动的影响，引起某些种类数量的特殊变化与其他一些种类的出现。

（二）群落命名

群落的命名主要依据以下三个方面的特征进行命名。

1. 优势种命名法　以群落组成中的优势种及次优势种的顺序排列，如缺乏次优势种，则以优势种命名，主要适合于种类较少，且优势种明显的群落的定名。例如，鼢鼠群落、田鼠群落、鼢鼠＋鼠兔群落等。

2. 生活型命名法　根据群落中种群的生活型定名，主要适于优势种的种类较多，且群落的生活型有突出特点的群落命名。例如，森林啮齿动物群落、农田啮齿动物群落、草甸沼泽啮齿动物群落等。

3. 生境命名法　按照群落所处的生态环境进行命名。例如，荒漠鼠类群落、针叶林鼠类群落、荒坡灌木疏林鼠类群落、油松人工幼林鼠类群落等。

（三）群落结构

动物群落的结构通常是指群落的生物学结构，即构成群落的物种组成、相对多度和多样性等，它是了解群落功能和演替的基础。群落结构包括群落的空间结构和时间结构。借助对结构的分析，可以认识动物群落与环境的关系。

1. 群落空间结构　空间结构包括垂直结构和水平结构。群落的垂直结构也称为群落的垂直分布格局，它包括不同类型群落的垂直分布和群落本身的垂直分层两个概念，前者主要指不同海拔高度的陆生群落和不同水深的水体群落，群落的类型不同，组成群落的物种和数量不同；后者是指不同的物种及其数量构成群落内部的不同层次。孙儒泳等（1962）调查柴河林区小型啮齿动物的垂直分布时发现在4个植被垂直带：①阔叶林，海拔250～500 m；②针阔混交林，海拔500～900 m；③针叶林，海拔400～1 450 m；④高山灌丛矮林带，海拔1 450 m以上，小型啮齿动物的分布具有明显的垂直变化。与森林有密切关系的种类，包括棕背䶄、林姬鼠、红背䶄和花鼠，其数量和种类组成比重随着由混交林到阔叶林带，随着人类经济活动的加强而逐渐下降。与农业和人类的居民点有密切关系的种类，包括黑线姬鼠、大仓鼠、东方田鼠、大家鼠和小家鼠等，其数量和种类组成比重由农作区往阔叶林区，随着农事活动的逐渐增加而增高。武晓东等（1994）调查阴山山脉中段啮齿动物群落结构时亦发现随着山体海拔高度和植被类型的不同，啮齿动物群落有明显差异。在海拔1 500～2 000 m的山地针阔混交林中为长尾仓鼠＋花鼠群落，有鼠类8种；在海拔1 100～1 500 m的草丛、灌木—疏林及亚高山草甸为长尾仓鼠＋五趾跳鼠＋蒙古黄鼠群落，有鼠类11种；在海拔1 000 m左右的山地丘陵典型草原中为蒙古黄鼠＋黑线仓鼠＋长尾仓鼠群落，有鼠类9种。不过，虽然啮齿动物群落的垂直结构特征在森林地带随着海拔的不同有着较明显的种类和数量差异，然而在草原地带垂直结构特征并不很明显。

群落的水平结构的形成与构成群落的成员的分布情况有关。动物群落的水平格局，由于受动物生活方式的限制，研究比较困难，可以应用多元统计方法加以研究。

2.群落时间结构　众所周知，许多环境因素具有明显的时间节律（如昼夜节律、季节节律），所以群落结构也有时间的变化，这就是群落的时间结构或时间格局（temporal pattern）。啮齿动物群落具有昼夜相的例子很多，例如森林中松鼠在白天活动，鼯鼠、林姬鼠等在夜间活动；草原上布氏田鼠、蒙古黄鼠在白昼活动，五趾跳鼠、黑线仓鼠在夜间活动。这些明显的变化，使群落结构的昼夜相迥然不同。啮齿动物群落结构的季节相很明显，而年度变化更大。曾庆永（1994）曾从6个方面描述了奇瓦瓦沙漠（Chihuahuan）荒漠啮齿动物在92个月中的动态。

三、群落多样性

群落多样性指构成某个群落的物种的丰富度和个体分布的均匀度，是反映群落结构和功能的一个重要指数。

（一）群落的多样性及丰富度

1.群落的多样性　群落的多样性是群落生态组织水平独特的、反映群落功能的重要特征。它是群落生态学研究中一个极为活跃的领域。物种多样性（species diversity）包括种的丰富性相和异质性两个内容，目前描述群落的多样性常用群落的物种多样性指数。如辛普森指数（Simpson's index）、香农—威纳指数（Shannon-weiner index）。

多样性指数，包含了群落的两种信息：即种数及各种间个体配置的均匀性。在种数恒定的条件下，各种之间的个体分配越均匀，多样性指数值越大。如果每一个体都属于不同的种，多样性指数最大；如果每一个体都属于同一物种，则多样性指数最小。为了明确表示群落结构的均匀性，可以计算群落的均匀性指数。如用香农—威纳的多样性指数（H）推算出均匀性指数（E），E 是 H 与群落理论上的最大多样性指数（H_{max}）的比值。

2. 多样性的判别方法　群落多样性（community diversity）是群落中包含物种数量和个体在种间的分布，是群落水平的生态特征。

（1）Shannon-weiner 指数（H）

$$H = -\sum_{i=1}^{s} P_i \ln P_i$$

公式中：H 为多样性指数，S 为物种数，P_i 为第 i 鼠种个体数占群落中的比例。对已知物种的群落，当所有的种以相同的比例存在时（种的个体数相等），多样性指数达到最大值，即：。对于物种完全均匀分布的群落，有较对物种的群落多样性高。当考虑分类阶元，如科（F）、属（G）、种（S）时 H（FGS）$=H(F)+HF(G)+HG(S)$。

（2）均匀性指数（E）　　根据 Shannon-weiner 指数（H），Pielu（1966）定义均匀性指数为 E 的取值范围是 0~1。

$$E = \frac{H}{H_{max}}$$

（3）Simpson（1949）集中性概率指标（λ）　　假设某一群落中有 S 个物种，共有 N 个个体，第 i 种有 N_i 个个体，抽取 2 个个体为同一种的概率为：

$$\lambda = \sum \frac{N_i(N_i-1)}{N(N-1)}$$

λ 值越大，说明群落的集中性越高，多样性就越低。

Creeberg（1956）提出用作为群落多样性的指标，因为对于一个很大的群落，N 和 N_i 是很难确定的，只能根据调查样本 S、N、N_i 做有偏估计，$P_i=N_i/N$。故有：

$$\lambda = \sum \frac{N_i(N_i-1)}{N(N-1)} = \sum P_i^2$$

所以，$D=1-\sum P_i^2$，是对多样性指数的有偏估计量。根据实际应用，Simpson 指数对于稀有种作用较小，而对常见种作用较大。

(4) McIntosh（1967）多样性指数（D_{mc}） McIntosh 认为，群落可以看成是 S 维空间的一个点，每一维的坐标由一个物种的丰富度（个体数）表示。这样由点到 S 维坐标系原点的距离为：

$$U=\sqrt{\sum(Ni-0)^2}=\sqrt{\sum N_i^2}$$

显然，对于已知的 N（$N=\sum N_i$），种数越多，U 将越小。当群落中仅包含 1 个物种时，达到最大值，$U_{max}=N$。当每个个体属于不同的种时，达到最小值，$U_{min}=\sqrt{N}$。U是群落一致性的度量，因为多样性是一致性的补集。所以定义：

$$D_{mc}=\frac{N-U}{max(N-U)}=\frac{N-\sqrt{\sum N_i^2}}{N-\sqrt{N}}$$

为多样性指数。$0 \leqslant D_{mc} \leqslant 1$。相应的均匀度（$R$）为：

$$R=\frac{D_{mc}}{D_{MC(MAX)}}=\frac{N-\sqrt{\sum N_I^2}}{N-N\sqrt{S}}$$

其中：N 为个体总数，Ni 为第 i 种的个体数，S 为物种数。

(5) Whittaker（1978）的夹角余弦 群落物种组成相似系数（$COS(\varphi)$）

$$COS(\varphi)=\frac{\sum_{i=1}^{n}X_{ia}X_{ib}}{\sqrt{\sum_{i=1}^{n}X_{ia}^2\sum_{i=1}^{n}X_{ib}^2}}$$

(6) 阳含熙等（1987）积矩相关系数（r）

$$r=\frac{\sum_{i=1}^{n}X_{ia}^2-\sum_{i=1}^{n}X_{ia}\sum_{i=1}^{n}X_{ib}/n}{\sqrt{\left\{\sum_{i=1}^{n}X_{Ia}^2-(\sum_{i=1}^{n}X_{ia})^2/n\right\}\times\left\{\sum_{i=1}^{n}X_{ib}^2-(\sum_{i-1}^{n}X_{ib})^2/n\right\}}}$$

式中 X_{ia} 和 X_{ib} 分别表示物种在群落 a 和 b 中的数量，对 $COS(\varphi)$进行显著性检验，以 95 %的显著水平作为两样地相似标准。然后，参照 Fager（1975）和梁中宇等

（1964）的归群划分法，同一群落的两个样地应当彼此相似，以保证群落内具有最大的同质性。不同群落两个样地组间不应相似。

生态系统中的啮齿动物属消费者，在能流和物流中起重要作用。生态平衡的破坏，引起了啮齿动物危害的发生。有史以来，啮齿动物就与人为敌，给人类带来了巨大的灾难，造成了巨大的经济损失。实现啮齿动物的可持续控制，将产生巨大的社会、生态和经济效益。啮齿动物群落的研究对阐明啮齿动物在生态系统中的地位和作用有着重要的意义，是研究啮齿动物可持续控制及生态控制决策的基础。国内外对啮齿动物群落的研究很多，Grant、Brown、Hafner和钟文勤等分别对草原、荒漠灌丛、高寒草甸、山区、岛屿、荒漠农田及城郊的鼠类群落进行了研究，Huntly、Retchman和夏武平等人先后研究了草原、高寒草甸及荒漠等自然景观中鼠类群落优势种对植物群落演替的作用；Grant、Bowers和刘季科等人从区域尺度验证了鼠类群落结构特征由其栖息环境决定的假设；杨春文、范喜顺和卜书海等人对不同林区的啮齿动物群落结构和演替等进行了研究。韩崇选等（2004）通过对陕西关中北部塬区灌木疏林、荒坡和退耕林地的啮齿动物群落多样性研究，探讨退耕林地与灌木疏林地和荒坡林地啮齿动物群落的演变规律，为林区啮齿动物的生态治理决策提供科学依据。

（二）群落丰富度

群落的丰富度（richenss）是表征群落中包含多少个物种的量度。不同群落给人们的直观印象之一，就是有的群落特别丰富，而有些群落的物种稀少。在地球上群落丰富度最高的也许是热带雨林。伊藤嘉昭（1975）说，当你在亚寒带针叶林中直线行走 100 m 距离，碰到的高大树种类不过 2 ~ 3 种。而在热带雨林每前进 100 m，同种的树却很少出现。在动物中，对鸟类的种类了解得最为清楚，在欧洲和北美等地，鸟的种类几乎已全被记录，因而用鸟的种类来说明这一事实，可靠性很高。Mac Arthur 和 Wilson（1967）列举了美洲北部区 23 万 km² 所繁殖的大陆鸟类：在加拿大的冻土地带鸟类 30 ~ 50 种，在加拿大南部的塔伊加有 120 ~ 130 种，到加利福尼亚南部和墨西哥北部的浓密阔叶灌丛中有 160 ~ 170 种，而到墨西哥南端的热带雨林多达 500 ~ 600 种。

四、生态位及种间关系

（一）生态位

1. 生态位（ecological niche）的概念　生态位最早是格林尼尔（Grinell）在 1917 年应用的，以表示对栖息地再划分的空间单位，换言之，即生物出现在环境中的空间范围。1927 年 Elton 提出，生态位是有机体在群落中的机能作用和地位（functional role and position），使生态位的概念得到了扩展。之后，哈里森（1958）把环境因素数值化，并把环境变量的多维概念引入生态位中，认为生态位是群落中每一物种需要的特殊环境（物理的生物的复合体）及其独特功能，形成"超体积生态位"（hypervolume niche）的概念。能够为某一物种所栖息的理论上最大空间，即为基础生态位（fundamental niche）。但实际是很少有一种动物能全部占据其基础生态位，当竞争存在时，此一物种必然只能占据基础生态位的一部分空间，这一空间就称为实际生态位（realized niche）。参与竞争的种越多，该种占有的实际生态位的空间就越小。

2. 生态位宽度（niche breadth）　生态位宽度是生物利用资源多样性的一个指标。在现有资源谱中，仅能利用其一小部分的生物，就称为狭生态位的，能利用其很大部分的，则称为广生态位的。对生态位宽度定量的方法很多，以把资源分为若干等级，并调查记录各个物种利用各个资源等级的数值。

(1) Shannon-weiner 的生态位宽度指标（B_i）

$$B_i = \frac{\lg \sum N_{ij} - \dfrac{1}{\sum N_{ij}} \sum N_{ij} \cdot \lg N_i}{\lg r}$$

公式中，B_i 为第 i 个物种的生态位宽度，N_i 为第 i 个物种利用第 j 个资源的数值，r 为生态位资源等级数。当物种利用资源序列的全部等级，并且在每个等级上利用资源相等（即 $N_i = N_2 = \cdots\cdots N_r$）时，该物种生态位宽度最大；如果该物种利用资源序列中的 1 个等级，则该物种的生态位宽度最小，$B_{min}=0$。

(2) Levins（1968）的生态位宽度指数（B_i）　生态位宽度是物种利用或趋于利用所有可利用资源状态而减少种内个体相遇的程度，或为生态专一性的倒数。物种的生态位宽度越大，其对环境的适应性就越强。Levin（1968）的生态位宽度指数公式为：

$$B_i = \frac{\left(\sum\limits_i N_{ij}\right)^2}{\sum\limits_i N_{ij}^2} = \frac{1}{r \sum\limits_{i-1}^{n} P_{ij}^2} \qquad B_{min}=1 \qquad B_{min}=\frac{1}{S}$$

公式中，P_{ij} 为第 i 个物种数量在第 j 个群落中的组成比，$i=1、2\cdots\cdots$群落的物种数，$j=1、2\cdots\cdots n$；n 为群落总数；$0<B_i\leq 1$，B_i 越趋向 1，物种的生态位宽度越大；B_{max} 为生态位宽度的最大值，B_{min} 为生态位宽度的最小值；B_i、r 同上。

(3) 生态位相似性比例（Proportional similarity）　群落的相似性比例表示了群落中两物种之间的分布和利用资源的相似程度。Cowell 和 Futuyma（1971）生态位相似性比例（P_s）

$$P_s = 1 - 0.5 \sum_{i=1}^{s} \left| \frac{N_{ij}}{N_i} - \frac{N_{hj}}{N_h} \right| = 1 - 0.5 \sum_{i=1}^{s} \left| P_{ij} - P_{hj} \right|$$

式中，P_s 为 i 物种和 h 物种之间的比例相似性，N_{ij}、N_{hj} 为 i 物种和 h 物种在 j 资源等级中出现的数值，N_i、N_h 为物种 i 和 h 在所有资源中出现的数值，S 为各群落中相对应的物种数，P_{ij} 和 P_{hj} 为物种 i 和 h 在第 j 个群落中的组成比。

$\left| \dfrac{N_{ij}}{N_i} - \dfrac{N_{hj}}{N_h} \right|$ 为绝对值，反映了两个物种之间利用资源比例之差。该指数的取值范围是 $0 \leqslant P_s \leqslant 1$，0 表示完全不相似，1 表示 100 % 的相似。

3. 生态位重叠（Niche overlap） 生态位重叠是两个物种在其与生态因子联系上的相似性，是种群对相同资源的共同利用，或者是共有的生态空间资源区域。

（1）Levins 的生态位重叠指数（Ns）

$$Ns_{ij} = \sum_{h=1}^{n} P_{ih} \cdot P_{jh}(B_i) \qquad Ns_{ji} = \sum_{h=1}^{n} P_{ih} \cdot P_{jh}(B_j)$$

公式中，Ns_{ij} 和 Ns_{ji} 分别为物种 i 对物种 j 和物种 j 对物种 i 的生态位重叠，P_{jh} 和 P_{jh} 为物种 i 和 j 在第 h 个群落中的组成比，B_i 和 B_j 为物种 i 和物种 j 的生态位宽度。

当两物种在任何一资源都不重叠时，$Ns_{ij} = Ns_{ji} = 0$；当两物种利用资源等级完全重叠时，i 种对 j 种的重叠正好等于 i 种的生态位宽度，即 $Ns_{ij} = B_i$；j 种对 i 种的重叠正好等于 j 种的生态位宽度，即 $Ns_{ji} = B_j$；当 B_i 大于 B_j 时，虽然两物种生态位重叠部分的绝对值相同，但 i 物种对 j 种的重叠大于 j 种对 i 种的重叠。

（2）Hutchinson（1978）的生态位重叠指数（C） Hutchinson 的生态位重叠指数考虑了在群落序列中资源不等价的问题。

$$C_{ij} = C_{ji} = \sum_{h=1}^{s} \frac{P_{ih} \cdot P_{jh}}{P_h}$$

公式中，C_{ij}、C_{ji} 分别为物种 i 对物种 j 和物种 j 对物种 i 的生态位重叠，j、S、P_{jh} 和 P_{jh} 与 Levins 的生态位重叠指数公式中的相同，P_h 位资源系列第 j 等级的资源占所有可利用资源的比例。

（3）Shannon–weiner 的生态位重叠指数（C）

$$C_{ij} = \frac{\sum [(N_{ih} + N_{ih}) \cdot \lg(N_{ih} + N_{jh})] - \sum N_{ih} \lg N_{in} - \sum N_{jh} \lg N_{jh}}{(N_i + N_j) \lg(N_i + N_j) - N_i \lg N_i - N_j \lg N_j}$$

公式中的符号定义与上述公式相同。取值范围：$0 \leqslant C_{ij} \leqslant 1$。

4. 生态位分离和性状替换

（1）生态位分离（niche separation）　　是指两个物种在资源序列上利用资源的分离程度。假定两个物种各自在连续资源序列上的资源利用曲线为一钟形曲线，设它们的平均分离度为 d，各自的变异度为 W（用68%的标准差表示），则生态位分离的程度（N_p）为

$$N_p = \frac{d}{w}$$

当生态位充分分离时，d/w 值大；当生态位高度重叠时，d/w 值小。

（2）性状替换（character displacement）　　性状替换可以理解为由于竞争造成生态分离的证明。指两个亲缘关系密切的物种若分布在不同的区域时，它们的特征往往十分相似，甚至难以区别。但在同一区域分布时，它们之间的差异就明显，彼此之间必然出现明显的生态分离。这就会出现一个或几个特征的相互替换。这种性状替换现象是近缘种之间相互激烈竞争的结果。

上述生态位特征的测定，虽然简单，但已被普遍用在群落种间关系的分析中。应用这些测度值时，必须注意它们的生态学含义及其变动范围；并且在比较群落中不同物种之间的生态位特征时，应该选择同一种计算方法，以保证测度值的可比性。

（二）群落内种间关系

群落内各物种之间的相互关系是群落生态学研究中的一个重要内容，因为种间关系是群落赖以生存的基础。生态系统内的能流与物质循环是群落的主要功能，这种功能归根到底是物种间取食与被食的关系在起作用；群落的分布格局和发展演替在很大程度上也受着种间关系，特别是种间竞争的影响。显然，只有把群落内的物种间关系弄清楚了，甚至可以定量地描述了，才能更深刻地认识群落的营养结构和整体功能，为群落的动态预测和科学管理奠定扎实的基础。当然，要全面地、定量地研究群落网络结构中各物种之间的关系是困难的，为此，仍然不得不采用传统的种群生态学的方法，只是在阐述有欠理论时，尽可能说明种间关系对整个群落的影响和作用。

1. 种间关系的基本形式　　两个物种间关系的基本形式有 6 种（表 1-2）。若用"＋"表示有利，用"－"表示不利，用"0"表示无影响。则表示方法简单、明确，可用以定义不同物种间关系的本质特征。

两种之间相互关系的形式可能在不同条件下发生转化，或者在生活史的不同阶段有所不同。如两个物种在某一时间是寄生关系，而在另一时间成为偏利作用，到后来可能成为完全的中性作用。研究简化了的群落，或进行室内实验，可以帮助我们分离

出各种不同的相互关系类型，并可能进行定量研究，进而演绎出数学模型，有利于分析一些难以彼此分开的因素。

表 1-2 两个物种间相互作用的类型

作用类型	物种		特征
	1	2	
中性作用	0	0	两个种群相互不受影响
竞争关系	−	−	两个物种为竞争资源而带来负影响
偏害作用	−	0	种群 1 受抑制，对种群 2 无影响
捕食或寄生关系	+	−	物种 1 是捕食者或寄生者
偏利互生关系	+	0	物种 1 是偏利者，对物种 2 无影响
互利关系	+	+	对两物种均有利

2. 竞争排斥原理 在自然界里，常常可以见到具有相似环境要求的两个物种，为了争取有限的食物、空间等环境资源，大多不能长期共存，除非环境改变了竞争的平衡，或是两个物种发生了生态分离（ecological separation），否则两者之间的生存竞争迟早会导致竞争能力差的物种的灭亡。这种现象被称为竞争排斥原理（principle of competitive exclusion）。

竞争排斥原理首先由 Gouse（1934）用实验方法证明，所以又称为高斯假说（Gouse'hypothesis）。高斯用两种分类上和生态上都很近的草履虫，即双核草履虫（*Paramecium aurelia*）和大草履虫（*P. caudatum*），以一种杆菌（*Bacillus pyacyaneus*）作为饲料进行实验。当单独培养时，两种草履虫都表现为"S"型增长曲线。但当把两种草履虫放在一起培养时，开始两个种都有增长，但双核草履虫增长较快，并在16天后仍然生存，而大草履虫完全灭亡。据分析，两种草履虫都没有分泌有害物质，显然是由于竞争共同的食物而排斥了其中的一种。

3. 洛特卡—沃尔泰勒（Lotka-voltcrra）模型及其生态学含义 Lotka-voltcrra 模型是描述种间竞争的模型。其基础是逻辑斯谛模型。

当物种甲和物种乙单独存在时，其增长过程可以用逻辑斯谛方程表示：

$$物种甲为 \frac{dN_1}{dt} = r_1 N_1 \frac{K_1 - N_1}{K_1}$$

$$物种乙为 \frac{dN_2}{dt} = r_2 N_2 \frac{K_2 - N_2}{K_2}$$

若两个物种在同一空间中生长，那么每一物种的增长率除决定于本物种的密度和内禀增长率外，与种群尚未利用的空间 $(K-N)/K$ 有很复杂的关系。如对物种甲而言，在环境容纳量的 K_1 值中，除有本种已经积聚的密度 N_1 以外，还有物种乙（N_2）

也有时利用 K 的空间。那么，怎样来描述物种乙的影响呢？可以把物种甲的环境比喻为一个盒子，它能容纳 K_1 个物种甲的个体（小方块）。盒子的空间同样能为竞争者物种乙占据。同样的资源，对不同种的容纳量可能不同，在大多数情况下，一个个体所占的"空间体积"对物种甲和乙不会相等。例如，物种乙可能个体较大，需要较大的空间。可以算出二者的当量，如

$$N_1' = a \cdot N_2$$

a 表示 a 个 N_2 个体所占的 K_1 空间，相当于 1 个 N_1 个体所占的空间。在 K_1 空间中，每有 1 个 N_2 个体，其占有的空间相当于 10 个 N_1 个体，即

$$N_1' = 0.1 N_2$$

在此，"α"可以称为物种乙对物种甲的竞争系数（compitiive coefficient），它表示在物种甲的环境中，每存在一个物种乙的个体对物种甲所产生的效应。

当 $\alpha=1$ 时，表示一个 N_2 所占的空间体积与一个 N_1 相等；

当 $\alpha<1$ 时，表示一个 N_2 个体所占的空间体积比一个 N_1 的大；

当 $\alpha>1$ 时，表示一个 N_2 个体所占的空间体积比一个 N_1 的小。

假定在任何密度下，两个种的竞争系数保持稳定，则物种甲的 Lotka-voltcrra 竞争方程是：

$$\frac{dN_1}{dt} = r_1 N_1 \frac{K_1 - N_1 - \alpha \cdot N_2}{K_1}$$

同理，对物种甲来说，若物种乙的竞争系数是 β，即有

$$N_2' = \beta \cdot N_1$$

则物种乙的 Lotka-voltcrra 竞争方程是

$$\frac{dN_2}{dt} = r_2 N_2 \frac{K_2 - N_2 - \beta \cdot N_1}{K_2}$$

五、鼠类群落排序

排序（ordination）是以群落属性（或群落）为坐标轴，把群落（或群落属性）作为点进行排列出来的方法。其目的是群落或物种在一定的空间进行排列定位，使得排序能够反映一定的生态梯度，从而解释物种和群落的分布结构与环境因子间的生态联系。利用属性对群落进行排序的过程称为正排序（normal ordination）；而利用群落对属性进行排序的过程被称为逆排序（inverse ordination）。前苏联学者 Ramensky（1930）首先使用一个或两个生态因素的梯度为坐标研究了群落的排序问题。20 世纪 50 年代前后，群落排序方法逐渐成熟。按照排序坐标轴的属性，其方法基本可以被

分为两类，即，以环境因素的改变为轴的排序称为直接排序或直接梯度分析（direct gradient analysis）；以群落结构为轴的排序称为间接排序或间接梯度分析（in direct gradient analysis）。

（一）极点排序（polar ordination；PO）

极点排序是 20 世纪 50 年代中期由 Wisconsion 学派创立的排序方法，又称为 Bray-Curtis（1957）方法。其排序过程如下：

第 1 步，确定相似性或相异性指数（D_{jk}） 群落的相似性或相异性指数一般用群落间的距离系数来衡量。其计算公式如下：

$$D_{JK} = \frac{\sum_{i=1}^{p} |x_{ij} - x_{ik}|}{\sum_{i=1}^{p} |x_{ij} + x_{ik}|}$$

式中，i 为物种数，$i=1$，2，3，……p，j，k 为群落（或样方）数，$j=k=1$，2，3，……n；D_{jk} 为群落（或样方）j 和群落（或样方）k 之间的距离系数；x_{ij}，x_{ik} 为物种 i 在群落（或样方）j 和群落（或样方）k 中组成比或密度。

第 2 步，选择分类轴（X 轴）的端点 选择分类轴（X 轴）的端点是极点排序的重要特征。一般选择距离系数（相异系数）最大的两个群落（或样方），作为第一排序轴的两个端点，其中一个坐标值为 0，另一坐标值等于两者之间的距离系数。

第 3 步，计算其他各群落（或样方）在分类轴（X 轴）上的坐标和对分类轴的偏离值 X 为群落 C 在分类轴上的坐标值；0 和 $\max D_{jk}$ 为分类轴的两个端点 D_0 和 $D_{\max Djk}$ 为群落 C 与分类轴两端点群落的距离系数；为样方 C 对分类轴的偏离值。故其计算公式如下：

$$x = \frac{D_0^2 + D_{\max D_{jk}}^2}{2\max D_{jk}} \quad h = \sqrt{D_0^2 - x^2}$$

第 4 步，选择 Y 轴的端点 选与分类轴（X 轴）偏离值最大的群落作为 Y 轴的端点，并使其 Y 轴尽量与分类轴（X 轴）垂直。然后选取第二个端点，使其满足两个条件一是两个端点间的距离系数最大；二是两个端点在分类轴（X 轴）上的投影相差最小。坐标端点选择好后，按照第 3 步的方法计算其他群落在 Y 轴上的坐标值。

第 5 步，制图 用分类坐标（X 轴和 Y 轴）组成坐标图，将各群落标在坐标上。

（二）主成分分析（Principal Components Analysis；PCA）

主成分分析又叫主分量分析，是近代群落排序研究中采用较多的一种方法。1954

年，Goodall 首次采用主成分分析法进行了植物数量分析。由于该方法不需要考虑选择端点和全重，因此分析结果史接近实际。但是该方法计算十分复杂，需要借助计算机统计软件才能完成。随着计算机技术的飞速发展，该方法逐步得到了广泛的应用。

（三）群落的聚类分析

聚类分析就是根据群落或属性间的相似或相异关系，将群落或属性划分为若干组，使组内的群落或属性尽量相似，而组间群落或属性尽量相异，从而实现客观上分类的目的。在聚类分析中，一般把实体作为分类的基本单位，就群落生态学而言，实体可以是样方、标准地、区域、地段、甚至整个群落。而描述实体特征的各个信息项目，诸如群落种的组成、种的频度、个体密度、环境因子等都作为属性。不同的聚类方法只是实现分类过程的一种手段。

第六节　林木啮齿动物调查研究

一、啮齿动物数量调查

各类啮齿动物的生态习性和栖息环境不同，其数量调查方法也不相同。

（一）铗日法

铗日法适用于小型啮齿动物的数量调查，特别是夜行性的鼠类密度的调查。铗日法使用得当，可以调查当地的鼠种、相对数量、鼠类种群结构、繁殖状况等宝贵资料，是目前广泛采用的方法之一。其缺点是诱饵对各种鼠种诱惑力不同，在较短时间内不能完全反映该地的鼠种组成；鼠铗易丢失、损坏，须及时补充；所须样本量大，特别是进行种群动态调查时，铗次数不能过少。全国植保总站要求在调查鼠密度时，每一栖息地类型布放鼠铗的总数不少于 300 铗次。

一铗日是指一个鼠铗捕鼠一昼夜，通常以 100 铗日作为统计单位，即 100 个铗子一昼夜所捕获的鼠数作为鼠类种群密度的相对指标—铗日捕获率。其计算公式为：

$$P = \frac{n}{C_l \times T} \times 100\%$$

公式中，P 为铗日捕获率（%），n 为捕获鼠数（只），C_l 为布铗总数（铗），T 为捕鼠昼夜时间（d）。

铗日法通常使用中型板铗，具托食踏板或诱饵钓的均可。诱饵以方便易得并为鼠类喜食为准，各地可以因地制宜。同一系列的研究，为了保证调查结果的可比性，鼠铗和诱饵必须统一，不得中途更换。

在野外放铗时，最好两个人合作。前一人背上鼠铗并按铗距逐个把鼠灾放在地上，后一人手持一空铗，在行进中固定诱饵（也可预先把难以脱落的诱饵固定在鼠铗上）并支铗，将支好的铗放在适宜地点，顺手拾起地上的空铗，继续支铗、放铗。放铗处勿离应放交点太远，以免收铗时难以寻找。放完一行鼠铗，应在行的首尾处安置醒目的标记。

由于风雨天鼠类活动会发生变化，故风雨天统计的铗日捕获率没有代表性；若鼠铗击发而铗上无鼠，只要有确实证据说明该铗为鼠类碰翻，应记作捕到 1 鼠。

1. 铗线法　铗线法又叫铗日法、铗夜法。在栖息地内，将鼠铗按 5 m 的间隔距离放置成鼠铗线，每条线布放 100 或 50 个鼠铗，行距不小于 50 m，连捕 2～3 d，再换样方。如果鼠铗是连续昼夜放置称为铗日法，如果只在夜间布放就称为铗夜法。

2. 定面积铗日法　在每块标准地内，将 100 个鼠铗按铗距 5 m、行距 20 m 的平行线、或按 Z 字形、棋盘式等形式顺势布放。鼠铗布放后，间隔 24 h 进行检查，用空铗将已捕获鼠的鼠铗替换，48 h 后将捕鼠铗全部收回（有条件的地方，为了获得更准确的捕获率，可将收铗时间延长至 72 h，并间隔 12 h 检查一次）。逐日统计捕获害鼠的数量并分雌雄记载。在备注中注明是 48 h 还是 72 h 的捕获数。并计算捕获率。沙鼠类调查时，在 1 hm² 标准地内，将所有沙鼠洞口堵塞。24 h 后，以新鲜胡萝卜为食饵，在鼠抛开的有效洞口布铗，共 100 铗次。统计堵洞数、有效洞数、百铗捕获数，计算百铗捕获率和鼠口密度，连续调查 5 d。

$$有效洞口系数 = 有效洞数 / 堵洞数$$
$$校正百铗捕获率 = 百铗捕获鼠数 \times 有效洞口系数(\%)$$
$$标准地鼠数量 = 堵洞数 \times 校正百铗捕获率$$
$$害鼠密度(只/hm^2) = \sum 逐日标准地害鼠数量 / 标准地面积$$

（二）统计洞口法

统计一定面积上和一定路线上鼠洞洞口的数量，也是统计鼠类相对密度的一种常用方法。该方法适用于植被稀疏而且低矮、鼠洞洞口比较明显的鼠种。

统计洞口时，必须辨别不同鼠类的洞口。辨别的方法是对不同形态的洞口进行捕鼠，观察记录各种鼠洞洞口的特征，然后结合洞群形态（如长爪沙鼠等群居鼠类）、跑道、粪便和栖息环境等特征综合识别。同时，还应识别居住鼠洞和废弃鼠洞。居住鼠洞通常洞口光滑，有鼠的足迹或新鲜粪便，无蛛丝。

根据不同的调查目的，选择不同大小面积的样方，一般样方面积为 0.25～1 hm²。还可根据不同需要，分别采用方形、圆形和条带形样方进行统计。

1. 方形样方　常作为连续性生态调查样方使用。面积可为 0.25、0.5、1 hm²，样方四周加以标志，然后统计样方内各种鼠洞洞口数。统计时，可以数人列队前进，保持一定间隔距离（宽度视生境植被情况而，草丛稀可宽些，草丛密可窄些）。注意防止重复统计同一洞口，或漏数洞口。

2. 圆形样方　在已选好的样方中心插一根长 1 m 左右的木桩，在木桩上拴一条可以随意转动的测绳，在绳上每隔一定距离（依人数而定）拴上一条红布条或树枝。一人拉着绳子缓慢地绕圈走，其他人在红布条之间边走边数洞口。最好是在数过的洞口上用脚踩一下，作为记号，以免重数或漏数。如果只有两人合作，可用 3 条长度相同的绳子。绳子一端拴上铁环，另一端拴上铁钉。将铁环套在圆心的木桩上，按一定距离将铁钉固定在圆周上。然后，分格从圆心向圆周数洞口。第一次数完后，移动绳子，再分格统计洞口。如此，反复交替数完为止。如果只有一人操作时，也可以从外边开始，把测绳分段，每绕 1 圈数 1 层。分几圈数完为止。

3. 条带形样方　条带形样方法也叫路线调查法，适合有明显痕迹，如土丘（鼢鼠、棕色田鼠、鼹形田鼠）、洞口（沙鼠、黄鼠）或白天频繁活动（鼠兔、旱獭）的鼠类密度调查。其方法是选定一条调查路线，长一千米至数千米，要求能通过所要调查的各种生境。在路线上调查时，用计步器统计步数，再折算成长度（m）；行进中按不同生境分别统计 2.5 m 或 5.0 m 宽度范围内的各种鼠洞洞口数。用路线长度乘以宽度即为样方面积。两人合作调查最为适宜。计算公式为：

$$P = \frac{n}{10L \times B}$$

公式中，P 为鼠口密度，单位为只/hm²（或洞群/hm²、土丘群数/hm² 等），n 为调查的鼠数（或鼠痕迹数），L 为条带样方的长度，单位 km，B 为条带样方的宽度，单位 m。

在大面积踏查时，条带形样方调查可乘马、乘车进行，线路长度骑马时用平均速度与统计时间的乘积表示，乘汽车时可采用汽车里程表上的数据；条带宽度以能清晰地观察统为样方面积。

应用条带形样方统计大沙鼠洞群密度时，可先假定直线所穿过的洞群数等于路线带中具有的洞群数，带的宽度相当于洞群的平均横径（与路线方向垂直的横径）。这样，在调查中，只要统计直线所通过的洞群数目，即使是通过其少部分的也计算在内，并测定洞群的横径，然后根据许多洞群的横径求出平均横径。以直线的总长度乘以平均洞群横径，就是路线带的总面积。那么，只要以直线所通过的洞群数除以路线带的总面积，就会得到洞群密度，即单位面积中的洞群数。其计算公式为：

$$洞群密度=\frac{调查线路通过的洞群总数}{路线总长 \times 洞群平均横径}$$

这个方法较为简便，误差小，结果可靠。

4. 洞口系数调查法　洞口系数是鼠数和洞口数的比例关系，表示每一洞口所占有的鼠数。应测得每种鼠不同时期的洞口系数（不同季节鼠的洞口系数不同）。

洞口系数的调查，必须另选与统计洞口样方相同生境的一块样方，面积为0.5~1.0 hm²。先在样方内堵塞所有洞口并计数（洞口数），经过24 h后，统计被鼠打开的洞数，即为有效洞口数。然后在有效洞口置铗捕鼠，直到捕尽为止（一般需要3 d左右）。统计捕到的总鼠数，此数与洞口或有效洞口数的比值，即为洞口系数或有效洞口系数。

$$洞口系数（或有效洞口系数）=\frac{捕获鼠总数}{洞口数（或有效洞口数）}$$

对于可分出单独洞群的群居性鼠类，可不设样方，直接选取5~10个单独洞群，统计洞口系数或有效洞口系数。调查地区的鼠密度，在查清洞口密度或有效洞口密度的基础上

$$鼠密度=洞口系数 \times 洞口密度$$
$$鼠密度=有效洞口系数 \times 有效洞口密度$$

用有效洞口系数求出的鼠密度准确度较高，但费工也多。

5. 定面积堵洞法　在一定面积内，把所有的洞都刨开，若是一般的洞就把洞堵上，如果是鼢鼠、棕色田鼠的洞，就打开其洞口，做好标记，统计数量；经24 h后检查，被盗开的洞的数量，鼢鼠、棕色田鼠封的洞数量，然后计算单位面积内的鼠的密度。取样要有代表性，各种不同类型的林地，样地面积最好选1 hm²，不应少于0.5 hm²，样地面积过小，误差很大。这种方法的缺点：各种林地鼠种的洞穴彼此不分，只能一般地统计鼠类的总数，不能分种。如果经验丰富，可以根据鼠的足迹、粪便、食迹残余、洞穴的位置、形状，确定洞穴居住鼠种。

（三）鼢鼠密度调查法

1. 样方捕尽法　选取0.5 hm²的样方，用弓箭法或置铗法，将样方内的鼢鼠捕尽。捕鼠时，先将鼠的洞道挖开，即可安置捕鼠器，亦可候鼠堵洞，确知洞内有鼠后再置捕鼠器。鼠捕获后，一般不必再在原洞道内重复置铗，但在繁殖前或产仔后或个别情况下，偶有二鼠同栖一洞时，仍应采用开洞法观察一个时期，防止漏捕。一般上午（或下午）置铗，下午（或次日凌晨）检查，至次日凌晨（或次日下午）复查。每次检查以相隔半日为宜，捕尽为止。这一方法所得结果，接近于绝对数值。但费时费

力，大面积使用比较困难。

2. 大面积捕尽法　鼢鼠的洞道在地下的分布是极不均匀的。一个鼢鼠的洞道常迂回曲折，延及数百米以上，也有在小面积土地上聚有多只鼢鼠的洞道。故可采用大面积捕尽法。这种方法可避免统计数量偏高或偏低的现象，得到比较接近于自然的数量。

选取样地的数量和类型，根据调查目的和要求而定。通常可按大比例尺地图依各景观或生境在工作地区中所占百分比确定。调查时间长短主要取决样地鼢鼠密度和调查者对鼢鼠地表活动迹象的判断能力及其对捕捉鼢鼠技术掌握的熟练程度。

欲精确计算样地内的鼢鼠数量，首先测算样地面积。对平整的样地，步测后直接计算即可；对不整多边形的样地，需进行面积测算。依据样地内捕获的鼢鼠数量与面积的比值，即可测知单位面积内的鼢鼠数量。即：

$$鼢鼠密度(只/hm^2)=样地内鼢鼠总数/样地面积$$

综上所述，对鼢鼠数量统计调查，采取大面积捕尽法的优点是：较精确地反映自然种群数量，调查结果误差小；可以同时收集多种生态学资料，只是每单位样地调查需要时间较长。

3. 切洞封洞法　在土丘不明显的情况下，利用鼢鼠的堵洞习性采取切洞堵洞法进行调查。具体方法是：在样地内，沿洞道每隔 10～15 m（视鼢鼠在地面上拱起的土丘分布而定）探查洞道，并切开洞口，要求每公顷切洞口 100 个，不足 100 个均按实际切洞数计。切洞一昼夜后调查堵洞数，堵洞者即为有效洞口。以鼢鼠堵洞与切开洞口数之比值，求出一定面积内鼢鼠数量。在统计上，堵洞率低于 30%，说明鼢鼠在前一个时期处于大量死亡或迁移；堵洞率高于 60%，说明鼢鼠个体发育良好，没有受到抑制。

采用切洞封洞法调查鼢鼠，方法简便迅速，适用于广大地区，但其缺点是不能较精确地反映数量。因为在实际调查中常发现一只鼢鼠的洞道时或长而曲折，时或聚集一处；被切开的多个洞口，往往属于一个洞系，只为一鼠所堵；也可能属于多个洞系，为多只鼠所堵；至于繁殖季节，还有两只鼠同居一洞的现象。为了克服上述问题，可在有效洞口采取弓箭（地箭），将其鼢鼠全面捕尽，求出样地鼢鼠数与有效洞口数系数。以样地内有效洞口数乘系数即可得出鼠口密度。

4. 土丘群系数法　每种立地类型选择一块面积 1 hm² 的标准地，统计标准地内的新土丘数。根据土丘挖开洞道，间隔 1 昼夜进行检查，凡封洞者即为有效洞。在有效洞布十字形弓箭，弓箭与洞口的距离为切开洞口直径的 2 倍。一昼夜检查一次，及时重设弓箭，连续捕杀 2 昼夜。然后统计捕获的鼢鼠数量和鼠种，计算出土丘系数和捕获率。根据下式计算土丘系数：

$$土丘系数=实捕鼢鼠数／土丘数$$

然后在各种立地类型标准地内分别统计土丘数，乘以土丘系数，则为鼢鼠的相对数量。

$$鼢鼠密度(只／hm^2)=标准地内鼢鼠数／标准地面积$$

捕获率计算公式如下：

$$p=\left[n／(N×H)\right]×100\%$$

p.捕获率；n.捕获的鼢鼠数；N.设置弓箭数；H.捕鼠昼夜数

捕获率可作为鼢鼠密度的相对指标。

（四）标志重捕法

标志重捕法在野外调查时能同时获得大量信息，如种群密度、巢区、活动距离、存留率、丧失率，季节迁移等，所以应用很广。

1.操作过程　用捕鼠笼按一定规程捕捉活鼠。布笼方式一般采用棋盘式，笼距因鼠种不同而异，如田鼠一般为 10～15 m，姬鼠和仓鼠一般 10 m；笼数最好有 100 个。

先将捕鼠笼在待调查地段按行、列布成方阵，预诱 2～3 d，即敞开笼门，让鼠自由进出鼠笼，取食诱饵，不捕捉，使鼠适应捕鼠笼。诱饵因鼠种而异，一般经验是花生米较好。捕鼠前先将布笼点定好坐标，例如Ⅲ-5 即为第三行第五列鼠笼。预诱后开笼捕捉，捕捉期可，每天至少查两次鼠笼。捕到的鼠应进行标志。标志的方法很多，如切趾，带标明编号的耳环、脚环等。国内常用切趾法，此法可靠，不易损失标志号。

切趾法即切去鼠前后足的不同的趾来表示该鼠的号数。如个位数字用右后足趾表示，十位数字用左后足趾表示，百位数字用右前足趾表示，千位数字用左前足趾表示。鼠的后足有 5 趾，可由内向外（即内拇指至小趾）每切去一趾代表号数 1～5，切去内侧2 趾（拇指和食趾）为 6，切去食趾和中趾为 7，切去中趾和无名趾为 8，切去小趾和第 4 趾为 9。鼠的前足多为 4 趾，由内向外，每切去 1 趾代表号数 1～4，切去内侧2二趾为 5，切去由内向外第 2 和第 3 趾为 6，切去第 3 和第 4 趾为 7，切去第 1 和第 3 趾为8，切去第 2 和第 4 趾为 9，不切者为 0。为了容易辨别个别足趾所代表的数字，可以事前绘一张全部四足每一足趾都有数字的图，以后便可根据图中所列数字进行计算。

标志流放工作需由 2 人协作进行。一人专司标志，另一人作登记及协助工作。标志时，用大小适当的布袋套住鼠笼笼门、提起活门，驱鼠进入袋内，用手捏住袋口，并将其连续折叠，以防鼠从袋口逃出。先称量体重（布袋和鼠的总重量减去布袋的重量），然后隔着布袋将鼠捏住，打开袋口，用一只镊子将鼠后腿铗住拉出袋口，先将鼠趾消毒，再切趾编号（齐趾根切去）。最后用镊子将鼠的尾根铗住，使鼠腹面向上，用另一手持镊子轻轻撕拉肛前皮肤，如发现有另一开孔，即为雌体，否则为雄体。逐项记录鼠的种名、性别、标志号、捕获日期、进笼号数、体重等。标志毕，立即就地释放。

2. 种群大小的测度方法

（1）Lincon 指数法（Lincon index method）　　在封闭的种群中（无新生、死广亡和迁移），若被标志者分布均匀，则被标志鼠与末标志鼠被重捕的概率相等，即总体中被标志者所占比例与重捕样品已标志者所占比例相等。该法仅适用于一次标志，一次重捕的调查估计。设 N 为总鼠数；M 为总体中被标志鼠数，即第一次捕捉时的标志流放数；n 为重捕的样品鼠数；m 为重捕样品中已标志鼠数。则：

$$\frac{M}{N}=\frac{m}{n} \qquad N=\frac{M \cdot n}{m}$$

其标准误（$S.E$）为：

$$S.E=N\sqrt{\frac{(N-M) \cdot (N-n)}{M \cdot n \cdot (N-1)}}$$

95%置信区间为 $N \pm 2S.E$。

例：标志流放了沙鼠 45 只，重捕得 40 只，其中已标志鼠有 18 只。求此地沙鼠数及其置信区间。

$$N=\frac{45 \times 40}{18}=100（只）$$

$$S.E=100 \times \sqrt{\frac{(100-45) \quad (100-40)}{45 \times 40 \times 99}}=13.61$$

95%置信区间为 $100 \pm 2 \times 13.61 = 100 \pm 27.22$（只）。即估计该地沙鼠 95%的可能在 72.78 ~ 127.22 只之间。

（2）Schnable 估测法（Schnable method）　　因为 1 次标志 1 次重捕难以获得足够的重捕数，于是产生了多次标志多次重捕法。Schnable 估测法法仍然假定种群是封闭的，所以要在短时间内多次重捕才行。在标志、重捕中收集下列基本数据：

n_i 为 在第 i 次取样时的捕获鼠数；

m_i 为 在第 i 次捕获物中的已标志个体总数；

U_i 为 在第 i 次取样时，新标志并释放的个体数；

M_i 为 在第 i 次取样时，总体中已标志个体的总数。

在一般情况下，$n_i = m_i + U_i$，但是，若操作中出现了死亡，则 $n_i > m_i + U_i$。

总体的估计量（N）公式为 $\hat{N}=\dfrac{\sum n_i M_i^2}{\sum M_i m_i}$

如要估计 $\hat{N}$ 的置信区间，一般要先求出 $1/N$ 的方差 $S_{1/N}^2$：

$$S_{1/N}^2 = \frac{\dfrac{m_i^2}{n_i} - \dfrac{\left(\sum m_i M_i\right)^2}{\sum n_i m_i^2}}{a-1}$$

a 为取样次数。然后求出 $1/N$ 付的标准误：

$$S_{1/N} = \sqrt{\frac{S_{1/N}^2}{\sum\left(n_i M_i^2\right)}}$$

最后估计种群大小（N）的 95％ 置信区间。查自由度为（$a-1$）时的 $t_{0.05}$ 值，$1/N$ 的置信区间为 $1/N \pm t_{0.05}S_{1/N}$。取其倒数，即可得到 N 的 95％ 置信区间。

（五）去除取样法

在一个封闭的种群里，用同样的方法，可以从总体中捕得一定比例的个体。如连续捕捉，每次捕得的鼠数将逐次递减，而获鼠总数会不断上升，当日捕获鼠数为 0 时，获鼠累积数就相当于当地鼠的总体数量。即，日获鼠与获鼠累积数呈一元线性回归。因此，将每日捕获鼠数作纵坐标（Y 轴），获鼠总数作横坐标（X 轴），可得一回归直线，该线与 X 轴的交点即为总体的估计值。

在样方中划出间隔距离为 10～15 m 的网格，共 8×8 格，每一交叉点放鼠铗 2 个，须诱 2～3 d，然后连续支铗捕鼠 5 d，将每天捕鼠数填于表 1–3 中。按表中数据作图或求出一元线性回归模型，令 Y=0，求出 X 值，即为总体的估计值。

二、啮齿动物区系调查

区系调查的目的在于正确认识啮齿动物区系组成特征和其分布规律，及其与各种自然条件之间的相互关系。

（一）自然概况与生境条件分析

动物的地理分布与自然环境条件之间有密切的关系。在调查啮齿动物区系时，首先应收集调查样地的地理位置、海拔高度、气候条件、地质与土壤、水文以及植被信息。这些资料也可查阅当地有关的文献资料来获得。

由于气候、土壤以及地形所引起的土壤水分的差异，植被类型亦有明显的不同。不同的生态条件的差异，也会影响动物群落的特点。因此，地形与代表性植被类型常常是划分动物生境的主要依据，并以此命名。例如，滩地及山地阴坡草甸、山地阳坡草原化草甸、山间洼地沼泽化草甸、山地阴坡、河滩灌丛、人工幼林等。

（二）标本采集与鉴定

种类组成指的是组成区系的不同种的啮齿动物的集合。在不同生境内，用不同方法日夜捕捉各种啮齿动物。一般说来，调查时间越长，调查次数越多，所获得种类越齐全。将捕获的啮齿动物制成标本，然后借助检索表及有关专著鉴定种类。此外，也可根据鼠洞、土丘、鼠粪或动物活动的痕迹间接识别鼠种。不过，此种方法必须在积累了大量实践经验的基础上才能采用。通常仅适用于优势种和常见种或具有显明特点的某些种属，一般仅作为辅助的调查方法（表1-3）。

1. 标本制作前的准备　将捕获的标本装入布质鼠袋中，并附一张注明采集时间和地点的卡片，将袋口扎紧。需要处死活鼠时，可用粗长针经耳孔刺入延脑深处即可。杀死大型的鼠类时，最好用折断其颈椎的方法处死。原则上一鼠一袋，亦可一袋装一种鼠。回到实验室后，将死鼠及鼠袋一并放入可密闭的容器内，放入适量的乙醚或氯

表 1-3　啮齿动物登记卡片

编号			调查日期	年　　月　　日	
地点		县乡镇村	采集方法		
生境					
中文学名					
中文别名					
性别		♂　　♀	鼠龄/月		
外形测量（重量单位 g；长度单位 mm）					
体重		体长	尾长	后足长	耳长
雌体状况（个体数量单位，只；重量单位 g；长度单位 mm）					
乳腺			阴道口		
左子宫胚胎数		胚胎最大宽度		胚胎最大长度	
右子宫胚胎数		胚胎最大宽度		胚胎最大长度	
左子宫吸收胚胎数			右子宫吸收胚胎数		
第一代左子宫斑数			第一代右子宫斑数		
第二代左子宫斑数			第二代右子宫斑数		
雄体状况（重量单位 g；长度单位 mm）					
睾丸重量		睾丸长度		睾丸下垂状况	是否
附睾有无精子					
胃内容物充满度			胃内容物重量/g		
胃内容物成分					
备注					
采集人					

仿，进行灭虫灭蚤处理，在疫源地区，操作时一定要加强防护，注意安全。

供剥制标本的样本，要新鲜完整，但新捕获的鼠一般要等死鼠血液凝固之后，才可操作。具有保存价值的鼠种，即使有些损坏，也应制成标本。如果捕获物过于腐败或损坏实在不能剥制时，亦应进行称重、测量、编号、剖检和登记，以备统计和查考。

在剥制标本之前，先要称重，测量体长、尾长、后足长和耳长。同时，将测量的结果分别登记在采集簿（登记卡片）和标签上，并编号。

2. 标本制作

（1）毛皮标本制作　剥皮时，将鼠体仰卧在平板上或解剖盘内，头朝右边尾在左边。先用左手的拇指和食指轻轻捏起皮肤，在腹中线胸骨后缘用剪刀剪一小口，再用剪刀尖向后剪开皮肤，直至肛门（不可过深，以免切开肌层，露出内脏）。用解剖刀小心地把两侧的皮肤与肌肉分开，并推出后腿的关节，用旧剪刀或小骨剪在膝关节处剪断，轻轻地把小腿拉出，直到足跟部为止。此时，小腿的毛已向内翻，并把腿上的肌肉刮掉。另一侧用同样的方法处理。然后，切开肛门附近的肌肉，一手捏住尾基部的毛皮，另一手慢慢用力将尾椎全部抽出。切记不要用力过猛，否则会抽断尾椎。接着翻转前半部的皮肤，翻到胸部时，最好用解剖刀把胸部的皮肤和肌肉分离一下，以免刀口延长或撕破皮肤。一手握住鼠体，另一手慢慢用力拉，使皮肤和肌肉分开、露出肩部后，应换手捏住肩部一侧前肢（肩胛骨），另一手将前肢的皮肤与肌肉分开，将皮肤翻到前掌部为止，在肘关节处剪断，去掉前肢上的肌肉。最后，剥颈部和头部。亦是从后向前，使毛向内翻转。剥到头部时，在紧贴听泡的地方切断耳根。紧接着在皮与眼球之间可以看到一个白环，那就是眼睑，从白环与眼球之间剪开，注意不要损坏眼睑。随后剥离下颌和下唇，慢慢将下颌的皮与颌骨分开。剥上唇时，要先剥口角和鼻部的后端，最后才剥鼻尖。头从颈部剪下。用铅笔在纸条上标明号码，卷紧，放入鼠口腔内，另行处理。

标本的填装与缝合。首先把皮上的残肉和脂肪清除干净，把破裂的地方缝好，然后涂上防腐剂（砒矾粉或砒皂膏），特别是头、耳、四肢及尾部都要涂到。取一根比原尾椎长 $5 \sim 10\ cm$（视标本大小而定）的鸡翅羽的羽轴或削制的竹签，插入尾皮中代替原来的尾椎。在前、后肢骨上缠上棉花，多少与原来肢骨肌相似。然后把皮翻转过来，毛向外仰卧在平板上。先填装头部、颈部和胸部。用镊子铗紧棉花或其他代用品，慢慢填装。要求不要做成圆团，比原体略大些。再填装前肢的内外两侧和胸部。注意，肩部要衬出，胸部不要填装过多。再填装后肢和臀部。取两小块棉花球，用镊子插到前肢与皮肤之间，使前肢朝前，紧靠胸部，掌面朝下。最后填装腹部，使后肢紧靠臀部，向后伸直并拢，掌面朝上。尾紧靠后肢，贴紧平板。臀部亦要显示出来。填装完毕之后，将口唇合拢，把腹面的切口从前到后缝合。

将标本摆正，用镊子将眼球鼓圆，耳展开，摆正胡须，再用软毛刷将毛刷顺、刷干净。在右腿上系上标签。然后，将标本伏卧于平板上，分别在前后掌部用大头针加以固定，放在阴凉处。

（2）头骨标本的制作　把头骨用1.5％烧碱水溶液煮到能撕下肌肉时取出，挖掉舌、眼球和脑髓，把所有的肌肉清除干净，用清水冲净后，用1.5％双氧水漂白，再用清水冲净晒干。最后用绘图墨水分别在头骨顶部和下颅骨一侧标明号码，将头骨系在毛皮标本左腿上，或装入小指瓶或塑料袋中与同号标本放在一起。

3. 标本的保存　标本入库前要用药物熏蒸和灭菌杀虫，然后放入较为严密的木柜或箱中保存，同时，要加放樟脑，以防虫蛀；并要保持干燥，以防霉烂。标本入库后，必须有专人负责保管，严防混乱和丢失。

（三）数量组成分析

数量组成主要包括调查地区各种啮齿动物的比例关系，确定该种动物区系的优势种、常见种和稀有种。

1. 优势种及判别　啮齿动物群落优势种（rodent dominant species）的概念不同于植物群落中优势种的概念，应该是在群落中数量大，密度相对稳定，分布比较均匀的那些广布种。为了确定林区群落的优势种，引出优势种指数（Ds）的概念，其计算公式如下：

$$Ds = e^L \qquad L = \frac{n_i}{k^2} \sum_{i=1}^{k} P_{ik}$$

公式中，k 为调查的标准地数量或群落数；n_i 为 i 种在标准地中出现的频次；P_{ik} 为 i 种在群落 k 中的个体数占群落中的比例。对于同一群落各种群优势度的比较，$Ds = e^{\eta k}$。Ds 值越趋向 2，种群的优势度越高，$Ds \geq 1.5$ 为广布种，Ds 值越趋向 1，特化程度越显著。

2. 调查记录　一般数量统计的结果用级数来表示，定为三级，每级之间相差 5 倍或 10 倍，并以"＋"号代表级数。例如，优势种用"＋＋＋"表示；常见种为"＋＋"代表；稀有种为"＋"表示。

用铗日法进行统计时，其标准优势种为捕获率在 10％ 以上；常见种的捕获率为 1％～10％；稀有种的少于 1％。通常在一种环境中或某一地区内，优势种一般只有 1～2 种；常见种的比例较大；而稀有种的种数较少。

（四）调查数据的汇总

将调查结果经过整理分析，提出该地区啮齿动物区系组成的种类及其数量的百分比和数量级别，用表的形式列出（表1-4）。

表 1-4　啮齿动物捕获量汇总

序号	种类	捕获数量（只）	占总捕获数量比率（%）	数量级别
1				
2				
3				
……				
n				

备注：用铗日法捕获率在10%以上为优势种，计作＋＋＋；捕获率为1%～10%属常见种，计作＋＋；少于1%为稀有种计作＋。

如果调查范围不大，选代表性地点按生境进行工作，而又采用相对数量的对比时，其通用的表格见表1-5。

表 1-5　不同生境条件下的啮齿动物数量及组成调查汇总（地面鼠用铗日法，地下鼠用弓箭法）

项目		生境						
		混交林	针叶林	阔叶林	灌木林	灌木疏林	幼林	……
地面鼠	总铗日数							
	捕获数							
	捕获率（%）							
地下鼠	总样地数（hm²）							
	总布弓数							
	捕获数							
	捕获密度（只/hm²）							
各种鼠所占比例/%	甘肃鼢鼠							
	中华鼢鼠							
	棕背䶂							
	达乌尔鼠兔							
	草兔							
	……							

三、啮齿动物种群结构调查

性比和年龄组成是种群的特征之一，它与种群动态有密切的关系。

（一）种群性比

性比是种群中雌雄个体的比例关系。通常用♂/♀或♀/♂来表示，或以种群总数量:雄鼠（或雌鼠）数量的百分率来表示。

种群的性比，随季节和年份变化，调查时应在不同季节和不同年份分别统计，最好将成年体与幼体分开。在统计性成熟个体的性比时，应与种群的繁殖状况和数量动态结合起来综合分析。

对于绝大多数鼠类，可根据泌尿乳头的开口部位来确定性别，这种方法对成体、幼体，甚至乳鼠和发育到后期的胚胎都能正确鉴别（图1）。但这种方法不适合兔、河狸等外生殖器不明显的种类。河狸两性生殖器和肛门部开口在共同的类似泄殖腔的皮褶内（因未形成封闭的腔，以下称泄殖区），只有捕捉检查，有经验者才能正确判别。因为皮褶内除肛门外，两性都有肛腺囊和河狸香囊的开口，雄性无阴囊，睾丸处于腹腔内，阴茎隐于包皮内。泄殖区内只有类似阴道口的包皮皮褶，且皮褶内各管道的开口都十分宽松，皱挤在一起，给初试者鉴别带来困难。对于有经验者来说，只要在泄殖区前方用手指轻轻抚摸，即可感到皮下阴茎的存在与否，以此来确定性别。

（二）种群年龄结构

动物种群年龄结构，是各种动物种群的主要特征，也是种群生态学研究的基础。如果掌握了各月和年度种群年龄组成比，可以帮助分析月际及年间种群数量变动趋势。要研究年龄结构，首先要根据鼠类的生长规律确定划分年龄级（组）的标准特征。

一般认为小型兽类体重，体长随年龄增长而不断增长，故早期一些学者常用体重从幼体至老体进行体重等距间分组，或以体长做等距间分组，这种划分人为因素太大，且易受测量误差的影响，特别是雌性个体妊娠的干扰。

对大多数动物来说，体重和体长指标只具有幼年期使用的价值。因为许多动物在达到成年后，体重和体长不再增长。但是，这一方法很适用于一些小型啮齿类。例如，黑线姬鼠和小林姬鼠等，能随年龄增长而增加其体重。因为此法简便、有效，而被广泛使用。安徽卫生防疫所（1976）根据臼齿磨损程度，在划分黑线姬鼠年龄组的基础上，对照其体重和体长，得出与上述相对应的年龄组指标。

黑线姬鼠各年龄组的体重与体长都存在正相关，方差分析的结果证明，各组间体重、体长的均值差异极显著。当以体重鉴定年龄与体长鉴定年龄的结果不一致时则以体长为准，因为体长的变异范围小于体重的变异（如孕鼠胚胎的影响，产前与产后体重差异很大），体重还受季节营养状况、换毛周期等因素的影响。

一般来讲，研究一些生态寿命短的小型兽类的年龄组，用体重作为主要指标来划分是可行的。但由于体重受取食程度、繁殖和肥满度等因素的左右，影响年龄分组的准确性。张洁（1985）提出用胴体重（除去内脏及胚胎后的体重）划分鼠类年龄组，方法简便，相对准确，优于体重指标。王廷正首次对无齿根的鼢鼠用头骨重量法划分年龄组获得成功。

随着形态学发展，产生了许多年龄鉴定方法、诸如臼齿磨损度，眼球水晶体干重法，头骨骨学特征的一些量度，和头骨干重法，或者有人提出用主成分分析法等。各种方法都有其一定的适用范围，没有一种方法可以普遍使用。方法确定之后，就可在不同季节和不同年份分别统计鼠类种群的年龄组成，结合其繁殖状况，分析种群数量变动发展趋势。

四、啮齿动物洞穴结构调查

独居性鼠类的洞穴，在生境中的配置一般比较分散；群居性鼠类的洞穴，多密集成群。更由于生境内的地形和土壤结构的变化，有的弥散成片状，有的形成带状，亦有的形成岛状，调查时首先应予以注意。

鼠类的洞穴有永久洞和临时洞，亦有夏洞和冬洞，还有简单洞系和由洞系聚集成的洞群。鉴别各种鼠类不同类型洞穴的方法是，在不同季节挖掘和解剖不同类型的洞穴。每种类型的洞穴至少每季挖掘 5 个以上，研究其结构和利用的情况。

挖掘洞穴时，首先要把洞内的鼠捕尽，以免挖洞时，鼠另挖新洞，从而破坏原洞的结构。捕鼠时，还要注意从洞口内找到雌鼠的洞穴、雄鼠的洞穴和幼鼠的洞穴，更要注意洞穴的结构特征。

首先详细记录洞穴所处的地形、方位、土壤结构和植被类型。然后，用 2 条测绳和细麻绳结成网孔为 1 m² 的梯形测网，在现场标出纵横坐标。找到所有的洞口，并按比例在平面图上（坐标纸）绘出洞口位置、土丘大小、跑道和周围植被破坏的范围。用草束塞住所有的洞门，再依次挖洞。

挖洞时，可顺着洞道插入树枝条，沿着树枝条挖掘，并要留下一半洞道，以便进行测量和绘图。先测量洞口直径，从洞口到一个转弯处，或一个转弯处到分支处，都要测量洞道的长度和深度。遇到分支处，先沿一条支洞挖，其余分支要作标志。遇到老窝、厕所和粮仓时，要测量其大小（长×宽×高）和距离地面的深度。收集的洞道或粮仓内的食物，应放于布袋（纸袋）中，与图同一编号。如遇到 1 窝仔鼠，要测量其大小并记录其生长状况。

绘图用坐标法，即在洞系的每一点用纵横坐标定位，再按比例在坐标纸上绘图，绘成草图，再按草图绘成平面图和剖面图。

五、啮齿动物繁殖特性调查

研究啮出动物繁殖的基本手段是研究捕获的标本。为此，一般要逐月逐旬捕获一定数量的研究对象。对标本除作一般的测量记录外，应着重对性器官（内、外生殖器官）的形态变化作细致的观察记录。

（一）雌鼠繁殖的研究方法

1. 生殖周期用阴道涂片法　观察阴道分泌物和黏稠度，区别生殖周期的各个阶段。具体步骤是用光滑的火柴棒，一端裹上少许脱脂棉，插入活鼠或死亡不久的鼠尸阴道内 0.5 ~ 1.0 cm，采样做阴道涂片。涂片用龙胆紫水溶液染色。在显微镜下观察，并对白细胞、角化上皮细胞和有核上皮细胞等分别计数，求出各类细胞所占的百分数。

各时期的阴道分泌物及阴道外观特征见表 1-6。

2. 妊娠期与妊娠率　性成熟或已进入动情期的雌鼠，卵巢表面可以看到大而透明的成熟滤泡。

（1）潜伏期和妊娠初期　子宫外观上尚无变化，可看到均匀加厚的现象；有胚胎的部位在透光观察时，可见玫瑰色或褐色纹斑，但胚胎数尚不易分清。因此，只能借助观察卵巢上的黄体数（即排卵数）来判断胚胎数。

表 1-6　雌鼠各时期的阴道分泌物及阴道外观特征

时期	外观特征	分泌物	黏稠度
间情期(安静期)	阴道口开放或关闭,阴唇不肿大	黏液、白细胞、上皮细胞	涂片时黏液拉成线
发情前期	阴道口开放或关闭	上皮细胞占优势	涂片血清状
发情期	阴道口开放,阴唇肿大	角化上皮细胞占优势	涂片有颗粒状
发情后期	阴道口开放,阴唇不肿大	白细胞占优势,角化上皮细胞、上皮细胞	涂片干燥
当日交配过	阴道口关闭	精子	不成黏线状
妊娠期	阴道口关闭	红细胞	涂片时黏液拉成线
产后不久	阴道口开放,阴唇肿大	血液有形成分	

（2）妊娠中期　在子宫壁上可以看到玫瑰色球形胚胎，胎盘逐渐可见。

（3）妊娠后期　透过半透明的子宫壁，可以看到器官分化趋于完成的胚胎。

通过逐月逐旬解剖雌鼠，可计算出种群中雌体的妊娠率。

$$妊娠率 = \frac{妊娠鼠数}{成年雌鼠数} \times 100\%$$

如能在繁殖期开始就连续收集各发育阶段不同大小的胚胎，则能了解并掌握该鼠种的妊娠期、胚胎发育的全部过程和形态变化。各种啮齿动物的妊娠期不尽相同，就是同种鼠的妊娠期亦有变化。从第 1 只妊娠鼠到第 1 只哺乳鼠之间的相隔时间，大致可以推测出妊娠的天数。

3. 胚胎数和子宫斑　进入妊娠中期以后的孕鼠，在其子宫壁上可以看到明显的胚胎。胚胎数可以作为雌鼠繁殖强度的指标之一。如雌鼠营养不良，可见在子宫壁上出现吸收胚胎（死胎），也应记录下来。子宫斑是分娩后在子宫壁上留下的胎盘斑痕。对于已产仔的雌鼠，根据子宫斑的数目，可推算出已产仔数。子宫斑一般能保存半年左右或更长的时间。多周期的鼠类，新旧子宫斑相间排列，新斑黑而粗，旧斑淡而细。按照子宫斑的大小和色彩，可以推知所产窝数和每窝仔数。

4. 哺乳期　通过乳腺和乳头状态的检定、可以确定雌鼠是否处于哺乳期。乳头小，隐于腹毛中，不能挤出乳汁，表明未进入哺乳期；腹部膨大，乳腺明显，乳头也容易发现，但乳头周围无无毛区，表明是妊娠最后阶段的雌鼠；乳腺膨大，乳头明显、红润，乳头周围有无毛区，捏挤乳头能挤出乳汁，则为哺乳期的雌鼠；而只能挤出透明液体者，表明不久前才结束哺乳；乳头大，周围开始生出短毛，压挤乳头无乳汁流出者，表明哺乳早已结束。

5. 繁殖指数　繁殖指数是指整个繁殖过程中，在一定时间内，平均每只鼠可能增殖的数量。设 P 为总捕获鼠数；N 为孕鼠数；E 为平均胎仔数。则繁殖指数（I）可用如下公式计算：

$$I = \frac{N \cdot E}{P}$$

（二）雄鼠繁殖的研究方法

通常采用对睾丸的重量（左右合计）和大小（长轴）、附睾和精囊腺的研究确定雄鼠的繁殖状况。

1. 性未成熟期　睾丸在腹腔内，小而呈脂白色；附睾不发达；精囊腺小而透明，呈淡白色的小钩状。

2. 性活动期　睾丸降入阴囊，而且增大、坚实；附睾发达，在其尾部可以看到充满精液、清晰透明的输精小管，精囊腺肥大白色。剪破附睾尾做精液涂片，在显微镜下可以看到大量成熟的精子。

3. 繁殖末期　精囊腺明显退化，睾丸萎缩松软；附睾收缩变小，做涂片时，仍可看到精子。多数性成熟的雄体，在繁殖季节。睾丸自腹腔降入阴囊中，繁殖季节结束以后，重新隐入腹腔内。雄鼠睾丸位置的变比也可作为判断繁殖情况的依据。

六、啮齿动物取食调查

鼠类的食性分析包括食物基地、采食范围、采食时间、采食行为、食物组成及其利用的部分、食量及储食习性，以及整个食性的季节变化和地理变异等。因此，鼠类的食性分析不仅需要搜集大量的实际材料，而且需要多方面的动物生态学和生物学知识，尤其需要比较丰富的动植物分类学知识。目前，动物食性的分析已有多种方法，各种方法都有其优缺点，不可能适用每种动物。应该根据研究对象的特点和工作条件选择适当的方法。许多学者采用综合的方法，取长补短能达到比较完整的效果。

（一）食性测定

1. 胃内容物分析

（1）胃内容观察法　根据内容物的颜色、形态和气味进行推断，鉴定出食物的种类，由于进入胃的食物已被磨碎成食糜，鉴别要有一定的动植物学知识。胃内食糜可分为 3 类。①植物的绿色部分，有时能分出茎、叶。②植物的非绿色部分，有时能分出种子、花和根。③动物性食物，如昆虫的腿、翅，幼虫的皮，脊椎动物的羽、毛、残肢和肉等。通过上述资料的分析，计算出食物出现的频率，即某种食物在 100 个胃内容物中出现的次数作为指标，来确定该种鼠类的食性。分析胃内容物时，要尽量挑选新鲜的食糜，小心地把内容物放在培养皿中，用镊子和解剖针分离，用肉眼或借助解剖镜观察分析。

（2）胃内容物显微组织学分析法　这是对胃内容物更细致的分析方法。

● 制作植物表皮组织的参考玻片

第一步，采集坚定　采集研究地区的各种植物标本，并作分类鉴定；

第二步，撕去表皮组织　从各种植物叶片的近轴和远轴面，以及茎和根上撕取或刮取小块表皮组织；

第三步，固定　用无水乙醇固定 10 min；

第四步，染色　用 1% 铁明矾液媒染 5～20 min，冲洗，然后用 1% 的苏木精染液染色，直至获得满意的色度，冲洗掉多余的染液。

第五步，封片　配制 Apathy 氏液（阿拉伯树胶 50 g 加入 500 ml 蒸馏水中，加热溶化后过滤，再加入少量麝香草酚以防腐），用 Apathy 液作封藏剂，制作表皮组织玻片标本，盖片四周用加拿大树脂封片。

● 确定物种鉴别特征　将参考玻片置 100× 显微镜下，仔细观察茎、叶表皮组织特征。对于草本双子叶植物，可以选择表皮毛的有无及其形态，表皮细胞的形状和大小，气孔的大小和密度，以及气孔细胞和周围表皮细胞的关系作为种的鉴别特征。而木栓细胞、硅细胞、木栓状细胞和刚毛等特化细胞的有无和分布，则是禾本科植物表皮组织的鉴别特征。可以用显微镜摄影记录下来，制成参考照片。

● 制作胃内容物碎屑显微玻片标本

第一步，固定　对样区内捕获鼠类标本，将胃置于 5% 甲醛（福尔马林）溶液

中固定和保存。

第二步，冲洗　取出胃内容物，加水、充分搅拌；用 200 目尼龙网冲滤 3 ~ 4 遍。

第三步，过筛　将滤网上的碎屑阴干，在 60 ℃干燥箱中干燥 24 h，用 16 目筛网过筛，使筛下内碎屑大小基本一致；充分搅拌筛下的碎屑，使颗粒呈随机分布。

第四步，取样品　用上述方法染色、制片。

● 胃内容物中植物成分的鉴定及其在食物干重中所占比例的确定　每一胃内容物标本应制作 5 张玻片，将玻片放在低倍显微镜下观察，每张载玻片随机选择 20 个视野，将所见表皮组织与参考片对照比较，将碎屑鉴定到种。

记录每个视野中出现的植物种。统计每种植物在 100 个视野中出现的频次（n），根据表 5（Fracker，1994）将频次换算成颗粒密度（D）。用下式计算植物在胃内容物中的相对颗粒密度（RD）。

表 1-7　Fracker 100 个视野中植物出现频次(n)与植物颗粒密度(D)换算

n	D	n	D	n	D	n	D	n	D	n	D
1	1.01	18	19.85	35	43.08	52	73.40	69	117.12	86	196.61
2	2.02	19	21.07	36	44.63	53	75.50	70	120.40	87	204.02
3	3.05	20	22.31	37	46.20	54	77.65	71	123.79	88	212.03
4	4.08	21	23.57	38	47.80	55	79.85	72	127.30	89	220.73
5	5.13	22	24.85	39	49.43	56	82.10	73	130.93	90	230.26
6	6.19	23	26.17	40	51.48	57	84.40	74	134.71	91	240.79
7	7.26	24	27.44	41	52.76	58	86.75	75	138.63	92	252.57
8	8.34	25	28.77	42	54.47	59	89.16	76	142.71	93	265.93
9	9.43	26	30.11	43	56.21	60	91.63	77	146.97	94	281.34
10	10.54	27	31.47	44	57.98	61	94.16	78	151.41	95	299.57
11	11.65	28	32.85	45	59.78	62	96.76	79	156.06	96	321.89
12	12.78	29	34.25	46	61.62	63	99.43	80	160.91	97	350.66
13	13.93	30	35.67	47	63.49	64	102.17	81	166.07	98	391.20
14	15.08	31	37.11	48	65.39	65	104.98	82	171.48	99	460.52
15	16.25	32	38.57	49	67.33	66	107.88	83	172.20	99.5	529.88
16	14.76	33	40.05	50	73.40	67	110.87	84	183.26	99.9	690.78
17	18.63	34	41.55	51	71.33	68	113.94	85	186.71		

$$RDA = \frac{A \text{ 种植物颗粒密度}}{\text{各种植物颗粒密度之和}} \times 100\%$$

公式中，RDA 为 A 种植物在食物干重中所占的百分比的估计值。一般要求，一次食性分析，至少要观察 10 只鼠的胃内容物。

2. 野外观察法　野外观察方法简便易行，主要适合于白天取食的种类。该方法不仅可以查明鼠类采食的种类，还可测定出那些是主要食物，那些是次要食物，弄清其采食的时间、范围和不同月份的变化。这种方法既不用杀死动物，又不干扰动物的采集行为，可靠性强。不足之处是观察时间较长。

（1）野外直接观法的步骤和方法

第一步，确定观察场所　在进行正式观察前必须对研究对象要有一个大概的认识，尽可能搞清鼠类经常采食的场所，取食场所的植物组成和这些植物的外观特征和远距离识别特点，鼠类的取食时间等。

第二步，观察场所的标记　在确定了动物经常取食的场所后，用彩色塑料带对取食场所进行网格式标记，网格的大小依照鼠类的活动能力和地形而定，一般采用 5 m × 5 m 或 10 m × 10 m 网格。标记好的样地可以画在纸上或本地区地图上。同时，在图上标上观察样地的植物的分布状况。

第三步，观察记录　观察记录有多种方法，常用的有 4 种。

①扫描取样法　用此法观察和记录鼠类种群的食性时，然后每隔 20 ~ 60 min，在观察样方内，逐个记录鼠类的采食情况（取食的个体数量、采食时间、采食行为、食物名称、部位以及采食地点等）。记录完毕后，进入间隔期。间隔期时间一般 5 ~ 10 min，依个人的能力而定。假如用 10 min 作为观察期进行记录，5 min 作为间隔期，那么 1 h 有 4 次抽样记录，结果应填入表 6 中。观察最好从清晨开始到傍晚连续观察，如条件不允许，可将时间错开，第一天观察天亮至中午这段时间，第二天再接着从中午至傍晚观察。当确定了鼠类取食时间后，也可以在动物采食高峰时进行观察。

表 1-8　扫描取样法观察鼠类食性分析记录

观察种类			观察地点		
观察日期	年　　月　　日		观察起止时间		
观察样方内鼠类数量(只)			天气状况	温度(℃)：　　降水(mm)：　　风力(m/s)： 阴天：　　晴天：	
记录编号		样方编号		记录人	
取食植物种类	取食部位	取食高度(cm)	取食方式	取食频次	

②目标取样法　扫描取样法可以取得动物的采食高度、食物种类、采食频次等数据，但不能反映鼠类取食每种食物需要多少时间。目标取样法可以获得鼠类取食每一

种食物所需的时间数据，从而可以估算出动物对每种食物的采食量。目标取样法与扫描取样法的不同之处是在取样时间内只记录单个个体的取食情况。假如选择好 I 在第 1 个取样时间内（10 min 观察、5 min 间隔）记录个体 A，第 2 个取样时间内记录个体 B，依次类推，不断循环，记录填入表 1–9。

表 1–9　目标取样法观察鼠类取食情况记录

观察鼠种				观察地点			
观察日期	年	月	日	观察起止时间			
观察样方内鼠类数量（只）			天气状况		温度(℃)：　　降水(mm)：　　风力(m/s)： 阴天：　　晴天：		
记录编号		观察个体编号			记录人		
取食开始时间	取食结束时间	取食植物种类	取食部位	取食高度(cm)		取食方式	取食频次

　　如果想要获得全面的食性资料，上述两种方法可以交替使用，一般每月观察 5 d，每天从早到晚观察，若能积累 2 年的数据，就足够全面地反映出该鼠的食性了。

　　③扣笼法　将 1 m² 无底铁丝扣笼放在栖息地内，把笼的侧壁埋入地下约 20 cm，使鼠不致逃逸。在距扣笼适当的距离处（约 5 m）设一挡板，隐蔽观察。放扣笼之前，要详细记录植被的种类、组成和生长状况。将鼠放在扣笼中之后，记述鼠在半小时内采食植物的种类、次数及部位等。以每小时取食次数为指标，折算成百分率，来评价该鼠对各种植物的喜食程度。这种方法还能比较季节和食物条件与该鼠食性之间的关系。

　　④样圆法　用 0.0625 m² 的铁丝圆圈（28.2 cm），在样地地面鼠类啃食面上，随机取样 100 次，统计每一样圆内的植物种类、多度和被鼠啃食的种类。然后计算出每种植物在 100 次调查中出现的次数和被啃食的次数。被啃食的次数与出现的次数的比值即采食率。这种方法方便易行。但在调查之前，要把鼠类啃食面与牲畜和其他动物的啃食面加以区别。一般牛、羊成撮啃食牧草，茬面整齐；鼠类对细叶型牧草则是一根根地啃食，茬面不整齐，宽叶牧草被啃食后呈破碎的缺刻状。

　　某些鼠类在固定的地方进食，留下了大量残余食物；某些鼠类在洞系的粮仓里或洞口外贮存食物，分析这些残食、贮粮，可了解该鼠的食性。某些鼠类有颊囊，其内亦贮有形态完整的食物，可以准确地鉴别食物的种类。

　　(2) 食性数据的分析整理　野外工作结束后，取得了大量的食性数据，在分析之前应按照一定的要求，把食性观察数据进行整理。

　　第 1 步，整理出逐月食性表　根据食性观察数据，整理鼠类逐月食性表（表 1–10）。

85

表 1-10　鼠类食性逐月统计

植物名称	取食情况取食频次 P(次/h)，百分率 B(%)											
	5 月		6 月		7 月		8 月		9 月		10 月	
	P	B	P	B	P	B	P	B	P	B	P	B
种类统计												

第 2 步，整理出鼠类食物逐月变化表　根据鼠类逐月食性表，整理出鼠类食物逐月变化表（表 1-11）。当食物种类的累积数不再增加时，才可以算收集到了完整的鼠类食性资料。一般需要 2 年的食性现观察资料才能确定某种鼠的食性或食谱。

表 1-11　鼠类逐月新增物变化

月份	5	6	7	8	9	10
食物种类数						
新增种类数						
累积种类数						

（二）选择比率

用扫描取样法记录的各种食物的利用频率制表，可以比较各种植物的利用频率。利用频率最高的植物不一定是鼠类最喜欢取食的植物。这是因为有些植物数量多、分布广，鼠类利用方便，也可能因树冠大，可利用部分多而造成鼠类取食频次高。为了消除由于食物量多、面大而造成的这一假象，可采用各种植物的选择比率指标，以便得到较为准确的结果。

$$选择比率 = \frac{某种植物的利用频率}{某种植物平均盖度 \times 密度} \times 100\%$$

比较各种植物为鼠类所利用的选择比率可以较正确地反映鼠类对各种植物的喜爱程度。选择比率愈高，表明该鼠对这种植物的喜爱程度亦愈高。

（三）食物多样性

鼠类利用食物的多样性可以反映鼠类的营养水平，也可以用作不同栖息地质量评价的指标。因此，它是一个十分重要的参数。可以根据野外观察的数据计算出各月食物的多样性指数。根据表 1-12 中的各月中各种食物的比例，用香农一维纳指数

（Shannon-weiner index）计算各月的多样性指数（H）（表1-12）。

表1-12 鼠类各月食物多样性指数

月份	5	6	7	8	9	10
多样性指数						
均匀性指数						

各月的多样性指数还可以用图示的方法表达。如表1-14的数据用食物多样性指数作纵坐标，以月份为横坐标作图。

（四）食量测定

1. 笼养测定法 采用长方形铁丝网鼠笼（45 cm×30 cm×25 cm）进行试验。捕捉活鼠，单只放于笼内饲养，经2～3 d适应期后即可开始试验。每次试验4只，分成2组（2雌、2雄），连续试验3 d。投给鼠类喜食的食物，而且必须是当天采集的食物，并要满足它们的最大食量，另留1份供对照用。每次投放食物前，称重记录，下次饲喂前1 h收集残余食物称重记录，并清理饲养笼。每次试验都要同时称取对照食物的鲜重及失水后的重量，计算出试鼠实际消耗的食量。

2. 半地下池养测定法 对于鼢鼠等可采用半地下封闭型的饲养室饲养进行测定，饲养室长6.0 m，长边各建一排饲养池，每排10个。饲养池大小为100cm×60cm×35cm，砖混结构，里边用水泥沙浆粉刷，池底部中央14 cm处有一15 cm×15 cm用铁纱封住的方孔与地下相通，左边中央与右外角底部各有一个直径为6.0 cm的圆形小饲料池，饲料池上缘高于大池底部1.0～1.5 cm。对收购群众捕捉的鼢鼠，驯养3 d，选择健康、活动取食正常的个体为供试鼠进行测定。

七、药剂测定和评价

优良的灭鼠剂，应该是安全、有效、使用方便和价廉易得的。有毒的药物很多，但能用于灭鼠的仅占其极少的一部分。这是因为有毒是灭鼠的先决条件，但不是唯一条件。要使毒物进入鼠口发挥毒杀作用，还必须解决"入口"问题。经口灭鼠药一般要鼠自行食入，所以，衡量毒物是否可以用于灭鼠，通常需要考虑灭鼠剂的毒力、适口性、作用速度和杀灭效果等问题。这些不仅是正确选择和评价灭鼠剂的重要环节，也是鼠害治理研究的基础。

（一）药剂的适口性测定

适口性表明了鼠类对灭鼠剂毒饵的接受程度。判断毒剂适口性的好坏，不能依赖人类的感官和主观判断，而应直接用靶子鼠进行试验。现今衡量适口性的标准为"摄食系数"，它代表鼠类取食毒饵的比例。摄食系数的测定可以在实验室内进行，也可

87

以在灭鼠现场进行，可以仅投以毒饵（无选择性试验），包可同时投以毒饵和无毒饵（有选择性试验）。

1. 测定所用仪器、工具及试鼠　电子天平（感量不大于 10 mg）、托盘、镊子、养鼠盒（或带铁网盖的养鼠罐）、试鼠饵料（面粉、玉米粉、豆粉、骨粉、鱼粉）烘箱、小白鼠（体重 18 ~ 40 g，每组 40 只）、毒饵。

2. 原理及实验方法　适口性是指鼠类遇见该种灭鼠剂时的喜食程度或接受程度。故亦称为接受性试验。到目前为止，尚无评价适口性的统一的客观标准，只能通过毒饵与空白诱饵，毒饵与另一种毒饵的对比试验来判断适口性的好坏。适口性试验方法比较多，试鼠可以单独饲养或群体饲养；可以只投以毒饵统计死亡率（无选择性试验），也可以投以毒饵和无毒对照诱饵，统计摄食系数和死亡率（选择性试验）。除实验室试验外，还可以在灭鼠现场进行试验。常用的是群体有选择试验方法。

每组动物 20 ~ 30 只，将毒饵和无毒对照诱饵分别置入相同的盛饵 60 容器中，放入鼠笼，每 2 ~ 4 h 将毒饵和无毒诱饵的位置对调一次，8 ~ 24 h 后，分别统计毒饵 60 和无毒饵的消耗量。试鼠仍正常饲养，观察并记录其死亡情况，计算摄食系数和死亡比。

$$摄食系数 = \frac{毒饵消耗量}{对照饵料消耗量}$$

$$死亡比 = \frac{毒死鼠数}{试鼠总数}$$

一般认为，摄食系数大于 0.3 者，表示适口性好，摄食系数在 0.1 ~ 0.3 时，表示适口性尚可，小于 0.1 者，适口性较差，若小于 0.01，则不宜使用。死亡比大于 8/10 为效果好，若低于 5/10，则效果差。如果同一试验重复若干次，可以算出食饵消耗量的平均数及标准差，进一步用成对比较法检验毒饵与空白对照诱饵适口性的差异；亦可用同法比较两种毒饵的适口性。如果测得某种灭鼠剂各浓度梯度的摄食系数，可以探测毒饵浓度改变时，毒饵适口性随之而产生变化的趋势。并借以选择最适浓度。

（二）药剂致死中量测定

灭鼠剂的毒力通常用"致死中量"或"半数致死量"（median lethal dose，LD_{50}）表示。致死中量为毒死半数受试动物的剂量，其单位为每千克体重的动物所需药物的毫克数（mg/kg）。LD_{50} 愈小，灭鼠剂毒力愈强。致死中量代表群体的致死量水平，其对数为群内个体致死量对数的平均值，是最有代表性的。可以利用统计学原理，以较少的试验动物，通过适当的方法求出，因而是比较各种灭鼠剂的毒力和各种动物对某种药物感受性的最适宜的指标。但是致死中量仅能代表种群致死量的一般水平，不能反映种群中各个体对药物感受性的差别。对灭鼠药物来说，个体差的大小直接关系到灭效的高低。致死中量相近但个体差不同的两种灭鼠药物，若其他条件（如适口性等）类似，则个体差小者效果好。这是因为耐药力大的个体越少，残存鼠数越少。因此，在测定药物致死中量时，还应测定其标准误。LD_{50} 很接近的两种灭鼠剂，若标准误相差较大，灭鼠效果会有明显的区别。

1. 测定所用仪器、工具及试鼠 电子天平（感量不大于 10 mg）、托盘、镊子、养鼠盒、灌胃器，小白鼠（体重 18 ~ 25 g，每组正式实验不少于 65 只），实验用药剂。

2. 测定方法 测定前，需进行预实验，目的是找到一个 0 死亡的最大剂量和 100 % 死亡最小剂量的估计值，以决定实验中采用的最大剂量（D_m）和最小剂量（D_n）。

（1）孙氏综合法（点斜法） 测定前，需进行预实验，目的是找到一个 0 死亡的最大剂量和 100 % 死亡最小剂量的估计值，以决定实验中采用的最大剂量（D_m）和最小剂量（D_n）。

● 预实验方法 测定分四组，每组用鼠 4 只，采用灌胃法一次性给药，给药量分别为 5 mg/kg、50 mg/kg、500 mg/kg、5000 mg/kg。正常喂养，观察 3 日，记录死亡试鼠数，然后在死亡数 4/4 和 0/4 两组间按 1:2 以下的剂量比进行重复试验，测出近似的 0 和 100 % 死亡率的值。

● LD_{50} 测定正式试验 在测得 D_m 值后，进行正式测定。试验分 5 组，每组 10 只小鼠，组间按 7.0 ~ 9.5 折等比排列，各给药组和溶剂对照组按体重采用灌胃法一次性给药，试验当日多次观察，第二日至最后一日每日观察二次以上并及时记录毒性反应症状，死亡时间等，第四日全部试鼠测量体重处死解剖，观察病变情况（表 1–13）。

表 1–13 对小鼠的毒性测定原始数据和计算资料

剂量（mg/kg）	死亡数 / 动物总数	计算资料已知数据	组次	死亡率（P）	P2	几率单位（Y）
		$D_m=$ $X_m=$ $n=$ $K=$ $i=$	1			
			2			Y_h
			3			Y_c
			4			R
			5			

注：D_m，估计最大致死量；X_m，D_m 的对数值；n，每组动物数；K，组数；i，组间剂量比例的对数；Y_h，高半组 Y 值的均数；Y_c，低半组 Y 值的均数；R，Y_h 与 Y_c 间的组距数。

● 测定数据处理 对表 1–13 数据，按公式计算出该药剂对小鼠 LD_{50} 及有关的数据。

$$LD_{50}=\lg^{-1}\left[X_{m-i}\left(\sum_p - \frac{3-P_m-P_n}{4}\right)\right]$$

LD_{50} 的标准误 $\quad S_{x50}=i\times\sqrt{\dfrac{\sum\limits_{p}-\sum\limits_{p}^{2}}{n-1}}$

LD_{50} 的 95% 平均可信限 $= LD_{50}\pm4.5\times LD_{50}\times i\times\sqrt{\dfrac{\sum\limits_{p}-\sum\limits_{p}^{2}}{n-1}}$

回归线斜率： $\quad b=\dfrac{\overline{Y}_{h}-\overline{Y}_{C}}{R\times i}$

回归方程： $Y=bx+5-b\times\lg LD_{50}$

孙氏综合法（点斜法）所测的数据，采用计算机软件程序很容易计算出所有结果。

（2）Dixon 序贯法（上下法或称阶梯法）

● 测定步骤　测定采用灌胃法一次性给药，按等比级数安排 5 或 7 挡剂量。试验从大剂量开始，给药后，观察 1～10 分钟，如动物死亡，在表中用"×"记录，下一只动物降低一挡剂量给药，如存活用"Δ"表示，下一只动物则升高一挡剂量给药，依次进行到最后一只动物（试验动物数 28 只，表 1-14）。

表 1-14　序贯法测定 LD_{50} 试验记录

样品名称：

样品浓度：

试验时间：

试验用动物：

剂量(mg/kg)	试验结果(动物死亡用 × 表示,存活用 Δ 表示)																										

● 测定数据处理

表 1-15 Dixon 序贯法实验结果整理

剂量 （mg/kg）	剂量对数 （X）	总计 × △	反应数 （a）	组序 （d）	ad	Ad²

$i = $ （组次间剂量的对数差）$(N)(A)(B)$

计算： （表内反应数以"△"+ 0.5，以"×"- 0.5）。

$$LD_{50} = lg^{-1}\left[x_0 + i\left(\frac{N}{A} \pm 0.5\right)\right]$$

标准误 $S_{X50} = \dfrac{i}{\sqrt{N}}\left[1.46\left(\dfrac{NB-A^2}{N^2}\right) + 0.167\right]$

LD_{50} 的 95 % 平均可信限= $LD_{50} \pm 4.5 \times LD_{50} \times S_{X50}$

（三）药剂毒杀效果单个试验

以小白鼠和靶子鼠为试验对象，每次 10～15 只鼠。一鼠一罐，单独饲养。试验时，每罐放食饵盒 2 个，一个放毒饵，一个放对照饵料。每日称量毒饵和对照饵料的消耗量，并调换食饵盒位置，以消除鼠类对位置选择的影响。供给充足的饮水，试验期 4 d。计算毒饵和对照饵料的总消耗量及分别所占的比例，作为毒饵适口性指标，比例≥35.00 %（国标 31 %）适口性好；计算试验对象的死亡比，作为毒饵的作用效果指标，≥85 %（国标 80 %）为合格品。

1. 测定仪器、工具及试鼠 电子天平（感量不大于 10 mg）、托盘、镊子、养鼠盒（或带铁网盖的养鼠罐）、小白鼠（体重 18～25 g）、试鼠饵料、实验用药剂。

2. 测定过程 正式实验开始前，将药剂按不同的比例加入到试鼠饵料中，或用药剂浸泡小麦粒几分钟后，晾干备用。

对选择供试的小白鼠个体，按雌雄逐个称量体重，随机编号，每组的试验鼠为 10 只，一罐一鼠，加入毒饵与空白饵料，连续饲喂 3 d，3 d 后改为正常饲料饲喂，观察试鼠在取食后的反应及中毒情况，记录死亡时间及取食后和死亡前的症状。对照组用普通饲料喂养，方法同试验组。根据试鼠的死亡数计算死亡率。判断该药剂的毒性级别和适口性。

3. 数据处理

$$死亡率 = \frac{死亡试鼠数}{试鼠总数}$$

死亡率表示在试验过程中实验组试鼠的死亡情况，它反映了含毒饵料对试鼠总的毒杀情况，但它不能排除试验过程中的误差，既在试验过程中由于其他因素引起试鼠的死亡情况，采用校正死亡率表示的试验结果可以排除由于其他因素造成的试验误差。校正死亡率按以下公式计算。

$$校正死亡率 = \frac{实验组死亡率 - 对照组死亡率}{1 - 对照组死亡率}$$

采用校正死亡率可以更为准确的表达药剂对试鼠的毒杀效果。

（四）药剂毒杀效果群体试验

在大饲养池进行，每次试验 10～15 只鼠。池中四角各放一各食饵盒，毒饵和对照饵料等比投放，试验期为 4 d。在群体影响下，测定鼠对毒饵和对照饵料的消耗量。杀灭效果 ≥85 %（国标 80 %）为合格品。

1. 测定仪器、工具及试鼠　电子天平（感量不大于 10 mg）、托盘、镊子、养鼠盒（或带铁网盖的养鼠罐）、小白鼠（体重 18～25 g）、试鼠饵料、实验用药剂。

2. 测定过程　正式测定开始前，将药剂按不同的比例加入到试鼠饵料中，或用药剂浸泡小麦粒几分钟后，晾干备用。

对选择供试的小白鼠个体，按雌雄逐个称量体重，随机编号，每组的试验鼠为 10 只，放在同一饲养盒中群体饲养，加入毒饵与空白饵料，24 h 后改为正常饲料饲喂，观察试鼠在取食后的反应及中毒情况，记录死亡时间及取食后和死亡前的症状。对照组用普通饲料喂养，方法同试验组。在群体影响下，测定鼠对毒饵和对照饵料的消耗量，判断该药剂的毒性级别和适口性。

3. 数据处理

$$群体死亡率 = \frac{死亡试鼠数}{试鼠总数}$$

群体死亡率表示在试验过程中实验组试鼠的总体死亡情况，消除了因个体差异引起的杀灭率误差，更能反映毒饵的实际杀灭效果。

（五）药剂毒杀效果现场试验

对试验场地进行调查，检查鼠道和有鼠活动的场所。对家鼠类和田鼠类，在有活动的场所，设置大的分格食饵盘。内放毒饵和其他毒饵及对照饵料，供鼠选择。每日称量毒饵及对照饵料的消耗量，持续 3 d。计算供试毒饵及对照饵料的每日消耗量，作为毒饵适口性指标，摄食比例高于总的平均值，杀灭效果≥85％为合格品。

现场毒杀效果试验是在接近灭鼠实际水平上的科学试验活动。它对于检验灭鼠药物、灭鼠工具和灭鼠措施的效果以及对于指导灭鼠实践都有重要的意义；其作用是实验室试验所不能代替的。在新药剂或方法推广之前，必须经过现场试验考察。

现场试验不能代替单个试验，因为优良的毒饵必须具备3个标准，即总的消耗量、每只鼠的平均消耗量和摄食毒饵个体所占的比例。消耗量和摄食率比例愈大，杀灭效果愈好。当摄食比例为60％～80％时，即使消耗量再大，其杀灭效果也不会理想。现场试验得不到鼠的个体平均日消耗量和摄食率个体所占的比例这两个指标。

1. 现场试验的基本要求　试验目的必须明确。现场试验项目多，机械灭鼠、化学灭鼠或生物灭鼠中的任何方法都可以在现场试验中进行检验，以判断其是否有实用价值；也可以对不同方法加以对比，以鉴定其优劣。在化学灭鼠的范围内，常用的现场试验有药效比较，诱饵、药物及其使用浓度的选择，灭鼠适宜时期的选择和残效期试验等。1次试验，只能确定1个目标，解决1～2个问题。

(1) 试验区的选择　试验区应选在鼠害较严重的地区，优势鼠种及其生态环境应与计划推广的地区相同，至少应与之相近，而且要有足够的面积。为特殊目的而设置的试验区，可以不受上述条件的限制。

(2) 样方设置　药剂毒杀效果试验样方多选方形，面积为 0.25～1 hm²。样方四周应有明显的标志，外围设 10～20 m 的保护带。也可不设固定面积的样方，而用灭洞率或灭鼠率表示。但无论何种形式，都需要设边界标志和保护带。各种处理的样方应重复3～5次；同时应设对照（或对照洞口），对照样方也应设相应的重复。试验采取随机排列和有局部控制的随机排列为主，简单的对比试验，也可用对比排列法。

(3) 详细记载　记录的内容包括试验区的环境条件、样方设置、处理方式和处理时间等，最好预先设计表格，按时填写，如果附有地图则更好。记载时，应实事求是，以观察的结果为准，切勿以想象代替观察，尽量避免人为误差。

(4) 安全与保护　任何药剂现场试验，都应注意人、畜安全，试验区必须设置醒目的标志，避免人为活动对试验设施和标记的破坏，以保障试验的完整性和系统性。

2. 现场试验程序及方法　现场试验程序一般包括试验准备、实施、灭效检查和资料整理等。试验准备包括题目的确定、试验区的选择和试验设计的编写，也包括物资、设备的准备和运输等。试验实施是指在试验区内，按照试验方案设计逐步完成试验的过程。试验必须严格按照设计要求进行，执行中如果发现问题，应经过研究而修改设计，决不允许操作人员擅自修改。灭效检查，应根据试验设计的要求进行，以保证试验结果的可比性。

现场试验前 24 h，在样地内放鼠夹 50 个以上，24 h 后检查捕鼠数，投放药剂若干天（一般 3~7 d）后，用同样方法、同型号、同夹数，同样诱饵，在同一时间进行捕鼠，24 h 后检查，记录捕鼠数。

3. 结果分析　灭鼠效果通常用灭鼠率来衡量，灭鼠率直观、简便，操作性强，是传统的评估方法。但灭鼠率并不能准确地表明对害鼠打击的程度。许多鼠种繁殖力特强，灭鼠后可以很快恢复。如一对子午沙鼠每年大约生产 20 个幼仔，在灭掉 90 % 之后，下一年又会恢复到原有数量。90 % 的灭效虽然是一个相当不错的灭鼠率，但从消灭害鼠的角度来考虑，仍然没有达到要求。这当然是一个极端简化的例子，但一些实际的灭鼠试验也可以说明这个问题。

由此可见，灭鼠率不能表明灭鼠活动的真实效果，相比之下，残留密度更能说明灭鼠的成效。不过，怎样的残留密度才是可容忍的，不同鼠种之间有很大差别，不同背景下的同一种鼠也可能有所不同，显然不是随意可以回答的问题（要回答这个问题，就得测定其 EIL 及 ET）。这大概是用残留密度衡量灭效至今没能推广的原因。不过在城市灭鼠工作中和卫生灭鼠考核中，已经逐渐在应用这种标准。

灭鼠率的测定方法当鼠类密度达到一定数量，预测会发生危害时，需要采取防治措施，防治效果调查是评价灭鼠成绩和总结防治经验的重要环节，调查包括两方面内容，一是调查鼠数量减少率，二是调查林木受害的减少率。

（1）害鼠减少率调查

● 鼠铗法　在灭鼠前 24 h，在样地内放鼠夹 100 个以上，24 h 后检查捕鼠数，灭鼠若干天（一般 3~7 d）后，用同样方法、同型号、同夹数，同样诱饵，在同一时间进行捕鼠，24 h 后检查，记录捕鼠数，计算灭鼠效果，用捕鼠率表示：

$$灭鼠率(\%)=\frac{灭鼠前捕鼠数 - 灭鼠后捕鼠数}{灭鼠前捕鼠数}\times 100\%$$

● 查洞法　对于洞系明显的鼠类可选用检查掘开洞方法，先把样地里的洞堵严，洞内如果有鼠，洞被重新掘开，称为有效洞口，记录掘开洞数，并作标记，毒饵灭鼠 5~7 d 后，再次堵洞，调查灭鼠后掘开洞数，计算灭洞率：

$$灭洞率(\%)=\frac{灭鼠前堵洞数 - 灭鼠后堵洞数}{灭鼠前鼠掘开洞数}\times 100\%$$

对于鼢鼠可用开洞堵洞法，灭鼠前先把样地里的洞道掘开，洞内如果有鼠，就会将掘开的洞口堵上，并记录堵洞数，并做好标记，灭鼠 5~7 d 后，用同样的方法调查堵洞数，记录灭洞率：

$$灭洞率(\%)=\frac{灭鼠前鼠堵洞数-灭鼠后鼠堵洞数}{灭鼠前鼠堵洞数}\times100\%$$

● 校正法　以上两种方法调查灭鼠效果，会因为自然死亡及灭鼠捕鼠等原因，而造成一定程度的误差，所以在计算过程应加以校正，方法是设对照样地。和试验样地进行同样的调查，对照样地不灭鼠，计算出灭鼠原因以外鼠洞或鼠减少的百分率，作为校正值：

$$校正值(\%)=\frac{第一次调查鼠(洞)数-第二次调查鼠(洞)数}{第一次调查鼠(洞)数}\times100\%$$

计算校正灭鼠率：

$$校正灭鼠率(\%)=\frac{灭鼠前后数(洞)减少数-灭鼠数\times校正值}{灭鼠前的鼠(洞)数-灭鼠前的鼠(洞)数校正值}\times100\%$$

鼠的数量减少，在一定范围内密度降低，是防治效果的主要标准，但在林业生产中，还需要调查灭鼠使林木受害的减少率。

(2) 林木被害减少率调查

调查林木被害减少率时，需要设不灭鼠的对照地，灭鼠地灭鼠后，直到害鼠危害时期基本结束后，调查灭鼠地和对照地相同数量林木株数，一般应在300株以上，记录被害株数，计算灭鼠后林木受害减少率：

$$林木受害减少率(\%)=\frac{对照林地林木被害株率-灭鼠林地林木被害株率}{灭对照林地林木被害株率}\times100\%$$

八、林木鼠害调查方法

(一) 调查方法

结合鼠口密度调查进行。采取样株调查法。将标准地大致划分为 10～15 块样方，从中随机确定 3 块，要求样方内林木株数不少于 100 株。然后，在样方内逐株调查。计算出受害株率和死亡株率。

$$受害株率=(受害株数/调查株数)\times100\%(注:受害株数包括死亡株数)$$

$$死亡株率=(死亡株数/调查株数)\times100\%$$

地下鼠以树下有鼠洞，且松树针叶发灰、发黄色，顶芽生长缓慢判定为受害。地面鼠，对于鼯鼠、绒鼠的危害，以树干四周皮部 1/4 以上被啃食或侧枝被啃断 1～4 枝为林木受害的统计起点；对于田鼠、鼠兔的危害，以树干四周皮部 1/4 以上被啃食，或侧根际被挖啃 1/4 为林木受害的统计起点。沙鼠，将标准地划分为 4 块样方，在样方内逐株调查林木受害情况。树干、树枝被啃食即为受害。

(二) 调查情况汇总

发生面积以捕获率 1％或受害株率 3％为统计起点。其发生程度划分标准见表 1-16、表 1-17，根据害鼠捕获率和林木受害情况统计害鼠发生程度，当两种统计方法的结果交叉时，按"就高不就低"原则处理。将资料汇总填入表 1-18。

表 1-16　以捕获率统计森林鼠害发生程度划分标准

鼠种	鼢鼠			鼠兔			鼯鼠和绒鼠			田鼠		
发生程度	轻	中	重	轻	中	重	轻	中	重	轻	中	重
春季标准(%)	1~5	6~15	>16	9~24	25~49	>50	<1	1~1.3	>1.4	1~2	3~4	>5
秋季标准(%)	1~5	6~15	>16	9~24	25~49	>50	1~4	5~14	>15	1~4	5~14	>15

表 1-17　以林木受害情况统计森林鼠害发生程度划分标准

鼠种		鼢鼠、鼯鼠、绒鼠、田鼠、鼠兔			沙鼠		
发生程度		轻	中	重	轻	中	重
标准	受害株率(%)	3~10	11~20	>21	10~30	31~60	>61
	死亡株率(%)	1~3	4~10	>11			

表 1-18　害鼠(鼠兔)发生情况汇总

年份：

国家级中心测报点名称：　　　　　　　　　　　　　　　　主测鼠种：

单位	林分面积（hm²)	标准地数（块）	发生面积(hm²)				备注
			计	轻	中	重	
合计							

汇总人：　　　　　　　　　　　　　　　　汇总时间：　　　年　　月　　日

第二章　宁夏啮齿动物的分类

啮齿类属动物界（Animalia），脊索动物门（Chordata），脊椎动物亚门（Vertebrata），哺乳纲（Mammalia）的兔形目（Lagomorpha）和啮齿目（Rodentia）。过去在分类上将啮齿类统归为啮齿目（Rodentia），下分重齿亚目（Duplicidentata）和单齿亚目（Simplicidentata）。古生物学家 Simpson（1945，1975）根据古化石材料及形态解剖等特征将兔类和鼠兔类合为一独立的目，称兔形目，其余的仍属啮齿目。又根据门齿、齿虚位、颞窝和眼眶相通等特征将此两目合并为哺乳纲真兽亚纲四个股中的啮齿股（Cohort Glires）。

啮齿动物分目检索

1. 上门齿 2 对，下门齿 1 对，齿数 26~28 枚··················（图 2–1A）兔形目（Lagomorpha）

   上下各有 1 对门齿，齿数一般不超过 22 枚··················（图 2–1B）啮齿目（Rodentia）

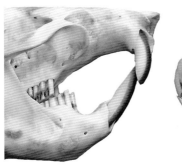

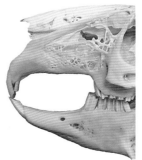

A. 啮齿目 Lagomorpha　　　　　　B. 兔形目 Rodentia

图 2–1　啮齿目与兔形目头骨形态

最早的啮齿类化石发现于晚古新世，与松鼠略有些类似，后来迅速繁盛，成为最成功的哺乳动物。

第一节　啮齿目

啮齿目（Rodentia）在脊椎动物进化上可以说是最成功的一支。其种类超过了所有其他哺乳动物种类的总和。啮齿动物在进化上获得成功的原因可能是多样的，但首先是应归于个体较小。小的个体，就可去开辟、适应大动物所不适宜的环境，从而建立大的种群。其次是繁殖力强。强大的繁殖力，意味着其具有广阔的生活区域和对各种不同生态环境的适应。啮齿动物不但在陆上生活，空中、水中也有他们的成员。空中有滑翔的鼯鼠，水中有水䶄。此外，还有荒漠中的跳鼠、森林中的睡鼠、洞穴中的鼢鼠，以及扰乱人类几万年的小家鼠。从赤道到极地，甚至高山、海岛上，到处都有他们的踪迹。

一、啮齿目主要分类特征

有关啮齿目分类学的许多问题至今未能解决。但主要是根据咀嚼肌的结构和附着情况以及牙齿、下颌骨等进行分类。

（一）牙齿

鼠类牙齿高度特化。上下各有 1 对门牙，无犬齿，留有齿隙，前臼齿消失或 1～2 枚，臼齿 3 枚。门齿仅前面有珐琅质，齿尖凿形。门齿无齿根，能终生生长，所以必须磨损，以求得生长平衡。上下相对的门齿如不能咬合在一起，对鼠类会导致严重的后果。这一独特的磨牙特性，使鼠类牙齿非常尖利、有效。这也是鼠类获得巨大成功的关键之一。

牙齿的这一特性，不是鼠类特有的，实际上鼠类这一特性出现相对较晚。生活在侏罗纪时期的哺乳动物祖先兽孔目类群（Therapsids）就有这一特性。侏罗纪出现的多瘤齿类（Multituberculates）是最早的象鼠类的小型食草哺乳动物，其数量可能很少，于始新世早期灭绝，其牙齿特点与鼠类相似。现有的袋熊、岩狸、狐猴和兔类牙齿也具有这样的特性。但像鼠类这样极端特化的例子很少。

（二）颌骨与咀嚼肌

鼠类另一重要特征是其发达的颌骨（jaw）区域以及从此开始的、参与下颌运动的咀嚼肌（masseter）。下颌骨窝（mandibular fossa）位于鳞状骨颧突的腹面，是一个拉伸了的关节窝，缺少下颌窝后突（postglenoid process），其作用是控制下颌的前后运动。颧弓（zygomatic arch）位于颧骨的中部，其作用是连结上颌颧突和鳞状骨颧突。框后突（postorbital processes）变化较大，有些种类有，有的缺。枕骨突（paroccipital processes）较大，多数可见翼蝶骨管（alisphenoid canal），但有的很小，难以发现。其他特征还包括锁骨（clavicles）的结构，前后足的趾爪数量、结构变异，颞肌（temporalis muscle）数量变化等。

1. 咀嚼肌的类型　鼠类颌骨的主要作用是通过附着在其表面的咀嚼肌，控制门齿的闭合，实现啮咬的作用。其原始咀嚼肌分为三种类型（图 2-2）。这种模式称为始啮模式（protrogomorphous condition），现仅在山河狸（*Aplodontia rufa*）上可发现。

图 2-2　啮齿类颌骨的始齿模式（山河狸 *Aplodontia rofa*）

（1）表层咀嚼肌（masseter superficialis，superficial masseter）　起于上颌骨颧突的咀嚼肌结（masseteric tubercle），终于下颌骨（mandible）底部的中后缘和隅突。

（2）侧面咀嚼肌（masseter lateralis，lateral masseter）　从表层咀嚼肌后面沿颧弓下缘开始，到下颌骨底部中后缘终止。

（3）中层咀嚼肌（masseter medialis，profundus，medial masseter）　很小，沿颧弓中央内部开始，到下颌齿列后部结束。

2. 咀嚼肌演化的主要模式　由原始的始啮模式，啮齿类的咀嚼肌至少有三种不同的演化、发展模式。

（1）松鼠型模式（sciuromorphous condition）　侧面咀嚼肌起点前移到上颌骨颧突部分的颧弓前面，表层咀嚼肌起点也前移，而中层咀嚼肌的起点不变。其上颌骨颧突扩大，呈盘状（图 2-3）。这种方式在松鼠型亚目中常见。

表层咀嚼肌　　　　　　　侧面咀嚼肌　　　　　　　中层咀嚼肌

图 2-3　松鼠型模式

（2）豪猪型模式（hystricomorphous condition）　框下孔（infraorbital foramen）从

上颌骨颧突的前面移到了上颌骨颧突范围以外，而且变得非常大。通过增大的框下孔，一些起点在上颌骨颧突前面的、增加的侧面咀嚼肌延伸到了颧弓前面（图2-4）。这种方式发生在豪猪、天竺鼠、跳鼠等许多类啮齿动物中。

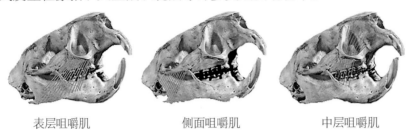

表层咀嚼肌　　　　　　侧面咀嚼肌　　　　　　中层咀嚼肌

图 2-4　豪猪型模式

（3）鼠型模式（myomorphous condition）　这种模式有可能是由古老的松鼠型种类演化而来的。像松鼠型模式一样，其上颌骨颧突扩大呈盘状，改变了前面侧面咀嚼肌的起点。框下孔相对较大，有部分中层咀嚼肌从中穿过（图2-5）。咀嚼肌三种模式是如何演化的，学者们争议很大。然而咀嚼肌演化的三种模式已被多数学者所接受，至少其演化结果在许多啮齿类可以看到。

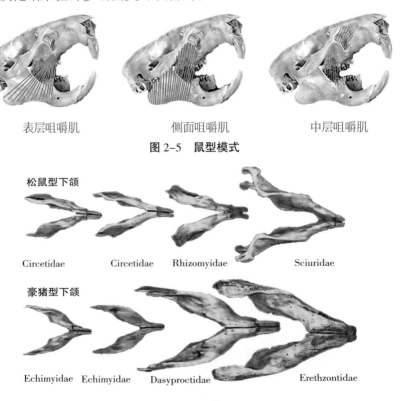

表层咀嚼肌　　　　　　侧面咀嚼肌　　　　　　中层咀嚼肌

图 2-5　鼠型模式

松鼠型下颌

Circetidae　　　Circetidae　　　Rhizomyidae　　　Sciuridae

豪猪型下颌

Echimyidae　Echimyidae　　Dasyproctidae　　　Erethzontidae

图 2-6　松鼠型和豪猪型鼠类下颌骨比较

（三）下颌骨

咀嚼肌在下颌骨上着生部位和结构也有变化。松鼠型中，下颌骨隅突与下门齿齿槽在同一垂直平面，冠状突（coronoid process）发达。而豪猪型中，下颌骨隅突在下门齿齿槽垂直平面的外侧，冠状突退化（图2-6）。

二、啮齿目的亚目

有关啮齿分类学的许多问题至今未能解决。但主要是根据咀嚼肌的结构和附着情况以及牙齿、下颌骨等进行分类。有人根据咀嚼肌的结构把啮齿类分为始啮亚目、松鼠型亚目、豪猪型亚目和鼠型亚目。现一般分成松鼠型亚目、鼠型亚目和豪猪型亚目，也有人将前2个亚目合并统称为松鼠型亚目（Carleton，1984）。

啮齿目分亚目检索

1. 下颌骨隅突在下门齿齿槽垂直平面的外侧,冠状突退化(图2-7A) …… 豪猪型亚目(Hystricomorpha)

下颌骨隅突与下门齿齿槽在同一垂直平面,并位于齿槽下方,冠状突明显 …………………… 2

2. 颊齿每边$\frac{5}{4}$或$\frac{4}{4}$,有眶后突(图2-7 C) …………………………………… 松鼠型亚目(Sciuromorpha)

颊齿每边$\frac{4}{3}$或$\frac{3}{3}$,若为$\frac{4}{4}$,则无眶后突(图2-7 B) …………………………… 鼠型亚目(Myomorpha)

A. Hystricomorpha   B. Myomorpha   C. Sciuromorpha

图2-7 啮齿目亚目头骨比较

据估计，全世界现存1 590～2 000种，分属28～34科，415～426属。中国究竟有多少种众说纷纭，从178种到232种，分属10～14科，62～68属，占全世界种数的10%～11%，其中有49种是我国特有种。人工饲养的有豚鼠科、海狸鼠科、毛丝鼠科的少数种类。分布在宁夏的有7科26属35种。其中，仓鼠科种类最多，有9属13种。

YM1. 松鼠型亚目

松鼠型亚目（Sciuromorpha）是最原始的啮齿类，分化比较早，其种间差异较大，其中有些种类也被一些学者划入其他的亚目，比较常见的是将最原始的种类分出为始啮亚目（Protogomorpha）。松鼠型亚目分布比较广泛，以亚洲、北美洲和非洲最为丰富，少数分布于欧洲和南美洲北部，而大洋洲和南美洲南部没有分布。现有351（350～352）种，分属5总科7科68属。宁夏仅有松鼠科1科。

ZK1. 松鼠总科（Sciuroidea）

松鼠总科是松鼠型亚目中种类最多，分布最广泛的一支，包括松鼠型亚目超过半数的种类，分布也遍及松鼠型亚目的全部分布范围。其成员的外形和习性差别非常大，这些成员均归于松鼠科，其中又分为可以滑翔的鼯鼠亚科和不会滑翔的松鼠亚科，也有人将鼯鼠亚科提升为一个科。国内现将鼯鼠、松鼠、黄鼠和旱獭均划归松鼠科。

K1. 松鼠科（Sciuridae）

松鼠科是一个非常成功的科，其种类繁多，分布广泛，适应从半荒漠、高山到热带雨林的多种不同生活环境，有些种类还出现在城市花园中。依其生活习性分为树栖、地栖和地下穴居 3 种类型。树栖的种类尾长而毛蓬松、耳壳大，地栖及地下穴居者尾较短、耳壳也较小。趾爪发达，前足 4 趾，后足 5 趾。头骨宽而短，吻也短，上颌结构相对原始。颧骨板倾斜，表层咀嚼肌附着在颧骨板下缘突起的骨板上，称为咀嚼肌结。眶下孔没有豪猪型亚目和鼠型亚目的种类大。颅骨侧面呈弓形。框后突发达，与框间宽相当。颧骨细长。上颚狭长。听泡相对较大但扁平。第一上前臼齿较小或消失，臼齿齿突（嵴）发达。现分为鼯鼠亚科、松鼠亚科和土拨鼠亚科。有的将土拨鼠亚科并入松鼠亚科，也有将鼯鼠亚科提升为一个科。已发现的有 50 属，241～243 种；中国有 18 属 45 种。分布在宁夏的有 4 属 4 种，分别隶属松鼠亚科和土拨鼠亚科。

松鼠科亚科检索

1. 前后肢之间有被毛皮翼 ·· 鼯鼠亚科（Pteromyinae）
   前后肢之间无皮翼 ··· 2
2. 尾长于体长的 1/2 ·· 松鼠亚科（Sciurinae）
   尾短于体长的 1/2 ·· 土拨鼠亚科（Marmotinae）

YK1. 松鼠亚科（Sciurinae）

松鼠类是人们最熟悉的动物之一，种类较多，树栖、半树栖而穴居。无皮翼。颅骨眶后突发达，但不向上翘。其中松鼠属（*Sciurus*）的种类最多、分布最广，多数种类分布于美洲，但也有些种分布在欧亚大陆。其他的树栖松鼠以亚洲热带、亚热带地区属种最多，体型差异也较大，分布在东南亚和南亚的巨松鼠属（*Ratufa*）的种类，如分布于我国广西、云南的两色巨松鼠（*Ratufa bicolor*）体重可达 2～3 kg。非洲的树栖松鼠体型差异也较大，其中体型最小的种类体重仅 10 g 左右。

本亚科共有 33 属 153 种。常见的花鼠（*Eutamias sibiricus*）习性介于树栖松鼠和地栖松鼠之间，挖洞穴居，但也常在树上活动，主要分布于东亚北部，有人将其与分布在美洲的美洲花鼠属（*Tamias*）种类合并为 1 属。也有人将侧纹岩松鼠（*Sciuro-tamias forresti*）单列 1 属（*Rupestes*）。分布在宁夏的有 3 属 3 种。

宁夏松鼠亚科分属种检索

1. 体背面无纵纹,体长大于 190 mm。耳无毛簇。·················· 岩松鼠属（*Sciurotamias*）

　体腹面及四肢为白色或浅黄色。鼻骨长于眶间距离。鼻骨后端超过前颊骨的水平线,每一鼻骨后缘弧状;左右上颊齿列弧状;脑盒下面凸起不明显 ················ 岩松鼠（*S. davidianus*）

　体背面有纵纹,体长小于在 190 mm。体背面中央有一条黑色或深渴色纵纹 ···················· 2

2. 耳无丛毛。··· 花鼠属（*Eutarnias*）

　背上有 5 条深色纵纹 ······························· 花鼠（*E. sibiricus*）（五道眉）

　耳有黑白丛毛 ··· 花松鼠属（*Tamiops*）

　体侧面 1 条纹与眼下纹不相连,腹部白色略带土黄色 ····· 黄腹花松鼠（*T. swinhoei*）（豹鼠、隐纹花松鼠）

S1. 岩松鼠属（*Sciurotamias*）

岩松鼠属是我国的特有属。仅岩松鼠 1 种,别名扫毛子、石老鼠。岩松鼠体形中等,外形有些像红腹松,尾长超过体长之半。耳大明显,眼睛周围一圈白色,四肢略短,尾毛蓬松、稀疏、背毛呈青灰色,腹部及四肢内侧毛为黄灰色,下颌为白色（图 2-8）。脑盒下面凸起不明显。鼻骨长于眶间距离。鼻骨后端超过前颊骨的水平线,每一鼻骨后缘呈弧状;左右上颊齿列呈弧形。

Z1. 岩松鼠（*Sciurotamias davidianus* Miline－Edwards,1867）

岩松鼠别名扫毛子、石老鼠,是我国的特有种。

【鉴别特征】　岩松鼠体形中等。尾长超过体长之半,耳大明显,眼睛周围一圈白色,四肢略短,尾毛蓬松、稀疏、背毛呈青灰色,腹部及四肢内侧毛为黄灰色,下颌为白色（图 2-8）。

● 形态鉴别

测量指标/mm　体重 218～305 g。体长 185～250,耳长 23～28,后足长 45～59,尾长 120～200。

形态特征　岩松鼠体型中等,尾短于体长,但超过体长之半。前足掌指垫 3 个,掌垫 2 个。后足不具蹠骨垫,趾垫 4 个。雌性乳头 3 对,胸部 1 对,鼠鼷部 2 对。口腔内具颊囊。前足第 2～5 指发达;第一指退化,仅保留一甲状突起。后足 5 趾。爪均正常。背部从鼻端至尾基体侧及四肢外侧毛均呈黑黄色。下颌为白色,须黑色。耳基毛发黄,耳无簇毛,耳壳内外侧均有黑褐色短毛,耳后有一白斑,向后延伸至颈部两侧,分别形成一个不甚明显的淡色短纹。体背面呈暗灰带黄褐色,体腹面橙黄微带浅黄色或呈浅黄褐色；眼眶浅黄白色至淡黄褐色，形成细眼圈。喉部通常有一白斑；下颌毛白色吻端至眼并后达耳廓毛色带黄，隐约如一条黄纹。头部其他部分较背毛色深。尾毛稀疏蓬松，上面、两侧和远端有明显的白色毛尖，下面中央黄褐色。后足背面与体背面毛色相似或呈黑色，后足足底被以密毛，无长形蹠垫（图 2-8）。乳头 3 对，胸部 1 对，鼠蹊部 2 对。

图 2-8　岩松鼠(*S. davidianus*)形态照片
（标本于 2018 年 9 月 8 日采自泾源县冶家村）

● 头骨鉴别

测量指标 /mm　颅长 52.3～57.3，颅高 17.0～19.0，门齿孔长 4.0～5.0，颧宽 26.4～1.0，乳突宽 22.0～25.0，眶间宽 10.5～12.0，鼻骨长 18.5～20.5，听泡长 11.0～12.2，听泡宽 6.5～9.5，吻长约 16.0，上颊齿列长 8.0～9.7，左右颊齿列宽 12.8～13.5。

头骨形态　头颅为长椭圆形，狭长低扁，较光滑。颧宽约为颅长的 51%，脑盒不吻长吻长而宽，眶间宽小于吻长，眶间部平宽，眶上突尖出，眶间无嵴。鼻骨较长，前端颇宽，且远突出上门齿前方，其后端略超出前颌骨后端或约在同一水平线上。额骨后缘几乎横直。眶后突小，眶前突仅留一点痕迹。眶间宽仅为鼻骨长的 76 % 左右。后头圆滑，颧弓平直。腭孔小，位于腭部前端。腭骨后端与臼齿后缘齐平或接近。听泡发达，下颌骨粗壮。门齿孔短小，远离 PM^1。左右颊齿列与花鼠一样明显呈弧形，且相距较宽，与大多数树栖松鼠类不相同。前臼齿和臼齿均较中型松鼠类小。上前臼齿 2 枚，臼齿 3 枚。PM^2 在眶上前缘垂直线之后，PM^1 齿很小，单尖，有时甚至消失，位于 PM^2 的内侧且低于 PM^2。上门齿平直而宽短，M^3 较小，个别鼠 M^2 仅存一面。下门齿细长，下前臼齿 1 枚。下臼齿 3 枚，M_1 臼齿最小（图 2-9）。

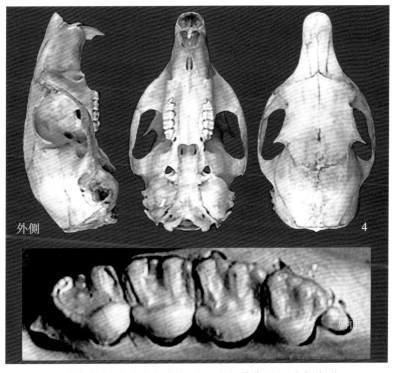

1.上颌骨侧面；2.上颌骨腹面；3.上颌骨背面；4.上颊齿列

图 2-9　岩松鼠头骨及齿列形态

【亚种及分布】　岩松鼠是中国的特有种。分布于我国的辽宁、河北、山东、内蒙古、山西、陕西、甘肃、宁夏、贵州、云南、西藏等。有 3 个亚种。指明亚种（*S. d. davidianus* Miline-Edwards，1867）体腹面完全灰白色带浅黄色调，分布于江宁西部中绥、建昌、北栗，河北东陵、秦皇岛、昌黎、涞源、兴隆、丰宁，北京附近，山西黑水、汾阳西北、五台、太原西北，陕西延安市、榆林地区、西安市及陕南秦岭南部的宁陕、石泉、汉阴、平利、镇坪，甘肃西南山地哈达铺一带，山东以及四川岷江一带。褐腹亚种（*S. d. saltitans*（Heuda），1898）体腹面淡黄褐色，后足背面毛色似体背面。分布于湖北西部和东北部山区如洪山、大别山等，四川的城口、万源、苍溪、达县，万县、南江、汶川，南川，陕西南部的秦岭、太白山、商县、凤翔等，河南的嵩山，安徽的大别山佛子岭，贵州的南部兴义及册亨等地，云南东部和广西北部可能有分布。黑足亚种［*S. d. consobrinus*（Milne-Edwards），1868］后足黑色，体腹面也呈黄褐色，但较浓。分布于四川的峨眉山、西河、二郎山、康定、宝兴、丹巴以及西藏东部的昌都以东地区。分布在宁夏六盘山山区的岩松鼠属指明亚种，主要栖息于树林、灌丛及附近多岩石的山地、丘陵（图2-10）。

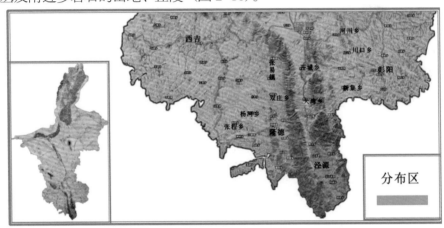

图2-10 宁夏岩松鼠分布

【发生规律】 岩松鼠是中型典型树栖和地栖鼠类。喜栖息于山区沟坡或丘陵多岩石的地方，以及树木少的岩石地区，在近林缘灌丛砾石多的地方也常遇到，也常在林缘、灌丛、耕作区及居民点附近活动。

● 栖息地 在山西芦芽山国家级自然保护区，岩松鼠主要栖息于山区的沟坡或丘陵多岩石的地段，以及树林稀疏而有岩石的地区，在林缘、林中路边的树上也有其活动的身影（郭建荣，2003）。在荒坡、岩石较多而树木稀少、农田较多的地段，种群密度较高；而在岩石较少、林份郁闭度大的地段，种群密度较低。在视野开阔、利于隐蔽、食物种类丰盛的区域，其活动量较大。

● 洞穴 岩松鼠通常在溪涧路边的巨石上、枯树倒木上、岩石堆积处、近林缘的灌丛砾石多的地方作短暂停息。这些地方便于奔跑和停留方便，地势有高有低，利于隐蔽。除产仔生育期外，岩松鼠通常没有固定的夜宿地，随夜幕降临临时选择夜宿地。多数在悬崖峭壁洞穴、缝隙、石头垒好的洞穴和水冲沟洞穴、废弃的树洞等处夜宿

(郭建荣，2003)。

岩松鼠繁殖期间多见于山谷间岩壁缝隙、河溪石崖绝壁、水沟土壁上的土洞和山地多岩石的树上啄木鸟住过的洞中，并利用此作为其繁殖的场所，这些地方具有环境偏僻、外界干扰少、食物丰富、水源充沛、隐蔽理想等自然条件。

岩松鼠洞穴一般筑在土质疏松、地势较高、不易遭水灌、便于觅食活动的环境中。繁殖洞穴深达 1 m，洞口大小 4.5 cm×4.0 cm；洞道大小不一，洞道两侧各有一膨大的小坑，深约 20 cm，13 cm×18 cm。巢室在洞道的最末端，睡垫由蒿草禾本科细茎等组成，大小为 15～17 cm。

● 食性　岩松鼠觅食活动范围较大。在林中、树上、村庄附近、果园、菜园、农田、田埂地边、悬崖绝壁、水冲沟边等地，只要是具有可食资源丰富、水源充沛、视野开阔、活动无阻、逃避天敌方便的地段均是其觅食的场所。

岩松鼠的食物种类繁多，动植物皆有，而农作物也是其取食的主要对象。其食物组成中，植物性食物占 90.28 %，动物性食物占 9.72 %（郭建荣，2003）。白天活动，夏季以早晨与 16：00 左右最为活跃。中午活动明显减少。常出现于岩石及核桃树上。攀树能力很强。以坚果及其他种子为食。喜食核桃、板栗、松子，也食杏子、桑葚等浆果及其核。在田间啃食作物。在村庄附近，常潜入住宅，穿梁跳隙盗食屋檐下挂的玉米及房顶晒的粮食。

岩松鼠贮藏食物分为集中贮藏和分散贮藏，尤其偏好分散贮藏；当遇到贮藏食物被盗窃时，岩松鼠倾向于搬运更多的食物进行集中和分散贮藏。在山杏核和核桃对比围栏条件下，岩松鼠一般不在采食现场就地取食。而把食物搬离后，岩松鼠只选择核桃进行分散贮藏，且对核桃的搬运距离大于山杏核；但取食山杏核的数量明显多于核桃数量；在自然条件下，岩松鼠对核桃和山杏的天然更新起着不同的作用（路纪琪等，2005）。

有时岩松鼠将核桃和山杏核等坚果叼到山区背静公路边上，等过往车辆碾压后取食。核桃成熟期，在核桃园附近的公路上，常可见到一堆堆松鼠取食后留下的青皮核桃残渣。

● 繁殖　华北 5、6 月幼仔出巢独立生活，雌鼠 3、4 月交配，4、5 月分娩。年繁殖 1~2 次，产仔 2～5 仔/胎。初产仔无毛，闭眼，体重 7～8 g，体长 5.0～5.5 cm。30 d 睁眼，45～55 d 离巢。通常每年繁殖 1 次，春季交尾，每胎可产 2～5 仔，最多 8 仔。6 月间出现幼鼠，秋末为数量高峰期。雄鼠的阴囊从 2 月下旬至 9、10 月均外露。5、6 月间阴囊特别膨大。9、10 月雌鼠的乳头均已萎缩；说明此时已停止繁殖。寿命为 3～12 年。

在山西芦芽山国家级自然保护区，岩松鼠繁殖期在 5～7 月，一年繁殖 1 胎，胎产3~5仔。发情期，雄鼠特别活跃，天刚亮就鸣叫着出洞活动。岩松鼠的交配时间一般选择在天刚亮以后。交配前雌雄鼠相互追逐、嬉戏。交配采用背腹式，雌下雄上，雄鼠咬住雌鼠的颈部，前肢抱住雌鼠而后肢连续抖动，并发出"叽,叽"的叫声，交配实需时间为2~4 s，交配完毕后各自整理被毛（郭建荣，2003）。

刚产出的仔鼠体表裸露无毛，皮肤肉色，双目紧闭，两耳孔明显，体重5~7 g，体长4.5~5.7 cm（N=5）。仔鼠17 d后睁眼，48 d天后幼鼠与其双亲分居，开始独立生活。

【危害特征】 岩松鼠是农林业的重要害鼠之一。在丘陵地带，对梯田的农作物造成危害。春天啃食青苗，秋天庄稼成熟后，常被整棵咬断，拖到岩洞中。在林区，岩松鼠不仅盗食松籽破坏油松播种育苗，还大量刨食飞播造林和直播造林的种子，使造林失败。在天津蓟县古强峪林场直播油松育苗，每亩播籽20 kg，因岩松鼠盗食，播种量每亩增至140 kg，仍不得全苗，受害率60 %~100 %（郭全宝，1981）。核桃和板栗挂果期，大量啃食幼果，果实成熟期，大量盗运贮藏核桃和板栗，且偷盗的都是上等果，造成核桃和板栗品质下降，产量大幅度降低（图2-11）。

图2-11 岩松鼠的危害状
1,2.危害的核桃；3.啃食的梨；4.啃食的李子

S2. 花鼠属（*Eutarnias*）

花鼠属也是单种属，只有花鼠 1 种。花鼠体型中等，体背具 5 条黑、白相间的纵纹（图 2-11）。习性介于树栖松鼠和地栖松鼠之间，挖洞穴居，但也常在树上活动，主要分布于东亚北部，有人将其并入分布在美洲的美洲花鼠属（*Tamias*）。分布于亚洲东北部和日本的北海道。

Z2. 花鼠（*Eutarnias sibiricus* Laxmann，1769）

花鼠别名普通松鼠、金花鼠、豹鼠、五道眉、五道鼠、串树林、沿俐棒、花黎棒、花仡伶等。

【鉴别特征】 花鼠体型中等，体背具 5 条黑、白相间的纵纹，中间一条黑纹最长。尾长，尾毛长而蓬松，呈帚状，并伸向两侧。耳壳明显，无簇毛（图 2-12）。

图 2-12 花鼠（*E. sibiricus*）形态

● 形态鉴别

测量指标 /mm 体重 64~122/ g。体长 142~162，耳长 15~20，后足长 21~36，尾长 110~145。

形态特征 为松鼠科体形较小的种类，尾几乎与体等长。前足掌裸，具掌垫 2，指垫3；后足掌被毛，无掌垫，具指垫4。雌鼠乳头4对，胸部2对，鼠鼷部2对。背毛青黄褐色，背后部杂有较多的铁锈色毛，毛基灰色；具有5道黑褐色与黄白色相间纵纹，正中一条黑色，自头顶部后延伸至尾基部；其余条纹均起于肩部，终于臀部。臀毛深棕褐色。腹部下颌至颈部白色，胸、腹、尾基部和后肢内侧毛为淡黄白色，毛基深灰色。颊部有短条纹，自鼻端有一黄白色纹沿眼眶上缘延伸至耳基前缘，眼后角至耳基有一暗褐色纹，眼下缘至耳基有一条黄白色纹，再下方有一自上唇延伸至耳基的暗褐色纹。尾毛基部淡黄色，中段黑色，毛尖白色；外观上尾毛上部为黑褐色，下部为橙黄色。耳壳黑褐色，耳缘白色（图2-12）。

● 头骨鉴别

测量指标/mm　颅长41.2~42.0，颅基长36.0~36.7，腭长17.3~18.0，鼻骨长13.5，颧宽23.5~23.6，眶间宽11.1~12.0，后头宽17.9~19.3，上齿隙宽10.6，上颊齿列长6.5~8.0。

头骨特征　头骨轮廓椭圆形，头颅狭长，脑颅不突出。吻部较短。鼻骨前伸超过上门齿。上颌骨的颧突横平，颧弓中颧骨向内侧倾斜未呈水平状。眶间及后头部平坦，眶上突尖而细弱。腭孔细小，紧在上门齿之后。听泡发达。下颌骨粗壮。上门齿短粗且呈凿状，唇面棕黄色，有不甚明显的细纵嵴；臼齿咀嚼面近乎原型；上前臼齿23枚，PM^{1}细小，紧贴PM^{2}前内侧；上臼齿3枚，PM^{2}与臼齿的中柱及前柱均不明显。下门齿细长，下前臼齿1枚，下臼齿3枚，依次渐大（图2-13）。

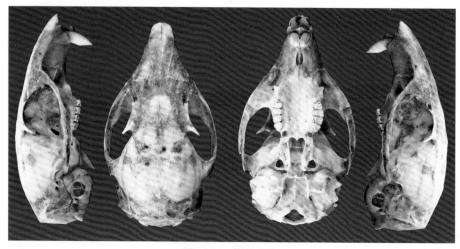

图2-13　花鼠头骨

【亚种及分布】　花鼠在我国分布于东北、华北、西北和西南；国外分布于俄罗斯的西伯利亚、蒙古、朝鲜和日本。记载11个亚种，分布在我国的有7个亚种。其中，指名亚种（*E. s. sibiricus* Laxmann，1769）在我国分布于黑龙江北部、内蒙古东北部、新疆北部等地；太白亚种（*E. s. albogularis* J. Allen，1909）分布于陕西南部、甘肃、青海、四川等地。因模式产地在陕西太白山而得名；黑龙江亚种（*E. s. lineatus* Siebold，1824）国内分布于黑龙江三江平原等地。该物种的模式产地在日本北海道；榆林亚种（*E. s. ordinalis* Thomas，1908）分布于陕西北部、宁夏、山西等地，模式产地在陕西榆林；乌苏里亚种（*E. s. orientalis* Bonhote，1898）也称东北亚种，分布于吉林长白山、辽宁等地，模式产地在东西伯利亚乌苏里江上游；北京亚种（*E. s. senecens* Miller，1898）分布于河北、河南、山西等地，模式产地在北京；甘肃亚种（*E. s.umbrosus* A. Howell，1927）分布于甘肃小陇山。分布在宁夏境内六盘山及其周围地区的是榆林亚种，分布区包括泾源县、隆德县、海原县、原州区、西吉县、彭阳县和同心县等地，主要栖息于山地草原、森林和灌丛（图2-14）。

图 2-14　宁夏花鼠分布

【发生规律】　花鼠为树栖和地栖鼠。生境较广泛，平原、丘陵、山地的针叶林、阔叶林、针阔混交林以及灌木丛较密的地区都有分布。

● 洞穴　花鼠洞穴多筑在丘陵和梯田的石缝中、耕地边向阳处、石缝中及深沟裂缝处、乱石堆中、住宅院墙缝内，在林区多在倒木或树根基部筑洞。洞穴部位多是西南方向，多数选择在高处，有夏季洞和冬季洞之分。

夏季洞　结构简单，一般无巢室和储藏室，支洞较少，平均为 6 个。洞长多为 60~77 cm，最长可达 460 cm；洞宽 9.8 ~ 14.3 cm，洞径 5.6 cm；洞道里面比外面宽。

冬季洞　结构较临时洞略复杂，支洞较多，平均 9.7 ± 2.8 个，平均洞长 1 718.3 ± 555.5 cm，变异非常大。洞内一般有 1 个巢室和 1 ~ 2 粮仓。洞口多在壕沟和树根的中下部，直径 5.8 ± 0.3 cm；洞口多在有一定坡度的地方，洞口开在树根附近，洞口与树木之间的距离为 109.7 ± 16.3 cm。这样的地形非常有利于雨季防止雨水灌入洞内。掘洞处的土非常干燥，但在黏性大的土壤上一般见不到鼠洞（张克勤等，2008）。巢室一般在洞道分支末端处，巢室距地面深 1.2 m 左右，个别达 1.5 m。巢室内内铺有睡垫（巢），睡垫分球状和碗状两种，结构大体分为两层，外层接触土壤部分材料较粗糙，多以蒿草、马唐草、玉米叶、树叶组成，里层以柔软的茅草、羽毛、破布铺垫。睡垫重 123 ~ 247 g。球状睡垫高 15 cm，深 8 ~ 9 cm，内径 9 ~ 10 cm，外径 11 ~ 14 cm；碗状睡垫高 12 ~ 14 cm，睡垫深 7 ~ 9 cm，内径 8 ~ 10 cm，外径 11 ~ 14 cm。粮仓多距离洞口较近，洞内贮存有橡实、榛、椴树的果实及其他植物种子。另外，在洞口周围附近有多个贮粮坑，每坑贮粮 20 ~ 30 g，一个仓库存粮平均 2 ~ 3 kg，多数仓库与巢混为一体，巢的下部有存粮，与厕所较近（图 2–15）。繁殖期雌、雄鼠同居一洞，其他时期雌、雄鼠可能各居一洞。

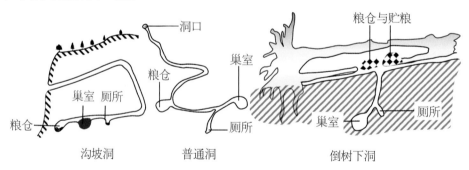

图 2-15　不同立地条件下花鼠的洞穴结构示意

在吉林省左家自然保护区，也经常发现花鼠占用人工鸟巢箱进行繁殖的，在巢箱中的巢材主要是咬成小片的柞树叶，幼鼠可以独立生活后便离开巢箱，成鼠也随即离开，未发现在繁殖季节以外仍利用鸟巢箱的情况（张克勤等，2008）。

● 取食特性　杂食性，主要食植物种子、果实、蚕等。春季食绿色植物、农作物幼苗及少量昆虫。

盗食向日葵，爬到盘顶端咬食；盗食花生，找大株刨地 4 ~ 15 cm，把果实贮到囊中；爬到高粱秆上，取食米粒或将整穗搬到洞内；爬到玉米秆上，啃食玉米粒，只剩下玉米骨子；啃吃甜瓜，选择成熟的甜瓜啃咬成小洞，吃内心肉和瓜种；窜入粮仓，将盗食玉米粒贮存颊囊中，衔入洞巢周围埋贮，每个颊囊可存放 5~8 粒，最多 10~15 粒，盗食频次 15~20 次/h。由于靠近洞穴埋的地点较多，面积较广，不能及时取出叼到洞内，玉米 30~50 粒为一撮发芽出苗或发霉变质。据观察和测试，每粮仓有 1 只花鼠，每年 3~10 月损失粮食达 1.5~4.0 kg，多者达 5.0~8.0 kg。

花鼠对各种植物种籽的喜食度不同，且随季节而变化。6 月份为小麦>向日葵籽>玉米>黄豆>谷子>高粱。10 月份则变为向日葵籽>玉米>小麦>黄豆>谷子>高粱。在小麦收割期，花鼠对小麦的喜食程度大于玉米；而在玉米收割期则相反。在花生和南瓜种植区，花鼠对花生、南瓜籽等有一定程度的嗜好；而没有接触过这类食物的花鼠，刚开始饲喂花生、南瓜籽，则表现出不喜食甚至不食的现象。雌鼠哺乳期对食物的偏好，也直接影响刚独立生活时仔鼠的取食倾向，即仔鼠在刚开始独立取食时，最先进食并存入颊囊中的食物首先是雌鼠喜食的食物。此外，花鼠对白天活动的直翅目昆虫（如蝗虫等）的喜食程度大于夜晚活动的鳞翅目昆虫。这说明花鼠取食倾向偏重于近期内常接触的食物种类。

辽东山区林下参是农民主要的一种致富途径。近几年来，花鼠为害林下参籽有加重趋势，每年平均损失参籽 25.0 %，重者达 42.3 %以上，已对生产构成严重威胁。花鼠盗食参籽时，多在接近林边参畦四周盗食参果，嗑去种皮吃掉种仁，有时把参籽储进两颊囊中，有的把人参果梗咬断将整朵果实叼走。花鼠可从地上一跃而起抱住花梗将参株压倒取食。一般中午气温高时不外出活动，15：00 后开始活跃，当林下参果实成熟而其他野生果实及农作物均未成熟时，参地周围的花鼠即主要以参籽充饥。幼年鼠 1 只每天可盗食 80~100 g，成年鼠可达 150 g。对 50~70 只花鼠进行解剖，观察其颊囊和胃中的食糜分析，主要是参籽和一些鲜嫩的树叶。花鼠除危害成熟的参籽外，对播下的参种特别是催芽播下的种子更是疯狂盗食，种植区畦面窝坑随处可见，造成严重缺苗断条，极大影响出苗率（周淑荣，2009）。

在未供水条件下，花鼠日食量平均为 28.1 g，对柞蚕明显喜食，其次是花生；在无水、无柞蚕时，较喜食含水分大的土豆，但日食量明显降低；在供水而无柞蚕情况下，较喜食玉米和土豆；若同时给食高粱、玉米时，则喜食高粱，日食量平均达 29.5 g。哺乳期雌鼠日食量高于非哺乳雌鼠，刚断乳仔鼠的日食量则随日龄增加呈现增长趋势。

● 活动规律　善爬树，行动敏捷，会发出刺耳叫声。每天清晨开始活动，出洞后爬到高处，如石头、树上、树桩、墙头、乱石堆，观察四周动静，舔爪洗脸，整理皮毛，相互间玩耍打闹追随，时而发出叫声，稍息片刻便窜到取食点盗食。

因季节不同日活动节律也有差异，春夏季 4：30~19：00 活动频繁，秋季 6：00~16：00 活动频繁；午间或阴雨天活动少，大风大雨不活动，天气闷热或雨来临之前，活动尤为频繁。冬季基本停止活动，主要靠贮存食物维持生活，处于半冬眠状态。雄鼠活动强于雌性，在交配季节和贮存食物季节两性活动量增加，在哺乳幼鼠季节雌鼠活动减少。

每年 11 月初进洞冬眠，至翌年 2~3 月上旬出蛰，成鼠经冬眠后，钻出地面开始活动，出洞顺序先雄后雌。4~5 月数量上升，6~7 月数量处于高峰。

花鼠在东北红松林内平均最大活动半径为 44.94 ± 4.29 m，巢域互相重叠。偏好红松盖度较高（0.4~0.5）、倒木盖度较高（0.3）、灌层盖度较高（0.7~1.0）、距林缘距离较大（>10 m）及干扰强度较高（采集）的生境（杨慧等，2003）。

在实验室常温和低温接近冬眠状态下，花鼠全天活动。巢外活动时间在 6：00~18：00。春季和秋季集中在 6：00~15：00，有两个高峰期，分别在 6：00~9：00、12：00~14：00；夏季集中在 9：00~17：00，有两个高峰期，分别在 11：00 和 15：00。巢外活动总量，春季为 21 513.0 ± 825.3 s，夏季为 19 494.0 ± 606.1 s，秋季为 20 040.0 ± 563.7 s。不同季节间没有明显变化。

春季花鼠有 4 个取食高峰 6：00~7：00、9：00、13：00 和 18：00。夏季取食有 2 个明显高峰 10：00~12：00、15：00~16：00。秋季有 4 个取食高峰 9：00~10：00、12：00~13：00、15：00 和 17：00。取食活动总量，春季为 7 950.0 ± 221.7 s，夏季为 7 227.0 ± 206.5 s，秋季为 7 184.0 ± 275.7 s。春季的取食活动量稍高于夏秋季。

花鼠春季有 3 个饮水高峰 7：00、14：00 和 17：00~18：00。夏季饮水活动量分布曲线呈钟形，12：00 最大。秋季有 3 个饮水高峰分别为 10：00、12：00 和 14：00。饮水活动量，春季为 53.9 ± 2.73 s，夏季为 111.7 ± 4.5 s，秋季为 93.0 ± 4.0 s。三者差异较显著。夏季饮水活动量大可能与天气炎热有关。

在 12 ℃ 条件下饲养 6：00~7：00 有轻微活动，并有少量进食。14：00~15：00 有 2 次轻微活动，进食少量，其他时间为蹲伏状态，至晚 19：00 左右将棉花聚拢成团，开始睡眠。10 ℃ 下饲养，第 1 天，7：00 和 11：00，有少量活动和大量进食。在 16：00 左右，花鼠将棉花围絮成团，似进入休眠状态，光照、震荡对其无影响。但在较大的晃动下能够醒来。24 h 内测得食用玉米 10.9 g。第 2 天以后，每天在 15：00 左右有 1 次短暂的活动和进食，其他时间休息和睡眠。8 ℃ 下饲养。花鼠蜷成一团，体温明显下降，呼吸减少到 14 次/min，没有任何知觉，花鼠肌肉挛缩，两耳紧贴头顶，后肢叉开，头卷曲向腹面至肛门附近，前肢靠近头侧，尾卷曲缠绕在颈部。这种状态一直持续下去。可见花鼠进入冬眠状态。进入冬眠状态后，渐次提高温度，当温度达到 15 ℃左右，花鼠又恢复了正常活动（金志民等，2004）。

● 繁殖　花鼠是吉林省左家自然保护区的优势种，种群密度为 29.8（19.2 ~ 71.9）只/hm²，雌雄比为 1∶1.130。繁殖季节（5 ~ 8 月）雌雄鼠活动强度基本相同，捕捉到的花鼠性别比例大体相等；秋季（9 ~ 10 月）雌性活动性低于雄性，捕获的雄鼠数量明显大于雌性数量（张克勤等，2008）。在晋西黄土高原花鼠种群雌性略多于雄性，总雌雄比为 1∶1.07，随着季节和年龄的不同而变化；幼年组、亚成年组、成年组和老年组雌雄比依次为 1∶1.41、1∶0.92、1∶0.88 和 1∶1.33；4 ~ 10 月各月雌雄比分别为 1∶0.56、1∶0.38、1∶1.47、1∶2.13、1∶0.86、1∶1.15、1∶1.25。种群每年繁殖 1 次，繁殖期从 3 月开始到 6 月上旬，持续 3 个多月，雌鼠的怀孕率平均为 88.14%，胎仔数 3 ~ 7 只，多为 4 ~ 6 只，平均胎仔数为 5.04 ± 0.13 只。种群中以成年组繁殖力最强，繁殖指数（5.50）高于亚成年Ⅰ组（4.17）和老年组（4.16）。花鼠的生态寿命在 3 a 以上，饲养条件下可达 6 a（屈丰年，2011）。

● 年龄结构　吉林的花鼠年龄结构被分为 4 个年龄组（体重 g，体长 mm）：

幼年组　体重 40.0 ~ 69.9，体长 110 ~ 139；占种群的 27.1% ~ 33.9%。

亚成年组　体重 70.0 ~ 79.9，体长 140 ~ 149；占种群的 17.7% ~ 23.9%。

成年组　体重 80.0 ~ 89.9，体长 150 ~ 159；占种群的 39.6% ~ 40.7%。

老年组　体重 ≥90.0，体长 ≥16；占种群的 8.4% ~ 8.8%。

成年组是优势年龄组，其对种群的数量影响较大。而成年组处于繁殖的稳定期，从而使整个种群数量基本处于稳定状态（张克勤等，2008）。

● 幼鼠个体发育　初生个体全身肉粉色，体尾均无毛，平均体重雌雄鼠分别为 3.83 ± 0.07 g 和 3.86 ± 0.09 g，雌雄比为 1∶1。5 d 龄后背部出现五道条纹；8 ~ 9 d 龄五道条纹明显，头部由于长毛而呈灰褐色，鼻端已长绒毛且黑白分明；12 ~ 15 d 全身长出细毛，背部毛色接近成体，腹部脐痕已不明显，尾略带毛。花鼠幼仔下门齿先于上门齿长出，门齿长出（指齿突露出牙龈）的日龄为下门齿 17 ~ 18 d，上门齿 23 ~ 26 d。同窝仔鼠睁眼时间很不一致，最多相差 4 d，平均睁眼时间为 29.47 ± 0.43（26 ~ 32）d（常文英等，1997）。

初生鼠不会爬行，8 ~ 9 d 前腿能开始爬行，但常翻倒侧卧，15 ~ 20 d 对外来声音有明显反应，25 d 后后腿开始配合爬行，睁眼后，前后腿才能协调爬行，仔鼠开始有啃食软质食物的行为，但因后腿站立不稳，所以前爪尚不能抱握食物。35 d 龄后可在仔鼠颊囊中发现有谷物，此时仔鼠在巢外排泄，能随母体出窝活动或单独活动。受惊吓时有逃窜、隐蔽行为。仔鼠间有相互吓打斗游戏行为。35~40 d 后独立生活。出生到独立生活，仔鼠的存活率为 64.71%。初生到 40 日龄仔鼠的体重、体长及尾长均随日龄呈线性增长（常文英等，1997）。

●种群动态　山西吕梁山的花鼠种群全年的数量高峰出现在 8、9 月份，经过越冬后数量下降。种群的数量季节消长主要是繁殖和死亡两因素相互作用的结果。繁殖后新个体加入种群，可使数量达到原有的两倍多。种群夏、秋季死亡率为 6.94%，冬、春季死亡率为 49.80%；但新个体的死亡率低于成年（包括老年）个体。繁殖和死亡相互制约的结果使花鼠种群数量虽存在着明显的季节变化，但年度间却相对稳定（邹波等，1997）。

图 2-16　花鼠的危害
1. 啃食果实；2. 危害的核桃青果；3. 盗食林木种子；4. 贮存的板栗

【危害特征】　花鼠皮质优良，可作为宠物。但其为日本脑炎、土拉伦斯病、蜱性斑疹伤寒、莱姆病和狂犬病等传染病病原的自然携带者，接触花鼠会带来致命的危险。并且，因为花鼠带来的传染经常不易及时发现，所以带来的后果会更加严重。在农区盗食和刨食各种农作物的种子，啃食各类瓜果和蔬菜。在林区盗食各类林木种实和干果，尤其对核桃、板栗；另外还刨食各种直播和飞播造林种子，影响造林成效。同时对柞蚕和蚕茧以及林下药用植物，尤其是参籽危害也十分严重。一只花鼠一次可为害 2 龄柞蚕 26 ~ 107 头；日害蚕最多达 200 头；日盗茧 27 粒；一墩树上的蚕茧仅 3 d 左右就会被盗光。一只花鼠在蚕茧期为害 300 ~ 500 粒茧。另外，花鼠秋季利用颊囊盗运大量粮食和坚果贮存，一个存放点可存粮食、瓜子和坚果等 2.5 ~ 5.0 kg（图 2-16）。

S3. 花松鼠属（*Tamiops*）

花松鼠属有 3 种，分布在我国的有 2 种，即褐腹花松鼠〔*T. macclellandi*（Horsfield），1839〕和黄腹花松鼠。其中，黄腹花松鼠在宁夏有分布。

Z3. 黄腹花松鼠（Tamiops swinhoei Milne-Edwards,1874）

花鼠别名普隐纹花松鼠、豹鼠、花鼠、金花鼠、三道眉和刁灵子等。树栖小型松鼠，常下地活动。

【鉴别特征】 耳壳上缘背面有白色束毛。尾长略短于体长，尾端变细。背部有 7 条纵纹，从背中央向两侧的条纹分别为黑色、棕褐色、棕黄色、浅黄色和白色，最外侧的条纹不明显。腹毛灰黄色；尾毛中央也呈棕褐色，其两侧显棕黄色及黑色边缘（图 2-17）。

图 2-17 黄腹花松鼠(*T. swinhoei*)形态
1. 正面；2. 侧腹面；3. 侧面；4. 背侧面

● 形态鉴别

测量指标 /mm　　体重 58.0 ~ 102.6 g。体长 118.0 ~ 140.0，耳长 11.0 ~ 18.0，后足长 27.0 ~ 37.0，尾长 78.0 ~ 102.0。

形态特征　外形酷似花鼠，但体型较小。耳壳明显，无颊囊。尾长略短于体长，尾端毛较长，尾的末端逐渐尖细。前足掌裸露掌垫 2 个，指垫 3 个；后足蹠部裸露，蹠垫外侧的 1 个较大，内侧的较小，趾垫 5 个。前足 4 指，后足 5 趾。体背呈深黑褐色。眼眶四周有白圈。耳壳内面略呈黄色，背面棕黑色，具白色毛丛。背正中有一条黑色条纹，自前肢略后处起至尾基止。其两侧为淡黄灰色纵纹，再外为深棕色纵纹；最外两侧为淡黄色条纹，与两颊的淡黄色条纹不相连。体侧橄榄棕色。腹毛黄灰色，胸部中央黄色更显。尾毛基部深棕黄色，中段黑色，毛尖浅黄色（图 2-17）。乳头胸部 1 对，鼠鼷部 2 对。

● 头骨鉴别

测量指标 /mm　颅长 36.4～37.9，腭骨长 14.2～15.7，鼻骨长 10.7～11.8，颧宽19.8～22.8，眶间宽 11.3～13.0，后头宽 15.0～16.3，上齿隙 7.9～9.2，上颊齿列长 5.9～6.8。

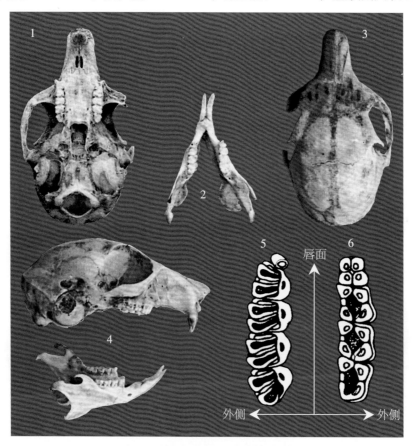

图 2-18　黄腹花松鼠头骨及臼齿形态
1. 上颌骨腹面；2. 下颌骨腹面；3. 上颌骨背面；4. 头骨唇面；5. 上颊齿列；6. 下颊齿列

头骨特征　吻短而尖，脑盒呈圆拱形；眶间前部宽而较平坦，鼻骨短于眶间宽，眶上突位于眶间部的较后部位。鼻骨先端有明显膨大，与额骨相连处比较平凹。鳞骨颧突从腹面伸出，颧骨前部扁宽，略向内斜，中间不特别向外突出。听泡适中。门齿孔很狭短，长仅 2.6～3.0 mm，其后端远离 PM³。上门齿粗壮，后缘无明显缺刻；下门齿扁长。PM³ 极小，长仅 2.6～3.0mm。臼齿咀嚼面突起与松鼠类原型相似，但无中柱（图 2-18）。

【亚种及分布】　国内主要分布于南方各省以及海南岛和台湾岛，在北京、河北、山西、河南、西藏、陕西、甘肃、宁夏等也有分布，国外分布于缅甸和印度支那北部。记载 7 个亚种。其中，青平亚种（*T. s. chingpingensis* Lu et Qyan，1965）国内分布于云南（双江）等地。该物种的模式产地在云南双江；滇北亚种（*T. s. clarkei* Thomas，1920）模式产地在云南长江河谷；台湾亚种（*T. s. formosanus* Bonhote，1900）分布于台湾岛等地；海南亚种（*T. s. hainanus* J. Allen，1906）分布于海南；福建亚种（*T. s. maritimus* Bonhote，1900）分布于广西、贵州、安徽、广东、福建、湖北等地；指名亚种（*T. s. swinhoei* Milne-Edwards，1874）分布于云南西北部和四川等地；北京亚种（*T. s. vestitus* Miller，1915）分布于河南、陕西、河北、山西、甘肃等地。该物种的模式产地在河北兴隆山。分布在宁夏泾源县的是黄腹花松鼠北京亚种，主要栖息于林缘、灌丛、峭壁和断崖，有时也在居民区附近活动（图 2-19）。

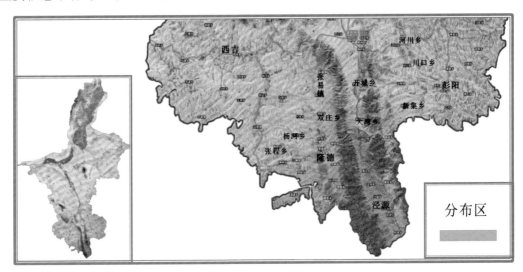

图 2-19　宁夏黄腹花松鼠分布

【发生规律】　该鼠多栖息于热带与亚热带的森林中，在林缘或灌丛中也有发现。虽树栖，但常在地面活动。一般在清晨或黄昏时最活跃，常单独或三五成群活动，也成群在树上奔跑，活动范围不大，常出现在果园或菜园中。能发出两种叫声：一种是低而短促，另一种是高而长尖（王敦清，1957；寿振黄，1962）。在四川卧龙自然保护区，花鼠分布在海拔 1 120～3 600 m 的常绿阔叶林带、针阔叶混交林带和亚高山针叶林带中，很少在海拔 3 600 m 以上的高山灌丛草甸中出现。常以高大的乔木层，如冷杉、桦树等林下灌丛较密的环境内栖息。冬、春季喜在次生的落叶阔叶林中活动。这里光照强，气候较暖，食物较丰富。夏、秋季，喜在针阔混交林中活动。这里光照适宜，冷杉、花楸、野樱桃、山板栗等植物的果实已成熟，有丰富的食物（王小明等，1989）。

筑巢于树杈或树洞内，也有在树根或树垫下做窝，偶尔也利用旧鸟窝或在屋顶瓦沟或屋檐缝中筑巢。常在杉树主干与侧枝交接处筑巢。

杂食性。主要以林木嫩芽、种子、树皮以及地衣和昆虫为食，冬季偶尔也吃死鼠。在住宅附近也吃米饭、面条、鸡蛋黄、猪肉等残渣。取食时，其身体由后肢支撑，用嘴啣起食物，前肢捧住后咀嚼。有时也直接啃食。每次取食平均 9.9 s。取食后便上树逗留、咀嚼或用嘴擦树干。其活动期间主要是觅食和在树上逗留、嬉戏（王小明等，1989）。

黄腹花松鼠在树干上休息或觅食时，常用前肢不断地擦嘴和脸部。巢内很少有粪便，但树下可见粪便。下雨时，该鼠可推迟活动时间、减少活动次数或进房屋避雨、觅食；此外黄腹花松鼠不畏人，常爬到人的脚上取食。

花松鼠主要在白天活动，一天内有两个活动高峰。黎明开始活动，中午休息，随后又活动，最后回窝休息。冬季，7：50～13：30 和 14：15～16：30 为活动高峰，16：30 后陆续返窝休息。春季，6：10～14：27 和 16：00～18：45 为活动高峰，18：45 后陆续回洞。晴天花松鼠休息时，其光量值在 6 600 Lux 以上。活动期间，如光量值大于 6 600 Lux，则停止活动或移至荫凉处活动。从它的休息周期可看出，它也是避开一天中最热的时间。

在树枝上休息时，尾自然弯曲到后肢下，头枕在前肢上，睁眼；在树干上则身体平卧，尾、颈伸直，前肢向两侧分开抓紧树干，或前肢收于腹下，后肢自然向后伸直。后者常在冬、春季有阳光照射的树上出现。活动通常呈跳跃式。在攀树干时，常以"之"字形沿树干上爬。下树时，头朝下，迅速地移到树干基部，最后跳到地面活动。行动机警，随时准备敌害，其行动表现为迅速爬上树，立即使头朝下，以逃避敌害袭击。在人为干扰下，则在树上环绕树干迅速爬行或跳至其他树逃避攻击。有时仅离地数厘米，也不下地。在取食过程中，个体间互相追逐、嬉戏。多见于在地面和树上。一般不发出叫声。

在四川卧龙自然保护区，花松鼠 6 月发情、交配。一般 7 月产仔。每胎 2～4 只，也有一胎 4～6 只。交配时间和活动高峰相吻合。交配时，雄鼠从地面追逐雌鼠到树上，逐渐靠近雌鼠。雌鼠不动，雄体嗅其肛门部，然后用前肢抱住雌鼠腰部，几秒后，雄鼠迅速离开。在追逐中，雌、雄个体不断发出"zhi—zhi……"的细微叫声。同时，雄鼠也常发出"de luo……"的叫声。叫声均急促。雄鼠显得急躁不安，寻找雌鼠，一般持续 3～5 min。曾见 4 只雄体追 1 只雌体，最后 1 对雌雄鼠结伴离开，其余 3 只雄鼠在树上不断鸣叫和来回移动，持续约 30 min（王小明等，1989）。

【危害特征】 仅分布在泾源县的林缘、灌丛、峭壁和断崖生境中。数量较少，在局部密度较高，盗食林木与农作物的果实和种子。

YK2. 土拨鼠亚科（Marmotinae）

包括旱獭类和黄鼠类，属地栖类。以北美洲最为丰富，欧亚大陆北部和非洲也有不少。包括一些体型较大的种类，如旱獭属（土拨鼠属）（*Marmota*），体重可达 8 kg。有 4 属，其中旱獭属 10 种，场拨鼠属（*Cynomys*）5 种，黄鼠属（*Spermophilus*）30～40 种，羚黄鼠属（*Ammospermophilus*）4 种，共计 49～60 种。中国有 2 属 12 种。其中，旱獭属（*Marmota*）4 种，黄鼠属（*Spermophilus*）8 种。

S4. 黄鼠属（Spermophilus）

以前以 *Citellus* 为属名，1956 年国际动物命名法委员会更正为以 Cuvier（1825）命名的 *Spermophilus* 作为黄鼠属的学名。黄鼠属是典型的地面生活种类，穴居。全世界现有 30～40 种，我国有 8 种，在宁夏全境分布的只有达乌尔黄鼠 1 种。

Z4. 达乌尔黄鼠（Spermophilus dauricus Brandt，1844）

达乌尔黄鼠别名蒙古黄鼠、草原黄鼠、阿拉善黄鼠、大眼贼、黄鼠、地松鼠、拱鼠、礼鼠等。属广布种，在宁夏全境分布。

【鉴别特征】 达乌尔黄鼠身体中等大小。头大，眼大，体粗胖。尾短，不及体长的 1/3，尾端毛蓬松，体背毛棕黄褐色。为群体散居性动物（图 2-20，图 2-21）。

● 形态鉴别

测量指标/mm 体重 154.0～264.0 g。体长 163.0～230.0，耳长 5.0～10.0，后足长 30.0～39.0，尾长 40.0～75.0。

形态特征 盐池黄鼠体型肥胖。头和眼大，耳廓小，成峭状。前足掌部裸出，掌垫 2 枚、指垫 3 枚；后足部被毛，有趾垫 4 枚。除前足拇指的爪较小外，其余各指的爪正常。体背面沙土黄色杂有黑褐色；体侧面、体腹面及前肢外侧面均为沙黄色；眼眶周具白点圈，耳壳土黄色。尾短，不及体长的1/3，尾上面中央黑色，边缘黄色；尾端毛蓬松，末端毛有黑白色的环。四肢、足背面为沙黄色。雌体有乳头5对（图2-20）。

图2-20 盐池达乌尔黄鼠(*S. dauricus*)形态

中卫达乌尔黄鼠阿拉善亚种（图2-21）体型略似家鼠，但眼大而突出，外耳退化，四肢均衡，前爪锐利。体形细长，体长约200 mm。头大，有颊囊。眼大而圆。耳壳很小，略露于被毛之外。尾显然较短，其长（不连端毛）约60 mm，接近体长1/3，尾毛稍蓬松，尾梢具毛束。前足具5指，拇指特小，而中指特长，除拇指外，其余4指具爪，爪发达而弯曲，长而尖锐，适应控气活动。前足掌裸露无毛，掌垫2枚，指垫3枚。后足具5趾，第一、三两趾较短，其余3趾等长。后足部被毛。趾垫4枚，裸露。头部的额顶毛色稍较体背毛色深暗。眼眶四周白色圈显著。吻部、面部至耳基毛色较头部浅淡，为浅黄褐色，但黑色长毛较明显。触须黑色，两颊下部白色，耳壳呈浅棕褐或浅黄褐色。体侧较体背浅淡，呈沙黄色或黄白色。颏部纯白色。自颈部、胸部和腹部毛基黑色，毛端淡黄色。整个躯体背面毛色非单一色调，近乎麻色，呈暗黄褐赭色或暗黄褐色。背面从颈部至臀区的尾根，被毛具很短的黑色或浅黑灰色毛基；其次是较长呈浅灰白色的中段，而毛端常为三色相间，依次为浅褐色、沙黄色或黄白色（有时稍染淡赭色色调）和黑色。背面还有黑色长毛分散混杂毛被之中，背毛色呈现细微的黄黑褐赭色，似混杂的芝麻点状。尾基部上面毛色与体背同色，但尾端具橙色、黑色和黄白色相间的毛束。尾下面为橙黄色，两侧为淡黄白色，尾端下面可见三色毛束。前肢背面沙黄淡橙黄色，足趾淡黄白色或白色，而腹面纯白色。后足上面白色或稍染淡黄色，而下面部为淡橙黄白色或黄白色。爪黑褐色。乳头4 对（图 2–21）。

图 2–21　中卫达乌尔黄鼠阿拉善亚种(*S. dauricus alashanicus*)形态

● 头骨鉴别

测量指标 /mm　颅长 41.6 ~ 50.5，鼻骨长 14.1 ~ 17.0，颧宽 23.0 ~ 30.2，眶间宽 8.2 ~ 10.4，听泡长约 11.0，上齿隙 11.1 ~ 16.3，上颊齿列长 8.2 ~ 10.4。

头骨特征　盐池黄鼠头骨扁平、粗短稍呈方形。颅呈椭圆形；吻端略尖，吻较短，鼻骨前端较宽大，眶上突的基部前端有缺口，眶后突粗短，眶间宽；额骨粗短。颅骨不如长尾黄鼠的宽，颧弧不甚扩展，宽仅为颅长的 58.9 %。颅顶明显呈拱形，以额骨后部为最高。无人字脊，颅腹面，门齿无凹穴。前颌骨的额面突小于鼻骨后端的宽，听泡纵轴长于横轴。鼻骨长约为颅长的 34 %，其后端中央尖突，略为超出前颌骨后端，约达眼眶前缘水平线。眼眶大而长，这和发达的眼球相关联。左右上颊齿列均明显呈弧形。上门齿较狭扁，后无切迹，PM³ 较大，约等于 M¹ 的 1/2。M²、M³ 的后带不发达，或无。下前臼齿的次尖亦不发达。牙端整齐，牙根较深，长 47 mm，颜色随年龄不同，浅黄或红黄色。

中卫黄鼠头骨较宽大而坚实，呈短圆形。吻部较短。鼻骨前端较宽，逐渐向后端变窄。眶间中央略凹陷，眶边缘稍上翘，其前端具小缺口，后端眶上突细长并向下并向下弯曲。颧弓较宽面略呈弧形，其宽为 9.0 mm 以上。颧弓和颧骨板扁平状，颧弓粗大，后端颧突明显。顶骨上骨脊较弱，呈长喇叭形。上下门齿唇而的釉质为淡黄色。上门齿扁柱形，后无切迹。齿隙短于上（颊）齿列长。PM³ 发达，略小于 PM⁴，近似柱状。PM⁴ 大小与齿冠结构与 M¹ 和 M² 相似。M³ 发达，大于其他臼齿。下颌 PM₄ 略小于 M₁ 和 M₂，但齿冠结构与于 M₁ 和 M₂ 相似。M₃ 最大，近方形。

【亚种及分布】 达乌尔黄鼠广泛分布于我国北部的草原和半荒漠等干旱地区，如东北、内蒙古、河北、山东、山西、陕西、宁夏和甘肃等省区；国外见于蒙古国、俄罗斯。在我国分布有 5 个亚种。其中，指明亚种（*S. d. dauricus* Brandt，1844）主要分布于黑龙江和内蒙古东北部，模式产于内蒙古呼伦池；阿拉善亚种（*S. d. alashanicus* Büchner，1888）分布于内蒙古西部、宁夏、陕西、青海，模式产于内蒙古阿拉善南部；河北亚种（*S. d. mongolicus* Milne-Edwards，1867）分布于内蒙古东南部、河北、陕西、辽宁、山东等地，模式产地在河北宣化；甘肃亚种（*S. d. obscurus* Büchner，1888）分布于甘肃，模式产于甘肃北部；东北亚种（*S. d. ramosus* Thomas，1909）分布于黑龙江和吉林，模式产于吉林范家屯。

达乌尔黄鼠在宁夏全境均有分布，在泾源县分布于沙塘林场及其周围地区，主要栖息于地势比较开阔干燥的阳坡草地，尤以紫花苜蓿草地居多。分布在盐池及其相邻区域的黄鼠属典型的达乌尔黄鼠（*S. dauricus* Brandt，1844），而分布在中卫及其附近的黄鼠属于达乌尔黄鼠阿拉善亚种（*S. d. alashanicus* Büchner，1888）（图 2-22）。后者的分类地位争议比较多，自从 Prezewalsik（1888）将采自内蒙古阿拉善旗的黄鼠定名为阿拉善黄鼠（*S. alashanicus* Büchner，1888）以来，争议不断。Allen，G. M.（1940）将分布在甘肃西部的黄鼠定名为达乌尔黄鼠甘肃亚种（*S. d. obscurus* Büchner，1888），Ellerman 等（1951）将两者并入 Citellus citellus，Огнев（1947）认为分布在甘肃及其附近地区的黄鼠应属于阿拉善黄鼠（*S. alashanicus* Büchner，1888），其分布区包括内蒙古部分地区、甘肃、青海、宁夏、陕西及山西太行山脉以西地区，国外在蒙古亦有分布。寿振黄等（1964）则将其仍然归属于达乌尔黄鼠。赵天飙等（1994）、

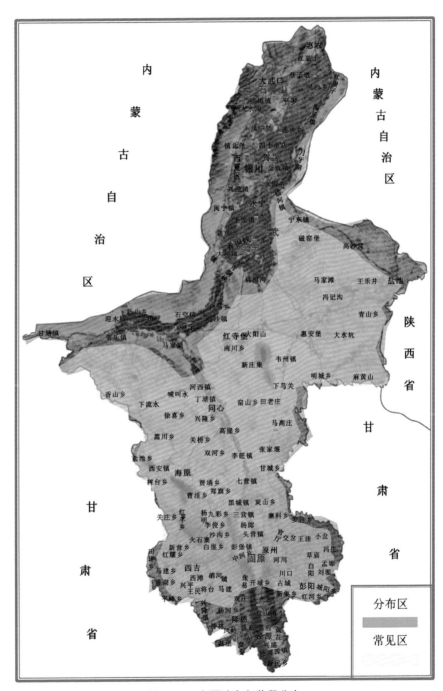

图 2-22 宁夏达乌尔黄鼠分布

　　秦长育等（2003）多将分布于内蒙古南部和陕甘宁青及蒙古国西南部等地的黄鼠视为
达乌尔黄鼠阿拉善亚种（*S. d. alashanicus*），俄国学者根据核型研究结果坚持阿拉善黄鼠是独立种（Orlov 等，1975；Pavlinov，2003；Tsvirka，2006），现在多数学者将阿拉善黄鼠列为一个独立种（郑涛等，1988；王宇等，2009；安增生等，2013；李国军等，2013；孙养信等，2015）。

【发生规律】 达乌尔黄鼠是我国北部干旱草原和半荒漠草原的主要鼠类。喜散居，对环境有一定的选择性。坡麓脚是黄鼠栖息的最适生境，垄岗、波状洼、灌丛和耕地等生境内，虽然也有黄鼠栖息，但数量较少。在次生林地、盐生草甸和流动沙带等地形中，一般没有黄鼠栖息。而林地边缘、坟地、田埂及地头等环境，往往成为黄鼠的移居栖息地。在黄鼠栖息的各种生境中，低矮禾草固定沙丘和低矮禾草、蒿草草甸两种生境中黄鼠密度显著高于其他生境，而其他类型生境间并无显著差异。

在草原多栖居于低矮禾草—蒿草草地，更喜居于畜圈和牲畜大量放牧的地方，在高草丛和植被稠密的地方很少，在农区多栖居于田埂、道旁和田间草地，在多年生苜蓿地和休耕地中的密度较高。临时栖居在田间的黄鼠依作物的物候期的变化而转移。早春田间没有黄鼠，播种 3 ~ 4 d 后，黄鼠开始迁入田间，当禾苗长出后，数量增加，夏季作物长高后，黄鼠又开始迁入低矮的作物区内，秋后又回到田埂和道旁。

● 洞穴　黄鼠喜独居，洞穴可分为冬眠洞和临时洞两类。冬眠洞的洞口圆滑，直径约 6 cm，有些地区的洞口有小土丘，有些地区则无。洞口入地的洞道，起初斜行，而后近乎垂直，接着再斜行一段入巢（图 2-23）。洞深多数在结冰线以下，一般为 105 ~ 180 cm，有的深达 215 cm 以上。洞中有巢室和厕所，巢的直径可达 20 cm×20 cm，窝内有羊草、隐子草等植物，有的还有羊毛等杂物。厕所常在洞口的一侧，是一个膨大的盲洞。冬眠洞是供黄鼠冬眠、产仔和哺乳时使用的永久洞。临时洞的洞径约 8 cm，呈不规则圆形，洞道斜行，长 45 ~ 90 cm。这类洞常为黄鼠临时窜洞或因受惊扰而临时避难之用。黄鼠的夏季栖息洞，多数是在出蛰交尾后，利用冬眠洞的部分洞道或临时洞修整而成，较少全部新建或沿用冬眠洞。尽管建洞的基础不同，建洞时却有一个共同特点，即在新洞建成后，在离原洞口稍远之处，从洞内向地面挖掘出新的出口，然后堵塞原洞口及与其相连接的一段洞道，建洞时堆积在原洞口周围的新土也往往被分散在较大的面积上。因此，不仅新洞口较难被发现，原洞口也很快消失（特别是经过风天或雨天后）。这种活动对保障黄鼠本身的安全有很大意义。

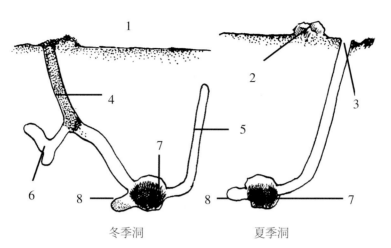

冬季洞　　　　　　夏季洞

1. 封洞口；2. 瞭望台；3. 洞口；4. 堵洞；5. 出蛰洞；6. 盲洞；7. 老窝；8. 厕所

图 2-23　达乌尔黄鼠洞道结构示意

黄鼠的巢分雌雄鼠两种。雄鼠巢为球形，雌鼠巢为盆状。两种巢的结构无多大差别。雌鼠巢较细软密集，雄鼠巢粗糙。巢由草叶组成。球形巢高 18～19 cm，巢深 6～8 cm，内径 8～12 cm，外径 17～21 cm。盆状巢高 11～13 cm，巢深 6～8 cm，内径 8～12 cm，外径 17～20 cm，巢材重 184～307 g。

● 冬眠习性　在内蒙古东部，黄鼠从 3 月下旬开始出蛰，持续 36 d，至 4 月下旬结束。出蛰有 2 个高峰，第 1 个高峰在清明节前后，系雄鼠；第 2 个高峰在谷雨后，系雌鼠。因此，可以把谷雨后 10 d 作为黄鼠完全出蛰的时间界限。在山西曲沃地区，初春气温较高的年份，黄鼠出蛰提前到 2 月下旬（王廷正等，1992）。大概在 9 月中旬以后，随着气温下降黄鼠开始入蛰，入蛰顺序和出蛰相同，即成年雄鼠入蛰最早，成年雌鼠较晚，幼鼠最晚。延续到 10 月中旬，个别的直至 11 月初。成体雄鼠冬眠约 8 个月，雌鼠约 7 个月，幼鼠 5.5～6.0 个月。

冬眠时，将原来入洞口堵塞；出蛰时，在另一处破土而出，出洞口仅 1 圆孔，四周无浮土，称为朝天洞。黄鼠出洞前或入洞后，常在洞道内堵土。

出蛰与气候有密切的关系，春季气温逐日回升，日均上升到 2～5 ℃，地面温度 4～6 ℃，地下 1 m 处温度 21 ℃左右，雄鼠开始出蛰；当气温上升到 10 ℃，地表温度升到 12 ℃以上，雌鼠也出蛰。

刚出蛰的黄鼠，遇到天气突然变冷，会产生反蛰现象，反蛰期间不吃食物。当气温降至 0 ℃以下，风速超过 5 m/s 时，出蛰就会中断。气温回升到 3 ℃以上时，又见出蛰。当气温达 5 ℃时，出蛰数量较稳定。

● 报警行为　黄鼠的嗅觉、听觉、视觉都很灵敏，记忆力强，对其活动范围内的洞穴位置记得很熟。生性多疑，警惕性高，边取食边抬头观望。出洞前在洞口先听外边动静，然后探出头来左右窥探，确认无敌害时一跃而出，立起眺望，间隙发出"尖儿"、"尖儿"的叫声，唤其同类出洞玩耍、嬉戏。一旦发现敌情，立即发出急促的"尖儿"、"尖儿"的鸣叫，让其同类赶紧避难。两种鸣叫声，前者为"喜叫"，后者为"惊叫"。

黄鼠的挖掘能力很强，10min 内就能挖一个掩没身体的洞穴。当它遇到敌害时，急入洞中，迅速挖土，并借臀部的力量将前足送来的土帮助后足压向后方，把洞堵实、俗称"打墙"，以逃避敌害。

● 活动规律　黄鼠是白昼活动的鼠类，每天日出开始出洞活动。日活动高峰：4月份在 12：00 左右，5～9 月有 2 个高峰，9：00～10：00 和 15：00～16：00，上午高于下午。10 月基本上不出现活动高峰。

黄鼠的活动范围一般在 100 m 左右，其活动距离雄性成体平均为 89 m 左右，未成体平均为 98 m；雌性成体平均为 89 m，未成体平均为 99 m。5～8 月成年雄鼠的巢区面积为 3807.2±640.3 m²；成年雌鼠为 4192±948.7 m²（吴德林等，1978）。

● 取食规律　黄鼠主要以植物性食物为主，也吃一定比例的动物性食物。其喜食植物的种类与环境提供的植物种类有很大关系。例如罗明澍（1975）在内蒙古锡林郭勒盟调查发现，黄鼠喜食植物共 28 种，最喜食的有蒙古葱、阿尔泰紫菀和猪毛菜。喜食的有黄芪、冷蒿等。费荣中（1980）在内蒙古赤峰调查黄鼠啃食的植物有 22 种，其中啃食频次较多的有 12 种，除蒙古葱等 6 种同罗氏调查相同外，尚有兴安胡枝子、野苜蓿、甘草、百里香、毛芦苇等。在自然条件下，黄鼠的夏季食物主要由 14 种植物组成，其中冷蒿、变蒿、乳白花黄芪、星毛委陵菜、羊草、鹊虱等 7 种植物均超过食物干重的 1%，为其主要食物（王佳明等，1994），在笼饲条件下，黄鼠平均日食鲜草 44 g。

夏季（6～7 月），草地中达乌尔黄鼠的数量较农田中的多，其中苜蓿地中最多。秋季（8～10 月），农田的数量较草地多。在农田中，豆类田中较玉米、糜谷田多。这与达乌尔黄鼠对食物需求情况有关，在 6、7 月，草绿叶嫩，食源充足，草地是达乌尔黄鼠理想的生活之地。到了秋季，草地的草逐渐变老、变黄，而农田农作物则逐渐结实，农作物果实则成为达乌尔黄鼠的理想食物。豆类是达乌尔黄鼠最喜欢吃的食物。在清涧河流域的川地，达乌尔黄鼠分布密度略高于山区。这是因为川地农作物生长较好，食物充足，同时山区的天敌比川地多而造成的。

● 繁殖特性 黄鼠每年繁殖 1 次，繁殖季节比较集中。春季出蛰以后即进入交配期，4 月份很快由交配期进入妊娠期，而 5 月中旬随着交配期结束而到妊娠的盛期，当年幼鼠最早于 6 月中旬开始出洞，大批幼鼠在 7 月中旬以后分居，过独立生活。妊娠期 28 d，哺乳期 34 d。出生后 28 d 幼鼠开始出洞活动，再过 4～6 d 即分居，不再进入母鼠洞。从母鼠交配到幼鼠分居 65～70 d。平均胚胎数为 8.4 只，最少 2只，最多可达 13 只，5～7 只的为数较多。妊娠率 87.5％～97.2％。由于越冬条件差异，两个相邻的繁殖期，妊娠率约相差 1 倍。

● 种群结构 在年龄分组方面，可用晶体干重鉴定黄鼠年龄（刘加坤等，1993），亦可用臼齿磨损特点划分年龄组。在所划分的 5 个年龄组中，Ⅰ组为当年出生至夏末的幼体；Ⅱ组为去年出生至该年春季之前的亚成体；Ⅲ组和Ⅳ组分别为第 2 年冬眠之前和第 3 年冬眠之前的成体；Ⅴ组为第 4 年冬眠之前或更长时间的老体。据推测，达乌尔黄鼠的自然寿命不超过 4～5 a，多数为 2～3 a，另据赵肯堂（1983）报道，黄鼠的寿命可达 7 a。石杲等（1987），通过对黄鼠静态生命表的研究，认为黄鼠的最大寿命为 6 a。虽然黄鼠种群性比接近于 1∶1，但不同年龄组的黄鼠两性比例却差异显著。幼鼠雌少于雄，2 龄鼠性比接近，其余各年龄组皆为雄少雌多。

● 种群动态 3 月末黄鼠开始苏醒出蛰，密度逐渐增高，至 5 月份基本稳定。6月份有少量幼鼠出现，密度开始增高，7 月份幼鼠全部参加活动，数量达到高峰，9月份以后数量下降，直至冬眠为止。据 10 个夏季的观察，黄鼠数量最多的年份是最少年份的 10 倍以上。

幼龄和老龄黄鼠生命期望值小于中年成体，说明幼龄鼠因体弱，抵抗自然灾害、疾病和天敌等的能力较差，死亡率高而出现生命期望值小；老龄鼠已接近生理龄期，是生命期望值小的主要因素，幼龄鼠的生命期望值较小，这也是黄鼠种群数量保持相对稳定的调节机制。

石杲等（1992）按生境的 0.5％抽样，以 1 hm² 日弓形夹法进行黄鼠数量调查，提出了黄鼠种群数量变动的曲线模型：

$$y = \left\{ \frac{k}{1 + a\exp\left[b\,(x-c)\right] + L} \div 100 + 1 \right\} x$$

式中，y 为种群数量；x 为种群初始密度；k 为环境所允许的种群增长率的最大变动幅度；L 为环境所允许的最低增长率；a、b、c 为常数。预测年平均密度的模型不仅能够预测下年种群数量，而且还能预测未来几年种群数量的升降趋势及未来 1～3 年的年平均密度。根据上述模型，种群数量的预测值与实际调查结果非常接近。

【危害特征】 该鼠主要以植物的幼嫩部分和种子为食，直接影响到植物的生长发育。春季，黄鼠常吃草根和播下的作物种子，致使牧草不能发芽，作物缺苗断垄，幼苗生长遭到危害。夏季，植物拔节之后，咬断茎秆，吸取其所需要的水分，俗称"放排"，每遇干旱，危害更为严重。秋季贪吃灌浆乳熟阶段的种子。以洞口为中心成片危害。咬断根苗，吮吸汗液，使幼苗大片枯死。由于黄鼠的挖掘活动，常造成大面积的不生草地和水土流失。它们的洞穴常挖在田边地埂，易引起田间灌水流失，甚至使堤坝溃决，引起严重水灾。对荒沙造林也有危害。达乌尔黄鼠是我国北部地区的重要害鼠之一，也是鼠疫、沙门菌病、巴斯德菌病、布鲁菌病、土拉伦菌、森林脑炎、钩端螺旋体病等病原的携带者。

YM2. 鼠型亚目（Myomorpha）

鼠型亚目（Myomorpha）起源于松鼠型亚目，下颌骨和松鼠型亚目接近，有时可并入松鼠型亚目或再分出不同的亚目。该亚目种类体型比较小，咀嚼肌发达，牙齿数量少，除了一对门齿外，仅有几枚臼齿。种类超过千种，约占所有哺乳动物种类的 1/4，分布几乎遍及世界各地，是世界上最成功的哺乳动物。鼠型亚目包括种类繁多的鼠总科（Murioidea）和种类较少的跳鼠总科（Dipodoidea）与睡鼠总科（Gliroidea）。

ZK2. 鼠总科（Murioidea）

鼠总科包括了鼠型亚目绝大多数的种类，体型相近，习性多样。主要是植食性或杂食性的陆栖类型，也有食昆虫等小动物和食鱼的类型；有些树栖，有些半水栖，在陆地上各种生存环境中都能见到。鼠总科的分类争议很大，有人将其分成主要分布于新北界和北方大陆的仓鼠科（Circetidae），分布于古北界的鼠科（Muridae），分布于古北界荒漠地区的沙鼠科（Gerbillidae），古北界的穴居类型鼹形鼠科（Spalacidae）和竹鼠科（Rhizomyidae），仓鼠科常被并入鼠科，有时沙鼠亚科甚至所有的鼠总科都并入鼠科。现在多分为鼠科、仓鼠科和鼹形鼠科。宁夏有 3 科，没有竹鼠科种类。

宁夏鼠总科的科检索表

1. M^1 和 M^2 咀嚼面上有 3 纵列齿突（或被釉质分割为横列的板条状） ………………… 鼠科（Muridae）

   M^1 和 M^2 咀嚼面上有 2 纵列齿突 ……………………………………………………………… 2

2. 前爪发达，爪长大于指长。营地下生活 ………………………………… 鼹形鼠科（Spalacidae）

   前爪平常，爪长显然小于指 ……………………………………………………… 仓鼠科（Cricetindae）

K2. 鼠科（Muridae）

该科有 500 余种，是哺乳动物的第二大科，其种类非常多样化，可以分成几个亚科，其中多数种类属于鼠亚科（Murinae）。鼠科的屋顶鼠（*Rattus rattus*）、褐家鼠（*R. norvegicus*）和小家鼠（*Mus musculus*）随着人类到达了世界各地，是分布最广的哺乳动物，一般视为害鼠，也被培养出白化品种供医药试验用。除了人为扩散的种类外，鼠科的自然分布则只限于古北界，不少种类分布区狭小，一些种类濒于灭绝或者已经灭绝。

本科种类体小型至大型，最小的非洲巢鼠体长 17 mm，体重 5 g；最大的麝鼠体长可达 45 cm，体重可达 1 500 g。绝大多数种类呈典型鼠形，尾长短不一，四肢正常，趾不减少。颅骨眶下孔位于颧骨板上方，其上部扩大，部分中层咀嚼肌由此通过；孔下部狭小，为血管和三叉神经的通道。上颌颧突呈板状，是部分侧咀嚼肌的附着面和起点。

$$齿式=\frac{1+0+0+3}{1+0+0+3}=16$$

有的种类臼齿仅存 2/2，如鼠亚科的水鼠属（*Hydromys*）和鼩形鼠属（*Rhynchomys*）等；个别种类甚至只存 1/1，如鼠亚科的马伊尔鼠属（*Mayermys*）。本科臼齿咀嚼面齿突排成 3 纵列（有的种类 3 个纵列不明显，齿突连成若干横叶状），也有的种类齿突排成 2 纵列。大多数种类臼齿有齿根。通常为低冠齿。

分类历史（Systematic and Taxonomic History）　所有的啮齿动物分类系统都有鼠科，但科内包含的内容差异很大。Alston（1876）分类系统中，鼠科包括了除盲鼠属（*Spalax*）、竹鼠属（*Rhizomys*）和冠鼠属（*Lophiomys*）外所有的鼠形啮齿类（muroid rodents）以及非鼠形啮齿类的跳鼠科（Dipodidae）种类。Thomas（1896）提出了一个相似的分类系统，鼠科中仅排除了竹鼠亚科（Rhizomyinae）和瞎鼠科（Spalacidae）的种类。Tullberg's（1899）的鼠科种类较少，分为鼠族（Murini）、树皮鼠族（Phloeomyini）和泽鼠族（Otomyini）三个族。鼠族包括树鼠属（*Dendromus*）、囊鼠属（*Saccostomus*）和肥鼠属（*Steatomys*）。Miller 等（1918）将鼠科分为树鼠亚科（Dendromyinae）、鼠亚科（Murinae）、树皮鼠亚科（Phloeomyinae）和澳洲水鼠亚科（Hydromyinae）。Chaline 等（1977）将鼠科分为鼠亚科（Murinae）和澳洲水鼠亚科（Hydromyinae）两个亚科。Ellerman（1940，1941）也采取了包含方式，将鼠形啮齿类分为冠鼠科（Lophiomyidae）、瞎鼠科（Spalacidae）、竹鼠科（Rhizomyidae）和鼠科（Muridae）四个科。Simpson's（1945）将鼠科分为鼠亚科（Murinae）、泽鼠亚科（Otomyinae）、树鼠亚科（Dendromurinae）、树皮鼠亚科（Phloeomyinae）、长吻鼩鼠亚科（Rhynchomyinae）和澳洲水鼠亚科（Hydromyinae）等6个亚科。Carleton等（1984）把鼠科分为15亚科，将现仓鼠科的种类均纳入该科。黄文几等（1995）也采用了同样的分类系统。最近的形态学分类认为鼠科可能包括所有鼠总科的种类和亚科（Musser and Carleton，1993）。然而，最新的分子学研究证明，像第三纪中新世早期鼠形动物一样，鼠形啮齿类具有5类不同进化分支（猪尾鼠科 Platacanthomyidae 未在分析之列）（Jansa and Weksler，2004；Steppan et al.，2004；Michaux et al.，2001）。鼠科和其姊妹科仓鼠科（Cricetidae）大约在2400万年以前就已分化（Steppan et al.，2004）。中国物种信息系统（2005）将除田鼠亚科（Microtiniae）外的所有鼠形啮齿类均划归鼠科。Musser等（2005）将鼠科分为沟齿林鼠亚科（Leimacomyinae）、连锁树鼠亚科（Deomyinae）、沙鼠亚科（Gerbillinae）、鼠亚科和泽鼠亚科（Otomyinae）。本书采用古生物数据库和中国物种信息系统的分类系统，结合现代分子生物学研究成果，将鼠科分为6个亚科，即鼠亚科、树皮鼠亚科（Phloemyinae）、长吻鼩鼠亚科（Rhynchomyinae）、澳洲水鼠亚科（Hydromyinae）、树鼠亚科（Dendromyinae）和泽鼠亚科（Otomyinae）。中国的种类均属鼠亚科。

繁殖（Reproduction）　多数鼠科种类的婚配制度属于滥交系（polygynandrous，promiscuous）。即，属于一雌多雄、一雄多雌、或多雌多雄。少数是一雌一雄（monogamous），或者至少在一个繁殖季节是一雌一雄，雄鼠与雌鼠在一起就是为了交配和抚育他们的后代。

鼠类是高产者。有些种类的雌性幼鼠几个星期就能性成熟，妊娠期少于30天，每胎可产7～10只，最多可产17只，多数产后就可进行交配，在前一胎幼鼠断奶后不久又会产下一胎。有的可能年产10胎和10胎以上。大多数种类的雌性幼鼠性成熟需3个多月，每胎产4只左右。属季节性繁殖，在气候适合的季节生产，年繁殖3～4胎。

鼠类乳育幼鼠多在巢内进行。不同种类的巢大小、形状和位置不同。幼鼠生长发育很快，哺乳期相对较短。雌鼠可正确区分哺乳期的幼鼠和已性成熟的幼鼠。雄鼠很少照料幼鼠。多数幼鼠断奶后就与成年鼠分窝生活。

寿命（Lifespan，Longevity）　多数种类的自然寿命不超过1 a，很少有超过3 a的，但人工饲养的鼠类寿命可达10 a以上。

行为特性（Behavioral characteristics）　鼠科种类的行为特性差异很大。不同的种类占据栖息地和生态位，形成了自己独特的行为特性。有的树栖、有的穴居。有的白天活动、有的晚上活动、有的全天活动。有些种类具有严格的社会等级，有的群居，有的独居，有的栖息地固定，有的不断迁移和游动。有的为单脚跳。有些善游泳，有些善攀缘。有的全年可活动，有些则需要冬眠。

通讯与感觉（Communication and Perception） 鼠类是通过视觉、听觉、触觉、味觉感知外界事物的。这些感觉功能与鼠类的生活方式有关。夜晚活动的鼠类多依靠味觉，其听觉和触觉比白天活动的鼠类发达。鼠类的感觉范围远远超过人类，一些种类能发出超声波，例如幼鼠与母鼠分离时常发出超声波呼叫，母鼠很快就会回应并回到幼鼠身边（Ehret，2005）。鼠类的通讯包括化学、触觉、视觉听觉。当有其他动物存在时，同一种类信息激素的交互作用在相互联系方面起着重要的作用，以此辨别同种个体和寻找配偶，显示各自在种群中的地位等级，控制鼠类的发情周期等（Thompson et al.，2004）。

捕食性天敌（Predation） 捕食鼠类的天敌包括食肉动物（狐狸、猫、鼬等）、猛禽（鹰、雕、猫头鹰等）、爬行类（蛇、蜥蜴）和两栖类（大青蛙和蟾蜍）等。鼠类在长期的进化过程中，形成了不同的躲避天敌捕食的策略。大多种类在黄昏后开始活动，以降低蛇和鹰等对其的捕食风险。有些种类在天敌捕食时躲藏进洞穴或土缝中避难。除此之外，多数种类依靠其多种逃跑本领降低被捕食的风险，例如，迅速跑动、跳跃、攀缘、游泳等。有些种类的毛色与栖息地的背景色相似，有些种类，例如非洲刺毛鼠（*Acomys cahirinus*），当遇到天敌捕食时，尾部会自动断裂、逃脱（Shargal et al.，1999）。最原始的策略是像其他动物一样，当遇到攻击时，采用叫声、撕咬等方式恐吓、击退对手（Cochran，1999；Nowak，1999；Shargal et al.，1999）。

生态地位（Ecosystem Roles） 鼠类在生态系统中有着重要的角色。他们既是种子的取食者，又是种子的传播者。然而，鼠类在生态系统中的角色不总是积极的，有些种类被引进到新的栖息地，由于过度繁殖和强大的竞争能力，已对引进地的生态系统造成了损害，有些种类与人为伍，传播各种疾病。

保护（Conservation） 虽然鼠科中有像小家鼠和褐家鼠这样的世界性种类，但许多种类的数量已经很稀少，分布地也在不断缩小。实际上，鼠科36%的种类已被列入国际自然与自然资源保护联合会（IUCN）的红色目录中。其中，濒危物种（threatened species and endangered species）67种，例如恩格诺家鼠（*R. enganus*）、麦氏家鼠（*R. macleari*）和阿格拉沃尔家鼠（*R. ranjinid*）与苏拉威西丘鼠（*Bunomys coelestis*）等；易危物种（vulnerable species）71种，如多乳鼠（*Mastomys awashensis*）；近危物种（near threatened species）18种，例如林绒鼠（*Grammomys aridulus*）；低危物种

133

(lower risk species) 54 种，如匈牙利小家鼠 (*Mus spicilegus*)。另外，还有 54 种因资料缺乏而无法定性，13 种可能已经绝迹 (IUCN，2004)。

YK3. 鼠亚科(Murinae)

鼠亚科一直归在鼠科，亚科内关系复杂。原先，刺鼠属 (*Acomys*)、大裸尾鼠属 (*Uranomys*) 和刷毛鼠属 (*Lophuromys*) 划归鼠亚科 (Carleton and Musser，1984；Musser and Carleton，1993)，但最近的分子学研究证明：这 3 个属 (刺鼠属除外) 属于单源群，而且与沙鼠亚科 (Gerbillinae) 一起是鼠亚科 (Murinae) 的姊妹群 (Jansa and Weksler，2004；Steppan et al.，2004；Michaux et al.，2001)，其与鼠亚科可能在 21 Ma 前已经分化 (Steppan et al.，2004)。Watts 和 Baverstock (1995) 按照进化关系将鼠亚科现有的属分为 9 个进化分枝，即树皮鼠属分支、巢鼠+攀鼠分支、弥氏鼠属分支、新几内亚鼠分支 (包括大尾鼠属 (*Macruromys*)、须鼠属 (*Pogonomys*) 和强齿鼠属 (*Anisomys*) 等)、非洲鼠分支 (包括纹鼠属 (*Rhabdomys*)、(*Grammomys*) 和非洲草鼠属 (*Arvicanthis*)、小鼠属分支、姬鼠属分支、大洋洲鼠分支 (包括水鼠属 (*Hydromys*) (*Mesembriomys*) 和澳洲林鼠属 (*Conilurus*) 等)、东南亚鼠分支 (包括板齿鼠属 (*Bandicota*)、王鼠属 (*Maxomys*) 和鼠属 (*Rattus*) 等)，也就是说，细尾云鼠属 (*Phloeomys*) 是其他分支演化的基础，大洋洲鼠分支和东南亚鼠类分支分化较晚。但是其他研究结果与他们的不一致 (Jansa and Weksler，2004；Steppan et al.，2004)，对鼠科 126 个属的分析结果与其均不相近。多数学者认为鼠亚科动物起源于菲律宾的古老细尾云鼠属 (*Phloeomys*) 和长颈姬鼠属 (*Batomys*) 种类，这种分化可能发生在 12 Ma 以前，随后的 3 Ma 一个新的类群迅速繁衍 (Steppan et al.，2004)，这种类群至少演化成 7 个不同的鼠类分支，结论与 Watts 和 Baverstock 的分支相似。但这些演化分支之间的关系还没有完全确定。

现在，多数学者倾向认为鼠亚科有两个分布中心，一个分布中心是亚洲南部到大洋洲一带，其中以南洋群岛属种最为丰富；另一个分布中心是非洲，但种类相对较少。这两个地区分别拥有各自的属种，只有小鼠属 (*Mus*) 等极少数为两个地区所共有 (Carleton and Musser，1984)。除了随人类传播的几种家鼠以外，只有姬鼠属 (*Apodemus*) 和巢鼠属 (*Micromys*) 两个属可见于欧洲和亚洲北部，拟家鼠 (*Rattus rattoides*) 等少数种类分布于亚洲其他地区以外，其他种类均局限于这两个地区，其中巢鼠属仅巢鼠 (*Micromys minutus*) 1 种，分布于欧亚大陆广大地区，体小轻盈，是体型最小的啮齿类之一，尾部具缠绕性，可以在禾草上攀爬，又称旧大陆禾鼠 (与新大陆仓鼠类真正的禾鼠相对应)。

鼠亚科种类适应不同的生存环境，形态和习性都比较多样化。典型的鼠亚科种类形态和习性与家鼠类似，但也有些则有较大区别，如澳洲的澳洲水鼠（*Hydromys chrysogaster*）体型较大，体重可达 1 kg，半水栖性，以鱼和其他水生动物为食；澳洲的窜鼠（*Notomys alexis*）为双足跳跃行动，主要生活于荒漠地带，类似美洲的更格卢鼠；非洲的刺鼠（*Acomys subspinosus*）、琉球群岛的琉球刺鼠属（*Tokudaia*）和从睡鼠亚科移入的刺睡鼠属（*Platacanthomys*）等身上的毛成了有保护作用的棘刺；还有不少种类适应树栖生活。鼠亚科中仅鼠属（*Rattus*）属内就有水栖、树栖以及有刺种类等多种不同的种类。鼠属是啮齿类最大的一个属，也是最混乱的一个属，有人认为超过 180 种，是哺乳动物的最大一属，也有人将一些种类合并或移出，只剩下分布基本限于东南亚和大洋洲的约 90 种，种类少于食虫目麝鼩属，即使这样，鼠属仍然是啮齿目中最大的属。

该亚科是鼠科最大的一个亚科。据统计目前报道的有 417～561 种，86～126 属。中国有 15 属，41 种。宁夏有 4 属 7 种。

宁夏鼠亚科分属检索表

1. 体型较大,后足长超过 25 mm,体长大于 130 mm ·················· 3
   体型较小,后足长小于 25 mm,体长小于 130 mm ·················· 2
2. 上门齿内侧有缺刻 ·················· 小鼠属（*Mus*）
   上门齿内侧无缺刻 ·················· 姬鼠属（*Apodemus*）
3. 体中型,体长 110～198 mm。听泡较小,长不超过体长的 16 %,翼窝几乎平扁,不为 1 大孔穿通。翼间窝宽等于或比腭桥宽,腭桥后缘约与第三上臼齿后缘在同一水平线上。体腹面通常为纯白色········· ·················· 白腹鼠属（*Niviventer*）
   体小型到大型,体长 80～300 mm。听泡较大,长不小于体长的 17 %。翼窝不平扁,其内侧为 1 大孔所穿通。翼尖窝宽,一般约等于或小于腭桥宽,腭桥后缘通常明显超出第三上臼齿后缘········鼠属（*Rattus*）

S5. 小鼠属（*Mus*）

体型较小，后足长小于 25 mm，体长小于 130 mm。上门齿内侧有缺刻。全世界有 36 种，分布在我国的 4 种，在宁夏只有小家鼠 1 种。

Z5. 小家鼠（Mus musculus Linnaeus,1758）

小家鼠别名小老鼠、小耗子、鼷鼠、小鼠等。小家鼠是一个广布种，与人为伍，是一个世界性的害鼠。

【鉴别特征】 也就是人们常见的小老鼠。体长不到褐家鼠的一半。吻部尖而长，耳朵较大，被毛柔软，无刺毛，体背呈灰褐色或黄褐色。尾细长，鳞环明显(图 2-24)。

图 2-24　小家鼠(*M. musculus*)形态
（上排照片标本 2015 年 4 月 19 日拍采自宁县黄河滩地杨树苗圃，
下排照片标本 2018 年 9 月 6 日采自泾源县冶家村）

● 形态鉴别

测量指标 /mm　体重 7 ~ 20 g。体长 50 ~ 100，尾长 36 ~ 87，足长 14 ~ 16，耳长 10.0 ~ 15.5。

形态特征　小家鼠为鼠科中的小型鼠，尾与体长相当或略短于体长。头较小，吻短，耳圆形，明显地出毛被外。毛色随季节与栖息环境而异。体背呈现棕灰色、灰褐色或暗褐色，毛基部黑色。体腹面灰黄色到白色，侧面毛色有时界线分明。足暗褐色或污白色，有的个体白色。尾 1 色，有些个体尾上面黑褐色，下面为沙黄色（图 2-24）。乳头胸部 3 对，鼠鼷部 2 对。

● 头骨鉴别

测量指标 /mm　颅长 19 ~ 23，颧宽 9.5 ~ 11.6，乳突宽 8.5 ~ 10.0，眶间宽 3.00 ~ 3.65，鼻骨长 6.5 ~ 7.7，上颊齿列长 3.0 ~ 3.7。

头骨特征　颅小，呈长椭圆形；吻短；眶上嵴低，鼻骨前端超出上门齿前缘，后端略被前颌骨后端所超出。顶间骨宽大。门齿孔甚长，其后端可达 M^1 中部水平。腭后孔位于 M^2 中部，下颌骨冠状突较发达，略为弯曲，明显指向后方。上门齿斜向后方，其后缘有 1 缺刻；M^1 长超过 M^2 和 M^3 之和。M^1 和 M^2 齿突与鼠属（*Rattus*）相似。M^3 很小，内外侧各具有 1 齿突（图 2–25）。

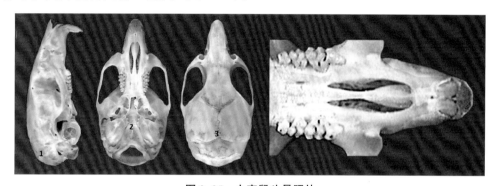

图 2–25　小家鼠头骨照片
1. 上颌骨侧面；2. 上颌骨腹面；3. 上颌骨背面；4. 上门齿和臼齿

【亚种及分布】　早在石器时代，小家鼠就出现在中亚。以后逐渐扩展到欧洲、亚洲和北美洲。现在已遍及全球。在国内，除了西藏少数地区外，各地均可见到。目前一般认为，小家鼠大约在 35 万 ~ 90 万年前起源于印度次大陆，继而向东、西、北 3 个方向分化出 3 个亚种，即欧洲亚种（*M. m. domesticu*）、华南亚种（*M. m. castaneus* Waterhouse，1843）和指明亚种（*M. m. musculus* Linnaeus，1758）。欧洲亚种主要分布于东亚和东南亚，华南亚种主要分布于西欧、中东和北非，指明亚种主要分布于东欧和北亚。

中国小家鼠亚种分化尚无定论。Schwarz and Schwarz（1943）以形态、行为、地理分布采用限制性内切酶 mtDNA 分析技术，发现中国北部分布指明亚种（*M. m. musculus* Linnaeus，1758）、南部和东南部分布华南亚种、西南部分布有棒杆亚种（*M. m. bactrianus*）、东南部分地区有指明亚种和华南亚种重复分布、南部部分地区也有华南亚种和棒杆亚种重复分布。Bonhomme（1989）以蛋白质多态型为依据显示我国东北部分布的是指明亚种、南部和东南部分布华南亚种、西南部分布棒杆亚种、南部部分地区为华南亚种和棒杆亚种混合分布区。Tsuehiya 等（1994）以外形体尺指标作为分类标准，表明北方地区以甘肃亚种（*M. m. gasnuesnis*）分布为主，东北地区为甘肃亚种和指明亚种混合分布，中部地区主要分布喜马拉雅亚种（*M. m. homourus* Hodgson，1845），南部和东南部分布华南亚种。鲍世民等（1999）采用同工酶分析技术和免疫学分析技术测定，综合前人研究结果分析认为，中国小家鼠沿黄河—秦岭—长江为界分类为南、北两大亚种群，即，南方为华南亚种群，北方为指明亚种群。其中，华北亚种（*M. m. wagneri* Eversmenn，1848）在我国分布于内蒙古、山东、河北河南、山西、陕西、宁夏。华南亚种（*M. m. castaneus* Waterhouse，1843）国内分布于江苏、浙江、安徽、江西、台湾、广东、广西。北疆亚种（*M. m. decolor* Argyropulo，1932）分布于新疆天山山地以北。喜马拉雅亚种（*M. m. homourus* Hodgson，1845）国内分布在西藏南部。四川亚种（*M. m. tantillus* G. Allen，1927）分布于四川万县。东北亚种（*M. m. manchu* Thomas，1909）分布于黑龙江、吉林、辽宁。西南亚种（*M. m. urbanus* Hodgson，1845）国内分布在贵州、四川、云南。

　　宁夏全境均有小家鼠分布，居民区栖息在住宅、厨房、仓库、养殖场等，野外多在农田、菜园、林地、草甸、草原等生境栖息（图2-26）。

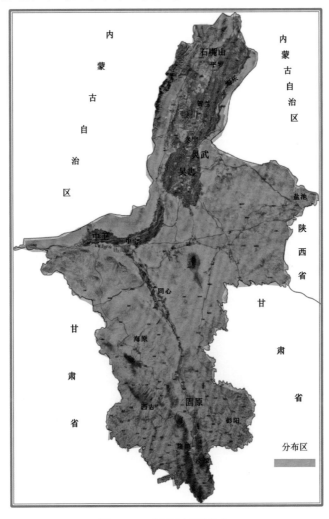

图2-26　宁夏小家鼠分布

【发生规律】　小家鼠是一种家栖兼野栖的鼠类，其栖息范围甚为广泛，凡人所至之处均能见到它的活动。住家、场院、仓库、农田以及戈壁荒漠等地方都是它的栖居地，尤以住家、场院以及收割后的麦草垛、稻草堆和玉米秸秆堆下更是小家鼠最适宜的栖居场所，这些地方既是它的繁殖地带，又是它越冬的良好场所。在北方生活于农村房屋内的小家鼠到了夏天往往迁至邻近田野、山地或果园中。在谷物或禾草堆下也常发现这种家鼠。此外，小家鼠还常利用轮船、火车为栖居场所。

● 洞穴　小家鼠的洞穴比较简单，洞穴的结构往往与栖息环境有关（图2-27）。室内小家鼠通常在地板下面和墙壁空洞中做窝，有时也会在衣箱、抽屉、粮柜、杂物橱中营巢；窝巢常以破布、乱棉絮等物铺垫制成，呈半圆形；在柴草垛或粮食垛下，则在地上或地表浅层建造一个明洞，且有跑道通向各方。在草原或空旷地带，特别是入冬后，小家鼠便集群栖居在较深的洞穴中。野外小家鼠营穴居生活，其洞穴有短浅无巢的临时洞和较长而有巢的居住洞，通常有2~3个洞口，洞道长10~100 cm或更长。雌鼠产仔后，大部分洞口堵塞，只留1个洞口。秋收季节，在田中挖临时洞。

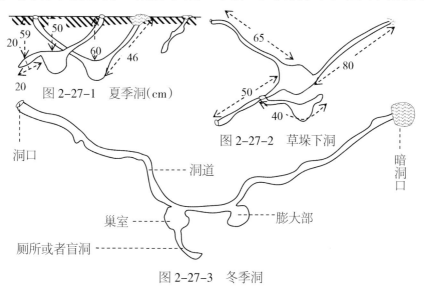

图2-27-1　夏季洞(cm)

图2-27-2　草垛下洞

洞口　洞道　暗洞口　巢室　膨大部　厕所或者盲洞

图2-27-3　冬季洞

图2-27　小家鼠洞穴结构示意

夏季洞穴比较简单，巢室小而浅，呈圆形或卵圆形。巢的成分不定，以掘居洞周围环境及植物生长而异。在草原上，则以杂草筑成，在农田中，以谷物叶茎筑成，在草堆下，以草叶筑成，草堆下多在地表挖掘洞道，筑巢栖居，形成半明半暗的洞穴。在地下筑洞也非常之浅，有1~2个洞口，洞口直径为2.5~3.0 cm，洞口前多有小土堆。一般洞道长60~80 cm，但在草垛下的明洞，则长短不定，有的可长达200 cm以上。冬季洞穴，巢室较深，洞道略复杂。

小家鼠在居室栖居时，多数只建造巢室，很少挖洞，只在泥土结构房内可见到一浅洞。

在草地中，小家鼠的巢呈球、碗两种形状，筑巢构料较广泛。野栖鼠巢多为球形，家栖鼠巢多为碗状。雄鼠巢小而结构疏松，巢材粗糙，常用谷子、黍子、芦苇、豆叶等组成；雌鼠巢大，且结构紧密，材料也柔软，多为马唐（*Digitaria sanguinalis*）、莎草（*Cyperus microiria*）、白草（*Pennisetum flaccidum*）等制成。球形巢在靠下方留有直径为 2.5 cm 小孔作为出入通道。巢体积为 130 cm³；碗状巢高 6 ~ 8 cm，深 3 ~ 5 cm，内径 7 ~ 9 cm。巢重 85 ~ 175 g（郭全宝等，1984）。

小家鼠一般在夏季多数分散居住，一洞一鼠。冬季则多集群栖居，10 ~ 20 只在一个洞系内栖居。如有人在一洞系内曾挖出小家鼠 17 只，其中成体 7 只，雄性成体 2 只，雌性成体 5 只，雄鼠亚成体 4 只，雌鼠亚成体 6 只。

● 食性　杂食性。以盗食粮食为主，如玉米、稻子、小麦、高粱以及胡麻、花生等。尤为喜食面粉或面制食品。一只体重 14 ~ 15 g 的小家鼠一昼夜能吃 4 ~ 5 g 面粉或 3 g 多碎米。初春食源贫乏时，也咬毁青苗；夏季在野外也食草籽和昆虫，数量多时啃食树皮、棉桃和瓜果蔬菜等。其食性与季节、栖居环境食源有关。在高数量时，能取食各种可食之物。室内饲养表明，小家鼠对食物的嗜食程度，直接受它已采食过的食物的影响。小家鼠日食量为 3.30 ± 0.25 g。在有饮水的情况下，平均饥饿 3.5 d 后死去，雄鼠耐饥能力为雌鼠的 4 倍。小家鼠习惯小量多餐，平均每天取食 193 次之多，每次仅吃食 10 ~ 20 mg。其取食场所常不固定，往往在一天之内遍及可能取食的所有地点。

● 活动　小家鼠活动性强，能主动趋利避害。当适宜空间增加时就扩散，栖息地生态条件恶化就迁出，优化则迁入。这种极强的机动灵活性，不仅使该鼠具有明显的季节迁移特征，而且使之得以随时占据最有利的生活地段，成为富于暴发性的优势种。评价小家鼠栖息地优劣的生态条件可归结为食物和隐蔽条件及其稳定性，以及空间大小、土壤的紧实度等。在天山北麓的老农业区，4 月小家鼠密集地是稻茬地和田间荒地，6 月是小麦地，8 月是水稻田和胡麻地，10 月和 11 月是水稻田和玉米地。稻茬地、小麦地及苜蓿地，水稻田和玉米地分别是各阶段的最适生境，至于房舍，则是冬季迁入，夏季迁出。

在一般情况下，小家鼠昼伏夜出，在 20：00 ~ 23：00 和 3：00 ~ 4：00 有两个活动高峰，且以前半夜活动更为频繁。但其昼夜节律在不同地区、不同季节和不同生境可能有些差别。冬季，小家鼠多在雪下穿行，形成四通八达的雪道，并有通向雪面的洞口。当新雪再次覆盖后，小家鼠又由旧雪层到新雪层下活动，久而久之，整个雪被中鼠道层层叠叠，纵横交错。但小家鼠作长距离流窜时，并不在雪被下穿行。春季从居民住宅、粮库、场院麦垛、稻草垛等地方迁往野外。入冬前，除部分栖居玉米秸秆堆放地内越冬外，大部分迁回原处。除季节性迁移外，还随作物生长情况做短距离的迁移。开春后，小家鼠从越冬场所迁往小麦、苜蓿等早春作物地内，以后又随着季节和各种不同作物生长郁闭、开花、结果情况，逐步转向胡麻、小麦、玉米、水稻等作物地集中。

小家鼠具有攀爬能力（但不及巢鼠或黄胸鼠，也不如黄胸鼠机警），可沿铁丝迅速爬上滑下，在农田中，可沿作物茎秆攀援而上，并在穗间奔跑，如履平地。小家鼠也能利用粗糙的墙面向上爬，到梁、天棚上活动。在新疆，土坯房多用壁纸糊顶，冬夜小家鼠常在纸顶上奔跑打闹，影响住户休息。小家鼠从 2.5 m 高处跳下不会受伤，甚至可以从梁上跳下，准确地落在盛装食物的容器上盗食。

● 雌雄比　小家鼠在正常情况下雌多雄少，随着窝仔数的增高，雄性有增多的倾向。小家鼠的年龄组成在不同密度下有所不同，在高数量年，亚成年组比重高，在低数量年成年组比重偏高。此种现象反映了种群特征在不同密度水平下的变化。前者是前期刺激种群大发生的有利因素和后期高密度抑制效应双重作用的结果；后者则基于前期出生率低而后期生长发育快速的双重作用。

● 繁殖　小家鼠的繁殖力极强，条件适宜，一年四季均能繁殖，以夏、秋两季繁殖力最高。年产 6～8 胎，妊娠期 20～26 d，产后又能马上交配受孕，每胎产仔 5～8 只，最多 14 只以上。一般体重达 7 g 时即能性成熟。雌的体重 7～11 g，体长 66～71 mm 者为亚成体；体重在 11 g 以上，体长 72 mm 以上者为成体。雄的体重 7～10 g，体长 62～71 mm 者为亚成体，体重超过 10 g，体长超过 71 mm 以上者即为成体。幼鼠 14～15 d 睁眼。不到三星期就能独立活动。一般 2 个月即性成熟。实验小白鼠系由小家鼠白化而来。

在天山北麓，6～10 月是田野小家鼠的繁殖盛期，怀孕率在 50 % 以上，雄性睾丸下降率在 90 % 以上（10 月份除外）。而 11 月到 3 月下旬，怀孕率在 30 % 以下，平均胎仔数和睾丸下降率也较低。小家鼠妊娠期约 19 d，平均胎仔数为 7.86 只，幼鼠在 2.5 月龄时即达性成熟，产仔间隔和年产窝数都随生境不同而发生变异。如在新疆北部，产仔间隔平均 38.9（23～80）d，平均年产 9.4 窝；而在西宁市，产仔间隔平均 50.9（25～102）d，平均年产 7.1 窝。

小家鼠实验种群胎仔成活率（母腹中胎儿的存活率）为 94.2 %，初生到性成熟的存活率为 47.65 %（初生至 25 d 为 57.88 %，26 d 至 2.5 月为 82.76 %）。自然种群胎仔存活率为 76.9 %，初生至性成熟存活率从 30 % ~ 35 % 到 87 %（朱盛侃等，1993）。

小家鼠营家庭式生活，在繁殖季节，由一雌一雄组成家庭，双方共同抚育仔鼠。待仔鼠长成，则家庭解体，有时是双亲先后离去，有时是仔鼠离巢出走。在繁殖盛期，也可发现亲鼠已孕，仔鼠仍在，甚至有几代仔鼠与亲鼠同栖一洞者（最多可超过 15 只），每一家庭，有不超过数平方米的领域。

● 种群数量调节　小家鼠有特别强大的生殖潜能，但其潜能的发挥受到其自身种群密度和多种环境因素的制约。种群密度的改变可导致个体极显著的生理变化和行为改变，在高密度的种群中，观察到肾上腺皮质增生，幼体胸腺萎缩和雌雄个体生殖腺的萎缩，表现出繁殖受到强烈的抑制。加上气候、农业收成和疾病的影响，使得小家鼠种群动态十分复杂多变。在个别年份，其数量可猛增千倍左右。如新疆天山北麓于 1967 年，伊犁谷地于 1970 年，都曾发生过小家鼠的大暴发，造成极大的危害。

小家鼠繁殖指数与密度呈显著的负相关。因此，小家鼠种群在一年中的生殖动态，在较大程度上受控于其数量水平，并且反应灵敏。种群增长率与其前一时段种群基数关系密切而直接。在北方，季节性抑制发生在 8 ~ 10 月。

● 种群动态　小家鼠的数量，在北方属典型的后峰型，每年到一定时期就会迅速增长，数量曲线陡然上升，具有指数式增长的特征，一旦受环境阻力或其他限制，又会立刻停止增长或骤然下降，表现为变幅很大，极不稳定。在天山北麓，其数量低谷在 4 月，高峰在 10 月，除自身的生殖抑制外，这主要是冬季严寒造成的。在珠江三角洲，农田小家鼠的数量波动曲线仍为单峰型，其最低点出现在 6 ~ 7 月，峰期在冬季，这是由于 6 ~ 7 月暴雨盛行，寄生虫感染率高，而冬季气候温和，食物充裕所致。可见少家鼠在不同地域季节消长的时序虽有不同，但基本形态是相同的。

● 种群爆发

爆发周期　小家鼠数量的年间变化幅度也很大，并无一定周期，但并非没有规律。如在高数量年后，一般紧接着一个或几个低数量年，而且前一年数量越高，随后的数量越低，影响越久。根据其数量水平和危害特点，可将小家鼠的数量分为大暴发年、小暴发年、中暴发年和低数量年。

爆发进程　小家鼠为 R-对策者，具有大暴发的固有特征。仅 20 世纪在北美、澳大利亚、欧洲和前苏联就发生将近 20 次，在我国新疆，1932 年、1937 年和 l967 年（天山北麓农区），以及 1955 年、1970 年（伊犁谷地）共发生 5 次。1957 年后我国学者进行了广泛调查，1970 年大暴发时夏武平等专家亲临现场，目睹其惊人数量，进行了深入的调查研究。大暴发进程的特点是初期种群数量增长快，中期密度特高和后期种群数量急剧下降。

数量动态 小家鼠数量变动非常大，在大发生年代，数量猛增，分布区蔓延扩大。数量猛增后，又急剧下降，转入低潮，雄性个体副睾无精子，雌体子宫变为白细，然后再逐步恢复到正常数量。除地域因素外，其数量又与季节有关，在居民住宅、粮库等地，冬春数量高，夏季数量偏低，秋季以后数量又逐渐上升到一定水平，即在作物收割完毕、气温亦逐渐变寒时，小家鼠则由野外田地迁入居民住宅、场院、粮库、稻草垛内栖居越冬；农田和野外则是冬春两季数量低，夏季数量最多，10月份达到最高峰。

● 共栖关系 在新疆北部农区，小家鼠分别与灰仓鼠、红尾沙鼠、小林姬鼠、根田鼠可并存于同一生境，特别是小家鼠与灰仓鼠，为农村与农田中之恒有种，但其数量变动有各自的规律。在小家鼠大发生时，灰仓鼠、小林姬鼠等的生存条件也受到一定影响。在宁夏永年县黄河滩，小家鼠常于子午沙鼠、长爪沙鼠、黑线仓鼠、长尾仓鼠等在林间、草地同域出现，且年间数量变化较大。

小家鼠和褐家鼠常常可并存于一个栖息环境中。在谷草垛中，这两种鼠分开栖息，小家鼠主要在下部，而褐家鼠在上部。在同一谷草垛中，两者的数量都高。但两者直接相遇时，褐家鼠能咬死小家鼠。因此，当褐家鼠的密度上升时，小家鼠的密度往往相对下降，但在褐家鼠密度下降后，小家鼠的密度又可以上升。在许多地区大量灭鼠之后，常常出现褐家鼠减少，而小家鼠相对增多的情况。在宁夏永年县黄河滩，小家鼠常于子午沙鼠、长爪沙鼠、黑线仓鼠、长尾仓鼠等在林间、草地同域出现，且年间数量变化较大。

【危害特征】 小家鼠对农业的危害很严重，在大发生年代，常给农业造成很大损失。小家鼠危害所有农作物和水果，盗食粮食和各类干果，对贮存苹果啃食很大；初春也啃食麦苗、树皮、蔬菜等。作物收获季危害时一般不咬断植株，只盗食谷穗，受害株很少倒伏。在城市，最大的损失可能不是它吃掉的东西，而是它污染食物和咬坏珍藏的书画、公文、衣物等。虽然小家鼠造成的经济损失难以估测；但几乎所有的人都能意识到小家鼠的存在而造成损失的严重性。此外能传播鼠疫、土拉伦斯病、蜱性斑疹伤寒、丹毒、脉络丛脑膜炎、传染性肾炎、副伤寒、恙虫病、钩端螺旋体病、旋毛虫病、狂犬病、李氏杆菌病等自然疫源性疾病。

S6. 姬鼠属（Apodemus）

体小型，体长 70～125 mm，后足长 18～28 mm。耳几乎裸露，其后缘内侧无三角辨。前后足第5趾超出第2和第3趾分离处后足第一趾爪不扁，不能与其余的趾相对峙。体腹面纯白色。左右鼻骨在中线不愈合。上门齿从侧面看内方无缺刻。上臼齿咀嚼面横嵴上的齿突明显，M^1 和 M^2 内侧各有 3 个齿突，M^3 比 M^2 短小。全世界有 12 种，分布在我国的有 6 种，宁夏有 3 种。

宁夏姬鼠属种类检索表

1. 体背面有 1 条黑纹。M^3 具 3 内叶；M^2 的第二横列齿突仅有 1 内齿突，而无前外齿突和中齿突；M^1 外侧仅有 3 个齿突。乳头 4 对 ·· 黑线姬鼠(*Apodemus agrarius*)

   体背面无 1 条黑纹。M^3 有 2 个内叶，M^2 有 3 外齿突，乳头 3 ~ 4 对 ······························· 2

2. 耳色较浅，体背呈黄或赤色调，乳头 4 对 ····················· 大林姬鼠(*Apodemus speciosus*)

   耳色较暗，体背面暗褐色，但不完全掩盖黄色调，乳头 3 对 ·············· 中华姬鼠(*Apodemus draco*)

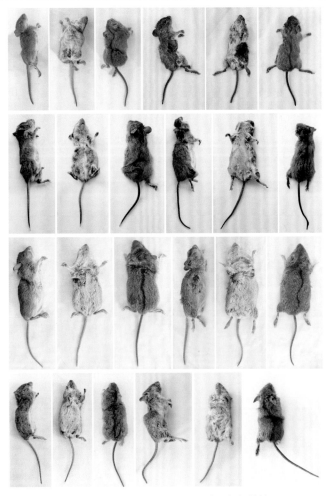

图 2-28　黑线姬鼠(*A. agrarius*)形态多样性

Z6. 黑线姬鼠(*Apodemus agrarius* Pallas,1771)

黑线姬鼠别名田姬鼠、黑线鼠、长尾黑线鼠和金耗儿等。

【鉴别特征】 黑线姬鼠为普通小型野鼠，属广布种，除新疆、青海、西藏外，各地均有发生。尾巴长，体背通常有明显黑纹（图2–28）。

● 形态鉴别

测量特征/mm 体重 95 ~ 113 g。体长 72.0 ~ 132.0，耳长 10.2 ~ 15.0，后足长 18.0 ~ 25.0，尾长 57.0 ~ 109.0。

形态特征 体型似大林姬鼠。头小，吻尖。耳短几乎裸露，具稀疏黑色和浅黄色细毛，前翻可接近眼部。尾长约为体长的 2/3，尾毛不发达，鳞片裸露，尾环较明显。四肢不及大林姬鼠粗壮；前掌中央的两个掌垫较小，后蹠也较短。最明显的特征是背部有一条黑线，从两耳之间一直延伸至接近尾的基部，但我国南方的个体，其黑线常不明显；背毛一般为深灰褐色，亦有些个体带红棕色，体后部比前部颜色更为鲜艳；背毛基部一般为深灰色，上段为黄棕色，有些带黑尖，黑线部分的毛全为黑色；腹部和四肢内侧灰白色，亦有些类型带赤黄色，其毛基均为深灰色；体侧近于棕黄色，其颜色由背向腹逐渐变浅；尾两色，背面黑色，腹面白色。乳头胸部和鼠蹊部各 2 对（图2–28）。

● 头骨鉴别

测量特征/mm 颅长 22.0 ~ 28.5，颧宽 11.0 ~ 14.0，乳突宽 10.4 ~ 12.5，眶间宽 3.3 ~ 5.0，鼻骨长 8.6 ~ 10.2，听泡长 5.0 ~ 6.0，门齿孔长 4.8 ~ 5.9，上颊齿列长 3.6 ~ 4.6。

头骨特征 头骨微凸，较狭小，吻部相当发达，前端较尖细，有显著的眶上嵴。鼻骨长约为颅长的 36%，其前端超出前颌骨和上门齿，后端中间略尖或稍为向后突出，通常略为前颌骨后端所超出或约在同一水平线上。额骨与顶骨交接缝呈钝角，顶间骨较大，其前外角明显向前突入顶骨，整个顶间骨略成长方形。上枕骨倾斜度较大，颅骨背面观可见上枕骨的大部。眶上嵴发达，向后与颞嵴相连，消失于顶骨后外角。人字嵴和枕嵴明显。颧弓纤细，颧板宽，前缘向前凸突或直。门齿孔约达 M^1 前缘基部。M^3 内侧仅 2 个齿突。M^2 缺 1 个前外齿突。M^1 外侧仅有 3 个外齿突，第 1 外齿突明显在第 1 内齿突前面（图2–29）。

【亚种及分布】 黑线姬鼠生态值高，繁殖力强，故分布范围较广，西从中欧、东欧、苏联至中亚、南从西伯利亚、乌苏里至朝鲜以及中国东北、华北、西北（包括新疆北部额敏地区）、华东、中南、西南和台湾均有其踪迹。

图 2-29　黑线姬鼠的头骨与臼齿特征

记载黑线姬鼠有 23 个亚种。其中，指名亚种（*A. a. agrarius* Pallas，1771）在我国分布于新疆额敏塔城一带；东北亚种（*A. a. mantchuricus* Thomas，1898）分布于内蒙古东部、黑龙江、辽宁、吉林等地；华北亚种（*A. a. pallidior* Thomas，1908）分布于陕西、青海、甘肃、河北、山东、山西、江苏、贵州、宁夏、四川、河南等地；长江亚种（*A. a. ningpoensis* Swinhoe，1870），因模式产地在浙江宁波，故也称宁波亚种，分布于江西、贵州、安徽、湖北、四川、江苏、福建、浙江、湖南等地；天山亚种（*A. a. tianshannicas* Ognev，1940）仅分布在新疆天山山地；台湾亚种（*A. a. insulaemus* Tokuda，1941）分布在台湾；福建亚种（*A. a. coreae* Thomas，1898）分布于福建；河北亚种（*A. a. gloveri* Kuroda，1939）分布在河北；东南亚种（*A. a. harti* Thomas，1898）分布于东南各省。黑线姬鼠在宁夏主要分布于固原市的泾源县、隆德县、彭阳县、原州区及六盘山区低海拔地区（图 2-30）。

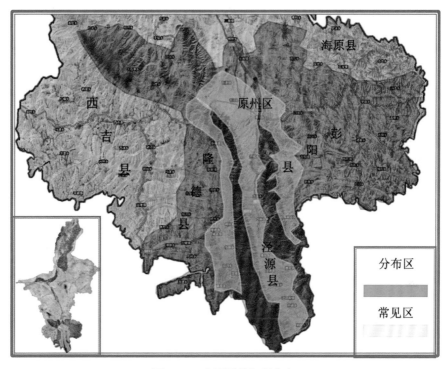

图 2-30 宁夏黑线姬鼠分布

【发生规律】 黑线姬鼠喜居于向阳、潮湿、近水的地方。在农业区多栖息于田埂、防护102林堤坝、土丘、杂草丛及柴草垛中。在农田中，以水稻地密度较高。在苗圃、果园、荒地及人房内也有发现。甚至在亚寒带落叶松林的采伐迹地也有分布，但特别喜居于环境湿润、种子来源丰富的地区。

● 洞穴 黑线姬鼠洞穴十分简单，多分布在田埂及水渠堤上（图2-31）。一般有2~5个洞口，以3个居多，直径1.5~3.0 cm。洞道分2~4叉。洞道全长40~120 cm，内有岔道和盲道。洞深不超过180 cm。全部洞系在100 cm范围以内。洞内通常有1个圆形的巢窝。窝内有少许干草，冬季也有少许存粮。巢近于球形，结构紧密坚实，不易脱落。用大麦、水稻、谷子等叶及干草交织筑成。内铺甜苣、芦苇、凤毛菊等花絮。其体积为9 cm×10 cm×5 cm，巢重106~180 g。每一洞穴多有2~5鼠。此外，有时还筑有很短的临时洞，作为摄食和暂时隐藏的地方。由于姬鼠的活动力很强，常常更换洞穴，所以常利用一些空隙筑巢，或隐蔽在粮堆、草堆下。雄鼠的巢区面积为1 034.7±70.1 m²，活动距离为53.4±2.4 m；雌鼠的巢区面积为76.91±56.9 m²，活动距离为45.4±2.6 m。其迁移活动比较频繁，在样地内，逐旬的存留率平均为0.667（以该旬的存留数量除以上一旬的存留数量）。

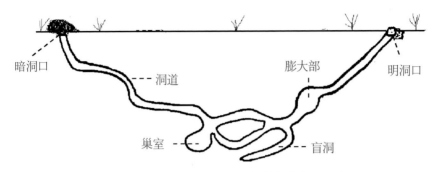

暗洞口　　　洞道　　　　　膨大部　　明洞口

巢室　　　　　盲洞

图 2-31　黑线姬鼠的洞穴结构示意（仿郭全宝，1984）

● 取食特性

食性　食性杂。主要以种子、植物的绿色部分以及根、茎等为食，尤其喜食水稻、麦类、豆类、禾谷类、甘薯等。总的来说，以淀粉类（种子）食物为主，动物性食物及绿色植物居次要地位。食物随季节而异，秋、冬季，大多数姬鼠以种子为食，春天开犁播种后，除盗食种子和青苗外，还大量捕食昆虫，而到夏季则食植物的绿色部分、瓜果以及捕食昆虫等。在个别居住地（特别是在幼林的杂草中）每年温暖时期，昆虫占所有饲料的 75 % ~ 85 %。

食量　姬鼠的日食量为 8.5 ~ 11.0 g，但日食量随食物的含水量而增长，食物含水量达 50 %时最高。冬季储粮不多，通常它所存的食物仅够 1 ~ 2 d 食用。在实验室条件下，一只体重 29 g 的黑线姬鼠一昼夜能吃花生米 6.8 ~ 9.7 g 或麦类 6.2 ~ 7.2 g。在冬天的晚间仍能出洞觅食，这可从冬天雪地上的足印得到证明。在辽宁，进入冬季，地表裸露，迁移到山上人工林内的黑线姬鼠食物源已近枯竭，绿色植物枯死，种子、草籽十分贫乏，害鼠储粮不足或无存粮，被迫至危害落叶松林木的韧皮部作为补充食源（王景胜等，1996）。

残杀行为　与其他许多鼠类一样，在缺食缺水的特殊情况下，往往有残杀同类现象，强大的个体能把弱小的同伴吃掉。

● 活动规律　黑线姬鼠以夜间活动为主，黄昏和清晨较为活跃，黄昏是活动最频繁的时候。9：00 ~ 10：00 和 14：00 ~ 16：00 也出来觅食。不冬眠，夏、秋两季活动最频繁。随自然条件和食物来源而迁移。放水灌溉或田中积水，不利于生存繁衍时，即向田埂集中。夏季天气炎热，作物生长茂盛，隐蔽条件虽说良好，但这时谷物尚未成熟，食源严重不足，又非主要繁衍时期，故多不挖洞筑巢，随食源而流窜移居。入秋后，天气逐日转寒，又值繁殖高峰季节，此时多筑巢以避寒和产仔，这时田埂、堤坝上鼠洞明显增加。入冬后，由于地表裸露，田地内食源缺少，加之洞中不存粮或存粮甚少，为觅食有的鼠迁至附近村庄场院和草垛中，少数进入人房住室。翌年开春转暖后，又重返田野。

黑线姬鼠的季节性迁移也非常明显，秋季大部分姬鼠从田间迁移到谷物堆下，小部分迁移到人类建筑物里去。在田野随着田间作物的播种和收割而逐渐转移。例如，在川西平原，春季 4~5 月份主要在各种小春作物地栖居，6~7 月份随小春作物收割后，多数迁到田边地角的麦堆内；秋季作物成熟，又迁到秋熟作物地内栖居。秋季作物收割后，少数在田间居住，多数迁到稻草堆中。

黑线姬鼠善游泳和潜水，能在水下潜游 1~2 m。游速快，持久力也较强，在水温 12.5 ℃下能游 15~18 min，水温较高时更久。

● 繁殖特性　黑线姬鼠繁殖力强。繁殖期因地区而有所不同。北方较短，南方较长。在东北，繁殖集中于夏季，如在大兴安岭伊图黑河，5 月份妊娠率为 28.18 %，6~8 月妊娠率为 40 %~80 %，9 月孕鼠已很少，妊娠率仅为 5.74 %，10 月上旬以后未发现孕鼠；4~9 月为繁殖期。在川西平原繁殖季节在 2~11 月，冬季 12~1 月未发现孕鼠，2 月妊娠率最低，为 1.3 %。孕鼠的消长与数量的季节变动和幼鼠大量出现的规律基本相符，均为双峰型，5 月妊娠率为 82 %，而 6 月则为一年内数量最高的春峰期，10 月及 11 月妊娠率分别为 40 % 及 60 %，而 11 月为一年内数量的秋峰期，但春峰数量高于秋峰数量。每胎仔数以 5~7 只的为多，占 65.15 %。长江流域一带较东北繁殖期长，如苏北大丰和皖北淮南市，在 2 月下旬就有个别的黑线姬鼠开始交配，并陆续繁殖至 10 月。而在江南，繁殖期又较长江以北的长，如上海在 11 月还可见个别的黑线姬鼠有怀孕现象。在江苏镇江 12 月下旬生态气候较为适宜和野果丰富的芦苇滩上，仍能发现有怀孕的黑线姬鼠。在浙江（杭州、义乌）差不多全年都能繁殖，不过在寒冷季节，其繁殖力很低，每年也有两个繁殖盛期，即 1~5 月和 7~9 月。而秋季的妊娠率多超过春季，因此，在秋季繁殖盛期之后，就形成了种群数量的高峰阶段。平均每胎仔数为 5.17~5.18 只。从上海到四川长江南北，黑线姬鼠的繁殖有 2 个高峰：一个在 5~6 月（如皖北淮南、四川成都地区）或 6~7 月（如上海）；另一在 8~9 月（如淮南）或 9~10 月（如上海、成都地区）。第 1 个峰较第 2 个峰高。

黑线姬鼠年产 3~6 胎，每胎 4~6 仔，最多 10 仔。孕期 21~23 d。初生幼仔体重约 1.9 g，体长约 30 mm；3 d 出现稀疏软毛，6 d 出现上门齿，8 d 露出下门齿，耳开；9~11 d 睁眼，这时体重约 5.6 g，体长约 58 mm；11 d 个别的背上黑线明显；14 d 出现臼齿；18~19 d 能自己取食。雌性幼鼠生长到体重 21~22 g 或体长约 83 mm 时，个别的即开始性成熟。雄的生长到 21~22 g，个别的也开始性成熟。当体重达 28 g、体长 105 mm 时基本上都达到了性成熟。

● 种群动态分布　在南方的黑线姬鼠，在春季数量有所增加，形成 6 月份小高峰，而秋季繁殖后，数量一直在上升，到秋末冬初为种群数量最高阶段，此后数量开始下降，但冬季数量下降的现象不如寒冷地区明显。

在自然界中黑线姬鼠的寿命为 1.5 ~ 2.0 a，少数个体可达 2.5 ~ 3.0 a，但是几乎完全更新一次种群则需要两年的时间。对于小型啮齿动物来说，这种生命持续的时间就算是比较长的了。

● 个体发育　黑线姬鼠与其他鼠类相比，生长速度较慢。春季出生的雌鼠在体重 15.5 ~ 18.0 g 和体长 74 ~ 95 mm 时开始性成熟，约为 3 月龄；雄鼠性成熟稍晚，在体重 19 ~ 21 g，体长 77 ~ 102 mm，0.3 ~ 3.5 个月龄时。秋季出生的生长期更长，直到第 2 年春季才达到性成熟，长达 7 ~ 8 个月之久。性成熟之后的小鼠仍不断生长，体重和体长还增加到 1.5 ~ 2.0 倍。因此，可以根据体重划分年龄，体重越大繁殖指数越高，其繁殖力随着体重的增长而递增的现象相当显著。

● 年龄组　黑线姬鼠幼年组、亚成年组、成年Ⅰ组、成年Ⅱ组、老年组的平均肥满度分别为 7.35、4.98、3.44、3.21、2.76，其中老年组肥满度最低，幼年组肥满度最高。雌雄性个体间肥满度差异不显著。春、夏、秋三季的肥满度分别为 2.94、4.16、5.634（杨天佑，2001）。

● 预测预报　利用回归分析或逐步回归分析方法，鼠密度（Y）与月均地表温度（X_2）和月均相对湿度（X_3）的回归模型为（刘运喜等，1998）：

$$Y=6.20-0.199X_2+0.319X_3$$

成正比预测模型用种群成正比预测种群密度的回归预测方程为：

$$Y=0.3785X-22.65 \qquad r=0.8135>r_{0.01}$$

式中，Y 为 3 个月后种群密度的预测值（理论值），X 为种群总成正比。

雌性成正比预测模型用种群雌性成正比预测种群密度回归预测方程为：

$$Y=0.2176X-9.49 \qquad r=0.6768>r_{0.01}$$

式中，Y 为 3 个月后种群密度的预测值，X 为种群雌性成正比（杨再学，1995）。

19.3.7 经济阈值张夕林等（1996）制定了中粳稻区黑线姬鼠春季防治的经济阈值。其模型如下：

$$x=\frac{y-a}{b}$$

式中，x 为不同鼠害捕获率，y 为产量损失，a 为回归方程中的回归截距，b 为回归系数。若防治时期为 3 ~ 4 月，可根据姬鼠种群数量变动，对上模型进行修正：

$$x=\frac{(y-a)}{b\cdot N}W$$

式中，W 为常年 3 月鼠捕获率，N 为穗期鼠捕获率。由此模型可计算得早春防治的经济阈值。

【危害特征】　黑线姬鼠除了盗食农作物种子和毁坏青苗外，在冬季食物缺乏时，常常转移到农田林网、果园啃食林木根基部和枝条树皮，甚至造成环剥。林地可见到黑线姬鼠的洞口、跑道和其咬断啃光树皮的枝条，但没有发现其食物残渣（图 2-32）。黑线姬鼠是血吸虫的主要宿主之一，此外，还能传播钩端螺旋体病、流行性出血热、土拉伦斯病、丹毒和蜱性斑疹伤寒等 17 种疾病。黑线姬鼠是重要的农林种食害鼠，也是卫生鼠害治理的主要对象。

图 2-32　黑线姬鼠形态及危害林木特征

Z7. 中华姬鼠（*Apodemus draco*（Barrett-Hamilton），1900）

中华姬鼠别名森林姬鼠、龙姬鼠、中华龙姬鼠等。我国特有种，属典型的森林种类。

【鉴别特征】　体型中小等。与黑线姬鼠十分相似，但背部无黑色条纹；体长近乎相等或略长于体长；耳壳比黑线姬鼠略大而薄，向前折一般能达眼部（图 2-33）。

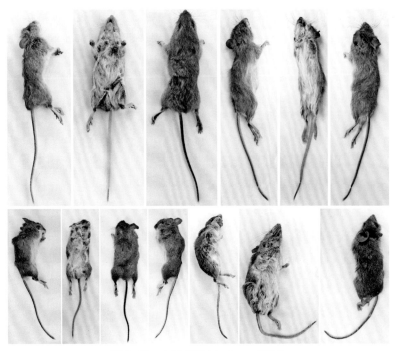

图 2-33　中华姬鼠(*A. draco*)形态

● 形态鉴别

测量指标/mm　体长 80～106，耳长 14.5～19.0，后足长 20～23，尾长 80～125。

形态特征　中小型鼠类，尾与体约等长或比体长，体细长，耳较黑线姬鼠略大而薄，比大林姬鼠纤细。耳前折可达眼部。背部中央无黑色条纹。前后足掌垫各 6 枚。体背面黄褐色，由二种毛组成，一种是较硬的粗毛，毛基灰白色，毛尖为棕黄色，另一种为柔毛，毛基灰黑色，毛尖棕黄色。耳较暗，在耳基前部有一黑色毛簇；体腹面灰白色，毛基灰色，毛尖白色；胸部有时有一浅黄色斑点；前后足白色，但后足踝部暗色或白色；尾背暗腹白，几乎裸露无毛（图 2-33）。乳头腹部 1 对，鼠鼷部 2 对。

● 头骨鉴别

测量指标/mm　颅长 24.1～27.8，颅高约 8.5，颧宽 10.5～13.7，后头宽 10.4～12.3，眶间宽 4.0～4.5，鼻骨长 10.0～10.2；吻长 8.0～9.0，听泡长约 5.5，门齿孔长约 5.0，上颊齿列长 3.7～4.3。

头骨特征　头骨小于大林姬鼠和黑线姬鼠，吻部较为尖细，腭骨比大林姬鼠窄。鼻骨较长，后端通常略被上颌骨后端所超出。颧弓细弱，眶上嵴相当发达。脑颅较隆起，额骨与顶骨之间的交接缝呈圆弧形。门齿孔可达臼齿列前端的水平线，腭骨后缘向后略超出 M^3 后端水平线，并在中间形成一尖突。M^1 最大，约等于 M^2 与 M^3 总和。

M^3 具有 3 个内叶，M^2 有 1 前外齿突。M^1 只有 1 内侧根（图 2-34）。

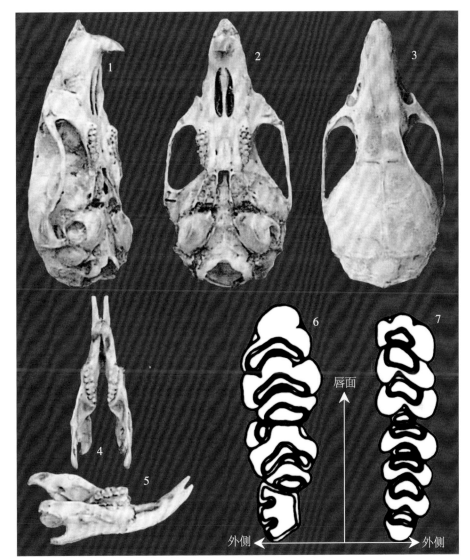

注：1. 上颌骨侧面；2. 上颌骨腹面；3. 上颌骨背面；4. 下颌骨腹面；
5. 下颌骨侧面；6. 上颊齿列；7. 下颊齿列

图 2-34 中华姬鼠头骨及齿列

【亚种及分布】 中华姬鼠国内主要分布于福建、台湾、浙江、河北、陕西、宁夏、甘肃、四川、湖北、贵州、云南、甘肃、西藏等地。国外见于缅甸北部和印度的阿萨姆。其中，指名亚种（*A. d. draco* Barrett-Hamilton，1900）在我国分布于陕西、安徽、甘肃、湖南、河北、宁夏、江苏、山西、浙江、湖北、福建等地；西南亚种

（*A. d. orestes* Thomas，1911）分布于西藏、云南、四川等地；台湾亚种（*A. d. semotus* Thomas，1908）分布于我国台湾；也有学者将分布于四川、云南、西藏以及青海省东南缘的大耳姬鼠（*A. latronum* Thomas，1911）归为其一个亚种，称为川藏亚种（*A. d. latronum* Thomas，1911）。分布在宁夏境内的中华姬鼠属指明亚种，主要分布于六盘山海拔 1800 m 森林灌丛中（图 2–35）。

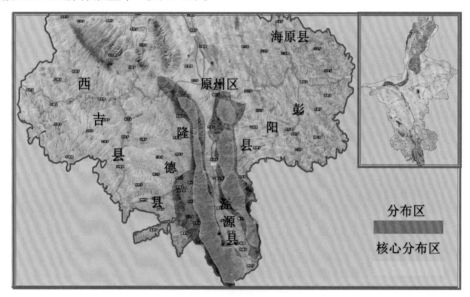

图 2–35　宁夏中华姬鼠分布

【发生规律】　中华姬鼠主要栖居于有林山地，为典型林栖种类，也为林区的优势种，随着海拔的增高，其数量也越来越多。在常绿阔叶林内有少量分布，在常绿与落叶阔叶混交林内、落叶阔叶林内、山顶草地及灌丛中数量较多。洞穴多在树根下，或岩石缝隙中或树洞中，入洞口直径为 3.0 cm，出洞口 2 个，直径为 2.5 cm，入洞口与出洞口地面距离 35 cm，洞道紧贴树根，极难挖掘，洞道内岔道不多，窝距入洞口 45 cm，窝以树叶、干草组成，洞内无存粮。

中华姬鼠全天活动，但以夜间活动为主，在云南剑川老君山夜间捕获的占 94.98 %。有季节性迁移现象，山间农作物成熟期，多集中到农田觅食，而农作物收获后，多转移到林地（杨光荣等，1990）。繁殖期为 4 ~ 11 月，春末秋初为繁殖高峰期，孕期 26 ~ 28 d，每产 2 ~ 3 胎，每胎产最 3 ~ 10 仔，平均 5 ~ 7 仔。

在宁南六盘山林区，海拔 1800 m 以上，大林姬鼠占野外鼠类的捕获量的 32.5 %，占绝对优势；中华姬鼠占 19.4 %，黑线姬鼠占 6.7 %，社鼠占 8.3 %，林跳鼠占 3.4 % ~ 4.1 %，洮州绒鼠占 12.1 % ~ 28.9 %。在海拔低于 1800 m 以下地区，中华姬鼠捕获量

占 17.6 %，数量较多，明显低于大林姬鼠的 27.7 %，也明显低于黑线姬鼠的 21.5 % ~
25.7 %；但高于洮州绒鼠的 4.0 % 和长尾仓鼠的 2.0 %，也比岩松鼠和花鼠的捕获量
高，两者分别为 8.5 % 和 4.5 %。

【危害特征】 植食性，即使森林中的个体胃中也很少发现动物残渣。尤其喜食花
生和灌浆期玉米及小麦，田埂上树木常被剥皮致死。危害农作物种子和幼苗，啃食林
木果实及幼树，影响林木更新。也是钩端螺旋体病传染源之一，同时也是野兔热病传
染源。

Z8. 大林姬鼠（*Apodemus speciosus*（Thomas），1906）

大林姬鼠别名朝鲜林姬鼠、黄喉姬鼠等，属典型的森林种类。

【鉴别特征】 体形细长，体重可达 50 g 以上，形似黑线姬鼠，但背中央无黑色条
纹。耳较大，向前拉可达眼部。耳色较暗，体背面暗褐色，但不完全掩盖黄色调（图
2-36）。

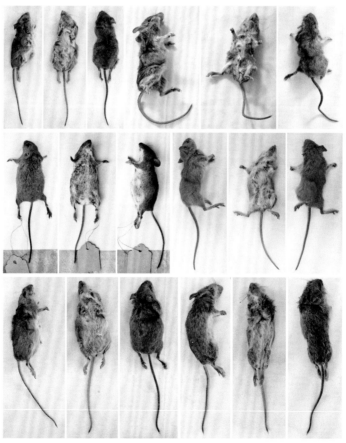

图 2-36 大林姬鼠（*A.podemus speciosus*）**形态照片**

● 形态鉴别

测量指标/mm 　体重可达50g以上。体长80~135，尾长75~120，后足长21~24；耳长11~18，但14~16的个体较多。

形态特征 　体大小似黑线姬鼠，尾长几与体等长，尾毛稀疏，尾鳞裸露，尾环清晰。耳朵较大，前折可达眼部。四肢较黑线姬鼠粗壮，后足较长，前后足掌垫均有6个，前掌中央两个较大。夏季，体背面毛色较暗，呈褐赭色，毛基深灰色；冬季，体背面黑毛较少，因而黄棕色较为显著，体腹及四肢内侧为灰白色或带浅土黄色；尾背面褐棕色，腹面白色；足背面与下颌均为白色（图2-36）。乳头胸部2对，鼠鼷部2对。

● 头骨鉴别

测量指标/mm 　颅长25.5~29.0，颧宽11.7~13.7，眶间宽3.5~5.3，鼻骨长8.7~11.2，听泡长4.3~6.7，门齿孔长3.5~5.6，上颊齿列长3.9~4.3。

头骨特征 　头骨较宽大，吻部稍圆钝。颅骨眶上嵴不如黑线姬鼠的显著；鼻骨后端与前颌骨后端约在同一水平线上，但其前端超出前颌骨前端和上门齿前缘。与黑线姬鼠不同，其枕骨比较陡直，从顶面看时只见上枕骨的一小部分。门齿孔明显不达PM1前缘基部。M^{1}长度等于M^2、M^{3}之和，M^{1}和M^{2}的吸嚼面具3条纵列丘状齿突，或被珐琅质分为横列的板条状，M^{3}呈现3叶状，与小林姬鼠的一样，内侧有3个齿突；但M^{1}与小林姬鼠的不同，其第3横列的内齿突很小，几乎成为痕迹，不向外突出。M^{2}与黑线姬鼠和高山姬鼠一样都缺少前外齿突（图2-37）。

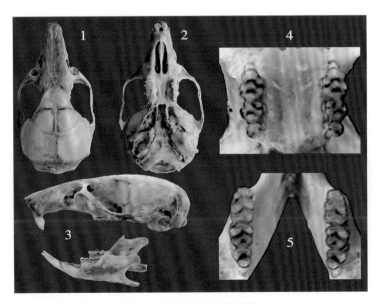

（照片1~3引自国家动物博物馆中国重要物种资源-兽类，为青海亚种雄鼠）
1. 上颌骨背面；2. 上颌骨腹面；3. 头骨侧面；4. 上颊齿列；5. 下颊齿列

图2-37　大林姬鼠头骨照片

【亚种及分布】 大林姬鼠在国内分布于东北的黑龙江、吉林、辽宁，内蒙古的大兴安岭，河北东北部的东陵、兴隆、围场，山西的岢岚、桂华城、中条山，陕西的太白山、秦岭南北、西安、延安，甘肃的卓尼、陶州、岷山，四川的理塘、若尔盖，宁夏，青海东部的乐都以及西藏东南部的林芝和米林等地。国外见于朝鲜、前苏联东部和日本北海道。记载有 9 个亚种。其中，华北亚种（*A. s. sowerbyi* Jones，1956）分布于山东、河北、河南、山西、陕西、甘肃和宁夏；东北亚种（*A. s. praetor* Miller，1914）分布于黑龙江、吉林、辽宁和内蒙古东部；青海亚种（*A. s. qinghaiensis* Feng，Zheng el Wu，1983）分布于云南西北部、西藏东部、青海东部、四川西部等地。宁夏境内，大林姬鼠华北亚种分布在银川、贺兰、平罗、石嘴山、泾源、隆德、原州、海原、西吉等地，主要栖息于海拔 1600 m 以上的山地森林、灌丛、草甸（图 2-38）。

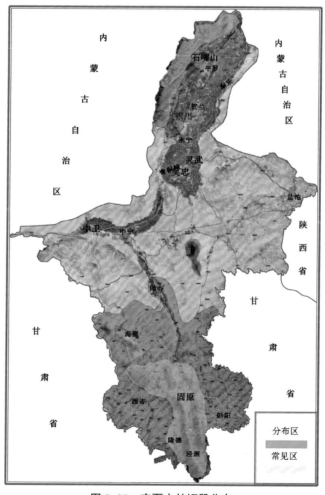

图 2-38　宁夏大林姬鼠分布

【发生规律】 大林姬鼠是林区中的常见鼠类。栖息于林区、灌丛、林间空地及林缘地带的农田。与小林姬鼠相反，尤喜较干燥的森林。在宁夏六盘山林区，大林姬鼠主要栖息在海拔 1 600～1 700 m，捕获量占野外地面鼠的 10.3 %～41.3 %，超过或者低于该海拔范围，大林姬鼠数量逐渐减少；但在贺兰山山地，海拔 1 600 m 以下，大林姬鼠为优势种，占野外地面上捕获量的 39.8 %，明显高于社鼠的 26.7 %；在海拔 1 600 m 以上，大林姬鼠的数量也较多，捕获量占 27.6 %；但显著低于社鼠的 51.7 %（秦长育，1991）。在东北林区，大林姬鼠主要栖息在海拔 300～600 m 的森林里，其种类组成占 45.5 %，若海拔高度大于或低于这个数值其数量则明显降低。大林姬鼠喜居于土壤较为干燥的林区，但有时在踏头甸子中也能成为优势种。在东北伊春的带岭，其农田中的数量仅次于黑线姬鼠。在大兴安岭伊的图黑河，其在山坡沟塘的采伐迹地上及原始落叶松林中均有一定的数量。森林采伐后，其数量在短期内有下降的趋势，但它仍能很好地生存，甚至老迹地、荒山榛丛大林姬鼠仍是第一位的优势种。有时也进入房屋中，在内蒙古阴山山脉的次生林边，该鼠也常为优势种，有时在仅有几棵杨树和一些山杏的条件下也发现有大林姬鼠。也曾发现于嫩江的森林草原。

● 洞穴　巢穴因环境而异，在栎林里多营巢于岩缝中，在混交等林内常建巢于树根、倒木和枯枝落叶层中，以枯草枯叶作巢，若洞口被破坏时它还会修补。当冬季地表被雪覆盖后，则在雪层下活动，地表留有洞口，地面与雪层之间有纵横交错的洞道。雄性的巢区面积大于雌性，巢区内尚有一块活动频繁的核心区。

● 活动规律　夜间活动为主，白天也常出现。雄鼠平均活动距离为 76.3 m，雌鼠为 61.3 m。大林姬鼠在原始森林与砍伐迹地之间有季节性迁移现象。冬季伐光的迹地上缺乏隐蔽条件，它移居于林内；自 5 月份开始进入夏季以后，迹地上草类繁茂，具有较好的隐蔽条件和食物条件，它又迁到迹地；到秋季 9、10 月间草木枯萎以后，再返回林内。

● 食性　大林姬鼠喜食种子、果实等食物，有时也吃昆虫，很少吃植物的绿色部分。在笼饲条件下，取食红松（*Pinus koraiensis*）的种子及托盘（*Rubus sahalinensis*）、榛子（*Corylus heterophyla*）、糠椴（*Tilia mandshurica*）、小叶椴（*Tilia tagnitii*）、刺莓果（*Rosa daurica*）、剪秋萝（*Lychni fulgens*）等的果实和种子。大林姬鼠有挖掘食物的能力，并能将未食尽的食物用枯枝和土壤加以掩埋，且不在洞内取食，故在洞内很少找到食物的残渣。

● 繁殖　大林姬鼠于 4 月份开始繁殖，以 5、6 月份最盛。在东北带岭一带，大约到 8 月份已无孕鼠，但在长白山地区，11 月份还曾发现孕鼠，每胎 4～9 仔，以 5～7 仔的最多。

● **种群动态** 大林姬鼠在数量上有明显的季节波动和年度变动。春季 4 ~ 6 月份为数量上升阶段；夏季 7 ~ 9 月份为高数量持续阶段；10 月份数量开始下降。同时，该鼠在不同生境间存在迁移现象，以致数量的季节消长曲线有时出现多峰状态，但总的看来，仍属后峰型。大林姬鼠数量的年度变化，在不同年份的同一个月内，其数量差异可达十几倍以上。数量变动的周期性与生境有密切关系。如在数量特高或特低的年份，各生境内的数量动态基本上是一致的；在中等年份，在最适生境可出现高数量，而在不适生境内则出现低数量。

【危害特征】 大林姬鼠危害症状与小林姬鼠和黑线姬鼠相似，主要是盗食和刨食阔叶树林木种子，并且大量贮存，每年要消耗相当数量的种子，影响林木的天然更新，尤其对直播和飞播造林危害严重。对经济林主要盗食不同生长期的各类果实和啃食水果及浆果。对山区农作物也有危害，主要盗食和贮存各类种子。在其洞穴及其附近贮粮洞常可发现大量霉烂变质和发芽的各种农作物种子。同时该鼠也是土拉伦斯病、细螺旋体、丹毒、脉络丛脑膜炎、副伤寒等病病原的携带者。

S7. 鼠属（*Rattus*）

形态和栖境多样。体小型到大型，体长 80 ~ 300 mm。耳几乎裸露，其后缘内侧无三角辨。足长多小于 40 mm；后足足底有肉垫，第一趾爪不扁，不能与其余的趾相对峙；前后足第五趾超出第二和第三趾分离处。体腹面纯白色。听泡较大，长不小于体长的 17 %。翼窝不平扁，其内侧为 1 大孔所穿通。门齿孔不宽。翼尖窝宽，一般约等于或小于腭桥宽，腭桥后缘通常明显超出 M^3 后缘（大型种类，青毛鼠的腭桥后缘不超出 M^3 后缘）。左右鼻骨在中线不愈合。上门齿从侧面看内方无缺刻；上臼齿咀嚼面横嵴上的齿突明显，M^1 和 M^2 内侧各有 2 个齿突，M^3 比 M^2 短小。

属鼠原是哺乳动物的最大一属，也是分类最混乱的一个属，种类有 180 多种。现该属主要包括分布于东南亚和大洋洲的种类，有 91 种。即使这样，仍是啮齿动物中最大的属。我国记载的有 10 种，分布在宁夏的有褐家鼠和黄胸鼠 2 种。

宁夏鼠属分种检索表

1. 尾显著短于体长。成体顶骨两侧颞嵴几乎平行。M^1 的第一横嵴无外侧沟······················
·······················褐家鼠（*Rattus norvegicus*）（沟鼠，为主要害鼠之一）

尾多长于体长，顶骨两侧颞嵴呈弧形，M^1 的第一横嵴除个别种类外都有外侧沟·····················
·····················黄胸鼠（*Rattus flavipectus*）（黄腹鼠、上尾吊）

Z9. 褐家鼠（*Rattus norvegicus* Berkenhout，1769）

褐家鼠别名沟鼠、大家鼠、挪威鼠、首鼠和家鹿等。广布种，也就是人们常说的大老鼠，也是一种世界性的害鼠。

【鉴别特征】 褐家鼠是家栖鼠中较大的一种。体型粗大。尾比体长短 20% ~ 30%，尾毛稀疏，尾上环状鳞片清晰可见。耳短而厚，约为后足长的 1/2，向前拉遮不住眼部。后足粗大，趾间有一些雏形的蹼（图 2-39）。

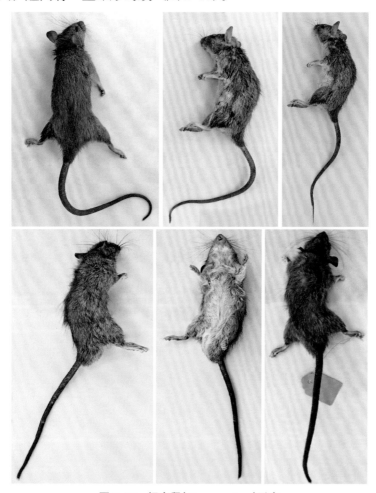

图 2-39　褐家鼠(*R. norvegicus*)形态

● 形态鉴别

测量指标 /mm　体重 65 ~ 400 g。体长 130 ~ 955，耳长 12 ~ 25，后足长 23 ~ 46，尾长 95 ~ 230。

形态特征　褐家鼠为中型鼠类，体粗壮。耳壳较短圆，向前拉不能遮住眼部，尾较粗短，成体尾长短于体长，后足较粗长。乳头 6 对，胸部 2 对，腹部 1 对，鼠鼷部 3 对。该鼠毛色有变，与其年龄、栖息环境有一定的关系，通常幼年鼠较成年鼠毛色深，棕色调不明显。老体多数体背毛色呈棕褐色或灰褐色，毛基深灰色，毛尖深棕色。头部和背中央毛色较深，并杂有部分全黑色长毛。体侧毛颜色略浅，腹毛灰白色，毛基部灰色；多数与体侧毛色有明显的分界。足白色；尾背面带黑色，腹面浅淡，有时腹背两色不甚明显，几乎全为暗褐色。偶尔有全身白化或黑化现象。大白鼠即是由褐家鼠白化个体繁殖传代而来（图 2-39）。

● 头骨鉴别

测量指标 /mm　　颅长 33 ~ 52.6，颧宽 14.8 ~ 25.8，乳突宽 13.8 ~ 19.4，眶间宽 6.2 ~ 7.6，鼻骨长 10.8 ~ 20.0，听泡长 5.8 ~ 9.0，上颊齿列长 6.8 ~ 7.9。

头骨特征　　头骨较粗大，脑颅较狭窄，颅骨的顶骨两侧颞嵴几乎平行，幼体的尚呈弧形。颧弓较粗壮，颧宽为颅长的 47.7 % ~ 49.7 %。眶上嵴发达。门齿孔较短，后缘达 M¹ 基部前缘水平。听泡较小，长为颅长的 17 % ~ 17.2 %。上臼齿横嵴外齿突趋向退化，M¹ 的第 1 横嵴外齿突不明显，齿前缘无外侧沟；M² 第 1 横嵴只有 1 内齿突，中外齿突退化，第 2 横嵴正常，第 3 横嵴中齿突发达，内外齿突不明显；M³ 第 1 横嵴只有 1 内齿突，2、3 横嵴连成一环状（图 2-40）。

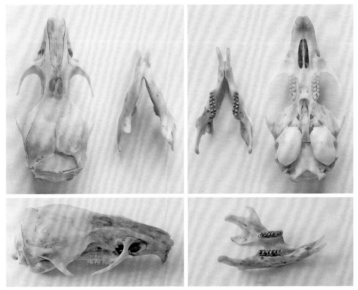

图 2-40　褐家鼠头骨

【亚种及分布】　褐家鼠起源于亚洲温带地区。由于人类无意携带现已成为世界性动物，分布遍及世界各国。国内除西藏外南北各地均有分布，分化为 4 个亚种。其中，指名亚种（*R. n. norvegicus* Berkenhout，1769）体型最大，后足长平均 40 mm 以上。分布于东南沿海地区及其附近岛屿，包括海南岛和厦门。华北亚种（*R. n. humil-*

iatus Milne-Edwards，1868）体型最小，后足长平均约 30 mm。分布于淮河流域以北，太行山以东，北至蒙古高原边缘，东北方向到辽东半岛，包含辽宁、江苏北部、河北、山东等地。东北亚种（*R. n. caraco* Pallas，1779）体型介于指明亚种和华北亚种之间，后足长平均大于 34 mm，体色较暗。分布范围从黑龙江向南约至长白山南部，其西南方向达蒙古高原边缘，包含黑龙江、内蒙古、吉林等地。甘肃亚种（*R. n. socer* Miller，1914）体型与东北亚种相近，但体色较淡。分布在淮河流域以南，太行山以西，西至甘肃、青海、四川，南抵云南、广西，北达内蒙古广大地区。包括分布于内蒙古、山西、陕西、宁夏、青海、甘肃、贵州、四川、江苏（南部）、浙江、安徽、湖南、湖北、江西、广西、福建等（吴德林，1982）。褐家鼠在宁夏全境均有分布，且与人为伍，多栖息在水源充足的生境（图 2-41）。

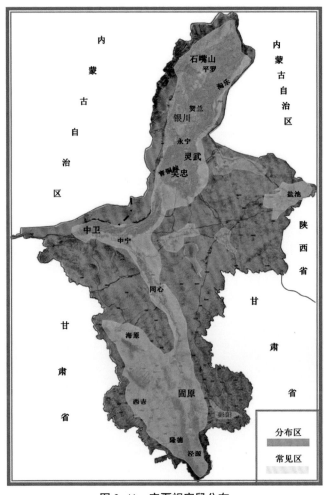

图 2-41　宁夏褐家鼠分布

【发生规律】 褐家鼠栖息场所广泛，为家、野两栖鼠种，是主要的农林害鼠，也是卫生害鼠重点治理的对象。

● 栖息地 褐家鼠是栖息于人类建筑物内的主要鼠种，在住室、厨房、厕所、垃圾堆和下水道内经常可以发现，特别是猪舍、马厩、鸡舍、屠宰场、冷藏库、食品库以及商店、食堂等处数量最多。在自然界褐家鼠主要栖息于耕地、菜园、草原，其次是沙丘、坟地和路旁。但在其栖息地附近必须有水源，这是褐家鼠所要求的基本栖息条件之一。河岸和沼泽化不高的草甸地带也是它们在自然界最基本的栖息地。

城市褐家鼠的数量比农村多，大、中城市比小城市多。据调查，在一些城市中褐家鼠所占捕获鼠类中的百分比为沈阳 97.47%、旅大 65.68%、厦门 95.5%、广州 57.07%、重庆 90%、贵阳 49.03%、福州 27.58%、怀德 81.12%。在宁南六盘山及其附近的黄土丘陵区，褐家鼠数量较多，捕获量占家栖鼠类捕获总量的 24.7%；明显低于小家鼠的 75.3%；在银川平原及黄灌区，褐家鼠数量也相对较多，占家栖鼠类捕获总量的 19.8%~26.3%；但也远低于小家鼠的 73.7%~80.2%。

● 洞穴 在居民区，褐家鼠的洞穴多建筑在阴沟和建筑物内。地板下、墙缝里以及各楼层之间的地板空隙都是褐家鼠隐蔽或筑巢的良好场所。在土木结构的建筑物内，常在墙角挖洞，洞道很长，分支很多，有时能穿越墙壁一直挖到室外，或从墙基挖到屋顶。在野外，洞穴多建筑在田埂和河堤上。

在城市复杂的环境下，褐家鼠能够选择筑窝的条件和范围较有限，由于城市建设的日趋规范，能够给鼠类挖掘的土地，大多为人类因美化环境而人为留下的绿化带或花园等，少数是人群活动较少的路边、墙边、垃圾池边与混凝土或其他坚硬路面的交界处。褐家鼠主要以土质、砖木、土砖混合等材料筑窝。洞系结构有以主窝为中心，洞道呈放射状排列；主窝在中央与洞道呈纵向排列；主窝在一侧，另一端有数个洞道呈不规则的 L 或 M 型分布。如果洞系沿墙边构建，或附近有建筑物，洞系大多为纵型或 L、M 型；如果洞系构建在较平坦的地带，大多为不规则的形状，且弯道较多。在褐家鼠栖息地中，每处有鼠洞道至少 2 个，最多可达 9 个，一般为 3~5 个。洞道长短：每段一般为 30~50 cm，最短仅 16 cm，最长为 420 cm。每个洞系洞道长度的总和大多为 200 cm 左右，最短的 70 cm，最长达 800 cm。洞径多为 7~8 cm，最小 6 cm，最大有 20 cm。大多能发现鼠洞内有贮存物，一般为 2~3 种，有 2 种贮藏物者占 65.38%。贮藏物包括杂粮、骨头、塑料袋、玉米棒、稻草、动物内脏、杂草、树叶、蔬菜、螺壳、烂布等。当有两种以上贮物存在时，以骨头和塑料袋较常见。洞穴内最少的有 1 只鼠，最多的有 9 只。每个洞系内有 1~2 只鼠者占 55.17%，且多为成年鼠。

褐家鼠主要栖息处离地表最浅的为 7 cm，最深的达 33 cm，平均为 18 cm。洞系面积最小的有 0.80 m²，最大是 6.51 m²，平均为 1.90 m²。一般来说，洞道数量多、方向变化大时，洞系面积则大；反之则小。另一种情况是，位于建筑物边建造的洞系，其平行排列的洞道虽多，但由于分布有规律，洞系面积并不大；而伴随洞道的数量增多，其容积也相应增大。最小的 5 024 cm³，最大的 71 874.6 cm³，平均约为 15 942 cm³（黄超等，2002；图 2-42）。

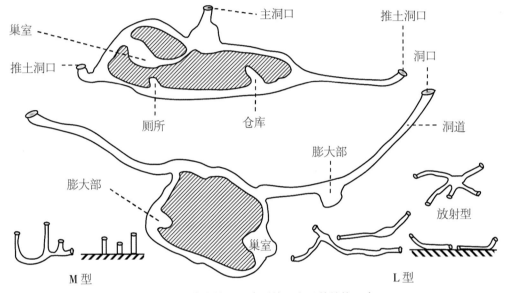

图 2-42　褐家鼠的不同类型的洞穴及其结构示意

有鼠类活动的洞系，其构筑的巢离地表的深度和面积，相对于无鼠类活动的洞系较深且大。处于哺育期鼠类的洞系，都比其他鼠类的要复杂，且洞道的数量也多。有 4～9 只鼠活动的洞系，平均每个洞道数为 6.7 个，平均深度为 21.1 cm，洞系面积达 2.3 m²；有 1～2 只鼠活动的洞系，其洞道的数量、主巢离地表的深度、洞系面积明显比前者小；无鼠类活动的洞系中，其洞道数量平均为 3.3 个，巢深 17.8 cm，洞系面积只有 1.6 m²。这表明，处于哺育期鼠类的巢，更多是出于安全因素，巢穴深，隐蔽性大，洞壁坚固；此外，洞口数量多利于幼鼠转移和哺乳期母鼠食量大，外出觅食方便。

褐家鼠洞系结构规律性不强，洞穴构造比较复杂（图 2-42）。一般有洞口 2～4个，多在墙角下或阴沟中，进口通常只有一个，出口处有颗粒状松土。洞道长 50～210 cm，分支多。地下洞深达 150 cm。一般只有 1 个窝巢。在住宅区采集到的巢，材料多为破布、烂棉、碎纸等；田野筑巢材料为谷子、黍子、尖草等叶片。巢呈碗状，外径 16～19 cm，内径 12～14 cm，巢重 137～210 g，巢深 6～9 cm。

● 活动规律 在自然生境中，褐家鼠昼夜活动，但以夜间活动为主，一般是清晨和黄昏后活动最频繁。在居民区，昼夜均有活动，但以午夜前活动最频繁。每天下午起，活动逐渐增多，至上半夜达到高峰，午夜后，又趋减少，至上午则活动更少。夜间活动约为白昼活动的 2.7 倍。

褐家鼠活动能力强，善攀爬、弹跳、游泳及潜水。主要靠嗅觉、味觉、听觉和触觉来进行活动；能平地跳高 1 m，跳远 1.2 m，能沿砖墙和其他粗面墙壁爬上建筑物顶；能钻过大于 1.25 cm 见方的开孔，能迅速通过水平粗绳、管子、电缆等，能在直立的木头、管子和电缆上爬上爬下；善于游水和潜水，能游过 0.8 km 的开阔水面；警觉性很高，对新出现的食物或物体常不轻易触动。但一经习惯之后，即丧失警惕性。

褐家鼠家族性群居，族群等级明显，雄性间常咬斗，争夺支配权。褐家鼠视力差，记忆力强，警惕性高，多沿墙根、壁角行走，行动小心谨慎，对环境改变十分敏感，遇见异物即起疑心，遇到干扰立即隐蔽。褐家鼠在一年中活动受气候和食物的影响，一般在春、秋季出洞较频繁，盛夏和严冬相对偏少，但无冬眠现象。

● 迁移行为 褐家鼠的迁移可分为被动迁移和主动迁移两种形式。

被动迁移 借助于人类的车船及飞机等各种交通运输工具被带到各处。在兰新铁路通车以前，新疆没有褐家鼠，现在已成为哈密、乌鲁木齐等城市主要家栖鼠种之一。在褐家鼠迁移史上，这种被动迁移对其现代巨大的分布区的形成起了决定性的作用。褐家鼠的原产地是在亚洲地区，在漫长的进化过程中，褐家鼠适应了多种多样的生态环境，分化成了从外形到活动规律等都很不相同的亚种。以后，在中古时期，欧洲是以基督教为主的国家，为了夺回被穆斯林教徒占领的基督圣地耶路撒冷，开始组织十字军去亚洲东征。连续组织的七次圣战都是以失败而告终的，但是，褐家鼠却在那个时候，跟随着败归的十字军从亚洲来到了欧洲。在哥伦布发现新大陆时，它们又跟随着纷纷迁往美洲的欧洲人，也随船舶横渡过大西洋到达了西半球，并进一步扩散到了全世界。

主动迁移 又可分为季节性迁移和非季节性迁移。仅有一部分褐家鼠进行季节性迁移，它们春末夏初迁移至室外活动，到 10 月份，天气转冷后，又移入室内。这种迁移，有较大的流行病学意义。

● 取食特性 栖居在野外的褐家鼠常以动物性食物为主要食料，如蛙类、蜥蜴类、小型啮齿类、死鱼和大型的昆虫等，但植物性食物仍然是重要的补充食料。

褐家鼠啃咬能力极强，可咬坏铅板、铝板、塑料、橡胶、质量差的混凝土、沥青等建筑材料，对木质门窗、家具及电线、电缆等极易咬破损坏。但对钢铁制品及坚实混凝土建筑物都无能为力。该鼠门齿锋利如凿，咬肌发达。适应性很强，可在-20 ℃左右的冷库中繁殖后代，也能在40 ℃以上热带生活，甚至还能爬上火车、轮船、飞机旅行。

● 繁殖特性　在热带和亚热带年终年繁殖。在温带春、秋各有1个繁殖高峰，酷热的夏季有1个繁殖低潮，而在冬季则几乎完全停止。但在-10 ℃左右的冷藏库中，由于食物丰富，也能繁殖。

在我国华南一带全年可繁殖，上海为2~12月，重庆、大连1~10月。性成熟在北方较早，如徐州一带个别在体长143 mm，体重65.5 g，即开始有生殖能力；而在南方沿海大城市，性成熟个体则较大，如在上海，个别雄的体长150~154 mm，雌的160~174 mm，体重100 g左右时，才开始有繁殖能力。妊娠期多为20~22 d。年均繁殖6~10胎。每胎1~16仔，多为5~10仔。在北方，褐家鼠年产2~3胎，妊娠期约为21 d。初生的幼鼠生长很快，一周内长毛，9~14 d睁眼，开始寻食，并在巢穴周围活动。约3月龄时，达到性成熟。生殖能力约可保持到一年半到两年。它的寿命可达3年以上，但平均寿命约2年。

雌鼠的繁殖力随年龄组的增大而增加。褐家鼠的繁殖群体为成年Ⅰ组、成年Ⅱ组和老年组。从种群组成结构可见，老年组的个体数量均很少，而繁殖力又很高，说明褐家鼠进入老年组后衰老迅速，死亡率很高，而剩下的真正衰老个体并不多，因而仍保持较强的繁殖力。

● 攻击行为　褐家鼠常攻击其他鼠类，并不与它们共栖。但在建筑物内，可同时发现褐家鼠与小家鼠，而在某些船舶、码头和其他建筑物内，经常与黑家鼠（R. rattus rattus）共栖。

【危害特征】　褐家鼠体型较大，喜水，是一种世界性的卫生、粮食和农林害鼠，也就是人们常说的大老鼠。褐家鼠与人为伍，数量多，为害大。在居民区，损坏家具、衣物、建筑物和建筑材料，包括铅管和电线，甚至引起火灾；咬伤咬死家禽家畜，甚至伤及婴幼儿；同时盗食各类粮食和食物，啃咬各类贮存的水果，尤其是对贮存苹果危害极大；更严重的是污染粮食和食物。在野外，挖洞破坏田埂、堤坝，引起灌水流失；啃食青苗，刨食种子，咬破电缆、电线和水管，还常窜入高压变电所可能引发停电，造成地铁停运、工厂停电和引起火灾等事故。啃咬各类水果，撕咬林木根基部和干部树皮；咬死家禽和幼畜。同时，也是流行性出血热、鼠疫、恙虫病、钩端螺旋体病、血吸虫病、弓形虫病、斑疹伤寒、Q热、蜱媒回归热等传染病病原的自然携带者。

Z10. 黄胸鼠（*Rattus flavipectus* Milne-Edwards, 1871）

黄胸鼠别名黄腹鼠、上尾吊、长尾鼠、屋顶鼠等。黄胸鼠属东洋界种类，也是我国长江流域的主要害鼠。其分布区不断北扩，黄河流域各地也有发现，且数量不断增多。

【鉴别特征】 黄胸鼠体不如褐家鼠的肥胖；尾多超过体长，几乎裸露，局部构成环状，鳞片基部生有浅灰色或褐色短毛。耳壳薄，几近裸露，向前折可盖住眼睛。背毛毛基颜色深灰，尖端棕褐色，腹面呈灰黄色，腹部基毛浅黄色。幼年鼠一般毛色较老年鼠深，前足背面中央有暗灰褐色斑，是辨别该鼠种，特别是与黄毛鼠（*R. losea*）区别的重要形态特征。后足背面白色（图 2-43）。

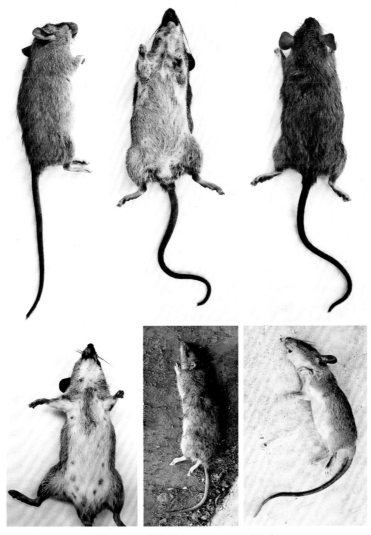

图 2-43 黄胸鼠（*R. flavipectus*）形态

● 形态鉴别

测量指标　各地黄胸鼠形态测量特征有所差异，其雌雄鼠间测量特征也有所不同。具体指标见表2-1。

表2-1　各地黄胸鼠体形特征比较

地点	性别	样本数	体重(g)	长度指标(mm)				资料来源
				体长	耳长	后足长	尾长	
福建	♂	6	70.0~115.0	132.0~181.0	18.0~23.0	26.0~33.0	162.0~200.0	寿振黄,1962
	♀	10	96.0~147.0	145.0~181.0	20.0~25.0	29.0~34.0	157.0~202.0	
贵州榕江	♂	10	—	137.0~165.0	17.0~20.0	26.0~30.0	130.0~154.0	松会武等,1981
	♀	30	66.0~110.0	134.0~169.0	17.0~20.0	26.0~29.0	139.0~159.0	
湖南洞庭湖	♂	14	100.0~221.0	158.0~210.0	19.0~24.0	23.0~35.0	150.0~207.0	张美文等,2000
	♀	12	80.0~170.0	155.0~213.0	21.0~23.0	26.0~35.0	176.0~210.0	
浙江	♂	5	76.0~116.0	143.0~171.0	19.0~23.0	27.0~33.0	167.0~200.0	朱佳贤等,1989
	♀	5	98.0~133.0	145.0~178.0	19.5~22.0	29.0~33.0	166.0~199.0	
西藏	♂	6	68.0~160.0	140.0~165.0	21.0~26.0	27.0~34.0	136.0~175.0	冯祚建等,1986
	♀	3	120.0~144.0	157.0~165.0	21.0~25.0	28.0~31.0	170.0~189.0	
陕西	♂	19	77.0~156.3	120.0~176.0	17.0~23.0	24.0~30.0	123.0~180.0	王廷正等,1993
	♀	21	92.0~230.0	130.0~180.0	17.0~24.0	27.0~32.0	150.0~193.0	

形态特征 体背面棕褐色或黄褐色，毛基深灰色，毛尖棕黄色，并杂有黑色长毛，尤以背后部为多；体侧面毛色较浅；体腹面淡土黄色到褐黄色；喉和胸部中间呈棕黄色，有时稍带褐色，比体腹面其他部分略深，胸部有时出现一块白斑；颏和肛门附近的毛污白色，有时稍带浅黄色。体腹面与体侧面之间毛色无明显界线，有些个体体腹面毛尖呈浅黄白色乃至灰白色，但喉和胸部中间仍显现棕黄色或褐黄色，少数个体体腹呈灰白色或浅黄色，而胸部无棕黄色；尾黑褐色，个别的尾近端背面比腹面浅淡；前足背面中央有一道褐色，深浅视不同个体而异，足边缘白色，有时微黄色；后足背面和边缘通常均呈浅白色或浅黄色，有时中央部分为浅褐色或整个背面全为暗色。黄胸鼠与小家鼠和褐家鼠一样，毛色也有黑化和白化现象，其中黑化个体往往被误认为黑家鼠（*R.rattus*）。乳头胸部 2 对，鼠鼷部 3 对；偶尔有 6 对的（腹部多 1 对；图 2-43）。

● 头骨鉴别

测量指标 /mm 颅长 33.0 ~ 43.7，腭长 15.0 ~ 21.3，颧宽 16.1 ~ 21.9，眶间宽 6.6~6.5，乳突宽 13.2 ~ 17.1，鼻骨长 11.0 ~ 17.6，门齿孔长 5.6 ~ 8.9，齿虚位长 8.0 ~ 12.7，上颊齿列长 4.8 ~ 7.6，听泡长 5.8 ~ 8.5。

头骨特征 颅骨与屋顶鼠的很相似，但略较小。吻长，脑盒呈椭圆形；眶上嵴很发达，向眶后延伸甚为均匀，在额骨和顶骨两侧相连处几乎不形成角状。鼻骨长，约为颅长的 33.3 % ~ 35.5 %，其前端略超过前颌骨和上门齿，后端为前颌骨后端所超出。颧宽常不达颅长的 1/2，为后者的 46.0 % ~ 48.5 %。脑盒宽，为颅长的 40.5 % ~ 40.7 %。门齿孔后端明显越过 M^1 基部前缘水平线。口盖后缘中间无突起。M^1 齿最长，其最前面的横嵴具有 3 个齿突，外齿突和中央齿突之间前缘有一明显的外测沟（图 2-44）。

图 2-44 黄胸鼠头骨

【亚种及分布】 自 Milne–Edwards（1871）依据四川宝兴的标本命名后，对黄胸鼠的分类地位一直存在着争议。Allen（1940）认为是独立的种，分为云南亚种（*R. f. yunnauensis* G. Allen，1926）与指名亚种（*R. f. flavipectus* Milne–Edwards，1871）；Ellerman 等（1951）将其均归入黑家鼠（*R. rattus*）下的 2 亚种（*R. r. flavipectus*）和（*R. r. yunnauensis*）；Corbet（1978）则认为黄胸鼠是黑家鼠日本亚种（*R. r. tanszumi*）的异名。在我国黄胸鼠与黑家鼠有同域分布现象，两者在形态上也有明显的区别，在自然条件和人工饲养下，均无杂种后代（余自忠，1957），因此，我国学者已基本认定黄胸鼠为独立的种（冯祚建等，1986；王廷正等，1993；黄文几等，1995）。Allen（1940）认为我国黄胸鼠有 2 个亚种。云南亚种主要分布在云南与贵州（松会武，1981，1983），毛色较鲜艳，体腹面尤其是腹部近乎白色略染有淡黄色，主要栖息野外。分布在我国其他大部分地区的为指名亚种，毛色泽较深，呈棕褐色，背中央部分黑色长毛较多，主要栖息在室内。在国外，黄胸鼠仅在东南亚有分布。国内分布于陕西、甘肃、宁夏、新疆、河南、江苏、浙江、安徽、湖北、江西、湖南、贵州、四川、云南、西藏、福建、广东、广西和海南等地。分布在宁夏中卫农田和灌丛中的黄胸鼠属于指明亚种，并有沿黄河及黄灌区向银川平原扩散蔓延之趋势（图 2–45）。

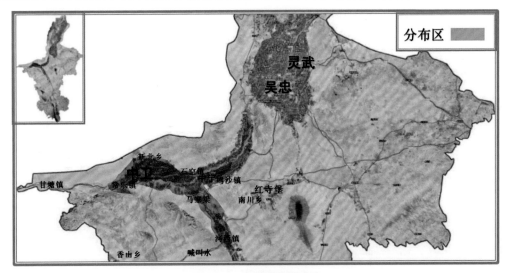

图 2–45　宁夏黄胸鼠分布

【发生规律】 黄胸鼠的分布属东南亚热带—亚热带型（张荣祖，1979），居东洋界。在我国先前主要分布于长江以南地区（寿振黄，1962；夏武平等，1964），是华南与南海诸岛的优势鼠种（秦耀亮，1979）；在香港、台湾有较多黄胸鼠分布（Hau，1997；詹绍琛等，1993）；在西藏也有分布（冯祚建等，1986；马勇，1986）。近几十年该鼠种更明显地表现出向北扩展的趋势，在陕西（王廷正，1963，1993；吴家炎等，1982）、山西（邹波等，1992）已形成稳定的种群；甘肃（郑涛等，1990）、宁夏（秦长育，1991；张显理等，1995）、山东（赵承善等，1989）亦有黄胸鼠的报道；王思博等（1983）报告新疆乌鲁木齐、哈密的火车站附近建筑物内已发现黄胸鼠，赵桂芝等（1994）、黄文几等（1995）也将新疆列为黄胸鼠的分布区。可见黄胸鼠在我国除了东北外的大部分省市皆有分布，其栖息地已延渗入古北界。

在北方部分地区黄胸鼠种群在不断上升（刘建书等，1990；程作民等，1997）。在西安家鼠的构成中，黄胸鼠已由1973年的9.28%上升为1988年的54.17%。而在南方，如福建省从20世纪50年代到80年代，黄胸鼠的种群数量逐渐下降（郑智民，1982；詹绍琛等，1991；洪朝长等，1992）。其他一些地区黄胸鼠也有逐渐减少趋势或已降为一般常见种（祝龙彪等，1986；曾标成，1989）。

许多分析（郑智民，1982；祝龙彪等，1986；曾标成，1989；詹绍琛等，1991；洪朝长等，1992）认为，房屋结构的改变使黄胸鼠适生环境减少，是黄胸鼠在福建等地的优势地位被取代的重要原因；洪朝长等（1992）则进一步提出，气温的升高是否也对其有一定的作用，尚有待探讨。而黄胸鼠种群的北扩现象则很可能与全球变暖的趋势有关（洪朝长等，1992；张美文等，2000）。动物分布区的地理位置、范围和大小，是长期自然选择及该动物分布历史变迁至现阶段的结果，反映了该动物对现代自然条件的适应性。黄文几（1966）认为较低的温度对黄胸鼠分布区的扩大有一定的障碍。韦正道等（1983）报道黄胸鼠的热中性带为25 ℃~30 ℃，理论下临界温度为23.82 ℃，35 ℃已进入过热区。祝龙彪等（1985）的研究表明黄胸鼠对低温和高温的忍受能力及化学热体温调节能力皆低于褐家鼠，热中性温度区为25 ℃~30 ℃，这就限制了黄胸鼠的广泛分布，是其以前主要分布在长江以南地区的原因。同样，目前全球的温室效应使黄胸鼠适应的气候区北扩，则可能是其在华北地区形成种群并不断发展的主要原因。

此外，交通运输的飞速发展对黄胸鼠快速北扩也起到了推动作用。黄文几等（1995）基于曾在上海至乌鲁木齐的火车上捕到黄胸鼠，分析新疆的黄胸鼠很可能是靠火车传入的。甘肃的黄胸鼠也是在火车站附近出现（郑涛等，1990），也可能是通过运输带入的。

在国外，黄胸鼠仅在东南亚有分布（汪诚信等，1983；黄文几等，1995；Buckle等，1999）。有趣的是，在越南主要分布在北方，在南方的密度较低（Sokolov等，1995；Sung，1999；Brown等，1999）。似乎是较高的温度对黄胸鼠的分布也不利。另外，蔡正纬等（1982）认为水分条件对限制黄胸鼠分布区朝北扩大有重要作用。

● 栖息地　黄胸鼠主要生活在我国南方，为常见的家鼠，通常栖息在住房、仓库、大楼等建筑物内，多利用屋顶的椽缝间隙及墙壁顶端和檐沟柱梁交接处营巢而居。除房屋外，轮船、火车、特别是客货轮和南方客车也常为黄胸鼠的栖息场所。它们通过各种渠道从码头、车站进入轮船、火车而匿居在船舱、行李包、杂物堆、火车顶棚和天花板夹层中，并在船、车上生活繁衍。此外，黄胸鼠也能生活在野外，尤以南方为明显。在农村，有时在谷物成熟季节，有的黄胸鼠从室内迁入田间觅食。在长江流域，黄胸鼠虽在个别地区的家栖鼠中占较高比例，但普遍而言，在野外所占比例比华南区要低（张美文等，2000）。北方黄胸鼠主要栖息在房舍及其周围，未见有大量栖息在野外的报道。如在西安野外极少捕获到黄胸鼠（王廷正等，1963），在村庄周围及野外仅可零星捕到（刘建书等，1990）；在河南黄胸鼠也主要栖息在居民区（吕国强等，1989；路纪琪等，1996）。

● 洞穴　黄胸鼠的洞穴在山坡旱地里多筑在坟墓、岩缝等不能开垦的荆棘灌木丛下，在田坎多见于田埂、水渠边，在河滩多筑于灌丛砂石堆下。洞穴构造较简单，洞穴有一个圆形前洞口，直径 4～5 cm，1～3 个后洞口，位置比前洞口高，称为"天窗"，口径比前洞口小，4 cm 左右，洞外无浮土，有外出的路径，但不及前洞光滑。洞道直径 4～5 cm，因鼠常出入十分光滑，垂直入土 30～40 cm。洞穴分为简易洞和复杂洞，简易洞只有一个巢室，复杂洞有 2～3 个，只有一个巢室垫物是新鲜的，巢室离地面 20～50 cm，椭圆形，直径 8～20 cm，内垫物有干枯植物茎叶，如稻草、豆叶、杂草等。复杂洞为越冬洞，入土较深，洞口、巢室数量较多；简易洞为季节性临时洞，作物成熟时迁入挖掘，收割后即转移废弃。

● 食性　黄胸鼠食性杂，以植物性食物为主，其中包括米、面粉及其制品、山芋、玉米、马铃薯、豆类、菜类、麸皮等。动物性食物包括肉、猪油、鱼、昆虫、蜗牛、蚯蚓等，有时也袭击小鸡。一只体重 100 g 左右的黄胸鼠，一昼夜能吃 16～17 g 大米或面粉（寿振黄，1962；周仑，1965；广东省湛江市地区卫生防疫站，1978；吴庆泉等，1991）。在南京，黄胸鼠以植物性食物为主，有时也吃动物性食物，但更喜吃熟食，这可能与鼠的来源即在捕获前的生活环境有关（周仑，1965）。吴庆泉等（1991）用南宁郊区的黄胸鼠分别以植物性单种饵料、动物性单种饵料、复合及混合饵料，在实验室进行食物选择试验，结果表明：黄胸鼠喜食植物性饵料，其中谷物类饵料比其他作物饵料更易被选择。汪诚信等（1959）对黄胸鼠耐饥渴的能力观察表明，黄胸鼠在完全饥渴时，能生存 3～6 d；仅食足量的去籽黄瓜时，能生存 7～11 d；

而仅食足量的大米时，10 只中仅 1 只死亡。说明该鼠在自然状态的耐饥渴能力较强。

　　黄胸鼠虽体型较褐家鼠小，但其摄食量却很大，李新民等（1989）测得河南洛阳黄胸鼠和褐家鼠对小麦的日食量（分别为 15.0 g 和 14.8 g）无差别；但按每克体重消耗的食物计算，黄胸鼠要高于褐家鼠。黄胸鼠每日的能量摄入也明显地高于褐家鼠（梁杰荣等，1988）。黄胸鼠的日摄食量与其体重有关，詹绍琛（1985）认为黄胸鼠的摄食量与体重成正比。不同季节的日食量和饮水量也有差异（梁杰荣等，1988）。

　　● 活动规律　黄胸鼠善攀缘，以夜间活动为主（汪诚信等，1959；周仑，1965；松会武，1981；吴锡进，1984；李新民等，1989）。汪诚信等（1959）、吴锡进（1984）的观察表明黄胸鼠的活动节律呈双峰型，在不同的季节，出现的两个高峰期有差异；李新民等（1989）在河南洛阳观察，黄胸鼠 24 h 内均有活动，整个夜晚都较活跃。松会武（1981）报道，云南亚种在黄昏前后有一次活动高潮。

　　黄胸鼠性情狡猾，具有较强的新物回避行为反应（周仑，1965；张恩迪等，1988）。对捕鼠器械具有很高的警惕性，在一个地点连续布放鼠夹，至第 6 天后捕获率下降为零（广东省湛江市地区卫生防疫站，1978）。

　　● 繁殖特性　黄胸鼠全年皆可繁殖，整个春夏季维持在一个相对较高的水平，高峰在 4～5 月，低谷在冬季。繁殖季节与当地褐家鼠和黑线姬鼠不尽相同，虽主要繁殖季节相似，冬季繁殖能力较低，但褐家鼠和黑线姬鼠明显在上、下半年各形成一个高峰；而黄胸鼠在上半年形成一高峰后，虽在 7 月繁殖能力有所下降，但也维持在较高水平，随后在下半年仅形成一个次高峰。与该地小家鼠相似（郭聪等，1994），但出现繁殖高峰的时间有所不同。

　　黄胸鼠主要栖息在平原与山区，随气候和食物变化及不同生育阶段，黄胸鼠在各种生境间迁移。喜湿喜暖。喜攀登，常在屋顶、天花板、橡瓦间隙、门框上端营巢而居。在火车、轮船等交通工具上数量也较多，活动十分猖獗。黄胸鼠与褐家鼠常同室居住，褐家鼠在下层，黄胸鼠在上层，但同小家鼠都有明显的相互排斥现象。黄胸鼠分布区向北发展的趋势极为明显，现已成为陕西、河南、山东等省家栖鼠类的优势种或常见种。

　　【危害特征】　黄胸鼠危害特征与褐家鼠基本相似。食性杂，喜食植物性及含水较多的食物，吃人类的食物，也吃小动物，有的咬食瓜类作物花托、果肉，主要栖息在室内，靠近村庄田块易受害。还咬坏衣物、家具和器具，咬坏电线，甚至引发火灾。

　　黄胸鼠在室内外的厕所、垃圾堆、阴沟、仓库、食品店、厨房等地来回活动，窃食各种食物。因此，黄胸鼠在肠胃病的传播方面值得注意。其体外寄生虫有蚤、螨、蜱、蚤等，体内寄生虫有原生动物、吸虫、绦虫、线虫等。同时也是许多细菌、立克次氏体、滤过性病毒的储藏宿主（寿振黄，1962）。在云南，黄胸鼠是鼠疫、恙虫病、钩端螺旋体、鼠型斑疹伤寒、流行性出血热等的主要宿主（杨光荣等，1989）。浙江的黄胸鼠是鼠疫、恙虫病、钩端螺旋体、鼠型斑疹伤寒、流行性出血热和血吸虫病病原体的贮存宿主之一（朱家贤，1989）。在陕西，黄胸鼠是流行性出血热与钩端螺旋体病的传播者（王廷正等，1993）。吴光华（1982）将黄胸鼠列为与鼠疫、钩端螺旋体病、恙虫病、蜱传回归热、鼠咬热、血吸虫病、肠道传染病的传播有关的鼠种。另外，假结核、Q热、弓浆虫病、沙门氏杆菌感染等（史先春等，1991）也与黄胸鼠有联系。

S8. 白腹鼠属（*Nivivente*）

原为属鼠的一个亚属。体中型，体长 110～198 mm。耳几乎裸露，其后缘内侧无三角辨。后足足底有肉垫，足长多小于 40 mm，第一趾爪不扁，不能与其余的趾相对峙；前后足第五趾超出第二和第三趾分离处。后体腹面纯白色。头骨略显细长，吻较长，眶上嵴发达，延伸至顶间骨处则不太明显。门齿孔不宽，向后延伸达 M^1 前缘的联接线，左右鼻骨在中线不愈合。听泡小而低平，长不超过体长的 16%；翼窝几乎平扁，不为 1 大孔穿通。翼间窝宽等于或比腭桥宽，腭桥后缘约与 M^3 后缘在同一水平线上。上门齿从侧面看内方无缺刻。上臼齿咀嚼面横嵴上的齿突明显，M^1 和 M^2 内侧各有 2 个齿突，M^3 比 M^2 短小。全世界有 15 种，分布在我国的 7 种，在宁夏仅有 3 种。

宁夏属鼠分种检索表

1. 体无刺状毛,腹面纯白色;体较大,顶间骨前后较长,约为其左右宽的 46.8%,眶上嵴发达……………………
………………………………………………………………安氏白腹鼠(*Niviventer andersoni*)

　体有刺状毛,体腹面白色,有时略带淡黄色……………………………………………………2

2. 门也孔很短,后端远离 M^1 基部前缘水平……………………社鼠(*Niviventer niviventer*)

　门齿孔较长,后端达 M^1 基部前缘水平;体背面黄褐色,毛较针毛柔软,冬季无刺毛,足背暗褐色,尾端通常白色………………………………………………………北社鼠(*Niviventer confucianus*)

Z11. 社鼠(*Niviventer niviventer* Hodgson, 1836)

社鼠别名白尾巴鼠、硫黄腹鼠、刺毛灰鼠、山鼠、白肚鼠等。原归属鼠。

【鉴别特征】 属中型鼠类，身体细长，尾长大于体长。夏毛中刺状针毛较多，背毛棕褐色调较深；冬毛中刺状针毛较少，背毛略显棕黄色（图 2-46）。

● 形态特征　社鼠属中型鼠类，尾长大于体长，约为体长的 120%～125%，外形与针毛鼠极为相似，但耳壳较针毛鼠大而薄，向前拉能遮住眼部，尾末端 1/4～1/3

处多数为白色。背毛棕褐色或略带棕黄色调，毛基灰色，毛尖棕黄色。背毛中有部分刺状针毛，针毛基部灰白色，毛尖褐色，夏毛中刺状针毛较多，背毛棕褐色调较深，冬毛中刺状针毛较少，故背毛略显棕黄色。在背毛中除针毛外还有少量褐色长毛，越靠近背中央及臀部，褐色长毛越多。背腹交界的两侧由于刺状针毛和褐色长毛较少，故两侧棕黄色调较深。腹毛乳白色或牙黄色，愈老年个体，牙黄色调愈深。背腹毛在体侧分界线极为明显。尾双色，背面棕褐色，腹面白色（图 2-46）。前足背面白色，后足背面棕褐色。幼体背毛深灰色，腹毛洁白。

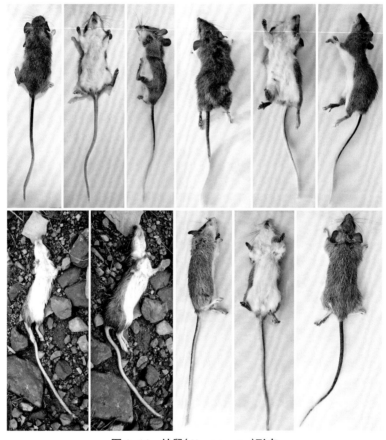

图 2-46 社鼠（*N. niviventer*）形态

● 头骨特征　社鼠头骨略显细长，吻较长，眶上嵴发达，延伸至顶间骨处则不太明显。门齿孔较宽，向后延伸达 M^1 前缘的联接线，听泡小而低平。M^1 最大，其第 1 横嵴外侧齿突退化，第 2 横嵴正常，第 3 横嵴只有中间齿突发达，内、外侧齿突均不明显。M^2 第 1 横嵴仅有内齿突，第 2 横嵴正常，第 3 横嵴中齿突发达，内外齿突不明显。M^3 齿最小，小不足 M^1 的一半，咀嚼面愈合成一个椭圆形的齿环（图 2-47）。

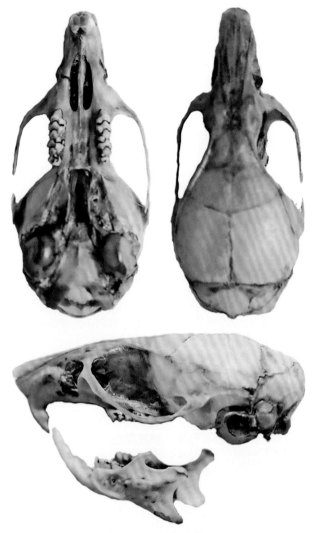

图 2-47　社鼠头骨

【亚种及分布】　社鼠在国外分布于不丹、印度、尼泊尔。国内分布于山东、河北、山西、陕西、甘肃、宁夏、湖北、湖南、四川、云南、广东、广西以及东南沿海等地。G. Allen（1940）认为该种有 4 个亚种，但有些学者认为有 7 个亚种。其中，海南亚种（*N. n. lotipes* G. Allen，1926）在我国分布于海南等地，模式产地在海南那大。台湾亚种（*N. n. culturatus*，Thomas，1917）分布于我国的台湾岛，模式产地在台湾阿里山。缅甸亚种（*N. n. mentosus* Thomas，1916）在我国分布于西藏，其模式产地在缅甸亲敦江上游次提。我国其他地区分布的是指明亚种（*N. n. niviventer* Hodgson，1836）。该鼠在宁夏分布于原州区、泾源县的六盘山山地和银川市、贺兰县、平罗县的贺兰山山地，是贺兰山海拔 1 600 m 以上林地的优势种（图 2-48）。

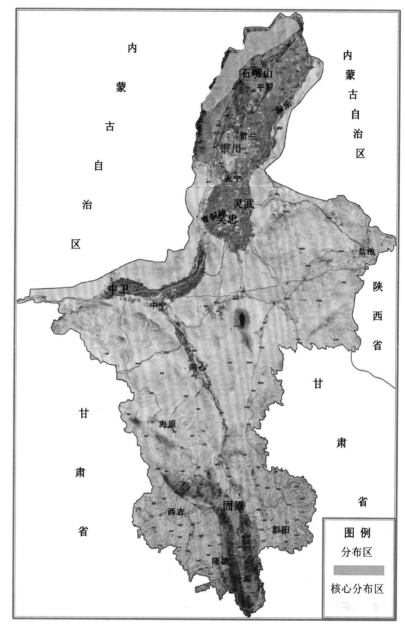

图 2-48　宁夏社鼠分布

　　【发生规律】　社鼠是山区常见的野鼠，主要栖息于丘陵树林、竹林、茅草丛、荆棘丛生的灌木丛或近田园、杂草间、山洞石隙、岩石缝和溪流水沟茅草中，山区丘陵梯田及杂草丛生的田埂也能见到。

洞穴构造较简单，主要由洞口、主道、粮仓、厕所和巢室组成。洞口一般圆形，直径 3.5～5.5 cm。主道弯曲向下延伸，与地面垂直深度 60～80 cm，共有 4 个分支，第 1 分支距地表 10～20 cm，为休息室；第 2 分支离地表 15～20 cm，叉道较长，15～20 cm 处，是第 1 贮粮仓库，仓库纵长 22 cm、横宽 4 cm，呈鸭蛋形；第 3 分支离地表 25～35 cm，在第 1 仓库对侧，是第 2 仓库，较第 1 个略小；巢室距地表深度 65～85 cm，纵长 10～20 cm、横宽 35～40 cm，呈鸭梨形，巢材有树叶、麦秸、干草等；在巢室上部叉道有厕所，横截面直径为 3.5～4.0 cm。社鼠春夏多在树上构筑巢穴。巢距地面高度约为 0.5～3.0 cm，椭圆形，长 20～28 cm，宽 11～22 cm，穴深 3～8 cm。巢穴主要建在主干分叉处，由树叶筑成。穴内有苹果、柏子、巢粪等。社鼠善于攀爬，行动敏捷，以夜间活动为主，白天无人时也外出活动，当听到人声后立即逃匿。社鼠即使在作物成熟季节，也未见有明显的迁移活动，在冬季野外食物缺乏情况下，少数个体会迁入室内。每年产 3～4 胎，每胎产鼠 4～5 仔。

在宁夏贺兰山海拔 1 600 m 以上，社鼠为优势种，捕获量占整个地面上捕获总量的 51.7 % 左右，远大于大林姬鼠、小家鼠和黑线仓鼠的捕获量，三者捕获量占比依次为 27.6 %、13.8 % 和 3.5 %（秦长育，1991；王香亭等，1997；施银柱等；1981）。在宁南六盘山山区，社鼠数量相对较少，捕获量占地面上捕获量的 8.3 % 左右，明显低于大林姬鼠的 10.3 %～41.3 %，也低于黑线姬鼠的 6.7 %～27.2 % 和洮州绒鼠 4.0 %～28.9 %；但高于长尾仓鼠的 0.6 %～2.0 %，林跳鼠的 3.4 %～4.1 %（秦长育。1991；李继光，2002）。

【危害特征】 食性杂。盗食农作物及林木种子、坚果，啃食作物青苗和林木幼苗、幼树和嫩叶；也取食或少量昆虫；还能攀高吃玉米棒、葵花籽、芝麻粒和棉籽等；冬春季也啃食林木根基部树皮。属典型的森林类型，也是主要的种食害鼠。

Z12. 北社鼠（Niviventer confucianus Hodgson, 1871）

北社鼠别名硫黄腹鼠、白尾鼠、刺毛灰鼠、社鼠等。原归鼠属（*Rattus*）。

【鉴别特征】 体型中等，身体细长。尾长超过或等于体长，尾端白色。耳大而薄，向前折能达眼部前缘。毛较软，夏毛杂有刺状毛，但没有针毛鼠的多；冬毛柔软或杂有刺状毛（图 2-49）。

● 形态鉴别

测量指标 /mm　体重 65～150 g。体长 92～167，尾长 105～206，后足长 21～30，耳长 16～30。

形态特征　体背面黄褐色到鲜锈色，杂以黑色，背部中央尤深。头、颈两侧及体侧黄褐色调较为鲜淡；耳背面密生黑棕色细毛，整个耳呈黑棕色。体腹面纯白色略带淡硫磺色；体侧与体腹面毛色界限分明；前后足背面白色；前足掌垫 4 枚，趾垫 5 枚，后足掌垫 5 枚。尾背面黑色，腹面白色，尾端毛较长，通常呈白色（图 2-49）。乳头胸部和鼠鼷部各 2 对。

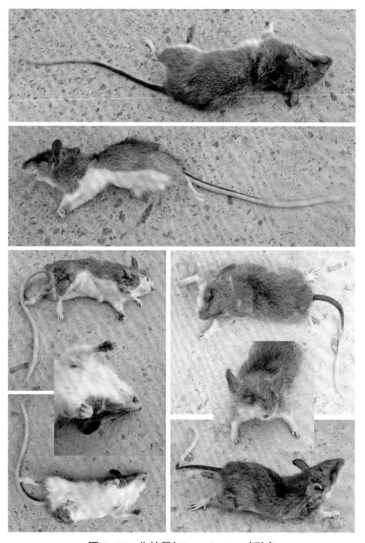

图 2-49　北社鼠(*N. confucianus*)形态

● 头骨鉴别

测量指标 /mm　颅长 29.9 ~ 39.4，颅基长 26.8 ~ 37.2，颅高 10.3 ~ 13.0，腭长 16.8 ~ 22.5，颧宽 14.3 ~ 16.6，乳突宽 12.1 ~ 15.3（多为 13.0 ~ 14.0），眶间宽 4.7 ~ 6.0，后头宽 10.9 ~ 13.3，鼻骨长 12.1 ~ 18.6，听泡长 4.4 ~ 6.0，上颊齿列长 5.1 ~ 6.0，

下颊齿列长 5.1～6.4，门齿孔长 4.7～7.3。

　　头骨特征　头骨与针毛鼠的头骨极为相似；颅骨狭长。吻细长，约为颅长的 1/3。鼻骨甚长，约为颅长的 38.8%，其前端超出前颌骨和上门齿前缘，其后端略超出前颌骨后端或略为被前颌骨后端所超出或约在同一水平线上。颧弓纤细，颧宽为颅长的 37.7%～44.7%。眶间狭窄，宽约为颅长的 13.9%～15.0%。眶上嵴很发达。脑盒不大。颅顶宽而低平。门齿孔后端几乎达 M^1 前缘基部水平。腭骨后缘接近平直。听泡较小，长约为颅长的 14.6%～15.1%。M^1 较大，M^3 较小，其长小于 M^1 的 1/2。M^1 咀嚼面，前内侧齿突向后弯曲；M^2 咀嚼面前外侧齿突退化；M^3 整个咀嚼面愈合成为一个椭圆形的齿突（图 2-50）。

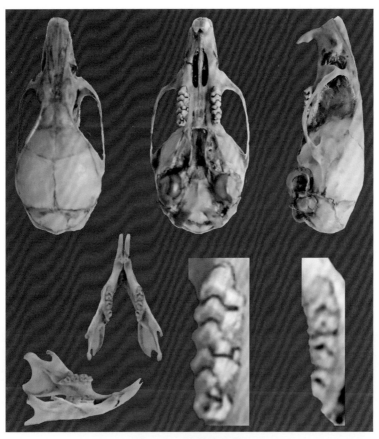

图 2-50　北社鼠头骨

　　【亚种及分布】　北社鼠国内分布于云南、四川、贵州、广西、广东、海南岛、福建、台湾、浙江、江苏、山东、安徽、江西、湖南、湖北、河南、河北、辽宁、吉林、陕西、山西、甘肃、宁夏和西藏。国外分布于印度、尼泊尔、缅甸、泰国、越南、老挝、柬埔寨、马来亚以及印尼的苏门答腊、爪哇和加里曼丹。记载有 15 个亚种，我国有 10 个亚种。其中，河北亚种（*N. c. chiliensis* Thomas，1917）也称东陵亚种，分布于河北东北部及辽宁西南部，河南和内蒙古部分地区也有分布，模式产地在河北兴隆。指名亚种（*N. c. confucianus* Milne–Edwards，1871）分布于四川、贵州、云南西北和东北部、湖南、湖北南部、江西、广西北部、广东北部、福建和浙江等地。该物种的模式产地在四川宝兴。闹牛亚种（*N. c. naoniuensis* Zhang et Zhao，1984）仅分布于吉林，模式产地在吉林洮安县。山东亚种（*N. c. sacer* Thomas，1908）分布于山东、河南、湖北北部、江苏、河北南部、山西、陕西和甘肃东部等地，模式产地在山东烟台。玉树亚种（*N. c. yushuensis* Wang et Zheng，1981）分布于青海、四川等地。该物种的模式产地在青海玉树。海南亚种（*R. c. lotipes*）分布于海南岛。台湾亚种（*R. c. culturatus*）分布于台湾。西藏亚种（*R. c. mentosus* Feng 1986）分布于西藏东南隅及雅鲁藏布江下游。雅江亚种（*N. c. yajiangensis* Deng & Wang，2000）仅分布于四川西部雅砻江与大渡河之间的高原，海拔 3 100 m 左右。本新亚种以大渡河与东部的指名亚种相隔离，西部凭雅砻江、金沙江与玉树亚种及西藏亚种隔离，南北借高山峡谷、雪山草地等地貌与山东亚种及其他亚种相隔离。德钦亚种（*N. c. deqinensis* Deng & Wang，2000）仅分布于滇西北角的德钦县，海拔 2 900 m 左右；此地东西面分别为金沙江和澜沧江，与其他社鼠亚种有着显著的地理隔离。在宁夏，北社鼠主要分布在宁南六盘山区（图 2–51）。

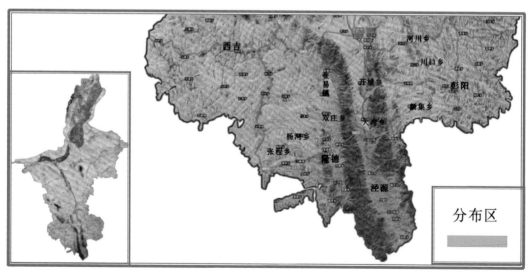

图 2-51　宁夏北社鼠分布

【发生规律】　北社鼠是山区常见的野鼠，主要栖息于丘陵树林、竹林、茅草丛、荆棘丛生的灌木丛或近田园、杂草间、山洞石隙、岩石缝和溪流水沟茅草中。山区丘陵梯田及杂草丛生的田埂也有一定数量。距山区林地近的村庄、场院和房屋内也能经常捕到。在贵州湄潭茶场社鼠占总鼠数的51.1%，为茶园鼠类优势种。茶园覆盖度不同，鼠类分布也不同，在覆盖度比较大的密植茶园，北社鼠数量远远超过其他鼠种，而在更新的老龄、幼龄非密植茶园，社鼠数量较少，次于黑线姬鼠数量。北社鼠主要在夜间和晨昏活动，白天也能见到，多出现在山腰和山麓；季节性迁移不明显，冬季食物缺乏时偶入村镇盗食。

● 洞穴　北社鼠往往在灌丛或荆棘丛中挖洞穴居。洞口2～3个，较为隐蔽。善于攀树，能以树叶在树上筑巢，巢距地面3～5 m。

● 取食　杂食性，主要以植物为食，常以各种坚果、灌木野果、草籽和玉米、花生、甜薯等为食，数量多时，危害农作物。有时也吃些山野果、嫩叶和昆虫。在茶园活动的社鼠，除取食茶籽及嫩枝叶和茶花外，胃溶物中也常发现茶园蚧类、茶尺蠖幼虫和蛹、茶毛虫蛹和茶蓑蛾等昆虫残骸。

北社鼠对大米的日食量为7.30 ± 1.53 g/只，59.06 ± 15.12 g/kg；对花生的为4.15 ± 0.58 g/只，82.95 ± 6.3 g/kg。日均饮水量为6.92 ± 1.56 ml/只，51.16 ± 24.47 ml/kg。取食大米日均摄入能为1101.12 ± 82.04 kJ/kg，取食花生为1037.74 ± 89.25 kJ/kg（胡一中等，1998）。

● 繁殖　在南方如海南岛全年皆能繁殖，在福建北部春末夏初为繁殖高峰。每胎1～9仔，通常4～6仔。在浙江，2月就可捕到怀孕个体，4～5月和7～9月是繁殖盛期，年产2胎，胎仔数2～7只，平均4只。

● 年龄组　用两眼晶体干重/ mg、体重/ g、体长/ mm、尾长/ mm可将社鼠划分为4个年龄组（诸葛阳等，1989）。

幼年鼠　晶体、体重、体长和尾长依次小于18、35、110和135。

亚成年鼠　四种指标区间分别为18.1～26.0、35.1～50.0、11～12和136～155。

成年鼠　各指标取值区间为26.1～34.0、50.1～80.0、126～150和156～180。

老年鼠　各指标分别大于34、80、151和181。

● 种群结构动态　在浙江临安西天目山的北社鼠种群年龄组成，7月以前以越冬鼠为主，7月以后当年鼠占优势。幼年鼠在5月开始捕得，8月达到高峰，占50%，成为该月的优势组。亚成年鼠在7月、10～1月均占优势，12月的比例最高，达86.7%。2～5月成年鼠占优势，而以3月为高峰，达86.36%。老年鼠在6月所占的比例有所增加，而在10～12月和1～3月数量趋向减少。

● 肥满度 在金华北山北社鼠月平均肥满度（KWL）4～5月、7～9月和11～12月较大，以7～9月最高；2月是全年的最低点（鲍毅新等，2000）。北社鼠的繁殖盛期是在4～5月和7～9月（诸葛阳等，1989），肥满度的前两个高峰正好与之相符，此期较高的肥满度有利于种群的繁殖活动。6月和10月平均肥满度出现低谷是由于社鼠繁殖活动消耗了体内大量的能量所致。11～12月平均肥满度的升高为越冬做好了准备，由于冬季气温低，食物来源少，较高的肥满度有利于抵抗冬季的不良环境条件。2月份正是冬末初春之季，北社鼠经过一个冬天之后，体能消耗大，使肥满度下降到全年的最低点。2月之后，肥满度开始回升，以利进行春季的繁殖活动。临安西天目山、金华北山和舟山海岛的雌性社鼠肥满度3月、6月和10月为高峰，以6～7月为最高；雄性在3月、6月和11月出现高峰，以11月为最高（高枫等，1996）。

肥满度（Y）与气温（X）的回归方程：$Y=3.8310+0.0333X$（$r=0.5939$，$p<0.05$）

肥满度与地下30 cm土层温度的回归方程：$Y=3.6101+0.0409X$（$r=0.6332$，$p<0.05$）

肥满度与降雨量的回归方程：$Y=4.7829-2.2328X$（$r=-0.6214$，$p<0.05$）

气候因子主要通过影响鼠类生存环境的食物和隐蔽等条件，使鼠类的生活和行为发生变化，从而影响了鼠类的肥满度。当气候适宜时，食物资源丰富，北社鼠的存活状况良好；当气候因子不利时，伴随着食物等条件的恶化，其生存质量也随之下降。北社鼠能通过各种生理和行为的调节来适应温度的变化，对温度具有较强的耐受性，但对降雨量的调节与适应能力要弱得多。

【危害特征】 对山区农作物和林业有一定危害，传播钩端螺旋体病，在浙江，又是恙虫病立克次体的主要宿主动物，其阳性率高达8.47%。

Z13. 安氏白腹鼠（*Niviventer andersoni*（Thomas），1911）

安氏白腹鼠别名白腹巨鼠、台湾白腹鼠、白腹鼠、山老鼠、安氏鼠、刺鼠等。

【鉴别特征】 体型中等，修长，形似社鼠。体通常具赤色密厚棘毛，腹毛纯白色；尾超过体长，上面黑棕，下面白色，有些个体尾端1/3～1/2为纯白色（图2-52）。

● 形态鉴别

测量指标/mm 体长145～192，尾长221～274，后足长34～37，耳长21～29。

形态特征 体型较大，吻部尖细，耳大。口鼻及前额为灰黄色，颊部赭黄色，眼周为褐色，颈部赭色。体背面赤褐色或黄褐色；体腹面白色或淡黄白色；前足掌垫5枚，后足掌垫6枚；前后足足背灰褐色；尾背暗褐色，尾基部腹面灰黑色，其余部分白色，尾端部1/4～1/2白色，尾毛较短，稀疏，鳞环明显。体上刺毛有季节性脱落现象（图2-52）。

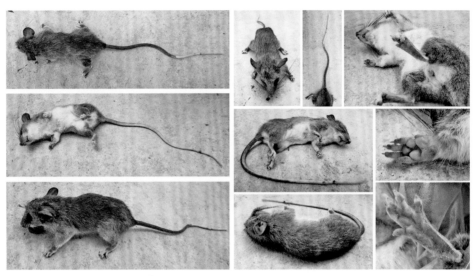

图 2-52　安氏白腹鼠(*N. andersoni*)形态

● 头骨鉴别

测量指标 /mm　颅长 41.9 ~ 45.2，颅基长 39.0 ~ 42.3，颅高 13.3 ~ 14.3，颧宽 18.8 ~ 20.4，后头宽 18.8 ~ 20.1，腭长 24.9 ~ 26.4，乳突宽 12.7 ~ 18，眶间宽 5.5 ~ 6.0，鼻骨长 14.5 ~ 19.0，上颊齿列长 6.7 ~ 7.5，下颊齿列长 6.6 ~ 7.5，门齿孔长 7.4 ~ 9.3，听泡长 5.5 ~ 6.0。

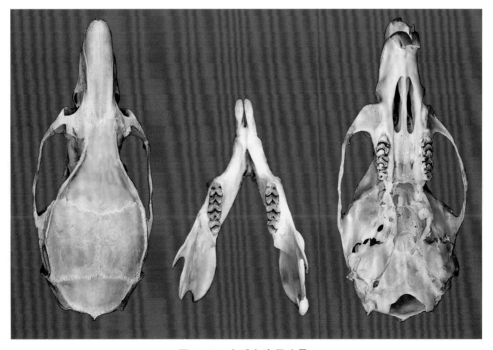

图 2-53　安氏白腹鼠头骨

头骨特征　颅骨呈长椭圆形；吻相当长，约为颅长的 32%；鼻骨长，后端狭尖，略超出前颌骨后端；眶上嵴发达，延伸至顶骨；门齿孔很短，其后端远离第 1 上臼齿基部前缘水平线；腭骨后缘约与第 3 上臼齿后缘在同一水平线上。听泡小，长约为颅骨长的 13%（图 2-53）。

【亚种及分布】　国内分布于台湾、云南、四川、贵州、江西、广西、浙江、西藏、陕西（宁强、南郑、汉中、镇巴、宁陕、安康、平利、镇平）、甘肃及宁夏（六盘山）等；国外分布于缅甸北部。在宁夏，该鼠与北社鼠同域分布，主要分布在泾源县六盘山林地区。局部数量较高，常侵入农户，是重要的卫生害鼠，可传播钩端螺旋体病。

【发生规律】　主要栖息于亚热带山地林区，常见于阔叶林、针阔叶混交林地带，或林木稀疏面靠近山坡农田的草地。喜栖居近水沟的灌丛中，但数量很少。以采食植物的茎、叶等绿色部分为主，夏季也取食鲜果和少量昆虫。在宁夏泾源冶家村与北社鼠同时出现，但多在农户院落活动，啃食玉米、蚕豆等。在四川 5～7 月雌鼠怀孕率为 41%，每胎多产 4～5 仔。

【危害特征】　啃食玉米，蚕豆等，也啃食苗木根基部树皮。

K3. 仓鼠科（Circetidae）

仓鼠科是哺乳动物中最大的科，现存种类超过 600 种，化石种类也不少。亚科的划分争议比较大。仓鼠科以新北界种类最多，其中南美洲所有的鼠型亚目种类均属此类，其次是欧亚大陆北部，是欧亚大陆北部的主要鼠类。在非洲大陆和马达加斯加也有分布，并且是马达加斯加仅有的啮齿类，而在鼠科的分布中心亚洲东南部和大洋洲却没有分布。现分为棉鼠亚科（Sigmodontinae）、仓鼠亚科（Cricetinae）、马岛鼠亚科（Nesomyinae）、冠鼠亚科（Lophiomyinae）、田鼠亚科（Microtiniae，也称䶄亚科或水田鼠亚科（Arvicolinae））和沙鼠亚科（Gerbillidae）等 6 个亚科，有 116 属 607 种。其中，棉鼠亚科种类最多，有 74 属，377 种，占仓鼠科种类总数的 62.11%（Musser and Carleton，2005）。我国有仓鼠亚科、田鼠亚科和沙鼠亚科等 3 个亚科，18 属 63 种。其中，田鼠亚科种类最多，有 9 属 45 种，占我国仓鼠科种类的 71.43%，为绝对的优势种群。宁夏有 3 亚科，9 属 13 种。其中，黑线仓鼠、子午沙鼠和长爪沙鼠分布较广，局部危害较重。东方田鼠主要分布在银川平原（州）危害区，是该区的主要农林害鼠。洮州绒鼠和根田鼠，仅分布于六盘山山地（州）危害区，数量极少，不造成危害。

中国仓鼠科亚科检索表

1. 臼齿咀嚼面上有明显的齿突。大多数具有颊囊·····················仓鼠亚科（Cricetinae）

　白齿咀嚼面上是平的。无颊囊···2

2. 尾长不超过体长的 1/2,大多数种类的门齿前面无纵沟,白齿咀嚼面齿突形成左右交错的三角形······

　··田鼠亚科（Microtinae）

　尾长超过体长之半。门齿前面有 1~2 条纵沟,白齿咀嚼面齿突形成菱形的齿环·······················

　··沙鼠亚科（Gerbillinae）

YK4. 仓鼠亚科（Cricetinae）

过去该亚科的种类较多，除欧亚大陆种类外，还包括南、北美洲的种类，有近 60 属 350 多种（Ellerman，1941）。近期的研究主张将新北界（西半球）仓鼠归为西方鼠亚科（Miller and Gidley，1918；Ellerman，1941；Corbet，1991）；也有人将新北界南美的仓鼠归为棉鼠亚科（Miller and Gidley，1918；Anderson，1941）；Ellerman（1941）将分布在中亚（阿富汗、伊朗、巴基斯坦西部、叙利亚西南部和土库曼南部北部）的仓鼠归为长尾仓鼠亚科；Vorontsov（1966）将分布于非洲白尾匙鼠（Mystromys albicaudatus）独立成白尾匙鼠亚科（Mystromyinae），也有人将白尾匙鼠归入马岛鼠亚科。

现该亚科仅包括古北界（东半球）仓鼠类（Cricetines，hamsters），是仓鼠科一个最小的亚科，约有 7 属 18 种（Musser and Carleton，2005）。其中，短尾仓鼠属（Allocricetulus）2 种，甘肃仓鼠属（Cansumys）1 种，仓鼠属（Cricetulus）6 种，原仓鼠属（Cricetus）1 种，金仓鼠属（Mesocricetus）4 种，毛足鼠属（Phodopus）3 种，大仓鼠属（Tscherskia）1 种。短尾仓鼠属和大仓鼠属有时也被划归仓鼠属，而甘肃仓鼠（Cansumys canus）也常划归大仓鼠属或作为大仓鼠的 1 个亚种（Argyropulo，1933；Carleton and Musser，1984）。该亚科种类的下颌结构进化程度较高，属低冠齿。主要分布于亚洲，少数分布于欧洲，其中不少种比较适应干旱地区的生活。典型的仓鼠亚科种类体型肥胖，尾短，其中原分布于中东地区的金仓鼠（Mesocicetus auratus）被广泛作为宠物来饲养，被称为"金丝熊"。

中国现有 6 属，11 种。其中，短尾仓鼠属（Allocricetulus）2 种，仓鼠属（Cricetulus）4 种，甘肃仓鼠属（Cansumys）1 种，大仓鼠属（Tscherskia）1 种，原仓鼠属（Cricetus）1 种，毛足鼠属（Phodopus）2 种。《中国动物志兽纲第六卷啮齿目（下）仓鼠科》把仓鼠分为 3 属、9 种。即，原仓鼠属 1 种、仓鼠属 6 种、毛足鼠属 2 种。有学者把短尾仓鼠属和大仓鼠属划为仓鼠属的亚属，将甘肃仓鼠归为大仓鼠的亚种（罗泽珣等，2000）。作者认为，大仓鼠属应该保留。该亚科在国内主要分布在长江以北，个别种类分布在长江以南。宁夏有 3 属 6 种。

宁夏仓鼠亚科分属检索表

1. 后足掌有白色密毛，掌垫不显。尾长短与后足长‥‥‥‥‥‥‥‥‥‥‥‥毛足鼠属（*Phodopus*）

　　后足掌裸露，掌垫明显。尾长超过后足长。体型较大‥‥‥‥‥‥‥‥‥‥‥‥‥‥‥‥‥‥2

2. 体形较大，尾长超过体长的 1/2，但远不及体的 2/3。成体头骨具发达的眶上嵴‥‥‥‥‥‥

　　‥‥‥‥‥‥‥‥‥‥‥‥‥‥‥‥‥‥‥‥‥‥‥‥‥‥‥‥‥‥大仓鼠属（*Tscherskia*）

　　体形较小，尾长一般不超过体长的 1/2，但显著超过后足长。头骨眶上嵴不发达，顶间骨正常‥‥‥‥

　　‥‥‥‥‥‥‥‥‥‥‥‥‥‥‥‥‥‥‥‥‥‥‥‥‥‥‥‥‥‥‥‥仓鼠属（*Cricetulus*）

S9. 毛足鼠属（*Phodopus*）

体小（65 ~ 110 mm），头部吻部较短，眼大，耳小，有颊囊。后足短宽，前后足底被以密毛，其肉垫不发达或完全退化。前足第 1 趾具钝甲，其余 4 趾均具爪，后足第 5 趾略短于第 4 趾。尾长不及后足长。毛色多为灰色、灰褐或沙褐色。门齿唇面覆以光滑而坚硬的珐琅质，磨损后始终呈锐利的凿状。M^1 和 M^2 齿尖排成二纵列或形成交错排列的三棱体；臼齿齿突瘤状，排成两纵列，左右齿突不相对或近乎相对。听泡较发达。全世界有 3 种，分布在我国的是小毛足鼠 [*Phodopus roborovskii*（Satunin），1903] 和黑线毛足鼠（*P. sungorus* Pallas，1773）2 种。分布在宁夏的仅有小毛足鼠 1 种。

毛足鼠属种类为典型的荒漠类型。主要栖息于荒漠、半荒漠及干草原的植被稀疏的沙丘地带，或沙丘间的灌丛，干枯的河床沿岸等处，农田中亦有发现。多在夜间活动，傍晚和黎明活动最频繁。穴居。食量小，有贮食习性。杂食性，主要取食植物的根、茎、叶、种子、花卉、谷物、坚果、水果，也吃昆虫（特别是甲虫）和软体动物，也啃食林木树皮。有时动物性食物与植物性食物比例几近相等。不冬眠，冬季也较频繁活动。主要依赖于气味，利用尿液和粪便来识别领地。每年 3 ~ 9 月繁殖，部分最迟可达 10 月，4 ~ 6 月为繁殖盛期，妊娠期 2 ~ 3 周，年产 2 ~ 5 胎，胎产 4 ~ 8 仔。

Z14. 小毛足鼠（Phodopus roborovskii（Satunin），1903）

小毛足鼠别名荒漠毛蹠鼠、毛足鼠、小白鼠、豆鼠、米仓等，属典型的荒漠种类。

【鉴别特征】　小毛足鼠是仓鼠科中体型较小的种类，尾甚短，其长稍长于后足。前后足掌均被白色密毛。体背无黑色条纹（图 2–54）。

● 形态鉴别

测量指标 /mm　体重 10 ~ 33 g。体长 55~100, 耳长 10 ~ 16, 后足长 7~15, 尾长 3 ~ 15。

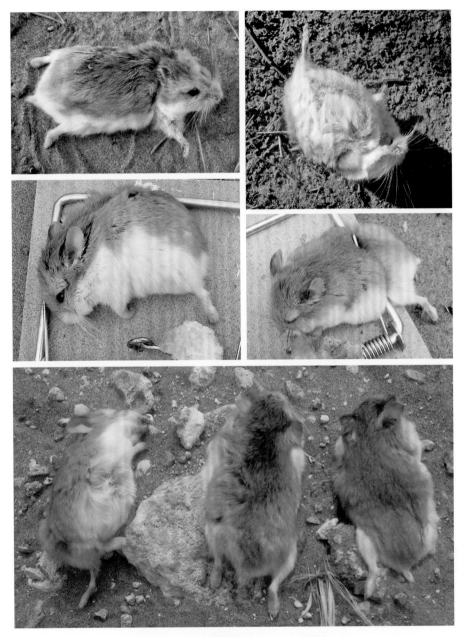

图 2-54　小毛足鼠(*P. roborovskii*)形态

　　形态特征　体型小，眼较大；耳大而长圆，耳长与后足长近相等。四肢短小，一般仅微长于被毛之外。尾甚短，微露于被毛之外，其长不超过后足长。足掌全部被以白色密毛，足垫大部退化。体背淡灰驼色或灰驼色。头背部色较深，体背之臀部颜色较淡，呈浅淡的驼色，至尾上部接近白色。背毛基黑灰色，中段为浅淡的白色，向毛

尖灰驼色渐加深。多数背毛毛端部为浅驼色，少数毛端黄色；杂有稀疏的长于其他体毛的黑色长毛，在臀部较为明显。眼后上方与耳之间具一明显的白色毛斑。白斑之后，耳外侧前方具一块略呈灰色的毛区。耳廓内部被稀疏的白毛，耳背面上方毛黑色，下方黄白色，耳背面基部纯白色。腹面纯白色，在体侧的大部亦为白色。白色腹毛与背毛的灰驼色分界明显。一般较平直，但在前肢和后肢部位的背毛灰驼色向下延伸，使前肢的前后呈明显的白色斑。四肢纯白色，前后足的背面均被白毛。蹠部具白色短的密毛。前足拇指处裸露，掌垫大而明显（图 2-54）。

● 头骨鉴别

测量指标 /mm　颅长 20.8 ~ 25.9，颅基长 18.9 ~ 24.4，鼻骨长 7.2 ~ 9.8，腭长 8.4 ~ 9.9，颧宽 11.1 ~ 14.1，眶间宽 3.3 ~ 4.3，后头宽 8.5 ~ 10.9，齿隙长 5.0 ~ 6.8，听泡长 3.7 ~ 5.0，听泡宽 2.2 ~ 3.4，上齿列长 3.1 ~ 3.9，下齿列长 2.6 ~ 3.9。

头骨特征　头骨较狭长，背面稍隆起，最高处在顶骨前部，而不同于黑线毛足鼠最高处在额骨部位，因而使头骨上缘显低平。吻部尖，较黑线毛足鼠短。鼻骨前端略向上平伸。鼻骨近长方形，而后端略窄。额骨平宽，额骨前部的眶上嵴较明显。顶骨稍隆起。顶间骨发达，呈三角形。枕骨向后突出。颧弓不特别外张，略宽于脑颅，平行向下后方延伸。门齿孔较短小。腭孔较宽，其后缘不达 M^1 水平线。听泡小而低平，其前内角向前生成小管状，达翼骨突起的后方。听泡间距离大于翼骨间距离。齿骨的冠状突，角突较黑线毛足鼠不明显。头骨吻部较短，脑颅圆鼓。听泡低而小，其前端呈长管状。上颌骨颧弓突起略陡直向外伸张；颧弓之最大宽度位于上颌骨颧弓突起与颧骨的结合部。上门齿较细小，两门齿基部靠近成一直缝。M^1 有 3 对间距基本相等的齿突。M^2 具 2 对齿突，M^3 较小，有 2 对齿突，第 2 对齿突小，且相互靠近。

【亚种及分布】　小毛足鼠主要分布在我国，见于吉林、辽宁、山西、陕西、甘肃、内蒙古、宁夏、青海和新疆等地；蒙古也有分布。没有亚种分化。宁夏境内，小毛足鼠分布于中卫市、同心县、海原县及其以北地区，主要栖息于荒漠、半荒漠和植被稀疏的沙丘边缘，也就是说，小毛足鼠主要分布在宁中北部半荒漠平原危害大区和宁西北部贺兰山与荒漠危害大区，其中以宁中北部半荒漠平原危害大区的宁中缓坡丘陵半荒漠危害区数量较高（图 2-55）。

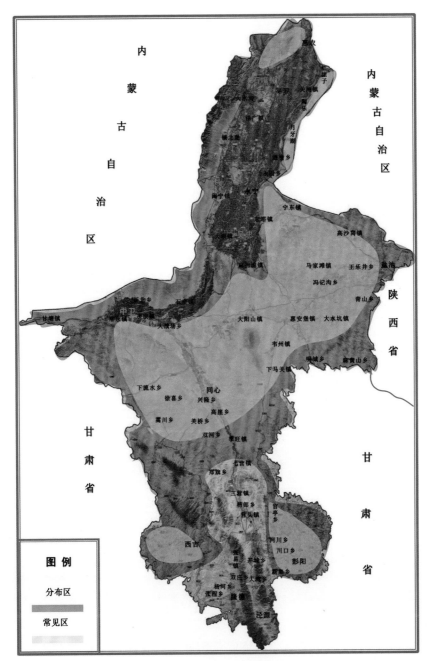

图 2-55　宁夏小毛足鼠分布

【发生规律】　小毛足鼠分布于沙质荒漠和半荒漠地带。在新疆，栖息地可从塔里木荒漠平原上升至海拔 3 000～3 200 m 的昆仑山山地河滩河谷中小片风积砂地。在北疆北部主要栖息在荒模平原或山前半荒漠中植被稀疏的沙丘边缘或丘间灌丛中。此外，在石砾半荒漠中也有发现。栖息密度不高，夹日法捕获率 1 %～2 %。

● 洞穴　小毛足鼠主要栖息在植被稀疏的沙丘灌丛中及农田旁的土坡处。在新疆，小毛足鼠通常在富含沙质的土墩上挖洞，洞道不深，一般不超过 90 cm。洞口圆形，直径一般约 4 cm，洞口敞开，周围无松土。整个洞系仅有 1 个洞口，1 个巢室，但有 2、3 个粮仓。巢室内被 1 个球形而侧面开口的窝所占据，直径约 8 cm，用植物细茎构成，内有棉絮、马鬃及羊毛等，窝底常垫有较多的枯枝。在内蒙古浑善达克沙地，小毛足鼠的洞口一般在沙丘的中上部位，其中以阳坡居多，阴坡少见。小毛足鼠的洞口呈扁圆，水平方向略长，直径 2.5～3.0 cm，竖直方向直径 2.2～2.5 cm，通常分布在植被根丛下。小毛足鼠的洞道相对简单，迂回曲折，但很少有分支。仓库多食与巢室相连（图 2-56）。

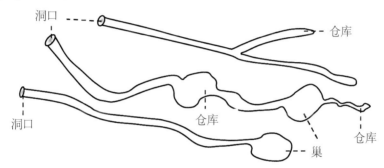

图 2-56　小毛足鼠洞穴结构示意（仿 German. svg，1929）

● 食性　在新疆，小毛足鼠主要以植物种子为食，也食昆虫等小型动物。所食植物种子有糜子、小麦、青稞、谷、粟、荞麦、蓖麻、豆、瓜、柠条和沙蒿籽。洞内常发现有食剩的鞘翅目和双翅目昆虫的残骸。有贮粮习性，总是将所发现的谷粒尽量贮入颊囊内带回洞中。

在内蒙古浑善达克，小毛足鼠具有一定的攀缘技能，能够爬上植株采集植物种子，并主要以植物种子为食，食物中虫类食物所占的比例为 10 %～20 %。小毛足鼠在受到惊吓时会吐出一些颊囊中的食物。由于冬季环境条件和食物条件恶劣，小毛足鼠在秋季开始贮存食物，其颊囊最多携带 100 多颗植物种子回巢。

● 活动　小毛足鼠性情温顺、行动敏捷、善于奔跑。多夜间活动，但傍晚和黎明时活动最为频繁。活动范围较小，距洞口一般不超过 50 m。从傍晚开始出洞觅食，至黎明前归洞。在内蒙古浑善达克质地疏松的沙丘，小毛足鼠的爬行活动可在地表留下清晰的足迹或拖痕，足迹或拖痕可以延伸很长的距离。不冬眠，冬季也较频繁活动，在−20 ℃严寒低温下的冬季早晨，雪地上仍可见其足迹。

● 繁殖 在陕西榆林，每年 2 月底、3 月初开始繁殖。繁殖盛期从初夏到初秋，此时，可捕到较多的孕鼠和幼鼠。每胎 3 ~ 6 仔，尤以 4 仔居多。孕期 20 ~ 32 d。幼鼠当年可参与繁殖。在内蒙古浑善达克，小毛足鼠繁殖期为 4 ~ 10 月，胎产 3 ~ 10 仔。初生仔鼠全身裸露，无被毛，通体肉红色，眼无视觉功能，有短距离的爬行能力，能发出短促的"吱–吱"的叫声。在宁夏中卫市，2016 年 9 月 30 日捕捉到的一只怀孕小毛足鼠，怀胎 5 只。

● 族群关系 小毛足鼠的亲子两代亲和力较强，当幼鼠断奶并能独立取食之后，雌鼠常会带领所有的幼鼠一块出窝搜寻食物，传授生存技能。因此，在沙地设置陷阱捕鼠的时候，通常在不到 20 m² 的范围内，能够同时捕到 1 只母鼠和 5、6 只体形大小相当的仔鼠。

● 种群动态 小毛足鼠种群数量在不同地区和年份差别较大。种群数量高峰出现于夏秋两季。据中国辽宁省调查，小毛足鼠占捕鼠总量的 61.53 %，捕获率为 8.08 %；新疆资料显示，夹日法捕获率仅 1 % ~ 2 %；内蒙古巴彦淖尔盟的调查，百夹日捕获率为 0.77 %。2016 年 9 月在宁夏中卫、平罗、盐池调查，夹日法捕获率分别为 5.68 %、3.21 %和 1.59 %，仅次于当地五趾跳鼠和三趾跳鼠的捕获率。2018 年 7 月 30 日，在宁夏灵武市白芨滩沙漠公园小毛足鼠和子午沙鼠的百夹捕获率均为 15.0 %，三趾跳鼠的为 9.0 %，小毛足鼠的捕获量占总捕获量的 38.5 %；14 ~ 15 日在盐池王乐井乡狼子沟项目区捕获率 1.5 %，远小于达乌尔黄鼠的 10.5 %，但大于子午沙鼠和五趾跳鼠的 1.0 %与 0.5 %。2018 年 7 月 11 日在白芨滩沙漠公园，小毛足鼠百夹捕获率为 15.5 %，而其他鼠的捕获率共计为 3.5 %，小毛足鼠是当时沙地地面鼠的绝对优势种。

S10. 大仓鼠属（*Tscherskia*）

大仓鼠属是单种属，仅大仓鼠一种。

Z15. 大仓鼠（*Tscherskia triton* De Winton, 1899）

大仓鼠别名搬仓、搬仓鼠、灰仓鼠、大腮鼠、田鼠、齐氏鼠、棉榔头等。大仓鼠是仓鼠亚科体型最大的种类，也是我国北方主要的农田害鼠和主要的种食害鼠。

【鉴别特征】 大仓鼠体型大，形似褐家鼠的幼鼠，但尾较短，其长度不超过体长的一半。有颊囊（图 2-57）。

● 形态特征 为仓鼠属中体形最大的 1 种，成体长 140 ~ 200 mm。耳短、圆形，有极窄的白色边缘。乳头 4 对。冬毛背面呈深灰色。体侧较浅，背部中央无黑色纵纹。腹部与四肢内侧均为白色。其中，下颏、前肢内侧和胸部中央为纯白色，其他部分的毛毛基灰色。耳的内外侧均被以很短的棕褐色毛。尾的背腹面均为暗色，尾尖白色。足背也为纯白色。夏毛稍暗，但沙黄色较明显；幼体近纯黑灰色（罗泽珣等，2000；韩崇选等，2005；图 2-57）。

图 2-57　大仓鼠(*T. triton*)形态

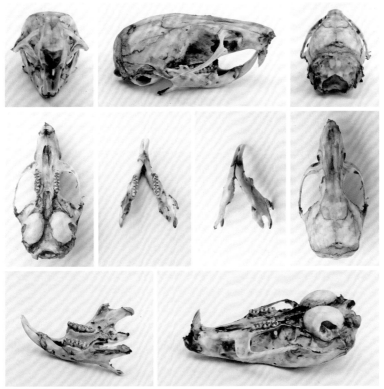

图 2-58　大仓鼠头骨

● 头骨特征　头骨粗大，有明显的棱角。鼻骨狭长，前 1/3 处略膨大。眶间区较宽，眶上嵴明显（幼体例外），并向后延伸，经顶间骨的边缘与人字嵴相接。顶间骨甚大，几乎成方形。幼体人字嵴不明显。前颌骨两侧有上门齿齿根所形成的突起，从外侧可以清楚地看到门齿齿根伸至前颌骨与上颌骨的接缝处。上颌骨颧突下支形成较宽的板。颧骨甚细弱。门齿孔狭长，其末端不达于 M^1 前缘。听泡隆起，其内角与翼骨突相接。听泡间的距离与翼骨间宽度相等。上下颌牙齿的结构与黑线仓鼠的牙齿相似，但 M^3 的咀嚼面仅有 3 个齿突，其后方外侧的齿突极不明显。M_3 的齿突虽然有 4 个，但内侧的一个极小（罗泽珣等，2000；韩崇选等，2005；图 2-58）。

【亚种及分布】　大仓鼠主要分布在我国的海河平原、黄河平原、华北平原及黄土高原，见于东北、内蒙古、河北、山西、陕西、甘肃、宁夏、山东、河南、安徽、江苏、浙江。其分布区已从北方扩展至长江以南。国外分布分布于俄罗斯乌苏里、蒙古和朝鲜等地。种及其种下分类争议较大，报道的有 11 个亚种。其中，指名亚种（*T. t. triton* De Winto，1899）在国内分布于安徽、河南、山东、江苏、山西南部、河北南部等地，模式产地在山东北部。甘肃亚种（*T. t. canus* G. Allen，1928）分布于甘肃和宁夏，模式产地在甘肃卓尼。也有学者将其定名为甘肃大仓鼠（*Tscherskia canus*（G. Allen 1928））。宁陕亚种（*T. t. ningshaanensis* Song，1985＝*T. t. nestor* Song，1985）分布于陕西秦岭南坡，模式产地在陕西宁陕商南。太白亚种（*T. t. collinus* G. Allen，1925）也称秦岭亚种。分布于陕西南部、河南西北部、山西南部等地，模式产地在陕西太白山。东北亚种（*T. t. fuscipes* G. Allen，1925）分布于内蒙古东部、黑龙江、辽宁、河北北部、吉林等地，模式产地在北京。山西亚种（*T. t. incanus* Thomas，1908）分布于陕西北部、山西北部，模式产地在山西岢岚。另外，还有乌苏里亚种（*T. t. albipes* Ognev，1914）、内蒙古亚种（*T. t. arenosus* Mori，1939）、韩国亚种（*T. t. bampensis* Kishida，1929）、华中亚种（*T. t. meihsienensis* Ho，1935）和东北亚亚种（*T. t. nestor* Thomas，1907）。宁夏境内，大仓鼠分布在泾源县、隆德县、原州区、彭阳县、海原县、同心县、西吉县、银川市、灵武市等地的山地草原、森林草原和农田（图 2-59）。年间数量变动较大，许多年份是泾源海拔 1800m 左右林区和农田的优势种。

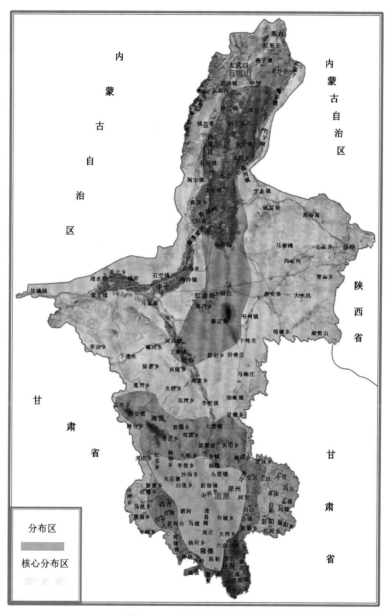

图 2-59 宁夏大仓鼠分布

【发生规律】 大仓鼠喜居在干旱地区，如土壤疏松的耕地、离水较远和高于水源的农田、菜园、山坡、荒地等处，也有少数栖居在住宅和仓房内（张雨奇，1987）。

● 洞穴 大仓鼠洞穴多建在与农田毗邻的非耕作区。非耕作区洞系所占比例，平原区为 46.05 % ~ 63.85 %，丘陵区约为 87.75 %。从平原到丘陵，随着农田周围环境复杂化及非耕作区面积的增大，大仓鼠营穴比例也相应增大。在相同土质条件下，大仓鼠喜在花生地营穴，洞系密度约为 25.06 个/hm²。其次为大豆地、红薯地，洞系密度约为 14.80 个/hm² 和 7.5 个/hm²。在相同作物条件下，不同土质的洞系密度也不相同。黏土约为 23.09 个/hm²，沙土约为 17.74 个/hm²，两合土约为 15.87 个/hm²。

除繁殖交配期外，大仓鼠雌雄独居，雌、雄洞穴相距不远，但在哺乳期幼鼠和雌鼠同居一穴。通常雌鼠洞穴比雄鼠的复杂，老龄鼠洞穴比幼鼠的复杂，繁殖期洞穴比非繁殖期的复杂，永久洞穴比临时的复杂，冬季洞穴比夏季的复杂（图 2-60）。一个洞穴通常有明洞口（出入洞口）2~4 个。明洞口圆形，直径 4~6 cm，个别的达 8~10 cm。洞壁光滑，垂直向下达 20~140 cm，然后向两侧耕作层与非耕作层之间开凿隧道。明洞口一般建筑在稍高向阳处，无任何遮盖物。另外常有 1~3 个暗洞口（出土洞口），常倾斜于地面。暗洞口一般建在不显目的地方，洞口上方用浮土堵塞而形成较明显的圆形土丘，高于地表，临危打开。土丘直径 18~25 cm，高 10~15 cm。洞口有野草等物遮盖。大仓鼠多在暗洞口浮土下捕获，有时从此处逃跑。洞道与地表平行，位于耕作层与非耕作层之间（36~70 cm）。洞道纵横交错，互相串联，总长在212~1 496 cm 之间，洞道直径小于洞口直径。洞道分支 2~7 个，盲洞 1~2 个。雌鼠洞道长而弯曲，分支也较多，总长达 751.6 cm；雄鼠洞道比雌鼠洞道简单，长约382 cm。冬季，洞道深度增加，可达 120 cm（沈兆昌等，1988）。

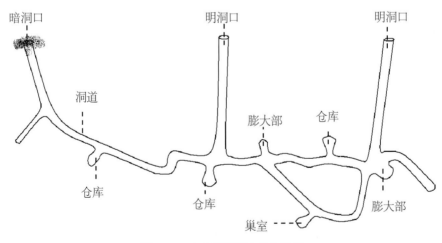

图 2-60 大仓鼠的洞穴结构示意

巢室一般设在整个洞系的中央，距地面 75~147 cm，比主洞道高出 2~3 cm，此结构特点有利于排水以保持巢室干燥。一般每洞系具巢室 1~3 个，但只有一个是正常的，其余的往往是由于建材潮湿腐烂、发霉的弃巢。巢室多分为内外两层，外层接触土壤，建材粗糙，多为谷子、黍子、水稻、芦苇、小麦、杨树及柳树等叶组成；内层较精细，建材有芦苇花、莎草、茅草、狗尾草及破布、烂棉、鸟羽、马尾、纸屑等，内垫物有干玉米叶、棉花、杂草、地膜片等。一般地，雄巢大于雌巢。雄巢为碗状，高 8~10 cm、深 5~7 cm，内径 8~10 cm、外径 14~17 cm，重量为 137~248 g。建材较粗糙，构造疏散。雌巢为盘状，高 5~27 cm、深 3~5 cm，内径 6~9 cm、外径 12~15 cm，重量为 98~214 g。建材细致，构造密集。在巢内发现有蝇类、虱子、甲虫、苍耳籽、粪便等。

每洞系在巢室附近设有仓库 1~3 个，多者达 5 个。仓库均有盲支，大小不一，长、宽、高约为 12 cm×8 cm×10 cm，离地面 40~85 cm，高于主洞道。仓库内多有贮物，种类因季节而异。贮物重 10~800 g，多者达 800~1200 g。每洞穴一般有厕所 1~2处，多在巢的附近，大小约为 5 cm×12 cm。有的洞穴没有明显的厕所，就在巢旁排泄。

膨大部设置在洞道分支处，尚未发现任何物质。此处有明显的爪印，可能是其行动时作短暂停息或转身定向的地方。

● 食性　大仓鼠喜食作物种子，尤喜食高蛋白质、高脂肪的食物，如黄豆、黑豆、花生等，也食红薯、玉米、棉籽、苍耳籽、柏树籽、楝树籽、莎草根等。此外，还捕食小型鼠类、昆虫、蝼蛄等动物性食物。其食物中粮食种子约占 60 %。根、茎、叶、花、果实约占 15 %，动物约占 25 %。从春季至冬季，食物中作物种子所占比例逐渐上升。大仓鼠的食物取决于环境中的食物种类和丰富度。如坟地中，动物及草籽、树籽、根茎均多于农作物地，梨园中，梨籽的比例高于其他样地。孕鼠和哺乳期的鼠，动物性食物较多。

大仓鼠善于贮粮越冬，在 1 洞穴内一般贮粮 250~7 000 g，平均 3 400 g，甚至更多。贮粮种类有黄豆、花生、高粱、谷子、黍子、稻子、黑豆、小豆等。在菜园附近还有韭菜籽、菠菜籽、向日葵等。此外，还发现有白薯块、红枣核、苍耳籽等。贮存的粮食质量极高，几乎粒粒饱满。贮粮时，多以高粱、黍子存放一仓，谷子与稻谷存放一仓。同一仓内，最多存放 3 种食物，未发现将多种食物存放一仓或一仓内只存放一种食物的现象（王葆森，1983；韩崇选等，2000）。

大仓鼠每次可携带粮食 4~5 g，一小时内可盗运粮食 40 g 左右。作物充分成熟后，在短时期内盗运的粮食基本可满足其越冬需要。大仓鼠食量与体重成正比，每只成体食量为 10~15 g/d，约占其体重的 1/5。在一定范围内，食量随温度升高而增加。15~33 ℃时，大仓鼠活动频繁，食量增加。当温度升高至 33 ℃以上或降至 11 ℃以下时，活动次数减少，多睡眠，日食量减少至 5 g 以下。以此推算，一只大仓鼠年食量约为 5 000 g。

● 活动规律　大仓鼠白天多蜷缩于巢内,夜间外出,活动集中在 18:00~8:00。作物成熟期活动更加频繁,甚至白天也外出搬运粮食。一般有固定的来回跑道。不同季节,日活动高峰均在 20:00~24:00,出洞率达 77.27%~100%。由于气候和食物影响,在入春至秋末活动频繁,盛夏和严冬活动减少。在冬季,除极端恶劣天气外,大仓鼠每天夜晚都外出觅食,常把一些草籽搬运存放在洞道中。一般无冬眠现象。其活动也与气温有关。15~33℃时,行动迅速,活动频繁。当温度增加至 33℃以上或降至 11℃以下时,活动次数明显减少。

大仓鼠性凶猛好斗、营独居生活,属于夜间活动类型。一般是 18 点到 24 点活动最多,次晨 4:00~6:00 活动停止。春天气温平均 10~15℃开始出来活动,在 20~25℃时活动频繁。冬天出洞较少,只在洞口附近活动。低于 10℃或高于 30℃,它的活动就要受影响。秋天为了贮存过冬食物,用颊囊搬运种子,活动频繁,没有冬眠习惯。阴雨天活动减少。活动范围多在 25~44 m,有时可达 500~1 000 m。个别的进入人的住宅中(张雨奇,1987)。

● 繁殖规律　繁殖期开始于 2 月下旬~4 月上旬,一般在 10 月中旬终止,历时约 8 个月。一年有 2 个繁殖高峰,分别在 4 月中、下旬和 7~8 月份。怀孕率第 1 高峰在 4 月份,达 53.4%;第 2 个高峰在 8 月份,怀孕率达 62.5%。越冬雌鼠通常为 3~4 胎/a,当年鼠一般为 1~2 胎/a;胎仔数多为 8~11 只/胎,平均 10 只/胎,最少 5 只/胎,最多 13 只/胎。母鼠在哺乳期有堵塞洞口现象(韩崇选等,2000)。

大仓鼠具有较高的繁殖潜能,成年越冬鼠更高。通常平均胎仔数、频次分布年变动趋势与种群数量呈负相关。妊娠率年变动趋势与种群数量的年变动动态也呈负关,即密度愈高,妊娠率愈低。季节变动表现在秋季繁殖强度明显高于春季,7 月份为妊娠率低潮,8 月份的妊娠率高峰成为秋季数量高峰决定因素之一。不同年龄组间妊娠率差异明显,尤其以亚成年组与成年组差异为甚。不同土壤类型间无明显差异。

大仓鼠胚胎发育期为 21~28 d,胚胎存活率较低。其产前死亡率随种群密度增加而增加,并有明显季节变动特征。幼鼠死亡率极高,多为自残所致。幼鼠经过 68 d 体重为 67 g 左右,即达到性成熟,雌鼠性成熟略早于雄鼠。在高密度年份,种群密度与性成熟呈抑制关系。性成熟具有季节性差异,即秋季群性成熟远比春季群迅速。

雄鼠性成熟时,睾丸下降至阴囊内,贮精囊膨大。单个睾丸 0.5 g 以下为未发育期,1.5 g 以上为性成熟期。雌性性成熟,但不到排卵发情期不允许雄性与之交配。7 月份以后出生的幼鼠,当年达不到性成熟。大仓鼠生态寿命约为 1 a。

● 种群动态　一般在大仓鼠繁殖盛期之后 24~25 d 出现群体数量高峰。春季由于库存食物的消耗，大仓鼠开始觅食活动；而秋季由于食物丰富而进行盗粮贮粮活动。冬季天气寒冷，气候条件恶劣，大仓鼠很少活动；而夏季气候炎热，降雨频繁，致使大仓鼠密度降低。春季和秋季天气温暖，少雨干燥，大仓鼠活动增加。我国北方多数地区1年内有2次较大规模的农事活动，即夏收秋播（6~7月份）和秋收麦播（10月份）。2次农事活动，破坏了大仓鼠的栖息场所，断绝了饵料来源，从而造成夏收及秋收后大仓鼠种群数量的减少。

图 2-61 大仓鼠危害的玉米
（2019 年 9 月 6 日于泾源县冶家村）

【危害特征】 大仓鼠是农林主要害鼠之一。在农田害鼠中，大仓鼠所占比例小麦地为 16.8 %，玉米地为 23.4 %，蔬菜地为 4.7 %，花生地为 33.3 %，大豆地为 37.1 %，水库堤坝为 7.7 %，其他生境约为 33.3 %。在作物苗期危害茎叶，花期吃花，尤以花生受害最重。7月中、下旬花生刚结果即开始盗食。棉花幼桃时期受害严重，幼桃中未成熟种子甜嫩多汁，常被咬食。成熟期大量盗运小麦、谷子、大豆等，收割后取食散落于地上的种子。在宁夏泾源县，秋季 8~9 月份，大仓鼠与社鼠、安氏白腹鼠、北社鼠、褐家鼠等同时发生，野外捕获量占总捕获量的 26.0%~85.8%，是当地的优势种，大量啃食玉米棒，危害率高达 48.0%~89.5%（图 2-61）。由于大仓鼠的危害，常造成农作物严重减产，甚至颗粒无收。在林地，盗食飞播和直播造林种子。它能传播鼠疫、流行性出血热、钩端螺旋体病、蜱性斑疹伤寒、蜱传回归热等传染病，危害人类健康（韩崇选等，2000）。

S11. 仓鼠属（*Cricetulus*）

仓鼠属种类体形较小。后足掌裸露，掌垫明显。尾长一般不超过体长的 1/2，但明显过后足长。体侧前部无白斑。头骨眶上嵴不发达，顶间骨正常。记载的有 5 种，在我国均有分布，宁夏分布有 4 种（罗泽珣等，2000；韩崇选等，2005）。

宁夏仓鼠属种检索表

1. 尾长接近或略超后足长。头骨顶间骨狭缩，宽为长的 4~5 倍，胸有 1 灰褐或黄褐色斑，体背面暗灰色或赤褐色······短尾仓鼠（*Cricetulus eversmanni*）（斑短尾仓鼠）
   尾长显著超过后足长。顶间骨正常······2
2. 背部具隐约或极显的黑色纵纹······黑线仓鼠（*Cricetulus barabensis*）
   背部无黑色纵纹尾较细而短，体侧背腹毛色交界平直······3
3. 喉、胸、腹毛基白色或仅腹部毛基灰色，毛尖灰色······灰仓鼠（*Cricetulus migratorius*）
   喉、胸、腹毛基深灰色，毛尖灰色······长尾仓鼠（*Cricetulus longicandatus*）

Z16. 黑线仓鼠（*Cricetulus barabensis*（Pallas），1773）

黑线仓鼠别名背纹仓鼠、花背仓鼠、搬仓、腮鼠、中华仓鼠等。

【鉴别特征】 体小型，外形肥胖，尾甚短，吻钝，耳圆，有颊囊。背中央有一条黑褐色纵纹（图 2-62）。

● 形态鉴别

测量特征 /mm 体重12~49 g。体长75~127，耳长12~20，后足长12~19，尾长18~38。

形态特征 毛色因地区不同而具有很大的差异。冬毛背面从吻端至尾基部以及颊部、体侧与大腿的外侧均为黄褐色、红棕色或灰黄色。背部中央从头顶至尾基部有一条暗色条纹（有时不明显）。耳内外侧被有棕黑 133 色短毛，且有一很窄的白边。身体腹面、吻侧、前后肢下部与足掌背部的毛均为白色。故体背与腹部之间的毛色具有明显的区别。尾的背面黄褐色，腹面白色（陈万权，2012；图 2-62）。

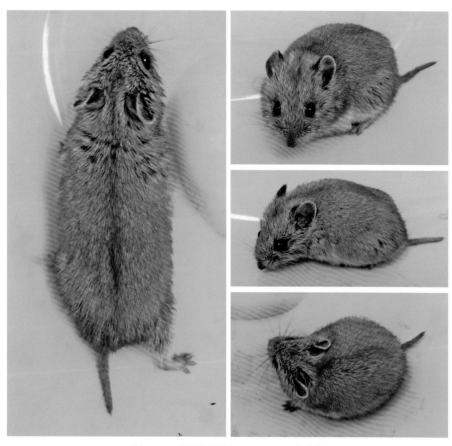

图 2-62　黑线仓鼠（*C. barabensis*）形态

● 头骨鉴别

测量特征 /mm　颅长 23.8 ~ 28.0，腭长 10.0 ~ 12.0，颧宽 12.3 ~ 15.0，后头宽 8.2 ~ 10.3，眶间宽 3.6 ~ 5.0，齿隙长 6.5 ~ 8.5，听泡长 4.7 ~ 5.8，上颊齿列长 3.2 ~ 3.8。

头骨特征　头骨轮廓较平直，脑颅圆形；颅顶弯拱，顶骨前部最高。颧骨纤细，颧弓不甚外凸，前缘几近垂直，左右颧弓几乎平直。鼻骨窄，前端略膨大，后部较凹，与颌骨的鼻突间形成一条不深的凹陷。无明显的眶上嵴。顶间骨宽而短，宽为长的 3 倍。顶骨前外角前伸于额骨后部的两侧，形成一个明显的尖形突起。听泡隆起。上颌骨在眶下孔前方有一个方形小突起。门齿孔狭长，末端达 M^1 的前缘。左右上颊齿列向前略为分歧。腭骨后缘呈弧形，中间无小尖突。上门齿细长。上臼齿列长远短于齿隙长。M^1 齿大，M^2 和 M^3 依次渐小。M^1 有 3 对齿突，M^2 有 2 对齿突；M^3 有 4 个齿突，排列不甚规则，而且后方 2 个极小。下颌齿隙长与臼齿齿列长几乎相等，但短于上颌齿隙（高共等，2012；韩崇选等，2000；图 2-63）。

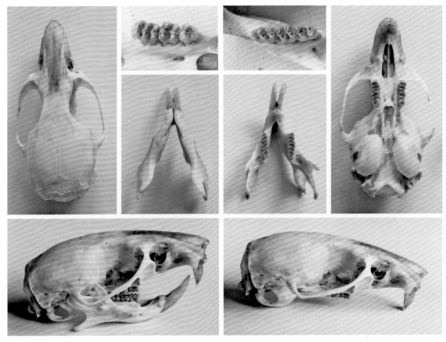

图 2-63　黑线仓鼠（*C. barabensis*）头骨

【亚种及分布】　黑线仓鼠在我国北方分布极为广泛，在甘肃、宁夏、陕西、内蒙古、河北、山东、河南、江苏、安徽、辽宁、吉林和黑龙江等省区都有分布。国外见于俄罗斯西伯利亚南部、朝鲜北部、蒙古等。记载有 10 个亚种。其中，指名亚种（*C. b. barabensis*（Pallas），1773）、俄罗斯亚种（*C. b. ferrugineus* Argyropulo，1941）和图瓦亚种（*C. b. tuvinicusis* Iskhakova，1974）在我国没有发布报道。兴安岭亚种（*C. b. xinganensis* Wang，1980）也叫阿穆尔州亚种。分布于黑龙江，模式产地黑龙江莫力达瓦。萨拉齐亚种（*C. b. obscurus* Milne-Edwards，1867）国内分布在内蒙古，山西，陕西，宁夏，甘肃等地，模式产地内蒙古萨拉齐。东北亚种（*C. b. fumatus* Thomas，1909）也叫长春亚种。国内分布在黑龙江东部和吉林东部，模式产于吉林长春。宣化亚种（*C. b. griseus* Milne-Edwards，1867）也叫华北亚种。分布于安徽、河南、河北、山东、山西、江苏、辽宁等地，模式产地在河北宣化。三江平原亚种（*C. b. manchuricus* Mori，1930）也叫满洲里亚种。分布于黑龙江三江平原地，模式产地哈尔滨。阿尔泰山脉亚种（*C. b. furunculus* Pallas，1779）分布于吉林，模式产地俄罗斯的阿穆尔地区。布里亚特亚种（*C. b. pseudogriseus* Orlov & Iskhakova，1975）国内分布于内蒙古和黑龙江，国外分布俄罗斯西伯利亚南部、蒙古东部和中部。在宁夏境内，黑线仓鼠是一个广布种，核心分布区在六盘山及其周围，盐池中北部、银川滨河新区以及平罗县陶乐镇数量也相对较多。主要栖息于黄河滩涂草地、荒漠草原、农田、草甸、林缘等（图2-64）。

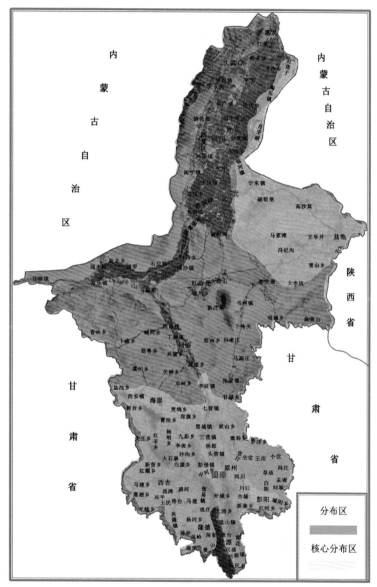

图2-64　宁夏黑线仓鼠分布

【发生规律】　黑线仓鼠主要栖息在野外，栖息环境极为广泛，包括草原、半荒漠、农田、山坡及河谷的林缘、灌丛。但在高山岩石带、沙地和砾石多的田埂则找不到它们的踪迹。在半荒漠地区，通常栖息于有较高蒿草的地方或水塘附近。在草原地区，则以有锦鸡儿（*Caragand* spp.）、蒿（*Artemisia* spp.）的地段为最多。在农区，多集中于田埂、土坡或农田中的坟堆上，以及人工次生林等地。林缘与灌丛中也有分布，但在大面积森林内尚未发现。在居民点，有时也可进入房舍。

● 洞穴　多建在在沟渠，路旁，田埂，井台，土坡，坟堆等地势较高的干燥环境。每个洞系有 2 ~ 3 个洞口，洞口直径多为 2.5 ~ 3.0 cm，洞口光而圆，洞口无盗出的粪土。洞口入洞后垂直向下 10 ~ 15 cm，然后斜行向下。洞道全长 2 ~ 3 m。洞内有 1 ~ 2 个仓库，还有窝室。仓库内存粮多为 0.5 ~ 1.0 kg。窝室为碗状，直径多在 10 cm × 10 cm，窝室距地面深多在 0.5 ~ 1.0 m。赵肯堂等（1979）报道的内蒙古黑线仓鼠窝室最深可达距地面 2.5 m 左右，这可能与气温有关（陈万权，2012；图 2-65）。

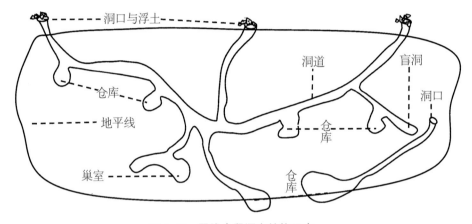

图 2-65　黑线仓鼠洞穴结构示意

　　临时洞或贮粮洞　其洞穴结构简单，通常仅有一个 40 ~ 47 cm 的洞道，末端有一个直径 8 ~ 20 cm 的膨大部，很少有分支。洞口 1 个，直径 3 ~ 4.7 cm。这类洞道无鼠居住，也无巢室，仅供临时贮存食物或筑巢材料之用。曾在一个洞中挖出大豆、绿豆、高粱等约 250 g。

　　居住洞　其结构较临时洞复杂，是鼠类春秋季居住、产仔和育幼的场所，通常有洞口 1 ~ 3 个，其直径 2.5 ~ 4.5 cm。若鼠在洞中停留，常以松土堵洞口，敞开洞口者均为废弃洞或无鼠洞。洞道直径 4 ~ 6 cm，深入地下一小段后即与地面平行。有较多的分支和膨大部。巢室（6 ~ 8）cm ×（9 ~ 13）cm，距地面 30 ~ 40 cm，有时可深达 100 cm 左右。巢材由柔软的干草和羽毛组成。

　　长居洞或越冬洞　是结构最复杂的一类洞道，可能是在前一种洞的基础上扩大而成。终年有鼠居住。洞穴由洞口、洞道、仓库、巢室、膨大部和盲道等几部分组成。每个洞系通常有 2 个洞口，但也有 3 ~ 4 个的。洞口直径 2 ~ 3 cm，洞口附近无土丘，洞道自洞口处垂直下降 20 cm 左右，达于一膨大部，在此膨大部有洞道与巢室和仓库相连。洞道较长，约在200 cm以上。洞道的分支和膨大部更多。越冬巢室较深，距地面70 cm以上。

此外，黑线仓鼠还利用其他鼠（如黄鼠）的废弃洞。

● 巢域　该鼠住、食、便处从不混用，具有按食物种类分藏的习性，一般一个洞穴内只有1只成体鼠，幼鼠和亚成体鼠与母鼠分居，在距母巢35~100 m处建筑洞穴。母鼠与幼鼠在同一领域内呈圆形分布，在其领域内几乎没有其他鼠类建筑洞穴，但允许在其范围内绕行活动。雌雄比1:3.7。在呼和浩特地区，黑线仓鼠雌、雄性的巢区面积分别为2720.6 ± 576.0 m² 和 7684.1 ± 1736.6 m²，活动距离分别为95.5 ± 14.4 m 和 135.9 ± 12.4 m。黑线仓鼠巢区面积和活动距离季节变化不明显，雄鼠巢区6~9月全部重叠，雌鼠巢区只有9月份不重叠，雌、雄性巢区彼此重叠（董维惠等，1989）。

● 活动规律　黑线仓鼠以夜间活动为主，白天隐藏于洞穴内，黎明前、黄昏后活动频繁。秋季活动频繁，但范围小，一般在距洞穴20~50 m之内；冬季和初春活动减少、范围大，活动距离一般不超过200 m，巢区范围多在1.5 hm²以内，最大不超过5.0 hm²。雌鼠的活动范围小于雄鼠（陈万权，2012）。不同季节有两个相近的日活动高峰，分别在20:00~22:00和4:00~6:00。冬季活动较少，以贮粮过冬。夏、秋季节在遇阴雨来临之前，黑线仓鼠提前出洞觅食，捕获率比正常高。

● 取食特性　食性杂。主要以植物种子为主，包括各种作物种子和草籽。农作物中有豌豆、小麦、大麦、花生、高粱等，同时，也吃少量的昆虫和植物的绿色部分，以及根、茎等。解剖32只黑线仓鼠颊囊，主要是黄豆、绿豆、小麦、花生及草籽、甲虫，以农作物种子为主，出现频率占100%，而草籽出现频率为15.6%，甲虫类出现频率仅占3.1%。而董谦等（1966）报道，旅大地区黑线仓鼠颊囊中草籽出现频率占65.35%，农作物种子仅占25.99%。而王岐山（1962）解剖11只合肥地区的鼠胃；其中有山芋、面粉、豆饼、麦粒、菜籽、糠粒等，说明有部分个体在冬季迁入住宅，以人的食物为食，并有喜食油料作物的倾向（王岐山等，1990）。

● 繁殖特性　黑线仓鼠繁殖力极强，3~4月和8~9月为两个繁殖高峰期，冬季不繁殖，年繁殖3~5胎，每胎平均4~9仔，但以6仔居多。孕期平均为21.2（19~24）d。黑线仓鼠繁殖选择温度的为26.65 ± 0.64 ℃（李瑶等，1988），在19 ℃的温度下繁殖较为适宜（杨玉平等，2002）。

交配行为　雌鼠的发情持续时间为6~8 h，在此期间雌鼠可连续或间断与数只雄鼠交配。为追逐式交配。交配时，雄鼠很难使雌鼠就范（有少数雌鼠稍微容易就范），雌鼠在前面跑，雄鼠在后面追，在雄鼠求爱一段时间后，雌鼠才不时弓背，有接受求

爱的表示，且对雄鼠的追逐、嗅舔不予反抗。此时雄鼠迅速扒在雌鼠背上，用两前肢抱住雌鼠的腰窝，两后肢着地支持，抬起两前肢，并直起身，向前插入，并前冲几次（交配动作为大多数哺乳动物所具有的爬跨式）。这时还需雌鼠配合，如雌鼠拱背翘尾，并抬起两后肢，只用两前肢着地，才能完成交媾。交媾为闪电式的，交配动作只持续1~2 s，然后两者分开。但不是只插入一次即罢休，雄鼠还要继续追逐雌鼠，再间断插入3~4次，甚至十几次。一般交配一回持续时间约15 min，直至雄鼠因交配疲劳时才罢休。射精时，雄鼠翻滚侧卧，连带雌鼠也呈此姿势。雄性外生殖器在雌体内停留时间较长，可持续3~5 s。发情期间比较活跃，当其兴奋时，可发出像鸟一样的鸣叫声。当雄鼠爬在雌鼠背上欲开始交媾到交媾一次完毕这段时间内，雌鼠连续发出几声"Ji-Ji-Ji"的鸣叫。这种鸣叫显然和两个体之间斗殴时发出的叫声不同，斗殴时被咬（或被打败）的雌鼠发出较强烈的、时间较长的、尖厉急促而无间断的鸣叫声。交配射精后1~2 d内精液在阴道口（和子宫颈中）呈乳白色黏稠状物脱出，并逐渐凝固，形成白色的子宫颈栓和阴（道）栓（统称交配栓）。阴道栓最后变为白而硬的楔状物，肉眼清楚可见。交配栓可防止精液倒流，提高受精能力。交配栓于3~4 h后分解（阴道栓存留的时间，视其在阴道内的深度和成分等而不同。一般来说，较深者脱落较晚，受精较易）。在雌雄合笼配种时，通常总能叫雌鼠就范，雌鼠也不会伤害雄鼠。但刚交配之后的雄鼠却疲惫不堪，此时雄鼠再没有精力进行交配。雄鼠的性功能有个恢复期，一次性事高潮射精之后，任何刺激也激不起器官的再度勃起。一只处于繁殖适宜期的雄鼠（在适宜的条件下，雄鼠40~90 d后性成熟，性成熟后一年之内为其繁殖适宜期），其恢复期随着体质的不同，自1、2、3 d，最多的4 d。然而刚交配完的大多数雌鼠精力犹存，仍有性欲，对疲惫的雄鼠"不满"，进而对其发出猛烈的攻击（所以一般来说，雌鼠刚交配之后变得具有强烈的攻击性），于是雌雄之间发生凶猛的格斗。

　　分娩与育幼　分娩通常发生在0：00~6：00。雌鼠在临分娩前，通常要修整巢室。雌鼠无一例外地攻击、驱赶雄鼠，越是接近分娩，雌鼠表现得越凶猛。有时会将雄鼠咬死，甚至啃食。群养时，雄鼠有吃掉仔鼠的现象。可见，育幼的任务完全由雌鼠承担，雄鼠并不参与。雌鼠母性很强，分娩后，首先为仔鼠除去羊膜，舔净皮肤，然后集中送到预先准备好的巢室内；如遇惊扰，通常会衔起仔鼠移到别处，甚至另整巢室。在断乳之前，母鼠把葵花籽和荞麦嗑掉种皮，堆放到一处为幼鼠准备饲料。

　　● **年龄结构**　种群年龄组成有季节变化。在华北地区，2~3月以成体Ⅱ组占优势，6月以成体Ⅰ组、亚成体组和幼体组为主，9~10月以亚成体组为主。在东北地区，在开春后的 5 ~ 6 月以幼体占优势，7 ~ 8 月以亚成体为主，10 月至次年 3 月以成体 I 组占多数，在 3 ~ 5 月成体 II 组占优势。

● 种群动态 种群数量的季节动态表现为内蒙古地区的有 2 个数量高峰，分别在 5 月和 8 月（侯希货等，1989），淮北地区多数年份只有 1 个高峰。年度间数量也有变化，数量高峰年与最低年相差可达 6.7 倍，由前一个高峰年到后一个高峰年经历约为 8 a（朱盛侃等，1991）。种群数量的季节消长极为明显，一般 12 月至翌年 3 月捕获率低，5 ~ 6 月和 9 ~ 10 月形成 2 个数量高峰。但在不同地区高峰月份稍有差异。

● 温度与降水 对种群的影响气温及降雨量是影响种群数量变动的重要因素。

温度 月平均气温在 10 ℃时黑线仓鼠活动较少，15 ℃时活动日趋频繁，繁殖最适温度 20 ~ 25 ℃。5 月份的气温高低对秋季发生数量影响较大。如果 5 月气温高，食料充足，有利于当年出生幼鼠的生长发育，并进行繁殖，到秋季种群数量可大幅度上升。

降水 降雨量与黑线仓鼠的发生为互相关系。如山东阳谷县，1984 年 6 月份降雨量达 86.8 mm，最大日降雨量高达 44.3 mm，7 月份降雨量猛增至 155.7 mm，因此使 9 月份黑线仓鼠的种群数量迅速下降。但在内蒙古等比较干旱地区，在多雨的年份，农作物生长良好、牧草丰收，黑线仓鼠往往发生较重。

【危害特征】 黑线仓鼠是农林牧业的主要害鼠。对农林业生产有较大的危害，一方面消耗部分粮食，另一方面在贮粮的过程中还要糟蹋远比吃掉的还要多的粮食。在农区，春季刨食播下的小麦、玉米、豌豆等种子，继而啃食幼苗，特别喜欢吃豆类幼苗；作物灌浆期，啃食果穗，并有跳跃转移为害的特点，啃食瓜果时专挑成熟、甜度大的为害，秋季夜间往洞中盗运成熟的种子，贮备冬季食物。根据跟踪调查，黑线仓鼠一般可使小麦减产 12.6 % ~ 16.5 %，豆类减产 9.6 % ~ 15.6 %，果园减产 9.0 %。在林区，因盗食种子，严重影响飞播造林和直播造林质量。在牧区，则影响牧草的更新。黑线仓鼠还是流行性肝炎及蜱传性斑疹伤寒病原体的自然传播者，20 世纪 40 年代初于中国内蒙古首次自黑线仓鼠中检出鼠疫菌。又相继在吉林、河北等地多处的黑线仓鼠中发现可自然感染鼠疫（韩崇选等，2000；高共等，2012）。

Z17. 灰仓鼠（*Cricetulus migratorius* Pallas，1773）

灰仓鼠别名仓鼠，搬仓。属典型的荒漠类型，是主要的农田、草原害鼠，也是重要的种食害鼠。

【鉴别特征】 灰仓鼠体形中等大小，尾长约为体长的 30 %。耳圆形，无明显的白边。背毛黑灰色，腹毛灰白色。足掌裸露。有颊囊（图 2-66）。

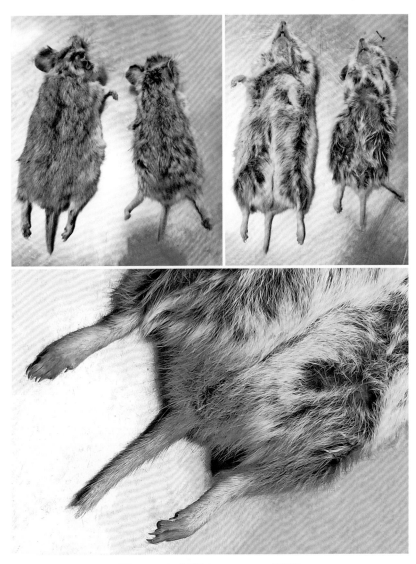

图 2-66 灰仓鼠(*C. migratorius*)形态

● 形态鉴别

测量指标 /mm　体重 25 ~ 80 g。体长 75 ~ 125，耳长 10 ~ 22，后足长 11 ~ 19，尾长 20 ~ 52。

形态特征　灰仓鼠外形与短尾仓鼠相似，体型中等，较粗壮。尾长大于后足长，约为体长的 30 %。吻钝，耳圆。灰仓鼠夏毛体背部黑灰色，幼体灰色较重，老年个体带有沙黄色。个体越老，沙黄色越浓。背部毛的毛基深灰，灰色毛基约占毛全长 4 / 5。幼年个体毛尖灰褐色，老年个体毛尖带有黄褐色。背毛中混有稀而细长的全黑灰色毛。背中央黑灰色较浓，体侧黑灰而沾褐色，头背面与体背色相同，但毛较短，灰色毛基占毛长的1/2。腹面浅灰白色，颏、喉、前胸部和鼠鼷部内侧的毛为纯白色。腹面其他部分的毛基浅灰色，约占毛长的2/3。体侧面的白色毛毛基灰色较深而长，约占毛长的1/2。背腹两色在体侧的界限分明。背面颜色在前肢、后肢外侧部向下延伸，使前后肢外侧与背同色。前肢向下延伸部色浅淡，至前臂处，接近腹面颜色。腹侧中部腹面灰白色向背方突入。四足的背面均被白色短毛，掌裸露。耳的背面基部具棕色细毛，幼体显灰色。耳廓内部皮肤黑灰色而具稀疏细的白毛，一般不超过耳缘。耳缘具狭窄的灰白色短毛边。尾毛上下两色。背面为灰褐色，腹面淡灰白色，而使尾上下色不同，少数个体上下均为灰白色（罗泽珣等，2000；韩崇选等，2005；图2-66）。

● 头骨鉴别

测量指标/mm　颅长22.8～30.7，颅基长22.0～29.5，鼻骨长7.8～11.7，腭长10.0～

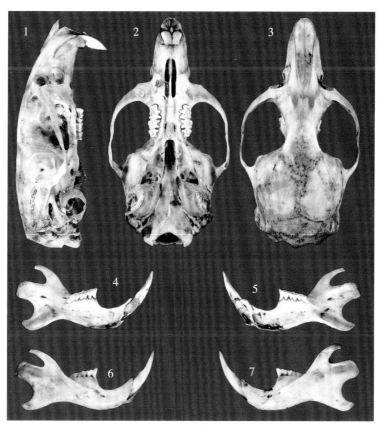

图2-67　灰仓鼠头骨

1.上颌骨侧面；2.上颌骨腹面；3.上颌骨背面；4、5.下颌骨内侧面；6、7.下颌骨外侧面

13.8，颧宽 12.8 ~ 16.0，后头宽 9.5 ~ 11.8，眶间宽 3.9 ~ 4.8，齿隙长 6.1 ~ 9.4，听泡长 4.9 ~ 6.3，听泡宽 3.8 ~ 4.5，上齿列长 4.0 ~ 4.6，下齿列长 4.1 ~ 4.8。

头骨特征 灰仓鼠头骨整体轮廓窄而长。鼻骨较长，后端显宽，不呈尖形，与额骨接缝齐而平。两块额骨在眶部隆起，上颌骨的背方也隆起，使头骨眶部中央呈一纵向凹陷。眶上嵴不明显，眶间较平坦，眶间宽较小。脑颅显前后稍长的圆形，后头部则显狭窄，顶骨部稍隆起。顶骨前方外侧角较钝，向前伸不达眶后缘。顶间骨较大，近三角形，突入顶骨的尖角为钝角。枕骨向后突。枕髁基本与枕骨后缘平齐。颧弓前后较直，与头骨平行，颧弓较细。门齿孔狭长，其后缘不达 M^1 前缘连线。翼窝几达臼齿后缘连线。听泡较大而隆起，前端尖，伸达翼窝，后端钝圆。灰仓鼠门齿细长。上臼齿具 2 纵列齿突。M^1 呈前后向的长方形，具 3 对齿突。M^2 方形，具 2 对齿突。M^3 虽也具 2 对齿突，但第 1 对非常明显，而最后一对齿突内侧者发达，外侧齿突却低而小，使 M_3 呈近三角形。经磨损后，M_3 后端形成一三角形凹陷。下颌 3 枚臼齿，M_1 近长方形，具 3 对齿突，其第 1 对较向中央靠近。M_2 方形，具 2 对齿突。M_3 具 2 对齿突，最后一对外侧者发达，内侧者小。两纵列齿突，内侧齿突稍靠前（罗泽珣等，2000；韩崇选等，2005；图 2-67）。

【亚种及分布】 灰仓鼠国外分布于阿富汗、阿塞拜疆、保加利亚、印度、伊朗、伊拉克、以色列、约旦、哈萨克斯坦、黎巴嫩、摩尔多瓦、蒙古、巴基斯坦、罗马尼亚、俄罗斯、叙利亚、土耳其、乌克兰等。国内见于新疆、甘肃、内蒙古、宁夏、青海和四川。记载有 4 个亚种。其中，北疆亚种（*C. m. caesius* Kashkarov，1923）分布于青海北部、新疆北疆及天山、内蒙古中部、甘肃河西走廊等地，模式产于哈萨克斯坦卡拉山脉。南疆亚种（*C. m. fulvus* Blanford，1875）分布于新疆塔里木盆地西部，模式产地在新疆东天山。帕米尔亚种（*C. m. coerulescens* (Severtzov)，1879）分布于塔吉克斯坦帕米尔高原的喀拉湖以及我国新疆的帕米尔高原塔什库尔干，模式产地在塔吉克斯坦帕米尔高原的喀拉湖。指明亚种（*C. m. migratorius* Pallas，1773）在我国没有报道。宁夏境内的灰仓鼠属北疆亚种，与黑线仓鼠同域出现，除泾源县、隆德县和彭阳县没有发现外，其余地区均有分布，主要栖息于荒漠和半荒漠草原，但以银川滨河新区、平罗县陶乐镇以及石嘴山市东南部的黄河南岸荒漠地区数量相对较大（图 2-68）。

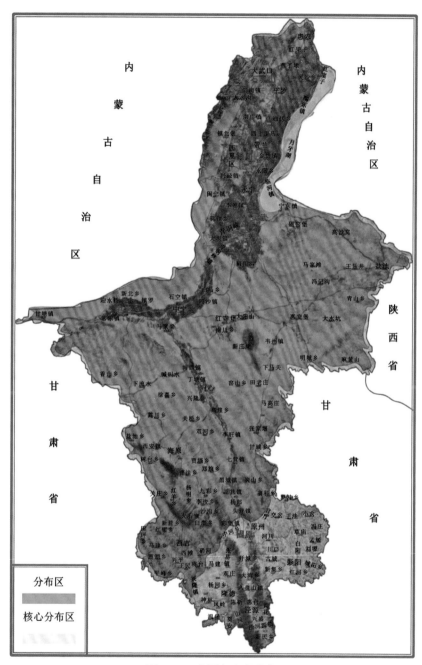

图 2-68　宁夏灰仓鼠分布

【发生规律】　灰仓鼠栖息范围甚广，从荒漠平原，半荒漠平原，低山丘陵草原，山地草原，山地森林草原，一直上升到亚高山草甸，甚至海拔 3 000 m 以上的高山草甸。山地多选择灌木草地、林缘、苗园、河谷及山坡砾石堆，以及临时性土木建筑物和牲畜棚圈内或住宅作为栖息位点；平原区则选择农田、渠岸、林带、休耕地、坟堆、田埂等地作为栖息位点（韩崇选等，2005）。

灰仓鼠打洞穴居，洞道比较简单。在大块砾石、倒木和其他天然掩蔽物下筑巢，农区则喜于地埂、土丘、谷垛草堆等处打洞筑巢。城镇居民区还可营巢于建筑物和家舍之中。洞口常开在阴暗之处，一般有 2～3 个出口，1 或 2 个巢室和数个仓库。洞径 2～4 cm，洞道垂直深入地下，至一定深度后，改为平行洞道，最深处约 1 m。洞系占地约 2 m²（赵肯堂，1981）。鼠洞分散，不似沙鼠类洞穴成群。

灰仓鼠活动能力强，黑白天均可活动，但以夜间活动为主，特别是黄昏和黎明最为活跃。活动范围较小，一般不超过其栖息生境。单独活动，不冬眠，冬季多在雪下活动。食性杂，食物包括各种农作物种子和茎叶以及野生的各种植物和昆虫与软体动物（鳞翅目的幼虫）等。喜欢储粮，其窝内储存数百克的食物。夹囊一次就可搬运种籽，如向日葵籽 40 多粒。灰仓鼠繁殖能力强，繁殖期 3～9 月，繁殖高峰为 6～7 月。年产 3 胎，胎产 5～8 仔，最多 13 仔。幼仔 3 周左右离洞开始单独活动，并于当年秋天即可加入繁殖种群（罗泽珣等，2000）。

【危害特征】 灰仓鼠是我国西部农林业的重要害鼠之一。在农区主要盗食种子，啃食幼苗，使作物缺苗断垄；危害瓜类。当作物成熟后，还大量将小麦、玉米等谷物盗入洞内贮藏。在室内破坏粮仓和人房中的贮藏物。也是鼠疫、兔热病病原的天然携带者。

Z18. 长尾仓鼠(*Cricetulus longicandatus* (Milne-Edwards), 1867)

长尾仓鼠别名搬仓。

【鉴别特征】 大小与黑线仓鼠相似。背腹毛色在体侧分界明显。背部中央无黑色条纹，尾和耳较长，耳的内外侧均被黑色短毛，有明显的灰白色边缘和耳尖。尾较长，上下两色，上面同背色，下面白色；有颊囊（图 2-69）。

● 形态鉴别

测量指标 /mm 体重 16～47g。体长 60～126，耳长 8～23，后足长 10～23，尾长 23～58。

形态特征 体型较小，背部中央无黑色条纹。尾较长，占体长的 1/3 以上，少数个体可达体长的 1/2。耳较长，与后足长相近。体背部毛暗灰色而稍带棕色，背毛基灰黑色，中部棕黄色，毛尖黑色近背中部黑色毛尖更浓，形成较重的黑色，但不形成纵纹。吻端两侧具污白色短毛，形成半圆形门斑。前后肢与整个腹面均为白色，但腹面毛基灰黑色尾毛短而密，尾上下两色，上面同背色，下面白色。足掌背面均被白色短毛（陈卫等 2002，韩崇选等 2005；图 2-69）。乳头 4 对。

图 2-69　长尾仓鼠（*C. longicandatus*）形态（引自 http://hamster.ru）

● 头骨鉴别

测量指标 /mm　颅长 22.8 ~ 29.0，颅基长 21.1 ~ 26.2，鼻骨长 7.5 ~ 10.6，腭长 9.4 ~ 12.2，颧宽 11.7 ~ 14.7，后头宽 9.2 ~ 11.1，眶间宽 3.7 ~ 4.4，齿隙长 5.7 ~ 7.9，听泡长 4.5 ~ 6.1，听泡宽 3.4 ~ 4.8，上齿列长 3.5 ~ 4.1，下齿列长 3.5 ~ 4.2。

头骨特征　头骨整体较狭长，额骨与顶骨几乎呈平面而不隆起。顶骨前外侧角尖细，额骨后缘呈圆弧形。顶间骨发达，左右宽大，几乎与后头等宽。颧弓较细，外突不明显，几乎与头骨纵轴平行。脑颅无任何棱角和棱嵴。门齿孔长，占齿隙长的 70 % 以上，翼窝前伸达臼齿列后缘之间，硬腭较短。听泡大而较隆起。上下门齿较短小，臼齿齿列短，长度小于齿隙长，上臼齿从前向后渐小。M^1 具 3 对齿突，M^2 具 2 对齿突，M^3 与 M^2 相似，但后 1 对齿突小而相互靠近，磨损后只见一个齿突。下臼齿与上臼

213

齿相似，但齿列较长而齿隙短。M_3 的最后 1 对齿突其内侧突小并且靠前（陈卫等 2002，韩崇选等 2005；图 2-70）。

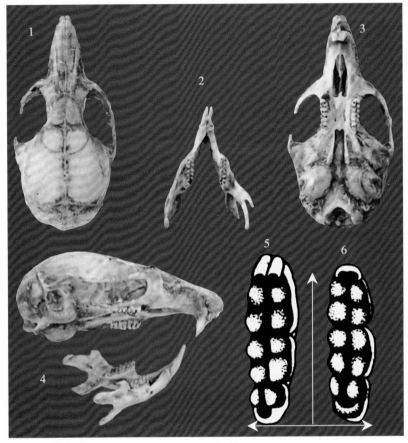

1. 上颌骨背面；2. 下颌骨腹面；3. 上颌骨腹面；4. 头骨侧面；5. 上颊齿列；
6. 下颊齿列；垂直箭头指向唇面，水平箭头指向外侧

图 2-70　长尾仓鼠头骨

【亚种及分布】　长尾仓鼠自 1867 年由 Milne-Edwards 订名之后，种级分类地位比较稳定，但对其亚种存在分异，有学者认为我国有 2 个亚种（Thomas，1928；AHen，1925；Argyropulo，1933；Ellerman，1951），即 *C. l. dichrootis* 和 *C. l. nigrescens*，但 Bahhhkob（1960）将这两个亚种合并为一个亚种，汪松等（1973）在查看了分布在中国各地的 200 余号标本后，认为原有的亚种均应合并为指名亚种（*C. l. longicaudatus*（Milne-Edwards），1867），将 *C. l. dichrootis* 和 *C. l. nigresceru* 作为指名亚种的异名。此外将分布在青海南部曲麻莱的长尾仓鼠，依其体型和头骨量度均较大、背毛毛色成为极淡的黄灰色订名为曲麻莱亚种（*C. l. chiumalaiensis* Wang et Zheng，1973）（郑生

武等，2010）。其中，指明亚种在我国分布于陕西、青海（东北、东南部）、甘肃、河北、山西、新疆、宁夏、内蒙古、四川（北部）等地，模式产地在内蒙古萨拉齐。曲麻莱亚种分布于青海西南部，模式产地在青海曲麻莱。

宁夏境内，长尾仓鼠分布于六盘山、同心县、海原县、西吉县、原州区、隆德县和泾源县等，主要栖息在六盘山及其附近地区的森林草甸草原、山地草原、半荒漠草原等生境。在宁南六盘山林区，数量稀少，捕获量仅占当地野外地面鼠捕获量的0.6％～2.0％，远低于大林姬鼠的10.3％～41.3％和黑线姬鼠的6.7％～27.2％；而在与其相邻的黄土丘陵区，数量相对较多，捕获量占当地野外地面鼠捕获量的5.0％左右，捕获量比其他仓鼠要高，其当地的大仓鼠、黑线仓鼠、灰仓鼠的捕获量依次为2.6％～4.5％、1.7％～3.8％和0.7％～2.6％，是当地仓鼠类的优势种，但数量仍然较少（图2-71）。

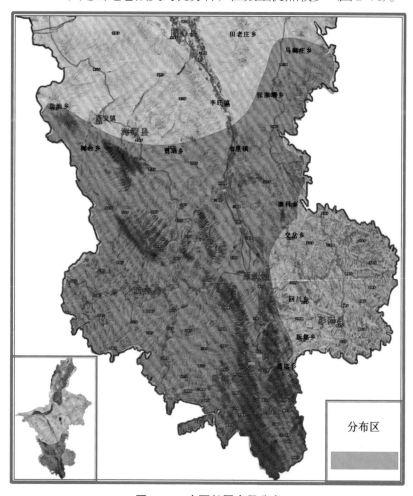

图 2-71　宁夏长尾仓鼠分布

【发生规律】 长尾仓鼠是华北区广布种，山地、草原、草甸、山地灌丛、林缘、干草原、荒漠草原、高寒湿地等环境中都有分布，白桦、山杨和油松幼林地也常发现。当那些环境被开垦后，长尾仓鼠常聚集于田间，成为当地的优势鼠种。甚至进入居民住宅。内蒙古阴山地区较湿润的山地农田中的捕获率大大超过林缘、草甸等自然环境。在山西沁水，从海拔 950 m 的河漫滩到海拔 1 300 m 的针阔混交林，均有其踪迹，其中以农田及农田与灌丛接壤地段为其最适栖息环境。这里土质疏松、地势平坦、隐蔽良好、食物丰富，形成了长尾仓鼠适宜的生存环境（史荣耀等，2000）。

● 洞穴 长尾仓鼠的洞穴很隐蔽，常利用石块下或土地的裂缝加以扩充作为巢穴，有时也占用其他鼠类的弃洞。在农田中常与小家鼠同栖。在西北草原上也常与喜马拉雅旱獭及西藏鼠兔同栖。冬季洞深、夏季洞浅，春天与各季洞穴也有差异（图2-72）。夏季洞穴洞道一般距地面较浅，洞口与洞道直径相差不大，洞道倾斜直通鼠巢，巢（睡垫）呈小碗状或者盘状，疏松易散。巢材与当地禾本科植物有关，其次为豆类叶等。巢高 5～7 cm，深 3～5 cm，内径 8～9 cm，外径 11～14 cm，巢重 74～167 g。巢距地面 25～30 cm。冬季洞穴结构较复杂，洞道分支较多，洞穴除洞口、洞道、膨大部、巢室外，还有仓库和暗洞口，巢室距地面垂直深度为 37～56 cm。洞口分为明洞口和暗洞口。明洞口开放，有鼠的洞口周围有散撒的虚土；暗洞口比较隐蔽，一般用虚土半堵或者全堵（韩崇选等，2005；图2-72）。

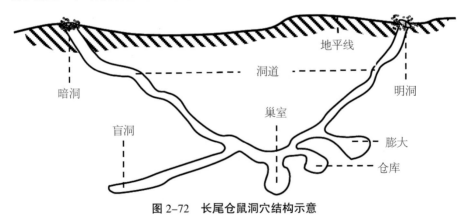

图2-72 长尾仓鼠洞穴结构示意

● 活动规律 长尾仓鼠具夜行性，白昼很少外出。冬天不休眠，照常出洞活动。在各种农田分布非常广泛，有时甚至侵入住房、仓库等。洞穴隐蔽，多在石块下或者岩石缝隙间，加以扩充而作为巢穴。与大林姬鼠、棕背、喜玛拉雅旱獭和黄鼠常同域分布，并占用其他鼠类的弃洞。洞中有巢室和仓库之分。巢内有草茎、干秸衬垫。仓库中储有粮食，以备过冬（罗泽珣等，2000）。

● 取食规律杂食性。以植物性食物为主，也采食昆虫等小型无脊椎动物。春秋季节多采食种子。夏季主要吃植物绿色部分。内蒙古农田的仓鼠，其颊囊中多为播种下的粮种及各类草籽。有贮粮习性。当作物成熟季节，它们大量搬运撒落在地上的粮食入洞，贮存于洞内仓库中。但越冬期间仍须到洞外觅食。

● 繁殖特性 3～4 月开始繁殖。4 月中旬，雄鼠的睾丸下降率为 62.50 %，为全年最高值；6 月进入繁殖盛期，雌鼠繁殖指数达 2.55。7 月繁殖力指标有所回落。8 月份出现当年第 2 个高峰，雄鼠睾丸下降率为 57.14 %，雌鼠繁殖指数为 1.87，仅次于 6 月的繁殖力。9 月又开始回落，10 月进入繁殖休止期，全年繁殖达 6 个月。胎仔数为 4～9 只，但以 5～6 只居多。在山西沁水县全年以 8 月份数量最多，而 1 月份数量最低。8 月出现高峰可能与妊娠高峰（6 月）两月后，幼鼠独立生活，长尾仓鼠种群数量增加等因素有关（罗泽珣等，2000）。

【危害特征】   对农林牧业有害，啃食幼苗，盗食种子。同时与其他鼠类混居，易引起鼠源性疾病传播。

Z19. 短尾仓鼠（*Cricetulus eversmanni* Brandt，1859）

短尾仓鼠别名埃氏仓鼠、短耳仓鼠。

【鉴别特征】

● 形态特征 短尾仓鼠外形与灰仓鼠相似。体形短而粗壮，四肢短小。吻短而具颊囊。耳形圆。尾短，尾基明显粗大，尾端变细，整个尾呈明显的楔形。短尾仓鼠体背黄褐色带灰，老年个体黄色较重，幼年个体灰色较显著。有些个体背毛前后色比较一致，有些个体头背后方颜色较灰，而向后背黄褐色渐浓重。体被毛柔软，背毛毛基灰黑色，约占整个毛长的 2/3 以上，毛尖端黄褐色，在针毛间杂有纯黑色长毛。耳背黑灰色，基部色较浅，呈黄褐色。耳基前缘具一簇白色毛。腹面毛白色，腹中央毛基

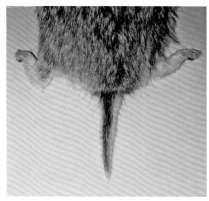
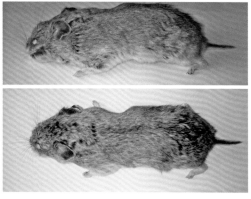

图 2-73　短尾仓鼠（*C. eversmanni*）形态

淡灰色，向体侧越来越深。颈、喉颊为纯白色，有些个体胸部具黄褐色小斑块。背腹毛界线分明，腰部白色腹毛从两侧向上突入，使背腹分界成波浪状，不平直。尾毛两色，上面同背毛，但色稍浅，腹面白色，尾基两侧臀部与背同色。四肢后背方毛色与背相同，但前肢背方色稍浅于体背或几呈白色，四肢腹面白色。足掌裸露，背面白色（罗泽珣等，2000；韩崇选等 2005；图 2-73）。

● 头骨特征　头骨整体粗壮。鼻骨较短，鼻骨的前部较宽，后端较窄。从鼻骨后缘，自额骨前缘，颌骨内侧向鼻骨方向凹陷，成纵向浅沟，老年个体尤为明显。颧弓从颌骨颧突处明显外突，颧宽较大，颧弓发达，但颧骨部分细弱。两眼眶间平滑，无眶上嵴。顶骨外前角向前突呈略尖的三角形。顶间骨较狭窄，左右宽相当前后间距的 4～5 倍，前中央稍前突呈三角形。枕骨向后略突，在枕部中央及两侧形成 3 个泡状隆起。脑颅圆形，人字嵴，矢状嵴较明显，枕骨髁较靠后突出。门齿孔短窄，位于齿隙中部，相当齿隙长的 1/2 左右。门齿孔后缘距 M^1 前缘连线较远，翼间孔不到 M^3 的后缘。听泡发达、隆起。下颌粗壮，冠状突粗大而长（图 2-74）。

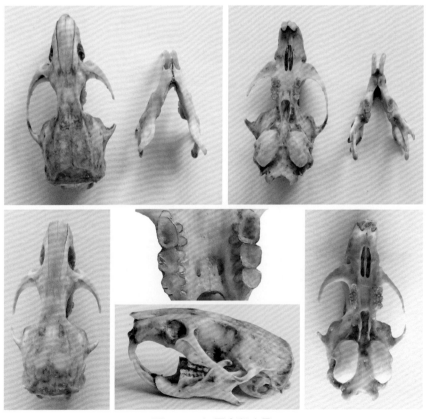

图 2-74　短尾仓鼠头骨

【亚种及分布】 短尾仓鼠原属短尾仓鼠属（*Allocricetulus*），罗泽珣等（2000）将该属整体归为仓鼠属的亚属。在国内分布于内蒙古、甘肃、宁夏、新疆等地，在国外分布于伏尔加河东至哈萨克斯坦东北部、图瓦及蒙古的广大区域。记载有 3 个亚种。其中，哈萨克亚种（*C. e. beljawi* Argyropulo，1933）国内分布于新疆古尔班通古特沙漠以西、以北等地，模式产地在哈萨克斯坦斋桑盆地。蒙古亚种（*C. e. curatus* Allen，1925）国内分布于甘肃、宁夏、内蒙古（集二线以西）、新疆（古尔班沙漠以东）等地，模式产地在内蒙古伊仁达巴苏。指明亚种（*C. e. eversmanni* Brandt，1859）在国内没有分布。宁夏境内，短尾仓鼠主要分布于平罗县的淘乐、银川西部等地，栖息在半荒漠和荒漠草原，与灰仓鼠、黑线仓鼠、小毛足鼠和子午沙鼠等同域出现，但不同年份各鼠种的数量比例变化较大。但总体分析，短尾仓鼠的数量极为稀少，多年零星捕获，平均捕获量占当地野外地面鼠总捕获量不足 0.1 % ~ 0.5 %，为稀有种。捕获量远小于当地黑线仓鼠占比的 2.7 % ~ 7.0 % 和灰仓鼠的 0.3 % ~ 12.8 %，也低于小毛足鼠的 1.0 % ~ 4.7 %（秦长育，1991）；我们 2016 年 9 月底在高沙窝镇、王乐井乡和马家滩镇采集到了 3 只短尾仓鼠，占当地地面鼠捕获量的 4.48 %（图 2-75）。

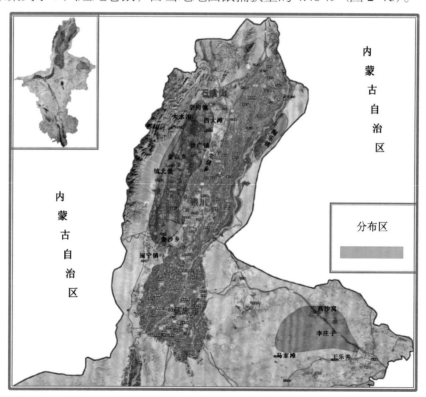

图 2-75 宁夏短尾仓鼠分布

【发生规律】　短尾仓鼠栖息于荒漠草原地区，沿荒漠地带和弃荒地带进入森林草原、洼地、河谷阶地、岸边以及农田周围的草原和灌草丛中，多栖息于芨芨草丛、锦鸡儿和白刺灌丛中。喜干旱的生境而回避潮湿的地方，具夜行性，大都自黄昏以后开始活动，直到拂晓为止。活动能力强，活动范围大，半径可达 200 m 左右。常与沙鼠、毛足鼠等鼠混居，性较凶猛，常常袭击和侵占其他鼠类等洞穴。

洞穴比较简单，洞口常隐蔽在灌丛中或矮小灌木下，洞穴分散。洞道距地面较近，分叉少，有巢室和仓库之分，但往往只是一条通道而已。仓库多位于洞道的末端，略微膨大。因常侵占其他鼠类洞穴，所以有时还在其他鼠洞口捕得短尾仓鼠。

主要取食植物的籽、茎、叶等部分，也捕食小型昆虫作为动物食料。入冬前有储粮的习性。中亚地区，从 10 月起开始冬眠，在我国冬眠时间则略晚。

短尾仓鼠繁殖力较强，每年繁殖 3 次，每次产仔 4~6 只。繁殖季节以春夏季为主，内蒙古的繁殖期为 5~10 月。新疆地区 5 月底，6 月初可见到孕鼠，6 月下旬可见到具子宫斑的雌鼠。短尾仓鼠种群数量不很大，在各生境中，密度均不高，并非优势种类。内蒙古四子王旗的调查显示，短尾仓鼠约占当地捕鼠总数的 2%~5%，铗日捕获率为 1%，占夜间活动鼠类的 1/3；新疆北部铗日捕获率为 2%；在宁夏，短尾仓鼠为稀有种，根据 2015 年~2018 年连续监测，在贺兰山山麓草地和灌木疏地，捕获率仅为 0.15%，4 年共计捕获 3 只，占当地捕鼠总数的 0.63%；而在其他地方均没有捕捉到短尾仓鼠。

【危害特征】　短尾仓鼠主要取食植物的种子、茎、叶，也啃食林木的幼苗，但数量较少，危害不严重。因与其他鼠类同域出现，有传播多种鼠源性疾病的风险。

YK5. 田鼠亚科（Microtiniae）

田鼠亚科也称䶄亚科或水田鼠亚科（Arvicolinae），是仓鼠科的第二大亚科。田鼠亚科分布于欧亚大陆和北美洲，最北可进入北极圈，最南到达东南亚和南亚的北部和危地马拉。田鼠亚科是欧亚大陆和北美洲北部最主要的啮齿类，并在那一地区的食物链中其到重要的作用。田鼠亚科适应比较多样的生存环境，有些种类适应草原和农田的生活，有些种类适应森林生活，有些种类栖息于高山上，有些种类栖息于北极苔原地带，有些种类为穴居性，还有些种类为半水栖，多数食植物性食物，少数食动物性食物。田鼠亚科中的不少种类为群居性，其中有些种类的旅鼠在数量过多时还有成群迁徙的习惯。旅鼠数量的多少对北极地区的肉食性动物有很大影响。

田鼠亚科共有 17 属 125 种，分布在北半球，主要是在古北界，特别是温带地区，也有的分布在新北界。我国分布有 9 属 45 种。宁夏分布有 4 属 5 种。其中，麝鼠为人工散养的物种；东洋界的洮州绒鼠只分布在宁南六盘山的山地森林和灌丛，数量较少。

宁夏田鼠亚科分属检索表

1. 尾侧扁，后足趾间具半蹼··麝鼠属（*Ondatra*）
   耳圆，后足趾间无蹼···2
2. 耳壳退化，只剩一边缘；上门齿向前突出于口腔外······················鼹形鼠属（*Ellobius*）
   耳壳正常；上门齿几乎垂直而不向前突出于口腔外··3
3. 腭骨后缘截然中断，其中间不与翼骨相连，故不形成纵嵴···········绒鼠属（*Eothenomys*）
   腭骨后缘中间与翼骨相连形成1纵嵴，纵嵴左右各有1陷窝···········田鼠属（*Microtus*）

S12. 麝鼠属（*Ondatra*）

单种属。体型较大，尾侧扁，后足趾间具半蹼。麝鼠其唯一成员，也是珍贵的皮毛、药用和肉用资源动物。

Z20. 麝鼠（Ondatra zibethicus（Linnaeus），1776）

麝鼠别名水耗子、青眼貂、麝香鼠、水鼠子、水老鼠等。麝鼠是散养的经济鼠种，水栖或半水栖，因疏于管理，在我国许多地方形成也是种群。

【鉴别特征】　麝鼠为大型鼠类。眼小。尾侧扁，呈桨状，覆以圆形小鳞片和稀疏的黑色短毛；鼻吻钝圆；耳壳短而圆，隐于被毛内或微露于外；足掌裸露，足垫十分发达，后足趾间具半蹼，沿足掌及趾的周围环以淡黄色梳状排列的长毛，爪强壮。鼠鼷部皮下有分泌麝香的腺体（图2-76）。

图2-76　麝鼠（*O. zibethicus*）

● 形态鉴别

测量特征 /mm　体重 800 ~ 1 500 g，体长 230 ~ 360，尾长 200 ~ 270，后足长 64 ~ 90，耳长 14 ~ 26。

形态特征　体型较大，是田鼠亚科个体最大的种类。身体粗硕。头短而粗，吻钝圆。颈不明显，外观头似乎直接连接到躯干上。耳短，耳孔有耳屏遮盖。耳周围具毛长，耳朵几乎完全隐藏在毛中。毛浓密，毛长而细，底毛柔软具保温、防水功能。眼小。尾巴极长，约占体长的 2/3。尾侧扁，尾高大于尾宽，但尾基部则为圆柱形。尾面覆盖着小鳞片。鳞片间有极不明显的短而硬的小毛。足 5 趾，足掌裸露。前足无蹼，第 3 趾最长，第 5 趾最短。后足比前足大，形状略弯曲，爪粗而稍长；足掌有 4 或 5 个蹠垫，后内侧的蹠垫大而长；后足趾间有半蹼；后足侧缘及趾均生有由粗毛构成的明显的泳穗。会阴腺（麝腺）十分发达。背毛棕褐或棕黄色，有金色的光泽。脊背毛色略深，呈暗棕至栗棕色，个别个体呈深棕色。体侧稍浅。腹毛浅棕灰色，毛基青灰色。四肢棕褐色。胡须基部黑色，须尖棕黄。幼体色深，为灰褐色或青灰色。尾黑色（图 2-76）。乳头胸部 1 对，鼷部 2 对。

● 头骨鉴别

测量特征 /mm　颅长 55 ~ 69，颧宽 32 ~ 43，乳突宽 24.7 ~ 31，眶间宽 5.9 ~ 7.5，鼻骨长 16.8 ~ 21.2，顶间骨宽 6.9 ~ 8.7，齿虚位 18.8 ~ 23.6，上颊齿列长 13.3 ~ 15.5。

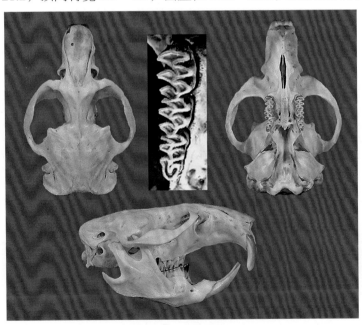

图 2-77　麝鼠头骨

头骨特征 颅骨眶中间纵嵴发达。鼻骨后端与前颌骨后端几乎在同一水平线上。顶间骨较小。门齿孔不达 M^1 基部前缘水平线。齿虚位长明显地超过上颊齿列长。听泡长约为颅长的 24 %。M^1 在横叶后具 4 个闭合三角形；M^2 具 3 个；M^3 具 2 个，其内侧有 2 个凸角，外侧有 6 个。M_1 最后横叶之前具 5 个闭合三角形（图 2-77）。

【亚种及分布】 麝鼠原产北美，旧大陆本无麝鼠。1905 年春，捷克王子由美洲阿拉斯加带回 3 对麝鼠，途中 1 只雌鼠死亡。将带回的 3 雄、2 雌的麝鼠放养在布拉格西南 40 km 的两个天然池塘中，不久全部逃逸，逐渐扩散到捷克各地、德国、奥地利及瑞士。1922 年将麝鼠引入芬兰；1927 年引入英国；1929～1930 年引入苏联。20 世纪 40 年代初，原苏联由西部欧洲向远东和中亚地区扩散，分布区逐渐扩大至中国和蒙古。日本也引种麝鼠至本州中部。因此，在欧亚大陆麝鼠分布也相当广。

我国从 1949 年起，先后在黑龙江、新疆等省区发现有由前苏联自然扩散来的麝鼠种群。1957～1958 年数次从前苏联引种并散放在吉林、湖北、浙江、贵州等省。1958 年以后，从新疆引种散放于吉林、陕西、四川、宁夏等省，1986 年从吉林省引入广西壮族自治区。麝鼠适应性强，饲料来源广，抗病力强，易于饲养，便于管理，

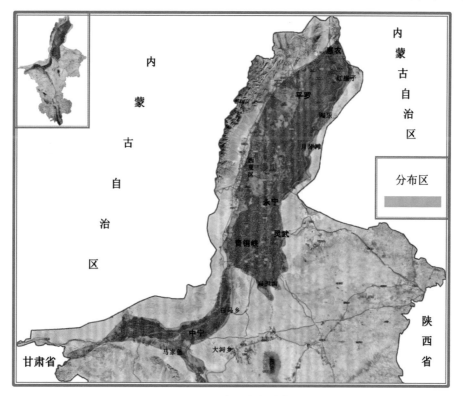

图 2-78 宁夏麝鼠分布

繁殖力强，猎取方便。可利用沼泽地散放。近年来，麝鼠种群扩大较快，如新疆各县凡有水域的地方都有麝鼠栖息，全疆麝鼠种群数量1000万只以上，是中国最大的麝鼠产区。该鼠在宁夏主要栖息在中卫、中宁、利通、灵武、淘乐、石嘴山、青铜峡、银川、平罗、惠农、贺兰、永宁等县（市、区）的河流、湖泊、池塘的岸边，以及河漫滩、黄河中滩、芦苇沼泽中，疏于管理，数量较少，经济意义不明显（图2-78）。

【发生规律】 麝鼠为半水栖性鼠类，善游泳与潜水。栖息于水生植物和岸生植物丰富的湖泊、池塘、江河、渠沟、溪流等水域的岸边，以及河流中灌木杂草丛生的浅滩、小岛和芦苇沼泽地。避开水势湍急、石岸和植物贫乏的水域。在水域的岸边筑洞，洞道斜向水面，并有若干分支。以干草作巢，巢室高出水平面。通常有2个洞口，一个没入水中，一个隐蔽在岸边草丛内。在沼泽地区或低岸水域的麝鼠，则以吃剩的植物及干草、泥土等营造露天巢穴，浮于水面。这种露天巢，高达0.5～1.0 m不等，内有1个或多个巢室，开口于水下，以潜游方式进出巢穴。

全年活动。在温暖季节，黄昏与黎明前后活动最为频繁；严寒季节多在白天活动。冬季将水下洞口附近的冰层凿一小孔，在雪层下修筑通道，以便出洞觅食。夏季常沿水网的分布向四处流散。

主要以水生植物的茎、叶及根为食，亦取食灌木的嫩枝和外皮。在食源不足时，也取食某些软体动物、小鱼虾及蛙类。取食活动主要集中在黄昏，有时潜入农田危害作物，对河堤也有一定危害。

在东北，一般年产3胎。妊娠期22～30 d。每胎通常为5～6仔，最多可达16仔。初生幼仔重约21 g，第14～16 d睁眼，第4周断奶，至翌年始有生殖能力。在新疆，麝鼠每年大约繁殖2次，通常每胎产5～7只。春季冰雪消融之后开始交配活动，繁殖盛期在5～8月。生长发育较快，幼鼠生后半个月左右即可游水，春季出生的个体，在当年秋季即达性成熟，并参加繁殖。

洪水泛滥和水域的干涸，或冬季少雪，水域连底冻结，对麝鼠的生存威胁极大，常使鼠的数量大大下降。某些寄生虫病的侵袭，常影响麝鼠发育，停止生育或减少产仔数量。

【危害特征】 因主要采用散放方式饲养，因而形成野生种群。麝鼠捕食水中生活的甲壳类和双壳类，间接影响到当地鱼类的生存。水位的变化常常导致麝鼠迁移，有时随水流可以迁移到很远的地方，因而也将这些疾病带到新的地区。对水利工程有影响，在土坝的水下坝壁打洞营巢，危害河堤和防洪设施等。麝鼠对许多重要传染性疾病都敏感，如兔热病、鼠疫、李氏杆菌病均能感染，是野兔热（土拉伦菌病）的宿主动物。

S13. 鼹形鼠属（*Ellobius*）

鼹形鼠属种类耳壳退化，只剩一边缘；上门齿向前突出于口腔外，具一系列适应地下洞道生活的形态结构。栖息半荒漠和草原地带，亦可上升至亚高山草甸。营地下洞穴生活，洞道比较复杂。全世界有 5 种，我国仅有鼹形田鼠 1 种。

Z21. 鼹形田鼠（*Ellobius talpinus*（Pallas），1770）

鼹形田鼠别名翻鼠、顺风驴、推土老鼠、北鼹形田鼠、鼹形鼠、地老鼠、瞎老鼠、普通地鼠等，是我国田鼠亚科以掘土生活为主的鼠类之一。

【鉴别特征】 鼹形田鼠形似鼹鼠，体型粗短，上门齿特长，极度伸出唇外。尾长短于后足长，仅露出毛外。耳壳极退化，隐于毛下，眼不发达（图 2–79）。

● 形态鉴别

测量指标 /mm　体长 95 ~ 130，尾长 8 ~ 18，后足长 18 ~ 24。

图 2-79　鼹形田鼠（*E. talpinus*）形态

形态特征　体形与罗氏鼢鼠相近，但比鼢鼠小且细弱。尾甚短，微露出毛外。头大，眼极小，耳壳退化，耳孔隐藏于毛内。门齿显露于口外。前足 5 趾，拇趾短小，第 2、3 趾较长，足掌裸露，足垫 2 枚。后足掌足垫 6 枚。前后足掌两侧和趾的边缘生有梳状排列的密毛。体毛细软，毛色有常态型和黑化型两种。常态型的体背为沙黄褐色，从头顶至吻端逐步加深，为黑褐色，吻端则几乎为纯黑色。体侧与腹部均为污白色。足背与趾间的毛为白色。尾部背面淡黄或暗褐色，腹面为污白色。成鼠的毛色较深，幼鼠为灰色。黑化型的全身毛色乌黑，但毛基为白色，足背、趾间及尾部的毛为纯白色（韩崇选等，2005；图2-79）。

● 头骨鉴别

测量指标/mm 颅长 27.0～35.6，颧宽 19.0～24.0，乳突宽 14.0～15.0，眶间宽 4.4～5.8，鼻骨长 5.5～7.3，听泡长 6.6～8.7，上颊齿列长 5.7～7.0。

头骨特征 头骨粗壮，鼻骨伸出，颧弓向外扩展。颅骨吻部短，颧宽；脑盒宽，呈梨形。脑颅圆而平滑，棱嵴不特别突起。顶间骨狭窄，有些个体无顶间骨。门齿孔小，位于前颌骨与上颌骨交界处。腭骨后缘前端达 M^2 的连线。听泡较小。门齿前伸露于口外。臼齿咀嚼面与典型田鼠类有所不同，主要是两侧凹角大而浅，且几乎相对，因而不能形成闭锁三角形。M^1、M^2 内外侧各有 2 个凹角。M^3 内外侧各有 1 个凹角。M_1 在最后横叶之前，内侧有 3 个凸角，外侧有 2 个。M_2 在后横叶之前，内外侧各有 2 个凸角。M_3 在横叶之前内外侧各有 2 个凸角，但外侧的较小（图2-80）。

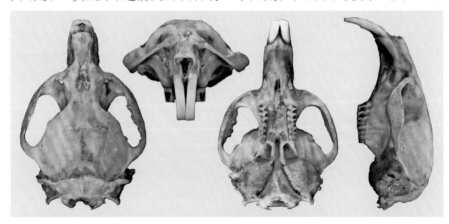

图2-80 鼹形田鼠头骨

【亚种及分布】 鼹形田鼠在国内分布于内蒙古、陕西、山西、甘肃、宁夏和新疆等地，国外见于蒙古、前苏联和阿富汗。国内记载的有 5 个亚种。其中，哈密亚种（*E. t. albicatus* Thomas，1912）分布于新疆哈密东南山地，模式产地在新疆哈密山地；伊犁亚种（*E. t. coenosus* Thomas，1912）分布于新疆天山山地，模式产于新疆昭苏木扎特；蒙古亚种（*E. t. larvatus* G. Allen，1924）分布于内蒙古西部、陕西定边、宁夏盐池等地，模式产地在蒙古戈壁阿尔泰；北疆亚种（*E. t. tancrei* Blasius，1884）分布于新疆北部的准噶尔盆地周围、阿尔泰山、天山北麓等地，模式产于蒙古和俄国境内阿尔泰山；准噶尔亚种（*E. t. ursulus* Thomas，1912）分布于新疆巴尔鲁克山，模式产地在新疆巴尔鲁克山。在宁夏，鼹形田鼠蒙古亚种主要分布于宁南盐池县鄂尔多斯台地的低湿洼地（图2-81）。

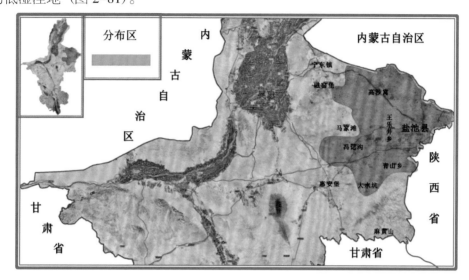

图 2-81 宁夏鼹形田鼠分布

【发生规律】 鼹形田鼠为典型的草原动物，主要栖息在荒漠、半荒漠地区。喜欢栖息在土层较厚、土质疏松、植物茂盛，而且根系发育良好的谷底和山脚下、林间空地、缓坡，以及开阔草地的低洼处；多砾石及土层较薄地段则很少栖息。在山前草原和丘陵地带，多栖息于丘陵之间的低地及沟槽等植被发育较好的地方；偶尔可见于山前绿洲农田。

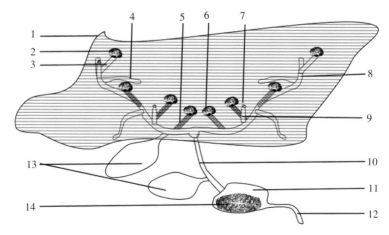

图 2-82 鼹形田鼠地面土丘和洞道结构示意

1.地面线；2.正形成的土丘；3.排土洞道；4.分支洞道；5.封住的排土洞道；6.形成的土丘；7.垂直洞道地面上的小孔；8.主洞道；9.垂直洞道；10.常洞；11.老巢；12.厕所；13.粮仓；14.睡垫

● 洞穴　鼹形田鼠营地下生活，洞道结构十分复杂。完整的洞系主要包括地面土丘、主洞道、排土洞道、分支洞道、垂直洞道、常洞、老巢、厕所和粮仓等（图2-82，图2-83）。每一洞群，一般有鼠5～6只，多时达10余只。

土丘呈新月状，分布在主洞道两侧，在地面上成串珠状排列，间距多为1～2 m，或更长。土丘底部30 cm×40 cm，高10～15 cm。正在推土修建的土丘边缘洞口呈裸露或者半封状态，新土丘边缘洞口封闭或者半封闭，老土丘边缘洞口不明显（图2-83）。

图2-83　鼹形田鼠的地面土丘

主洞道也可叫食草洞，是鼹形田鼠采食和来往行动的洞道。洞顶距地面15～20 cm，直径5～7 cm，四壁光滑。洞道与地面大体平行，蜿蜒曲折。洞道长短与栖息地食物丰富度有关，地面植被茂密，地下根茎丰富地段，洞道短，反之则长。多数10～20 m，最长可超过百米。

排土洞道是该鼠为将挖掘主洞道的土推出地面所开凿的侧道。排土洞道斜向地面，其洞口与主洞道的水平距离仅10～20 cm。它们在挖掘主洞道过程中，随时将挖下的土推到地面，在地面上形成串珠状排列的新月形土丘。排土完毕后即将此洞口及排土洞道用土填塞。排土洞道位于主洞道两侧。

分支洞道系主洞道的侧支，一端与主洞道相通，另一端为盲洞。其深度和直径与主洞道相似，也作为采食之用。当发现前方植物地下根茎不丰富时，即放弃挖掘而成盲洞。

垂直洞道通常位于排土洞道与主洞道结合部附近，其洞道与主洞道垂直，呈圆锥形接近地面。有时有一小孔与地面相通，但在地面上很难发现。据观察，鼹形田鼠从此小孔将整株植物拖入洞中，供其食用。垂直洞道可能是鼹形田鼠从洞内采集绿色食物的通道之一。

常洞是连接主洞道和老巢的通道。斜向深处，底端是老巢；两侧分布有粮仓和厕所。老巢位于洞系的最底层，是鼹形田鼠休息和繁殖后代的地方。老巢呈碗状，容积约 17 cm × 17 cm × 13 cm；巢室有用干禾草铺成的睡垫。分为冬巢和下巢。夏巢较浅，距地面 30 ~ 40 cm，其附近未有粮仓，但在巢内发现有吃剩下的植物根茎；冬巢则较深，位于冻土层以下，有粮仓。粮仓是鼹形田鼠贮存食物的仓库，位于巢室附近，容积约 25 cm × 25 cm × 13cm，数目不等。厕所也在老巢附近或者在常洞周围，为一短小盲洞（韩崇选等，2005）。

● 取食规律 植食性。以植物的根系为主，主要取食植物地下肥大的轴根和地下茎，也采食少量植物茎叶和种子。在洞穴仓库中曾发现野生麦穗、防风、柴胡、兰芹（*Carum carvi*）等的根系。秋季贮藏越冬食物。

● 繁殖特性 繁殖期为 4 ~ 9 月。年产 1 ~ 5 胎，每胎 2 ~ 7 仔。在乌鲁木齐南山，4 月份有孕鼠出现，但数量不多。5 月份孕鼠数量开始上升，至 6 月份达到第 1 次繁殖高峰；7 月份孕鼠数明显下降，8 月份出现第 2 次繁殖高峰。胎仔数一般为 4 只，最多达 8 只。种群的雌雄性比为 1：0.93，妊娠率为 51%。

● 活动规律 鼹形田鼠白天活动，其活动主要为开凿地下坑道，从中寻觅植物根茎。6 ~ 8 月，在 10：00 以前，18：00 以后最为活跃。此时可见其频繁地向外排土，地面上出现许多新鲜的土丘。鼹形田鼠虽营地下生活方式，但有时也到地面上来。这点可由在食肉动物—兔狲（*Felis manul*）的胃内容物和猛禽吐物中发现鼹形田鼠头骨碎片，以及在其洞内仓库中发现野生大麦穗，得以证明。

【危害特征】 鼹形田鼠常年在地下啮咬植物根系，拱掘地道，不断挖掘坑道觅食，将大量下层土壤抛出地面，掩盖草被，抑制植被的正常发育，致使牧草大量减产。在条件良好的高山夏季牧场，这种危害仅限于使当年牧草产量的减少，对植被的组成改变不大；但在条件较差的山前荒漠草原牧场，由于土丘的大量覆盖，往往可导致植被组成的演变。鼹形田鼠每个洞群平均推出土丘 6 ~ 8 个，覆盖面积为 13 ~ 18 m²。被覆盖的地方植株约减少 96%，造成地面植被稀疏，抑制植物的正常发育（图 2-83）。

S14.绒鼠属（*Eothenomys*）

绒鼠属是我国的特有属。个体较小，体长通常不超过 150 mm。体背面暗褐色，有时带棕黄色；体腹面大多为灰色至暗灰色略带浅土黄色。尾部通常背色较暗，腹色较淡。乳头 2 对。骨长多小于 33 mm。腭骨后缘在鼻孔后与翼骨基部处截然中断，不向后下方延伸，在翼骨两侧不形成翼骨窝；成体臼齿无齿根；臼齿咀嚼面由齿突由一系列三角形组成，但下臼齿咀嚼面左右两侧的三角形齿环两两相对，彼此相融合。

自从米勒（Miller）1896 年建立绒鼠属以来，绒鼠属分类争议就不断。国外多数学者将绒鼠属归鼠科（Muridae）的水田鼠亚科（Arvicolinae）；国内大多数学者将绒鼠归属于仓鼠科（Cricetidae）的田鼠亚科（Microtinae）。属下分类分歧更大，国外多以 Wilson（1993）的记述为准，国内以罗泽珣等（2000）的研究最为系统。现多数学者认为绒鼠属应分为 3 个亚属：*Anteliomys*、*Eothenomys* 和 *Caryomys*，包涵 11 个种（刘少英等，2005；罗泽珣等，2000）。其中，分布在宁夏的只有洮州绒鼠 1 种。

Z22.洮州绒鼠(*Eothenomys eva*（Thomas），1911）

洮州绒鼠属典型的东洋界森林类型。在宁夏主要生活在六盘山潮湿的森林草甸草原和疏林草地。数量较少，属稀有种，但在局部密度较高，对青海云杉、华北落叶松幼树造成危害。

【鉴别特征】 体型肥满而粗笨，地下生活型。四肢和尾均较短，尾长为体长的 1/3 左右。眼小，耳短。

● 形态鉴别 体型粗壮，体长约 90 mm，体重 25 g 左右。眼小，耳圆形。尾较长，尾长约 50 mm，占体长 55 % 以上。体背自吻端至尾基部毛色棕褐。耳淡棕色。体腹面灰褐沾黄，毛基深灰而尖端沙黄。尾呈明显的双色，尾上面黑，下面灰白色。足背灰白，体色因年龄、生境和季节不同有很大变化，从黑褐色属到棕红色。

● 头骨鉴别 头骨较纤弱，鼻骨前稍膨大。额骨眶间中央有一凹陷，矢状嵴及人字嵴均不显著，颧弓外突。M^1 左右对应的三角形交错分离。

【亚种及分布】 洮州绒鼠是我国的特有种，分布于四川、湖北、陕西、宁夏等省区。记载的有 2 个亚种。其中，指名亚种（*E. e. eva*（Thomas），1911）分布在甘肃的临潭、卓尼、武都、文县等地，模式产地在甘肃临潭。川西亚种（*E. e. alcinous*（Thomas），1911）分布在陕西南部、四川和湖北等地，模式产地四川岷江流域的汶川。洮州绒鼠在宁夏仅分布在泾源、隆德和原州等县区的六盘山，栖息于潮湿的森林草甸草原（图 2-84）。

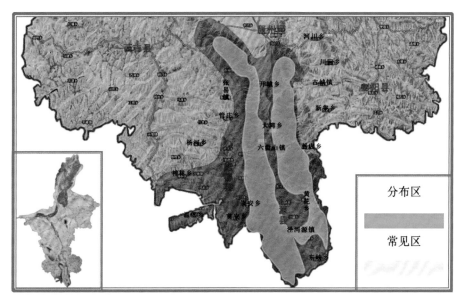

图 2-84 宁夏洮州绒鼠（*E. eva*）分布

【发生规律】 洮州绒鼠属典型的地下生活类型。在宁夏六盘山，该鼠主要栖息于海拔 1800 m 以上潮湿的森林草甸草原，在低海拔的树林、灌丛和草地也有分布。穴居，洞道简单。多在枯枝落叶层下打洞筑巢。洞道经过地方的落叶松幼树根基部树皮均被啃食，在被啃食的幼树下经常能发现洞道。洞道多呈网状分布，且盲道较多。洞道距地面深度为 2 ~ 35 cm，长度为 139 ~ 2 687 cm。临时老巢是洞道内膨大的部分，可能是绒鼠休息和临时贮食的场所。多数洞道最深处有 1 个圆形或椭圆形繁殖老巢。以夜间活动为主，白天也时常外出。取食活动主要在夜间进行，没有贮粮习性，不冬眠；在冬天仍在进行摄食。春季经常可看到该鼠洞道区域被危害致死的幼树。繁殖期在 5 ~ 10 月，6 ~ 7 月为盛期。年产 2 ~ 3 胎，每胎产 1 ~ 4 仔，以 2 仔居多。最早可在 5 月中旬捕到幼鼠。

在宁南六盘山林区，洮州绒鼠与甘肃鼢鼠、大林姬鼠、黑线姬、鼠社鼠和四川林跳鼠等同域出现。在海拔 1800 m 以下，洮州绒鼠捕获量占野外地面鼠捕获量不足 4.0 %，远小于大林姬鼠、黑线姬鼠和社鼠的 10.3 %、27.2 %和 8.3 %，但高于长尾仓鼠和四川林跳鼠的 3.4 %和 0.6 %。在海拔 1 800 m 以上，洮州绒鼠数量较多，年间变动较大，捕获量占比介于 4.0 % ~ 28.9 %之间，但明显少于大林姬鼠的 10.3 % ~ 41.3 %，与黑线姬鼠的占比 6.7 % ~ 27.2 %基本相当，也远大于社鼠、四川林跳鼠和长尾仓鼠的 8.3 % ~ 11.2 %、3.4 % ~ 4.4 %和 0.6 % ~ 2.0 %（王香亭等，1977；施银柱等，1978；秦长育，1991）。

【危害特征】 绒鼠是典型的森林鼠类。在宁夏仅分布于泾源县、隆德县和原州区六盘山林区。局部密度较高，啃食青海云杉、华北落叶松等的幼树根系和根基部树皮。

S15. 田鼠属（*Microtus*）

田鼠属田鼠亚科最大的属。体小型。体长不大于 150 mm。体型粗笨，四肢短，眼小。吻部短而钝。耳壳短小，略露于毛外；尾短，通常为体长之 1/3 或 1/4；足及四肢均较短；后足掌部仅近踵部被毛，其余部分裸露，足垫明显可见。无颊囊。头骨大小和形状随种不同而异。腭骨后缘中央均与翼状骨突相联结；在鳞骨上生有眶后嵴。上门齿向下垂伸或略向前倾延。臼齿一般都分成很多齿叶。咀嚼面平坦，其上有很多左右交错的三角形齿环，臼齿能终生生长。

田鼠类栖息环境从寒冷的冻土带直至亚热带的草原、农田、森林、高山。营地栖和地下生活。生活在草原地区，夏天以草、苔为食，其他季节则以谷物、种子、根、树皮为食。常挖掘地下通道或在倒木、树根、岩石下的缝隙中做窝。春季鼠窝中存粮减少或吃尽，田鼠活动频繁，饥不择食。夏季田鼠处于怀孕、产崽、分窝高峰，活动猖獗，极力搜找食物。秋季田鼠积极储粮，忙于奔波找食。冬季田鼠不冬眠，即使下了雪，黑夜仍会出洞活动。

据统计，田鼠属在全世界共有 41 种，广布于欧洲、亚洲和北美洲，个别种类分布在中美洲的危地马拉。在中国有 20 种，主要分布在东北、华北和西北部，个别种类扩展至江苏、浙江、安徽南部和福建北部。而在宁夏分布的只有东方田鼠和根田鼠 2 种。

Z23. 东方田鼠（Microtus fortis Büchner，1889）

东方田鼠别名沼泽田鼠、远东田鼠、大田鼠、苇田鼠、水耗子、长江田鼠、豆杵子等，是田鼠类中体形较大的种类，也是主要的农业害鼠和林业主要的根部害鼠。

【鉴别特征】 雌雄异型，具有性二型。体躯圆筒形，短肢，尾较长，为体长的 1/3 ~ 1/2，着生密毛；足背着生密毛，足垫 5 枚，耳短圆，稍露于毛外（图 2-85）。

● 形态鉴别

测量指标 /mm 体重 64.64 ± 13.93 g，其中雌鼠 60.68 ± 10.91 g，雄鼠 76.19 ± 15.92 g。体长 136.1 ± 2.6（110~190），其中，雌鼠 125.7 ± 9.7，雄鼠 135.9 ± 13.1；耳长 13 ~ 18，后足长 20.0 ~ 29.5，尾长 34 ~ 69。

形态特征 体型较大。足掌前部裸露，有 5 枚足垫，而足掌基部被毛。这是与莫氏田鼠相区别的关键特征，后者具 6 枚足垫（在吴忠利通区采集到的标本前足也有 6 枚足垫的个体，是否是莫氏田鼠，还有待进一步研究）。尾长为体长的 1/3 ~ 1/2，尾长约占体长的 39.15 %，尾毛较密。后足也较长，足掌基部有毛着生。后足足垫 5 枚。毛色因亚种不同而有变化。背毛黄褐色、褐色或黑褐色。毛基暗蓝灰色或灰黑色，毛尖黄褐或褐色。体侧毛色略淡。腹面一般灰白色，有的淡黄褐色或灰褐色。前足和后足的背面，毛色基本上与体背相一致，但有的稍浅，尤其是前足。尾毛上下有褐色或深褐色，和体背色泽相同或较深，下方或灰白、或浅黄、或淡褐，比上方要浅，上下方色调差别明显（韩崇选等，2005；罗泽珣等，2000；图2-85）。乳头胸部2对，鼠蹊部2对。

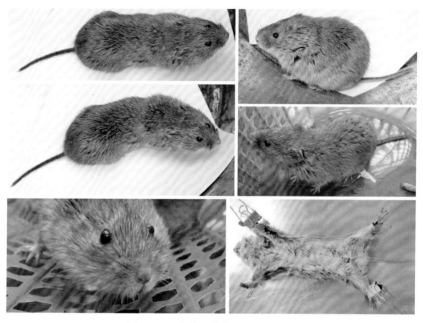

图2-85　东方田鼠(*M. fortis*)形态

● 头骨鉴别

测量指标/mm　雌雄鼠颅长分别为30.94 ± 1.44和32.24 ± 1.44，颧宽为17.29 ± 1.00和17.91 ± 1.03，颅高11.35 ± 0.51和11.57 ± 0.47，鼻骨长8.14 ± 0.53和8.67 ± 0.82，眶间宽4.16 ± 0.16和4.20 ± 0.16，上齿隙长9.60 ± 0.53和10.07 ± 0.58，上颊齿列长7.52 ± 0.34和7.70 ± 0.38，后头宽13.85 ± 0.52和14.18 ± 0.61（胡忠军等，2002）。

头骨特征　头骨坚实粗大，雄鼠的头骨显著大于雌鼠。背面呈穹形隆起。吻部较短，鼻骨不达前颌骨后缘。眶间纵棱多不甚明显，但老年个体的明显可见，且左右纵棱在中间部分彼此靠近，甚至两相接触。和田鼠属其他种相同，额骨后缘中央有向后伸的小骨，它与翼骨相连而形成两个翼窝。硬腭具有两条纵沟。听泡高。门齿向前略突出；M^1的前端有一常见的横叶，其后方有时4个交叉排列的闭合三角形，构成3个内侧的突出角和3个外侧的突出角。M^2在横叶之后有3个闭合三角形，构成3个外侧角和2个内侧角。M^3横叶后有3个闭合三角形，外侧2个三角形较小而内侧的1个较大，最后为一C字形齿叶，C形齿叶的缺口朝向内侧，使 M³ 具有内侧 4 个、外侧 3 个突出部分。M₁ 为田鼠属的典型式样，最后端是一横叶，其前有 5 个闭合三角形和 1 个三叶状的齿叶，该齿叶内侧尖突，外侧凸起（韩崇选等，2005；罗泽珣等，2000；图 2-86）。

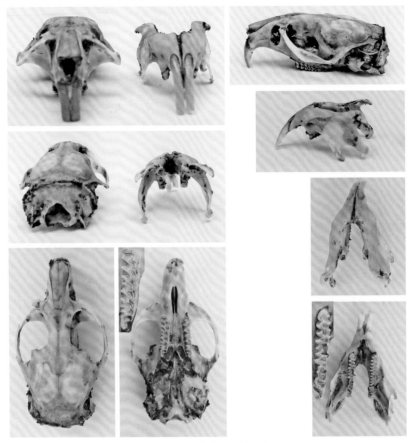

图 2-86 东方田鼠头骨

【亚种及分布】 在我国分布于东北、华北、西北和华南共 20 多个省区，在蒙古、俄罗斯远东地区的西伯利亚南部及朝鲜也有分布。中国动物记载中国有 5 个亚种（罗泽珣等，2000）。其中，指名亚种（*M. f. fortis* Büchner，1889）在我国分布于甘肃、陕西、宁夏、内蒙古等地，模式产地在鄂尔多斯边缘黄河北岸。江苏亚种（*M. f. calamorum* Thomas，1902）分布于江西、安徽、山东、四川、江苏、福建、浙江、湖南等地，模式产地在南京附近长江北岸。乌苏里江亚种（*M. f. pelliceus* Thomas，1911）分布于黑龙江的呼玛、伊春、同江、抚远、富锦、依兰、密山、安达、双鸭山，吉林的九台、安图、敦化，内蒙古的呼伦贝尔盟等地，模式产于西伯利亚东部乌苏里地区。福建亚种（*M. f. fujianensis* Hong，1981）主要分布于福建闽江上游的建溪、富屯溪流域的沼泽地或小溪流附近潮湿草丛中，模式产于福建省建阳县徐市公社（洪震藩，1981）。新民亚种（*M. f. dolichocephalus* Mori，1930）分布于辽宁新民、吉林双辽和内蒙古通辽等地，主要栖息在栖息在靠近河岸的沙地柏树幼林中。在宁夏，东方田鼠主要分布在银川平原及其黄灌区（秦长育，1991；张显理等，1995），尤以黄河滩地居多，种群密度较高。在六盘山和贺兰山林区也有分布（庞博等，2015；图 2-87）。

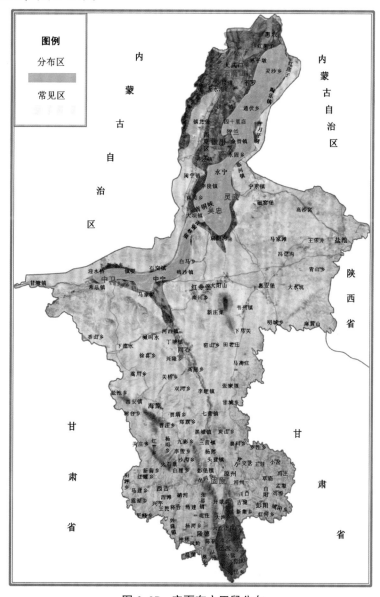

图 2-87 宁夏东方田鼠分布

【发生规律】 东方田鼠偏爱湿地环境。在东北地区，东方田鼠主要栖息在踏头草甸、苔草草甸和洼地草甸里，同时在榛丛、杨桦林和坡地林缘也有分布（张容祖等1995；夏武平等，1957）。在黑龙江绥芬河地区，东方田鼠是溪旁的优势种，而在次生林和农田数量极少（范维等，1985）。在吉林长白山水源涵养林及低湿地人造林地带数量较多，其密度与海拔高度、郁闭度显著负相关，与盖度极显著正相关，种群空间分布型为聚集分布（张恒等，1992，1993）。在宁夏主要栖息在黄河滩的湖滩、苔草、沼泽、芦苇荡等洲滩地以及黄灌区距离水源近的草地、农田和防护林带。

盛和林等（1964）在安徽贵池调查发现东方田鼠主要栖息于沿江及其支流岸畔河漫滩的低湿莎草地区，并密集在该地区新垦的菜田和麦田里，而在附近较高的山陵、山地山坡、村舍周围均无分布。枯水季节（10月~翌年4月），洞庭湖区东方田鼠主要栖息在湖滩上，以苔草沼泽和芦苇—荻沼泽为最适栖息地，汛期则被迫迁往垸内农田和岗地（吴林等，1997）。在福建阳徐，东方田鼠主要分布在靠近水源，砂质黄土，芦苇、小竹、水竹等丛生的低海拔地区（洪震藩等，1963）。但在福建其他地区以及浙江、湖南以及长白山1000 m以上的山顶草地、林地也有分布。在海拔1760 m左右的湖南城步县南山牧场，次生植被东方田鼠密度最高，原生植被次之，而人工林几乎无分布（王军建等，1990）。

● 食性 东方田鼠主要以草本植物的绿色部分为食，也吃种子、地下茎、地上茎、各种农作物，啃树皮。东方田鼠喜食含水量较大、质地松软的土豆、黄瓜等食物，不喜食干硬食物（张恒等，1997）。洞庭湖区东方田鼠的食物组成，在苔草地是苔草（*Carex spp.*）和水田碎米荠（*Cardamine lyrata*），在芦荻场是碎米荠（*Cardamine hirsuts*）、苦草（*Phalaris arundinacea*）、荻（*Miscanthus sacchariflorus*）和镜子苔（*Carex phacota*），在稻田区是水稻（*Oryza sativa*）和双穗雀稗（*Paspalum distichum*），在岗地是三毛草（*Trisetum bifidum*）、一年蓬（*Erigeron annuspers*）、千金子（*Leptochloa chinensis*）和水稻（*Oryza sativa*）（吴林等，1998）。含高蛋白、较高脂肪的人工颗粒饲料，有利于长江亚种的生长与繁殖（刘宗传等，1995）。北方的东方田鼠（东北亚种和指名亚种）有储粮习性（佟勤等，1989），而分布在南方的东方田鼠（长江亚种和福建亚种）没有此现象（张恒等，1997），由于北方冬季较长，贮食有利于北方种群在冬季的存活与繁殖。在宁夏永宁县黄河滩，东方田鼠在冬季大林啃食杨树、沙枣、柳杉幼树根系，也啃食幼林根基部树皮，尤其喜欢啃食杨树。

● 巢穴与巢区大小 洞穴结构因地区和季节变化较大，一般由老巢、洞道及地面洞口构成（图2-88）。在苔草墩子旁营造的巢，多将草墩挖1个侧坑为其洞穴，在农田中挖掘的洞穴也很简单，仅有一长约 0.5 m 的斜行洞道，距地面深 20 cm 左右，没有支道及仓库。复杂洞穴各地差异很大。宁夏青铜峡大坝乡东方田鼠洞道深 10~30 cm，洞口多为 6 ~ 11 个（曹建军等，1985）。在安徽贵池，洞口通常 4 ~ 8 个，最多达 21 个，老巢数为 1 ~ 5 个，新巢仅 1 ~ 2 个（盛和林等，1964）。湘南南山牧场的东方田鼠洞道深 20 ~ 30 cm，洞口多为 3 ~ 7 个，少数达 10 个以上，在主洞道有 1 老巢（郑明高，1994）。洞庭湖区东方田鼠的洞群规模最大，洞口平均为 14（1 ~ 89）个，洞道深 6 ~ 10 cm，有老巢 1 个或多个，仅 1 ~ 2 个有鼠居住（陈安国等，1998）。北方东方田鼠洞穴是否有贮食洞有粮仓（贮食洞），而南方东方田鼠无粮仓。

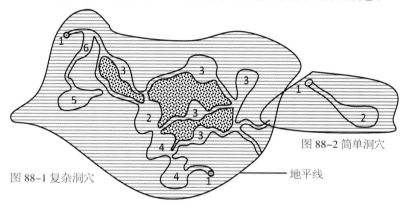

图 88-1 复杂洞穴 图 88-2 简单洞穴 地平线

图 2-88　东方田鼠洞穴结构示意
1. 地面洞口；2. 老巢；3. 仓库；4. 空巢；5. 暗洞；6. 明洞

在野外围栏条件下，雄性东方田鼠巢区大于雌性，平均约为 20 ~ 80 m²；并且种群外部因子食物、捕食及种间竞争，种群内部因子种群数量及个体体重独立或交互地对该鼠的种群巢区大小产生影响（杨月伟等，2005）。

● 生长发育与繁殖

生长发育　人工饲养条件下，东方田鼠长江亚种幼鼠，3 龄耳壳完全直立，8 日龄披毛长全，8~10 日龄睁眼，10 日龄左右牙齿长全，15 ~ 20 日龄可离乳，冬季出生的约 2 个月性成熟，春季出生的约 50 日龄性成熟（武正军，1996）。指名亚种的生长发育与此基本一致（胡忠军等，2003）。且两亚种体重生长均以 Von Bertalanffy 方程的拟合效果最优。

东北亚种和福建亚种幼鼠 40 g 性成熟（洪震藩等，1963；），甘肃指名亚种在幼鼠性成熟需要 2 个月左右（曹建军等，1985）。盛和林等（1964）认为 35 g 可作为安徽贵池东方田鼠的性成熟界限，根据幼鼠生长速率推测，幼鼠从出生到性成熟只需约 2 个月龄的时间。

梁治安（1986）根据野外种群的繁殖特征按全体重将黑龙江带岭的东方田鼠划分幼体组、亚成体组、成体 1 组、成体 2 组和老体组。武正军等（1996）则按胴体重将洞庭湖区东方田鼠划分上述五个年龄组，并根据生产发育过程中基本特征的变化将室内繁殖幼鼠的生长发育划分为乳鼠、幼鼠、亚成年、成年四个阶段。

  繁殖特征 从南到北，东方田鼠的平均胎仔数、怀孕率有升高的趋势，繁殖指数与纬度的相关性不明显，繁殖期从南到北依次缩短。夏季高温以及迁移过程中的体力消耗等因素导致东方田鼠在农田区繁殖力降低（郭聪等，1999）。

  野外，东方田鼠主要在春秋两季，孕期 21 d，1 年 2 ~ 4 胎，每胎 5 ~ 6 仔，最多达 14 仔，仔鼠成活率为 68.75。室内条件下，东方田鼠长江亚种和指名亚种一年四季均具有繁殖能力，3 ~ 4 月和 10 ~ 11 月为繁殖高峰期；雌雄单一配对比多性比配对的母鼠繁殖率明显提高；母鼠怀孕期 20 ~ 21 d，窝产仔数 3 ~ 11 只，平均 48 ± 15 只，初生重 25 ~ 44 g；幼鼠 3 日龄耳壳全部竖立，6 ~ 8 日龄被毛长全，7 ~ 11 日龄开眼，10 ~ 11 日龄牙齿长齐；15 日龄左右具有采食能力，20 日龄可完全断奶；60 ~ 70 日龄可见个别雌鼠阴门开孔，75 ~ 90 日龄多数雌鼠阴门开孔和雄鼠睾丸明显下位；3 月龄后体重、身长增长不显著。室内东方田鼠的繁殖季节、窝产仔数及初生鼠重与野生东方田鼠基本相似；种群密度、性比对雌鼠的繁殖率有明显影响；2 ~ 3 月龄为性成熟期，3 ~ 4 月龄为体成熟和初配时期。但成熟时间存在个体差异，同时受饲料营养和环境因素的影响（刘宗传等，2001）。低密度、单一配对较高密度、多性比配对的雌鼠受孕率明显提高。

  ● **种群动态**

  季节动态 在福建建阳徐，东方田鼠数量高峰在麦收季节（4 ~ 5 月），次峰出现在秋收季节（11 月）（洪震藩等，1963）。在黑龙江绥芬河，7 ~ 8 月东方田鼠密度最高，其他月份密度很低（范维等，1985）。洞庭湖区东方田鼠种群数量季节变动以"水位→栖息地"为主导，汛期迁入农田后，种群数量逐月下降，汛后迁回湖滩，种群数量逐渐上升，翌年迁移前数量为最高；该鼠种群数量年间变化很大，与枯水期长短密切相关（陈安国等，1998）。

  种群动态模型 东方田鼠迁入农田的数量与在湖滩生活繁殖时期的长短及 3 月降雨量密切相关（王勇等，2004）。迁入农田种群数量的预警模型为：

$$Y=0.0394X_1-0.0048X_2-5.0200$$

其中，Y 为迁入农田的鼠数量等级，X_1 为在湖滩露出与淹没之间的天数，X_2 为 3 月份降雨量。

  人类活动和环境演变对东方田鼠种群的影响 黑龙江带岭林区森林采伐后，由于某些山坡和台地的沼泽化导致东方田鼠数量的增加（夏武平，1958）。安徽贵池东南湖在 1965 年围垦之前，东方田鼠为当地的优势鼠种，而在围垦 8 年之后该鼠在该地已绝迹（安徽省卫生防疫所防疫科，1976）；此后，历次调查中均未发现东方田鼠，以为该鼠在安徽省内已绝迹，1996 年在贵池升金湖再次发现东方田鼠的存在，但密度很低（张家林等，1997）。陈安国等（1995）认为永久性的湖面萎缩、沼泽扩展是洞庭湖区东方田鼠暴发成灾的根本原因，人类伐林（上游）、围湖造田等经济活动加剧了此一进程。邹邵林等（2000）研究了洞庭湖区湖滩面积演变对东方田鼠暴发成灾的影响，认为中华人民共和国成立以来，洞庭湖区中低位湖滩出露面积不断增大，高位湖滩出露面积趋于减少，导致东方田鼠种群迅速膨胀并造成汛期东方田鼠大量向垸内农田迁移，引发鼠害，并预测三峡工程建成后，将影响湖滩出露面积和出露天数，进而对东方田鼠种群造成影响。

● 社群、杀幼、攻击和交配行为东方田鼠在洞庭湖湖滩雌雄分居，迁入农田区后雌雄群居；雌雄鼠均具有杀幼行为，且较为稳定，不因繁殖季节和年龄的改变而改变；不同个体间的攻击行为与熟悉程度、有无性经验、性别以及繁殖状况等（发情、哺乳等）有关。婚配制度为乱交制（郭聪，1998，2001）。

● 昼夜活动节律　东方田鼠昼夜均活动，但昼夜活动有季节性差异，夏季该鼠多在夜间活动，其他季节多在白昼活动（杜增瑞等，1960）。在夏季，安徽贵池东方田鼠夜间活动高于白天，黎明前高于黄昏，高峰出现在 2：00～4：00 时，中午因气温高而活动少（盛和林等，1964）。洞庭湖区东方田鼠昼夜均活动，但黎明和黄昏活动频繁，夜间活动高于白昼，昼夜均取食、饮水，但昼夜间差异均不显著（胡忠军等，2002）；但在涨水季节该鼠的捕获率夜间高于白天，尤以 24：00 时捕获最多（王勇等，2004）。东方田鼠福建亚种昼夜活动虽有季节差异，但以夜间活动为主（洪震藩，1963）。

● 迁移行为　东方田鼠有季节性迁移，夏季栖息于草甸子里，秋后迁往坡地越冬（邓址，1987）。除此主动迁移外，该鼠还有被动迁移现象，枯水季节洞庭湖区东方田鼠在湖滩上生长、繁殖，汛期被迫迁入垸内，当洪水退落湖滩出露之后又主动迁回湖滩，但若洪水再次上涨，其会再次迁入垸内（郭聪等，1997）。福建闽江上游的东方田鼠无大规模和远距离的迁移，但因食物条件以及季节变化的影响，该鼠也暂时性地变更栖息地（洪震藩等，1963）。

【危害特征】　东方田鼠危害各种农作物，造成减产；冬春季节转而危害林木，啃咬树皮和幼枝，造成苗木死亡或生长不良。也是鼠疫、流行性出血热、土拉伦斯病、蜱性斑疹伤寒、细螺旋体病病原的天然携带者。20 世纪 70 年代以来，东方田鼠在洞庭湖区暴发成灾，该鼠汛期成群迁移时危害性最大，不仅对滨湖农田各种作物成片洗劫，造成大面积失收，而且对芦苇—荻、园林以及护堤林新栽幼树产生危害，另外该鼠在被迫迁移时还经常引发钩端螺旋体、流行性出血热等病疫（陈安国等，1998）。近年来，该鼠沿湘江成功入侵到长沙市区（李波等，2005），导致入侵的原因值得研究。东方田鼠在东北主要危害赤松、樟子松，红松、杨树的幼树及大树，在山区果园中危害杏、李子等幼树，咬断树根，树干基部环状剥皮，咬断幼树顶梢枝条，造成林木死亡。对造林地中的非目的树种柞树、柳树、若条、悬钩子等也有较严重的危害（佟勤等，1989）。在宁夏黄灌区主要危害杨树和柳树，局部地区对1年生苗木根部危害率可达31%~45%；对造林2~6年的幼树根基部啃皮环剥可达30%以上（图2-89）。

照片1~3是柳树苗木危害状，2015年4月19日摄于宁夏永宁县；照片4~7是杨树苗木根部为害状，2015年2月6日摄于宁夏永宁县；照片8~9是造林3年的杨树丰产林根基部啃皮环剥为害状，2015年4月19日摄于宁夏永宁县。

图2-89　东方田鼠危害状

Z24. 根田鼠（*Microtus oeconomus* Pallas，1776）

根田鼠别名经济田鼠、苔原田鼠、家田鼠、简田鼠等。古北界主要营地下生活的种类，属典型的根部害鼠。

【鉴别特征】 外形酷似西南田鼠，比普通田鼠略大且粗壮。毛较粗，耳后无淡色斑，足趾爪细而弱，尾被毛较短，尾端毛束白色（图2-90）。

图 2-90 根田鼠（*M. oeconomus*）形态

● 形态鉴别

测量指标/mm 平均体重40～78 g，雄鼠明显重于雌鼠。体长100.0～150.0，尾长30.0～55.5；后足长14.0～20.0；耳长12.0～16.0。

形态特征 体型中等，体型中等。外形酷似西南田鼠，比普通田鼠略大且粗壮。吻部短而钝，耳壳短小。尾很短，通常为体长之1/3或1/4，但大于后足长的1.5倍。足及四肢均较短，足趾爪细而弱；后足掌部仅近踵部被毛，被毛多蓬松，其余部分裸露，足垫明显可见。被毛较粗。耳后无淡色斑。背毛色通常与一般田鼠相似，呈黑褐色，有时呈赤褐色，沿背中部毛色深褐；体腹面夏毛为淡蓝灰色，毛尖白色，有的腹面呈淡黄褐色；四肢外侧为灰褐色，足背灰褐色或者暗银色；尾毛较短，尾端毛束白色，尾背面黑褐色，腹面白色（韩崇选等，2005；图 2-90）。

● 头骨鉴别

测量指标 /mm　颅长 23.7 ~ 29.9，颧宽 13.0 ~ 17.0；鼻骨长 7.0 ~ 10.3；眶间宽 2.9 ~ 3.5；后头宽 12.0 ~ 16.5；上颊齿列长 5.7 ~ 6.8。

头骨特征　颅骨形状随产地而异，但略显宽大。眶间纵嵴明显。前颌骨后端略超出鼻骨。颧骨相当宽大，颧宽约占颅长的 50 %，眶间宽也较大。腭骨后缘中央均与翼状骨突相联结。上门齿向下垂伸或略向前倾延。上齿列长短于齿隙之长度。M^1 前端具有 1 个横咀嚼面和 2 个外闭合及 2 个内闭合三角形咀嚼面。M^2 在横咀嚼面之后为 2 个外闭合三角形和 1 个内闭合三角形，或者内侧有 2 个突出角，外侧有 3 个突出角。M^3 在横咀嚼面之后有 2 个小的外三角形和 1 个较大的内三角形与前端咀嚼面齿质相通，后者内外缘各有 1 缺刻，内缘的较深。M_1 最后横叶之前有 4 个封闭三角形与 1 个前叶，M_2 和 M_3 均具 3 个半月形或类长方形的斜列齿环（韩崇选等，2005；图 2-91）。

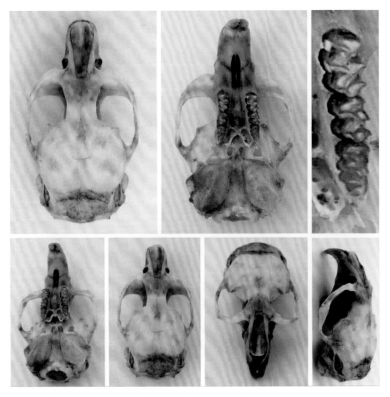

图 2-91　根田鼠头骨

【亚种及分布】　根田鼠在国内分布于陕西、甘肃、宁夏、青海、新疆和四川等地，国外见于布于奥地利、白俄罗斯、加拿大、捷克共和国、爱沙尼亚、芬兰、德国、匈牙利、哈萨克斯坦、立陶宛、蒙古、荷兰、挪威、波兰、俄罗斯、斯洛伐克、瑞典、乌克兰和美国等。有 16 个亚种。分布在我国新疆阿尔泰山区和塔尔巴哈台的是阿尔泰亚种（*M. o. altaicus* Ognev，1944），陕西、甘肃南部、青海东部、宁夏六盘山山区和四川的根田鼠是甘肃亚种（*M. o. flaviventris* Satunin，1903），青海柴达木、内蒙古和甘肃祁连山的属柴达木亚种（*M. o. limnophilus* Büchner，1889），新疆天山山地的是天山亚种（*M. o. montiumcaelestinum* Ognev，1944）（罗泽珣等，2000）。分布在宁夏境内泾源县海拔 2 300 m 左右的森林草甸草原、森林草地等生境的是甘肃亚种，特别是在水源附近，或者潮湿的地方数量较多。

【发生规律】　根田鼠是喜湿动物，常栖息在河流和湖泊岸边的林带、苔藓沼泽边缘或树根腐蚀后的苔类丛生地以及具岩石苔类的山顶。在农田中也有栖居。在新疆，栖息于海拔 2 000 m 以下的山地森林草甸草原、山地草原及山前平原地带。其典型生境为上述景观中的杂草丛生的潮湿地段，如溪流和池沼沿岸、灌丛河滩地、泉水溢出地带和沼泽草甸等处。在北疆的额敏谷地和博尔塔拉谷地，根田鼠常与水?栖于同一生境。林区的苗圃、绿洲中的灌渠岸边，以及果园中也有发现。此外，在玛纳斯河下游的芦苇沼泽边缘的家屋内也能捕到不少这种鼠。在伊犁地区，根田鼠在胡麻地内数量最多，其次是水渠两旁。一般旱田高秆作物地内很少（朱盛侃等，1972）。

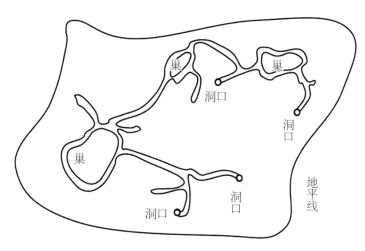

图 2-92　根田鼠洞道结构示意

　　根田鼠的洞系构造较复杂。每个洞系有 2～5 个洞口，洞口直径约为 2.5 cm，洞口与地面垂直。洞道弯曲且多分枝，洞道全长 270~700 cm，占地面积达 175 cm×132 cm。

巢于草滩者，其洞道的一部分或大部分常以浅沟为底，另由枯草卷折而成顶盖；巢于沼泽地带者，其洞口开于草墩之侧面，而营巢于草墩中。每一洞系有巢 1～3 个（陈鉴潮等，1982；图 2-92）。在新疆，洞口多开在草丛中和小灌木的根部。在潮湿的草丛中，根田鼠不筑地下洞，而在草被上营地面巢。由于洞道较浅，在栖息地长形成裂脊。

主要以植物绿色部分为食。夏季食取禾本植物的绿色部分，冬季则在雪被下挖食植物地下根茎，啃食幼树的树皮。

根田鼠喜水，善游泳，在水中能浮游达 100 m。昼夜活动，但以夜间活动为主，24：00 左右最为活跃。12：00～16：00 活动最少。在青海门源，越冬根田鼠，雌雄鼠活动距离分别为 80.98（14.14～282.84）m 和 119.93（53.85～196.45）m，当年出生的雌雄鼠活动距离分别为 53.48（28.28～196.02）m 和 53.95（22.36～231.94）m（孙儒泳等，1982）。成年雄鼠的巢区彼此重叠面积很大，随着繁殖强度的减弱，重叠程度也降低；而雌雄根田鼠的巢区在任何时候也彼此相重叠。

雌鼠依靠嗅觉记忆力识别雄鼠个体的血缘关系，交配时对陌生非亲属雄鼠的气味更感兴趣，在交配行为上主动回避亲属雄鼠。在交配过程中，根田鼠插入时具有多次抽动和射精，但并非每次都射精，尤其在最初交配时。每次交配时间为 217.9 ± 45.0 s。根田鼠属于无限制、抽动、多次插入和多次射精模式。总的抽动次数为 69 次，平均射精频率为 3.1 ± 0.3 次（王振龙等，2001）。

根田鼠 3 月即有繁殖现象，每年可产 3～4 胎，每胎 3～6 仔，至 9 月即无怀孕雌体。在甘南藏族自治州调查，7 月上旬发现的根田鼠幼鼠，其体长已接近于成鼠体长的 2/3，繁殖盛期为 6～7 月，每胎产仔 3～5 只。在新疆额敏谷地，6 月初可见当年春季出生的幼鼠；在北疆的 6 月份已进入第 2 次繁殖，秋季可能还要繁殖 1 次。怀孕期 20.6（18～24）d。雌鼠分娩后第 3 天，即可交配和怀孕。鼠 8 月份雌性妊娠率最高，达 62.96 %，10 月、11 月的依次降低，分别为 28.5 % 和 16.22 %。亚成体的妊娠率为 5.7 %，成体、老体的怀孕率分别为 70.4 % 和 37.5 %。当年出生幼鼠最早交配和怀孕的日龄在 60～185 d，最迟交配和怀孕的日龄为 360 d 以上，大部分当年生幼鼠翌年才能参加繁殖。

雌鼠产仔后，通常和幼仔在巢穴内生活，抚育幼仔。雄鼠主动保护幼仔，帮助修饰巢穴。当幼鼠断乳时，雌、雄共同将巢外食物拖入巢穴，然后咬碎供幼仔取食，一直到幼鼠能独立活动。幼鼠生长发育迅速，出生后 15 d 左右就可离巢，独立取食（梁杰荣等，1982）。幼仔断乳时间随着产仔多少有不同，产仔多，断乳慢；反之，产仔少，发育快，断乳快。断乳时间最短为 15 d，最长为 20 d。哺乳期在 15～20 d 之间。

从秋季至入冬前，亚成体在种群中所占比例逐渐减少，而成体、老体所占比例逐渐增大。

【危害特征】 根田鼠主要在秋、冬、春3季对林木产生危害，其危害症状因树种、树龄和发生地点有所差异；其危害后往往在林木周围不留残渣；但在啃食不喜食的林木时，会残留大片被啃撕下的树皮碎片和被咬断的枝条（图2-93）。在新疆，主要在灌区危害阔叶防护林、丰产林、生态林和经济林。对新造林和幼树主要是截根危害和啃食土表下3~5 cm以上的树皮和嫩枝；对成林或者15年以上的大树主要啃食土表下3~5 cm以上的树皮。另外，在苹果、红枣和桃等成熟季节，根田鼠也上树啃食水果。对针叶树主要危害新造林和幼树，主要啃食林木下半部主干树皮和幼嫩枝条，很少取食针叶；危害后林地仅残留带有针叶的枝梢。根田鼠在草场上啃食优良牧草，加之其洞道弯曲多枝，破坏草皮，致使牧草成条带式枯死，影响牧草的生长及产草量；在农区，盗食作物种子；在林区，常给苗圃和果树的幼树带来极大危害。冬季时营雪下觅食活动，因此幼树雪下部分的外皮多被它啃光，致林木早期枯死。同时为土拉伦斯病、细螺旋体病或丹毒的病原天然携带者。

图 2-93　根田鼠对林木的危害症状

YK6. 沙鼠亚科（Gerbillidae）

沙鼠外形似家鼠类（*Rattus*），体型中小、粗壮、坚实或细弱瘦小。体长约在50~200 mm。尾长于、等于或短于（体长的80%）体长。尾被以短毛，端部较长，常形成笔状毛束。四肢略长，后足较长，但不似跳鼠类后腿延长。足垫不同程度退化。体色与栖息环境的荒漠景色相似，多为深浅不同的沙黄褐色。腹部多为白或污白色。头骨较宽阔。鼻骨前伸突向门齿。上颌骨颧突宽阔，产生较深的眶下孔。蝶骨板发达。泪骨扩张形成明显的板状于眼眶前方。成体听泡极度扩大，特别是岩乳骨部。

门齿唇面具沟，其中，大沙鼠属（*Rhombomys*）2 条纵沟，肥沙鼠属（*Psammomys*）无沟，其他各属具 1 条纵沟。牙齿珐琅质较薄。臼齿咀嚼面无齿突，表面由于两侧向内对应的凹陷，形成深浅不一的凹角，组成各种形态的齿环，如菱形、三角形甚或椭圆形（陈卫等，1999）。

沙鼠亚科现有 15 属约 110 个种。分布整个非洲、阿拉伯半岛、小亚细亚、中亚、印度半岛、缅甸、蒙古以及中国的西北、华北和东北地区，主要栖息于荒漠草原、山麓荒漠、戈壁和沙漠中，有的种也侵入到开垦后的农田地区。我国有短耳沙鼠属（*Brachiones*）、大沙鼠属（*Rhombomys*）和沙鼠属（*Meriones*）等 3 属 7 种。其中，短耳沙鼠（*B. przewalskii* Büchner，1889）是我国特有种，分布于新疆维吾尔自治区南部、内蒙古自治区西部和甘肃省西部（陈卫等，1999）。分布在宁夏的有 1 属 2 种。

沙鼠亚科种类主要栖息于各种荒漠生境中，有发达的爪，善于挖掘复杂的洞系。尤以大沙鼠最突出，其洞系有洞口几十个到上百个，洞道在地下相互交错，有 2～3 层；内有老窝、粮仓和厕所。而且常形成洞群分布。食物组成广泛，植食性为主，包括各种荒漠植物和小型动物以及农作物、水果等。繁殖能力强，很多种类全年繁殖。昼行、夜行或于黄昏和拂晓活动。沙鼠非常适应干旱地区的生活，一生中几乎不用喝水，有锋利的爪，可挖掘复杂的洞穴，并在洞穴中储藏大量食物。沙鼠中有些种类后肢比较长，将身体远离滚烫的沙地，适合跳跃行走，尾较长，用于平衡。沙鼠在春末夏初开始繁殖，年产 2～3 胎，胎产 3～8 仔。寿命约 2 年。

由于啃食植物和打洞，在许多地方形成农业或固沙的害鼠。沙鼠是沙漠肉食动物的重要食物来源，天敌主要是蛇类、猛禽类和小型食肉兽类等。

S16. 沙鼠属（*Meriones*）

沙鼠属种类体型较小，体长多小于 200 mm。尾稍小于或大于体长。耳大，前折时可达眼。体毛密而柔软或短而硬。尾上覆毛，近基部较短，向尾梢毛渐长，至尾端形成毛束。色纯黄或沙色和灰色至褐色。腹毛及前后足白色或污白色。后足掌底全部被毛或足跟部裸露，有些种类在后足掌中央有一条明显的纵斑。爪正常。头骨轮廓分明，吻鼻部较长，眶上嵴较为明显，听泡发达，外听道口前方的管壁膨大或不膨大，膨大者与鳞骨颧突接触。乳骨泡膨胀，超出或不超出枕骨之外。上门齿唇面仅具 1 条纵沟。成体臼齿具根，齿冠较高。臼齿咀嚼面形成左右凹陷中央贯通的菱形齿环。M^1 具左右两个凹陷，M^2 左右只 1 对凹陷，M^3 无凹陷呈圆形。该属种类分布区包括自非洲北部经中亚各国向东至蒙古过和我国内蒙古及华北北部、西北大部分地区。现有 16～19 种，分布在我国的有 5 种。其中，子午沙鼠和长爪沙鼠在宁夏除六盘山林区外，其余地方均有分布。

宁夏沙鼠沙鼠属种检索表

1. 腹毛纯白色,爪色淡,听泡大,听道口形成小鼓泡……………………子午沙鼠(*Meriones meridianus*)
   腹毛毛基灰色,爪色暗,听泡小,听道口未形成小鼓泡……………… 长爪沙鼠(*Meriones unguiculatus*)

Z25. 长爪沙鼠(*Meriones unguiculatus* Milne-Edwards,1876)

长爪沙鼠别名蒙古沙鼠、黑爪蒙古沙土鼠、黄耗子，长爪砂土鼠，沙鼠，黄尾鼠，砂土鼠等。属典型的草原荒漠种类，也是主要的农田害鼠和林业种食害鼠。

【鉴别特征】 长爪沙鼠是一种小型草原动物，大小介于褐家鼠和小家鼠之间，中小型鼠类，外形与子午沙鼠很相似，但爪黑色（图 2-94、图 2-95）。

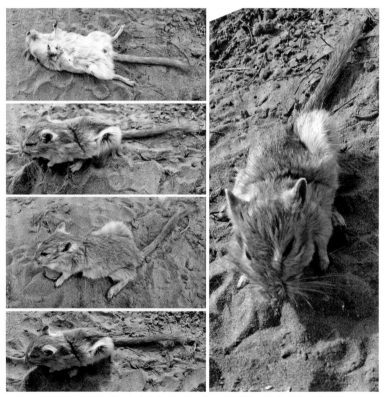

图 2-94　长爪沙鼠(*M. unguiculatus*)(银川滨河新区)

● 形态鉴别

测量指标 /mm　体重 32 ~ 113 g，体长 90 ~ 132；尾长 82 ~ 106，为体长的 70 % ~ 90 %；后足长 21 ~ 32；耳长 9 ~ 17，约为后足长的 1/2。

形态特征　宁夏银川滨河新区及其周围长爪沙鼠为指明亚种。头和体背部为棕灰黄色，毛基青灰色，上端棕黄色，部分毛尖黑色，整个背部杂有黑褐色长毛。耳壳前缘生有灰色、黄白色的刷毛，耳壳内侧耳尖有灰黄白色的短毛，其余部分几乎是裸露的。耳壳背面耳尖生有与背部颜色一致的短毛，下部及耳基下外侧和耳后有一小块纯黄白色毛区。眼大而圆，眼周有一圈较头部稍淡的毛。由口角向侧上方到前肢基部上方为纯白色，形成了一条白色条带，与下颌、前胸及前肢内侧的纯白毛联成一片。腹毛毛基淡灰色，中段和上段为白色，所以腹毛呈污白色。四肢内侧的毛与腹毛色同，外侧为棕黄色。爪较长，趾端有弯锥形强爪，适于掘洞；后肢蹠的和掌被以细毛，后肢跖部及掌部全部有细毛。趾端有爪，呈锥形，比较锐利，爪基黑色，爪尖灰黄。尾长而粗，尾上被密毛，尾端的毛较长，在末端形成"毛束"。尾毛明显分为2色，上面为黑色，下面为棕红色，其颜色较体背鲜艳。尾端毛束以黑色为主，夹有棕黄色毛（韩崇选等，2000；高共等，2012；图2-94）。吴忠利通区及其附近长爪沙鼠为蒙古亚种。其体型及外部特征与滨河新区长爪沙鼠的体型基本一致，但毛色偏暗。其背毛灰褐色，腹毛灰白色，尾上毛色也称灰褐色，尾端毛束不明显（图2-95）。

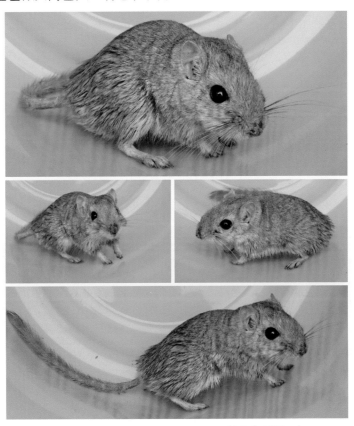

图2-95　长爪沙鼠（*M. unguiculatus*）（吴忠利通区）

● 头骨鉴别

测量指标 /mm　颅长 29.4～37.4；颧骨 16.0～21.3，鼻骨长 10.0～14.3；眶间宽 5.0～6.3；齿隙 6.8～8.6；上齿列长 4.3～5.7；听泡长 9.9～12.3，听泡宽 6.3～7.1。

头骨特征　颅骨较宽阔，颅宽约为颅长之半。鼻骨较长，约为颅长的 1/3。眶上嵴不十分明显。额骨较低平。顶骨宽大，背面隆起，其前外角微向前延伸，使顶骨前缘向内凹下。顶间骨稍大，略呈、卵圆形，宽小于长的 50 % 以下，后缘向后略突出，前缘中部向前突，并和顶骨后缘相接触。听泡发达，隆起，但较子午沙鼠略小，未与颧骨的鳞骨角突相接触，两听泡最前端距离较近。门齿孔狭长向后几乎伸达臼齿前缘的连线。颧弓前窄后宽。上颌骨的颧突较大。眶下孔几呈圆形。上门齿橙黄色，前面有纵沟。上臼齿 3 枚。第一枚最大，其内外侧各有两个凹陷；第 2 枚次之，其内外侧各有一个凹陷；第 3 枚最小，呈圆柱形，无凹陷。上臼齿的咀嚼面较平坦。釉质磨损后，其内外侧的凹陷将齿冠分为一系列相对的三角形。两个三角形互相融合，构成菱形和不规则的椭圆形的齿叶。M^1 与 M^2 分别有 3 个和 2 个齿叶。M^3 的咀嚼面近圆形。下臼齿与上臼齿的结构基本类似（韩崇选等，2000；高共等，2012；图 2-96）。

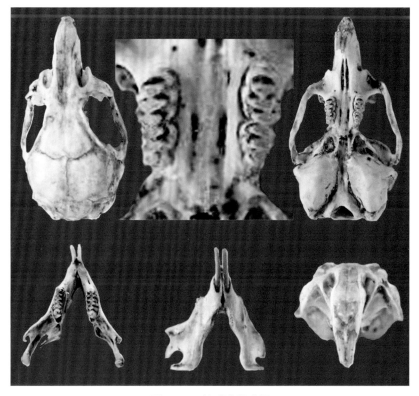

图 2-96　长爪沙鼠头骨

【亚种及分布】 长爪沙鼠国内分布于吉林、辽宁、内蒙古、河北、山西、陕西、宁夏、甘肃、青海和新疆；蒙古和俄罗斯的外贝加尔地区也有分布。记载有 5 个亚种。其中，指名亚种（*M. u. unguiculatus* Milne-Edwards，1867）在我国分布于黑龙江、吉林、内蒙古、山西、陕西、宁夏、青海、甘肃、河北等地，该物种的模式产地在山西北部。内蒙古亚种（*M. u. chihfengensis* Mori，1919）主要分布于内蒙古及其毗邻的省区，包括河北省北部、山西、陕西、甘当、宁夏、青海等地的草原地带。宁夏境内子午沙鼠主要分布于宁夏北部和中部的干旱、半干旱区，包括银川市的西夏区、灵武市、永宁县、贺兰县，石嘴山市的大武口区、惠农区、平罗县，吴忠市的利通区、红寺堡区、青铜峡市、同心县、盐池县，中卫市的沙坡头区、中宁县、海原县等。与子午沙鼠同域分布，但多选择在开阔地带、疏林、草原、苗圃和农田栖息，局部密度较高(图 2-97)。

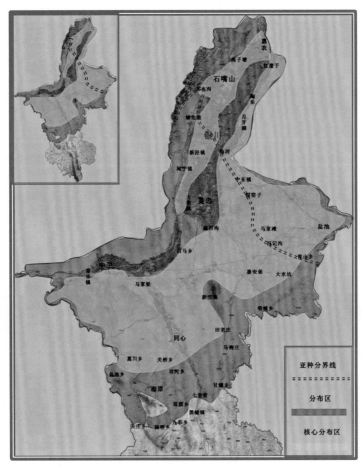

图 2-97　宁夏长爪沙鼠分布

【发生规律】 长爪沙鼠为中小型荒漠草原动物。喜栖于松软的沙质土壤的荒漠草地、同定半固定沙丘、林耕地、渠背、田埂等。一般沿着植物生长良好的谷沟、坡面、道路两侧，或者在许多独立存在的小片沙土半沙土地带栖息。在一些植被较好的固定半固定沙丘数量较多。由于土壤、地形地貌、降水、日照、植被等多种因素的综合作用，造成了其数量在一些地区的高度集中。另外，表现为弥散式的分布，单位面积上的密度不高，但存在的面积较大。在条件优越的环境，常年保持着较高的数量，尽管有时因条件恶化和流行病等，引起数量上的减少，但间隔一定时间，可迅速恢复（高共等，2012）。

长爪沙鼠栖居于沙质土壤的草原地带，农田中数量也很多。在疏松的沙质土壤、背风向阳、坡度不大并长有茂密的白刺（*Nitraria rhizosphere*）、滨黎（*Atriplex* spp.）及小画眉草（*Eragrostis minor*）等植物的环境条件下，常常可成为沙鼠栖息的最适生境。在这样的生境中，有时密度可达 50 只/ hm² 以上。在干草原的长爪沙鼠除非在大发生的年代里可以波及至较大的范围以外，在一般情况下，仅有零星的分布；在撂荒地上往往能形成较高的密度；在农业地区主要栖居于田埂、水渠垄背和人工林边的荒地，秋季则迁入农田。

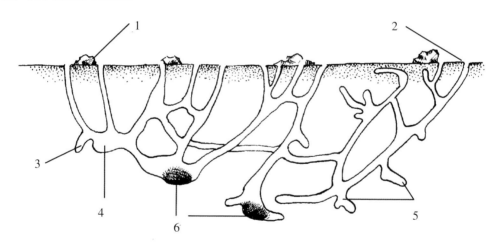

图 2-98　长爪沙鼠的洞道结构示意
1.瞭望台；2.洞口；3.盲洞；4.厕所；5.粮仓；6.老窝

长爪沙鼠多以家族为单位生活在一个洞系内。洞系由洞口、洞道、仓库和巢室等部分组成（图 2-98）。可以分为越冬洞、夏季洞和临时洞。越冬洞洞道复杂、分支多。每一洞系有 4～10 个洞口，形成一个洞群。洞口略呈扁圆形，高 6 cm，宽 6.5～7 cm，接近地面的洞道先以 45～60°角斜行而下，入土 30 cm 以后的洞道则基本与地面平行，巢室一般离地 50～150 cm，通常都在冻土层内。窝内铺有盐生酸模（*Rumex marschallianus*）、雾冰藜（*Bassia dasyphylla*）、小画眉草、虎尾草（*Chloris virgata*）或针茅（*Stipa* spp.）等植物；仓库可多到 5～6 个，其容积大小不等。每一个洞群居住着一个小的群体。在鼠数量多时，许多洞群之间往往相连，界限不分。夏季洞道较简单，无仓库。临时洞则更简单，仅有 2～3 个洞口，洞道短而直，是沙鼠的临时藏身处。

长爪沙鼠主要在白天活动。不冬眠，在-20 ℃的冬季里仍可外出活动，冬、春季节活动时间主要集中在中午（10：00~15：00），夏、秋季节则从早到晚全天活动。其活动距离可由数百米到一千米。

长爪沙鼠常以滨藜、猪毛菜（*Salsola collina*）、绵蓬、蒿类和白刺果等植物的绿色部分及其种子为主要食物，在农区则主要采食糜、黍、高粱、谷子、蚕豆、胡麻、苍耳和益母草等，尤其喜食胡麻和糜黍类。到秋季作物收割时开始贮粮，其贮藏量可从几千克到数十千克不等。牧区该鼠贮粮的植物多为白刺、沙蓬（*Agriophyllum sqarrosum*）、绵蓬、苦豆子（*Sophora alopecuroides*）和蒺藜（*Cenchrus echinatus*）种子等。

在环境条件适宜的情况下，全年各月份都可发现有妊娠母鼠。而其繁殖高峰则集中在春、秋两季，在农区约于 2～5 月份和 7～9 月份繁殖，7 月份的妊娠率最高。在草原地区，3、4 月份进入交配期，繁殖活动极其活跃，母鼠妊娠率高达 41 %～57 %。由此可知，农区和牧区长爪沙鼠繁殖高峰是有明显差异的。每胎 3～10 仔，平均 6～7 仔，妊娠期约为 20～25 d。6 月初可见到大量幼鼠出洞活动。春季所产幼鼠，当年秋季即可繁殖；但秋后所产幼鼠则要到翌年 4 月份才开始繁殖。长爪沙鼠的自然寿命约 1.5 a（赵肯堂，1981）

长爪沙鼠是多次发情动物，63～84 d 性成熟。雌鼠阴道开口日龄为 36～99 d，平均 57.6 ± 2.1 d；雄鼠睾丸下降至阴囊的日龄为 35 d 左右。雌鼠动情期可见阴道开口明显，外阴湿润。雄鼠追逐雌鼠，嗅其阴部，雌鼠亲近雄鼠，也嗅其阴部。雄鼠追逐雌鼠时，常伴有后足重击地面发出"咚咚"声。交配时，雌鼠后肢下蹲，脊柱前凸，雄鼠前肢抓抱雌鼠背部，后肢弯曲，下身往前送，阴茎插入，身体颤动，射精。交配动作完成，雄鼠从雌鼠身上爬下，两鼠仍很亲密。常见重复交配，有时重复交配次数多达 24～62 次。交配后在阴道内形成一个小的交配栓。沙鼠的交配行为一般发生在傍晚或夜间。有产后交配习性，产后 1 d 内交配发生率约 60 %，大部分可妊娠产仔。

分娩通常发生在夜间。分娩前可见孕鼠骚动不安，清理产床，外阴湿润，阴道口扩大，然后孕鼠俯卧巢内，见流血和羊水后，胎仔逐个娩出，母鼠吞食胎盘和断脐，舔幼仔，分娩过程约需 1 h。分娩后，一般能把仔鼠衔到巢内哺乳。

夏武平等（1982）将长爪沙鼠划分为 4 个年龄组。一般年份中 1～3 月和 11、12 月均由亚成体、成体和老体 3 个年龄组组成，4～10 月份由幼体、亚成体、成体和老体 4 个年龄组组成，但由于以体重和体长为主要指标，个别年度的 3 月、11 月和 12 月偶有幼体的存在。1～6 月份幼体从无到有，从少到多，7～12 月份幼体从有到无，从多到少，说明在上半年随着气温的回升，种群逐渐进入繁殖时期，下半年随着气温的下降，繁殖逐渐结束，幼体逐渐消失；故在 4 月份可捕到幼体，说明该鼠在 3 月份已进入了繁殖期，11 月份偶有幼体捕到，但其数量明显减少，说明 10 月份仍有极个别个体在繁殖，故长爪沙鼠的繁殖时期为 3～10 月份。不同年度的同一季节的年龄结构不同，其年龄结构似与种群密度有关，但经相关分析，年龄结构与种群密度的相关性达不到显著水平（刘法央等，1997）

自然界鼠类的雌雄比约为 1∶1，但往往有年度和季节差异。在繁殖时期雌性明显多于雄性，且差异显著，繁殖结束后雄性比例有所回升，这主要是因为：①在繁殖过程中雄性活动性强，在外暴露时间长，易被天敌捕食；②10 月份以后的雄性比有所增加，是由于雌鼠在繁殖过程中消耗大量的体力，繁殖结束后雌性的死亡率较高；③随着繁殖时期的进入，大量的幼体出生，造成种群密度过高，在荒漠草原食物较为短缺，高密度对种群极为不利，种群必须自我调节繁殖强度，长爪沙鼠就是通过性比的变化来调节繁殖强度的，因为优雌种群对繁殖具有抑制作用（杨荷芳等，1984）。长爪沙鼠种群数量的年间变化较大，季节变化较小，最高数量年夏季密度达 28.81 只/hm²，最低数量年秋季密度仅为 1.13 只/hm²，相差 20 多倍。当种群处于"不利时期"即低密度年份时，主要集中在农田生境以渡过危机，而在高数量年份则两种生境无大差别。各年春季，休闲地的种群密度均较高，秋季由于作物成熟以及邻近休闲地经过夏季的压青耕翻，大部分个体迁至作物地，因而休闲地的种群密度剧烈下降。

降水是影响长爪沙鼠数量变化的重要气候条件。在秋季，利用冬季积雪的预测资料，也可作为预测来春数量的依据（夏武平等，1982）。其种群密度（Y）和年降水量（X）有如下回归关系（李仲来等，1993）：

$$Y=-3.12912+0.0067X^2$$

农业生产活动中，翻耕、秋收、运场、打草对长爪沙鼠的活动（尤其是越冬）都产生重要影响，但这些因素对长爪沙鼠种群数量的变化一般起不到决定作用。

【危害特征】 长爪沙鼠啃食牧草，掘洞盗土，破坏草场植被，减少载畜量，危害畜牧生产。严重影响草地植被的更新和牧草的繁衍，造成草地植被退化，引起土地大面积沙化。盗食粮食，毁坏农作物。啃咬树皮树根，盗食播种的树木种子，是在农区和半农半牧区人工林地的重要害鼠。同时，长爪沙鼠传播多种疾病。

Z26. 子午沙鼠（*Meriones meridianus* Pallas，1773）

子午沙鼠别名黄耗子、黄老鼠、黄尾巴老鼠、中午沙鼠、午时砂土鼠等。我国特有种。典型的古北界蒙新区荒漠与荒漠草原中的遍布种。

【鉴别特征】　子午沙鼠体形中等，尾短于或略超过体长，后足被密毛，体背棕黄色，腹部纯白色（图 2-99 ~ 图 2-101）。

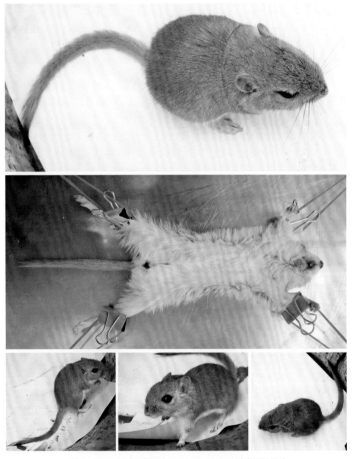

图 2-99　子午沙鼠(*M. meridianus*)（贺兰县）

● 形态鉴别　子午沙鼠体形中等，体长 100 ~ 150 mm。耳壳明显突出毛外，向前折可达眼部，耳壳前缘列生长毛。足底覆有密毛，爪浅白色；后足被满白色毛，或在踵部有点状小裸露区。尾短于或略超过体长。体毛色有变异，体背面呈浅灰黄沙色至深棕色；体侧较淡，呈灰沙色；体腹面纯白色；眼周和眼后以及耳后毛色较淡，略呈白色或灰白色；尾呈鲜棕黄色，有时腹面稍淡，尾端通常有明显黑褐色毛束（韩崇选等，2000；高共等，2012）。宁夏从惠农和贺兰一线向西南方向扩展，子午沙鼠毛色的红色色调逐渐变淡，灰黑色色调有加重趋势；尾部毛色也逐渐变暗，尾端黑色毛束也变化没有明显规律，灵武个体的尾端毛束黑色不明显（图 2-99 ~ 图 2-101）。

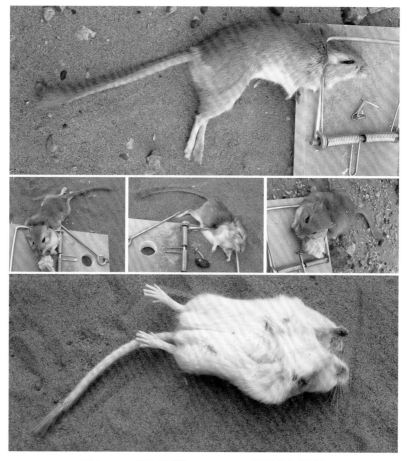

图 2-100　子午沙鼠(*M. meridianus*)(灵武白芨滩)

● 头骨鉴别　头骨比长爪沙鼠稍宽大。颧宽约为颅全长 3/5。听泡较长爪沙鼠的发达。外听道几乎达或者达颧弧的鳞骨角突。顶间骨不如长爪沙鼠的发达，其前缘中间部分略向前突。鼻骨较为狭窄，其后端为前颌骨后端所超出。门齿孔狭长，向后延伸达到齿列前缘水平线。牙齿与同属的其他种类一样。上门齿前面各有一明显纵沟。M^1 嚼面内外两侧各有 3 个三角形彼此相对，形成前后 3 个三角横叶；第 3 横叶有时呈菱形。M^2 只有 2 个横叶，彼此相通，但三角形状不甚明显。M^3 只有 1 叶，略呈圆形。下臼齿基本上与上臼齿相同，但形状略有不同，特别是 M_1 前叶（韩崇选等，2000；高共等，2012；图 2-102）。

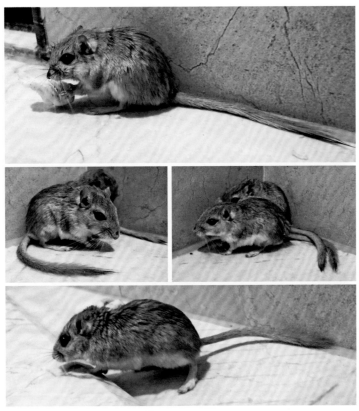

图 2-101　子午沙鼠（*M. meridianus*）（中卫沙坡头）

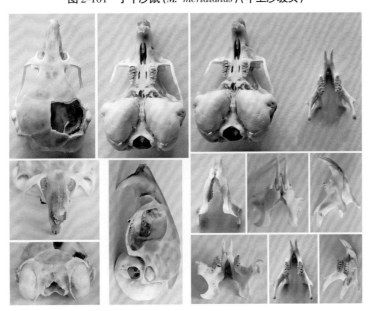

图 2-102　子午沙鼠头骨

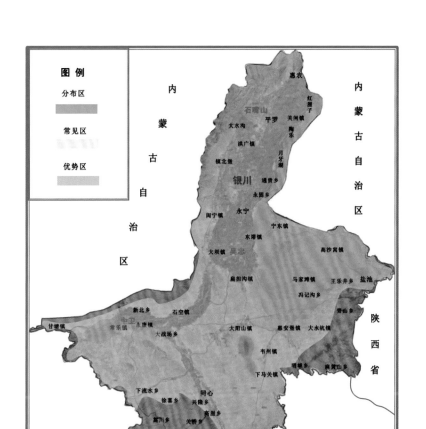

图 2-103　宁夏子午沙鼠分布

【亚种及分布】　子午沙鼠为蒙新区荒漠与荒漠草原中的遍布种。其分布范围包括准噶尔盆地，塔里木盆地，吐鲁番—哈密盆地，阿拉善荒漠、鄂尔多斯高原、柴达木盆地、湟水河谷、黄土高原北部，以及阴山以北的内蒙古高原。记载有 7 个亚种。其中，指明亚种（*M. m. meridianas* Milne-Edwards，1867）也称宣化亚种、内蒙古亚种和蒙古亚种。分布于内蒙古锡林郭勒干草原以西，河北西北部，山西的太原、岢岚、宁武和神池，陕西秦岭以北，宁夏，甘肃，青海东北部的柴达木盆地以及新疆东部广大地区。模式产地在河北宣化。Milne-Edwards（1871）把采自内蒙古的子午沙鼠也命名为子午沙鼠内蒙古亚种（*M. m. psammophilus* Milne-Edwards，1871），分布地与指明亚种同域，两者应同属指明亚种。木垒亚种（*M. m. muleiensis* Wang，1981）分布于新疆的古尔班通古特沙漠地区，模式产地在新疆的木垒和奇台。麻札塔格亚种（*M. m. cryptorhinus* Blanford，1875）也叫叶城亚种。分布于新疆的巴楚、八场、阿克苏以及和田河附近等地，模式产地在和田河附近。塔里木亚种（*M. m. lepturus* Büchner，1889）分布于新疆的阿克苏、塔里木、巴楚、拜城等地，模式产地在新疆南部和田河附近的麻扎尔塔克。阿勒泰亚种（*M. m. buechneri* Thomas，1909）分布于新疆的古尔班通古特沙漠以北、以东地区，模式产地在新疆北部夏子街附近。叶氏亚种（*M. m. jei* Wang，1964）也称木垒亚种。分布于新疆的吐鲁番，模式产地也在新疆吐鲁番。伊犁亚种（*M. m. penicilliger* Heptner，1933）在国内分布于新疆的伊犁地区，模式产地在土库曼斯坦的卡拉库姆沙漠（吴跃峰等，2009；罗泽珣等，2000）。

在宁夏，子午沙鼠与长爪沙鼠同域分布，是宁夏沙鼠中密度最大，分布最广的一种，遍及宁夏六盘山区北缘以北的广大区域（图2-103）。

【发生规律】 子午沙鼠栖居于荒漠、半荒漠、平原及丘陵等地带，沙漠中绿洲、村庄和田园也都能遇到。也常见于非地带性的沙地和农区，在新疆南部曾发现于杂草丛生的荒漠和黏性土壤的盐渍荒漠地带，在新疆北部也以荒漠地带为最多，有时还可以侵入耕地、住宅、仓库或果园中。在子午沙鼠的栖息地，常可发现大沙鼠和红尾沙鼠。在甘肃省，该鼠多居住在半荒漠沙地，在兰州市郊外，常居住在塬坡上，坡的天然植被为羽茅、阿盖蒿、锦鸡儿及狗尾草（*Setaria viridis*）等。在青海地区，2 000 m以上的干草原上也有分布。在陡坡上的沙鼠多栖于树坑内。在内蒙古，子午沙鼠的典型生境为灌木和半灌木丛生的沙丘和沙地，常常和三趾跳鼠、小毛足鼠等栖于同一生境，但数量较高，因而成为群落的绝对优势种（武晓东等，1994），它也分布在干涸河床和洼地中，集居于丛生的白刺、盐爪爪的风蚀残丘上，这些生境也往往是长爪沙鼠和大沙鼠的聚居之地；在芨芨草（*Achnatherum splendens*）盐生草甸—白刺盐土荒漠中，它也是常见的鼠种。在内蒙古西部荒漠和半荒漠草原，该鼠常栖居于丛生梭梭、柽柳、白刺等灌木的生境中。在农区常栖于杂草丛生的沙地。在沙质荒漠的生境中，常和大沙鼠混居，二者都可成为群落中的优势鼠种；在荒漠草原，它又常和长爪沙鼠同处于一个群落中；有时在不同生境的结合部还可发现3种沙鼠同处于一个栖息地之中。在宁夏，该鼠在农田间的小片荒地也有分布（李枝林等，1988）。

　　子午沙鼠是亚洲中部荒漠、荒漠草原动物。广泛栖息于各类干旱环境。它们常聚集于小片适宜的生存环境。在内蒙古荒漠草原区的盐淖周围、农田间的沙丘上的数量极高。在同一栖息地，长爪沙鼠多分布于田梗、田间荒地，密度相对均匀，而子午沙鼠分布于灌丛、沙丘，密度不均匀。这是草原与荒漠鼠类种群空间分布型的差异。

　　● 洞穴　子午沙鼠洞穴多在固定沙丘的边缘或灌丛下，在风烛坑、风蚀残丘及人为坑坎（挖过树根的坑、渠道边、田埂）的中、下部数量也不少，但在平地上少见。洞穴结构较简单，可分为栖息洞和临时洞（图 104）。栖息洞多数为单洞口，也有 2～4 个洞口的。洞口直径 5～9 cm。洞道直径 8 cm，常以 23°的角度向下或沿水平方向向前伸展，长 1.2～3.0 m，以 2 m 左右的较多。洞道多具有分支和盲洞。盲洞多位于主洞洞口附近，盲洞紧接地面，便于遇敌时破土逃遁。洞道中某些地段常膨大成室，分别作为厕所、仓库、食台和窝巢之用。食台是沙鼠将采集来的食物在此啃食的地方，常留有许多种壳和残核。窝巢常位于洞道最远端的沙层中，垂直深度 40～75 cm，形状不规则，大小为 18 cm × 20 cm × 25 cm。巢由芦苇及其他植物的根皮、须根和兽毛组成。一般每洞系只居住 1 对成鼠，而在哺乳期，仅雌鼠和幼鼠同居。夏季，常将洞口用沙封住。临时洞多掘于食源附近，洞口不只 1 个，洞道浅，长小于 1.5 m。临时洞的盲洞较多，而室较少，且略小，约为 15 cm×20 cm×20 cm，无窝巢(宋恺等，1984)。

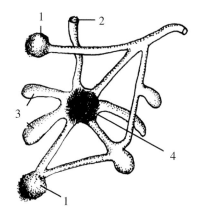

图 2–104　子午沙鼠洞道结构示意
1.地面沙丘；2.洞口；3.盲洞；4.老窝

　　● 活动规律　子午沙鼠全年活动，不冬眠。主要在夜间活动，在寒冷的季节里也常在白天活动，夏季几乎全部在夜间活动。活动曲线是单峰型，高峰出现在22：00～0：00时，清晨 4：00～6：00时有一个小高峰。活动距离为 60～870 m，平均 264 m。觅食时趋于远离洞口，仅在交尾期或哺乳期才限于洞系周围取食。随季节的变化有迁移觅食的习性，其迁移距离一般不超过 1 km。秋季储粮时期，植物种子普遍成熟，食物丰富，沙鼠的活动范围也相对稳定。

● 取食特性　杂食性，胃内容物中，动物性食物占总频次的 8.8 %，而且各月（6～11 月份）均有不同程度（5.4 %～17.9 %）的出现；在植物性食物中，各类植物的种子占有主要的地位，约为总频次的 43.6 %，其次是植物的营养体，为 40.9 %。在各月份中，随着季节的变化，植物的营养体在胃内的出现显著地呈递减的趋势，相反，植物的种子则逐月有所增加。正是由于食性的这种季节变化，日食量也随着而不同：6、7 月份的日食量分别为 34.6 g 和 32.4 g，而 9 月份则为 18.3 g。冬季主要靠贮粮生活，但也经常出洞觅食。

● 繁殖特性　从各年的年均雌雄比分析，均是雄多雌少，总的雌雄比为 1∶1.44。在新疆于 3 月中旬开始交配，至 4 月下旬多数越冬雌鼠已经妊娠；内蒙古于 5 月中旬前捕到孕鼠，在宁夏 2、3 月份有个别孕鼠出现，4 月孕鼠较多，据此推测，每年 4 月份开始繁殖。在内蒙古西部于 11 月上旬还发现有个别孕鼠，繁殖期长达 7 个月之久，每年繁殖 2～3 次。妊娠率不高，5～9 月妊娠率为 16.67 %～37.50 %。雄鼠睾丸下降率也逐月下降。产仔数的变化幅度为 2～11 只，以 4～6 只者居多，平均为 5.12 只。妊娠期 22～28 d。

● 个体发育

乳鼠阶段　初生至 20 日龄，体重不超过 11 g。形态变换最大，睁眼，耳孔开裂，门齿、臼齿及被毛的长出等均在此期。但体温调节尚未形成，体长在 60 mm 以下。

幼鼠阶段　20～40 日龄，其主要特征是已形成体温调节机制，可自由取食，生长率仍较快，保持在 1 % 以上，上下臼齿已长全，体长 60～85 mm，体重不超过 30 g。

亚成体阶段　40～70 日龄，除体重外，其余各生长率已下降到 1 % 以下，生殖器官逐渐发育成熟，体长 80～96 mm，体重最高可达 45 g。

成体阶段　70 日龄以上，全部发育成熟，有个体参与繁殖，体重生长率下降到 1 % 以下，体重 45 g 以上。体长 100～150 mm，尾长 95～150 mm，约等于体长或略短些；后足 28～37 mm，耳长 13～18 mm。颅长 33～38.8 mm，颅宽 17.0～20.8 mm，超过颅长的一半；鼻骨长约 11.4 mm；眶间宽约 6 mm；听泡很发达，长约 12.3 mm，上颊齿列长约 4.8 mm。

● 种群动态　子午沙鼠的数量从春季到秋季约能增长 10 倍。其死亡率（主要在冬季）约为 90 %，约有 60 % 的个体活不到 6 个月以上；30 % 在后 3 个月死亡，在自然界中能活到 1 年的还不到 1 %（0.9 %）。其种群数量 4～10 月数量波动曲线有两个波峰，10 月数量最低。种群数量季节消长有年间差异（侯希贤等，2000）。

【危害特征】　子午沙鼠能传染鼠疫、利什曼原虫病（即黑热病）和布鲁氏菌病。

是危害农作物和破坏荒漠和半荒漠草场，并危害固沙植物的主要害鼠。在黄土高原上，其洞穴可加速水土流失。该鼠主要盗食荒漠植被的种子，啃食固沙植物。在宁夏该鼠主要啃食拐枣（*Calligonum* spp.）、沙枣（*Elaeagnus angustifolia*）等植物根基部树皮，造成植株死亡（图 2-105）。

图 2-105　宁夏子午沙鼠危害状

K4. 鼹形鼠科（Spalacidae）

鼹形鼠科又称瞎鼠科，是高度适应地下穴居的啮齿类，比其他的穴居啮齿类更加特化，每个种都具有与地下生活方式相关的特化和极端的形态学、生理学及行为的特征。头大，门齿发达，多使用头和门齿而不是用前足挖洞；四肢短粗，前爪特别发达，适挖掘；视觉退化；耳壳仅是围绕耳孔的很小皮褶；尾短，略长于后足，被稀疏毛或裸露。鼹形鼠以取食植物根系为主，偶尔也食用昆虫等其他食物。因贮食和挖掘复杂的洞系，是农牧业害兽之一。鼹形鼠分布于里海地区、中近东、北非、东南欧、中国中部和北部、俄罗斯西伯利亚以及蒙古人民共和国。现有 4 亚科，既鼢鼠亚科（Myospalacinae）、竹鼠亚科（Rhizomyinae）、非洲鼹形鼠亚科（Tachyoryctinae）和鼹形鼠亚科（Spalacinae）。竹鼠和鼢鼠在我国有分布。其中，鼢鼠亚科有 1 属，2 亚属，包含 9 个种。分布于我国中部和北部，以及俄罗斯的西伯利亚和蒙古人民共和国。分布在宁夏的只有鼢鼠亚科的甘肃鼢鼠、中华鼢鼠和斯氏鼢鼠 3 种。

YK7. 鼢鼠亚科（Myospalacinae）

鼢鼠亚科是东北亚特有的穴居较大鼠类。牙齿"W"型。中国华北土状堆积中化石极多，为划分地层的重要化石。自晚中新世出现后，齿冠逐渐增高，齿根退化至消失，颈椎逐渐愈合。依头骨枕部的形态分为 3 类：凹枕型（已绝灭），如丁氏鼢鼠（*Myospalax tingi*）；凸枕型，如中华鼢鼠（*Myospalax fontanieri*）；平枕型，如东北鼢鼠（*Myospalax psilurus*）。3 个类型曾被认为是平行进化的好例证。鼢鼠类可能起源于中国中新世的仓鼠类，如更新仓鼠（*Plesiodipus*）。

鼢鼠亚科的分类一直比较混乱。鼢鼠亚科先后被划入鼠科（Alston，1876；Thomas，1896；Ellerman，1940，1941；Musser et al.，1993）、鼹形鼠科（Tullberg，1899；Miller et al.，1918）和仓鼠科（Simpson，1945；Chaline et al.，1977；罗泽珣等，2000）。根据头骨的特性，Lawrence（1991）认为鼢鼠类是相对于鼠科种类而独立发展的一个类群，而且与仓鼠科的其他类型也是独立进化的。最近的分子学研究也指出鼢鼠类应划归仓鼠科（Michaux et al.，2001），或者与其亲缘关系最近的竹鼠和瞎鼠一同划入鼹形鼠科（Jansa et al.，2004；Norris et al.，2004）。目前，国外多数学者倾向将鼢鼠类放在鼹形鼠科，我国多数学者沿用传统的分类，仍然将其划归仓鼠科。

S17. 鼢鼠属（*Myospalax*）

鼢鼠亚科仅 1 属，2 亚属，即平颅鼢鼠亚属（*Myospalax*）和凸颅鼢鼠亚属（*Eospalax*）。平颅鼢鼠亚属分布于中国、蒙古和俄罗斯西伯利亚南部；凸颅鼢鼠亚属仅分布于我国。目前分类学家主要依据 G. Allen（1940）、Огнев（1947）、ELLerman（1951）、Кужнецов（1965）、Corbet（1978）的观点进行分类。但对于属内种与亚种的分类，尚无共同观点。

G. Allen（1940）将平颅鼢鼠亚属鼢鼠分为 2 个种，即 *M. aspalax* 和 *M. m. psiluruls*；С. И.Огнев（1947）将其分为 3 个种，即：*M. aspalax*、*M. psiluruls* 和 *M. myospalax*；В. А. Кужнецов（1965）和 G. B. Corbet（1978）同意 А. П. Кужякина（1965）和于文涛及李荣光的观点，认为平颅鼢鼠亚属鼢鼠只有 1 种和 3 个亚种，即：*M. m. aspalax*、*M. m. psiluruls* 和 *M. m. myospalax*。李华（1995）研究认为本亚属应有 2 个种，即东北鼢鼠与草原鼢鼠，其鉴别特征是 M1 内侧有 1 或 2 个深内凹角，不存在过渡类型。但由于阿尔泰鼢鼠（*M. m. myospalax*）M1 内侧的 2 个内凹角，在幼年较深，至成老体渐浅小，形成 2 个内凹角的深度不稳定，也无规律，极易造成存在过渡类型的误解。为了避免混淆，从 M^3 与门齿孔两方面鉴别区分了东北鼢鼠与草原鼢鼠。G. Alien（1940）、J. R. ELLerman（1951）和 G. B. Corbet（1978）以两额顶嵴的合并或分开（平行）为依据，将凸颅鼢鼠亚属鼢鼠分为 3 个种，即中华鼢鼠（*M. fmithi*）、罗氏鼢鼠（*M. rothshidi*）和斯氏鼢鼠（*M. smithi*）。

我国学者曾将我国的鼢鼠分订为 5 种：草原鼢鼠（*M. aspalax*）、东北鼢鼠（*M. psilurus*）、中华鼢鼠（*M. fontanieri*）、罗氏鼢鼠（*M. rothschildi*）和斯氏鼢鼠（*M. smithi*）。樊乃昌等（1982）对所搜集的分布于甘肃、宁夏、青海、陕西、四川等地的凸颅鼢鼠亚属的标本进行了整理，并查看了国内其他地区的大量标本。对甘肃鼢鼠和高原鼢鼠的分类地位进行了订正，确认我国凸颅鼢鼠亚属应为 5 种，即中华鼢鼠、甘肃鼢鼠、高原鼢鼠、罗氏鼢鼠和斯氏鼢鼠。李保国和陈服官（1987）对中华鼢鼠（指名亚种、甘肃亚种、四川亚种）和罗氏鼢鼠的染色体组型和血清 IDH 同工酶进行了比较研究。认为"甘肃鼢鼠"和"高原鼢鼠"未达到种级地位、可仍作为中华鼢鼠的两个亚种：甘肃亚种（*M. f. cansus*）和四川亚种（*M. f. baileyi*）。刘仁华（1995）根据现有研究成果，从形态学特征、染色体组型和血清 IDH 同工酶电泳的比较进行了我国鼢鼠的分类。将平颅鼢鼠亚属分为 3 种，即东北鼢鼠、草原鼢鼠和阿尔泰鼢鼠；把凸颅鼢鼠亚属订为 4 种，即中华鼢鼠（包括指各亚种和甘肃亚种）、高原鼢鼠、罗氏鼢鼠和斯氏鼢鼠。李华（1995）将凸颅鼢鼠亚属鼢鼠分为 6 个种。认为本亚属鼢鼠的两额顶嵴在中线处合并（斯氏鼢鼠），两额顶嵴在中线处极靠近（秦岭鼢鼠、高原鼢鼠）、两额顶嵴在中线处不合并（中华鼢鼠、甘肃鼢鼠、罗氏鼢鼠）的分类特征稳定。王廷正等人（1997）首次报道了甘肃鼢鼠和秦岭鼢鼠（*M. rufescens*）的染色体组型和 C 带带型。发现两种鼢鼠在染色体组型及 C 带带型上均有一定差异，认为甘肃鼢鼠、秦岭鼢鼠和中华鼢鼠是凸颅鼢鼠亚属的 3 个独立种。根据现有文献和生产实际，从中华鼢鼠和甘肃鼢鼠在西北地区的分布、食性、生活节律和发生规律以及染色体组型和

C 带带型方面分析，两者差异较大，应为两个不同的种。所以鼢鼠可定为 9 种，即平颅鼢鼠亚属的东北鼢鼠、草原鼢鼠、阿尔泰鼢鼠和凸颅鼢鼠亚属的中华鼢鼠、甘肃鼢鼠、高原鼢鼠、罗氏鼢鼠、秦岭鼢鼠和斯氏鼢鼠（韩崇选等，2006）。

凸颅鼢鼠亚属（*Eospalax*）的头骨后端在人字嵴（顶—枕嵴）水平不成截切状，枕骨向后斜伸一段再向下方，后头宽明显大于后头高。其中，草原鼢鼠（*Myospalax aspalax*）额部无白斑，尾和后足背被有白色短毛。M^1 内侧有 1 深凹角；M^3 很小，长约为 M^1 的 1/2，形状简化为 2 叶形；门齿孔 1/2 ~ 3/4 被前颌骨包围，后端距离 M1 前缘基部较远。阿尔泰鼢鼠（*Myospalax myospalax*）亚成体 M^1 内侧有 2 深凹角，老年体内凹角渐浅。东北鼢鼠（*Myospalax psilurus*）M^1 内侧有 2 深凹角。

平颅鼢鼠亚属（*Myospalax*）的头骨后端呈截切状，后头宽略大于后头高。其中，中华鼢鼠（*Myospalax fontanierii*）额部从鼻垫后缘起通常有一显著闪亮白区，颅顶中间有或无一白色短纹。额嵴不明显或无，雄性老年个体眶左右额嵴靠近呈 "X" 形，框上嵴及枕中嵴不甚发达；鼻骨后缘中间缺刻较深；枕骨上半部在人字嵴之后突出宽厚度不大于颅长的 10 %；颧弧较宽，其最大宽度接近弧后部。甘肃鼢鼠（*Myospalax cansus*）额部通常无闪亮白区，如有则很小，通常额部无白色短纹；体略较中华鼢鼠小。额嵴明显发达，雄性老年个体左右额嵴靠近呈 "八" 形，眶上嵴及枕中嵴发达；鼻骨后缘缺刻较浅；枕骨上半部在人字嵴之后突出较多，突出厚度不小于颅长的 14 %；颧弧不如中华鼢鼠的宽，其最大距离约在弧的中部。高原鼢鼠（*Myospalax baileyi*）成体左右额顶嵴几乎平行，门齿孔 1/2 ~ 1/3 被前颌骨包围，鼻骨后缘无缺刻或缺刻不明显，略超出前颌骨后端。罗氏鼢鼠（*Myospalax rothschildi*）体型较小，鼻垫僧帽形，爪较纤弱，尾毛密，皮肤不裸露；鼻骨后缘有缺刻，通常为前颌骨后端所超出，门齿孔部分在前颌骨范围内。斯氏鼢鼠（*Myospalax smithii*）尾被以密毛。雄成体左右额顶嵴在中缝靠近以致合并成 1 条矢状嵴；眶上嵴不突起，鼻骨后缘几乎为横直或略呈尖形，门齿孔后半部也为前额骨所包围；秦岭鼢鼠（*Myospalax rufecens*）成体额嵴间宽小于顶嵴间宽，门齿孔 1/2 ~ 2/3 被前颌骨包围，鼻骨后缘有的缺刻明显，有的平直，后缘超过或平行于颌骨缝。

鼢鼠是东北亚特有的穴居较大鼠类。因适应洞道生活，身体结构也发生了相应变化。圆柱形的躯体，短的附肢和尾巴，松软的皮肤，强大的前爪和门齿，小的耳壳和眼睛，发达的绒毛形成良好的保温层。此外，鼢鼠颌部肌肉非常发达其肌肉约占全身肌肉重量的 20 %。这些次生性适应结构是鼢鼠经历长期演化的结果。牙齿 "W" 型。鼢鼠类是适应地下生活的啮齿类，尾短，眼小，视力差，外耳退化，仅留下小的皮褶。主要分布于中国，国外见于蒙古和俄罗斯西伯利亚。栖息于林缘、草原和农田。终生营地下生活，偶尔也到地面活动。植食性，有贮食习性。鼢鼠挖洞速度极快，洞穴系统复杂，分支多，平时地面没有明显出口，但附近有不规则的土堆。

鼢鼠主要分布于中国、蒙古和俄罗斯的亚洲部分。凸颅鼢鼠亚属的鼢鼠仅见于中国。鼢鼠主要栖息于草原、农田及灌丛中，国内分布于长江以北等省区。

东北鼢鼠和草原鼢鼠分布于蒙、黑、吉、辽、冀、鲁等省区；阿尔泰鼢鼠仅分布于新疆；中华鼢鼠分布于冀、晋、陕、甘、宁、青等省；罗氏鼢鼠分布于陕、甘、青、鄂等省；斯氏鼢鼠仅见于甘肃和宁夏；高原鼢鼠分布于甘肃、青海和四川等省；秦岭鼢鼠仅分布于秦岭高海拔地区的森林草甸及疏林草地。

鼢鼠的分布是有一定规律的，受河流、荒漠以及温度的影响和食物条件的限制。适应于高原地区的种类有高原鼢鼠、中华鼢鼠、罗氏鼢鼠和斯氏鼢鼠。高原鼢鼠分布于 2 800 ~ 4 200 m 海拔高度；斯氏鼢鼠分布于海拔 2 500 ~ 3 300 m 的山地，罗氏鼢鼠和中华鼢鼠分布区部分重叠，海拔在 2 000 ~ 3 000 m；甘肃鼢鼠分布在海拔 450 ~ 3 000 m；东北鼢鼠和草原鼢鼠几乎同域分布，海拔在 200 ~ 1 000 m 的平原、浅山。鼢鼠的水平分布从西向东大体上可分为阿尔泰鼢鼠分布区，高原鼢鼠分布区，斯氏鼢鼠、罗氏鼢鼠、中华鼢鼠、甘肃鼢鼠、秦岭鼢鼠分布区和东北鼢鼠、草原鼢鼠分布区。其地理位置分别在新疆阿尔泰山地、青藏高原东部、黄土高原、东北、华北平原。

中国鼢鼠绝大多数分布于古北界。只有少数种类的一小部分分布于长江以北靠近古北界的东洋界边缘、即在湖北和陕西南部。在古北界东北及华北 2 区均有鼢鼠分布；蒙新区和青藏区也有少量栖息，其中兴安岭亚区的新疆阿尔泰山地只有阿尔泰鼢鼠一种。长白山亚区有少量的东北鼢鼠分布。在松辽平原亚区，东北鼢鼠是优势种，草原鼢鼠在本亚区也有分布。华北区的黄淮平原亚区和黄土高原亚区有大量鼢鼠分布。东北鼢鼠和草原鼢鼠在本亚区有分布。在与黄土高原亚区交界处有少量中华鼢鼠分布（河北省境内）。中华鼢鼠、甘肃鼢鼠、罗氏鼢鼠、斯氏鼢鼠均属黄土高原亚区常见种类，同时也有少量的草原鼢鼠和东北鼢鼠，秦岭鼢鼠是秦岭山地的特有种。蒙新区的东部草原亚区植被以草原为主，鼢鼠是本亚区主要啮齿动物，多栖息于退化的草场，草原鼢鼠是优势种，东北鼢鼠和中华鼢鼠分布较少。高原鼢鼠是青藏区的青海藏南亚区的优势种。在与黄土高原亚区的交界处无明显的天然屏障，少量的罗氏鼢鼠和甘肃鼢鼠渗入到该区，但只分布在边缘地带。东洋界与古北界，从南到北逐渐分化。华中区西部山地高原亚区的长江以北与黄土高原亚区的交界处无明显的自然屏障阻隔，黄土高原亚区的罗氏鼢鼠和斯氏鼢鼠渗入该区，但仅限于长江以北的大巴山脉。

宁夏鼢鼠亚科鼢鼠属分种检索表

1. 眶上嵴不突起，颞嵴部平行，在颅顶中线汇合；鼻骨后缘无缺刻，几乎为横直或略呈尖形，并稍为超出前颌骨后端，门齿孔后半部也为前额骨所包围。尾被以密毛……………斯氏鼢鼠（*Myospalax smithi*）

   眶上缘突起，成体颞嵴约平行，不在中间汇合；左右鼻骨后缘中间有缺刻，门齿孔约有 1/2 在前颌骨范围内。尾近乎裸露…………………………………………………………………………………2

2. 额部从鼻垫后缘起通常有一显著闪亮白区；颅顶中间有或无一白色短纹；体较大，眶上嵴及枕中嵴不甚发达；鼻骨后缘中间缺刻较深；枕骨上半部在人字嵴之后突出，厚度不大于颅长的 10 %；颧弧较宽，其最大宽度接近弧后部……………………………………中华鼢鼠（*Myospalax fontanierii*）

   额部通常无闪亮白区，如有则很小；通常额部无白色短纹；体略小；眶上嵴及枕中嵴发达；鼻骨后缘缺刻较浅；枕骨上半部在人字嵴之后突出较多，突出厚度不小于颅长的 14 %；颧弧不如中华鼢鼠的宽，其最大距离约在弧的中部……………………………………甘肃鼢鼠（*Myospalax cansus*）

Z27. 甘肃鼢鼠（*Myospalax cansus* Lyon, 1907）

甘肃鼢鼠别名瞎老鼠、瞎毛、瞎瞎、地老鼠、洛氏鼢鼠等。属典型的古北界营地下生活类型，是农林牧业的主要害鼠，也是主要的根部害鼠。

【鉴别特征】　甘肃鼢鼠外形酷似中华鼢鼠，但体略小。头大，尾短，尾几乎裸露或被短毛。体背毛尖稍带锈红色。前肢爪发达，适于挖掘活动（图 2–106）。

● 形态鉴别

测量特征 /mm　体长 160 ~ 205，尾长 41 ~ 65，后足长 27 ~ 36。

形态特征　甘肃鼢鼠大小与东北鼢鼠相当。尾几乎裸露或被短毛。体背毛尖稍带锈红色。前肢爪发达，适应挖掘活动。体背面通常灰粉红土黄色，毛基暗灰色；额部烟褐色，一般无一白色条纹，但有时有一块白斑从鼻垫上缘延伸至两眼水平线；喉部灰色；腹部多少与体背面色调相似，但灰色毛基较为明显，一般足背面及尾几乎裸露，仅具稀疏白色细毛，也有的尾和足均被以浓密短毛。四肢较弱小，前趾和爪较其他鼢鼠细弱。吻钝，眼小，耳壳退化，仅留外耳道，且被毛掩盖；前肢爪强，且第 3 趾爪最长；后肢细而爪较小，被毛短密。尾较短，稍超出后足长（韩崇选等，2006；罗泽珣等，2000；图 2–106）。

● 头骨鉴别

测量特征 /mm　颅长 41 ~ 48，颧宽 27 ~ 35，鼻骨长 15 ~ 19，后头宽 23 ~ 32，枕骨高 15.5 ~ 18.5，上颊齿列长 9.3 ~ 12.4。

头骨特征　颅骨与中华鼢鼠的相似，但比较小。颧宽和后头均不如中华鼢鼠的宽，颧宽为颅长的 64.9 % ~ 75.6 %；后头宽为颅长的 54.9 % ~ 69.0 %。另外，颧弧

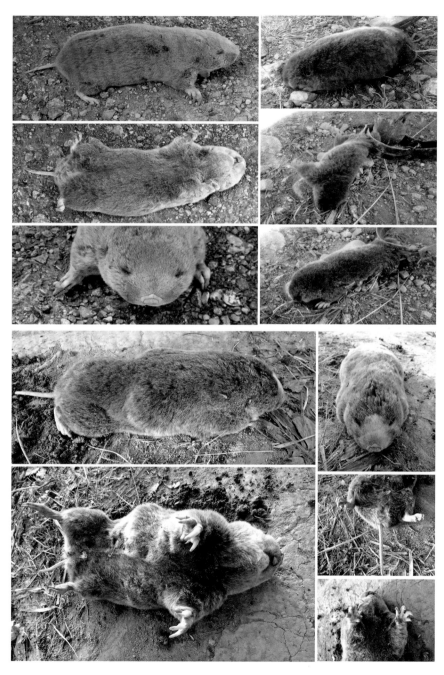

图 2-106 甘肃鼢鼠(*M. cansus*)形态
备注:上左 3 张照片为隆德鼢鼠,上右 3 张照片为海源鼢鼠,下 5 张照片为泾源鼢鼠

的前部比后部宽, 而中华鼢鼠的后部比前部宽。枕骨高和颅长都要比中华鼢鼠的小,

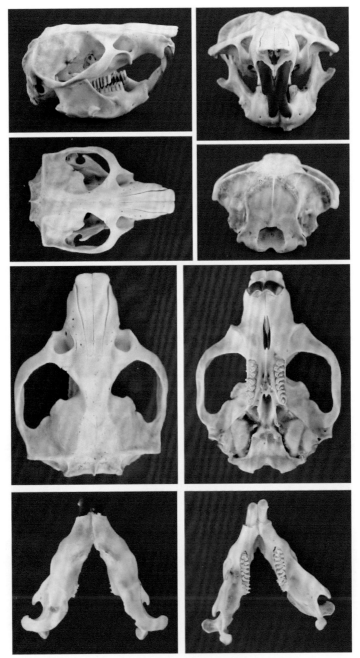

图 2-107　甘肃鼢鼠头骨

其上半部在人字嵴之后较为突出，突出厚度不小于颅长的 14 ％。鼻骨后缘中间有缺刻，但较浅。眶上嵴发达。顶脊的形态与年龄性别有关，雄性比雌性发达，成年个体比幼龄个体发达，两顶基在顶部平行，在额部内折相互靠近。向前与发达的眶上脊相连。枕脊、枕中脊较发达。门齿孔约一半在前颅骨范围内，另一半位于上颌骨界限。腭骨后缘约在 M³ 第 1 齿叶中部水平上，后缘中间有尖突。牙齿基本上与中华鼢鼠相似，但较小，上齿列长度不超过 11 mm，M³ 无后伸突起或小叶（韩崇选等，2006；罗泽珣等，2000；图 2-107）。

宁夏六盘山林区不同区域甘肃鼢鼠头骨形态和三种线粒体基因（D-loop，Cytb，ND4）都发生了地理分化，西吉和海原的鼢鼠听泡相对较小，颅骨也相对宽阔，与泾源、原州、隆德和彭阳的鼢鼠分化成了两个进化分支；而隆德和原州的鼢鼠与泾源和彭阳的鼢鼠也发生了相应的地理分化（邹垚等，2018）。

【亚种及分布】　甘肃鼢鼠主要分布在甘肃的临潭、卓尼、兰州、陶州、正林、华亭、天水，陕西延河以南，青海东部的互助，四川的若尔盖、阿坝、乾宁等地。在宁夏主要分布于六盘山及其周边地区，包括：六盘山自然保护区，固原市的原州区、隆德县、西吉县、泾源县、彭阳县，以及中卫市的海原县。主要栖息于黄土高原丘陵、草原以及农田和林地等生境（韩崇选等，2006；罗泽珣等，2000；秦长育，1991；图 2-108）。

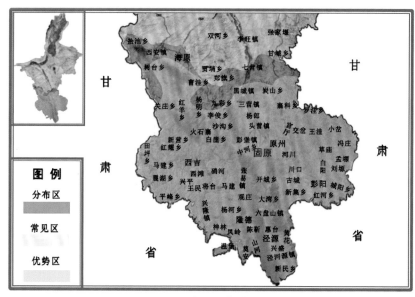

图 2-108　宁夏甘肃鼢鼠分布

【发生规律】　甘肃鼢鼠多栖息于黄土高原丘陵区的农田、荒地、山坡。穴居，营地下生活，偶尔也到地面取食，独居。

● 挖掘习性　鼢鼠的洞道结构和挖掘行为对策是最适性理论的具体表现，是一种进化稳定对策。在疏松的土壤中，鼢鼠挖洞时将洞中土壤全部挤压到洞壁上而不是搬运到地面上，从而有效地避免了大量的能量消耗，又增加了洞道的坚固性。其洞道壁在土壤饱和情况下的土质强度是周围土壤的 4~6 倍，它的鼻垫作用于洞壁的压强则高达 6.6 kg/ cm²，足以压实洞壁。

鼢鼠洞道宽度只能允许一只鼠通过，为了解决日常生活中在洞中转身和繁殖季节个体间相互避让问题，鼢鼠在常洞两侧每隔 30~50 cm 挖一个较浅的盲洞。鼢鼠有时也采用身体向腹面弯曲成团状来调头，但用这种方式调头时总是腹面先朝上，再翻转身体、调整姿势，远不如利用盲洞转身来得方便、快捷，因而并不被经常使用。

鼢鼠在掘洞过程中的水平定向主要靠嗅觉完成，以接近食物或避开树根，垂直定向则主要依靠听觉来完成，通过吻部敲击洞壁和骨传导来判断洞道顶壁至地面的距离。鼢鼠个体间的远距离（> 2 cm）通讯时以振动方式实现联系。当两只个体在相距不远处活动时，双方均以吻部敲击洞壁来相互联系，防止洞道彼此打通。非繁殖季节里两只个体各自的洞道可能非常接近（1 m 左右）但绝不相通。

鼢鼠在不同的土质中会采取不同的挖掘方式。在较坚硬的土质中首先试图用吻部挤压拱土，经若干次尝试失败后，便开始用前爪挖掘、后爪向后刨土，并用头部或身体后端将土推出洞外。用这种方式掘洞速度较用吻部挤压的方式慢，体力消耗也大，休息次数增多，休息时间也明显延长。当把它置于较松软的土质中后，又重新采取固有的那种用吻部将土挤压夯实到洞壁上的方式掘洞。挖洞时，鼢鼠以前爪左右急速扒土，嘴唇向上拱土。碰到树根、大草根就用发达的门齿咬断，后肢及爪向后蹬土。每扒一段，转身把土送到洞外，以利于在洞内爬行。所以在其活动的路面上，每隔 1~4 m 便形成一个个小土丘。鼢鼠在洞里行走极为迅速，一分钟可走几十米远。

● 洞系结构　洞道不仅是鼢鼠栖息、逃避天敌和不良气候影响的主要场所，同时也是鼢鼠取食和繁殖的重要庇护所。一个完整的鼢鼠洞道通常包括地面土丘、食草洞、常洞、盲洞和老窝等部分（图 2-109）。老窝一般筑在土质疏松、湿润、草多、食物丰富的圪塄地方，多在自然的大土坡、二荒地、田埂上和沟边等地势较高处。除繁殖季节外，雌雄各居 1 洞，1 洞 1 鼠甘肃鼢鼠洞系占地面积比中华鼢鼠的大。林地洞系占地面积 1/30~1/15 hm²，常常 2~3 个鼢鼠洞道分布在同一块林地，形成一个聚集块，面积不超过 1/4 hm²；但各洞道相互独立，互不交叉重叠。洞道的这一分布格局是鼢鼠长期适应环境的结果，也是满足自身对食物需求和繁殖的最适空间。在林地表现为被害林木呈团块状分布。只有在繁殖季节，雌雄鼠洞道常常将临时性常洞打通，形成一个更加复杂的洞道体系。繁殖季节过后，雌雄鼠洞道相互独立，互不相连（韩崇选等，2006）。

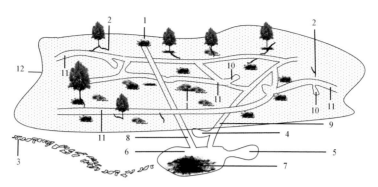

图 2-109　甘肃鼢鼠地面土丘与地下洞道结果示意

1. 地面土丘；2. 食草洞地面裂脊；3. 食草洞地面裂脊放大图；4. 厕所；5. 粮仓；6. 卧室；
7. 睡垫；8. 朝天洞；9. 永久性常洞；10. 临时性常洞；11. 盲洞；12. 地面线。

鼢鼠在地下挖洞，地面上没有明显的洞口裸露，常把掘来的土推出地面，堆成圆锥形地面土丘。土丘的大小不一，形状各异，有时多个土丘逐渐增大合并成一个大土丘。地面的土丘数量随着鼢鼠的活动而增加，地面土丘数量与鼢鼠的种群数量有一定的相关性，通过研究两者的相关性，可利用调查地面土丘的数量，间接地调查鼢鼠种群数量，亦可通过地面土丘数量的变化，间接的反映鼢鼠种群活动及数量消长的变化。

地面土丘的特点因雌雄、地形、地貌而异。在食物丰富的菜园、果园、庄稼垛密集的地方，每天掘洞进度不大，特点不明显，规律性亦不强。一般农田及二荒地土丘明显，林地地面土丘不明显或见不到。通常情况下，如果发现新土丘，则说明鼢鼠正在地下掘洞；土丘上已形成一层新鲜干土，说明鼢鼠已休息或回到老窝里。鼢鼠下雨天一般不活动，刮风、阴天或天气变坏的前夕活动频繁，在植被少的草滩地和地下水位高的洼地掘洞距地面浅。鼢鼠地下洞道的位置从其出现在地面上的土丘即可判定，一般在土丘周围 17 ~ 20 cm 处。

食草洞是鼢鼠取食的通道，分布于土壤表层。林地中土丘不明显或者说没有土丘，而是在地面上形成多条蜿蜒曲折的食草洞裂脊。鼢鼠危害林木时，在临时性常洞两侧先筑通向林木根系的食草洞，到达林木根系后，沿根系四周取食，形成一个圆形或半圆形的取食洞，吃光根皮及毛细根后转移到下一株，同时把已取食过的食草洞封住，如此反复，形成一节一节的封洞现象。

常洞是鼢鼠连接取食场所与老窝的通道。雄鼠常洞呈圆形，直径 8 ~ 10 cm；雌鼠呈扁圆形，直径 5 ~ 7 cm。分为永久性和临时性两种。在林区，永久性常洞距地面 15 ~ 30 cm，全长 15 ~ 24 m。雌雄鼠差异很大，雄鼠多沿坡向上下延伸较短且直；雌鼠长而多弯。临时性常洞是鼢鼠为取食而筑的常洞，距地面 15 ~ 20 cm，长 20 ~ 50 m。

多沿等高线方向延伸，雄鼠比雌鼠延伸的长，所以，雌鼠的整个洞系在林地形成一个扇形的分布区，对林木表现为危害一大片，雄鼠的整个洞系形成一个长扁形的水平分布区，对林木的危害表现为一条线。同时，当鼢鼠危害完这一区域的林木后，临时性常洞多数会被废弃或半封。据研究，鼢鼠在其永久性常洞 24 h 循环检查一次；而在临时性常洞 24 ~ 48 h 循环检查一次。雄鼠对临时性常洞利用率比雌鼠高。在农田，雄鼠临时性常洞距地面 8 ~ 14 cm，在地面形成近似于直线状的龟裂土梁，土梁宽 15 ~ 20 cm，其上生长的农作物被拉食或枯死；雌鼠临时性常洞距地面 9 ~ 17 cm，洞道特点是忽粗忽细，拐弯较多，在地表形成宽 13 ~ 15 cm 弯曲的龟裂土梁，呈扇形分布。

盲洞是鼢鼠为筑草洞或为在洞内玩耍回头而挖的一种短洞，多在常洞两侧，一个洞系内多则数十个，少则 3 ~ 5 个。

鼢鼠的老窝是其休息和繁殖的场所，林地甘肃鼢鼠老窝多建在沙棘林或荒草坡地势较高处。分为永久性和临时性两种。鼢鼠永久性老窝主要由卧室、粮仓和厕所三部分组成，深 50 ~ 210 cm。卧室是鼢鼠休息、玩耍、交配、生儿育女的场所，在老窝的最底部，长 30 ~ 40 cm，宽 15 ~ 17 cm，高 13 ~ 16 cm，呈长圆形，中间是一个由长芒草或松针为主的草茎针叶编织而成的"毡"状睡垫，柔软干燥，非常精制。而中华鼢鼠的睡垫比较粗糙。粮仓是贮存食料的场所，建在老窝的上方，距休息洞 40 ~ 80 cm，口小肚大，近似葫芦形，比休息洞高 7 ~ 12 cm。在林区长 42 ~ 50 cm；在农田长 16 ~ 30 cm。而中华鼢鼠的粮仓比甘肃鼢鼠的大，且与卧室处于同一层。厕所是鼢鼠排泄的场所。甘肃鼢鼠的厕所位于休息洞和粮仓之上，斜上长 60 ~ 80 cm，底部下凹，直径 10 ~ 14 cm。而中华鼢鼠的厕所从休息洞与粮仓相反的底角部向下斜伸，长 50 ~ 120 cm。临时性老窝是鼢鼠为取食方便，在其临时性常洞靠近取食场所而挖筑的休息场所。主要功能是供休息用，一般没有粮仓和厕所。

鼢鼠朝天洞是从老窝通向地表的一条垂直洞道，上面有一层 2 ~ 3 cm 厚的土封住洞口。甘肃鼢鼠的朝天洞不与临时性常洞交叉相连。

● 洞道判别　鼢鼠治理的关键是找寻和判断有效洞问题。即面对纵横交错的鼠洞怎么样去寻找鼢鼠，如何判断有效洞以及鼠的去向等。要解决这些问题，除了要掌握鼢鼠的生活习性和发生规律外，还必须具有一定的辨别方法和经验。

第一步　地面观察　鼢鼠昼夜栖居洞内，地面上虽不能直接看到，但在取食活动中，常在地下挖掘洞道，从洞内将土推出地面形成大小不等的土丘和纵横交错的裂纹。在鼢鼠活动猖獗的地方，作物、蔬菜、林木等常受危害，这些都是寻找鼢鼠最可靠的地面痕迹。

第二步　开洞查看　找到鼢鼠洞系后，用锨切开洞道，察看其鼻印或爪印在隧道壁上的痕迹，是新的还是旧的，若洞壁光滑，鼻印明显，洞内既无露水、蛛网，也没有长出的杂草根系，说明洞内有鼢鼠存在，为有效洞；否则，洞内无鼢鼠存在。在有效洞内可通过观察鼻印、爪印及草根的方向来判断鼢鼠的去向。若草根歪向那一方，则鼢鼠就在那一方。只有鼻印、爪印没有草根时，则鼻印、爪印朝向就是鼢鼠去向。

第三步　堵洞验证　根据鼢鼠堵洞习性，也可用堵洞法鉴别鼢鼠的有无。即切开洞道，第二天观察其堵洞情况，若洞口被堵，说明洞内有鼠，且在堵洞一方。这是检查鼢鼠最可靠的方法。

第四步　小蝇引导　常洞一般要深于食草洞，用脚踩没有下陷的感觉。夏季识别常洞时，也可以观察洞内小蝇的飞向，因为鼢鼠身上发出一股臭味，当洞口切开后，小蝇飞往常洞追遂臭气，为人们指引方向。

● 鼢鼠个体发育　鼢鼠生长发育过程大体可分为四个阶段。鼢鼠孕期 25~30 d。睁眼期指从出生到睁眼这一阶段，幼体内部器官迅速发育，无毛，10~15 d。哺乳期是鼢鼠睁眼后 15~20 d 开始活动，以哺乳为生，逐渐独立生活。性成熟期一般出生 60~80 d，绝大多数个体能繁殖。这个阶段个体逐渐达到性成熟。鼢鼠的寿命为 3~5 a，成鼠体温为 22~44 ℃。通常以洞道深浅和活动时间来适应不利的气候条件。

鼠用肺呼吸，因呼吸量大，利用有毒气体灭鼠是有利条件。鼠胃内正常的 pH 值为 1.3~2.0，呈酸性，肠内 pH 值为 7~8，呈微碱性。了解这些特性，对选择适宜的杀鼠剂很有帮助。

● 鼢鼠对人工饲养的适应性　在人工饲养下，甘肃鼢鼠对环境具有较强的适应能力。鼢鼠虽属地下害鼠，终年营隐被生活，但能够适应半裸露条件下的生活。适应期 1~3 d；其中，雌鼠比雄鼠适应性强，幼年鼠比成年鼠适应性强。在适应过程中，甘肃鼢鼠的取食基本正常，其生活逐渐趋于规律化。适应期后，只要饲养时日均温度介于 8.8 ℃~20.5 ℃之间，按时供应充足的实物和水分，鼢鼠均能正常生活，且表现出明显的规律性。鼢鼠一旦适应了饲养条件，活动时间并不是很多的，大多数时间处在睡眠、休息状态。每天平均活动时间为 96.8 min，取食时间为 131.0 min，休息时间为 1 212.2 min（韩崇选等，2006）。

鼢鼠睡觉呈卷状正卧、卷缩侧卧、侧卧和仰卧四种状态。其中以卷状正卧较多，并常发现因熟睡而倒下，倒后又重新立起恢复原状再睡。休息位置多选择在池的四角，表现出对光线阴暗环境比较喜欢的本能属性，但也有近 30% 的睡在与地下相通垫土的铁丝网上，又表现出鼢鼠很浓的恋土情结。少数龄级较大的鼢鼠熟睡后还发出鼾声。熟睡一次 3 ~ 65 min。

鼢鼠有舔食自己尿液的习性，特别是取食饵料中含水量少时，这种现象更明显。鼢鼠受伤或者分娩时，鼢鼠个体会把流到体外的鲜血舔食干净，这亦可能是其本身的一种保护功能。同时鼢鼠分娩时，若遇环境不适时、会吃掉其幼仔（韩崇选等，2006）。

鼢鼠对太阳的直射光不适应，阳光下爬行迟缓，畏缩不前；而对室内光线能适应性，即使在漆黑的夜间正在取食，用很强的手电光多次照射，也毫无任何反应。这说明它对一般光照并不具有强烈的反感意识。

人工饲养条件下，鼢鼠对声音的反应不很敏感。鼢鼠熟睡或休息时，用铁钳在其身体最近的墙壁猛烈敲击，并发出很大的声音，对于一般动物都会因突然受惊而迅速爬起或向远处逃跑，而鼢鼠则一动不动仍然熟睡或休息。

在食物和水分供应充足的条件下进行鼢鼠群体饲养，一般不会发生互相残杀的现象；而且多只鼢鼠不论大小雌雄，互相拥挤在一起休息、睡觉，尤其是在气温较低的情况下，这种相互挤在一起的现象更是常见。

● 日生活节律　甘肃鼢鼠的日生活节律呈波动式周期性变化，表现出明显的昼夜交替规律。鼢鼠的活动包括运动和取食活动，其活动和取食多是在夜间进行，属夜间活动类型。甘肃鼢鼠个体日活动比率高峰期为 21：00~5：00，傍晚 16：00~18：00 有一个亚高峰期，而对于日取食活动比率，高峰期出现在 23：00~8：00, 12：00~4：00 和 16：00~18：00 出现两个亚高峰期。甘肃鼢鼠的休息包括小憩和熟睡，主要出现在白天，高峰期出现在 8：00~23：00，熟睡的高峰期发生在 10：00~21：00（韩崇选等，2006）。

甘肃鼢鼠的日生活节律可分为夏季型和春季型两种。夏季温度高，环境内可供甘肃鼢鼠取食的食物种类和数量丰富，鼢鼠的日活动节律表现出显著的夜间型。白天除了正常的取食活动外，其他活动很少，特别是 13：00~15：00，其活动几乎停止。

● 食性食量　鼢鼠以植物的地下根系为食物，食性很杂，适应性强，在其栖居地几乎不受作物品种的限制，碰到什么就吃什么。除荏子（一种油料作物和中药材）和蓖麻外，粮作、蔬菜、杂草、果树及林木的幼苗、幼树等均受其害。在各种植物中，虽无严格的选择，但比较而言最喜食双子叶植物的根，对多汁肥大的轴根、块根、鳞茎尤为嗜爱；其他如马铃薯、苜蓿、草木樨、豆类、小麦、萝卜、甘薯、花生等根及部分幼茎均为喜食之物。在林区中，鼢鼠除喜欢取食林下草本植被（苦菜、剑草、长芒草等）的根及幼茎外，最喜欢取食的是油松，樟子松、落叶松、沙棘等幼树的根系皮层及毛根；狼牙刺、文冠果、桃树、旱柳，刺槐、小叶杨等为甘肃鼢鼠的喜食树种；山杏、花椒、酸枣、胡桃等为可食树种；而鼢鼠不取食的树种较少，目前发现的有怪柳、臭椿、桧柏和接骨木等。

鼢鼠喜食林木含水分较多的嫩根及须根，对于粗大的主根则食根皮。取食时，环状剥去一圈仅留下光秃的木质部，使树木失去输导养分和水分的能力而死亡。到目前为止，发现受害最大的一株为延安树木园 10 年生油松，高 4.12 m 根茎粗 4.05 cm。在鼢鼠的食料中，以带有肥大块根的绿色幼苗最喜食；其次是小麦、洋芋等粮食；最后是树根。单纯用树根饲喂，会导致鼢鼠食量愈来愈小，最后拒食。必须间隔绿草或粮食饲喂才能恢复食欲。在林地鼢鼠粮仓内除贮存短细的树根外，还混有一半以上的杂草茎叶和根。说明在林区鼢鼠除危害树根外，同样离不开草本植物。林内无杂草，纯食树根，鼢鼠是无法生存的。这就是清除杂草治理鼢鼠的生物学基础。

鼢鼠的食性常随季节的不同而改变。早春 3 月，大地未解冻前，甘肃鼢鼠经过漫长的冬季，贮存食物多已耗尽，急需补充营养，而田间杂草和农作物还未出苗，鼢鼠常常在饥饿难忍的情况下，大批向田埂和林区转移，寻求新的食源。从实际林木危害率看，早春 3～4 月是林木被害最盛时期，树根成了鼢鼠主要食源之一。到了夏秋季节，地里果实累累，一片葱绿，其食料十分丰富，又出现了季节性向农田迁移。秋季是它的贮粮季节，鼢鼠开始从林区往农田迁移，把大量的洋芋、豆子、玉米、杂草及树根往洞里拉运以备越冬。从所挖洞道看，林区鼢鼠的粮仓常常是杂草、树根各占一半，很少有全部是树根的。

甘肃鼢鼠对草本植物的平均日食量为 105.7 g/只。从摄食率分析，5 月份，甘肃鼢鼠对植物喜食度是小麦苗>刺儿菜>茵陈蒿>马铃薯=萝卜>玉米苗>花生>大葱。6 月份，鼢鼠最喜食的是莴笋、平车前和小麦粒；其次喜食马铃薯、茵陈蒿、菜花和豆角；可食的有韭菜、小麦苗、花生和大葱。9 月份，鼢鼠最喜欢取食的是平车前、苦荬菜和蒲公英；喜食的有刺儿菜、马铃薯和茵陈蒿；可食的种类是碱茅、花生和芦苇。所以在农林牧鼢鼠化学药剂治理时，要根据鼢鼠对食物的喜食度和各种食物的理化特性，根据不同的季节，不同的立地条件，选用合适的食物作饵料，以便获得最佳的治理效果。早春防治时，可采用马铃薯、胡萝卜等作饵料，6 月份，可选用莴笋和小麦粒作为饵料；秋季防治，以马铃薯作饵料最好。

鼢鼠对草根部的取食量（干物质量）均大于茎叶，说明鼢鼠喜食草本类的根部。其中根部干物质取食量和取食频次以蒲公英最大，茎叶干物质取食量和取食频次以狼尾巴草最大。

甘肃鼢鼠的单位体重日食量与体重和龄级呈负相关，且回归关系显著。甘肃鼢鼠体重、龄级小时，雌鼠的单位体重日食量大于雄鼠，随着体重和龄级的增加，这种差异逐渐缩小，当体重增加到 177.63 g，龄级接近 3 a 时，雌雄鼠的单位体重日食量相等；而后，随着体重和龄级的增加，雄鼠的单位体重日食量逐渐大于雌鼠。

鼢鼠的日食量和单位体重日食量是表示甘肃鼢鼠食量的两个不同的指标。前者主要表示甘肃鼢鼠个体在每天取食食物量的多少，表现的是鼢鼠种群个体平均对食物的消耗和需求；后者反映了甘肃鼢鼠个体单位体重对食物营养的需求，强调的是鼢鼠个体单位体重对食物和营养的消耗。

值得注意的是甘肃鼢鼠对食物的日食量是一个相对指标，不能完全反映甘肃鼢鼠对某一食物的喜食程度。因为随着栖息地食物组成和结构的变化，鼢鼠为了获得足够的营养，其食谱构成也将发生相应的变化。这就是说一种植物随着所处环境和时间的改变，鼢鼠对其的喜食程度也会发生改变。根据鼢鼠这一取食习性，造林时可以选择鼢鼠最喜食的树种和相对不喜食的目的树种按照一定比例混交，可以减轻甘肃鼢鼠对目的树种的危害。

鼢鼠对树木根系的喜食程度和取食量与根系成分有关，其粗脂肪含量愈高，粗纤维含量愈低，鼢鼠喜食，食量愈小；而粗脂肪含量愈低，粗纤维含量愈高，鼢鼠愈不喜食，食量愈大。这是因为鼢鼠个体小，体表面积大，散热多，必须取食一定量的脂肪，才能使体温保持相对恒定，维持正常生活。

鼢鼠终年均有贮粮的习性，秋季贮粮活动更加明显。农田每只鼢鼠洞道内有粮仓 1 ~ 3 个，多数建在地势较高，且比较干燥的田边地埂处。少数粮仓内仅有一种食物，多数贮存两种以上食物。粮仓内的食物分类存放，各自成堆。每个鼢鼠洞道贮存食物重量 0.5 ~ 2.5 kg。粮仓内贮存的食物种类和数量，因鼢鼠所处的栖息地食物种类和结构不同而有差异，主要包括马铃薯、花生、麦穗、豆荚、甘薯、谷穗、萝卜以及杂草肥大的根茎等。

● 取食活动节律　甘肃鼢鼠取食活动多在夜间进行，属晚间活动类型，高峰期出现在 23∶00 ~ 1∶00；凌晨 2∶00 左右取食活动减慢；3∶00 ~ 7∶00 出现全天取食活动的第一个平稳期，取食逐渐回升，波动不大；8∶00 左右出现一个亚高峰；9∶00 前后取食活动为全天的最低期，取食活动显著减少；中午 11∶00 ~ 13∶00 出现一个亚高峰；15∶00 ~ 21∶00 出现全天第二个取食平稳期，但甘肃鼢鼠种群个体平均取食频次比第一个平稳期低。21∶00 后，取食活动逐渐频繁。

甘肃鼢鼠的日取食活动节律可以分为春秋型和夏季型。春季，大地回春，万物复苏，温度逐渐回升，甘肃鼢鼠的取食活动逐渐频繁。但由于经过一个漫长的冬季鼢鼠洞道结构遭到严重破坏，而且栖息地中可供取食的种类和数量很少，为了获得足够的食物，满足其繁殖活动和维持其正常生活的需求，鼢鼠就要修复洞道，并不断地挖筑新的临时性常洞和食草洞，以便扩大取食范围。在栖息地表现为食草洞与土丘的增多。每天 23：00～8：00 为取食活动的高峰期，其中凌晨 1：00 左右和 4：00～6：00 出现两个峰值；8：00～22：00 甘肃鼢鼠取食活动相对较少，个体取食频次小于 1 Fr/h，为取食的平稳期；22：00 以后，取食活动加大，2：00 逐渐进入全天的取食高峰期。春季，甘肃鼢鼠取食频次较少，而每次取食活动的时间较长，鼢鼠拉食贮存的现象较少。夏季，随着气温的升高，栖息地中食物种类和数量逐渐增多，鼢鼠选择食物的范围扩大；因此单位时间内的取食活动频次逐渐加大，而每次取食的时间却相对缩短，鼢鼠拉食现象减少，这也可能与雌鼠哺育幼鼠有关。每天 20：00 至第 2 天 10：00 为取食的高峰期，取食频次在 1 Fr/h 以上，其中出现 4 个峰值；全天取食活动最少的时期出现在早晨 7：00 前后；10：00～20：00 为平稳取食期，取食频次在 1 Fr/h 上下浮动。除了取食活动，鼢鼠几乎停止了一切其他活动。夏季，鼢鼠为了减少取食活动的消耗，鼢鼠常常在临时性常洞靠近取食场所修筑临时性老窝，以便取食。秋季，随着气温的逐渐下降，栖息地中可供甘肃鼢鼠选择的食物种类和数量逐渐减少，而鼢鼠还要为其越冬贮备足够的食物，其取食活动比春、夏季的频繁。其日取食活动节律与春季的基本相同；但表现为单位时间取食活动频次显著增加，且每次取食活动时间也相对延长，这是秋季鼢鼠取食活动与春季的主要区别。

不同鼠龄个体日取食节律不同。2～3 a 龄雌雄鼠的日取食节律均表现为秋季的单位时间取食活动频次大于春季的单位时间取食活动频次。雌鼠在春季的日取食活动频次波动较大，而雄鼠的波动较小，且雌鼠的取食时间和日食量大于雄鼠，这是由于春季雌鼠妊娠怀胎消耗较多营养造成的。而秋季雌鼠的日取食活动节律和取食时间和雄鼠的基本相同，但日取食量雌鼠小于雄鼠。

雌雄个体的日取食节律变化。春季，雌雄鼠取食活动在 0：00～4：00 和 18：00～24：00 基本相同；而在 4：00～18：00 区间范围内，雌雄鼠单位时间取食活动频次的变化规律正好相反，即：雌鼠高时，雄鼠低。秋季，2～3 a 龄雌雄鼠的取食活动在 23：00 至第 2 天 4：00 出现一个双峰型的高峰期；7：00 和 15：00 左右出现两个亚高峰。

● 迁移习性　夏秋季节为了寻找更合适的食物，鼢鼠常常作大量的迁移。大部分个体一次迁移的距离多在 200 m 以内，个别可超过 1 000 m。在迁移过程中，幼鼠常常和老鼠从此分居，另立新巢。所以秋季一过，地面的土丘就逐渐多了起来。1992 年春季，延安树木园的综合防治效果达 90% 以上，防治后三四个月内，在标本区和油松林范围内，土丘数不再增加，鼢鼠活动明显减少，林木不再受害。但到了秋季后，10月上旬再进行检查时，整个油松林、刺槐林标本区的几个坡面外缘地带又出现了大量鼢鼠土丘，并由外向内逐渐减少，显然是由非灭鼠区向灭鼠区大量迁移的结果。通过弓形夹捕捉，多为幼鼠（体重100～150 g），在少部分的成鼠中，以雄性居多。雄鼠及幼鼠的大量迁移，有利于种群的扩散，以使它们有更多的机会寻找适宜的栖息环境和足够的贮粮，对于避免近亲交配有积极意义。

● **繁殖特性** 甘肃鼢鼠的求偶行为分求偶初期和求偶后期。求偶初期，雄鼠主动接近雌鼠，雄鼠在接近雌鼠的过程中，身体贴地头前伸，缓慢而谨慎地向雌鼠靠拢，同时发出低声的鸣叫，身体边前探边嗅闻。求偶初期雌鼠的攻击性很强，当雄鼠接近雌鼠时，雌鼠表现出攻击状，并不停高声鸣叫，有时向前抓打雄鼠头部。雄鼠对雌鼠的攻击一般不予还击，只是头部迅速缩回并后退躲避，然后雄鼠会再次接近雌鼠，发出轻柔的鸣叫。求偶初期雌鼠始终保持攻击和防御姿势，并高声鸣叫，拒绝雄鼠的求爱。求偶后期，雄鼠频繁嗅闻雌鼠粪尿，观察到1只雄鼠曾3次舔食雌鼠的粪便。求偶后期，雌鼠允许雄鼠靠近，不再攻击雄鼠，两性表现出亲昵行为。此时，雄鼠更频繁接近追逐雌鼠，嗅其阴部。雄鼠常发出温柔、颤抖的叫声并频频舔自己的阴部。求偶后期雌鼠虽不攻击雄鼠，但仍保持防御姿势，并不停鸣叫，有时逃离躲避雄鼠。在求偶初期，雌雄鼠各自营巢，到求偶后期，两性的巢靠得很近，或两鼠同居一巢。整个求偶期约25 d。

雄鼠爬跨行为 交配前，雄鼠先接近或追逐雌鼠，用头拱雌鼠的头、体侧、腹下或嗅雌鼠的阴部。然后前肢用力将雌鼠往腹下拖，臀部靠向雌鼠，寻找阴道位置，试图交配。雄鼠爬跨成功后，前肢紧抓雌鼠腰部，臀部下压在雌鼠后部，同时盆部快速抽动，抽动频次为2.71 ± 0.26（1.93～3.34）次/s。雄鼠每次爬跨及交配持续32.08 ± 5.45（22～78）s。整个过程中，雌鼠一直高声鸣叫。雄鼠交配时鸣叫频次很低，在追逐雌鼠时发出"咕、咕咕、咕咕咕"的低沉鸣声。

雌鼠反爬跨行为 雄鼠嗅其阴部时，雌鼠立即调头，面向雄鼠，并用前肢紧抓雄鼠背部将其压在自己腹下。雄鼠在交配过程中，表现得较为急切，多次出现在雌鼠头部或体侧进行交配的行为。雄鼠对雌鼠头部的交配次数占38.46 %，对雌鼠体侧交配次数占30.77 %，真正对雌鼠阴部的交配次数仅占30.77 %。雄鼠在爬跨、交配期间常频繁舔自己的阴部或进食。

交配节律 甘肃鼢鼠的爬跨、交配行为多发生在凌晨。5：00～7：20交配行为发生频次最高，占总交配次数的61.54 %，深夜23：00～00：00交配频次占7.7 %，中午

交配频次占 23.08 %；下午交配频次占 7.7 %。甘肃鼢鼠每天交配持续时间 10~30 min，交配期 8~10 d。

雌雄比 甘肃鼢鼠种群性比存在季节变化，每年 4~10 月份，种群性比由低到高，再由高到低变化。4 月性比较低，随后逐月上升，8 月达到最高值，以后又逐月降低，10 月为全年最低点。3 年间各月性比的变化很大，尤其是 1994 年性比与前二年相比偏低，而 5 月以后各月性比较前 2 年高。延安市甘肃鼢鼠种群总性比（♀/♂）为 1.57，雌性显著多于雄性。

繁殖强度 甘肃鼢鼠的怀孕期为 25~30 d，在林区，繁殖期为 3~8 月，农作区为 3~7 月，相比之下，林区种群的繁殖期结束比农田种群晚一个月。这与林区的环境条件有关。林区由于森林覆盖，环境温度较农作区稍低，相对湿度大，光照条件差，食物的养分远不及农田，导致其繁殖期滞后，并且影响到其繁殖强度。4~6 月是甘肃鼢鼠的最佳繁殖季节。林区甘肃鼢鼠的平均胎仔数为 2.21 ± 0.08 只，低于农田的 2.62 ± 0.13 只。

● 种群动态 甘肃鼢鼠种群数量的季节性消长变动过程可以用一元二次曲线描述。采用各月甘肃鼢鼠的密度（Y，只/hm²）及对应的月份（X）求得其种群密度动态模型如下：

1992 年	$Y=-11.814+7.632X-0.539X^2$
1993 年	$Y=-12.386+7.633X-0.524X^2$
1994 年	$Y=0.688+3.865X-0.292X^2$

气温与甘肃鼢鼠种群数量之间存在着强相关性，分析发现 2~6 月气温与其后 1~2 个月的鼠密度间呈正相关，2~5 月气温与 4~7 月鼠密度之间，3~6 月气温与 4~7 月鼠密度之间均存在强直线关系，其回归模型如下：

$$Y=11.0653+0.2531X \qquad (r=0.883>r_{0.01（n-2）}=0.708)$$

$$Y=8.9110+0.3052X \qquad (r=0.924>r_{0.01（n-1）}=0.708)$$

模型中，Y 为鼠种群密度（只/hm²），X 为月平均温度（℃）。

降水对鼠类的影响表现在两个方面，一是对鼠类本身的直接影响。暴雨常直接威胁到鼠类的生命，淹没其巢穴，使其溺死或因热能代谢遭破坏过冷而死亡。降水间接对鼠类产生影响是通过鼠类的食物含水量、环境湿度，或通过土壤微生物等对鼠体产生不利影响导致死亡。但适量的降水则对鼢鼠的发展有利，便于挖掘洞道取食，也利于植物生长改善食物条件。

据 1992 年和 1993 年两年资料分析，前半年降水量与甘肃鼢鼠密度之间存在直线关系，呈正相关。前半年月降水量与其后第 1、2 月鼠密度间关系密切，其中，2~5 月份降水量与 4~7 月鼠密度间存在强的直线关系，$r=0.924>r_{0.01}$，其回归模型为：

$$Y=10.308+0.168X$$

3~6 月降水量与 4~7 月鼠密度间也存在强的直线关系，$r=0.817>r_{0.01}$，其回归模型为：

$$Y=9.159+0.317X$$

模型中，Y 为鼠种群密度（只/ hm^2），X 为月平均降水量（mm）。

不仅气候条件对甘肃鼢鼠的种群产生影响，其本身种群年龄结构组成与种群数量之间也存在相关性。用成亚比（成年鼠/（幼年鼠十亚成年鼠））为参数，探讨它与鼠密度间的关系，发现 4~8 月份的成亚比与 5~9 月份鼠密度成正相关，$r=0.807>r0.01$，其回归模型为：

$$Y=9.258+3.843X$$

● 甘肃鼢鼠种群数量的预测预报

短期预报种群数量（Y）与月平均气温（X_1）、月降水量（X_2）、性比（X_3）、成亚比（X_4）之间的多元回归模型为：

$$Y=12.032+0.296X_1+0.0004X_2-1.769X_3+0.417X_4 \quad R=0.948$$

剔除不相关因子，其回归模型为：

$$Y=12.193+0.302X_1-1.827X_3$$

此模型为甘肃鼢鼠短期预报模型，可测报后一个月的种群数量。经回测检验，吻合度非常高。

中期预报 7 月以后直到第二年春季，鼢鼠种群是一个递减的过程，开春数量的大小受前一年数量最高月数量的影响，也与种群的死亡率和存活率有关。用每年数量最高月（7 月）的数量作为种群的秋季基数，再用全年的平均存活率为指标，来测报来年春季的开春鼠密度，建立预测模型为：

$$N_s=N_A\left[\sum (1_{xi}-1) /(n-1)\right]$$

模型中，N_s 为春季数量，N_A 为秋季基数，l_{xi} 为各年龄组存活率，n 为年龄组组数。

● 空间格局　在 1/15 hm^2 样方下，甘肃鼢鼠低密度时有均匀分布的趋势（$\frac{\dot{m}}{m}<1$，高密度时为聚集分布（$\frac{\dot{m}}{m}>1$）；在 2/15 hm^2 样方下，低密度时也有均匀分布的趋势，但多数为聚集分布，高密度时均呈聚集分布；在 1/4 和 1 hm^2 样方下，均为聚集分布。洞迹圈的分布与甘肃鼢鼠的基本相似。而被害油松在各样方下均表现为聚集分布。根据 Iwao （1961，1971，1972） 提出的聚集块直线回归 （ṁ-m） 方法分析，甘肃鼢鼠和洞迹圈 $\alpha<0$，表明个体间在林内的分布是以个体为基本成分的，个体间相互排斥；$\beta>1$，说明个体间具有明显的聚集趋势。对于被害油松，在 1/15 和 2/15 hm² 样方下，$\alpha<0$，表明在林内的分布基本成分是个体，而不是个体群；在 1/4 和 1 hm² 样方下，$\alpha>0$，表明分布的基本成分是个体群而不是单个个体，各样方下，β 均大于 1，说明其分布具有明显的聚集分布趋势。

● 生态位与优势度　甘肃鼢鼠在不同的啮齿动物群落中的优势度不同。在陕北表现为退耕群落大于荒坡群落，桥山林区甘肃鼢鼠的优势度小于桥北林区的优势度，而桥北林区的优势度又小于吴旗林区的。在麟游县的退耕林地的甘肃鼢鼠的个体比达 31.7 %，优势度指数为 1.373，成为优势种。

鼢鼠在吴旗群落中生态位宽度最大，退耕林地次之，在荒坡林地群落中最小。关中北部塬区啮齿动物群落中，永寿县退耕林地群落的生态位宽度最大；而其荒坡造林地群落的生态位宽度最小。从不同啮齿动物的生态位宽度指数分析可知，草兔、达乌尔黄鼠、田鼠、松鼠和鼢鼠类是关中北部塬区林地的广布种；而鼠兔类和沙鼠类是特化种。

甘肃鼢鼠与其他啮齿动物种群两两相互重叠，这是因为甘肃鼢鼠是地下害鼠，常年生活于地下，与其他种群在生活空间、食物选择、种群占位等生态因子上的互补性造成的。甘肃鼢鼠的重叠是因为甘肃鼢鼠与其他种群在生活空间、食物选择、种群占位等生态因子上的互补性造成的。甘肃鼢鼠主要取食植物的根系，而草兔、沙鼠、鼠兔和田鼠类等主要取食植物地上部分，松鼠类则主要取食林木的种子。取食的互补性，在某种程度上降低了种群之间的竞争关系。这种互补性在林地表现为一株幼树可能受到多种动物的危害，产生交叉危害现象。

● 经济阈值

静态经济阈值李金钢等 （1995） 依据鼢鼠密度 x （只/ hm²） 与油松被害死亡株率 Y （%） 回归模型 Y = a + b x，结合 Stern 等 （1950）、盛承发 （1984） 和夏基康（1985） 等人的经济允许损失率模型：

$$R=\frac{F \cdot C}{D \cdot P \cdot E} \times 100\%$$

提出了幼林静态经济阈值的计算模型：

$$E_t=\frac{100F \cdot C-a \cdot D \cdot P \cdot E}{b \cdot D \cdot P \cdot E}$$

模型中，E_t 为经济阈值，F 为校正系数 （经济系数），C 为防治费用 （元/ hm²），D 为造林密度，P 为定植各年林木的单价（元/株），E 为防治效果。

根据我国植保部门确定的标准，当防治收益大于防治投入的 4 倍（F=4）时，防治才有意义。按此标准定植 1~3 a 的油松林静态经济阈值为 4.60 只/ hm²，4~6 a 的为 2.34 只/ hm²，7~10 a 的为 1.77 只/ hm²，即林地鼠密度大于此值时应及时进行治理，否则会造成不同程度的危害和损失。

动态经济阈值根据经济阈值的定义，设：

$$D_t = [P(X_2)] \cdot [Y(X_1, X_2)] \cdot [S_{t-n}(1-r)^n]$$

式中，D_t 为单位面积油松的经济损失（元/0.25 hm²），$P(X_i)$ 为油松的单价（元/株），是油松定植年限的函数；一般情况下，油松的单价与油松定植年限呈正比；$Y(X_1, X_2)$ 单个鼢鼠危害油松的株数，是鼠龄和油松定植年限的函数，若取林地平均鼠龄，$Y(X_1, X_2)$ 为平均单个鼢鼠危害油松的株数；$S_{t-n}(1+r)^n$ 为单位面积上的鼠口密度（只/0.25 hm²），是一动态值，S_{t-n} 为 n 时刻前的鼠口密度，r 为每时间间隔的种群增长率，表示鼠口密度 S_t 是 n 时刻前鼠口密度 S_{t-n} 和时间 n 及种群增长率的函数。

设：

$$CC = \frac{N_D(R_1, S.E_c) \cdot n_1}{1000} P_D(X_3) + Nw(R_1, S) \cdot P_W$$

式中 CC 为单位面积化学药剂防治费用（元/0.25 hm²）；$N_D(R_1, S, E_c) \cdot n_i \cdot PD(X_3)$ 为单位面积用饵费用（元/0.25 hm²），其中 $N_D(R, s, E_c)$ 为单位面积投饵密度（洞/0.25 hm²），是投饵方法，鼠口密度和防治效果的函数，n_i 是每洞投饵量（g/洞），PD (X_3) 为毒饵单价（元/kg），是毒饵种类的函数；$[Nw(R, S)]$ 为单位面积防治用工费用（元/0.25 hm²），其中 Nw（R，S）为单位面积用工量（工日/0.25 hm²），是投饵方式与鼠口密度的函数，P_w 为工日值（元/工日）。

若令防治后换回的损失为 C，则 C 为：

$$C = D_t \cdot E_c$$

对上述 3 个模型偶联求解，可得动态经济阈值模型为：

$$2CC = C = D_t \cdot E_c$$

对模型求解可得各种防治措施下的经济阈值。在投饵防治措施中，毒饵单价低时，表现为切封洞投饵方式防治经济阈值最大，切洞法居中，插洞法最小；而毒饵单价高时，表现为插洞法投饵方式防治经济阈值最大，切洞法居中；切封洞法最小；不论何种防治措施，经济阈值与油松定植年限的变化规律相同，即定植 1 a 时经济阈值

较大，而 2~6 a 经济阈值较小，其中定植 4~5 a 的最小，而定植 7 a 后，经济阈值逐
渐增大。

【危害特征】 甘肃鼢鼠主要危害农作物和林木的根部。在农作区，甘肃鼢鼠主要
拉食作物幼苗、啃食作物根茎，造成农作物缺苗断垄现象；在林区，鼢鼠喜食林木含水
分较多的嫩根及须根，对于粗大的主根则啃食根皮。取食时，环状剥去一圈仅留下光
秃的木质部，使树木失去输导养分和水分的能力而死亡（图 2-110）。主要危害 1~10
年生幼龄树木，啃食树木幼根，造成秃根引起死亡。危害的植物涉及 38 科 95 种，其
中木本植物 42 种，主要危害油松、樟子松、落叶松、侧柏等针叶树种，同时也危害苹
果、梨、山杏等经济林木。

图 2-110 甘肃鼢鼠危害症及其调查

Z28. 中华鼢鼠（*Myospalax fontanieri* Milne−Edwards, 1867）

中华鼢鼠别名瞎老鼠、瞎狯、瞎老、瞎瞎、仔隆、方氏鼢鼠等，是古北界华北区
典型的地下生活种类，也是主要的农田害鼠和林业根部害鼠。

【鉴别特征】 中华鼢鼠体型粗短肥壮，呈圆筒状头部扁而宽，吻端平钝。无耳壳，耳孔隐于毛下。眼极细小。尾细短，被有稀疏的毛（图2-111）。

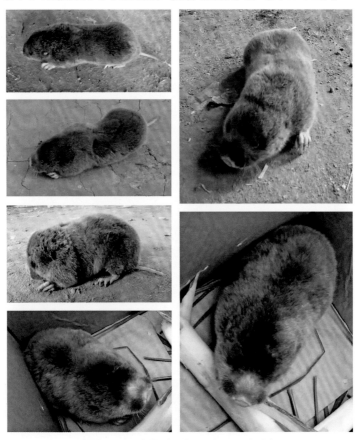

图 2-111　中华鼢鼠(*M. fontanieri*)形态

● 形态鉴别

测量特征 /mm　体重 285 ~ 443 g。体长 171 ~ 217，尾长 53 ~ 69，后足长 29 ~ 37。

形态特征　中华鼢鼠体型粗短肥壮，呈圆筒状头部扁而宽；体重 285 ~ 443 g，体长 171 ~ 217 mm。吻端平钝。无耳壳，耳孔隐于毛下。眼极细小。尾细短，被有稀疏的毛。前肢爪粗大，第 2、3 趾爪长几乎相等，适于掘土。吻钝圆，耳壳极度退化，隐于毛下。体背面灰褐色发亮，或暗土黄色而略带淡红色。额通常有一闪烁的带白色毛区；头顶中间有或无一短的白色条纹；体侧面毛色较体背面淡，额、喉灰色，尾和前后足背面均被稀疏短细白毛，几乎裸露。成体头、背及体侧夏毛灰色，带有明显的锈红色，腹毛灰黑色，毛尖略带铁锈色，足背与尾毛稀疏，为纯白色（韩崇选等，2006；图 2-111）。

● 头骨鉴别

测量特征/mm 颅长 41.7~58.6，颧宽 26.8~38.7，眶间宽 6.9~9.0，鼻骨长 16.4~21.3，后头宽 28.0~40.7，枕骨板高 18.5~24.2，上颊齿列长 11.3~13.4。

头骨特征 中华鼢鼠头骨扁宽粗大，具明显的棱角；颅长 41.7~58.6 mm。颅骨较宽，鼻骨窄。颞嵴左右几乎平行，上枕骨从人字嵴起逐渐向后弯下。鼻骨后缘中间有一缺刻，其后端一般略越过前颌骨后端，眶上嵴不甚发达；颅骨较宽，约为长的 70.2 %（65.5 %~74.8 %），后头宽约为颅长的 65.2 %（54.9 %~69.0 %）；门齿孔一部分在前颌骨范围内，另一部分在上颌骨界限内。听泡低平。上门齿较强大，M¹ 较大，其侧有两个内陷角，与外侧的两个内陷角交错排列，将咀嚼面分割成前后交错排列的三角形与一个略向前伸的后叶；M² 和 M³ 较小，结构基本相同，且 M³ 后端多数有向后外方斜伸的小突起；颧弧后部较宽。齿型属田鼠型，但与其他种鼢鼠一样，臼齿咀嚼面也呈半月形。老体有发达的眶上嵴、腭嵴和人字脊，两腭嵴之间形成凹陷，人字嵴后面的头骨部分向后倾斜，呈一个斜面转向下方，眶前孔倒三角形，听泡小而平（韩崇选等，2006；图 2-112）。

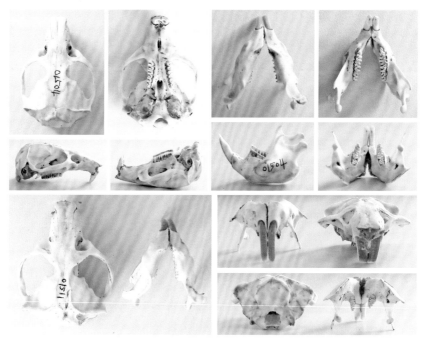

图 2-112 中华鼢鼠头骨

【亚种及分布】 中华鼢鼠主要分布于内蒙古呼和浩特、包头、通辽，山东的西南平原油区，山西的武宁、神池、太原、岩岚、交城，河北西北地区山间盆地、保定，北京市东北 160 km 处，河南南部山区丘陵，陕西的延河以北各县和陕南的宁陕、石泉、南郑等县。据资料记载，宁夏中华鼢鼠主要分布在宁南部山区。但 2013 年～2018 年，我们通过对采自六盘山区和固原市的原州区、西吉县、彭阳县、隆德县、泾源县和中卫市的海原县的鼢鼠标本进行形态学观察和分子学鉴定，没有发现中华鼢鼠个体；而在盐池县与陕西交界的毛乌素沙漠与黄土高原过渡地带采集的标本进行分子学鉴定，属于中华鼢鼠，另外该鼠也分布于同心县境内的大罗山（大蓋山）（图 2-113）。

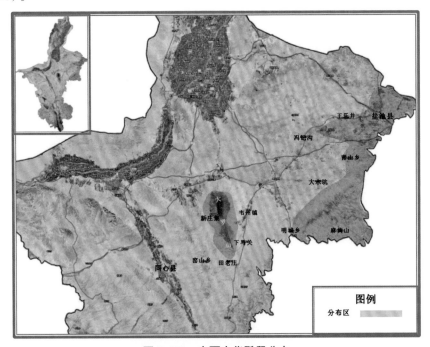

图 2-113　宁夏中华鼢鼠分布

【发生规律】　中华鼢鼠主要栖于土壤肥沃，结构疏松，质地均匀，岩石较少及杂草茂盛的向阳荒地、沟谷、坡麓和山湾缓坡之中。终年营穴居生活，除繁殖季节外，一般均为雌雄分居，1 洞 1 鼠。

●　洞系结构　鼢鼠终生营地下生活，洞道是其赖以生存的基本环境，也是人们采取各种治理措施的重点所在。中华鼢鼠的洞系十分复杂。不同的立地和地点的洞系结构有所差异，但从洞道功能和作用分析，主要由地面土丘和自下而上，依次重叠分布于地下的食草洞、常洞、盲洞和老窝等部分构成（图 2-114）。洞系占地面积取决于栖息地食物的丰富度，食物愈丰富，占地面积愈小；林地为 0.02～0.08 hm²，农田和草地约为 100～200 m²。

中华鼢鼠经常挖掘洞道，将土推出地面。随着洞道的延伸，在栖息地地面形成若干大小不等的土丘。农田、二荒地和草地土丘明显，直径多为 30～60 cm，高 14～20 cm；最大的直径可超过 100 cm，高约 30 cm；明显大于甘肃鼢鼠的土丘。林地土丘多数不明显或者较小，在地面形成一条条食草洞裂脊。雄鼠土丘较小，呈直线分布，雌鼠的较大，呈扇状分布，所以有"公鼠危害一条线，母鼠危害一大片"的说法。地面的土丘数量间接的反映鼢鼠种群活动及数量消长的变化，据此可以利用土丘群系数法调查鼢鼠数量。另外，还可根据新旧土丘数量变化，判别鼢鼠的分布和活动规律，也可以依此寻找鼢鼠有效洞道。

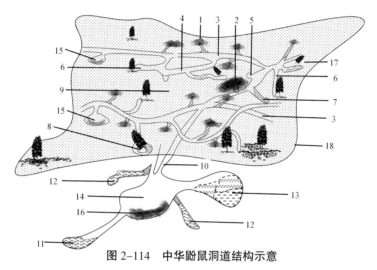

图 2-114　中华鼢鼠洞道结构示意

1. 地面土丘；2. 中心大土丘；3. 临时性常洞；4. 环形临时性常洞；5. 盲洞；6. 新食草洞；
7. 废弃食草洞；8. 环形食草洞；9. 朝天洞；10. 永久性常洞；11. 厕所；12. 废弃厕所；13. 粮仓；
14. 卧室；15. 临时性老窝；16. 睡垫；17. 鼢鼠危害的林木；18. 地平线。

食草洞是供觅取食物的洞道，又叫取食洞、食道和觅食洞等。在临时常洞两侧呈树状分布，洞径较小，洞壁粗糙，距地表 8～15 cm，常在地面上形成蜿蜒曲折的龟裂状土脊，末端便是采食点。据此，可以判断鼢鼠的危害行踪，有新取食的为有效洞，有裂脊而无新取食的为无效洞。

常洞是连结老窝和食草洞的通道，又称交通洞。洞径 8～12 cm，洞壁光滑，雄鼠洞道较圆，分枝少；雌鼠洞道呈扁圆形，分支多。分为永久性常洞和临时性常洞。

临时性常洞距地表 18～25 cm，是鼢鼠为采食而修筑的交通洞，位于洞道结构的第二层，几乎与地表平行。夏季，在临时常洞中有时可发现鼢鼠用于暂时存放食物和休息的临时性老窝。永久性常洞一般在地表 30 cm 以下，位于临时性常洞下方，上连临时性常洞，下连老窝，多数有 2~3 条，多数长 40~50 cm，洞壁十分光滑。与老窝和朝大洞共同组成鼢鼠的防御体系。

盲洞也叫转向洞。是鼢鼠为修筑食草洞或为在洞内活动转向而挖的一种洞穴。多在常洞两侧，一个洞系内多则数十个，少则 3~5 个。

朝天洞也称应急洞和逃跑洞。是鼢鼠为躲避天敌入侵和自然灾难的应急逃跑洞。朝天洞是从老窝通向地表的一条斜上洞道，上面有一层 2~3 cm 厚的土封住洞口。在陕西延河以北和山西的晋西地区，中华鼢鼠的朝天洞与水平永久性常洞和临时性常洞相通；在甘肃省西和县，中华鼢鼠的朝天洞被 1~3 条垂直向上通往食草洞的永久性常洞所代替，没有独立的朝天洞；而多数地方的朝天洞是独立的，不与其他洞道相连。

老窝也叫老巢、巢、巢穴和生息洞等。分为永久性和临时性两种。永久性老窝是中华鼢鼠繁殖和休息的场所。分布在洞系的底层，距地表 0.8~3.5 m，主要由卧室、粮仓、厕所三部分组成。卧室也叫休息洞，是鼢鼠休息产仔的洞室，长 40~50 cm，洞壁光滑，洞底用绵软杂草垫成。粮仓是贮存食物的仓库，长度可达 30~40 cm，多数与休息洞处于同一深度和略高于休息洞。厕所是堆积粪便的洞道，从休息洞与粮仓相反的底角部向下斜伸，长 50~120 cm。在年降水集中的地方，中华鼢鼠的老窝还有防水洞，洞穴倾斜向上，是老窝进水后，鼢鼠躲避的地方；有些洞道有 1~2 个被封闭的废弃厕所。

鼢鼠的洞道呈树枝状分布，临时性常洞和食草洞远离老窝的空间分布格局有利于老窝的安全。老窝只与永久性常洞和朝天洞相通相连，不易被天敌（蛇或鼬科动物）发现，且便于堵洞防御。

● 洞道判断　判断鼢鼠洞道是治理的关键，也是实施毒饵杀灭和机械捕杀等治理措施的基础。洞道判断分为有效洞判断和鼢鼠活动方向判断。

鼢鼠有效洞判别可以通过下列步骤进行。首先从地面土丘和食草洞地面裂脊新鲜程度判断，土丘土壤和食草洞地面裂脊新鲜，有新近采食的痕迹，说明近期有鼢鼠活动。其次，挖开洞道，洞壁光滑，土壤湿润，洞底有爪痕，或者鼠洞剖开，若有小蝇蚊往洞里钻，可判定此洞为有鼠洞即为有效洞。鼢鼠去向可以利用下列标准判别：洞底爪印显著，爪痕深的一端是鼢鼠在洞内的运动方向；洞壁两侧挂毛毛根方向为中华鼢鼠的去向；洞顶上鼻印深的方向是鼢鼠的走向。也可以利用鼢鼠堵洞习性，先挖开鼢鼠洞道，第二天观察鼢鼠推土堵洞情况，若洞口被堵，说明洞内有鼠，且在鼢鼠在堵洞一方。这是检查鼢鼠有效洞和方位最可靠的方法。

● **封洞习性** 中华鼢鼠怕光，破洞后有堵洞口的习性，胆小，嗅觉及听觉灵敏，稍有惊动即返回老窝，一般晴天 9：00～10：00 和 4：00 以后活动频繁，在烈日暴晒的中午，刨开中华鼢鼠活动的洞道，气味臭，有蚊蝇进出不停。阴雨天基本不活动。

鼢鼠的封洞与天气的变化有密切的关系。一般在正常天气情况之下，鼢鼠多在夜间推土封洞，天旱时封洞较远，刮大风或打雷下雨天封洞快。鼢鼠有走重路的习惯，即正常生活往返均在其洞道内。弓箭捕鼠主要是利用鼢鼠这种走重路封洞的习性。

● **取食规律** 取食习性是决定鼢鼠药剂杀灭时机和配制毒饵诱饵选择的关键。

鼢鼠春夏季喜食植物幼嫩多汁肥大组织，秋冬季喜食树木及杂草根茎。对农作物的喜食性>杂草>林木。木本植物中，对针叶树（主要指松科植物）的喜食性大于阔叶树，尤其对落叶松、油松最为喜食；草本植物中以马铃薯、小麦、当归、当参、野胡萝卜、苜蓿最为喜食。鼢鼠有贮食的特点，贮食因季节而不同，春季每只平均贮食 300 g 左右，夏季 200 g 左右，秋季因为储备冬粮，每只积食可达 900 g 左右。生殖期的雌鼠因育仔而需大量补充营养，取食活动比雄鼠频繁，特别是在 4～5 月繁殖盛期，根据调查结果，雌鼠的取食量相当于雄鼠的 2～3 倍。

鼢鼠最喜食植物是鼢鼠在任何情况下优先选择取食的植物，占鼢鼠食物组成的 40％～60％。主要小麦、油菜、大豆、蒲公英、苣荬菜、马铃薯、甘薯、菜花、胡萝卜、抱茎苦荬菜、当归、党参等 20 多种草本植物和油松、日本落叶松、沙棘、山杏、核桃和板栗等林木。喜食植物是鼢鼠经常取食的植物，在其食物组成中占 15％～39％，包括玉米、葱、荞麦、茵陈蒿、狼尾巴草、苹果、刺槐、侧柏、杜仲等 30 多种。可食植物是鼢鼠在食物缺乏和饥饿状态下取食的植物，种类很多，几乎包括在栖息地所有的植物种类，在鼢鼠的食物结构中占 15％以下，主要种类有酸枣、谷子、糜子、高粱和桃树等。不食植物是在任何条件下鼢鼠均不取食的植物，种类较少，主要有马兰、臭椿、桧柏、怪柳等。

鼢鼠最喜欢取食作物和杂草肥大的块茎、块根和鳞茎等部位，其次是植物含多汁液的绿色部分和幼嫩的果实及种子。晒干的农作物种子属可食范围，所以用种子之类的饵料灭鼠最好放在早春，此时植物绿色部分少，而鼢鼠又经过一个越冬时期，贮存的食物多以耗尽，急需补充营养，鼢鼠取食饵料的几率很大。早春，农田的麦苗是鼢鼠最主要的食物来源，对小麦的危害极为严重，常常造成小麦断条缺垅现象；5～6 月小麦抽穗期，鼢鼠洞道内常有成堆的麦穗，说明这一时期鼢鼠主要以麦穗为食；秋季鼢鼠常将整株的黑豆、黄豆、绿豆、谷子等农作物拉入洞道，但主要取食幼嫩的豆荚和谷穗等。全年农作物生长期间，鼢鼠除以农作物为食外，还喜欢取食部分田间和田埂杂草，如蒲公英、车前草、茵陈蒿、苣荬菜等。

鼢鼠对苗木根系的取食，在一年的 3~4 月和 9~10 月出现 2 次高峰。这是因为初春土壤解冻不久，林地内杂草尚未大量生长，食物不足，加之种群开始繁殖，鼢鼠处于暴食阶段，对苗木危害出现第 1 个高峰期。从 9 月份起，随着深秋的到来，鼢鼠开始大量采食以备过冬，对林木危害出现第 2 次高峰。但此期由于林地内杂草根、茎尚有一定数量，故对林木的危害远远低于春季。所以，鼢鼠治理要在春秋进行，尤以春季为最佳治理时期。

中华鼢鼠有随季节和食物源迁移为害的习性，春季从荒沟荒坡向农田移动，夏季从阳坡向阴坡移动，冬季从阴坡向阳坡、从粮田向草地移动。

活动规律鼢鼠数量年动态、季节变化和日活动节律是确定治理最佳时期和物理器械捕杀实施时间必须掌握的基本信息。

● 年活动规律　中华鼢鼠全年活动规律呈双峰形曲线。早春日均气温达到 8~10 ℃时，活动次数逐渐增加。4~5 月份为全年第 1 个活动高峰期。随着气温的升高，通常达到 25 ℃以上时，鼢鼠活动有所减少。7~8 月份盛夏期其活动进入低谷。9 月份气温转凉，鼢鼠受积食本能的影响，活动逐渐加剧，10 月份进入第 2 个活动高峰期。10 月份以后，随着气温下降，土层开始冻结，草本植物死亡，食物减少，鼢鼠活动明显减少。所以中华鼢鼠的最佳防治时期为春季和秋季，尤以春季防治效果最为显著。

季节活动变化　中华鼢鼠 3 月中旬（惊蛰后土壤解冻）开始活动，4 月上旬达到高峰，4 月中旬以后活动减少，5 月底渐转入越夏阶段。这一时期的活动可分为 5 个阶段，即 3 月中旬（10 d）为稳定增长阶段，3 月 26 日~4 月 2 日（7 d）为迅速增长阶段；清明前后 5 d 为高峰期，也是防治最关键的时期；4 月 10 日~4 月 25 日（15 d）为锐减阶段；4 月 26 日~5 月 10 日左右为稳定减退阶段。早春雌鼠占优势，占射杀总数 80.8 %；到 4 月中旬为一段短暂的均衡期；4 月中旬后，雌鼠日渐减少，仅占总数的 28.3 %，雄鼠逐日上升到 71.3 %，雌雄鼠消长呈现强烈的反差。

日活动节律　鼢鼠日活动节律与气温变化关系密切，初春多在 8：00 以后开始活动，其中：2：00~4：00、8：00~11：00、14：00~18：00 和 20：00~24：00 是鼢鼠活动的 4 个高峰时段。5 月以后，随着身体的恢复，食量渐减，加之天气渐热，活动逐渐减少，每天 9：00~11：00 和 17：00~22：00 为活动盛期，中午炎热时间很少活动；7~8 月处于半休眠状态，除晚间觅食外，白天很少活动。

● 繁殖特性　中华鼢鼠的雌雄比在不同的地区有所不同。甘肃省总的雌雄比为 1.15：1，西和县飞播油松林地为 1：1，天水农田 1.30：1，定西农田和退耕林为 1.43：1。

山西晋西农田的雌雄比为 1.35：1。陕西延河以北地区的雌雄比为 1.26：1，宁陕县的为 1.12：1。多数地区，中华鼢鼠 1 年繁殖 1 胎，而在甘肃的定西地区和西和县油松飞播林区，陕西南部山区有的中华鼢鼠 1 年繁殖 2 胎。在晋西农田中华鼢鼠的年平均妊娠率 66.3 ％；陕西延河以北地区的为 70.4 ％，甘肃庆阳农田的为 76.3 ％。胎仔量个体之间差异很大，甘肃的胎仔数 1 ~ 4 只，多数 2 ~ 3 只，平均 2.38 只。庆阳每胎产 1 仔的最少，占 2.23 ％，产 2 仔的最多，占 21.0 ％，产 3 仔的 14.61 ％，产 4 仔的占 11.87 ％，最多的 1 胎产 6 只，平均 3.30 只。在晋西地区中华鼢鼠每胎怀仔 1 ~ 6 头。以 4 月份胎仔数最高，平均为 3.1 只；5 月份平均胎仔数为 3.0 只，6 月份和 7 月份则逐渐减少，平均单胎仔数分别仅为 2.3 只和 2.1 只，总平均 2.6 只。两地雌鼠胎产仔数与妊娠的时间成正相关，即妊娠早的产仔多，妊娠迟的产仔少，其递减近乎匀速。

在人工饲养条件下，中华鼢鼠每年 3 ~ 10 月繁殖，年产 2 ~ 3 胎，每胎 4 ~ 6 只，多者达 8 只以上，一般幼鼠生长 2 个月性成熟，雌鼠发情表现为阴部里有黏液，并发出“吱……吱……”的叫声，妊娠期约 30 d，产仔多在夜间，仔鼠在 10 d 内以哺乳为主，以后可食土豆、草根等饲料，生长 20 d 后仔鼠能独立生活。

● 种群结构　正常年份，4 月下旬开始出现个别幼鼠，5 月幼鼠逐渐增多。6 月幼鼠大量出现，约占同月种群组成的 24 ％，并开始出现亚成体。7 月为幼鼠出现高峰，占 31 ％ ~ 35 ％，亚成体大量出现。8 月亚成体出现高峰，幼鼠数量逐渐减少，约占 25 ％，51 ~ 100 g 幼鼠基本消失。9 月幼鼠仅占 11 ％左右，亚成体占 20.2 ％ ~ 28.5 ％。10 月仍有少量幼鼠出现。同时，雄鼠幼鼠所占比例大于雌鼠。

气候对中华鼢鼠当年的繁殖影响不大，而对当年幼鼠的发育和成鼠的生活影响很大，同时影响来年鼢鼠的繁殖。如干旱会使来年中华鼢鼠的繁殖时间推迟，早春繁殖力、月妊娠率和月平均胎仔数显著降低；而各月孕鼠的死胎率却明显上升。由于繁殖力的降低，使鼢鼠种群数量下降，种群结构发生变化，幼鼠个体比例减少，老年鼠个体比例增加。

● 预测预报

农田预测模型

$$Y_2 = \frac{(1+A+A \cdot C) \times (1-B)}{1+A} Y_1$$

模型中，Y_2 为来年春天鼢鼠密度的预测值；Y_1 为秋季入冬前农田鼢鼠密度；A 为雌雄比系数；C 为繁殖系数，C=胎仔数×年胎数；B 为鼢鼠种群自然死亡率（％）。

林地鼢鼠预测模型　预测下一代鼢鼠密度是估计来年鼠害危害程度、决策防治的关键。鼢鼠数量的变化主要取决于参加繁殖的雌鼠在种群中所占的百分比。根据调查所得的中华鼢鼠的生殖能力和存活率，应用有效鼠口基数法，按照下列模型预测鼢鼠发生量。

$$F = p \times (a \times b) \times c \times (1-d)$$

模型中：F 为下一代鼢鼠预测密度（只/hm²），p 为当代鼢鼠调查密度（只/hm²），a 为雌雄比系数，b 为每个雌鼠每胎平均产仔数；c 为年繁殖胎数；d 为鼢鼠自然死亡率。

● 经济阈值与生态阈值

林地鼢鼠的经济阈值。中华鼢鼠的经济阈值模型为：

$$Te = \frac{F \cdot C}{D \cdot \rho \cdot E} \times 100\%$$

模型中，Te 为经济允许损失率，F 为校正系数（经济系数）；C 为防治费用（元/hm²）；D 为造林密度（株/hm²）；ρ 为林木单株价格（元/株）；E 为防治效果（%）。

实际应用中，一般在鼢鼠危害达到中等或严重程度时才采取人工防治措施；轻微危害情况下多依据自然界天敌的捕食和适当的果园管理措施来控制鼠口密度的上升。不同地区可根据当地社会、经济情况、经济林经营目标和经营策略，具体选择不同的 F 值确定适宜的防治经济阈值。

林地中华鼢鼠的生态阈值模型

$$T = \frac{D_1 - D_2}{t}$$

其中，T 为生态阈值，用栽植点表示（株/hm²）；D_1，D_2 分别为当前密度和成林密度（栽植点/hm²）；t 为危害时间（a）。

生态阈值只要求在危及成林密度时才加以人工除治，比经济阈值要大，相当于 F 值选择 4~5 时的经济阈值。具体应用时，应在查清中华鼢鼠危害的实际损失量基础上，结合经济林特点，确定其防治策略。当实际损失量<允许损失量时，采取生态调控，不进行人工除治；实际损失量=允许损失量的 80% 时，采取生态调控与人工除治相结合；实际损失量>允许损失量时分以下 3 种情况。

当前密度>成林密度时，采取生态调控与人工除治相结合；

当前密度>成林密度的 80% 时，采取人工除治和延长成林年限的策略；

当前密度<成林密度的 80% 时，采取人工除治和补植或重造策略。

我国植保部门根据防治收益大于防治投入 4 倍，即经济系数 F= 4 时才有明显经济效益的原则，黄土高原中华鼢鼠的经济阈值小麦地 3.13 只/hm²、大豆地 3.17

只/hm²；油松林 1～3 年龄 4.6 只/hm²、4～6 年龄 2.34 只/hm²、7~10 年龄 1.77 只/hm²；草地 4.0 只/hm²。

【危害特征】　中华鼢鼠土丘比甘肃鼢鼠大，地面土丘明显，容易发现。主要以植物的地下部分为食，食性杂，粮作、蔬菜、杂草、果树及林木均遭受其危害。鼢鼠不冬眠。整个冬季和早春大地解冻之前，除靠贮存食物为食以外，主要靠取食地坡上多年生植物较为肥大的根、茎和林木的根部为生。一些林地和果园在这个阶段常有 5 %~30 %的 1~10 年生的林木或果树被咬断主根和侧根而死亡（图 2-115）。尤其对苹果、梨、山杏、核桃、板栗和红枣建园威胁很大，局部甚至导致建园失败。该鼠可取食植物 27 科 49 种，其中木本植物 15 科 25 种，草本植物 14 科 24 种。同时，对日本樱花、紫藤、广玉兰、白玉兰、紫荆、蜡梅、榆叶梅、贴梗海棠、雪松和国槐等园林绿化树种危害也十分严重。

图 2-115　中华鼢鼠危害症状

Z29. 斯氏鼢鼠（*Myospalax smithi* Thomas，1911）

斯氏鼢鼠别名瞎老鼠，是我国的特有种，模式产地在甘肃临潭东南。

【鉴别特征】 鼻垫僧帽状。尾较短，密被浅灰褐色短毛（图2-116）。

● 形态鉴别

测量特征/mm 体重180~460 g；体长172~225，尾长37~55，后足长25~33。

形态特征 体型中等大小。吻部着生长的白色和黑色触须；额头多数无白斑。头背部深灰色、或天鹅绒黑色；耳周围深棕色；喉部略显灰色。背毛深棕色、深灰褐色，毛基灰青色，毛尖肉桂色、锈红色，少数毛尖棕红色甚至红色。腹毛色较暗，呈浅灰棕色，并泛棕红色。尾较短，约为体长的1/4，密被浅灰褐色短毛（图2-116）。

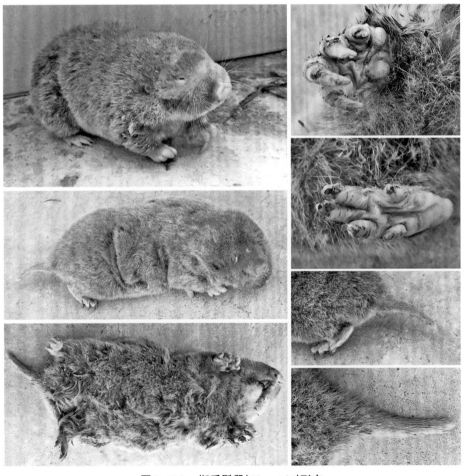

图2-116 斯氏鼢鼠（*M. smithi*）形态

备注：左列照片为斯氏鼢鼠整体观；右列照片从上至下依次为斯氏鼢鼠前足掌、后足掌、尾部背侧面和腹面（标本2019年7月16日采自宁夏隆德县山河乡）

● 头骨鉴别

测量特征/mm　颅长 41.6~51.4，颅基长 38.0~48.0，鼻骨长 15.8~21.0，腭长 23.4~26.2，颧宽 26.3~34.4，眶间宽 6.9~8.4，后头宽 23.6~30.2，上颊齿列长 9.1~10.7。

头骨特征　鼻骨呈葫芦状，长约占颅长的 39 %，其后缘几乎为横直或略呈钝锥状，并稍为超出前颌骨后端。眶前孔下部不窄。颧弓弧度较平缓；眶上嵴不突起，眶间宽较窄。额嵴愈合；颞嵴平行或靠近，雄成体左右额顶嵴在中缝靠近以致合并成 1 条矢状嵴，在两嵴内侧形成一个狭长的三角形肌窝，其雄性老年个体三角形肌窝较深。颅骨后端枕骨面从人字嵴逐渐弯下，不与颅顶面垂直。门齿孔被前颌骨包围。M³ 大多数为内侧有 2 凹角，外侧有 3 内凹角（图 2-117）。

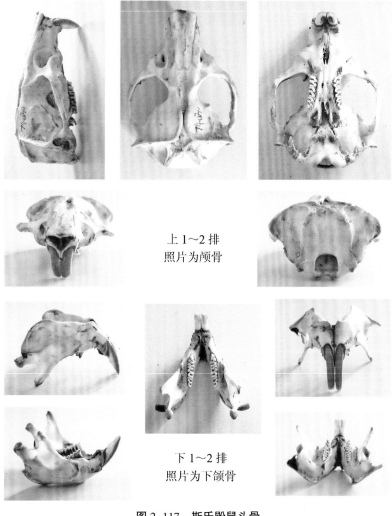

上 1~2 排
照片为颅骨

下 1~2 排
照片为下颌骨

图 2-117　斯氏鼢鼠头骨

【亚种及分布】 自从 Thomas（1911）将采自甘肃临潭 1 雄性标本命名为斯氏鼢鼠以来，关于斯氏鼢鼠的归属一直争议不断。李家坤（1965）将其物种地位留作疑问，宋世英（1986）认为斯氏鼢鼠可能是秦岭鼢鼠指名亚种（*Myospalax rufescens rufescens*）和高原亚种（*M. r. baileyi*）的过渡类型。樊乃昌（1982）对斯氏鼢鼠标本进行了系统观察，确定斯氏鼢鼠为一个独立的种。其后，多数学者采用樊乃昌的观点（秦长育，1991；罗泽珣等，2000；韩崇选等，2006；Andrew T. Smith 等，2009），何娅等（2012）采用线粒体细胞色素 b 基因和 12S r RNA 基因的全序列，以中华竹鼠做外群重建了鼢鼠亚科的系统发育关系，从分子生物学支持了斯氏鼢鼠种的地位。斯氏鼢鼠为单型种，没有亚种分化。主要分布于宁夏六盘山山地，甘肃陇中高原（临洮等地）、陇南山地（甘南的临潭、卓尼）及岷山北部高原地带，在陕西西部秦岭和关山高海地区也有分布。在宁南六盘山林区，主要分布在海拔 1 900 m 以上的，土壤疏松含水量大和腐殖质丰富的山地草原，在落叶松和青海云杉的幼林地密度也较高，啃食幼树的根系。

【发生规律】 在甘肃，斯氏鼢鼠一般栖息于黄土高原、草原、耕地，主要在干草原和开阔的草原和农田活动。在宁南六盘山山地，主要栖息于海波 1 900~2 500 m 及其以上草甸、草原、疏林等生境，在低海拔地区，也与甘肃鼢鼠在同一生境出现，喜欢在农田和菜地活动。

喜食各种植物的根系，也喜欢啃食华北落叶松、青海云杉、油松等的根系，有时也取食在洞里出现的小动物和昆虫。

在六盘山林区，斯氏鼢鼠洞穴多建造在土层深厚、干燥的高处。洞道较甘肃鼢鼠浅，多在土壤疏松、含水量大和腐殖质丰富的表层下 7~12 cm 修筑食草洞；洞顶裂嵋很少，很难发现。地面土丘少而小，只在老窝与采食地常洞两边偶尔可见直径 4~7 cm，高不足 3 cm 的原形土丘。与其他鼢鼠一样，老窝也有卧室、粮仓和厕所，睡垫也较精细；老窝深度 46~215 cm，比甘肃鼢鼠的浅。

在甘肃临潭，繁殖期在 4~6 月；在宁南六盘山，繁殖期在 5~9 月。每年繁殖 1~2 胎，胎产 2~4 仔，最多 8 仔（樊乃昌，1982；罗泽珣等，2000；Andrew T. Smith 等，2009）。

【危害特征】 主要啃食植物根系，数量稀少，危害不严重。在宁南六盘山高海拔地区的人工林地，斯氏鼢鼠密度较高，造成华北落叶松和青海云杉幼树成片死亡。因其死亡症状与甘肃鼢鼠和中华鼢鼠危害症状极其相似，当地人统称为中华鼢鼠危害，甚至像类似新华社、光明日报等著名新闻媒体也将宁南的鼢鼠危害，报道为中华鼢鼠危害。

ZK3. 跳鼠总科（Dipodoidea）

跳鼠总科为善于跳跃的小型啮齿类，后肢长于前肢，尾细长。跳鼠总科种类分布于欧亚大陆、北美洲和非洲北部，可以分成跳鼠科（Dipodidae）和林跳鼠科（Zapodidae），也有人将其全部归为跳鼠科。跳鼠总科包括一些体型很小的啮齿类，其中分布于巴基斯坦的小号角跳鼠（*Salpingotulus michaelis*）体长不到 5 cm，是最小的啮齿目种类之一。跳鼠总科种类有冬眠习性，其中有些种类冬眠时间很长。记载的有 16 属 50 种。分布在我国的有 9 属 18 种；宁夏有 6 属 7 种。

跳鼠总科分科检索表

1. 后肢长为前肢长的 3.0 ~ 4.0 倍，后肢外侧 2 趾甚小或消失，蹠骨愈合……………跳鼠科（Dipodidae）
   后肢长不大于前肢长的 2.5 倍，后足 5 趾正常，蹠骨分开……………………………林跳鼠科（Zapodidae）

K5. 跳鼠科（Dipodidae）

跳鼠科种类体中、小型，体长 55 ~ 260 mm；头大，眼大，吻短而阔，须长；毛色浅淡，多为沙土黄或沙灰色，无光泽（与栖息地的景色接近）；后肢特长，为前肢长的 3 ~ 4 倍，后肢外侧 2 趾甚小或消失，落地时中间 3 趾的落点很接近，适于跳跃，一步可达 2 ~ 3 m 或更远，有些种类如三趾跳鼠（*Dipus sagitta*）和栉趾跳鼠（*Paradipus ctenodactylus*）等的后足掌外缘生有 1 ~ 2 列硬密的白色长毛，既可在跳跃时保持后足在松散土地上不致下陷，又可在挖洞时借以将土推出洞外；尾长 95 ~ 300 mm，在跳跃时用以保持身体平衡，并能以甩尾的方法在跳跃中突然转弯，改变前进方向，以躲避天敌的捕捉；多数跳鼠尾端具扁平形的由黑白两色毛组成的毛穗，跳跃时左右晃动，以迷惑天敌，使之无法判断其准确落点。

分为跳鼠亚科（Dipodidae）、五趾跳鼠亚科（Allactaginae）、心颅跳鼠亚科（Cardiocraniinae）、长耳跳鼠亚科（Euchoreutinae）和梳趾跳鼠亚科（Paradipodinae）等 5 个亚科，有 12 属 32 种。广布于亚非欧三大洲的干旱与半干旱地区，包括亚洲中部和西部、非洲北部。我国有 7 属 13 种，隶属 4 个亚科。仅分布于中亚的哈萨克斯坦、土库曼斯坦和乌兹别克斯坦的单属单种的梳趾跳鼠亚科（Paradipodinae）在我国没有发现。其中，长耳跳鼠（*Euchoreutes naso*）主要分布于我国的西北地区，国外仅见于蒙古的外阿尔泰。与其他跳鼠相比，长耳跳鼠吻尖、眼小，耳朵极长，几乎占体长的1/2，是耳朵占比最大的哺乳动物，因而有学者认为长耳跳鼠可独立成科。在宁夏有 5 属 6 种，隶属 3201 个亚科。其中，单属单种的长耳跳鼠亚科在宁夏没有分布。

宁夏跳鼠科亚科检索表

1. 头骨的听泡异常膨大,顶间骨退化或缺无(若有,则其长度大于宽度);体长<70 mm;尾基部粗壮,尾端无毛穗·······························心颅跳鼠亚科(Cardiocraniinae)

　头骨的听泡不异常膨大,顶间骨正常;体长>70 mm;尾细长,尾端有毛穗······················· 2

2. 听泡大,左右听泡几乎挨在一起;后足3趾,第一和第五趾缺失;后肢长为前肢长的3~4倍···········
···跳鼠亚科(Dipodidae)

　听泡小,左右听泡不挨在一起;后足5趾,外侧2趾退化而不接触地面,趾尖不达中间3趾的基部;后肢长为前肢的3倍···五趾跳鼠亚科(Allactaginae)

YK8. 跳鼠亚科(Dipodidae)

中型到小型。头骨很宽阔;耳短,向前折正好达眼;后足3趾,中间的蹠骨(跖骨)愈合成一块炮骨,第一和第五趾缺失;趾底有很发达的毛刷;后肢特长,为前肢长的3~4倍。尾细长,长于头和身体;尾有簇毛;听泡膨大,其前部内侧几乎挨在一起。分布于于欧洲、非洲和古北界的亚洲的沙漠和草原。有4属8种,我国有2属3种。三趾跳鼠、蒙古羽尾跳鼠(*Stylodipus andrewsi*)、羽尾跳鼠(*S. telum*)。其中,宁夏有2属2种,即三趾跳鼠和蒙古羽尾跳鼠。

宁夏跳鼠亚科属检索表

1. 门齿表面黄色,听泡较小。尾后端有黑白色长毛形成扁穗状"尾族"···················三趾跳鼠属(*Dipus*)

　门齿表面白色,听泡较大。尾端无白色长毛形成的"尾簇"······ ············ 羽尾跳鼠属(*Stylodipus*)

S18. 三趾跳鼠属(*Dipus*)

单种属,只有三趾跳鼠1种,是典型的古北界荒漠鼠种。

Z30. 三趾跳鼠(*Dipus sagitta* Pallas,1773)

三趾跳鼠别名跳鼠、毛腿跳儿、沙跳(陕北)、毛脚跳鼠、沙鼠、跳兔、耶拉奔(蒙古语)等。

【鉴别特征】 三趾跳鼠体型中等,头圆短,耳不大,不似兔耳;后足强壮,长约为尾长的1/3,仅3趾,趾下面生有密而长的毛,如刷状。尾远较体长,尾"旗"发达(图2-118)。

● 形态鉴别

1. 测量指标/mm　体长105~144,耳长16~23,后足长61~73,尾长150~201。

2. 形态特征　外形似五趾跳鼠,但耳较短;后足3趾,第1和第5趾完全退化,中间3趾的蹠骨愈合成为1炮骨,每一趾下面两侧各有一列长的栉状硬毛作为趾垫。

前足 5 趾，第 1 趾为一短小的瘤突，无趾甲。其余 4 趾均有坚硬的爪，末端略为弯曲，用以挖掘；四趾中以第 3 趾最长，第 5 趾最短。尾长，尾端为一扁的羽状黑白色毛簇。体背面毛色变化多，从暗、赤褐色近深棕色、黄褐色、沙棕色、棕灰色到非常浅淡沙黄色或微带粉红色；体腹面、前肢和后腿内侧均为纯白色，臀部有一宽白带，从尾基部延伸至体腹面与白色毛区相连；耳壳外面棕黄色，内侧有稀疏白毛，耳后有一白斑；后足背面毛白发亮；尾背面纯黄色，腹面白色，尾"旗"（即尾穗）扁而发达，基部黑色，末端白色，黑色部分的腹面为白毛所隔离（图 2-118）。乳头胸部和鼠蹊部各 2 对（韩崇选等，2005）。

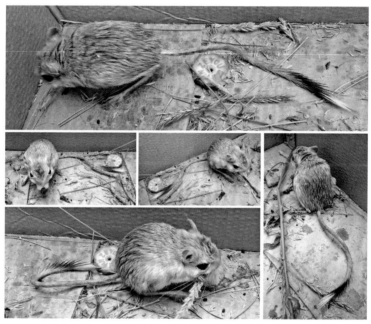

图 2-118　三趾跳鼠(*D. sagitta*)形态照片

● 头骨鉴别

测量指标 /mm　颅长 30.9 ~ 36.2，颧宽 20.5 ~ 24.5，腭长 17.9 ~ 21.5，鼻骨长 12.8 ~ 15.8，眶间宽 10.1 ~ 12.5，后头宽 17.5 ~ 21.7，听泡长 9.2 ~ 10.4，上颊齿列长 5.8 ~ 6.5，下颊齿列长 5.7 ~ 6.4。

头骨特征　颅骨宽短，吻短。门齿孔后端达上颊齿列前缘水平。眶前孔很大。额骨在泪骨后缘的部分最窄。颧弧细，前部沿着眶前向上扩展，宽并达于泪骨下缘。泪骨发达。脑颅顶部隆凸，眶前孔大。鼻骨发达，长约为颅长的 41 %，前端具一缺刻，后端中间呈楔状缺刻。前颌骨后端向后超过鼻骨。听泡和乳突部分均膨大，前者约为颅长的 29 %，后者为颅长的 58 %。门齿孔后方有 2 对小腭孔。腭骨后缘远离 M³ 后缘，中间有显著的向后突起。上门齿几乎与上颌垂直，唇面黄色，这是本种与五趾跳鼠的明显区别。上门齿有纵沟；上颊齿 4 枚，PM 小，高约为 M^1 的 l/2，横截面为圆形。M^1 很大，其余两枚臼齿依次渐小。下颊齿 3 枚。下门齿唇面也为黄色，齿根很长，达于髁状突之外下方，形成突起（图 2-119）。

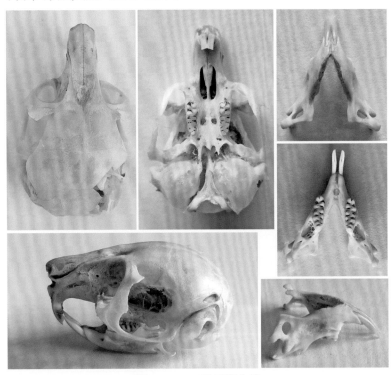

图 2-119　三趾跳鼠头骨

【亚种及分布】　三趾跳鼠主要分布在我国北方的荒漠或半荒漠地区。从黑龙江西部、吉林、辽宁到内蒙古、陕西、宁夏、甘肃、青海和新疆均有分布。国外见于伊朗（北部）、哈萨克斯坦、吉尔吉斯斯坦、蒙古、俄罗斯联邦、土库曼斯坦、乌兹别克斯坦等。我国记载的有 6 个亚种。其中，华北亚种（*D. s. sowerbyi* Thomas，1908）分布于吉林、辽宁、河北、内蒙古、陕西、宁夏、甘肃、青海，以及新疆准噶尔盆地南部和东部，模式产在陕西榆林。奴日亚种（*D. s. deasyi* Barrett-Hamilton，1960）分布于新疆塔里木盆地东部和南部，模式产在新疆和田奴日。阿克苏亚种（*D. s. aksuensis* Wang，1864）分布于新疆阿克苏，模式产地在新疆阿克苏扎木台。暗灰亚种（*D. s. fuscocanus* Wang，1964）仅分布在新疆库尔勒，模式产地也在库尔勒。北疆亚种（*D. s. zaissanensis* Selevin，1934）分布于新疆阿勒泰地区和库尔班通古特沙漠地区，模式产于哈萨克斯坦斋桑泊。指明亚种（*D. s. sagitta* Pallas，1773）国内仅分布于新疆准噶尔盆地西北部,模式产在哈萨克斯坦雅梅色沃地区。宁夏境内,三趾跳鼠分布于石嘴山市、贺兰县、平罗县、银川市、永年县、灵武市、吴忠市、淘乐、盐池县、青铜峡市、中宁县、隆德县等,主要栖息于荒漠、半荒漠和干草原等生境,常与五趾跳鼠、子午沙鼠、小毛足鼠和达乌尔黄鼠等同域出现(图2-120)。

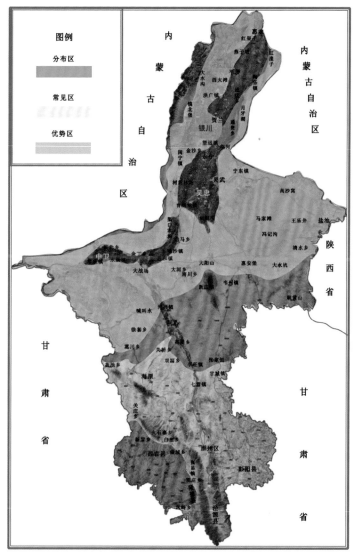

图2-120　宁夏三趾跳鼠分布

【发生规律】 三趾跳鼠为喜沙种类,栖息于荒漠、半荒漠和草原地区。尽管其栖息地在海拔高度(青藏高原可分布于3 000 m以上)、地形、植被方面是多种多样的,但都是沙地。在沙质冲积扇、河滩地、固定或半固定沙丘、砾石荒漠中的风积沙丘地段，以致沙漠中的流沙区都有捕获记录。以梭梭、沙拐枣（*Calligonum catputmedusae*）为主的灌木荒漠、红柳沙丘、胡杨（*Poplus euphratica*）疏林沙丘，以及沙蒿、沙柳、徐长卿（*Cynanchum paniculatum*）为主的沙生植被中较多。

● 栖息地　三趾跳鼠对于栖息环境有明显的选择性。喜居丘间低地周围的沙梁、沙坡、沙丘，不涉足盐碱洼地和湿度较高的滩地。不喜居于土壤坚实的各种环境。

适宜生境　固定和半固定沙丘以及沙化的高平原地区分布着沙地植被，土壤在这里没有结构，多为生草沙丘，其次是小范围的原始灰钙土，植被比较稀疏，覆盖度一般在 30％~40％，主要有油蒿群落和麻黄群落。在这些群落中可见到甘草、苦豆子层片和沙米、沙竹、棉蓬之类的先锋固沙植物。

不适宜生境　沙砾质高平原短花针茅（退化变型）荒漠草原，属地带性生境，典型的短花针茅群落并不多见，取而代之的有隐子草群落、蒙古葱群落、冷蒿群落、菁状亚菊等群落。地表虽然积有浮沙，但不十分厚，基质属于淡棕钙土。淡棕钙土洪积平原藏锦鸡儿草原化荒漠植被区，藏锦鸡儿植群下形成"坟丘"状的风积小丘，植群中含有较为发达的多年生草本层片及小灌木层片。丘间原始土壤裸露，结构紧密。

最不适宜生境　盐碱石膏化淡棕钙土低凹地，红沙盐爪爪荒漠植被区；在正常年份里红沙灌丛、盐爪爪植丛间一年生的蒿类、猪毛菜、丛生小禾草等能形成次优势层片或较繁茂的层片，但终因该植被区的土壤坚实，湿度较高而不受三趾跳鼠青睐，属最不适生境（祁爱民等，1998）。

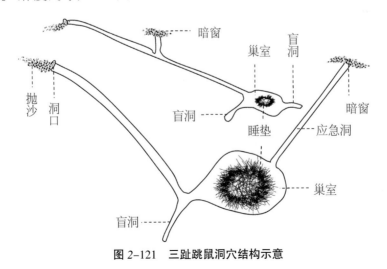

图 2-121　三趾跳鼠洞穴结构示意

● 洞穴　三趾跳鼠为弥散性分布。多在地势较高、干燥、地表植被稀少的沙质土壤中筑洞栖居，洞系构造较为简单，一般由洞口、洞道、窝巢、盲洞和暗窗组成（图 2-121）。每个洞系只有 1 个洞口，洞径 7.5~9.5 cm，斜向下通向老窝；洞道长短不一，通常为 1.5~2.0 m，但位于沙梁上的洞道较长。洞道末端扩大成巢室，巢室呈圆形，距地面约 60~70 cm，浅的在 30 cm 以内，但在塔里木盆地有深达 4 m 的记录。巢圆盆形，由细软杂草构成，直径约 13~15 cm。盲洞位于窝巢两侧。暗窗是由洞道或巢室挖向地表的预备通道，末端仅以一薄层沙土阻隔，当洞口部受到惊扰时，跳鼠便会突然由暗窗中破洞而逃。洞口常为抛沙所掩埋，但抛沙不聚集成堆。

三趾跳鼠没有颊囊，没有储存食物的习惯，因此在其洞道里没有仓库结构，同时也没有厕所等设施。由于具有较强的挖掘能力，三趾跳鼠经常更换洞穴，很少待在固定的洞穴中。废弃的三趾跳鼠洞穴可以为其他不善于挖洞的动物如鸟类、花背蟾蜍、沙蜥等利用。

● 食性 跳鼠以植物的茎、果实和根部为食，也吃一些昆虫。据在内蒙古的调查，三趾跳鼠以杂草种子、昆虫、沙蒿、白刺果和马铃薯的茎叶为食。据在新疆的考察，它还喜欢吃一些芦苇和某些木本科植物的根部。跳鼠不需专门饮水，植物中的水分已足够其新陈代谢的需要。

三趾跳鼠喜在低矮的沙地植被之间活动，以此作为天然隐蔽物和并获取充足的食物。由于三趾跳鼠具有较大的形体和较强的活动量，每天需要消耗很多的食物。在植被条件差的沙地，种子极少，三趾跳鼠也会大量取食植物的茎叶。

● 活动规律 夜间活动，主要在上半夜活动，日间偶尔也出洞，白天藏身在洞中，并用细沙掩埋洞口。傍晚出洞活动觅食，天色初明时，才重返洞中或另挖新洞。三趾跳鼠行动时只用后脚着地纵跳窜跃，最大纵距可达 3 m 以上。尾不仅可控制方向和保持平衡，并能竖直敲打地面，增加弹跳力。一般的风沙和细雨并不妨碍三趾跳鼠的活动，但风速太大或阴雨连绵时，活动就会降低甚至停止。一旦风息雨停，跳鼠往往提早出洞而活动更加频繁。

三趾跳鼠的活动强度随季节而异。4 月份出蛰后，因食物不足，活动强度很低，随着天气转暖，植物萌发生长，跳鼠的活动逐渐加强。5 月中旬因繁殖而达到全年活动强度的最高峰，7~8 月份活动又逐渐减弱，到 8 月下旬，开始准备冬眠，形成全年活动的第 2 次高峰。

● 冬眠 三趾跳鼠在北部有冬眠现象，而在南部的较不寒冷地区能终年活动。其出蛰入蛰时间因地而异。在新疆，一般在 3~4 月出蛰。在内蒙古，三趾跳鼠每年 4 月出蛰，但活动较弱；随着气温上升，其活动也日益增强。5 月为全年活动的最高峰。7

月天气炎热，三趾跳鼠活动强度有所下降；8月后气温回落，其活动性再次增强。9月底，开始入蛰。入蛰有一定顺序，首先入蛰的是老年雄性个体，其次是成年雌性个体，最后为幼体。10月之后，基本上见不到三趾跳鼠的活动，冬眠期长达6个月。

● 繁殖　出蛰后不久即进行交配，4~6月为繁殖期，妊娠期25~30 d，每胎仔数2~7仔，平均3~4仔，通常每年繁殖1次，极少数可产2胎。幼鼠第2年可达性成熟，但出生较晚的要过两个冬天才达性成熟。8月育肥，9~10月进入冬眠期。但新疆曾于11月18日采到过标本。在人工饲养条件下，4~7月为繁殖期，5~6月为繁殖盛期，孕期25~30 d，每年可繁殖2~3胎，每胎1~8仔，多为3~4仔。

● 代谢率与体温　三趾跳鼠的代谢率存在季节性变化，春季的静止代谢率最低（0.75 ml O_2 / h·g），仅为期望值的64 %，热中性区最窄（29~31 ℃）；夏季的代谢率（1.17 ml O_2 / h·g）与期望值一致，热中性区最宽（28~37 ℃）；秋季的代谢率（1.3 mlO_2/h·g）高于期望值10 %，热中性区向低温偏移（26~30 ℃）。三趾跳鼠各季节的体温从春季到秋季逐渐降低，并且在环境温度为30 ℃以下时基本维持恒定，高温时动物以耐受一定程度的高体温和分泌唾液防止致死性过热。三趾跳鼠的能量代谢特征不仅与季节性食物和环境温度变化有关，而且与该鼠种的冬眠特性也有一定联系（鲍伟东等，2000）。

【危害特征】　三趾跳鼠是荒漠草原和沙地的主要害鼠之一。在沙区盗食沙蒿、柠条等固沙植物种子及其幼苗，严重损害沙地植被，破坏固沙造林事业。在农区，啃食农作物幼苗，掏食瓜类，对农作物造成损害。20世纪60年代初，内蒙古巴彦淖尔盟和伊克昭盟的固沙育林工作就是由于三趾跳鼠和小毛足鼠挖食种子和幼苗而遭到失败。近年来，在宁夏银川滨河新区和贺兰当地，三趾跳鼠盗食固沙直播造林种子、啃食直播幼苗。对鼠疫极为敏感，只是作为偶然宿主参与主要宿主啮齿类的鼠疫动物病流行。

S19. 羽尾跳鼠属（*Stylodipus*）

羽尾跳鼠属是中亚地区的荒漠跳鼠，有安氏羽尾跳鼠（*S. andrewsi*）、蒙古羽尾跳鼠（*S. sungorus*）和羽尾跳鼠（*S. telum*）3种。我国除没有蒙古羽尾跳鼠分布外，其余2种均有分布。而在宁夏只有安氏羽尾跳鼠分布。

Z31. 安氏羽尾跳鼠（*Stylodipus andrewsi*（Allen），1925）

安氏羽尾跳鼠别名安氏跳鼠、蒙古羽尾跳鼠。

【鉴别特征】

● 形态特征　安氏羽尾跳鼠体重约60 g。体长113~130 mm；尾长136~150 mm，约比体长大1/4；后足长50~59 mm，具3趾，各趾下面被长白色硬毛。耳长16~18 mm，约为后肢长的1/3，耳后色淡。背面从吻部直到尾基部都为土黄色而略带灰色。眼周及体侧色较淡。整个身体腹面、四肢内侧及足背均为纯白色。尾上面沙黄色，其间杂有黑褐色毛，在尾端黑褐色毛较多形成扁平毛束（图 2-122）。

图 2-122　安氏羽尾跳鼠(*S. andrewsi*)形态

● 头骨特征　头骨鼻吻部较长。听泡极大，前端彼此相接触。乳突部显著膨大，向后超过枕骨。颧骨较细。上前臼齿极细小，呈圆柱状，附于 M^1 基部，其高不及 M^1 的一半。上门齿前面白色，各有一条纵沟。

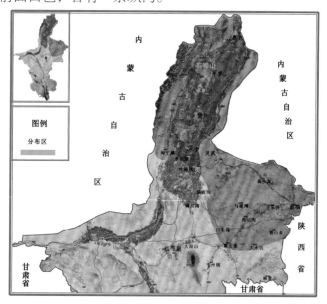

图 2-123　宁夏安氏羽尾跳鼠分布

【亚种及分布】　安氏羽尾跳鼠数量极少，已列入《世界自然保护联盟》（IUCN）2013年濒危物种红色名录ver3.1—极危（CR）和中国《国家重点保护野生动物名录》（China Key List—Ⅰ级）。国内仅分布于内蒙古和宁夏。在宁夏境内，蒙古羽尾跳鼠分布于灵武市、陶乐、盐池县、银川市、石嘴山市、贺兰县、平罗县、永宁县等地荒漠草原的沙土、石砾中（秦长育，1991；图2-123）。

【发生规律】　栖息在半荒漠、草滩、草地等生境，甚至进入针叶林和灌木林。主要取食植物绿色部分及其种子。夜间活动。年产1胎，每胎产2~4仔（Andrew T. Smith等，2009）。

【危害特征】　数量稀少，不造成严重危害。

YK9. 五趾跳鼠亚科（Allactaginae）

为跳鼠科体型最大的一类。耳长，大多数种耳向前翻可抵达鼻端；眼大；后肢长为前肢的3倍，后足5趾。3条中间蹠骨（跖骨）融合成一砲骨；外侧2趾退化而不接触地面，趾尖不达中间3趾的基部。尾细长，远长于体长；尾端的长毛大部分长在两侧，形成一个扁平的黑白毛簇；大多数种听泡不明显膨胀，上前臼齿1枚，且小。分布遍及欧洲大陆东部和北部。有3属15种。其中，五趾跳鼠属（Allactaga）11种、沙漠跳鼠属（Allactodipus）1种、肥尾跳鼠属（Pygeretmus）3种。我国有2属6种。分布在宁夏的仅有五趾跳鼠属的五趾跳鼠（A. sibirica）和巨泡五趾跳鼠（A. bullata）2种。

S20. 五趾跳鼠属（Allactaga）

体型在跳鼠科中最大的一类，头大、耳长，尾也长，后肢五趾，有尾穗。共有11种，我国有3种，分布在宁夏的有2种。属典型的古北界荒漠类型。

宁夏五趾跳鼠属分种检索表

1. 听泡大，左右听泡前端几乎接触·····················巨泡五趾跳鼠（Allactaga bullata）

　听泡小，左右听泡前端相距甚远······························五趾跳鼠（A. sibirica）

Z32. 五趾跳鼠（Allactaga sibirica Forster，1778）

五趾跳鼠别名西伯利亚五趾跳鼠、蒙古五趾跳鼠、跳兔、硬跳儿、驴跳（陕西榆林）等。

【鉴别特征】　五趾跳鼠体型较大，耳前折可达鼻端或超过，尾端具毛束，体背面暗灰棕褐色，腹面纯白色。门齿唇面白色，平滑无沟（图2-124）。

● 形态鉴别

测量指标/mm　体重95~140 g。体长120~170，耳长38~44.5，后足长60~81，

尾长 173～226。

形态特征　五趾跳鼠是跳鼠科中体型最大的一种。耳大，前折可达鼻端。头圆，眼大。后肢长为前肢的 3～4 倍。后足 5 趾，第 1 和第 5 趾甚短，达不到中间 3 趾的基部；中趾略长；第 2 和第 4 趾约等长；中间 3 趾蹠骨愈合。耳约与头等长。体毛色因地区不同而有变异，赤褐色与黑色混杂至沙黄色，杂有稀疏黑毛；体侧较淡；耳基部外侧有 1 白斑；整个体腹面、上下唇、四肢内侧以及足背面和前臂均为纯白色；臀部至后肢上部有 1 白纹；尾长约为体长的 1.5 倍，尾上面与体背面毛色相同，下面淡白色，尾远端先有一段为白色，然后是一环黑色长毛，最后是一簇白色长毛，两者形成"旗"，具有讯号作用。乳头胸部 1 对，腹部 2 对，鼠鼷部 1 对（吴跃峰等，2009；韩崇选等，2005；图 2-124）。

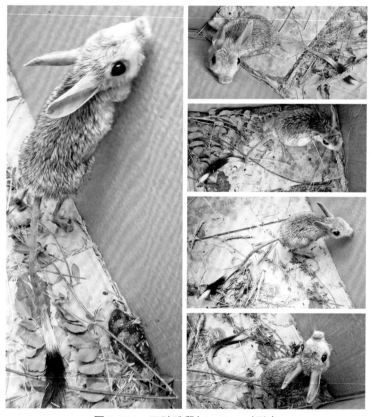

图 2-124　五趾跳鼠(*A. sibirica*)形态

● 头骨鉴别

测量指标 /mm　颅长 36～41.5，颧宽 22.6～27.8，后头宽 19.5～21.6，鼻骨长 13～17.4，眶间宽约 11，听泡长约 9，听泡宽约 5.7，上颊齿列长 6.4～8.5，下颊齿列长 6.2～8.6。

头骨特征　吻部细长，脑颅宽大而隆起，光滑无嵴，额骨与鼻骨连接处形成一浅凹陷。鼻骨前后等宽，其后端与前颌骨后端几乎在同一水平线上。眶前孔大，向前上下几乎呈椭圆形，约为眼眶加上颞窝的 1/3 大小。颧弓纤细，后部较前部宽，有一垂直向上的分支，沿眶下孔外缘的后部伸至泪骨附近。无眶后突。顶间骨大，宽约为长的 2 倍。门齿孔宽长，略为弯曲，后缘达 M^1 前缘水平。腭骨后方超出 M^3，后缘中间有一尖突。腭骨有一对卵圆形小孔，位于左右 M^2 之间。听泡不甚大。下颌骨细长平直，角突上有一卵圆形小孔。门齿白色，上门齿向前突出。齿冠圆形。上颊臼齿 4 枚，上前臼齿很小，M_1 和 M_2 较大，齿冠结构较为复杂，咀嚼面有 4 个齿突。下颊臼齿 3 枚，由前向后渐变小。下门齿齿根发达，其末端在关节突的下方形成很大的突起（吴跃峰等，2009；韩崇选等，2005；图 2-125）。

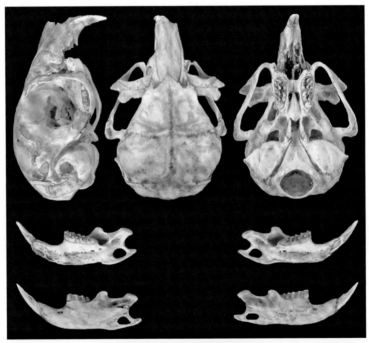

图 2-125　五趾跳鼠头骨

【亚种及分布】　五趾跳鼠在国内分布于黑龙江的泰来，辽宁，吉林的白城、长岭、占于、通榆、镇赉、安广，内蒙古的赤峰、二连、温都尔庙、土木尔台、商都、包头、磴口，宁夏，河北的张北、康保、围场、承德，山西，陕西，甘肃的敦煌、安西、五门、酒泉金塔、民勤、张掖、卓尼、嘉峪关、高台，青海海晏、涌城、巴嘎那林，新疆北部的伊吾、巴里坤、木垒、奇台、北塔山、青河、富蕴、阿勒泰、布尔律、吉木乃、和布克赛尔、额敏、托里、克拉玛依、沙湾、乌苏和博乐。国外分布于哈萨克斯坦、吉尔吉斯斯坦、蒙古、俄罗斯联邦、土库曼斯坦、乌兹别克斯坦和朝鲜。国内记载有 6 个亚种。其中，华北亚种（*A. s. annulata* Milne−Edwards，18677）国内分布于山西、陕西、青海、宁夏、内蒙古、甘肃、河北和河南等地，模式产于蒙古。指明亚种（*A. s. sibirica* Forster，1778）国内分布于黑龙江、吉林、辽宁和内蒙古东部，模式产于蒙古呼伦池附近。北疆亚种（*A. s. suschkini* Satunin，19）模式产于俄罗斯中亚地区，国内仅在新疆北部分布。阿尔泰亚种（*A. s. saltator*（Eversmann），1848）国内仅分布在新疆阿尔泰山，模式产于俄罗斯西伯利亚阿尔泰。哈萨克斯坦亚种（*A. s. ruckbeili* Forster，1778）国内仅在新疆天山南坡发现，模式产于哈萨克斯坦的乌泽克河、达肯特河流域。蒙古亚种（*A. s. semideserta* Bannikov，1947）国内仅分布于新疆准格尔，模式产于蒙古西北部阿拉图湖附近。五趾跳鼠是跳鼠类在宁夏分布最广的一种，除泾源县外，境内其他区域均有分布，主要栖息于荒漠草原、干草原、林缘和农田等生境（图 2−126）。

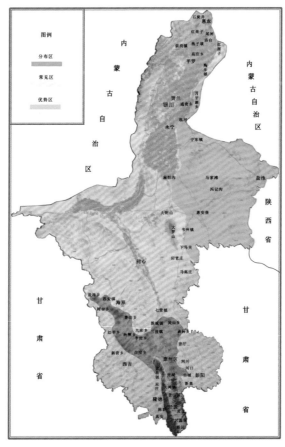

图 2−126　宁夏五趾跳鼠分布

【发生规律】 五趾跳鼠主要栖居于半荒漠草原和山坡草地上，尤喜居于干草原，荒漠地带偶尔也能见到。

在青海栖息于 2 500 m 的山麓平原和丘陵地带的羽茅及苔草草地上，在甘肃河西走廊的山地半荒漠地带曾经采到过标本。在内蒙古鄂尔多斯，洪积平原藏锦鸡儿草原化荒漠植被区是五趾跳鼠的典型生境。该区主要是藏锦鸡儿荒漠植被群系，植群下形成风积小丘，群落中含有较发达的多年生草本层片及小灌木层片。丘间原始土壤裸露，属于地带性土壤，结构紧密，较为坚硬。这正是五趾跳鼠喜居于该生境的原因。鄂尔多斯荒漠草原的地带性生境是五趾跳鼠良好的栖息环境。但由于地表受高强度的侵蚀和长期过度放牧的影响，使生境发生了一系列变化。首先是草场沙化，植被退化变型；其次是沙生植被不断侵入、渗透，改变了原始景观，使五趾跳鼠在本生境内的数量逐年减少（祁爱民等，1997）。在新疆主要栖息于荒漠、半荒漠草原上。在山西、河北等省农区，以闲散荒地及坟墓荒滩数量较多。在陕西主要分布在陕北毛乌素沙漠边缘及其与黄土高原过渡地带。

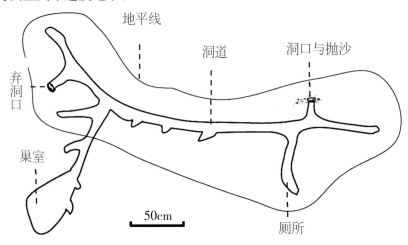

图 2-127　五趾跳鼠洞穴结构示意

● 洞穴　五趾跳鼠在所经过的多数地方掘有临时洞穴，作为遇险藏身或临时过夜之用。临时洞穴简单，洞道较短且直，没有拐弯，长 60 ~ 120 cm，深 20 ~ 30 cm，只有一个洞口，呈上圆下方的拱桥洞状。临时洞穴的洞道浅，多与地面平行，无居住巢穴。栖居洞穴常筑在较坚实的土质中，洞较复杂，洞道几乎水平走向，洞道最长可达 5 m 多，直径 4 ~ 7 cm，离地面一般为 20 ~ 50 cm 深。洞口分为掘进洞口、进出洞口及备用洞口 3 种。掘进洞口是筑洞时的出土口，洞口外常有浮土堆，洞道斜行向下，长短不一。掘进洞穴及其洞道在洞成之后均被堵塞。进出口洞四周无浮土，甚隐蔽。洞道较小而平缓，土质洞道较短，沙丘上的洞道较长，洞道末端扩大成巢室，繁殖期间垫有细软草叶及跳鼠本身的绒毛、羊毛等物。备用洞口在离巢室内较近的位置，直向地面但不挖通，离地面仅差 1~2 cm，在危急时刻，往往从此处冲出（吴跃峰等，2009；韩崇选等，2005；图 2–127）。

● 食性　以植物种子、绿色部分以及昆虫为食。有时动物性食物比例甚高，可达 70 %~80 %左右，食物中主要成分是甲虫（包括幼虫）。在新疆也吃较多的蝗虫。在植物性食物中主要以狗尾草、紫云英等植物种子为食，农区则以谷物种子为食。

● 活动与冬眠　五趾跳鼠只用 2 条后腿跳跃行动，靠尾巴平衡身体。活动异常机敏，运动速度快。五趾跳鼠适应性强，活动范围广。不集群生活。五趾跳鼠夜间活动，早晨和黄昏活动频繁，白天偶尔出洞活动，活动距离常在 1~2 km。

● 冬眠　五趾跳鼠冬眠洞穴与栖息洞穴构造相似，只是洞道向下延伸，直至冻土层下。在内蒙古呼和浩特地区开始出蛰时间为 3 月底或 4 月初，出蛰临界日均气温 3.3~4.2 ℃，出蛰顺序为先雄后雌，相差 20 d 左右；入蛰始于 9 月底或 10 月初，入蛰临界日均气温约 14 ℃，入蛰顺序先雌后雄，入蛰结束与 10 月 20 日。出蛰和入蛰无年龄顺序（周延林等，1992）。

● 繁殖　五趾跳鼠每年繁殖 1 次。3 月中旬至 4 月上旬出蛰。4、5 月为交配高峰期，此时雄鼠活动范围大，而且频繁，雄性多于雌性。6 月产子，每窝 2~4 只，最多产 7 只。7 月份幼鼠大多出洞，而其中大多数为小雄鼠，此时雄性占优势。8 月后至入蛰两性比例基本平衡，所以它们的性比有季节性变化的规律（吴跃峰等，2009）。

● 种群关系　在宁夏盐池，五趾跳鼠常与三趾跳鼠、达乌尔黄鼠、子午沙鼠、小毛足鼠、灰仓鼠等在同域分布。8 月百夹捕获率在 5.2 %之间，明显高于三趾跳鼠的 1.8 %~3.4 %，但低于达乌尔黄鼠的 7.7 %~12.2 %。在中卫市沙坡头，多与子午沙鼠、达乌尔黄鼠和小毛足鼠等同域分布。捕获率为 1.1 %~3.3 %，远低于子午沙鼠的 16.9 %~21.5 %，也低于黄鼠的 2.5~4.4 %，但略高于小毛足鼠的 0.7 %~2.4 %。

跳鼠的天敌很多，如鸟类中的猫头鹰，兽类中的鼬科动物、沙狐、兔狲等均能捕食跳鼠。

【危害特征】　五趾跳鼠危害固沙植物沙蒿、沙柳、柠条等以及沙区经济林木的幼嫩枝叶、种子和果实，刨食种子，啃食树苗，对三北防护林建设和直播造林、飞播造林危害很大，是沙地和半荒漠地区的主要害鼠。在草原上，主要以各类植物的种子为食，因而影响草原植被的更新。在农区则盗食蔬菜和播下的种子，秋季则大量盗食作物种子，因而给农牧业都带来一定的危害。

Z33. 巨泡五趾跳鼠(*Allactaga bullata* G. M. Allen, 1925)

巨泡五趾跳鼠别名戈壁五趾跳鼠。属古北界干旱荒漠和荒漠草原地带的特有种。

【鉴别特征】 巨泡五趾跳鼠与五趾跳鼠极相似，但较五趾跳鼠略小。后肢长大于前肢长2倍以上。后足具五趾，两侧趾不达中间三趾的基部(图2-128)。

● 形态鉴别

测量指标/mm 体长105~140；尾长142~195；后足长57~70；耳长27~40。

形态特征 触须非常发达，最长的两根可达股的前中部。耳长超过颅全长。体背面呈沙黄色、暗棕黄色或灰褐色；体腹面纯白色。耳基部外侧有一白斑。体侧为灰白色，间或杂有褐色毛尖；腹部、前肢、颏部及股内侧为纯白色；吻鼻部毛较短，为灰褐色。尾基部为白色，其余至尾远端毛簇基部背面与体背面毛色相近，呈土黄色、暗黄褐色或暗灰色。尾端毛簇通常由灰白、黑、白三段毛色组成。有的仅由黑和白两段毛色组成，而无尾旗基部的灰白色段，尾腹面灰白色或沙灰色，通常在毛簇的黑色部分下面中央有一白色纵纹与尾端白色相连，有的毛簇黑色部分下面中央贯穿着一条深褐色纵纹，其两侧有时有白色或灰白色毛。足趾基部下面有一较大带黑色的毛区(图2-128)。

图2-128 巨泡五趾跳鼠(*A. bullata*)形态

● 头骨鉴别

测量指标/mm 颅颅长30~35；颧宽20.5~24.3；后头宽（左右听孔之间）18.5~22.3；眶间宽9~10.6；鼻骨长11.2~13.5；听泡长9.1~10.6，宽6.3~7.7；上颊齿列长5.3~6.7。

头骨特征 颅骨与五趾跳鼠相似，但略小，微隆起，最宽处在颅骨中部，脑颅后部比较圆滑，无任何棱嵴，乳突部比较明显；鼻骨前半部略宽，后端为前颌骨后端所超越；颧弓纤细，其上有一垂直分支与泪骨相接；鳞骨的颧骨突扁平，接颧骨末端。听泡大，长约为颅长的 30 %，前端彼此相距很近。门齿孔较长，其后缘超过前臼齿而达第 1 上臼齿前缘。腭孔较短。门齿也呈白色，但几近垂直。下颌骨形状也与五趾跳鼠相似（图 2-129）。

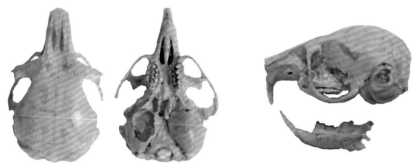

图 2-129 巨泡五趾跳鼠头骨

【亚种及分布】 巨泡五趾跳鼠分布区北起蒙古国西北部吉尔吉斯湖北岸（北纬49°34′），沿札布汗河两岸向东南伸延至尤松布拉克，戈壁阿尔泰，外阿尔泰戈壁，再越我国内蒙古阿拉善和甘肃马鬃山荒漠，进入河西走廊西部荒漠。分布区最南端抵敦煌南湖，酒泉（肃州）一线古沙洲（北纬 40°9′）。分布区西端起于新疆准噶尔盆地东部诺敏戈壁老爷庙与三塘湖一线（东经 93°6′），向东经蒙古国的准噶尔戈壁，外阿尔泰戈壁，戈壁阿尔泰和我国阿拉善荒漠，跨越狼山和阴山北部的内蒙古高原和蒙古国东戈壁，分布区东端止于我国的苏尼特旗赛汗塔拉与蒙古国扎门乌德一线（东经115°8′）。整个分布区跨经度 18°49′，纬度 9°25′，类似元宝形。按中国动物地理区划，巨泡五趾跳鼠分布区位于蒙新区西部荒漠亚区东半部和蒙古国西南大戈壁范围内。与分布于中蒙境内的 10 种跳鼠科动物相比较，巨泡五趾跳鼠的分布区较为狭小，属狭布种（王思博等，1997）。

巨泡五趾跳鼠在宁夏为稀有种，仅分布在中卫市的腾格里沙漠边缘地带，多栖息在植被稀疏的荒漠，或半荒漠生境，尤其喜欢在沙漠草地和灌丛间活动。巨泡五趾跳鼠常与五趾跳鼠、子午沙鼠、达乌尔黄鼠及小毛足鼠同域出现，但捕获率极低。据 2015 年～2018 年 7～8 月连续监测，4 年平均百夹捕获率仅为 0.3 %（7 只/2400夹日），远低于五趾跳鼠的 1.1 %～3.3 %，也低于小毛足鼠的 0.7 %～2.4 %；巨泡五趾跳鼠捕获量仅占当地鼠类平均总捕获量的 0.9 %～1.4 %，占比极低，情况堪忧（图 2-130）。

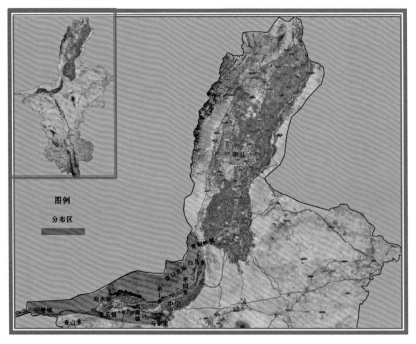

图 2-130　宁夏巨泡五趾跳鼠分布

【发生规律】　巨泡五趾跳鼠为典型的荒漠种类，栖息在多粗沙或砾和有灌丛的荒漠地区。在新疆，多栖息于山前荒漠草原和细石草地。在低山丘陵区则栖息在开阔的半灌木和杂草丛生的沟谷。在三塘湖一带也栖息于梭梭荒漠。活动范围广，不集群居住。洞道结构简单，有分支但不多，洞道长达 3.5 m。以植物的绿色部分、草籽和地下茎、根及昆虫为食。主要在夜间活动。据野外解剖观察，五月发现不少孕鼠，五月中下旬有的胚胎长达 30 mm。孕鼠在 7、8 月份仍有发现。故其繁殖期为 5~8 月。一年繁殖一次，每胎 1~6 仔。天敌有狐、鼬等到食肉兽类及猛禽。

【种群现状】　巨泡五趾跳鼠在其分布区内各处种群密度均较低，新疆东部捕获率为 2.1 %（19 只/900 夹日）（王思博等，1987），甘肃马鬃山地区为 0.83 %（69 只/8300 夹日），内蒙古额济纳旗为 0.95 %（123 只/13175 夹日）（甘肃高山荒漠动物病调查队，1981），而且又多栖息在畜牧业利用价值不高的戈壁荒漠地带，经济危害不大。已被列入《世界自然保护联盟》（IUCN）2013 年濒危物种红色名录 ver3.1—低危（LC）和国家林业局 2000 年 8 月 1 日发布的《国家保护的有益的或者有重要经济、科学研究价值的陆生野生动物名录》。

YK10. 心颅跳鼠亚科（Cardiocraniinae）

心颅跳鼠亚科为跳鼠科中分化最为特殊、体型最小的一个亚科。体小型，体长不

314

超过 70 mm，耳壳短小，基部为管状；尾长约为体长的 1.5 ~ 2.0 倍，尾基部经常由于脂肪的积累而增粗，尾覆以稀疏的长毛，尾端无毛穗；后足具 3 趾或 5 趾；听泡巨大而扁平，其长达颅长的 1/2；顶间骨狭小或完全退化消失；门齿唇面具沟或无沟。心颅跳鼠亚科在世界上的分布基本以中亚为中心，西起成海南部的乌兹别克斯坦，经哈萨克斯坦、阿富汗、中国北部、内蒙古中西部，东达蒙古高原和内蒙古苏特尼特左旗一带，南端位于巴基斯坦俾路支，最北端位于俄罗斯图瓦自治州唐努力乌拉山南麓。分布范围大约在东经 60°~115° 和北纬 28°~52° 之间。包括 3 属 6 种，分布于亚洲中部。我国记录的有 2 属 3~4 种：肥尾心颅跳鼠 (*Salpingotus crassicauda*)、三趾心颅跳鼠 (*S. kozlovi*) 和五趾心颅跳鼠 (*Cardiocranius paradoxus*)，分布于西北荒漠地带；文献记载分布于我国藏南的托氏心颅跳鼠 (*S. thomasi*)，迄今为止国内尚未获得标本，难以确认。因此，我国目前已知有确切纪录的只有 2 属 3 种。宁夏分布的是五趾心颅跳鼠和三趾心颅跳鼠。

宁夏心颅跳鼠亚科属检索表

1. 后肢具 5 趾。尾长不到体长的 1.5 倍……………………………………心颅跳鼠属 (*Cardiocranius*)

  后肢具 3 趾。尾长为体长的 1.5 ~ 2 倍……………………………………三趾心颅跳鼠属 (*Salpingotus*)

S21. 三趾心颅跳鼠属 (*Salpingotus*)

体形小，体长不超过 60 mm。尾细长，为体长两倍左右，尾毛稀疏，尾鳞可见，尾端有稀疏束状长毛，尾端毛特长，稀散放射排列，尾基于夏秋季因皮下脂肪积累而变粗。后肢比前肢长，后肢 3 趾，趾下具长毛，形成刷状毛垫。上门齿前无纵沟，触须特别发达，成束斜向后侧。背毛土棕灰色或灰红棕色；头部淡沙黄色；体侧较背毛色浅；腹及前后肢毛色白；尾浅灰棕色，尾上部较尾下色深，尾末端毛灰褐色，尾端向外散射的长毛白色污黄。头骨结构特异，颧弓不向外扩张，其前部（上颌骨之颧突）特别宽，由其腹面伸出一尖长的突起，其长度显著超过颧弓后部长度之半，听泡发达。记载有 4 种，我国有 3 种，分布在宁夏的只有三趾心颅跳鼠 1 种。

Z34. 三趾心颅跳鼠 (*Salpingotus kozlovi* Vinogradov, 1922)

三趾心颅跳鼠别名安氏跳鼠、矮三趾跳鼠、柯氏矮三趾跳鼠、长尾心颅跳鼠等。

【鉴别特征】 三趾心颅跳是世界上最小的啮齿动物之一。尾长约为体长的 2 倍，具稀疏长毛，尾端毛甚长，呈笔状束毛；后足 3 趾，蹠骨不愈合，足下具长毛（图 2–131）。

● 形态鉴别

测量指标 /mm 体重 8~12 g，体长 51~61；尾长 115~126；后足长约 35.2；耳

长约 11.8。

形态特征　体形小。尾细长，为体长 2 倍左右，尾毛稀疏，尾鳞可见，尾端有稀疏束状长毛，尾端毛特长，稀散放射排列，尾基于夏秋季因皮下脂肪积累而变粗。后肢比前肢长，后肢三趾，趾下具长毛，形成刷状毛垫。触须特别发达，成束斜向后侧。背毛土棕灰色或灰红棕色；头部淡沙黄色；体侧较背毛色浅；腹及前后肢毛色白，足下长毛也为白色；尾浅灰棕色，尾上部较尾下色深，尾末端毛灰褐色，尾端向外散射的长毛白色污黄（图 2-131）。乳头 4 对，胸部 2 对，鼠鼷部 2 对，胸部的前 1 对靠近颈部，不发达。

图 2-131　三趾心颅跳鼠(*S. kozlovi*)形态

● 头骨鉴别

测量指标 /mm　颅长 23～27.4；后头宽 15.4～17.5；鼻骨长约 10.8。

头骨特征　颅骨的颧弧前部很宽，其腹面有一尖突向后伸展达视神经孔水平。鳞骨很发达，向前伸展构成眼眶上缘，并接近泪骨，向后延伸到外听道上。鼻骨明显超过上门齿前缘，后端中间深凹。顶间骨异常狭小，其长明显大于宽；门齿孔后端几乎达上前臼齿前缘水平线。腭骨后缘远离齿列后端；听泡及乳突部特别扁平，并强烈向后延伸，超出枕骨大孔后缘，两侧乳突部几相接触，因而在头骨后缘中央形成一窄槽。下颌骨宽而短，后端向外沿水平方向伸出一板状突起，喙状突很小。上门齿无沟，颊齿 4/3；上前臼齿和 M³ 都很小，齿冠略呈圆形，M¹ 咀嚼面分成前后2 叶。M² 咀嚼面两侧的凹入不如 M¹ 的深。

【亚种及分布】　我国是三趾心颅跳鼠现代分布的中心，其分布位于东经 76～112°，北纬 37～45° 之间。Vinogradov 于 1922 年根据采自我国境内内蒙古额济纳旗附近的标本命名以来，一直没有亚种分化的报道，三趾心颅跳鼠现代的分布大约可以划分为两个分布中心，两中心的分界在新疆和甘肃的交界处（蒋卫等，1996）。向氏亚种（*S. k. xiangi*）主要分布于新疆南部的阿克苏、巴楚、叶城、和田、洛浦、且末、若羌、尉犁和哈密等地（马勇等，1987；侯兰新等，1994），甘肃阿克塞多坝沟和青海的罗布泊

（高行宜等，1987）。指名亚种（*S. k. kozlovi*）的地理分布在甘肃西部的敦煌、马鬃山（王定国等，1984；王定国，1988）、酒泉（郑涛，1982）、中部黄上高原（郑涛等，1990），内蒙古额济纳旗、阿拉善右旗、阿拉善左旗、乌拉特后旗和鄂克托旗（赵肯堂，1978；赵肯堂等，1981）、杭锦旗（侯兰新等，1994），陕西北部及定边、榆林等地（王思博等，1983；王廷正，1990）。蒋卫等曾经在新疆天山以北伊吾县境内下马崖乡阔拖孕依沙质荒漠地带捕获 1 只三趾心颅跳鼠，这是该种在北疆的首次记录。国外分布于蒙古的阿尔泰戈壁。宁夏境内的三趾心颅跳鼠属于指明亚种。主要分布在宁夏北部的陶乐、石嘴山等地（秦长育，1991），在盐池中北部也有零星分布。主要栖息于红柳、盐爪爪稀疏的半流动沙丘和戈壁中（图 2-132）。

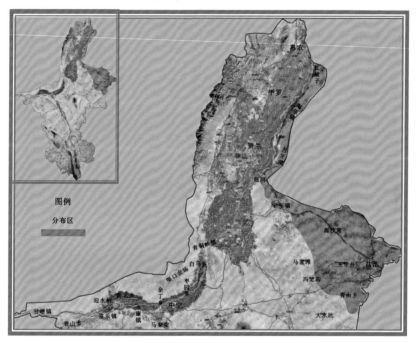

图 2-132　宁夏三趾心颅跳鼠分布

【发生规律】　三趾心颅跳鼠为亚洲中荒漠地带特有种类，分布范围较窄。其地理分布基本上沿着塔克拉玛干、库姆塔格、巴丹吉林、腾格里、乌兰布和、库布齐和毛乌素等沙漠和沙地分布。栖息于覆盖度极低的红柳，盐爪爪流动与半流动沙丘及大风通道而有流沙的地方或戈壁、沙丘，数量较多，生境是极其严酷和恶劣的。

在新疆的阿克苏的麻扎胡加、哈拉库一带的红柳沙包地带，夹日法捕获率为 1 % ~ 2 %，占所捕获的各种啮齿类总数的 5.9 %，次于长耳跳鼠、子午沙鼠和毛脚跳鼠，高于小家鼠和灰仓鼠，位居第四。说明在一定的小生境范围内，其种群密度较高。

三趾心颅跳鼠洞道多营造在流动沙丘的斜坡上，洞口小，白天多被流沙所覆盖，不易发现，洞道长 100 cm 左右。多在黄昏和夜间活动觅食，经常出没于洞口附近的灌木丛中，活动范围不大。以植物种子和幼嫩枝叶为食。

在新疆，最早的捕获时间为 3 月 28 日，最迟的捕获时间为 10 月 21 日，推测大约在 3 月下旬出蛰，而入蛰时间大约在 10 月下旬；而五趾心颅跳鼠（*Cardtiocranius paradoxus*）4 月中下旬出蛰，9 月下旬入蛰（赵肯堂，1994）。显然，三趾心颅跳鼠的蛰眠时间要短一些。

三趾心颅跳鼠的繁殖尚没有进行专项的研究，4 月初捕获的雌鼠已可见孕鼠（王思博等，1983），进入 5 月孕鼠已属常见（钱燕文等，1965）。胎仔数一般 3~6 只。在甘肃和宁夏，三趾心颅跳鼠 4 月底开始繁殖，5 月发现孕鼠，每胎 3~4 仔。黄昏及夜间活动，冬眠。以植物茎叶及种子为食。也猎食鞘翅目昆虫。天敌为鼬类。由于该种的个体很小，加之其种群数量比较稀少，野外捕获相对比较困难。

【危害特征】 数量相对稀少，已列入《世界自然保护联盟》（IUCN）2013 年濒危物种红色名录 ver3.1—易危（VU）。但在新疆局部对固沙植物和草场造成一定危害。

S22. **心颅跳鼠属**（*Cardiocranius*） 单种属。

Z35. *五趾心颅跳鼠*（*Cardiocranius paradoxus* Satunin，1903）

五趾心颅跳鼠别名小跳鼠、矮跳鼠、心颅跳鼠。

【鉴别特征】

测量指标/mm 体长 48 ~ 65；尾长 72 ~ 79；耳长 4.5 ~ 6.0；后足长 25~27。

图 2-133 五趾心颅跳鼠（*C. paradoxus*）形态

形态特征 五趾心颅跳一种非常小的五趾跳鼠。头大，眼大，耳小；触须很发达，约与体等长。五趾心颅跳鼠体背面黄灰色至黄褐色；腹部与胸部白色，毛稀疏，尾端毛簇不发达，无黑白色尾"旗"（图 2-133）。乳头 4 对。

● 头骨鉴别

测量指标 /mm 颅长 22~24.5；颧宽 11.4~12.5；后头宽 18.5~22；眶间宽 4.2~5；鼻骨长 6.6~7.3；上颊齿长约 4。

头骨特征 颅骨前端吻部短；听泡和乳突区异常发达，其前后长几乎占颅全长的1/2，宽明显大于颧弧宽，从上面看，颅骨呈心形。鼻骨狭，内缘较短。前颌骨后端略超出鼻骨后端。左右额骨略呈方形，顶间骨被左右听泡挤到中间，成一菱形的狭直小骨。上门齿各有 1 深沟。

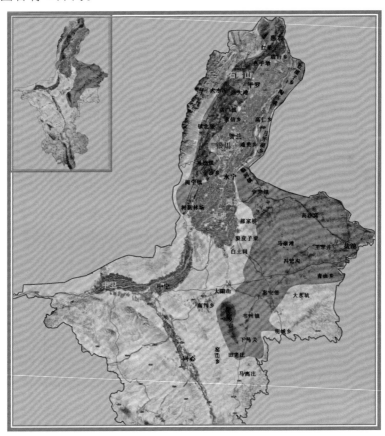

图 2-134 宁夏五趾心颅跳鼠分布

【亚种及分布】 国内分布于内蒙古巴彦诺尔盟潮格旗、苏尼特右旗，甘肃祁连山，宁夏和新疆北部；国外分布哈萨克斯坦、蒙古、俄罗斯联邦。宁夏境内，五趾心颅跳鼠分布于宁夏北部的淘乐、石嘴山市、盐池县和灵武市等地，局部与三趾心颅跳鼠同域。主要栖息于荒漠草原。记载的有 2 个亚种。其中，指明亚种（*C. p. paradoxus* Satunin, 1903）模式产于甘肃境内祁连山西部的萨拉果勒河带。尾长多<75 mm；口须长，一般超过耳后；整个尾部分布有均匀的短毛；后足趾的两侧和腹面虽然被毛，但是不形成明显的刷状。在国内主要分布于甘肃祁连山、河西走廊以及张掖，宁夏的灵武、盐池、陶乐、石嘴山和银川西部及同心等地（图 2-134），内蒙古的二连浩特、苏尼特左旗、苏尼特右旗、四王子琪、达尔罕茂明安联合旗、乌拉特中后联合旗、潮格旗、阿拉善左旗、阿拉善右旗、额济纳旗、杭锦旗和鄂托克旗等地；另外青海也有分布。国外主要分布于哈萨克斯坦、蒙古国和俄罗斯的唐努山脉南坡图瓦自治共和国境内。长尾亚种（*C. p. longicaudatus* Hou et Jiang, 2015）模式产地在新疆的木垒哈萨克自治县青居吕山。尾长多>75 mm；口须短，长不及耳后；尾端部着生明显的长毛；后足趾两侧和腹面被白色的毛，较长且形成明显的刷状。主要分布于新疆境木垒青居吕山、奇台北塔山、福海吉力库勒南大湾、阿尔金山库木布拉克、敏县喇嘛召和和阿尔金山北麓等地（侯兰新等，2015）。

【发生规律】 五趾心颅跳鼠主要栖息于针茅锦鸡儿荒漠草原、针茅蒿属荒漠草原及针茅红沙盐爪爪荒漠草原，避开纯沙带、盐碱地、黏土地及丘陵顶上和内陆湖边沿，与该种混栖的鼠种有达乌尔黄鼠、赤颊黄鼠、子午沙鼠、黄兔尾鼠、羽尾跳鼠、三趾心颅跳鼠等。

五趾心颅跳鼠的季节性活动及昼夜活动节律与温度的关系殊为密切。当冬眠地区的平均气温升高至 7 ℃、地温达到 10.5 ℃左右的 4 月中下旬时，在温度相对持续稳定的条件下，它们就可苏醒由越冬洞内破土而出；7 月，随同气温逐渐增高，该鼠的数量、活动频繁程度达到全年的最高峰；9 月中下旬，五趾心颅跳鼠开始深挖洞道，潜居简出，准备入蛰越冬。

五趾心颅跳鼠常在地势平坦的沙质土壤地段挖建洞系，洞口开于锦鸡儿、伏地肤或绵蓬丛下，有时也能在铁道路基两侧的斜坡上发现其洞穴。该鼠的洞系结构比较简陋，似与其夜间作大面积游动索食、长距离跳行及经常更换住宿地的习性有关。洞口小，略呈长圆形，洞径 15~20 mm × 20~25 mm。最简单的夏季洞是该鼠白天的藏身处，由洞口进入洞道后迳直而行，长度不超过 1m，末端形稍扩大；洞道入土浅，距地表 50~120 mm，主干上常分出较为短小的支道和一条上行的"应急出口"；应急出口的顶端离地面仅有 5 mm，隐匿其间的鼠受惊时，可由此破土外出逃逸（赵肯堂，1997）。

当植物刚开始萌发，食物匮缺时，五趾心颅跳鼠主要挖吃锦鸡儿、多根葱、芨芨草的幼根。进入 6 月，该鼠食转向以多根葱的茎、叶为主，其次是针茅。8~9 月，除多根葱和锦鸡儿外，五趾心颅跳鼠还食黄蒿种子。

五趾心颅跳鼠于 4 月中下旬出蛰后不久，就进入交配繁殖期。成年雄鼠在 5~7 月期间，阴囊外有浅棕色包素沉着，睾丸膨大，7 月下旬睾丸显著地萎缩变小。5、6 月是五趾心颅跳鼠的交配繁殖盛期，临产时孕鼠胸腹部的 4 对乳头也甚膨大而丰满。雌鼠每年产仔 1 胎，每胎 3~5 只。进入 7 月后，绝大多数孕鼠已产仔和陆续结束哺乳期，母鼠乳头缩小。一部分当年出生的幼鼠从 6 月中旬起已相继出洞活动（赵肯堂，1997）。

【危害特征】　五趾心颅跳鼠数量稀少，被列入《世界自然保护联盟》（IUCN）2008 年濒危物种红色名录 ver 3.1——数据缺乏（DD）。五趾心颅跳鼠在我国，尤其在宁夏数量稀少，属稀有种。应注重对其数量的监测，实行栖息地保护，禁止捕捉。

K6. 林跳鼠科（Zapodidae）

林跳鼠科的后肢虽然长于前肢，但是远不及跳鼠科的后肢长，有些种类后肢仅略比前肢长，耳朵比跳鼠短而圆，外形略似典型的鼠类，尾巴长但尾端无尾穗。后足正常或略大，5 趾正常，蹠骨分开。颈椎不愈合，听泡相对较小。颊齿属低齿冠或略呈高齿冠。眶前孔大。尾端无长毛束。乳头胸、腹部各 2 对。生活于森林、沼泽和开阔地带，食果实、种子和昆虫，其食物构成因种类而异。该科有林跳鼠亚科（Zapodinae）和䶄鼠亚科（Sicistinae）2 个亚科，共 4 属 18 种。我国有 2 属 5 种。其中，林跳鼠（Eozapus setchuanus）不仅是我国的特有种，也是我国的特有属，分布于我国西部自甘肃到云南之间，宁夏南部六盘山林区也有分布。

YK11. 林跳鼠亚科（Zapodinae）

种类体小，似小家鼠，体长 50~110 mm，体重 6~28 g。尾比体长，长 65~165 mm；后肢约较前肢长 2.0~2.5 倍；后足正常或略大，5 趾正常，蹠骨分开。听泡相对较小。眶前孔大。尾端无长毛束。乳头 5 对；3 对在胸部，2 对在腹部。包括 3 属 5 种。即，美洲林跳鼠属（Zapus）3 种，缘木林跳鼠属（Napaeozapus）和林跳鼠属（Eozapus）为单种属。其中，前 2 个属分布在北美洲；亚洲只有林跳鼠属（Eozapus）1 个单种属，仅分布在我国青海、甘肃、宁夏、陕西、四川和云南等地的高海拔地区的温带森林中，栖息地破碎，数量稀少。

S23. 林跳鼠属（Eozapus）　单种属。

Z36. 林跳鼠（Eozapus setchuanus（Pousargues），1896）

林跳鼠别名四川林跳鼠、四川林晓跳鼠、森林跳鼠、僵老鼠、中国林跳鼠、晓跳鼠等。

【鉴别特征】 林跳鼠为小型的森林跳鼠，后肢发达，较前肢甚长，尾约为体长的 1.5 倍，覆被稀疏短毛，可见鳞片，尾端无长的毛束（图 2-135）。

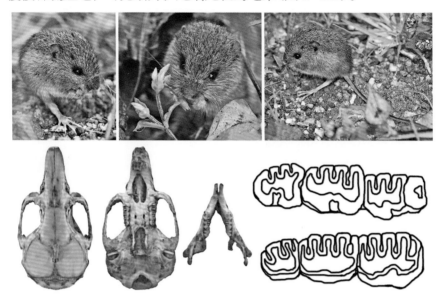

图 2-135　林跳鼠(*E. setchuanus*)形态与头骨及臼齿

● 形态鉴别

测量特征/mm　体重 10~22 g，体长 70~100，尾长 95~150，后足长 25~33。

形态特征　体呈黄褐色，自吻、头顶、体背到臀部的中央，具一条宽的暗黄褐或棕褐色带。体侧呈棕黄、锈棕或褐黄色，腹毛纯白色，有的个体胸部和背部中央有一狭窄的棕黄或浅黄色的纵纹。尾毛双色或单色，尾端有白色尾梢，或有黑褐色的小毛束。足白色（图 2-135）。

● 头骨鉴别

测量特征/mm　颅长 21~22.6，颧宽 11~12.5，眶间宽约 3.7，腭长 10~11.1，乳突宽 10.3~10.9，上颊齿列长 4.5~5.4。

头骨特征　颅吻部长。鼻骨前端远超出上门齿前缘。顶骨上部略为拱起，向后倾斜；顶骨前方至吻端几乎平直。眶前孔大。颧骨细长，前端向前延伸与泪骨相连接。脑盒处高约 7~7.5 mm，约为颅长的 33%。上门齿几乎垂直，前面有沟。门齿孔短而窄。腭骨较长，其后缘与 M^3 缘约在同一水平线上。听泡较为发达。颊齿 4/3。上前臼齿的齿冠几乎呈圆形，其前缘有 1 明显的沟。M^1 稍大于 M^3；M^3 约为 M^2 的 3/4 大小；M^1 和 M^2 外侧均有 5 个齿叶，M^3 外侧仅有 4 个齿叶。M_1 最大，三枚下臼齿内侧各有 4 个明显的齿叶（图 2-135）。

【亚种及分布】　我国特有种，已知分布于青海门源、同德、班玛、久治、治多、杂多、泽库、循化，甘肃岷县、临潭、草尼、舟曲，四川峨眉山、若尔盖、马尔康；云南中甸、维西，陕西的南部山区等地。记载有 2 个亚种。其中，指明亚种 (*E. s. setchuanus* (Pousargues)，1896) 分布于我国古北界最南缘四川的西部、西北部，青海的东部，云南北部，陕西南部，模式产地在四川。甘肃亚种 (*E. s. vicinus* Thomas，1912) 主要分布在在甘肃南部的临潭、卓尼，陕西宁陕、周至也有分布，模式产于甘肃临潭东南。宁夏仅分布在六盘山地区的泾源县、原州区、隆德县，主要栖息于高海拔的林区灌丛和覆盖度>50 %的草甸草原和高灌丛（图 2-136）。

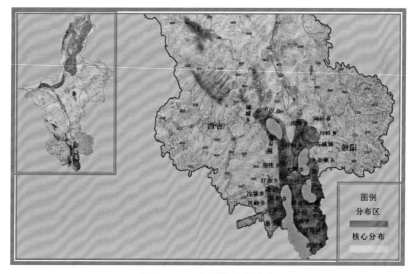

图 2-136　宁夏林跳鼠分布

【发生规律】　林跳鼠为珍稀古老物种，几十年来零星采集到一点标本，种群数量不多，依赖于生存环境的稳定，分布间断。主要栖息于海拔 2 480~4 100 m 高山森林的林缘灌丛草地，喜欢在高山地带林中溪旁附近活动。通常能挖掘洞穴或利用别的动物的弃洞作为隐匿场所。主要在夜间活动，以浆果、种子、真菌和小型无脊椎动物为食。无贮食习性。善跳跃，一次能跳 2 m 远，其尾在奔跳时起平衡作用。有冬眠现象。

在宁南六盘山林区，林跳鼠主要栖息在海拔 1 900 m 以上的灌丛和覆盖度>50 %的草甸草原和高灌丛等生境中。野外捕获量占当地地面鼠的 3.4 %～4.4 %，远低于当地大林姬鼠占比的 10.3 %～41.3 %和黑线姬鼠的 6.7 %～27.2 %，也低于洮州绒鼠的 4.0 %～28.9 %和社鼠的 8.3 %，但高于长尾仓鼠占比的 0.6 %~2.0 %（秦长育，1991）。

【种群现状】　本种是我国特产珍稀动物，数量稀少，分布间断，特别是在分类学和动物地理学方面有较大的学术价值。已列入世界自然保护联盟（IUCN）2013 年

《濒危物种红色名录》（ver3.1—易危（VU））、《华盛顿公约》（CITES）附录Ⅰ和中国国家林业局 2000 年发布的《国家保护的有益的或者有重要经济、科学研究价值的陆生野生动物名录》。应实现栖息地保护。

ZK4. 睡鼠总科（Gliroidea）

睡鼠总科种类体型较小，体长多小于 200 mm。体毛浓密柔软；尾长，多被以长毛；头骨的听泡膨大；臼齿咀嚼面具横向齿脊；没有盲肠。因多数种类尾巴像松鼠的尾巴，在林间鼠害，属林栖种类，所以睡鼠总科也常被归为松鼠型亚目。传统上将睡鼠总科分为睡鼠科（Gliridae）、刺睡鼠科（Platacathomyidae）和荒漠睡鼠科（Seleviniidae）等 3 个科。也有将后两科的均置于睡鼠科中，现在则一般将分布于南亚和我国华南的刺睡鼠科置于鼠科中。睡鼠多在夜间活动，具有冬眠习性，且冬眠时间长，因而得名。我国睡鼠均属睡鼠科。

K7. 睡鼠科（Gliridae）

睡鼠科种类体小型到中型，体长不超过 200 mm。尾长，有些种类为尾毛蓬松，外形酷似肥胖的松鼠尾巴。颊齿 4/4 或者 4/3，臼齿咀嚼面具横嵴。

睡鼠科主要分布于古北界，亚科分类争议较大。Daams（1981）将其分为 5 个亚科。即，睡鼠亚科（Glirinae）、道睡鼠亚科（Gliriavinae）、林睡鼠亚科（Leithiinae）、笔尾睡鼠亚科（Graphiurinae）和鼠睡鼠亚科（Myomiminae），包括 7 属 14 种（Coroet，1980）。现分为笔尾睡鼠亚科（Graphiurinae）、林睡鼠亚科（Leithiinae）和睡鼠亚科（Glirinae）3 个亚科，包含 9 属 26 种（Holden et al.，2009；Storch et al.，2007；Baudoin，1984）。

其中，笔尾睡鼠亚科仅有笔尾睡鼠属（Graphiurus）1 属，14 种（Genest-Villard，1978；Wilson 等，1993；Robbins 等，1981，Schlitter 等，1985，Skinner 等，1990；Smithers，1971）。Skinner 等（1990）根据大笔尾睡鼠（Graphiurus ocularis）有小前臼齿，将该属分为两个亚属，其中大笔尾睡鼠亚属（Graphiurus）仅包括大笔尾睡鼠 1 种，笔尾睡鼠亚属（Claviglis）13 种。主要分布在非洲的森林地带，非洲东部和南部以及高原地带也有分布，但多沿河道分布。林睡鼠亚科有 5 属 9 种。其中，林睡鼠属（Dryomys）2 种，毛尾睡鼠属（Chaetocauda）1 种，圆睡鼠属（Eliomys）2 种，鼠形睡鼠属（Myomimus）3 种，荒漠睡鼠属（Selevinia）1 种。主要分布于欧亚大陆。睡鼠亚科（Glirinae）有 3 属 3 种。其中，日本睡鼠属（Glirulus）的日本睡鼠（Glirulus japonicus）仅分布于日本诸岛。榛睡鼠属（Muscardinus）的榛睡鼠（Muscardinus avellanarius）分布在欧洲、地中海、远东。睡鼠属（Myoxus）的睡鼠（Myoxus glis）主要分布在分布于欧亚大陆，中国无分布。

YK12. 林睡鼠亚科（Leithiinae）

体小型，吻部尖，耳圆；尾长，毛密长而蓬松，上下扁；眼眶黑色延伸至耳基部，前方不达鼻端，体沙黄棕色；门齿孔远离或超越上前臼齿基部前缘。现有 5 属 9 种，我国有 2 属 2 种。其中，林睡鼠属（Dryomys）种类体沙黄棕色，尾毛密而蓬松，分两侧；门齿孔远离上前臼齿基部前缘；上门齿无纵沟。在我国仅有林睡鼠（D. nitedula）1 种，分布在新疆的阿勒泰、霍城、精河、玛纳斯、呼图壁、昌吉、博格多山、尼勒克、塔城等北部山区。毛尾睡鼠属（Chaetocauda）种类体暗灰褐色；尾圆，具短毛和鳞；门齿孔后端超越上前臼齿齿根前缘，上门齿有深纵沟。在我国也仅有四川毛尾睡鼠（C. sichuanensis Wang, 1985）1 种（王酉之，1985）。主要分布在四川北部（平武王朗自然保护区）及其相邻省份，为我国特有种。

S24. 毛尾睡鼠属（Chaetocauda）

单种属，也是我国的特有属。体小型，体长 92 ~ 102 mm。髭毛长。眼大，具深栗色眼圈；耳长，前折可遮盖眼部；尾粗，端部棒状，覆以密毛。口鼻淡棕色，前额灰褐色，体背暗灰赭色，腹面灰色。背腹色泽分区明显。尾背深褐，尾腹淡褐。眶间部宽，为颅基长的 1/5。门齿孔特长，约占颅长的 19 %，后缘超过上颊齿列前缘连线，上门齿表面具纵沟，臼齿咀嚼面有脊。仅有四川毛尾睡鼠 1 种，是我国的特有种，数量极为稀少（王酉之，1985）。分布在宁夏六盘山的六盘山毛尾睡鼠（Chaetocauda sp.）的分类地位有待进一步考证。但从体型考察，应归入四川毛尾睡鼠，充其量是四川毛尾睡鼠六盘山亚种（C . s. liupanshanensis）。

Z37. 六盘山毛尾睡鼠（Chaetocauda sp.=Chaetocauda sichuanensis liupanshanensis）

六盘山毛尾睡鼠，也叫六盘山睡鼠。仅分布在宁南泾源县六盘山的山地森林、灌丛和草地。数量很少，极为珍贵。

六盘山毛尾睡鼠与四川毛尾睡鼠外形极为相似，仅体较四川毛尾睡鼠略大，体长 96.2 ~ 114.6 mm。眼大，眼圈颜色较深，呈黑棕色；耳长，但前折仅达眼部。前足 4 趾，前后足均有 2 个肉垫，后足长 17.8 ~ 18.6 mm；尾较粗，尾长 99.4 ~ 119.3 mm，略较体长，覆以密毛，尾端不形成毛束。体背面灰黑棕色；眼周具窄黑棕色眼圈，并与眼下深灰棕色三角区相连，深灰棕色区向下延伸而与口周围棕色环相接；耳深褐色，具棕褐色边缘；体腹面呈青灰色，略泛橘红色光泽；体背腹面毛色有明显界限；前后足背面淡褐色；尾背面深褐色，腹面较淡。乳头 4 对。

第二节　兔形目

兔形目（Lagomorpha）属动物界（Animalia），脊索动物门（Chordata），脊椎动物亚门（Vertebrata），哺乳纲（Mammalia）。过去在分类上将其归为啮齿目（Rodentia）的重齿亚目（Duplicidentata）。古生物学家 Simpson（1945，1975）根据古化石材料及形态解剖等特征将兔类和鼠兔类合为一独立的目，称兔形目。

一、兔形目的分类地位

兔形目的分类地位一直存在争议。Linnaeus（1758）在其《自然系统》（Systema Naturae）中将兔形类划归啮类目。伊利格尔（Illiger）把兔形类与鼠类分开，作为啮齿目的重齿亚目（Duplicidentata）。Brandt（1855）首次提出用兔形亚目（Lagomorpha）的概念。但兔形亚目仍然是啮齿目的一个亚目。Gidley（1921）正式将兔形类由啮齿目中分出，独立成为兔形目（Lagomorpha）。但兔形类是否应该独立成目，至今仍有争论。

Allen（1938）在 Grgory（1910）研究的基础上，认为兔形类与鼠形类均具有典型的双体子宫，二者均具有盘状蜕膜胎盘、行尿囊绒毛膜，两者均具有大杯状内陷的中央具有胚胎的卵黄囊，胸椎均为 12 块，腰椎均为 7 块，均具有 4 个内鼻甲，内有 5 个旋涡。所以仍然将兔形类归为啮齿目的一个亚目。罗泽珣（1988）在《中国野兔》一书中阐述了独立成目的理由。

（一）门齿的差异

兔形类与鼠形类虽然均具有凿状的门齿，但具有这种凿状门齿的并非这两类群动物，如有袋目（Marsupialia）的塔斯马尼亚袋熊（*Vombatus ursinus*）、灵长目（Primates）的指猴（*Daubentonia madagaskariensis*）和已绝灭的裂齿类（Tillodontia）等，均有这样的凿状门齿。实际上，兔形类与鼠形类的凿状门齿仅形似而已，构造并不相同。兔形类凿状门齿为单层釉质，上门齿向后延伸仅达前颌骨处。鼠形类的凿状门齿为双层釉质，上门齿向后延伸至上颌骨。

（二）齿隙的构成差异

兔形类的齿隙比鼠形类的齿隙缺牙少，齿隙相对地不如鼠形类宽。与有胎盘兽类的模式齿式相比较，兔形类的上颌左右共缺 1 对门齿、1 对犬齿及 1 对前臼齿，每侧仅缺 3 颗牙，构成齿隙。下颌左右缺 2 对门齿、1 对犬齿及 2 对前臼齿，每侧缺 5 颗牙，构成齿隙。而鼠形类的上颌左右共缺 2 对门齿、1 对犬齿和 2~4 对前臼齿，每侧缺 5~7 颗牙，构成齿隙。下颌左右共缺 2 对门齿、1 对犬齿及 3~4 对前臼齿，每侧缺 6~7 颗牙，构成齿隙。

（三）颊齿的形状与构造差异

兔形类的颊齿为棱柱状的脊形齿，单侧高冠，齿面倾斜，上面有横棱状的齿冠，为典型的草食动物齿冠，植物的纤维可以被斜列的横齿棱像铡刀一样铡成碎块，再咀嚼成碎末。鼠形类的颊齿为尖丘形齿。具挤压研磨式齿冠，是杂食性动物的齿冠，可将食物在咀嚼中研磨碎。

（四）咀嚼方式的差异

兔形类颊齿咬合后，门齿也能咬合到一起，下门齿能与前后重叠的上门齿中的第二对上门啮咬合到一起，咬合同步。上颌左右两侧颊齿的间距宽，下颌两侧颊齿的间距窄，颊齿上下咬合时仅能在单侧。咀嚼食物时，下颌左右移动，使单侧高冠齿横列的斜齿嵴能充分地起切割作用。鼠形类颊齿咬合后，门齿却不能咬合到一起，上门齿在前，下门齿在后，前、后有一定间距，咬合异步。上、下颌左右颊齿的间距等宽，但由于颊齿咬合后上、下颌门齿的位置不同步，下颌以前后移动为主，使食物在颊齿咀嚼面上可以充分地研磨。由于这两类群动物咀嚼方式有异，二者颌部咀嚼肌的肌序明显不同。兔形类的咀嚼肌虽发达，但构造简单；鼠形类的咀嚼肌则较复杂，依肌序可以划分亚目。

（五）骨骼的结构差异

兔形类的门齿孔与其后面的腭孔常合并成为单个大孔，孔后的腭桥较窄。鼠形类只有左右分开的两个门齿孔，而无腭孔，孔后的腭桥甚宽。这也是该两个类的重要鉴别特征之一。兔形类胫骨与腓骨愈合成为 1 块骨骼。有关节与跟骨相联接。跟骨有腓骨面，远端不大。鼠形类胫骨与腓骨未愈合，跟骨与腓骨没有任何接触面，远端大。

（六）前肢的功能差异

兔形类的前肢不能摄取食物，但前肢有撞击功能，能用于自卫或进攻。鼠形类的前肢能摄取食物，但无撞击功能。

（七）体形的差异

兔形类的躯干部分比较接近食肉动物，而不像鼠形类。其尾巴退化、极短，仅似毛簇。而鼠形类多数种类有外尾，有的种类尾巴甚长。

在第三纪早期始新世，最原始的兔形类与鼠形类化石的形态差异就十分明显，彼此看不出有什么直接的亲缘关系。Allen（1938）提出的 6 项差异，虽其中 4 项涉及繁殖，但只能反映兔形目与啮齿目在真兽中亲缘较近而已。李传菱（1983）也曾提出宽臼齿兽超科（Eurymylcidea）包括两个科。宽臼齿兽科（Eurymylidae）经与啮齿目及兔形目的一些重要的形态和机能特征做比较，认为宽臼齿兽是目前在原始真兽中最接近鼠形类的祖先类型。另一个种—模鼠兔科（Mimotonidae）可能与兔形类起源有关。

足以说明兔形类与鼠形类有相近的祖源。由此看来，Allen（1938）的 6 点论点虽能说明兔形类与鼠形类相近的祖源，但是并不影响将现生的兔形动物独立成目。

二、兔形目的鉴别特征

兔形目是一些中型与小型的食草兽类。耳一般狭长或短圆。无尾或尾极短。前足 5 趾，后足 4 或 5 趾。除鼠兔（Ochtora）远端趾垫以外，脚底有毛，后足慢步时跖行性。上唇中部有纵裂，口中两侧有颊囊。雄性无阴茎骨，阴囊位于阴茎前方，雌性乳头 2~5 对。

头骨（尤在上颌骨上）多网孔结构。无犬齿，齿虚位很长。上门齿在初生时为 3 对，不久外侧的 1 对消失。1 对大，其唇面有一明显的纵沟，1 对极小，呈圆锥形，齿端无切缘，隐于前 1 对门齿后方。下门齿仅 1 对；上下门齿四周均被以珐琅质。门齿孔甚大，占有硬腭的大部分。齿式为。上齿列外侧呈弧形，内侧直，下齿列内外侧都直。左右上齿列之间宽度明显比左右下齿列之间的宽大。下颌在咀嚼时呈垂直和左右向移动。硬腭很短，为 1 横向狭窄骨桥（腭桥）。上颌骨的两侧有很大的三角形的空隙。

$$齿式 = \frac{2 \cdot 0 \cdot 3 \cdot 3 \ (2)}{1 \cdot 0 \cdot 2 \cdot 3} = 28 \ (26)$$

三、兔形目的科

兔形目只有兔科和鼠兔科 2 个科，包括 13 属 79 种。分布于除澳洲和南极洲以外的所有大陆。有些种类被引进到了世界各地。

兔形目分科检索

1. 体较大，体长一般在 300 mm 以上，尾短；耳通常狭长；后肢明显比前肢长，颊齿通常为 6/5；脑盒呈拱形；眶上突很发达，鼻骨向后扩大，颧骨略为延伸到鳞骨突后面。第 1 对上门齿齿端切缘各有 2 个不甚明显的弧形小齿突，外侧的较宽，左右门齿共形成 3 个很浅的缺刻，4 个弧形小齿突正面几乎在同一直线上·······································兔科（Leporidae）
体较小，体长不超过 300 mm，无尾或仅保存一小突起，耳圆短；前后肢均短，后肢稍长于前肢；颊齿 5/5；脑盒扁；眶上突缺如或退化成一点痕迹；鼻骨向前扩大；颧骨后端细长而尖，远伸出鳞骨突后面。第 1 对上门齿齿端切缘各有 2 齿尖，外侧的明显较内侧的宽长，正面观，左右门齿内外侧齿突明显不在一条直线上·······························鼠兔科（Ochotonidae）

K8. 兔科（Leporidae）

兔科种类体形较大，体长 250~700 mm，体重 400 ~7 000 g，与一般哺乳动物相反，雌体比雄体大。耳一般狭长，基部管状；尾短；后肢较前肢长，适于奔跳，前后肢均 5 趾，但第 1 趾甚小，足底有毛；有颊囊。乳头 3~5 对。

● 外形鉴别　兔科种类的鼻孔周围皮肤无毛。上唇中央有纵沟，把上唇明显分成两辩，形成所谓"兔唇"；下唇单片。上、下唇汇合，构成三辩嘴。鼻孔上面的皮肤，俗称鼻片或前唇基片，以及左、右上唇的皮肤能盖住鼻孔，在奔跑时防止更多的空气进入鼻腔，不致呛风，影响呼吸。嘴外有胡须，有触觉作用。眼侧位，视野较大，容易发现天敌，迅速奔跳；但向正前方看东西时，不如眼位在头前方的动物（如人类）清楚。耳朵长，呈圆筒状，耳长为耳宽的数倍，外耳壳上的外耳孔特别长。耳根部细，耳壳竖立，转动自如，收听声音后迅速辨别声源。稍遇惊扰，便逃逸（图 2-137）。

图 2-137　兔类头部形态

躯干与头比约 5∶1。从外观上看，颈部明显，躯干成为兔类最重要的主体部分（图 2-138）。躯干可分胸与腹两部分。胸腔小，其容积为腹腔的 1/7 ~ 1/8。腹腔大，是由于兔类是草食动物，肠较食肉动物长，盲肠特别大，有螺旋式褶皱，而兔类由于不会反刍，要在盲肠内富集大量维生素，由分泌物形成的软囊包住，构成钦粪排出肛门后立即吞食，进行双重消化，所以其盲肠较其他草食动物更大。兔类背部有明显的弯曲度。奔跑时，背部先弯曲，再伸直，伸屈自如。

兔科种类的尾短，尾毛长，因此从外观上看，兔类的短尾呈毛簇状。奔跑时，尾翘起，尾面靠近体背，有助于减少空气阻力；求偶时，尾摆动，若尾背与尾底毛色不同时，如草兔尾背白色中央有个大的黑纵斑，尾腹毛色纯白，对异性有诱惑作用，面性分泌物气味溢散，诱惑力随尾摆动更增强（图 2-138）。

图 2-138　兔类躯干形态

　　兔类的后肢明显比前肢长，有利于奔跑和跳跃。奔跑时，兔类腰部弓曲，两条腿尽量向前伸，后脚的着陆点可超过肩部的位置，身体伸直后，后脚蹬地而跃起，身体向前上方蹿出后，前脚再着地时，一次奔跳跨度可达 3 m。奔跑速度可达 55~70 km/h。向上蹿跳的高度可达 1.5 m；高速奔跑时，向上蹿跳的高度可达 2.5 m。后腿的胫骨与腓骨愈合，有关节与跟骨相连接。后足 5 趾，第一趾退化。中国兔类后足平均长 91~148 mm。后足掌有毛，在雪地或泥地上奔跑时防滑。前足短，不能抱食物，但却有较强的扑击力。如鹰来捕捉时，野兔先向后缩身子，然后猛向前蹿跳，用前足猛扑，前爪猛抓，鹰遇到突袭，稍退缩时，野兔迅速逃逸。前足 5 趾（图 2-139，图 2-140）。

图 2-139　兔类尾部形态

　　● **头骨鉴别**　颅骨上面弧度较为明显，上颌骨两侧具有明显的骨质网状构造，鼻骨向后扩大，有眶上突，颧骨略为伸出鳞骨突后方。眼眶近乎垂直，两眼各朝向外侧，因而视野较广。额骨在眶间略为凹陷。门齿孔很大，与腭孔汇合。硬腭主要由上颌骨构成，呈一狭窄骨桥。听泡小，长不到颅长的 16 %，内无海绵状组织，外耳道管状。颊齿列外侧呈弧形，最后上臼齿很小，门齿四周均被以珐琅质，第 1 对上门齿齿端切缘各有 2 个不甚明显的弧形齿突，正面看 4 个齿突均在或几乎在同一直线上。下颌骨后部甚为发达；髁突和隅突较大，冠状突退化（图 2-141 ~ 图 2-143）。

图 2-140　兔类四肢形态

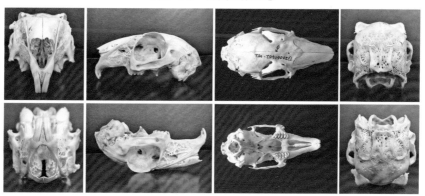

图 2-141　草兔颅骨观

　　颅部　位于头骨的后半部，内有颅腔，主要是保护脑。兔类脑不发达，颅部相应较小。颅部背面骨片成对排列，依次为额骨和顶骨，顶骨后缘有 1 块顶间骨。兔类（Hares），仅为兔属（*Lepus*）种类，顶间骨至成年后与上枕骨（枕骨由围绕着枕骨大孔的上枕骨、基枕骨和 1 对外枕骨组成）愈合。穴兔类（Rabbits），如穴兔（*Orycto-lagus cuniculus*），顶间骨与上枕骨终生不愈合，可以作为两兔形类的重要鉴别特征之一。颅部两侧各有 1 块颞骨。颅部的腹部有 1 块蝶骨，由基蝶骨、翼蝶骨、前蝶骨和

眶蝶骨组成。其中，冀蝶骨向腹前方伸出1对突起，叫冀突；两侧翼突间的空窝叫冀内窝，在兔类分类上十分重要。兔类冀内窝宽，两侧翼突近乎平行；穴兔类翼内窝窄，两侧翼突向内弯曲呈弧形。蝶骨前方有1块筛骨。眶蝶骨大，没有真正的翼蝶沟。听泡无内鼓骨，仅由外鼓骨所组成。

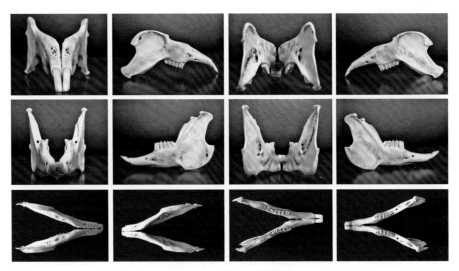

图 2-142　草兔下颌骨观

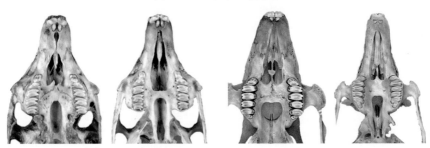

鼠兔科（Ochotonidae）　　　　　兔科（Leporidae）
图 2-143　兔科与鼠兔科上颌牙齿比较

　　面部　也称吻部。背面有鼻骨、前颌骨和颌骨各1对。侧面在上颌骨颧突和鳞状骨（位于顶骨两侧，为组成颞骨的一个重要部分）颧突之间，有1块颧骨（又称为轭骨），将前后两个颧突相联接，构成颧弓，为眼眶的下缘。颧弓前上方，有泪骨。腹面有锄骨和腭骨。门齿孔与腭孔合并，形成1个大孔。因此，在孔的后缘，腭骨甚窄，与部分颌骨形成腭桥。腭桥后面是翼内窝，后鼻孔由此通出。Miller（1912）曾用腭桥的最短纵径与紧接腭桥后面的翼内窝宽度之比，来区分兔类和穴兔类。兔类的翼内窝宽度大于腭桥长最短纵径，穴兔类的翼内窝宽度小于腭桥长最短纵径。Miller

标准仅适用于欧洲的野兔，对于我国的华南兔、东北兔和东北黑兔，此标准尚需修订，因其翼内窝较宽，腭桥比一般兔属种类稍长，出现翼内窝宽与腭桥长近乎等长，甚至腭桥长稍小于翼内窝宽的现象。但是，以翼内窝较宽来鉴别兔属，却是可行的可靠依据。兔类面部这些形态各异的骨片构成了鼻腔与咽腔的上缘，并与颅部骨骼构成眼眶（颧弓包括在内）。框下孔并不扩大，仅有血管和神经通过，并没有肌肉。颌骨在吻部两侧有窗格式小孔。

● 牙齿鉴别特征　上颌有两对前后重叠的门齿。第一对上门齿大，呈凿状，后1对门齿小，呈圆柱状，没有切迹，位置紧贴在第一对上门齿的后面。上、下门齿咬合时，由于下颌仅有一对门齿，所以下颌门齿与第二对上门齿咬合到一起。第一对上门齿的切迹平直。而鼠兔科（Ochotonidae）的种类，虽然也具有前、后重叠的上门齿，但第一对上门齿的切迹呈 V 字形，左右两侧第一上门齿的切迹连接到一起，则呈 W 形（图 2-143）。在生长发育的过程中，野兔还有第三对上门齿，但出生后不久，这对位于最外侧的第三对上门齿便消失。

颊齿为单侧高冠齿。上颊齿唇面高，舌面低，齿面倾斜；下颊齿则与上述相反，舌面高，唇面低，齿面也倾斜。颊齿呈棱柱形，无齿根，可终生生长。上臼齿的横断面近似等腰三角形。左右两侧上颊齿列的间距宽，下颊齿列两侧的间距窄，因此上、下颊齿咬合时，仅能颊齿的一侧。咀嚼食物时，主要靠下颌骨左右移动，使所吃的植物纤维在齿的横列齿突上被切割成碎段。由于上、下颊齿是斜着咬合，所吃的植物性食物即使外皮光滑，但在咀嚼时既经咬住，就不会滑脱。颊齿的这种构造具有草食动物的显著特征（图 2-143）。

● 生殖系统　雄性没有阴茎骨，睾丸的位置在阴茎的前面。这种特殊睾丸位置，仅在有袋目的袋鼠科（Macropodidae）中见到，真正有胎盘的兽类中不多见。胚胎期，睾丸在腹腔中。出生后 1、2 月龄时，睾丸下降至腹股沟（鼠鼷部）内，但由于睾丸小，不易发现。2.5 月龄以后，阴囊逐渐显出。成体睾丸在繁殖季节降到阴囊，但因兔类一年繁殖多次，因此睾丸基本上在阴囊中，偶然才缩至腹股沟或腹腔内。兔类腹股沟管终生不封闭，便于睾丸下降至阴囊或缩回腹腔中。其阴茎前端没有膨大的龟头，长约 25 mm。静息状态时，阴茎向后伸向肛门附近的方向，与其他兽类前伸至腹壁脐部方向不同。雌性生殖系统有 1 对子宫，左右子宫分离，没有形成子宫体和子宫角，子宫直通输卵管，每侧子宫直通阴道。这种子宫类型叫双子宫。胎盘扁而圆，内皮充血。

兔科分古兔亚科（Paleolaginae）和兔亚科（Leporinae）2 亚科，包含 11 属 53 种。

家兔是由欧洲的穴兔驯养而来的，与中国现有的野兔无关。我国仅有兔亚科的 1 属 9 种。

YK13. 兔亚科（Leporinae）

兔亚科有 7 属 47 种。其中，兔属（*Lepus*）种类最多，有 30 种，分布在亚洲、非洲、欧洲和北美洲。山兔属（*Bunolagus*）仅南非山兔（*B. monticularis*）1 种。粗毛兔属（*Caprolagus*）分布在印度喜马拉雅山南坡山脚下的阿萨姆至戈拉克普尔一带的森林、竹林和草丛中。有粗毛兔（*C. hispidus*）1 种。苏门答腊兔属（*Nesolagus*）分布在印度尼西亚苏门答腊的山地森林中。仅苏门兔（*N. netscheri*）1 种。穴兔属（*Oryctolagus*）仅穴兔（*O. cuniculus*）1 种，是家兔的祖先。自然分布区在欧洲西南部和非洲西北部，即地中海周围。引入世界许多地方，包括英国、乌克兰、澳大利亚、新西兰、南美洲诸国、美国及中国。林兔属（*Sylvilagus*）也称棉尾兔属，有 12 种，分布在美洲。其中，戴斯棉尾兔（*S. dicei*）的分类地位还有争议。倭兔属（*Brachylagus*）仅倭兔（*B. idahoensis*）1 种。分布在我国的仅有兔属的种类。

S25. 兔属（Lepus）

兔属种类的顶间骨 1 个；颅骨较宽，额宽约为颅长的 1/2；鼻骨向后宽大。吻部较长，约为颅长的 1/3，吻基部相对较宽，为颅长的 28 %~30 %；内鼻孔也较宽，其宽度大于腭桥前后最窄的宽度。初生幼仔睁眼，全身被毛，很活跃。计有 30 种，分布在亚洲、非洲、欧洲和北美洲。我国有 9 种。分布在宁夏的仅草兔 1 种。

Z38. 草兔（*Lepus capensis* Linnaeus, 1758）

草兔别名蒙古兔、野兔、山跳子、跳猫等。草兔原是栖息在草原的种类，数量很多。草原农垦后，农作物的种植又为其提供了丰富的食物，生活更为适宜，致使数量进一步增多，分布区日益扩大。大兴安岭亚寒带针叶林采伐后，雪兔的分布区日趋缩小，而草兔的分布区则扩大（Loukashkin，1943）。在世界范围内，草兔是兔类中亚种分化最多的种类。但是，草兔在我国仅分布长江以北，我国青藏高原以及东南亚一带也没有草兔分布，也就是说，草兔是沿着"丝绸之路"向西，经欧洲南部，分布至非洲。因此，草兔应属古北界的种类。

【鉴别特征】 草兔个体较大，通体沙黄、棕褐色，腹部纯白，尾背有显著黑色或褐色条纹（图 2-144）。

● 形态鉴别

测量指标 /mm 草兔形态测量指标有所差异，一般平原个体较小，丘陵区个体较大。体重 819.0~3 331.0 g；体长 306.0~520.0，耳长 88.5~156.0，后足长 59.5~133.0，尾长 10.0~140.0。

形态特征　体形中等大小。尾较长，尾长占后足长的 80 %，为我国野兔尾最长者，尾背面中央有一个大黑斑，其边缘及尾的腹面毛色纯白；耳中等长度，前折可达或略超过鼻端；吻短而粗。体毛颜色个体变化较大，其背毛由沙黄色至深褐色均有，颊部与腹毛色纯白。短尾背面中央有一个大黑斑，其边缘及尾的腹面毛色纯白（图 2-144）。

图 2-144　草兔（*L. capensis*）外形（照片摄于 2009 年 6 月）

● 头骨鉴别

测量指标 /mm　与形态测量一样，草兔成年个体头骨测量特征也存在着明显的地区差异。陕西关中颅长 85.49 ± 3.47，鼻骨长 36.65 ± 2.20，额宽 40.22 ± 1.29，眶间宽 17.34 ± 1.20，听泡间距 12.59 ± 0.77，齿虚位宽 23.76 ± 1.41，上齿列长 42.09 ± 1.92。

头骨特征　颅全长一般不超过 90 mm。鼻骨较长，前窄后宽，其最大长度大于额骨中缝之长，其后端宽大于眶间宽和上齿列长；鼻骨形态和后缘分化严重。额骨前部较平坦，两侧边缘斜向上翘起，后部隆起。眶上突发达，形态各异，前支较小，后支较大。顶骨微隆，成体的顶间骨无明显界线。枕骨斜向后倾，上方中部有一略成长方形的枕上突。颧弓平直，其后端略向后上方倾斜。门齿孔长，其后部较宽。腭桥长小于翼骨间宽。听泡不大，长略小于左右听泡间距。下颌关节面较宽大。上门齿 2 对，前 1 对较大，后 1 对门齿较小，唇面的纵沟较浅，里面几乎没有白垩质沉积；呈椭圆柱状。第 1 上前臼齿较小且短，前方具有浅沟。第 2~5 颊齿的咀嚼面由 2 条齿嵴组成，齿侧嵴间有沟。最后 1 枚臼齿呈细椭圆柱状。下颌门齿 1 对，第 1 下前臼齿的前方具有 2 条浅沟，其咀嚼面由 3 条齿嵴组成（图 2-145）。

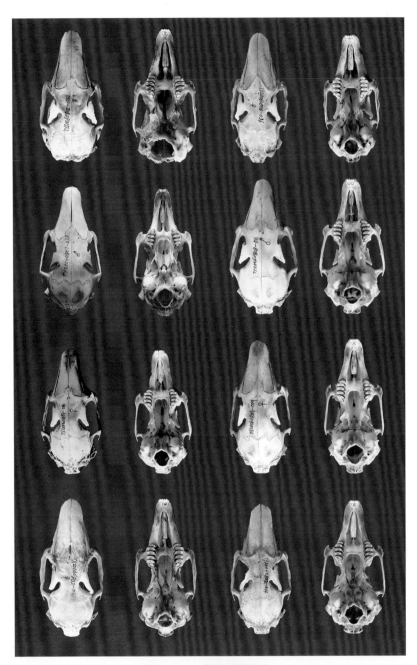

图 2-145 草兔颅骨变化

【亚种及分布】 记载草兔有 49 个亚种，我国有 8 个亚种。其中，内蒙古亚种
（*L. c. tolai* Pallas，1778）模式产地在蒙古鄂嫩河畔。冬季臀部灰色。头及体背面毛
浅黄灰色与黑色混合，背中间最为深暗，至胁部即呈鲜明浅淡土黄色。夏天臀部无

灰色；体背面毛色不黑，整个体背呈均匀浅黄色，仅由黑色毛尖稍为使毛色深些。分布于内蒙古的额尔古纳旗、免渡河、喜桂图旗、海拉尔、满洲里、查千诺尔、二连、西马珠穆沁旗、温都尔庙、察哈尔右翼前旗、达尔罕茂明安联合旗、包头等地及宁夏，山西岢岚和陕西北部靖边。国外分布于蒙古和俄罗斯。近来也有学者将其提升为种，既蒙古兔（*L. tolai* Pallas，1778）。中原亚种（*L. c. swinsis* Thomas，1894）模式产地在山东曲阜。体色鲜明，较内蒙古亚种更显出土黄色。冬季臀部不灰，体侧面有若干白色或浅土黄色长毛。夏天毛薄，体侧无白色或浅土黄色长毛。分布于东北、华北、西北、华东。包括北京，河北东陵、三河、北戴河、昌黎、怀来、井陉、新安，辽宁阜新、彰武、新金、义县，吉林公主岭、长春、蔡家沟、白城，黑龙江萨尔图、玉泉、小岭、哈尔滨、齐齐哈尔、洮南、宋站、喇嘛甸，山东西北、西南、中南和胶东，河南开封及其他东部地区，安徽和江苏长江以北地区。湟水河谷亚种（*L. c. huangshuiensis* Luo，1982）模式产地在青海湟中湟水河谷多巴。分布于青海湟水河谷。中亚亚种（*L. c. centrasiaticus* Satunin，1907=*L. tolai centrasiaticus* Satunin，1907）模式产地在甘肃酒泉。分布于内蒙古巴盟、甘肃西部和新疆东部。西域亚种（*L. c. lehmanni* Severtsov，1873）模式产地在哈萨克斯坦锡尔河畔。分布在新疆西部，国外分布于阿姆河流域，土耳其，吉尔吉斯斯坦，费尔干纳盆地，乌兹别克斯坦，塔什干绿洲，卡拉，哈萨克斯坦南部，伊朗。帕米尔亚种（*L. c. pamirensis*）模式产地在帕米尔高原沙雷库湖（Sarui-kul）附近。国内分布于新疆帕米尔高原，国外分布于阿富汗，塔吉克斯坦，帕米尔高原地区，马尔坎科区和西里克湖在区域，跨阿莱（北端的帕米尔高原山区）。长江流域亚种（*L. c. aurigineus* Hollister，1912）模式产地在江西九江。分布于我国东南部，向西到湖北和四川南部的部分地区以及江西北部和贵州。川西南亚种（*L. c. cinnamomeus* Hollister，1912）模式产地在四川宜宾。分布于四川嘉陵江以西地区和云南。草兔蒙古亚种在宁夏全境均由分布，近年来数量较多，局部对新造林危害严重（图2-146）。

【发生规律】 草兔主要在傍晚和清晨活动，自然状态下，草兔主要栖息于河谷、山坡、林缘、农田、灌丛等隐蔽条件好，植被丰富的地方。白天多在较为隐蔽处挖一个浅凹静卧，清晨和日落后开始活动和采食。早春草兔一般栖息于干燥的沙丘、草坡、灌丛旁，夏季经常出没于农田、草地，秋季、冬季则居于低凹向阳的草丛和较为平坦的高草滩地、树林边缘等处。草兔从不挖洞穴居，没有固定的栖息洞穴，只在隐蔽条件较佳处的地上挖掘一个约10 cm深的浅坑静卧。稍遇惊扰，便弃坑逃跑，再在其他地方挖坑。挖坑的速度很快，几分钟即可完成。这一点与家兔不同。

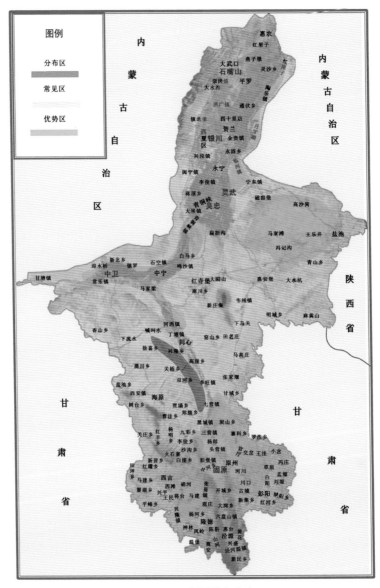

图 2-146　宁夏草兔分布

● 活动行为　草兔具有良好的保护色，常隐藏在地面临时挖的浅坑中，趴伏着，两耳向后贴在颈背部上，即使有人走到很近时也不逃避，及至人临近其旁时，则迅速跳起而逃跑。当猛禽追捕时，时而迅速奔跑，时而突然停止，路线迂回曲折，直到逃至隐蔽物下为止。活动常有固定路线，平时活动速度较慢，两耳竖立，运动时呈跳跃状，其足迹特点是两前足迹前后交错排列，两后足迹平行对称，呈"∴"形。当遇到危险时，两耳紧贴颈背，后足蹬地，迅速跃起逃跑。

● 巢区领域和社会等级　草兔具有明显的家族巢域行为，活动区域和取食活动范围相对固定。春季 2~5 月，对于具有优先交配权的雄性，其活动范围为 1.0~4.2 km；而其他雄性个体活动范围相对较小，为 0.6~1.4 km。成年雌性的活动范围相对固定，与家族中普通雄性的活动范围相近；而体重在 1 400~1 650 g 的雌性个体活动范围较大，与具有优先交配权的雄性个体的活动个体相当，其中有近 80 % 的个体逃离了原来的活动领域，与其他家族的个体混合。对于体重在 1 100 g 以下的幼兔，活动范围较小，为 0.4~1.1 km。6~8 月，草兔个体的活动发生变化。具有优先交配权的雄性个体活动范围相对缩小，为 0.8~2.0 km，而普通雄性个体活动范围相对扩大，为 0.9~2.3 km。成年雌性活动范围与具有优先交配权的雄性个体相同，而体重在 1 400~1 650 g 的雌性个体和体重在 1 100 g 以下的幼兔活动范围变化不大。9 月至来年 1 月，草兔活动范围变化幅度较大。成年雄性活动范围进一步缩小，与 2~5 月其他雄性个体活动范围相同，个别雄性有时活动范围可大 7.0 km；体重在 1 400~1 650 g 的个体活动范围为 1.5~2.7 km。成年雌性活动范围为与成年雄性个体相同。体重在 1 100 g 以下的幼兔活动范围比其他时间活动范围扩大，为 0.7~2.3 km。

● 婚配制度　草兔是一个多雌多雄的婚配制度，在相邻的家族中，具有优先交配的雄性在群体中是交配的主体。交配期间，每个家族有一只成年雄性具有优先与其他雌性交配的权利，相临家族种具有优先交配的雄性有相互窜群的习性。家族中其他雄性活动基本在本家族内，很少与其他家族雌性个体接触。在跟踪的 319 只草兔中，雌性为 234 只，其中体重在 1 660 g 以下的 56 只雌性均没有发现怀孕的个体。而成年雌性在交配季节具有与多只雄性交配的现象。

雄兔 12 月开始发情，但繁殖季节开始的迟早主要取决于雌兔的发情时间。交尾期，雌兔分泌出一种特殊的气味，并将尾巴举起，不断摆动，使分泌物的气味向外扩散，同时由于尾背面有清晰的大黑斑，斑周围及尾底面毛色纯白，尾巴摆动则显出黑白交织的颜色，这对雄兔起着引诱的作用。雄兔受引诱后跟在雌兔后面前后跳跃，呈 Z 字形围着雌兔转。雌兔则在向前跳时不断举起尾巴，而显露出充满分泌物味道的白色腹部，雄兔进一步发情后，时而咆哮，时而伸直腿，显示全身的体长。常常可见到几只雄兔追逐一只发情的雌兔。争偶活动十分激烈，彼此用前爪抓，用嘴咬，用后腿蹬。

● 繁殖特性

雌兔　春季出生的雌性个体开始繁殖的最低体重为 1 660~1 850 g，即，幼兔出生 3~6 个月后可开始繁殖，但参与繁殖的个体数占春季繁殖的雌性个体总数的比例为 21.5 %，且当年只产 1 胎，胎仔数为 2.2（1~3）只。来年开始繁殖的处女兔，怀孕兔时的最小体重为 1798 g，孕期相对较晚，多数在 5 月份以后开始怀孕，年产 1 胎，胎仔数 2.6（1~5）只，有 35 %~40 %的个休在 3~4 月就可怀孕，年产 2 胎，第一胎产 2.0（1~3）只，第二胎产 2.9 只（1~只）。体重在 2 000 g 左右的成年雌性，在春季 2 月份就有怀孕的个体，5~6 月份怀孕率最高，可达 80 %以上。年产 2.9（2~4）胎，其胎仔数逐月增加，平均 4.59 只/胎。

怀孕兔胎仔数为偶数时，胚胎在左右子宫角中的分布很不均衡，在解剖的 114 例中，有 87 例为偶数，其中仅有 6 例平均分布在两侧。怀孕过的雌性子宫角宽大，形状不规则，呈黑红色或灰黑色。产后不久的雌性，子宫角是正常子宫角的 10~40 倍，子宫斑为半圆突起，鲜红色，突起中心可看到明显的黑红色血斑，随着时间的延长，子宫斑颜色变淡，但突起部分表面有皱纹，可保留到来年。未怀孕过的雌性子宫角白嫩光滑。根据子宫角的形态、大小、颜色变化可以准确判断当年雌性个体的繁殖胎次数、胎仔数和全年产仔数。

雌性个体在怀孕交配时，皮下脂肪很难发现，或者说皮下没有脂肪积累。而在怀孕期，随着胚胎的发育，皮下脂肪逐渐增加，并且随着胎仔数的增加，皮下脂肪有加厚的趋势。哺乳期，皮下脂肪逐渐减少，直至消失。

草兔的寿命 8~10a。每年冬末开始交配，初春时产仔。在较寒冷的东北地区，2 月份就可见到幼兔，而在河北省 12 月份尚能捕到过体重仅 700 g 的幼兔。在北方地区大约年产 2~3 窝，长江流域每年产 4~6 窝，每窝 2~6 只幼仔。哺乳期仍可进行交配。产仔多在灌丛中、草丛间和坟堆旁。临时窝铺有杂草，并咬掉腹部的毛铺在草上，然后在上面产仔。有时也利用其他动物的废弃洞产仔。幼兔出生便有毛，眼睁开，能自由活动。妊娠期 45~48 d。

雄兔 进入性活动的标志是睾丸膨大，附睾有成熟精子，性活动初期阴囊不明显，随着繁殖期的推移，阴囊突出体外，外皮呈紫黑色当年生的雄兔。体重达 820~1 400 g 为亚成体（2~3 月龄），进入交配游戏期，可见到个体之间相互爬跨的现象，但对性别选择性不强，不是真正意义上的交配行为。3 月龄以后，雄兔逐渐性成熟，阴囊明显，附睾具有精子，个体爬跨具有明显的异性选择性。但这时的爬跨交配行为多发生在同胎个体或个体相近的个体之间，交配持续时间相对较短，成功率也较低。该阶段没有交配竞争或者说竞争较弱。说明草兔个体的性行为来自对父母代的模仿，其首次性行为是在姊妹代之间进行的。这也可能是当年早春出生雌兔在当年怀孕率较低的原因。体重达到 1 650 g 以上的雄性个体，交配行为正式进入正常状态。即交配前必须经过与其他雄性个体竞争，胜者获得与雌性的交配权。但交配的成功与否，取决于雌性。

雄性个体从当年的 9 月份到来年的 1～2 月份，不断地积累脂肪，蓄积能量。雄性除了在皮下积累脂肪外，大量的脂肪储存在腹腔内背部。

嗅觉也相当发达。繁殖季节凭嗅觉能追逐求偶，另外草兔还用鼻子上的色素腺分泌物涂到树枝或树干上，或用肛门的臭腺分泌物在草兔蹲坐在后腿上时分泌到地面上，这均可作为地点标志，使草兔能凭藉着这种分泌物的味道，识别路途

● 个体生长与发育　草兔初产时的体重，春季 2～3 月为 109.8（96.4～113.2）g，4～5 月为 88.7（79.6～105.0）g，6～7 月为 84.9（81.5～91.0）g，8～9 月为 92.7（86.9～103.1）g。其体重（W）和体长（L）的日（d）发育进程符合 Logistic 模型变化：

$$W=\frac{2019}{1+e^{0.04+0.961d}} \quad (R^2=0.929,\ F=117.294,\ p=0.000)$$

$$L=\frac{477}{1+e^{0.04+0.958d}} \quad (R^2=0.926,\ F=112.080,\ p=0.000)$$

模型显示，幼兔刚出生时，体重和体长随日龄变化的较小，随着日龄的增加，体重和体长增加的速度逐渐增大，当体重和体长达到其稳定值（最大值）一半时，其增加速率达最大；当体重和体长超过其稳定值的一半时，体重和体长随日龄增加的速度逐步降低，并逐渐接近其最大值。

● 种群数量的年际变动及周期性动态　草兔种群数量的年际变动呈现明显的周期性。陕西各地草兔种群数量的年际变动规律基本一致，均为周期性变动，在两个高峰之间有一个次高峰；但陕北、陕南和关中地区草兔种群数量出现的高峰年有所差异。

榆林和延安的草兔数量的高峰期分别出现在 1965～1967 年、1983～1985 年和 2000～2003 年，峰值在 1967 年、1985 年和 2003 年，峰距为 18 年；次高峰年在 1974 年、1992 年和 2010 年，峰距也为 18 年。汉中和安康高峰期出现的年份与榆林和延安的相同，但峰值分别为 1966 年、1984 年和 2002；次高峰年也分别在 1973 年、1991 年和 2009 年。关中地区的咸阳、西安和宝鸡 3 地的高峰期分别出现在 1966～1968 年、1984～1986 年和 2001 年～2004 年，峰值在 1968 年、1986 年和 2004 年，比陕北晚 1 年，峰距也为 18 年；次高峰分别在 1975 年、1993 年和 2011 年，两峰间隔18 年。次高峰出现在高峰年后的第 7 年。

一般草兔数量的上升期为 6 年，下降期为 2 年，高峰期 3 年，低谷期 11～12 年。在高密度年份（高峰期和上升期的某些年份）关中 3 个地区草兔种群数量变化因不同地域而表现不同的峰值，大小顺序是咸阳>宝鸡>西安；而在低密度年份（低谷期），3

个地区草兔种群数量的变化具有很好的相似性，即为平稳增加型，在这种低密度的增长模式下动物的种群数量往往不受环境容纳量的限制，推断低密度的种群密度受到种群内部性别比例的影响。

● 种群数量的季节变动 本世纪初期以来，我国北方草兔种群密度急剧上升，种群数量在高位震荡，月际间呈显著的单峰变化，9~10 月种群数量最高，4 月种群数量最低。草兔种群数量月际变化符合二次平移抛物线模型变化规律，据此可利用当年秋季 9~10 月，或者 3~4 月的草兔种群密度，预测未来各年的草兔种群密度。

● 季节性迁移规律 草兔有随季节转移活动取食场所的行为，冬季多在背风向阳的缓坡活动，但取食多发生在山脊和峁顶，春季多在沟底川道活动，夏季 7~8 月多在山脊、峁顶活动，很少到川道活动，9 月及 9 月以后，川道活动逐渐增加，农作物收获后，取食活动逐渐向山脊和峁顶转移。草兔种群从 12 月到来年的 2 月份在山脊、阴坡中部和山脚谷地活动，而多在阳坡中部、邰源地和川地活动。其中，在阴坡中部活动的草兔数量最少，仅占整个种群的 7.9 %（0.0~14.3 %）；其次是在山脚谷地和山脊活动的草兔，占整个种群数量的比例分别为 10.5 %（0.0~14.3 %）和 15.8 %（12.5 %~25.5 %）；而草兔在阳坡中部的活动最多，占整个种群的 26.3 %（12.5 %~37.5 %），在邰源地活动的草兔数量次之，占整个种群的 23.4 %（12.5 %~37.5 %）。7~9 月份，草兔在山脚谷地几乎不活动，连续 3 个月没有捕到草兔，在阳坡中部活动的草兔数量也野明显减少，仅占整个种群的 4.9 %（0.0~8.3 %）；而在梁脊和阴坡中部活动的草兔数量显著增加，分别占整个种群的 29.3 %（25.5 %~33.3 %）和 22.0 %（14.3 %~26.7 %）。

从各立地草兔活动的平均比例分析，草兔最喜欢在邰源地活动，其数量占整个草兔种群的 27.9 %（12.5 %~37.5 %）；其次是山峁梁脊和川地，分别占 20.0 %（12.5 %~33.3 %）和 18.2 %（11.1 %~37.5 %）。而最不喜欢在山脚谷地活动，其数量仅占整个草兔种群的 4.8 %（0.0~14.3 %）；其次也不喜欢在山坡中部活动，其在阳坡和阴坡中部活动的草兔分布占草兔整个种群数量的 12.7 %（0.0~37.5 %）和 12.7 %（0.0~26.7 %）。

● 日活动节律 春季草兔的取食、休闲活动呈现明显的昼夜交替变化。晨昏取食和休闲活动最频繁。高峰期出现在 18：00~20：00 和 2：00~6：00，在取食高峰过程中也有休闲活动。秋季草兔的取食活动高峰期在 5：00~6：00 和 16：00~18：00，活动高峰在 5：00~6：00 和 20：00~22：00。草兔活动以取食为主，占总活动的 66.0 %。秋季自然界的隐蔽条件明显比春季好，草兔白天取食活动增大，而春季白天取食活动明显少于秋季。秋季取食活动比春季多，是否与草兔度过严寒的冬季有关，还需进一步研究。从日活动节律可看出，草兔日活动高峰与低潮期正好与人类的作息时间错开，这也可能是草兔长期适应人类活动的结果。

● 种群性比 从 2002 年 1 月~2007 年 5 月彬县调查数据分析，草兔种群雌雄比的平均为 1∶0.96，是一个雌性个体稍多于雄性个体的种群，但年际和月际间有所变化。

种群性比的时序动态 在数量上升的 2002 年，其全年平均雌雄比为 1∶0.78，各月份的雌雄比多数在 1∶1 线下震荡。2003 年，平均雌雄比为 1∶0.98，前半年各月份的雌雄比变化比较剧烈，其雌雄比在 1∶1 线上下波动，7~11 月份的雌雄比为 1∶1，但总体还是一个雌性个体稍多的种群。数量高峰的 2004 年，草兔种群的平均雌雄比为 1∶1.16，其雄性个体显著多于雌性个体，各月份的雌雄比多在 1∶1 线上方变动。种群数量下降期的 2005 年，草兔的雌雄比变化与 2004 年相似。2006 年的雌雄比月际间差异较大，1~6 月份的雌雄比多数在 1∶1 线以上波动，6 月份以后，多在 1∶1 线以下波动；表现为上半年雄性个体多于雌性，而下半年雌性个体显著多于雄性；但从全年平均雌雄比（1∶0.79）分析，2006 年的草兔种群是一个雌性个体占优的种群。

雌雄比的空间变动 相对于雄性，雌兔最喜欢在郜塬地活动，其个体占郜塬地草兔数量的 60.5%，雌雄比为 1∶0.65；其次喜欢在川地和梁脊活动，川地活动的雌兔占整个川地草兔数量的 53.5%，雌雄比为 1∶0.89；而不喜欢到山脚谷地活动，其雌性个体仅占在山脚谷地活动草兔种群数量的 46.8%，雌雄比为 1∶1.14。而对阳坡和阴坡，雌雄个体几乎没有选择性，其雌雄比接近 1∶1。

不同年龄组草兔的雌雄比变化 草兔的年龄结构可分为幼年组、亚成年组、成年组和老年组。幼年组的雌雄比接近 1∶1，随着年龄的增长，雌雄比逐渐发生变化。在草兔种群数量增长期，随着年龄的增加，雌性个体的比例逐渐增加，使草兔表现为是一个以雌性个体占优势的种群；在草兔数量高峰年和下降的第一年，随着年龄的增加，雄性个体数量不断增加，雌兔数量不断减少，是草兔表现为一个以雄性个体占有的种群；在草兔发生低潮期，雌性比在 1∶1 线上下波动，草兔种群雌雄比随年龄的变化也发生上述交替变动。

● 种群结构 从 2005 年各地区草兔种群的年龄结构分析可知，不同地区的草兔种群所处的状态有所差异。宁夏固原草兔种群的年龄结构呈现典型的倒金字塔形。由于成年组个体相对较多，占整个种群 89.9%，而幼年个体相对较少，仅占整个种群的 7.8%，说明宁夏固原的草兔种群繁殖力严重不足，导致新生个体减少，或者说明引起幼年个体死亡的因素增强，幼年个体的死亡率提高，造成种群数量下降；同时，由于成年Ⅱ组个体比例占整个种群的 53.8%，说明种群正在老化。

● 取食危害规律　在北方，从 1 月下旬开始，草兔多在麦田边缘取食麦苗，麦苗一侯长出便被吃掉。在 5 月中旬偶见草兔匿于麦田中部取食麦苗。6 月上旬麦收以后，草兔则转向大豆地取食新生豆苗。与麦田相似，边缘部分受害严重。在 8 月下旬，长大的豆叶仍是草兔的主要食物。草兔不仅为害农作物，而且也大量啃食为害林木和果树。降雪后和早春树皮开始返绿时草兔为害最重，一般啃食树干第一主枝以下的向阳面韧皮部，有的啃食一圈，深达木质部，造成整株死亡。另外，草兔也啃食即将成熟且距地面较低的水果，啃食后 3~5 d 开始腐烂，失去商品价值。

在果园和林地，草兔优先取食喜食树木的叶子，然后啃食其树皮；在喜食树木的叶子被吃掉 90 % 以上时，其他树叶还大量存在的情况下，则选择取食喜食树木的树皮。草兔对山杏、四倍体刺槐和普通刺槐危害严重，杏树被害中等，山桃、桃树几乎没有被危害。因此，在造林过程中，为了保护目的树种，可以适当栽植一些草兔喜食的树种，以减轻草兔对目的树种的危害。

● 对主要造林树种的危害规律

(1) 侧柏　草兔从地面以上 10 cm 处咬断树苗，或吃掉幼树枝干，致使苗木生长缓慢或死亡。咬断部位为斜型，为一次性咬断，被咬断的树苗有些可从地上部位另发侧芽，可继续生长但生长缓慢，影响成林。

(2) 刺槐　草兔主要危害 3 年生以下的小苗木。冬季，特别是在下雪后，受食源匮乏的影响，草兔啃咬刺槐树皮，影响林木的生长，有 5 %~10 % 苗木地面以上 10~40 cm 处的树皮被草兔全部啃光，致使林木死亡；树皮被啃掉后，少数树木伤口可以愈合，林木还可以继续存活。3 年生以上的林木因树皮老化变硬，基本不再受草兔危害。

(3) 仁用杏　草兔主要危害 3 年生以下的仁用杏，对 3 年生以上的仁用杏危害较轻。危害症状以咬断树干和啃皮为主，咬断部位断面十分光滑，如刀削一样；少数可见草兔取食幼树叶片、枝梢等。若树皮不被整圈环剥，林木还可存活，但生长受到一定影响。

(4) 沙棘　草兔主要危害新栽的沙棘幼苗，白天栽的沙棘苗，晚上草兔就会连根拔起，把根吃掉。

(5) 油松　草兔主要啃食油松树皮，也取食幼嫩的木质部。危害时在取食部位啃咬，形成楔形缺口，缺口内可见明显齿痕；偶然可见咬断的林木。

【危害特征】　草兔是我国 9 种野兔中分布最广，数量最多的一种。其干燥粪便为中药望月砂，有杀虫、明目之功效；其肉、血、骨、脑、肝亦可供药用，同时也是传统的裘皮资源。但是，草兔广泛分布在农业区，对农作物危害较重。小麦、花生和大豆等作物播种后即盗食种子，出芽后则啃食幼苗，甚至连根一齐吃光。冬季啃食树苗和树皮，对林木和果树破坏很大。在牧区则与家畜争食牧草。同时又是兔热病、丹毒、布氏杆菌病和蜱性斑疹伤寒病等病原体的天然携带者。

本世纪初期以来，草兔数量在西北、华北及东北地区迅速增加，仅陕甘两省草兔种群数量就达 2 000 万~3 300 万只，给当地农林牧业生产造成了巨大的损失。草兔危害通常集中发生。在同一区域或同一片林地内，有的地块几乎每株树都被啃食；在造林地里，草兔顺行顺垄一株一株地啃咬，边吃边拉，林地兔道、爪印和兔粪随处可见，成百上千亩的林木被啃食为害；局部区域甚至出现了"边栽边吃，常补常缺"的现象（图 2-147）。其危害分为以下 4 种类型：

● 剪株型　以侧柏为例，地径在 1.5 cm 以下时，草兔只在地上 10 cm 左右处将苗木剪断，取食苗木嫩枝；地径在 1.5 cm 以上时，剪株现象不明显，草兔取食干部的幼嫩枝条及鳞片。

● 啃皮型　主要危害大树，危害部位以 1 m 以下为主，将树皮环剥，或全部啃光，或从下到上呈条状剥皮。

● 食根型　主要危害 1 年生幼苗。将新栽植的幼苗连根拔起，然后取食幼苗根部，以对沙棘苗的危害最为突出。

● 食苗型　危害农作物青苗以及林木的实生苗和萌生苗。将新萌发的实生苗和萌生幼苗，平地面咬断，取食茎叶部分。以刺槐和仁用杏表现较多。

图 2-147　草兔对林木的主要危害症状

K9. 鼠兔科（Ochotonidae）

鼠兔科也称鸣兔科。

（1）鉴别特征　鼠兔科种类的体长 125～300 mm，体重 113～400 g。头短，耳短而圆。无尾或仅有痕斑。四肢均短，后足也短。前足 5 趾，后足 4 趾。趾均具细长而弯曲的爪，适于掘土，营穴居生活。毛细而柔软。有颊囊。雌性乳头 2～3 对，其中鼠鼷部 1 对，胸部 1 对或 2 对。雄性睾丸在腹腔内，繁殖期始降入阴囊。

颅骨多数低平（图 2-148）。上颌骨两侧各有或者无一大孔，内有不规则薄片状的骨质构造。鼻骨向前扩大。无框后突，或仅留痕迹。颧骨后部远超出鳞状骨突后方。顶间骨形状因种类而异，有的梯形，前缘短，后缘宽；有的钟形或前缘中间是尖的；有的楔形。眼眶大，几乎朝上，故眼睛能部分向上转动，使鼠兔能往上看，其结果导致眶后突的消失，眶间宽也随之相对变窄（图 2-149）。门齿孔与腭孔汇合或隔开。腭骨狭窄，称为腭桥。听泡相对较兔科的大，其长超过颅长的 25 %。第三上臼齿充分退化。第一对上门齿前方各有一宽的纵沟，齿端切缘各有一深的缺列，外侧齿尖比内侧的长和宽，内外齿尖明显不在一直线上（图 2-150）。鼠兔分布在亚洲和北美洲及前苏联欧洲部分的东部，亚洲是鼠兔类群原始种类的分布中心，主要生活在广阔的戈壁和高原地区。

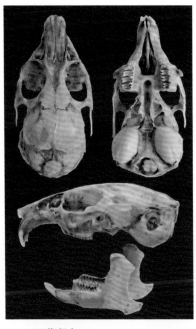

西藏鼠兔 *O. curzoniae*

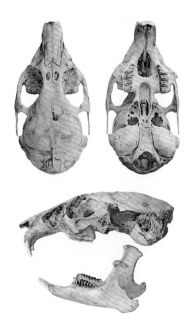

红耳鼠兔 *O. erythrotis*

图 2-148　鼠兔科头骨

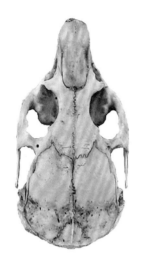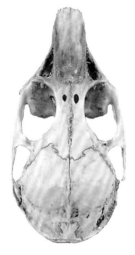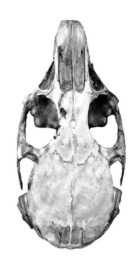

东北鼠兔 *O. hyperborea*　　　大耳鼠兔 *O. macrotis*　　　红鼠兔 *O.rutila*

图 2-149　鼠兔属种类的颅骨背面

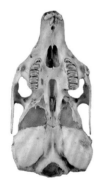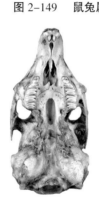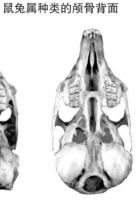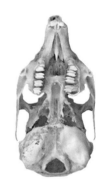

O. hyperborea　　　*O. rutila*　　　*O. macrotis*　　　*O. curzoniae*

图 2-150　鼠兔属种类的门齿孔与腭孔变化

（2）鼠兔科分类　仅 2 属 31～33 种。其中，短耳鼠兔属（*Prolagus*）仅短耳鼠兔（*P. sardus*）1 种。我国鼠兔类均属鼠兔属（*Ochotona*），有 24～26 种，占全世界鼠兔科种类的 77.4 %～78.8 %，分布在西藏、青海、新疆、甘肃、四川、云南、内蒙古、宁夏、山西、陕西、河南、河北、湖北、黑龙江及吉林等地。其中以西藏为最多，有 10～14 种，占全国鼠兔科总种数一半以上；其次是青海 9～11 种；新疆有 7 种；甘肃和四川分别为 6 种和 5 种。说明中国鼠兔集中在西部和西北部，同时也表明中国中亚地区是鼠兔类的分布中心。

S26. 鼠兔属（*Ochotona*）

鼠兔属种类外形略似鼠类，耳短而圆，尾仅留残迹，隐于毛被内。体型小，体长

105~285 mm，耳长 16~38 mm；后肢比前肢略长或接近等长；缺眶上突，上臼齿 2 枚。雄性无阴囊，雌性乳头 2~3 对。全身毛被浓密柔软，底绒丰厚；毛被呈沙黄、灰褐、茶褐、浅红、红棕和棕褐色，夏季毛色比冬毛鲜艳或深暗。

鼠兔属的分类，一直存在争议。按照最新分类学观点（Hoffmann et al., 2005; Smith et al., 2009; 蒋志刚等，2015），鼠兔属有 30 个种，我国有 24 种，隶属于 3 个亚属：耗兔亚属（*Pika*）、鼠兔亚属（*Ochotona*）和山鼠兔亚属（*Conothoa*）。于宁等（2000）研究发现，在现今鼠兔属系统进化树中，鼠兔种类明显分为灌丛—草原群（Shrub-steppe group）、北方群（Northern group）和高山群（Mountain group）等 3 枝（群），原鼠兔亚属的种类大部分在灌丛—草原群，北方群则由大部分耗兔亚属种类组成，而原属耗兔亚属的红耳鼠兔（*O. erythrotis*）和拉达克鼠兔（*O. ladacensis*）及其他鼠兔亚属的种类含于高山群中。Melo-Ferreira 等（2015）通过多个核基因的分子系统发育研究，将鼠兔属在原有 3 个亚属的基础上，增加了拉格托纳鼠兔亚属（*Lagotona*）。刘少英等（2017）通过大量标本的 Cyt b 序列分析结果，支持了 Melo-Ferreira 等（2015）的观点，并增添了异耳鼠兔亚属（*Alienauroa*），并发现异耳鼠兔亚属的 3 个新种和鼠兔亚属 2 个新种。因此，现鼠兔属有 32 种。其中，除 2 种分布于北美，4 种分布在俄罗斯、蒙古国、巴基斯坦、伊朗和土耳其亚洲外，其余都分布在亚洲。我国分布有 26 种。其中，12 种是我国的特有种（刘少英等；2017）。

鼠兔属的现代分布区包括北美山区和亚洲北部，是全北界特有属。在我国包括整个古北界，并延伸至横断山系的岷山、邛崃山、大小相岭、大小凉山、贡嘎山区、秦岭、大巴山区。在三江并流区，一直延伸至高黎贡山的南段。

Z39. 达乌尔鼠兔（*Ochotona daurica*（Pallas），1776）

达乌尔鼠兔别名达呼尔鼠兔、达乌里鼠兔、蒙古鼠兔、达乌里啼兔等，俗称鸣声鼠、啼兔、鼠兔、蒿兔子、鸣鼠、耕兔子等。属东蒙温旱型动物，栖息于高原丘陵、典型草原和山地草原。

【鉴别特征】 达乌尔鼠兔体型似小野兔，较高原鼠兔略小，较粗壮。上唇纵裂如兔。上下唇四周非黑褐色。耳大而圆，具明显的白色边缘。后肢略长于前肢。无尾（图 2-151）。

● 形态鉴别

测量指标 /mm　体重 73~170 g。体长 150~200，后肢长 26~31。

形态特征　体形中等粗壮；头大，外耳壳呈椭圆形；吻部较短，上唇纵裂为左右两瓣。四肢短小，后肢略长于前肢，前足 5 指，后足 4 趾，趾端隐藏在毛被中，爪较弱；无尾。上下唇四周非明显的黑褐色，呈白色或污白色。耳缘明显白色。后肢略长于前肢，指（趾）垫不明显外露并较小，爪较弱。夏毛短而稀，毛色鲜亮；冬毛长而密，毛色浅淡。夏毛一般背面呈黄褐色、浅黄灰色，并常杂有全黑色的长毛。从吻端至臀部多呈黄褐色或沙褐色。眼周具黑色边缘。耳壳背面黑褐色，内面褐色或沙黄褐色，耳缘具白色短毛形成的白边，耳后颈背具淡黄白色的披肩。躯体腹面灰白色，胸部中央有棕黄色斑，体侧毛色浅淡，呈沙黄色，无黑色无尖。四肢外侧同体背毛色，内侧较淡，足上面污白色或染沙黄色调，足掌沙黄褐色或黄褐色（汪诚信等，2005；韩崇选等，2005；图 2-151）。

图 2-151　达乌尔鼠兔(*O. daurica*)形态照片

● 头骨鉴别　头骨较高原鼠兔稍小，颅全长平均 40.4 mm。鼻骨狭长，其长不超过 15 mm；前端稍微膨大，向后逐渐变窄，末端弧形。颧骨稍隆起，不及高原鼠兔显著；颧弓不向外明显扩展。额骨中部明显隆起；顶骨前部隆起，后部扁平；具人字嵴和矢状嵴；左右前颌骨仅在腹面前端相接，门齿孔与腭孔愈合，呈梨形大孔，犁骨裸露可见。听泡明显较大，外鼓胀，其长平均 12.3 mm。上门齿两对，前后排列，第 1 对大而弯曲，前面内侧具有明显的纵沟；第 2 对门齿较小，紧靠前齿后方呈棒状。齿隙长一般超过上齿列长。上颌前臼齿 3 枚，PM^1 较小，呈扁柱形，其余上前臼齿及上臼齿形状不规则，内侧均具两个突棱。下门齿 1 对，平直而长，斜向前伸出。下前臼齿 2 枚，臼齿 3 枚；PM_2 呈不规则形，外侧有 3 个突出棱；PM_3 和 M_1 呈形状相似，M_2 具 1 个齿嵴（吴跃峰等，2009；郑生武等，2010；韩崇选等；2005）。

【亚种及分布】 分布于内蒙古、河北、山西、陕西、甘肃、四川、青海、宁夏、西藏等地。国外分布于苏联、蒙古、锡金和伊朗。记载有 7 个亚种，中国 3 个亚种。其中，指名亚种（*O. d. daurica*（Pallas），1776）分布于内蒙古、宁夏、河北等地；山西亚种（*O. d. bedfordi* Thomas，1908）分布于山西宁武、岢岚和陕西延安等地；甘肃亚种（*O. d. annectens* Miller，1911）分布于甘肃兰州东部、青海西宁东北部及海南地区的共和、兴海、贵德、贵南、龙羊峡等地，四川西北部的邓柯、德格、甘孜和西藏东部也有分布。宁夏境内，达乌尔鼠兔指明亚种分布于泾源县、隆德县、彭阳县、西吉县、原州区、海原县、同心县、盐池县和中卫市等，主要栖息于典型草原和草甸草原（图 2-152）。

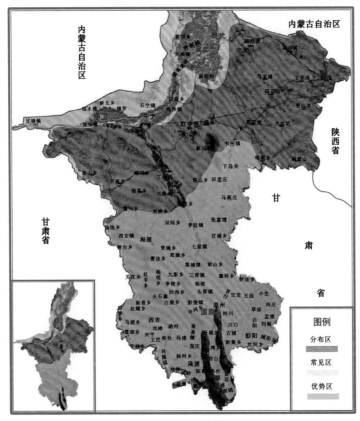

图 2-152　宁夏达乌尔鼠兔分布

【发生规律】　达乌尔鼠兔是典型的草原动物，一般栖息于沙质或半沙质的丘陵、山坡草地、平原草场和灌木丛等立地环境下。栖息地一般植被低矮，有少量的灌木丛。在黄土高原地区，达乌尔鼠兔多栖息于丘陵阳坡草地及沙质荒滩，以黑刺灌丛和蒿草植物为主的沙滩草地内数量最多。但在黄土高原灌木林台阶地的地坎或丘陵地带经常发现，且数量相当多，栖息地一般植物比较矮，有紫穗槐（*Amorpha fruticosa*）等灌木丛（王明春等，2003）。

● 洞穴　鼠兔打洞不像鼢鼠用头推土的习性，而是用前足刨土，后足将土推出洞外。粪便多排堆在洞外。达乌尔鼠兔有转移栖居的习性。冬季多在向阳处栖居，夏季对迁移到阴凉处栖居。秋后庄家收获后，则转移到绿草丰富的山坡沟底栖居；惊蛰前后，向山上及塬面转移。

草原洞穴群栖。在内蒙古草原，达乌尔鼠兔洞穴多挖掘在锦鸡儿、黑刺丛和芨芨草丛下，分为夏季洞和冬季洞。夏季洞简单，多数只有 1 个洞口，洞道较浅，有分支，没有仓库和巢室，一般长 1~5 m；冬季洞构造复杂，有厕所 1~2 个，在洞道中部距地面 40~60 cm 处有 1 巢室，其中有用碎草建成的巢，巢形扁平，重 184~212 g。洞道弯曲分枝，长 3~10 m，最长达十几米。有 3~6 个圆形或椭圆形的洞口，洞径 5~9 cm。洞前有小土堆，其上有圆形颗粒状粪便。鲜粪为草黄色，陈粪为灰褐色，依此可确定洞道内是否有鼠兔居住。各洞口间有许多宽约 5 cm 交织成网状的跑道。洞口通道与地面呈 30°~40°的角，延伸 50 cm 左右，然后与地面平行。在洞口不远处，有仓库 1~3 个，可贮草 2.0~2.5 kg（图 2-153；郭全宝等，1984）。

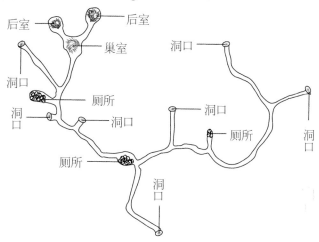

图 2-153　内蒙古草原达乌尔鼠兔洞穴结构示意（仿郭全宝等，1984）

黄土沟壑区洞穴在延安，达乌尔鼠兔洞道多建在荒坡灌木丛下，洞道比较复杂，在栖息密集的地方，往往洞道互相串通，或上下分两层，地面洞口星罗棋布，洞的位置互相交错，洞口主要分布在地坎。洞口有"瞭望台"，其台高低、大小不等，台上不生长植物，洞口附近常有许多球形的粪堆，鲜粪为草绿色，旧粪为灰褐色。由此可鉴别洞内有无鼠居住（王明春等，2003）。在甘肃泾川，达乌尔鼠兔洞穴多分布在地梗、崖下和坡度较大荒坡。其洞穴主要由巢室、后室、休憩洞、厕所、洞道和洞口组成，洞道总长度 300~435 cm（杨勤贵，1965）。

（1）巢室　是达乌尔鼠兔繁衍后代的场所。洞顶距地表 33~66 cm，最深可达 100 cm；呈圆形或者扁圆形，洞壁光滑；室内铺有干草组成的睡垫，厚 3~6 cm，直径 16~35 cm。

（2）后室　位于巢室之后。后室 2 个，雌性分居。比巢室略深或在同层，也呈圆形或者扁圆形，室内也有睡垫。

（3）休憩洞　在巢室一侧的稍上方，洞径 13~20 cm，洞底光滑，无睡垫。是其休息和玩耍的场所。

（4）厕所　在休憩洞附近，与休憩洞相似。一般有 1~2 个，洞内有直径 3.0~4.5 mm 圆球形的粪便；新鲜粪便呈草绿色，有臭味。

（5）洞口　直径 6~10 cm。一个洞系有洞口 3~4 个，最多可达 9 个。有的洞口堆放有青草和青苗。

高原洞穴　在青海高原，鼠兔 6、7 月开始打新洞，有些鼠兔将旧洞内的粪便、旧睡垫和其他杂物全部清理出洞，在洞口堆成 1 个个小丘，最大小丘长 108 cm，宽 33 cm，高 10 cm。洞道多分布在"草皮层"下，很少进入砾石层。其洞穴较复杂，也分为简单洞和复杂洞（图 2-154；张洁等，1965）。

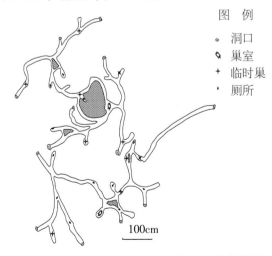

图 例

◦ 洞口
♫ 巢室
+ 临时巢
• 厕所

100cm

图 2-154　青海天峻县达乌尔鼠兔复杂洞穴结构示意（仿张洁等，1965）

（1）简单洞　即为临时洞，是为临时休息和排泄用的。洞道较短，多数长不足100 cm，但也有达520 cm以上的。洞道有分支，洞内有巢室和厕所。巢室为洞内扩大部分，供休息用，但没有睡垫。简单洞有洞口1~2个，最多4个；洞口大小5.5 cm×4.7 cm。洞顶距离地表17.2~27.0 cm。

（2）复杂洞　洞道长，分支多。洞内有巢室、后室和厕所。洞道平均长13.00 m，最长达21.24 m。平均有洞口7.5个，洞口直径8~12 cm；洞道多分布在地下30 cm上下，个别可深达50 cm。巢室距离地面40~52 cm，室内有用干草和牛羊毛铺成的睡垫，重量约100 g。洞内没有仓库。有些洞口间有明显的跑道。洞口有"瞭望台"，台上一般不长草。此外，鼠兔在洞外也有厕所，多为浅洞或者不规则的小坑。

● 取食特性

食性　达乌尔鼠兔主要取食植物的绿色部分，也取食植物的嫩茎和根芽。在内蒙古地区，夏季主要取食冷蒿，其次是锦鸡儿、地椒及一些禾本科和莎草科植物。春季食物种类较多，各种植物的幼芽均被采食。在农作区则取食小麦、谷子等青苗。牧草枯黄时，则啃食草根。

贮草习性　达乌尔鼠兔秋末先将洞群周围喜吃的草咬断，每次只衔1根草，拉到洞口，先顺着洞口纵放，堆到10~17 cm高时在向上横放；堆到20~35 cm后，再到另一洞口堆放。堆垛时常爬上草垛踩踏，堆放整齐密实。待草晒成半干后，拖入洞中贮存，作为越冬之用。在内蒙古草原，草堆直径10~30 cm的小堆，每堆约1.5~2.5 kg。鼠兔数量多时，草堆密度可达0.3~0.5个/hm²。在黄土高原，草堆堆高20~35 cm，重量为5~10 kg；春季以小麦等青苗为主，其他季节成分复杂。

● 活动规律　达乌尔鼠兔以白天活动为主，出洞时常直立瞭望，遇敌则鸣声报警。夏季因中午地表温度高，13：00~16：00活动较少，所以日活动呈现两个高峰。在冬季，两个活动高峰相隔的时间缩短。不冬眠，在积雪下仍然活动。在雪下挖有洞道，并有洞口开于雪面。上午无风时，喜在洞口晒太阳，有时，亦在雪上活动，但一般活动范围不超过10 m，稍有风雪就立即跑回洞中。

● 繁殖特性　8~9月繁殖。1年2胎，妊娠期18~20 d。胎仔数5~12只/胎，最多17只/胎，幼鼠7 d后长毛，睁眼后到洞外活动。

● 种群动态　种群数量的变动很大。从秋季到翌春其密度仅为原来的1/25~1/30。年度的数量变动亦十分显著，高数量峰年密度可超过低谷年10倍以上。在于草原常与布氏田鼠互相更替，当草场植被较好时，鼠兔增多；草场退化时，布氏田鼠数量高。在发生区，密度不均匀，易爆发成灾。1992~1993年在陕西延安北部七县成灾时，洞口密度达 980~1 489 个/ hm²，汽车行进 1 km，可碾死 7~8 只鼠兔。

鼠兔的天敌主要是艾虎、银鼠、香鼠、黄鼬及一些猛禽和蛇类。体外寄生虫有跳蚤与硬蜱，数量均很多。另外，一些小型鼠类常与达乌尔鼠兔同居一域，并利用其洞穴，在它们的洞口曾捕到过布氏田鼠、狭颅田鼠、仓鼠和黑线毛足鼠等。

【危害特征】　在草原，达乌尔鼠兔不但取食去大量的牧草，而且因挖掘洞穴破坏大片的牧场。每一洞系破坏面积可达 6.43 m²。在农田，啃食农作物的幼苗，造成缺苗断垄。在林区，主要危害固沙植物的幼苗，冬春季节啃食林木幼树根基部的树皮，引起直播造林和人工造林大面积的死亡。达乌尔鼠兔主要在秋、冬、春三季啃食林木幼树基部离地面 5~15 cm 处的树皮，严重者造成环剥。被害树木的生长缓慢，树枝发黄，叶子发黄、萎蔫、脱落，甚至死亡。主要危害树种有落叶松、油松、苹果、核桃、杏树、山桃和山楂等。另外，乌尔鼠兔在荒坡灌丛和林地内掘洞筑巢，密度大的地方常将地下挖空，切断树根或使树根裸露洞内，既影响树木生长，破坏造林工程，又容易引起土壤沙化和水土流失（图 2-155）。

图 2-155　达乌尔鼠兔危害症状

上排照片为青海云杉和青蒿危害情况，下排为草场鼠洞与土丘

Z40. 贺兰山鼠兔(*Ochotona pallasi*（Gray），1867）

贺兰山鼠兔别名蒙古鼠兔、达呼尔鼠兔、达乌里鼠兔、鸣声鼠、石兔。

【鉴别特征】　贺兰山鼠兔外形略似鼠类，耳下方颈侧有棕色或棕红色斑块，耳廓短圆，长度不超过 28.0 mm（图 2-156）。

● 形态鉴别

测量指标 /mm　体长 135~210，耳长 15~26，后足长 22~31。

形态特征　体形中等。吻钝。耳圆形，耳缘白色。四肢短小，后肢略长于前肢，前足5趾，后足4趾，足面被毛，爪尖锐，明显可见；后足腹面具污白色密毛，其毛基为黑色。无外露于毛被外的尾。乳头3对，胸位1对，腹位2对。毛长而蓬松。夏季耳背黑褐色，上体棕黄色、赤褐色或黄褐色，颏乌灰色，颊部、胸部和腹部浅棕黄色或淡黄褐色，足背白色。冬季毛色较淡而多灰色，耳缘白色，耳壳上部具黑色毛束，体背灰褐色、银灰色或灰色，略染浅黄色调。腹毛白色，略泛浅土黄色，足背黄白色，足掌边缘有灰白色密毛(图2-156)。

图2-156　贺兰山鼠兔(*O. pallasi*)形态照片
（上中排照片作者王兆锭，下排照片作者王晓勤）

● 头骨鉴别　头骨之的额骨隆起较高，其前方无卵圆孔，多数个体与顶骨交界处矢状缝未愈合，形成不规则的菱形骨孔。眶间区较平坦，无明显的骨脊。眶间较宽，其宽超过4.7 mm，大于鼻骨中部之宽，亦大于颅全长的1/10，眼眶较小，其最大径明显小于上齿隙长，是为该种的重要形态特征。颅骨矢状缝明显，顶骨矢状缝后半部逐渐隆起，形成锐利的矢状嵴。门齿孔与颌孔完全分离，犁骨未完全暴露于外。听泡甚发达，构成脑颅的侧壁。上门齿两对，第一对强大而弯曲，其前方内侧有明显的深沟，第二对门齿紧靠前齿后方，较小。齿隙较宽，其长度大于上齿列长或最后臼齿齿槽间的宽度。第一上前臼齿小，呈扁柱状，第二上前臼齿较大，其内侧有两个齿梭。臼齿基本一样，各齿内外侧皆有两个齿棱。下门齿平直，斜向前伸出。第一下前臼齿形状不规则，断面略呈三角形，第二下前臼齿结构与臼齿基本相同，最后一个下臼齿较小，仅具单个齿暗。下颊齿列咀嚼面内高外低，形成一斜切面（图2-157）。

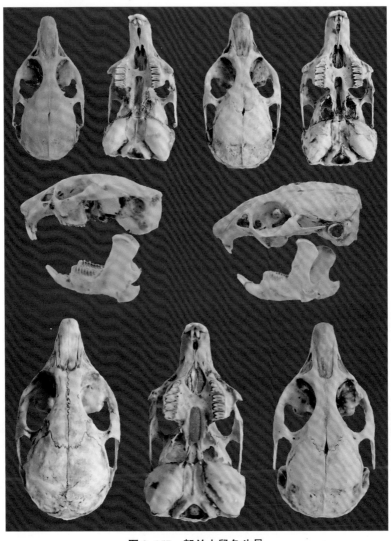

图 2-157　贺兰山鼠兔头骨

【亚种及分布】 自从郑涛 1990 年将产自贺兰山苏峪口的鼠兔命名为贺兰山鼠兔（*Ochotona helanshanensis* Zheng，1990）以来，其分类就一直存在争议。有学者将其作为高山鼠兔贺兰山亚种（*O. alpina argendata*（Howel，1928））。于宁等（1997）在检查了采自宁夏贺兰山苏峪口的鼠兔标本后，发现与郑涛命名的贺兰山鼠兔特征相符，产地亦相同。在查看了有关蒙古鼠兔（*O. pallasi*）的原始文献和标本后发现，贺兰山鼠兔与蒙古鼠兔在外形、毛色及测量指标等方面基本相同，特别是这些鼠兔在耳下方颈侧均有棕色或棕红色斑块，耳廓短圆，长度不超过 28.0 mm，因此认为贺兰山鼠兔应属蒙古鼠兔，至少是蒙古鼠兔的一个亚种。而后，分子生物学研究结果也显示两者亲缘关系很近，未达到种级分化；而与高山鼠兔（*O. alpina*）到达了种级差异（牛屹东等，2001；刘少英等，2017）。多数个体额骨与顶骨交界处的矢状缝不愈合，形成不规则的菱形骨孔，也与蒙古鼠兔头骨特征相同。所以，贺兰山鼠兔应是蒙古鼠兔的贺兰山亚种（*O. p. helanshanensis* Zheng，1990）。分布在内蒙古和宁夏贺兰山，多栖息于林中岩石地以及林缘灌丛和近水开阔地区的石碓中（图 2-158）。

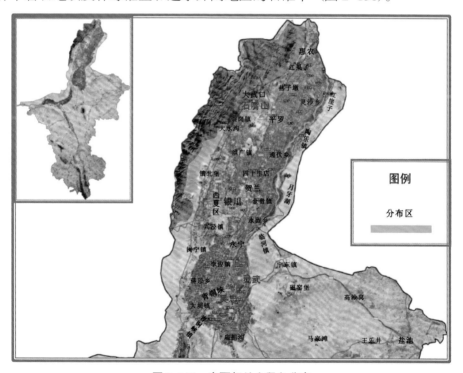

图 2-158 宁夏贺兰山鼠兔分布

【发生规律】 贺兰山鼠兔为山地营群居生活动物，多栖息于海拔 1 200 m 以上的林中岩地或碎石坡地中，在林缘、灌丛和近水开阔地域的碎石地中也常见。洞穴大多利用天然石洞、石隙、树洞借势筑成，洞口较多，形状变化较大，藏在乱石间。跑道明显；主洞内巢室简单，由丁草铺垫而成；侧洞较多，去向复杂。冬季不冬眠，常将洞口通于雪面上，雪上洞口直径约 5~8 cm。白天活动，以短距离跳跃方式跑动为主，10：00~15：00 为活动高峰。活动时常发出尖叫声，并以此相互传递信息，躲避天敌。繁殖有鸣叫习惯；不冬眠，常在洞外石上晒太阳；当天气不好时在洞中栖息或在雪下洞道中活动。草食性。主要在洞穴附近采食，喜食莎草科植物的茎、叶以及一些植物的浆果和苔藓等。亦啃食幼苗及幼树。冬季有储备食物的习性。贮草一般从 7 月开始，集草时的活动半径大于平时觅食时的活动半径；集草一般贮于洞中及附近倒木或石缝里。繁殖期为每年的 4~9 月，年产 1~3 胎，每胎产 2~11 仔。在宁夏，春季 4 月开始繁殖，一年产 2 胎，每胎产 4~6 仔。天敌主要有赤狐、黄鼬、雪鸮和角鸮等。

　　【危害特征】　贺兰山鼠兔喜食莎草科植物的茎、叶以及一些植物的浆果和苔藓等。啃食幼苗及幼树。

第三章 宁夏森林与草原啮齿动物区系及动物地理区划

第一节 宁夏自然植被类型及其哺乳动物群

一、宁南六盘山山地植被类型及其哺乳动物群

（一）地形地貌

六盘山脉是我国最年轻的山脉之一。广义的六盘山在宁夏回族自治区西南部、甘肃省东部，横贯陕甘宁三省区，是北方重要的分水岭。黄河水系的泾河、清水河、葫芦河均发源于此。狭义的六盘山位于宁夏南部固原市境内，呈东南—西北走向，山脊海拔在 2 500 m 以上，最高峰是位于和尚铺以南的美高山（米缸山）海拔 2 492 m，是六盘山脉的第二高峰，也是渭河水系与泾河水系的分水岭。山地东坡陡峭，西坡和缓。六盘山山腰地带有较繁茂的天然次生阔叶林，高山上多为草地，其间分布有成片的针叶林。

宁夏六盘山区位于黄土高原西北边缘固原市及其相邻地区。地势南高北低。海拔大部分在 2 500 m 以上。境内六盘山的美高山（米缸山）海拔 2 492 m，月亮山海拔 2 633 m，云雾山海拔 2 148 m。区内丘陵起伏，沟壑纵横，梁峁交错，山多川少，塬、梁、峁、壕交错。地形分为六盘山高山丘陵区、葫芦河西部黄土梁峁丘陵地区、葫芦河东部黄土梁状丘陵地区、茹河流域黄土梁塬丘陵地区、清水河中上游洪积—冲积平原区、清水河中游西侧黄土丘陵盆塬区、清水河中游东侧黄土丘陵山地区等类型。黑垆土是六盘山区的主要土壤类型，分布于山地以外的广大地区，占总面积的 66.4 %。六盘山和月亮山等高山地区多为山地土，自上而下依次为山地草甸土、山地棕壤土和山地灰褐土，占分布总面积的 33.6 %。

（二）气候特征

六盘山地处黄土高原暖温半干旱气候区，是典型的大陆性气候，形成冬季漫长寒冷、春季气温多变、夏季短暂凉爽、秋季降温迅速，昼夜温差大，春季和夏初雨量偏少，灾害性天气多，区域降水差异大等气候特征。年平均日照时数 2 518.2 h，年平均气温 6.1 ℃，年平均降水量 492.2 mm，年蒸发量 1 753.2 mm，大于 10 ℃的活动积温 2 000 ~ 2 700℃，无霜期 152 d，绝对无霜期 83 d。

（三）植被类型

六盘山植被类型，既有水平地带性的森林、草原，又有山地植被垂直带谱中出现的低山草甸草原、阔叶混交林、针阔混交林、阔叶矮林等组成的垂直植被景观。仅宁夏境内就有高等植物 788 种，有林地面积 3.1 万 hm²。其中乔木林面积 2.6 万 hm²，森林覆盖率 46 %，木材蓄积量 122 万 m³，主要分布于海拔 1 900 ~ 2 600 m 的阴坡，以次生的落叶阔叶林为主，间有少量针、阔混交林。主要树种有山杨、桦、辽东栎、混生椴、槭、山柳、华山松等，林下多箭竹、川榛及多种灌木。在林带以下和 2 200 m 以下的阳坡为草甸草原和干草原；2 200 m 以上阳坡和 2 600 m 以上阴坡为杂类草草甸，发育山地草甸土，是大牲畜良好牧场。野生生物资源丰富，仅药用植物就有 600 余种。

（四）主要哺乳动物群

宁夏六盘山区有哺乳动物 38 种，多属温带森林类型。其中，金钱豹属国家一类保护动物，林麝属二类保护动物。甘肃鼢鼠和蒙古兔在森林草原、农田和幼林地密度较高。岩松鼠、花鼠、隐纹花松鼠、洮洲绒鼠、根田鼠、斯氏鼢鼠、黑线姬鼠、中华姬鼠、林跳鼠、林睡鼠、花面狸、野猪、狍子和林麝 14 种，在宁夏仅分布在六盘山区，为特有种。

二、宁南黄土高原丘陵区植被及其哺乳动物群

（一）地形地貌

宁南黄土高原丘陵区主要包括彭阳县、原州区北部、海原县南部、西吉县西部和盐池县的南端。六盘山自南端往北延伸与月亮山、南华山、西华山等断续相连，把黄土高原一分为二。东侧和南面为陕北黄土高原与丘陵，西侧和南侧为陇中山地与黄土丘陵。地貌类型以黄土丘陵为主，其间沟壑纵横交错，海拔 1 500 ~ 2 000 m。海原县南部南华山主峰马万山海拔 2 955 m，是宁夏南部最高峰。土壤有黑垆土、黄绵土、灰钙土及黄绵土、灰褐土（山地）等。

（二）气候特征

气候属内陆暖温带半干旱区。年平均气温 6.8 ℃ ~ 12.7 ℃，无霜期 120 ~ 170 d，年平均降水量在 300 ~ 550 mm，自南向北递减，降水量大多集中在 7 ~ 9 月，平均蒸发量 1 200 ~ 1 800 mm，年均日照时间 2 250 ~ 2 700 h，昼夜温差在 10 ~ 20 ℃之间。无霜期 140 ~ 171 d。

（三）植被类型

境内有木本植物 200 多种，草本植物 360 多种，药用植物 91 科 400 余种，粮油作物 20 多种，盛产小麦、玉米、土豆、莜麦、胡麻、芸芥、油菜籽、向日葵等 20 多种。植被温带干草原天然植被保持原貌者甚少，在沟谷及缓坡多为农作区。

（四）主要哺乳动物群

宁南黄土高原丘陵区有哺乳动物 36 种，其中背纹鼩鼱、喜马拉雅水麝鼩、犬吻蝠、长尾仓鼠、中华鼢鼠和大仓鼠 6 种在宁夏仅见于本地。甘肃鼢鼠、达乌尔黄鼠和达乌尔鼠兔为本州的优势种，子午沙鼠、三趾跳鼠、五趾跳鼠在局部地区数量较多。

三、宁中缓坡黄土丘陵半荒漠植被类型及其哺乳动物群

（一）地形地貌

宁中缓坡丘陵半荒漠州区以中卫市、中宁县、吴忠市、灵武市、滨河新区的非黄灌区至陶乐鄂尔多斯台地西缘一线与银川平原为分界线。中西部有香山、罗山等中低山及相间分布的缓坡丘陵，东北部为鄂尔多斯台地及其西南缘缓坡丘陵，海拔 1 200 ~ 1 900 m，罗山主峰海拔达 2 624 m。土壤多为黄绵土。

（二）气候特征

属典型的北温带季风气候，具有春迟秋早、四季分明、日照充足、热量丰富、蒸发强烈、气候干燥、晴天多、雨雷少等特点。年平均气温 7.2 ℃ ~ 12.5 ℃，年降水量 260 ~ 400 mm，年蒸发量 1 729.6 ~ 2 000.0 mm，年均无霜期 159 ~ 171 d，全年日照时数 3 000.0 ~ 3 796.1 h。

（三）植被类型

天然植被主要是半荒漠草原类型，中部罗山是宁夏三大天然次生林区之一，有部分森林和针茅干草原，鄂尔多斯台地为草原化荒漠，沙生植被占优势。苹果、红枣、枸杞、甘草、啤酒花等是该地区的主要土特产。

（四）主要哺乳动物群

区内有哺乳动物 35 种，在宁夏仅分布于本地的有大耳猬、麝鼹和鼹形田鼠，但数量较少。从种类看，华北区成分与蒙新区成分大体相当，但数量上蒙新区成分占优势，草原啮齿类是本地优势类群，长爪沙鼠为优势种，达乌尔黄鼠和五趾跳鼠数量也较多。

四、银川平原植被类型及其哺乳动物群

（一）地形地貌

银川平原是贺兰山和鄂尔多斯台地之间陷落地堑上形成的洪积、冲积—平原，也包括黄河冲积的中卫和中宁平原，是古老的引黄灌溉绿洲。海拔 1 090 ~ 1 200 m。

（二）气候特征

年平均气温 8 ℃ ~ 9 ℃，年降水量 250 mm 以下。平均气温稳定 ≥ 10 ℃的天数为 172 d，积温为 3 298.1 ℃，平均无霜期 122 ~ 170 m。

（三）植被类型

植被以农田和行道绿化带为主，亦有半荒漠草原植被和残存的草甸植被。

（四）主要哺乳动物群

有哺乳动物 34 种，在宁夏仅见于该地区的有短尾仓鼠、东方田鼠、三趾心颅跳鼠、麝鼠、黄胸鼠。区系组成中蒙新区成分的优势不太明显，具有华北、蒙新两区过渡地区的特征。啮齿类是该地区动物区系中的优势类群，但无明显的优势种类。

五、贺兰山山地植被类型及其哺乳动物群

（一）地形地貌

贺兰山脉位于宁夏回族自治区与内蒙古自治区交界处，北起巴彦敖包，南至毛土坑敖包及青铜峡市。海拔 2 000 ~ 3 000 m，主峰贺兰山海拔 3 556 m。山地东西不对称，西侧坡度和缓，东侧以断层临银川平原。贺兰山是中国一条重要的自然地理分界线。不仅是中国河流外流区与内流区的分水岭，也是季风气候和非季风气候的分界线和中国 200 mm 等降水量线。

（二）气候特征

贺兰山日照充足，热量资源比较丰富，年平均日照大于 3 000 h。海拔 2 900 m 处，年平均气温 ≥ 10 ℃的日数为 38.2 d，积温 478 ℃。降水量具有明显的垂直分异规律，平均海拔每上升 100 m，降水量增加 13.2 mm；但个月降水量有随海拔升高差异缩小的趋势。降水主要集中在 6 ~ 8 月，年降水量的年际变化占 60 % ~80 %；年降水量在 200 ~ 600 mm 之间，变化较大。海拔 2 000 m 以上的中山区，平均蒸发量为 900 ~ 1 000 mm，浅山及洪积扇为 1 000 ~ 1 200 mm，北段的低山区为 1 200 ~ 1 400 mm。

（三）植被类型

贺兰山植被垂直带变化明显，有高山灌丛草甸、落叶阔叶林、针阔叶混交林、青海云杉林、油松林、山地草原等多种类型。其中分布于海拔 2 400 ~ 3 100 m 的阴坡的青海云杉纯林带郁闭度大，更新良好，是贺兰山区最重要的林带。植物有青海云杉、

山杨、白桦、油松、蒙古扁桃等 665 种。贺兰山植物群落有 11 个植被型 70 个群系。垂直分异明显，可划分成山前荒漠与荒漠草原带（海拔 1 600 m 以下）、山麓与低山草原带（1 600 ~ 1 900 m）、中山和亚高山针叶林带（1 900 ~ 3 100 m）和高山与亚高山灌丛草甸带（3 100 m 以上）4 个植被垂直带。阴阳坡差异很大，在低山带，草原群落多占据阳坡，而阴坡则被中生灌丛所取代；在中山带，阴坡以青海云杉林为主，阳坡以灰榆、杜松疏林和其他中生灌丛为主；3 000 m 以上阴阳坡分异不明显。疏林草原分布于贺兰山低山半干旱地带，介于山地草原带与山地针叶林带之间。主要由短花针茅、长芒草、灌木亚菊、刺叶柄棘豆等组成的草被层与稀疏生长的耐旱小乔木灰榆（*Ulmus glaucescens*）共同组成。低山区干旱和中山区与亚高山温度低，水热条件不适，植被结构单调，面积小，分布零散；主要类型为分布于山地针叶林带中的山杨林，多系油松林或青海云杉林破坏后出现的次生纯林。

（四）主要哺乳动物群

贺兰山丰富的草原植被为多种动物提供了食物，区内有哺乳动物 32 种。其中，贺兰山鼠兔、马鹿、马麝、青羊、盘羊、岩羊和黄羊在宁夏仅见于本地。华北区成分的种类略占优势，山地以鹿科、牛科有蹄类为优势类群，山麓、山前以啮齿类为优势类群，达乌尔黄鼠、三趾跳鼠、五趾跳鼠、子午沙鼠和小毛足鼠数量较多。

六、腾格里沙漠沙地荒漠植被类型及其哺乳动物群

腾格里沙地荒漠沙地位于腾格里沙漠东南缘的宁夏。海拔 1 300 ~ 1 500 m，年平均气温 9.7 ℃，年平均降水量 185.6 mm，年蒸发量 3 000 mm 以上，植物组成单调，多为沙生耐旱种类，植被类型为红砂、珍珠草原化荒漠，在流动沙丘，仅丘间低地及背风坡脚散生有少量沙生植物，盖度不足 2 %。

本地物种贫乏，仅有哺乳动物 18 种，荒漠猫在宁夏仅分布于本地区。动物以蒙新区成分占优势，跳鼠和小毛足鼠为优势种，长爪沙鼠和蒙古兔数量相对较多。由于边缘效应，在邻近灌区的黄河阶地及半固定沙丘，黑线姬鼠、小麝鼩等也有分布，但数量稀少。

第二节 宁夏啮齿动物种类的自然分布与危害程度

一、松鼠科种类的分布与危害程度

（一）花鼠

花鼠（*Eutarnias sibiricus* Laxmann，1769），别名普通松鼠、金花鼠、豹鼠、五道

眉、五道鼠、串树林、沿俐棒、花黎棒、花仡伶等。在宁夏分布在六盘山及其周围地区，包括泾源、隆德、海原、原区、西吉、彭阳和同心等地，主要栖息于山地草原、森林和灌丛。数量稀少，不形成危害（表3-1，表3-2）。

（二）黄腹花松鼠

黄腹花松鼠（*Tamiops swinhoei* Milne-Edwards，1874），别名隐纹花松鼠、豹鼠、花鼠、金花鼠、三道眉和刁灵子等。仅分布在泾源县的林缘、灌丛、峭壁和断崖生境中。数量较少，在局部密度较高，盗食林木与农作物的果实和种子（表3-1，表3-2）。

（三）岩松鼠

岩松鼠（*Sciurotamias davidianus* Miline-Edwards，1867），别名扫毛子、石老鼠。分布在宁夏主要分布于泾源县六盘山山区，主要栖息于树林、灌丛及附近多岩石的山地、丘陵等生境。山边密度较大，常侵入农田盗食玉米，刨食农作物种子，也盗食核桃和其他林木种子；有时也闯入农家住户，盗食贮存的粮食和干果（表3-1，表3-2）。

（四）达乌尔黄鼠

达乌尔黄鼠（*Spermophilus dauricus* Brandt，1844），别名蒙古黄鼠、草原黄鼠、阿拉善黄鼠、大眼贼、黄鼠、地松鼠、拱鼠、礼鼠等。在宁夏全境均有分布，在泾源县分布在沙塘林场及其周围地区，主要栖息于地势比较开阔干燥的阳坡草地，尤以紫花苜蓿草地居多。达乌尔黄鼠是一种重要的草原和农田鼠害，在干草原和荒漠草原密度较大，是该生境的优势种。主要啃食青苗，取食植物种子（表3-1，表3-2）。

二、鼠科种类的分布与危害程度

（一）小家鼠

小家鼠（*Mus musculus* Linnaeus，1758），别名小老鼠、小耗子、鼷鼠、小鼠等。广布种，在宁夏全境均有分布。小家鼠是一种世界性的害鼠，也是主要的卫生害鼠。适合多种生境，容易爆发成灾。在野外，取食各种植物种子；在室内，盗食粮食，啃咬家具、衣服和书籍；最重要的是传播多种疾病（表3-1，表3-2）。

（二）褐家鼠

褐家鼠（*Rattus norvegicus* Berkenhout，1769），别名沟鼠、大家鼠、挪威鼠、首鼠和家鹿等。广布种。在宁夏全境有分布。褐家鼠是一种重要的世界性害鼠，杂食性，也是一种主要的卫生害鼠。在野外盗食各种植物果实种子，啃食林木根基部树皮、幼苗和各种农作物青苗、蔬菜；在室内盗食粮食、果蔬、剩饭、剩菜，破坏家具，啃食衣服和书籍，甚至啃咬婴儿。同时也传染多种疾病（表3-1，表3-2）。

（三）黄胸鼠

黄胸鼠（*Rattus flavipectus* Milne-Edwards，1871），别名黄腹鼠、上尾吊、长尾鼠、屋顶鼠等。在宁夏主要分布在中卫的农田和灌丛中，局部可形成较高的密度，对农作物、瓜果蔬菜造成一定危害（表 3-1，表 3-2）。

（四）社鼠

社鼠（*Niviventer niviventer* Hodgson，1836＝*Rattus niviventer* Hodgson，1836），别名白尾巴鼠、硫磺腹鼠、刺毛灰鼠、山鼠、白肚鼠等。该鼠在宁夏分布于原州区、泾源县的六盘山山地和银川市、贺兰县、平罗县的贺兰山山地等。盗食农作物及林木种子、坚果，啃食作物青苗和林木幼苗、幼树，冬春季也啃食林木根基部树皮（表 3-1，表 3-2）。

（五）大林姬鼠

大林姬鼠（*Apodemus speciosus*（Thomas），1906＝*Apodemus peninsulae* Thomas，1907），别名朝鲜林姬鼠、黄喉姬鼠等。宁夏境内，大林姬鼠分布在银川、贺兰、平罗、石嘴山、泾源、隆德、原州、海源、西吉等地，主要栖息于海拔 1 600 m 以上的山地森林、灌丛、草甸。大林姬鼠是一种主要林木害鼠，主要盗食各种林木种子，影响林木更新和直播造林成效，也啃食林木根基部树皮、嫩枝、幼苗，也能传播多种疾病（表 3-1，表 3-2）。

（六）黑线姬鼠

黑线姬鼠（*Apodemus agrarius* Pallas，1771），别名田姬鼠、黑线鼠和金耗儿等。在宁夏主要分布于固原市的泾源县、隆德县、彭阳县、原州区及六盘山低海拔地区。黑线姬鼠除了盗食农作物种子和毁坏青苗外，在冬季食物缺乏时，常常转移到农田林网、果园啃食林木根基部和枝条树皮，甚至造成环剥。林地可见到黑线姬鼠的洞口、跑道和其咬断啃光树皮的枝条，但没有发现其食物残渣。同时由于其好的与水域关系较密切，在血吸虫病流行区内又是血吸虫的主要宿主之一，此外，还能传播钩端螺旋体病、流行性出血热、土拉伦斯病、丹毒和蜱性斑疹伤寒等传染病（表 3-1，表 3-2）。

（七）中华姬鼠

中华姬鼠（*Apodemus draco*（Barrett-Hamilton），1900），别名森林姬鼠、龙姬鼠、中华龙姬鼠等。在宁夏境内，中华姬鼠主要分布于六盘山海拔 1 800 m 森林灌丛中，属典型的森林鼠种。植食性。危害农作物种子和幼苗，啃食林木果实及幼树，影响林木更新。也是藏东南地区钩端螺旋体病传染源之一，同时也是野兔热病传染源（表 3-1，表 3-2）。

三、仓鼠科种类的分布与危害程度

（一）小毛足鼠

小毛足鼠（*Phodopus roborovskii*（Satunin），1903），别名荒漠毛蹠鼠、毛足鼠、小白鼠、豆鼠、米仓等。宁夏境内，小毛足鼠分布于中卫市、同心县、海原县及其以北地区，主要栖息于荒漠、半荒漠和植被稀疏的沙丘边缘，是典型的荒漠草原鼠种。种群数量相对较大，但对沙生植物影响较小，可是传播多种疾病（表3-1，表3-2）。

（二）大仓鼠

大仓鼠（*Tscherskia triton* de Winton，1899=*Cricetulus triton* de Winton，1899），别名搬仓、搬仓鼠、大腮鼠、灰仓鼠、大腮鼠、田鼠、齐氏鼠、棉榔头等。宁夏境内，大仓鼠分布在泾源县、海原县、原州区、同心县、隆德县、西吉县、银川市、灵武市等地的山地草原、森林草原和农田。大仓鼠是主要的农田、草原害鼠，也是重要的卫生害鼠。种群数量不稳定，近年数量有所回升，主要啃食农作物青苗、林木幼苗，盗食农作物和林木果实、种子，偷食瓜果蔬菜。同时，传染各种疾病（表3-1，表3-2）。

（三）黑线仓鼠

黑线仓鼠（*Cricetulus barabensis*（Pallas），1773=*Cricetulus obscurus* Milne-Edwards，1773），别名背纹仓鼠、花背仓鼠、搬仓、腮鼠、中华仓鼠等。宁夏境内，黑线仓鼠分布在除泾源县、隆德县、原州区、彭阳县和西吉县以外的所有地区，主要栖息于黄河滩涂草地、荒漠草原、农田、草甸、林缘等。黑线仓鼠是鼠疫和钩端螺旋体病的贮存宿主。对农林业生产有较大的危害，一方面消耗部分粮食，另一方面在贮粮的过程中还要糟蹋远比吃掉的还要多的粮食。在农区，春季刨食播下的小麦、玉米、豌豆等种子，继而啃食幼苗，特别喜欢吃豆类幼苗；作物灌浆期，啃食果穗，并有跳跃转移为害的特点，啃食瓜果时专挑成熟、甜度大的为害，秋季夜间往洞中盗运成熟的种子，贮备冬季食物。根据跟踪调查，黑线仓鼠一般可使小麦减产12.6%～16.5%，豆类减产9.6%～15.6%，果园减产9.0%。在林区，因盗食种子，严重影响飞播造林和直播造林质量。在牧区，则影响牧草的更新（表3-1，表3-2）。

（四）灰仓鼠

灰仓鼠（*Cricetulus migratorius* Pallas，1773），别名仓鼠、搬仓。宁夏境内，灰仓鼠与黑线仓鼠同域出现，除泾源县、隆德县和彭阳县没有发现外，其余地区均有分布，主要栖息于荒漠和半荒漠草原。灰仓鼠是我国西部农林业的重要害鼠之一。在农区主要盗食种子，啃食幼苗，使作物缺苗断垄；危害瓜类。当作物成熟后，还将各种谷物盗入洞内贮藏。在室内破坏粮仓和房间种的贮藏物。也是鼠疫、兔热病病原的天

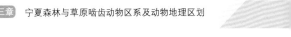

然携带者（表3-1，表3-2）。

（五）长尾仓鼠

长尾仓鼠（*Cricetulus longicandatus*（Milne-Edwards），1867），别名搬仓。宁夏境内，长尾仓鼠分布于六盘山、同心县、海原县、西吉县、原州区、隆德县和泾源县等，主要栖息在六盘山及其附近地区的森林草甸草原、山地草原、半荒漠草原等生境。对农林牧业有害，啃食幼苗，盗食种子；同时与其他鼠类混居，易引起鼠源性疾病传播。但数量稀少，危害不大（表3-1，表3-2）。

（六）短尾仓鼠

短尾仓鼠（*Cricetulus eversmanni* Brandt，1859），别名埃氏仓鼠、短耳仓鼠。宁夏境内，短尾仓鼠主要分布于淘乐、银川等地，栖息在半荒漠和荒漠草原，与灰仓鼠、黑线仓鼠、小毛足鼠和子午沙鼠等同域出现，但各年份各鼠种的数量比例变化较大。主要取食植物的种子、茎、叶，也啃食林木的幼苗，但数量较少，危害不严重。但因与其他鼠类同域出现，有传播多种鼠源性疾病的风险（表3-1，表3-2）。

（七）麝鼠

麝鼠（*Ondatra zibethicus*（Linnaeus），1776=*Castor zibethicus* Linnaeus，1776），别名水耗子、青眼貂、麝香鼠、水鼠子、水老鼠等。该鼠是人工散养的经济鼠种，在宁夏主要栖息在中卫、中宁、利通、灵武、淘乐、石嘴山、青铜峡、银川、平罗、惠农、贺兰、永宁等县（市、区）的河流、湖泊、池塘的岸边及河漫滩、黄河中滩、芦苇沼泽中。麝鼠捕食水中生活的甲壳类和双壳类，间接影响到当地鱼类的生存。麝鼠能随河流小溪远距离迁移，增加兔热病、鼠疫、李氏杆菌病均能感染，是野兔热（土拉伦菌病）等疾病传播扩散的风险；在土坝的水下坝壁打洞营巢，危害河堤和防洪设施安全等（表3-1，表3-2）。

（八）鼹形田鼠

鼹形田鼠（*Ellobius talpinus* Pallas，1770=*Ellobius tancrei* Blasius，1884），别名翻鼠、顺风驴、推土老鼠、北鼹形田鼠、鼹形鼠、地老鼠、瞎老鼠、普通地鼠等。鼹形田鼠是典型的根部害鼠，在宁夏主要分布于盐池县荒漠草原的低湿洼地。常年在地下啃咬植物根系，拱掘地道，不断挖掘坑道觅食，将大量下层土壤抛出地面，掩盖草被，抑制植被的正常发育，致使牧草大量减产（表3-1，表3-2）。

（九）洮州绒鼠

洮州绒鼠（*Eothenomys eva* Thomas，1911），别名绒鼠，是典型的森林鼠类。在宁夏仅分布于泾源县、隆德县和原州区六盘山林区。局部密度较高，啃食青海云杉、华北落叶松等的幼树根系和根基部树皮（表3-1，表3-2）。

（十）根田鼠

根田鼠（*Microtus oeconomus* Pallas，1776），别名经济田鼠、苔原田鼠、家田鼠、家田鼠、简田鼠等。分布在宁夏境内泾源县海拔2 300 m左右的森林草甸草原、森林草地等生境的是甘肃亚种，特别是在水源附近，或者潮湿的地方数量较多。根田鼠主要在秋、冬、春3季对林木产生危害，其危害症状因树种、树龄和发生地点有所差异；其危害后往往在林木周围不留残渣；但在啃食不喜食的林木时，会残留大片被啃撕下的树皮碎片和被咬断的枝条。对新造林和幼树主要是截根危害和啃食土表下3~5 cm以上的树皮和嫩枝；对成林或者15年以上的大树主要啃食土表下3~5 cm以上的树皮。另外，在苹果、红枣和桃等成熟季节，根田鼠也上树啃食水果。对针叶树主要危害新造林和幼树，主要啃食林木下半部主干树皮和幼嫩枝条，很少取食针叶；危害后林地仅残留带有针叶的枝梢。根田鼠在草场上啃食优良牧草，加之其洞道弯曲多枝，破坏草皮，致使牧草成条带式枯死，影响牧草的生长及产草量；在农区，盗食作物种子。冬季营雪下觅食活动，啃食幼树雪下部分的树皮。同时为土拉伦斯病、细螺旋体病或丹毒的病原天然携带者（表3-1，表3-2）。

（十一）东方田鼠

东方田鼠（*Microtus fortis* Büchner，1889），别名沼泽田鼠、远东田鼠、大田鼠、莦田鼠、水耗子、长江田鼠、豆杵子等。在宁夏主要分布中卫市、中宁县、利通区、灵武市、银川市、永年县、贺兰县、惠农区、平罗县和石嘴山市的黄灌区，尤以黄河滩地居多，种群密度较高。东方田鼠危害各种农作物，造成减产；冬春季节，啃食幼树、苗木根系，啃咬大叔根基部树皮和幼枝，造成苗木死亡或生长不良。也是鼠疫、流行性出血热、土拉伦斯病、蜱性斑疹伤寒、细螺旋体病病原的天然携带者。东方田鼠在东北主要危害赤松、樟子松，红松、杨树的幼树及大树，在山区果园中危害杏、李子等幼树，咬断树根，树干基部环状剥皮，咬断幼树顶梢枝条，造成林木死亡。对造林地中的非目的树种柞树、柳树、若条、悬钩子等也有较严重的危害（佟勤等，1989）。在宁夏黄灌区主要危害杨树和柳树，局部地区对1年生苗木根部危害率可达31%~45%；对造林2年~6年的幼树根基部啃皮环剥可达30%以上（表3-1，表3-2）。

（十二）子午沙鼠

子午沙鼠（*Meriones meridianus* Pallas，1773）是我国的特有种。别名黄耗子、黄老鼠、黄尾巴老鼠、中午沙鼠、午时砂土鼠等。与大沙鼠和长爪沙鼠同域分布，是宁夏三种沙鼠中密度最大，分布最广的一种。分布遍及宁夏六盘山区北缘及其以北的广大区，主要栖息于荒漠、半荒漠草原、干草原，黄土高原的丘陵、沟谷、农田田埂、荒地等生境。子午沙鼠能传染鼠疫、利什曼原虫病（即黑热病）和布鲁氏菌病。是危害农作物和破坏荒漠和半荒漠草场，并危害固沙植物的主要害鼠。在黄土高原上，其洞穴可加速水土流失。该鼠主要盗食荒漠植被的种子，啃食固沙植物。在宁夏该鼠主要啃食拐枣、沙枣等植物根基部树皮，造成植株死亡（表 3-1，表 3-2）。

（十三）长爪沙鼠

长爪沙鼠（*Meriones unguiculatus* Milne-Edwards，1876），别名蒙古沙鼠、黑爪蒙古沙土鼠、黄耗子、长爪砂土鼠、沙鼠、黄尾鼠、砂土鼠等。主要分布分布于宁夏北部和中部的干旱、半干旱区，包括银川市的西夏区、灵武市、永宁县、贺兰县，石嘴山市的大武口区、惠农区、平罗县，吴忠市的利通区、红寺堡区、青铜峡市、同心县、盐池县，中卫市的沙坡头区、中宁县、海原县等。局部与大沙鼠和子午沙鼠同域分布，但密度较小。长爪沙鼠啃食牧草，掘洞盗土，破坏草场植被，减少载畜量，危害畜牧生产。严重影响草地植被的更新和牧草的繁衍，造成草地植被退化，引起土地大面积沙化。盗食粮食，毁坏农作物。啃咬树皮树根，盗食播种的树木种子，是在农区和半农半牧区人工林地的重要害鼠。同时，长爪沙鼠传播多种疾病（表 3-1，表 3-2）。

四、鼹形鼠科种类的分布与危害程度

（一）甘肃鼢鼠

甘肃鼢鼠（*Myospalax cansus* Lyon，1907），别名瞎老鼠、瞎毛、瞎瞎、地老鼠、洛氏鼢鼠等。甘肃鼢鼠是宁南山区和黄土丘陵区的主要害鼠，主要分布于六盘山及其周边地区，包括六盘山自然保护区，固原市的原州区、隆德县、西吉县、泾源县、彭阳县，以及中卫市的海原县以及吴忠市同心县的黄土高原丘陵、草原以及六盘山林区。甘肃鼢鼠主要危害农作物和林木的根部。在农作区，甘肃鼢鼠主要拉食作物幼苗、啃食作物根茎，造成农作物缺苗断垄现象；在林区，鼢鼠喜食林木含水分较多的嫩根及须根，对于粗大的主根则啃食根皮。取食时，环状剥去一圈仅留下光秃的木质部，使树木失去输导养分和水分的能力而死亡。主要危害 1~10 年生幼龄树木，啃食树木幼根，造成秃根引起死亡。危害的植物涉及 38 科 95 种，其中木本植物 42 种，主要危害油松、樟子松、落叶松、侧柏等针叶树种，同时也危害苹果、梨、山杏等经济林木（表 3-1，表 3-2）。

（二）中华鼢鼠

中华鼢鼠（*Myospalax fontanieri* Milne-Edwards，1867），别名瞎老鼠、瞎狯、瞎老、瞎瞎、仔隆、方氏鼢鼠等。在宁夏，中华鼢鼠分布在盐池县与陕西和甘肃交界的鄂尔多斯台地与黄土高原过渡地带，另外在同心县境内的大罗山也有分布。中华鼢鼠主要以植物的地下部分为食，食性杂，粮作、蔬菜、杂草、果树及林木均遭受其危害。鼢鼠不冬眠。整个冬季和早春大地解冻之前，除靠贮存食物为食以外，主要靠取食地埂上多年生植物较为肥大的根、茎和林木的根部为生。一些林地和果园在这个阶段常有5%～30%的1～10年生的林木或果树被咬断主根和侧根而死亡。尤其对苹果、梨、山杏、核桃、板栗和红枣建园威胁很大，局部甚至导致建园失败。该鼠可取食植物27科49种，其中木本植物15科25种、草本植物14科24种。同时，对日本樱花、紫藤、广玉兰、白玉兰、紫荆、蜡梅、榆叶梅、贴梗海棠、雪松和国槐等园林绿化树种危害也十分严重（表3-1，表3-2）。

（三）斯氏鼢鼠

斯氏鼢鼠（*Myospalax smithi* Thomas，1911）是六盘山林地的特有种。主要栖息于海拔1 900～2 500 m土壤疏松、含水量大和腐殖质丰富的山地草原。在幼林地密度较高，啃食落叶松的根系（表3-1，表3-2）。

五、跳鼠科种类的分布与危害程度

（一）三趾心颅跳鼠

三趾心颅跳鼠（*Salpingotus kozlovi* Vinogradov，1922），别名安氏跳鼠、矮三趾跳鼠、柯氏矮三趾跳鼠、长尾心颅跳鼠等。颅跳鼠，这是该种在北疆的首次记录。国外分布于蒙古的阿尔泰戈壁。宁夏境内，三趾心颅跳鼠主要分布在宁夏北部的陶乐、石嘴山等地，主要栖息于红柳、盐爪爪稀疏的半流动沙丘和隔壁中。数量稀少，应注意监测（表3-1，表3-2）。

（二）五趾心颅跳鼠

五趾心颅跳鼠（*Cardiocranius paradoxus* Satunin，1903），别名小跳鼠、心颅跳鼠。宁夏境内，五趾心颅跳鼠分布于宁夏北部的淘乐、石嘴山市、盐池县中北部和灵武市等地，局部与三趾心颅跳鼠同域，主要栖息于荒漠草原。数量稀少，为稀有种（表3-1，表3-2）。

（三）五趾跳鼠

五趾跳鼠（*Allactaga sibirica* Forster，1778），别名西伯利亚五趾跳鼠、蒙古五趾跳鼠、跳兔、硬跳儿、驴跳（陕西榆林）等。五趾跳鼠是跳鼠科在宁夏分布最广的一种，除泾源县外，境内其他区域均有分布，主要栖息于荒漠草原、干草原、林缘和农田等生境。五趾跳鼠危害固沙植物沙蒿、沙柳、柠条等以及沙区经济林木的幼嫩枝叶、种子和果实，刨食种子，啃食树苗，对三北防护林建设和直播造林、飞播造林危害很大，是沙地和半荒漠地区的主要害鼠。在草原上，主要以各类植物的种子为食，因而影响草原植被的更新。在农区则盗食蔬菜和播下的种子，秋季则大量盗食作物种子，因而给农牧业都带来一定的危害（表 3-1，表 3-2）。

（四）巨泡五趾跳鼠

巨泡五趾跳鼠（*Allactaga bullata* G. M. Allen，1925），别名戈壁五趾跳鼠。宁夏境内，该鼠主要分布在中卫市的腾格里沙漠边缘，栖息于荒漠草原植被稀疏的生境。密度稀少，且多栖息在畜牧业利用价值不高的戈壁荒漠地带，经济危害不大（表 3-1，表 3-2）。

（五）三趾跳鼠

三趾跳鼠（*Dipus sagitta* Pallas，1773），别名跳鼠、毛腿跳儿、沙跳（陕北）、毛脚跳鼠、沙鼠、跳兔、耶拉奔（蒙古语）等。宁夏境内，三趾跳鼠分布于石嘴山市、贺兰县、平罗县、银川市、永年县、灵武市、吴忠市、淘乐、盐池县、青铜峡市、中宁县、隆德县等，主要栖息于荒漠、半荒漠和干草原等生境，常与五趾跳鼠同域出现。三趾跳鼠是荒漠草原和沙地的主要害鼠之一。在沙区盗食沙蒿、柠条等固沙植物种籽及其幼苗，严重损害沙地植被，破坏固沙造林事业。在农区，啃食农作物幼苗，掏食瓜类，对农作物造成损害。20 世纪 60 年代初，内蒙古巴彦淖尔盟和伊克昭盟的固沙育林工作就是由于三趾跳鼠和小毛足鼠挖食种子和幼苗而遭到失败。对鼠疫极为敏感，只是作为偶然宿主参与主要宿主啮齿类的鼠疫动物病流行（表 3-1，表 3-2）。

（六）蒙古羽尾跳鼠

蒙古羽尾跳鼠（*Stylodipus andrewsi*（Allen），1925），别名安氏跳鼠。宁夏境内，蒙古羽尾跳鼠分布于灵武市、淘乐、盐池县、银川市、石嘴山市、贺兰县、平罗县、永宁县等地荒漠草原的沙土、石砾中。稀有种，经济意义不大（表 3-1，表 3-2）。

六、林跳鼠科种类的分布与危害程度

林跳鼠（*Eozapus setchuanus*（Pousargues），1896 = *Zapus setchuanus* Pousargues，1896），别名四川林跳鼠、四川林晓跳鼠、森林跳鼠、僵老鼠、中国林跳鼠、林跳鼠、晓跳鼠等。宁夏境内，林跳鼠仅在六盘山地区的泾源县、原州区、隆德县发现，主要栖息于灌丛和覆盖度大于 50%的草甸草原和高灌丛。本种是我国特有的珍稀动物，数量稀少，分布间断，特别是在分类学和动物地理学方面有较大的学术价值（表 3-1，表 3-2）。

七、睡鼠科种类的分布与危害程度

六盘山睡鼠（*Chaetocauda* sp.）仅分布于泾源县境内的六盘山林区，栖息于山地森林、草甸和草地。稀有种，数量很少，应注意监测。

八、兔科种类的分布与危害程度

蒙古兔（*Lepus tolai* Pallas，1778），别名蒙古兔、野兔、山跳子、跳猫等。原属草兔（*Lepus capensis* Linnaeus，1758）的蒙古亚种（*L. c. tolai* Pallas，1778）。宁夏境内均有分布。密度较大，危害严重。蒙古兔干燥粪便为中药望月砂，有杀虫、明目之功效；其肉、血、骨、脑、肝亦可供药用，同时也是传统的裘皮资源。但是，该兔广泛分布在农业区，对农作物危害较重。小麦、花生和大豆等作物播种后即盗食种子，出芽后则啃食幼苗，甚至连根一齐吃光。冬季啃食树苗和树皮，对林木和果树破坏很大。在牧区则与家畜争食牧草。同时又是兔热病、丹毒、布氏杆菌病和蜱性斑疹伤寒病等病原体的天然携带者（表3-1，表3-2）。

九、鼠兔科种类的分布与危害程度

(一) 达乌尔鼠兔

达乌尔鼠兔（*Ochotona daurica*（Pallas），1776），别名达呼尔鼠兔、达乌里鼠兔、蒙古鼠兔、达乌里啼兔等，俗称鸣声鼠、啼兔、鼠兔、蒿兔子、鸣鼠、耕兔子等。宁夏境内，达乌尔鼠兔指明亚种分布于泾源县、隆德县、彭阳县、西吉县、原州区、海原县、同心县、盐池县和中卫市等，主要栖息于典型草原和草甸草原。在草原，达乌尔鼠兔不但取食去大量的牧草，而且因挖掘洞穴破坏大片的牧场。每一洞系破坏面积可达6.43m²。在农田，啃食农作物的幼苗，造成缺苗断垄。在林区，主要危害固沙植物的幼苗，冬春季节啃食林木幼树根基部的树皮，引起直播造林和人工造林大面积的死亡。达乌尔鼠兔主要在秋、冬、春三季啃食林木幼树基部离地面5～15 cm处的树皮，严重者造成环剥。被害树木的生长缓慢，树枝发黄、叶子发黄、萎蔫、脱落，甚至死亡。主要危害树种有落叶松、油松、苹果、核桃、杏树、山桃和山楂等。另外，乌尔鼠兔在荒坡灌丛和林地内掘洞筑巢，密度大的地方常将地下挖空，切断树根或使树根裸露洞内，既影响树木生长，破坏造林工程，又容易引起土壤沙化和水土流失（表3-1，表3-2）。

(二) 贺兰山鼠兔

贺兰山鼠兔（*Ochotona pallasi*（Gray），1867），模式产地在宁夏。别名达呼尔鼠兔、达乌里鼠兔、蒙古鼠兔、鸣声鼠、石兔。贺兰山鼠兔分布在内蒙古和宁夏贺兰山，多栖息于林中岩石地以及林缘灌丛和近水开阔地区的石碓中。喜食莎草科植物的茎、叶以及一些植物的浆果和苔藓等。啃食幼苗及幼树（表3-1，表3-2）。

表3-1　宁夏啮齿动物种类及其自然分布

啮齿动物	泾源	隆德	原州南部	原州北部	海原南部	海原北部	西吉	彭阳	同心东部	同心中北部	盐池南部	盐池中北部	中卫	中宁	吴忠	青铜峡	灵武	滨河新区	银川西部	永宁	贺兰东部	贺兰西部	淘乐	平罗东部	平罗西部	石嘴山东部	石嘴山西部
																										地理分布与数量类型	
1. 岩松鼠 Sciurotamias davidianus	2	2	1	—	—	—	—	—	—	—	—	—	—	—	—	—	—	—	—	—	—	—	—	—	—	—	—
2. 花鼠 Eutamias sibiricus	1	1	1	1	1	—	1	1	1	1	—	—	—	—	—	—	—	—	—	—	—	—	—	—	—	—	—
3. 黄腹花松鼠 amiops swinhoei	1	1	—	1	1	1	1	1	1	1	—	—	—	—	—	—	—	—	—	—	—	—	—	—	—	—	—
4. 达乌尔黄鼠 Spermophilus dauricus	2	2	3	3	3	2	3	3	3	3	3	2	2	2	2	2	2	2	2	1	1	1	1	1	1	1	1
5. 小家鼠 Mus musculus	3	3	3	3	3	3	3	3	3	3	3	3	3	3	3	3	3	3	3	3	3	3	3	3	3	3	3
6. 褐家鼠 Rattus norvegicus	2	2	2	2	2	2	2	2	2	1	2	2	2	2	2	2	2	2	2	2	2	2	2	2	2	2	2
7. 黄胸鼠 R. flavipectus	—	—	—	—	—	—	—	—	—	—	—	1	—	—	—	—	—	—	—	—	—	—	—	—	—	—	—
8. 社鼠 Niviventer niviventer	2	1	—	—	—	—	—	—	—	—	—	—	—	2	—	—	—	2	2	—	—	—	1	—	1	—	—
8. 北社鼠 N. confucianus	2	1	—	—	—	—	—	—	—	—	—	—	—	—	—	—	—	—	—	—	—	—	—	—	—	—	—
10. 安氏白腹鼠 N. andersoni	1	—	—	—	—	—	—	—	—	—	—	—	—	—	—	—	—	—	—	—	—	—	—	—	—	—	—
11. 大林姬鼠 Apodemus speciosus	3	3	—	3	3	—	2	2	2	2	2	2	2	2	2	2	2	2	2	2	2	2	2	2	2	2	2
12. 黑线姬鼠 A. agrarius	3	2	1	2	2	2	2	2	1	2	2	2	2	2	2	2	2	2	2	2	2	2	2	2	2	2	2
13. 中华姬鼠 A. draco	1	—	1	1	1	—	2	—	1	1	—	—	—	—	—	—	—	—	—	—	—	—	—	—	—	—	—
14. 小毛足鼠 Phodopus roborovskii	—	—	—	—	1	1	1	1	2	2	2	2	2	2	2	3	2	2	2	2	2	2	2	2	2	2	2
15. 大仓鼠 Tscherskia triton	1	2	2	2	2	2	2	2	2	2	2	2	2	2	2	2	1	2	1	2	2	2	2	2	2	2	2
16. 黑线仓鼠 Cricetulus barabensis	2	2	2	2	2	1	2	2	1	2	2	1	2	2	2	1	2	2	1	1	2	2	2	2	2	2	2
17. 灰仓鼠 C. migratorius	—	—	—	1	1	1	2	1	1	1	2	2	1	1	2	2	1	2	1	1	1	2	2	1	1	2	1
18. 长尾仓鼠 C. longicandatus	1	2	2	1	—	—	1	—	—	—	—	—	—	1	—	—	2	—	1	1	1	—	1	—	—	—	—
19. 短尾仓鼠 C. eversmanni	—	—	—	—	1	—	—	—	—	—	1	—	—	—	—	—	—	—	—	—	—	1	—	—	—	—	—
20. 麝鼠 Ondatra zibethica	—	—	—	—	—	—	—	—	—	—	—	—	—	—	—	—	—	—	—	—	—	—	—	—	—	—	1

续表 3-1　宁夏啮齿动物种类及其自然分布

啮齿动物	地理分布与数量类型																							
	泾源	隆德	原州南部	原州北部	海原南部	海原北部	西吉	彭阳	同心东部	同心中北部	盐池南部	盐池中北部	中卫中宁	吴忠青铜峡	灵武	滨河新区	银川西部	永宁	贺兰东部	贺兰西部	平罗东部	平罗西部	石嘴山东部	石嘴山西部
21. 鼹形田鼠 Ellobius talpinus	—	—	—	—	—	—	—	—	—	—	—	1	—	—	—	—	—	—	—	—	—	—	—	—
22. 洮州绒鼠 Eothenomys eva	1	2	1	—	—	—	—	—	—	—	—	—	—	—	—	—	—	—	—	—	—	—	—	—
23. 根田鼠 Microtus oeconomus	1	—	—	—	—	—	—	—	—	—	—	—	—	—	—	—	—	—	—	—	—	—	—	—
24. 东方田鼠 M. fortis	1	—	—	—	—	—	—	—	—	—	—	—	2	2	2	2	3	3	2	2	2	1	2	2
25. 子午沙鼠 Meriones meridianus	—	—	2	2	2	2	—	—	2	2	2	2	2	2	2	2	3	2	2	3	2	2	2	2
26. 长爪沙鼠 M. unguiculatus	—	—	—	—	1	—	—	—	2	—	3	3	2	2	2	2	2	2	2	3	2	2	2	2
27. 甘肃鼢鼠 Myospalax cansus	3	3	3	3	3	3	—	3	—	—	—	—	—	—	—	—	—	—	—	—	—	—	—	—
28. 中华鼢鼠 M. fontanierii	—	—	—	—	—	—	—	—	—	1	2	—	—	—	—	—	—	—	—	—	—	—	—	—
29. 斯氏鼢鼠 M. smithi	—	—	—	1	—	—	—	—	—	—	—	—	—	—	—	—	—	—	—	—	—	—	—	—
30. 三趾心颅跳鼠 Salpingotus kozlovi	—	—	—	—	—	—	—	—	—	—	—	1	—	—	—	—	1	—	—	—	—	—	1	1
31. 五趾心颅跳鼠 Cardiocranius paradoxus	—	—	—	—	—	—	—	—	—	—	—	—	—	—	—	—	1	—	—	—	—	—	1	1
32. 五趾跳鼠 Allactaga sibirica	—	—	—	1	—	—	—	—	—	—	3	3	2	2	2	3	2	2	2	2	2	3	3	2
33. 巨泡五趾跳鼠 A. bullata	—	—	—	—	—	—	—	—	—	—	—	1	—	—	1	—	—	—	—	—	—	—	—	—
34. 三趾跳鼠 D. sagitta	—	—	—	—	—	—	—	—	1	—	2	—	2	2	2	2	2	2	2	2	2	2	2	2
35. 蒙古羽尾跳鼠 Stylodipus andrewsi	—	—	—	—	—	—	—	—	—	—	—	1	—	—	1	—	1	1	1	1	1	1	—	—
36. 林跳鼠 Eozapus setchuanus	1	1	—	—	—	—	—	—	—	—	—	—	—	—	—	—	—	—	—	—	—	—	—	—
37. 六盘山睡鼠 Chaetocauda sp.	1	—	—	—	—	—	—	—	—	—	—	—	—	—	—	—	—	—	—	—	—	—	—	—
38. 蒙古兔 Lepus tolai	2	2	3	2	2	2	2	3	2	2	2	2	2	2	2	3	2	3	2	1	2	2	2	2
39. 贺兰山鼠兔 Ochotona pallasi	—	—	—	—	—	—	—	—	—	—	—	—	—	—	—	—	—	—	—	1	—	—	—	2
40. 达乌尔鼠兔 O. daurica	2	2	2	2	3	1	3	2	1	1	1	1	1	—	—	—	—	—	—	—	—	—	—	—
总种数／种	23	20	19	14	15	11	15	12	15	15	13	14	17	14	14	16	17	15	15	17	15	14	16	13
各地总种数／个	23	20	21	16	16	12	12	16	16	15	14	14	17	16	20	18	15	17	16	14	17	14	16	17

注：3. 优势种；2. 常见种；1. 稀有种；—. 没有。

表3-2 宁夏啮齿动物种类及其危害程度

啮齿动物	危害程度																										
	泾源	隆德	原州南部	原州北部	海原南部	海原北部	西吉	彭阳	同心东部	同心中北部	盐池南部	盐池中北部	中卫	中宁	吴忠	青铜峡	灵武	滨河新区	银川西部	永宁	贺兰东部	贺兰西部	淘乐西部	平罗东部	平罗西部	石嘴山东部	石嘴山西部
1. 岩松鼠 Sciurotamias davidianus	M	M	L	N	N	N	N	N	N	N	N	N	N	N	N	N	N	N	N	N	N	N	N	N	N	N	N
2. 花鼠 Eutamias sibiricus	L	L	L	L	L	L	L	L	L	L	N	N	N	N	N	N	N	N	N	N	N	N	N	N	N	N	N
3. 黄腹花松鼠 amiops swinhoei	L	L	N	N	N	N	N	N	L	L	N	N	N	N	N	N	N	N	N	N	N	N	N	N	N	N	N
4. 达乌尔黄鼠 Spermophilus dauricus	L	L	M	M	M	L	L	L	M	M	M	L	L	L	L	L	L	L	L	L	L	L	L	L	L	L	L
5. 小家鼠 Mus musculus	L	L	L	M	M	L	M	M	M	M	M	L	L	L	M	M	M	L	M	L	L	L	L	L	L	L	L
6. 褐家鼠 Rattus norvegicus	M	M	M	M	L	L	M	M	L	M	M	M	M	M	M	M	M	M	M	M	M	M	M	M	M	M	M
7. 黄胸鼠 R. flavipectus	N	N	N	N	N	N	N	N	N	N	N	N	N	N	N	N	N	N	N	N	N	N	N	N	N	N	N
8. 社鼠 Niviventer niviventer	M	L	L	L	N	N	N	N	N	N	N	N	N	N	N	N	N	N	N	N	N	N	N	N	N	N	N
9. 北社鼠 N. confucianus	M	L	L	N	N	N	N	N	N	N	N	N	N	N	N	N	N	N	N	N	N	N	N	N	N	N	N
10. 安氏白腹鼠 N. andersoni	L	N	N	N	N	N	N	N	N	N	N	N	N	N	N	N	N	N	N	N	N	N	N	N	N	N	N
11. 大林姬鼠 Apodemus speciosus	S	S	N	N	N	N	N	N	N	N	N	N	N	N	N	N	N	N	N	N	N	N	N	N	N	N	N
12. 黑线姬鼠 A.a grarius	S	S	S	M	M	L	L	L	L	L	L	L	L	L	M	L	L	L	M	L	L	L	L	L	L	L	L
13. 中华姬鼠 A. draco	L	L	M	M	N	N	N	N	N	N	N	N	N	N	N	N	N	N	N	N	N	N	N	N	N	N	N
14. 小毛足鼠 Phodopus roborovskii	N	N	N	N	N	N	N	N	N	N	N	N	N	N	L	L	L	L	L	L	L	L	L	L	L	L	L
15. 大仓鼠 Tscherskia triton	L	M	M	M	M	M	N	N	L	L	L	L	L	L	M	M	L	L	L	L	L	L	L	L	M	M	M
16. 黑线仓鼠 Cricetulus barabensis	L	L	L	L	L	L	L	L	L	L	L	L	L	L	L	L	L	L	L	L	L	L	L	L	L	L	L
17. 灰仓鼠 C. migratorius	N	N	N	N	N	N	N	N	N	N	N	N	N	N	N	N	N	N	N	N	N	N	N	N	N	N	N
18. 长尾仓鼠 C. longicaudatus	L	L	L	N	N	N	N	N	L	N	L	N	L	L	L	L	L	L	L	L	L	L	L	L	L	L	L
19. 短尾仓鼠 C. eversmanni	N	N	N	N	N	N	N	N	N	N	N	N	N	N	N	N	N	N	N	N	N	N	N	N	N	N	N
20. 麝鼠 Ondatra zibethica	N	N	N	N	N	N	N	N	N	N	N	N	N	N	N	N	N	N	N	N	N	N	N	N	N	N	N
21. 鼹形田鼠 Ellobius talpinus	N	N	N	N	N	N	N	N	N	N	L	L	N	N	N	N	N	N	N	N	N	N	N	L	L	N	N
22. 洮州绒鼠 Eothenomys eva	L	L	L	N	N	N	N	N	N	N	N	N	N	N	N	N	N	N	N	N	N	N	N	N	N	N	N

续表 3-2　宁夏啮齿动物种类及其危害程度

啮齿动物	危害程度																										
	泾源	隆德	原州南部	原州北部	海原南部	海原北部	西吉	彭阳	同心东部	同心中北部	盐池中南部	盐池中北部	中卫	中宁	吴忠	青铜峡	灵武	滨河新区	银川西部	永宁	贺兰东部	贺兰西部	淘乐西部	平罗东部	平罗西部	石嘴山东部	石嘴山西部
23. 根田鼠 Microtus oeconomus	L	L	N	N	N	N	N	N	N	N	N	N	N	N	N	N	N	N	N	N	N	N	N	N	N	N	N
24. 东方田鼠 M. fortis	L	N	N	N	N	N	N	N	N	N	N	N	N	M	M	M	M	M	M	S	M	M	M	M	M	M	L
25. 子午沙鼠 Meriones meridianus	N	N	L	L	L	L	N	N	L	L	L	M	S	S	L	L	L	L	L	L	S	L	L	L	L	M	L
26. 长爪沙鼠 M. unguiculatus	N	N	N	N	L	L	N	N	M	M	L	L	S	L	L	L	L	L	L	L	S	L	L	M	L	M	L
27. 甘肃鼢鼠 Myospalax cansus	S	S	S	S	S	S	S	S	N	N	N	N	N	N	N	N	N	N	N	N	N	N	N	N	N	N	N
28. 中华鼢鼠 M. fontanierii	N	N	N	N	N	N	N	N	N	N	N	N	N	N	N	N	N	N	N	N	N	N	N	N	N	N	N
29. 斯氏鼢鼠 M. smithi	N	N	N	N	N	N	N	N	N	N	N	N	N	N	N	N	N	N	N	N	N	N	N	N	N	N	N
30. 三趾心颅跳鼠 Salpingotus kozlovi	N	N	N	N	N	N	N	N	N	N	N	N	N	N	N	N	L	N	L	N	N	L	N	N	N	N	L
31. 五趾心颅跳鼠 Cardiocranius paradoxus	N	N	N	N	N	N	N	N	N	N	N	N	N	N	N	N	N	N	N	N	N	N	N	N	N	N	N
32. 五趾跳鼠 Allactaga sibirica	L	L	L	L	L	L	L	L	L	L	M	M	S	M	S	L	M	S	M	L	L	M	L	L	S	L	L
33. 巨泡五趾跳鼠 A. bullata	N	N	N	N	N	N	N	N	N	N	N	N	N	N	N	N	N	N	N	N	N	N	N	N	N	N	N
34. 三趾跳鼠 D. sagitta	N	L	N	N	N	N	N	N	L	L	M	M	L	M	L	L	M	L	L	L	L	L	L	L	L	N	N
35. 蒙古羽尾跳鼠 Stylodipus andrewsi	N	N	N	N	N	N	N	N	N	N	N	N	N	N	N	N	N	N	N	N	N	N	N	N	N	N	N
36. 林跳鼠 Eozapus setchuanus	L	L	L	L	L	L	L	L	L	L	N	N	N	N	N	N	N	N	N	N	N	N	N	N	N	N	N
37. 六盘山睡鼠 Chaetocauda sp.	L	L	N	N	N	N	N	N	N	N	N	N	N	N	N	N	N	N	N	N	N	N	N	N	N	N	N
38. 蒙古兔 Lepus tolai	M	M	M	M	M	M	S	S	M	M	S	M	M	M	M	M	M	M	M	L	M	L	L	M	M	M	M
39. 贺兰山鼠兔 Ochotona argendata	N	N	N	N	N	N	N	N	N	N	N	N	N	N	N	N	N	N	N	N	N	N	N	N	N	N	N
40. 达乌尔鼠兔 O. daurica	L	L	L	L	N	N	N	N	N	N	N	N	N	N	L	L	N	N	N	N	N	N	N	N	N	N	N

注：S. 严重程度；M. 中度危害；L. 轻度危害；N. 无危害。

第三节 宁夏林草啮齿动物的区系及地理区划

啮齿动物区系是在进化过程中，由于地理和气候的变迁，而形成的分布在同一区域内的啮齿动物群体。在长期的演化过程中，地球上形成了各种天然地理阻隔，如海洋、沙漠、高山等，将地表分割成若干区域，各区域内形成了自己的啮齿动物群落种类和组成即为啮齿动物区系；按不同群落划分的区域称为啮齿动物区划。

鼠类区系、区划的意义在于权衡不同环境鼠类的益害，利用和改造资源动物及防治害鼠，特别是杀灭农、林害鼠及自然疫源动物。在科研实践中则可从鼠类动物的化石系统集群与分布现状，论证进化、推测发生中心及古地理的变迁等。

一、宁夏的自然地理概况

宁夏回族自治区位于我国中部偏北，黄河中游北纬 35°14 ~ 39°23，东经 104°17 ~ 107°39 之间。南北长、东西短。北起石嘴山市头道坎北 2 km 的黄河江心，南到泾源县六盘山的中嘴梁，跨度约 456 km；西起中卫营盘水车站西南 10 km 处的田涝坝，东到盐池县柳树梁北东 2 km 处，相距约 250 km。总面积为 66 400 km²。北和西北部与内蒙古后套平原、腾格里沙漠毗连，西南与陇中黄土高原相邻，南抵甘肃陇山山地与陇东黄土高原，东邻鄂尔多斯高原，东南与陕北高原相邻，属典型的黄土高原与内蒙古高原过渡地带。

（一）气候特点

宁夏处于黄土高原、蒙古高原和青藏高原的交汇地带，大陆性气候特征十分典型。固原市南部属中温带半湿润区，原州区以北至盐池、同心一带属中温带半干旱区，引黄灌区属中温带干旱区。气候具有干旱少雨、风大沙多、日照充足、蒸发强烈，冬寒长、春暖快、夏热短、秋凉早，气温的年较差、日较差大等特点，无霜期短而多变，干旱、冰雹、大风、沙尘暴、霜冻、局地暴雨洪涝等灾害性天气比较频繁。年平均气温为 5.3 ~ 9.9 ℃，呈北高南低分布。兴仁、麻黄山及固原市在 7 ℃以下，其他地区在 7 ℃以上，中宁、大武口分别是 9.5 ℃和 9.9 ℃，为全区年最高。冬季严寒、夏季炎热，各地气温 7 月最高，平均为 16.9 ~ 24.7 ℃，1 月最低，平均为 -9.3 ~ -6.5 ℃，气温年较差达 25.2 ~ 31.2 ℃。年平均降水量 166.9 ~ 647.3 mm，北少南多，差异明显。北部银川平原 200 mm 左右，中部盐池同心一带 300 mm 左右，南部固原市大部地区 400 mm 以上，六盘山区可达 647.3 mm。降水季节分配很不均匀，夏秋多、冬春少、降水相对集中。春季降水仅占年降水量的 12 % ~ 21 %；夏季是一年中降水次数最多、

降水量最大、局部洪涝发生最频繁的季节；秋季降水量略多于春季，占年降水量的
16 % ~ 23 %；冬季最少，大多数地区不超过年降水量的 3 %。各地年平均蒸发量
1 312.0 ~ 2 204.0 mm，同心、韦州、石炭井最大，超过 2 200 mm；西吉、隆德、泾源
较小，在 1 336.4 ~ 1 432.3 mm 之间。蒸发量夏季最大，冬季最小。年平均风速为
2.0 ~ 7.0 m/s。贺兰山、六盘山是宁夏年平均风速的最大中心，年平均风速分别为
7.0 m/s 和 5.8 m/s；其次是麻黄山，年平均风速为 4.0 m/s；大武口、平罗一线是宁夏
年平均风速最小的地区，为 2.0 m/s 左右。全年大风日数（极大风速 ≥17.0 m/s，或者
风力 ≥8 级的天数）以贺兰山和六盘山最多，在 100 d 以上，其他地区在 4 ~ 46 d 之
间。春季各地大风日数最多，平均风速最大，冬夏次之，秋季大风日数最少，平均风
速最小。无霜期平均为 105 ~ 163 d，其中宁夏平原 144 ~ 163 d，固原市、盐池、陶乐
及贺兰山区 105 ~ 139 d。无霜期的年际变化很大，最长无霜期 128 ~ 193 d，而最短无
霜期仅为 81 ~ 138 d。

（二）地形地貌

宁夏地处中国地质、地貌"南北中轴"的北段，在华北台地、阿拉善台地与祁连
山褶皱之间。高原与山地交错带，大地构造复杂。从西面、北面至东面，由腾格里沙
漠、乌兰布和沙漠和毛乌素沙地相围，南面与黄土高原相连。地形南北狭长，地势南
高北低，西部高差较大，东部起伏较缓。

宁夏南部为黄土高原的一部分，土层大致由南向北厚度渐减。六盘山位于宁夏的
南部，耸立于黄土高原之上，是一条近似南北走向的狭长山脉。贺兰山绵亘于宁夏的
西北部，南北长 200 多 km，东西宽 15 ~ 60 km。山地海拔多在 1 600 ~ 3 000 m，主峰达
3 556 m。宁夏平原海拔 1 100 ~ 1 200 m，地势从西南向东北逐渐倾斜。黄河自中卫入
境，向东北斜贯于平原之上，河势顺地势经石嘴山出境。平原上土层深厚，地势平坦。

南部的六盘山自南端往北延，与月亮山、南华山、西华山等断续相连，把黄土高
原分隔为二。东侧和南面为陕北黄土高原与丘陵，西侧和南侧为陇中山地与黄土丘
陵。中部山地、山间与平原交错。卫宁北山、牛首山、罗山、青龙山等扶持山间平
原，错落屹立。北部地貌呈明显的东西分异。黄河出青铜峡后，塑造了美丽富饶的银
川平原。平原西侧，贺兰山拔地而起，直指苍穹。东侧鄂尔多斯台地，高出平原百余
米，前缘为一陡坎，是宁夏向东突出的灵盐台地。

宁夏南部以流水侵蚀的黄土地貌为主，中部和北部以干旱剥蚀、风蚀地貌为主，
是内蒙古高原的一部分。境内有较为高峻的山地和广泛分布的丘陵，也有由于地层断
陷又经黄河冲积而成的冲积平原，还有台地和沙丘。土壤构成从南向北主要分布有黑

垆土、灰钙土、灰漠土和棕漠土，自上而下依次有山地草甸土、山地棕壤土、山地灰褐土、山地灰钙土，沼泽土、盐碱土、白僵土呈零星分布。

（三）植被类型

1. 天然林　六盘山、贺兰山和罗山宁夏三大天然林区。根据 2015 年森林资源连续清查结果统计，宁夏 519.55 万 hm² 土地总面积中，林地面积有 179.52 万 hm²，占土地总面积的 34.55%；森林面积 65.60 万 hm²，占林地面积的 36.54 %；森林覆盖率为 12.63 %。在森林资源中，天然乔木林面积 6.16 万 hm²；天然特殊灌木林地面积 15.89 万 hm²。

（1）六盘山天然林　六盘山北起原州区寺口子，南至泾源县中嘴梁，长约 110 km，宽 10～20 km，总面积 1 428 km²。山脉主体海拔 2 700～2 800 m，主峰米缸山海拔 2 941 m。降水量由南向北递减，平均年降水量 518.2～668.2 mm，多集中在 7～9 月，约占全年降水量的 60 %。土壤湿润，气温偏低，生长季短，冰雹多。造林成活率高，林木生长快。土壤构成由上向下依次为山地草甸土、山地棕壤土和山地灰褐土等。用材树种主要有油松、华山松、落叶松、辽东栎、山杨、红桦、白桦、椴树、山榆、花楸、葛萝槭、茶条木、白蜡等。海拔 2 600 m 以上为山地草甸和灌丛；海拔 2 400～2 600 m分布着山柳、棘皮桦、红桦、山杨等乔木群落；海拔 2 000～2 400 m 是六盘山森林分布的中心，分布着由山杨、红桦、白桦、辽东栎、山柳、椴树等组成的各种混交林。其中，红桦和山柳多生长在沟谷两侧沿河较湿润的生境，辽东栎分布海拔较低，华山松在海拔 2 200～2 500 m 处呈片状纯林或散生在其他阔叶林中。海拔 2 000 m 以下，农林交错，山杨、白桦和辽东栎呈小块分布。

（2）罗山天然林　罗山位于同心县和红寺堡之间，南北长约 36 km，东西宽约 18 km，海拔 1 560.0～2 624.5 m。罗山保护区面积 33 710.0 hm²。其中，有林地面积 1 587.0 hm²，疏林地面积 327.5 hm²，灌木林面积 1 652.1 hm²。森林覆盖率 9.6 %。主要森林类型有青海云杉纯林、青海云杉油松混交林、青海云杉与山杨混交林、油松纯林和山杨混交林。主要树种有青海云杉、油松、山杨、白桦、辽东栎等。其中，油松分布面积 790.5 hm²，青海云杉面积 568.9 hm²，桦类 19.9 hm²。森林主要分布在大罗山阴坡中上部，小罗山几乎没有森林资源。林分多为幼林和中龄林，成熟林和过熟林面积较少。植被类型垂直分布明显，海拔 2 400 m 以上为青海云杉林层，海拔 2 100～2 400 m 为油松、山杨林层，海拔 2 000～2 100 m 为浅山灌木层，海拔 2 000 m 以下为山麓荒漠草原植被。

（3）贺兰山天然林　贺兰山位于宁夏西北部，在银川平原与阿拉善高原之间，海拔 2 000～3 000 m，主峰海拔 3 556 m。总面积 157 812.9 hm²。其中有林地面积 17 227.4 hm²，疏林地面积 7 998.7 hm²，灌木林面积 3 865.2 hm²。主要树种包括青海云杉、油松、杜松、山杨、灰榆等。森林类型主要有青海云杉纯林，青海云杉、山杨混交林，油松纯林，油松、山杨混交林，山杨纯林，灰榆纯林。其中，青海云杉面积达 8 599.1 hm²，占有林地面积的 49.9 %；山杨和油松林面积分别为 3 623.5 hm² 和 3 400.3 hm²，占 21.0 % 和 16.2 %；灰榆面积 1 604.2 hm²，占 9.3 %。森林主要分布在山的中段，以幼林和中龄林居多。森林多分布在阴坡及半阴坡；阳面多为荒山，分布着灰榆、杜松、木贼麻黄、狭叶锦鸡儿、刺旋花等少数耐旱植物。森林植被垂直分布明显。

● 山麓荒漠草原层　西斜面海拔 2 000 m 以下的山麓地带和东斜面海拔 1 500 m 以下的山麓地带，植被稀疏，农林交错。生长着班子麻黄、荒漠锦鸡儿、狭叶锦鸡儿、猫头刺、红砂、珍珠猪毛菜、木本猪毛菜等耐寒植物。

● 耐寒乔灌层　西斜面海拔 2 000 m，已进入油松、山杨林层分布下线，故该层不明显；东斜面海拔 1 500 ~ 2 000 m，植被稀疏，沟口有小片灰榆林，散生着杜松、蒙古扁桃、狭叶锦鸡儿、翠雀花、酸枣、小叶金露梅等耐旱植物。

● 油松与山杨林层　海拔 2 000 ~ 2 400 m，森林类型以油松与山杨纯林、混交林为主，林下灌木较少，常见青海云杉、白桦、山柳、杜松等树种侵入。

● 青海云杉林层　海拔 2 400 ~ 3 000 m，以青海云杉纯林为主，也有块状山杨林混杂其中。林下灌木也很少。

● 高山灌丛草甸层　海拔 3 000 ~ 3 500 m，多为裸露岩石，仅有少量青海云杉深入该层。生长的主要灌木有高山柳和鬼箭锦鸡儿。

2. 人工林类型　人工林和防护林是宁夏最主要的森林类型。据 2015 年森林资源连续清查结果统计，在宁夏森林资源中，人工乔木林面积 11.15 万 hm²；人工特殊灌木林地面积 32.40 万 hm²。各林种中，防护林所占比重最大，面积 47.75 万 hm²，占森林面积的 72.79 %；特用林面积 13.01 万 hm²，占 19.83 %；用材林面积 0.52 万 hm²，占 0.79 %，占 3.64 %；经济林面积 4.32 万 hm²，占 6.59 %，占 0.23 %。

3. 荒漠植被类型　荒漠植被是宁夏植被的主要类型。

（1）干旱草原植被带分布在宁夏中南部的盐池、同心、海原等县的南部和西吉、隆德、固原等县大部的半干旱地区，面积辽阔，年均降雨量 300 ~ 500 mm，土壤为黑垆土，局部为灰钙土。分布以长芒草、短花针茅、百里香、冷蒿、菱篙等组成的优势植物群落。本植被带的北界大致与黄土高原及 300 mm 等雨线相一致，中部北段因受罗山、窑山等地势的影响，界限向北延伸至罗山山麓。

（2）荒漠草原植被带分布在干旱草原带以北，包括盐池、同心、海原等县的中北部，中卫、中宁和灵武等县的山区以及引黄灌区各县物群落由旱生的短花针茅、戈壁针茅、沙生针茅、细柄茅、糙隐子草、细弱隐子草等多年生丛生小禾草及耐旱的猫头刺、刺旋花、箸状亚菊、红砂、珍珠等小灌木、小半灌木等植物组成。受沙化的影响，本带中有较大面积以油蒿、苦豆子、甘草、蒙古冰草、中亚白草等沙生植物所组成的沙生植物群落。北部贺兰山东麓的植被，按其地理位置看也是荒漠植被的分布地，只因受贺兰山的影响，才分布为荒漠草原群落。

（3）荒漠植被带　分布在中卫市黄河以北的卫宁北山和平罗县陶乐的鄂尔多斯地台部分，面积甚小。年均降雨量在 200 mm 以下，土壤以淡灰钙土和灰钙土性粗骨土为主，植物群落主要由红砂、珍珠、合头草等耐旱植物组成。

二、宁夏啮齿动物的种类及区系

（一）宁夏啮齿动物的区系组成

啮齿动物是啮齿目和兔形目动物的总称。据统计，宁夏境内有啮齿动物 40 种，隶属 9 科 28 属，约占全国啮齿动物总数的 1/6。其中，古北界种类（P）27 种，东洋界种类（O）4 种，广布种（W）7 种。但从不同种类在宁夏的分布和数量分析，在宁夏全境分布的种类有达乌尔黄鼠、小家鼠、褐家鼠、黑线仓鼠、长爪沙鼠、子午沙鼠、五趾跳鼠、三趾跳鼠和蒙古兔等 9 种（表 3-3）。

1. 啮齿目　啮齿目有 2 亚目，7 科 26 属 37 种。其中，古北界种类（P）28 种，东洋界种类（O）4 种，广布种（W）6 种。宁夏全境分布的有 8 种。

（1）松鼠科　松鼠科有 2 亚科 4 属 4 种。其中，达乌尔黄鼠属古北界种类，在宁夏境内广泛分布，危害较重；岩松鼠属广布种，但在宁夏境内仅在六盘山发生局部危害；花鼠属古北界种类，主要分布在宁南六盘山山区及其周围的黄土丘陵区，数量较少，不造成危害；黄腹花松鼠属东洋界种类。

（2）鼠科　鼠科是宁夏啮齿动物的第二大科，有 1 亚科 4 属 9 种。小家鼠和褐家鼠为广布种，在全区均有分布，是重要的卫生鼠害，在野外也造成不同程度的危害。黄胸鼠为东洋界种类，在宁夏为稀有种，仅分布在宁中缓坡丘陵半荒漠区，数量极少，但在中卫市局部密度较高，并造成一定的危害。社鼠和大林姬鼠为广布种，在宁夏分布在六盘山和贺兰山林区，在局部密度很高，危害严重；黑线姬鼠属古北界种类，主要分布在六盘山山地，稀有种，数量较少，不造成危害。

（3）仓鼠科　仓鼠科是宁夏啮齿动物的第一大科，有 3 亚科 10 属 14 种。仓鼠亚科有 3 属 6 种，均属古北界种类。其中，小毛足鼠广泛分布于除六盘山以北的广大地区，是典型的荒漠种类。常见种，在宁南黄土丘陵区和宁中黄土缓坡丘陵和荒漠区数量较高，但因个体小，危害很轻。大仓鼠在宁南六盘山与黄土丘陵区为常见种，在银川平原为稀有种。在六盘山林农交错区对农作物有一定危害。黑线仓鼠在宁夏全境均有分布，在宁南六盘山区及其周边的黄土丘陵区、贺兰山区为常见种，数量较大，在六盘山农林交错区危害较重。灰仓鼠仅在宁南六盘山区没有发现，在银川平原密度相对较高，但危害较轻。长尾仓鼠和短尾仓鼠分布在银川平原，前者在贺兰山区也有发现，但数量较少。水田鼠亚科有4属5种，仅洮州绒鼠为东洋界种类，其余4种均属古北界种类。其中，麝鼠为人工散养种类，仅分布在宁中黄土缓坡丘陵区和银川平原湖泊、河流中，数量较少。鼹形田鼠只分布在宁中缓坡黄土丘陵区鄂尔多斯台地水源附近的草原和农田，数量也较少，但在盐池县局部密度较大。洮州绒鼠和根田鼠，仅分布于六盘山山地（州）危害区，数量极少，不造成危害。东方田鼠主要分布在银川平原（州）危害区，是该区的主要农林害鼠。沙鼠亚科有2属3种，均是古北界种类。子午沙鼠和长爪沙鼠分布较广，局部危害较重；大沙鼠为稀有种，在黄土高原丘陵区、宁中缓坡丘陵半荒漠区和腾格里沙漠沙地荒漠区零星分布。

（4）鼹形鼠科 仅鼢鼠亚科1个亚科，原属于仓鼠科，仅1属3种，典型的古北界种类。其中，甘肃鼢鼠是宁南山区和黄土丘陵区的主要害鼠，对新植林和幼林，尤其对油松和樟子松危害十分严重。另外对农作物、草地危害也师傅严重。中华鼢鼠，仅分布在宁南黄土丘陵区，在盐池县南部密度相对较高，危害较重。斯氏鼢鼠仅发布在六盘山山区高海拔林区，数量较少，不造成危害。

（5）跳鼠科 跳鼠科有1亚科5属6种，是典型的古北界荒漠鼠类。其中，三趾跳鼠和五趾跳鼠分布较广，在宁中北部半荒漠平原密度较高，为优势种，对直播造林和林木幼苗危害较大。巨泡五趾跳鼠仅分布于腾格里沙漠边缘，数量较少，不形成危害。蒙古羽尾跳鼠、五趾心颅跳鼠和三趾心颅跳鼠同域分布，为稀有种，数量很少；主要分布在宁中北部半荒漠平原和宁西北部贺兰山与荒漠。

（6）林跳鼠科 林跳鼠科是宁夏啮齿动物最小科之一，仅1属1种。林跳鼠属古北界种类，仅见于宁南六盘山区，数量极少，应加强栖息地保护，监测种群数量。

（7）睡鼠科 睡鼠科也是宁夏啮齿动物最小科之一，单属单种。六盘山毛睡鼠为东洋界种类，仅见于宁南六盘山林区。数量稀少，极为珍贵。

2. 兔形目 兔形目有2科2属3种。其中，蒙古兔属广布种，达乌尔鼠兔和贺兰山鼠兔是古北界种类。

（1）兔科 兔科是宁夏啮齿动物最小科之一，仅蒙古兔1种。蒙古兔原属于草兔的亚种，现升为种。在宁夏全境分布，数量年间波动较大，近年来数量在高位震荡，

对林木危害严重，是农林牧也的主要有害生物。

（2）鼠兔科　鼠兔科仅1属2种，是典型的古北界种类。其中，贺兰山鼠兔仅分布于贺兰山山地，是贺兰山的特有种，局部密度较高。达乌尔鼠兔主要分布于宁南六盘山区和黄土丘陵区，在宁中缓坡黄土丘陵区偶尔也可见到。周期爆发，数量年间波动很大，高密度时对幼林、草原、农作物均能造成严重危害。应注重监测达乌尔鼠兔种群动态，及时预测预报。

（二）宁夏啮齿动物的分布型

宁夏地处我国黄土高原西北边缘和内蒙古鄂尔多斯高原西南边缘。从水平分布的自然地带看，宁夏南部属于温带草原区，北部属于半荒漠草原区。其景观呈现出从山地草甸到半荒漠草原的过渡特征，啮齿动物的种类和分布也受其影响，表现了南部以森林草原类型为主，北部以半荒漠草原类型为主，因而啮齿动物的区系组成比较复杂。而且一些物种的种群数量较多，为脊椎动物中的优势类群。按照动物的地域分布同生态适应相适合以及动物同温度和湿度的关系（马勇，1981），除与人类伴生的小家鼠、褐家鼠和引种放养的麝鼠外，可将宁夏的啮齿动物分为北方寒湿型、欧亚温湿型、亚洲温湿型、亚洲温旱型、蒙新温旱型、蒙新—哈萨克温旱型、都兰—西南亚温旱型、中国温湿型、中国温旱型和与人类半生种及放养种类等9种类型（秦长育。1991）。

1. 北方寒湿型种类　在宁夏40种啮齿动物中，北方寒湿型种类有松鼠科的岩松鼠、花鼠，仓鼠科水田鼠亚科的根田鼠，林跳鼠科林跳鼠亚科的林跳鼠，鼠兔科的贺兰山鼠兔5种，占宁夏整个啮齿动物种类的12.82％。

2. 欧亚温湿型种类　欧亚温湿型种类种类仅有鼠科鼠亚科的黑线姬鼠1种，占2.56％。

3. 亚洲温湿型种类　亚洲温湿型种类包括松鼠科松鼠亚科的黄腹花松鼠，鼠科鼠亚科的社鼠、中华姬鼠，仓鼠科水田鼠亚科的东方田鼠，睡鼠科睡鼠亚科的六盘山毛睡鼠5种，占宁夏啮齿动物种数的12.82％。

4. 亚洲温旱型种类　亚洲温旱型种类数量最多。包括松鼠科土拨鼠亚科的达乌尔黄鼠，鼠科鼠亚科的大林姬鼠，仓鼠科仓鼠亚科的小毛足鼠、大仓鼠、黑线仓鼠、长尾仓鼠，仓鼠科水田鼠亚科的鼹形田鼠，仓鼠科沙鼠亚科的大沙鼠、子午沙鼠、长爪沙鼠，跳鼠科跳鼠亚科的三趾跳鼠，兔科兔亚科的蒙古兔（草兔），鼠兔科的达乌尔鼠兔和贺兰山鼠兔14种，占宁夏总数的33.33％。

5. 蒙新温旱型种类　蒙新温旱型种类只有跳鼠科的五趾心颅跳鼠、三趾心颅跳鼠、蒙古羽尾跳鼠3种，占7.69％。

表 3-3 宁夏啮齿动物区系区划及其危害程度

啮齿动物种类及其分类地位	数量类型							危害程度						区系成分
	分布型	IA	IB	IIA	IIB	IIIA	IIIB	IA	IB	IIA	IIB	IIIA	IIIB	
一、啮齿目 Rodentia 2 亚目,7 科,10 亚科,27 属 36 种。其中,仓鼠科种类最多,有 3 属 14 种。														
（一）松鼠型亚目 Sciuromorpha 1 科,2 亚科,4 属 4 种。黄腹花松鼠为稀有种,仅分布在的六盘山山地（州）危害区。														
A. 松鼠科 Sciuridae 2 亚科,4 属 4 种。达乌尔黄鼠广泛分布,危害较重;岩松鼠仅在六盘山山发生危害。														
1. 松鼠亚科 Sciurinae 种类数量	—	3	1	1	0	0	0							
（1）岩松鼠 Sciurotamias davidianus	1	1-2	1	1	0	0	0					轻-中		W
（2）花鼠 Eutamias sibiricus	1	0-1	1	1	0-1	1	1		轻			轻		P
（3）黄腹花松鼠 Tamiops swinhoei	3	0-1	0	0	0	0	0					轻		O
2. 土拨鼠亚科 Marmotinae 种类数量	—	1	1	1	1	1	1							
（4）达乌尔黄鼠 Spermophilus dauricus	4	2-3	2-3	3	2-3	1-2	1-2	中	轻-中	中-重	轻-中	轻	轻	P
（二）鼠型亚目 Myomorpha 6 科,8 亚科,23 属 32 种。														
B. 鼠科 Muridae 1 亚科,4 属 9 种。小家鼠和褐家鼠为广布种,在全区均有分布,是重要的卫生鼠害,在野外也造成不同程度的危害。姬鼠类主要分布在六盘山山地（州）危害区和贺兰山山地（州）危害区,造成不同程度的危害。黄胸鼠为东洋界种类,为稀有种,仅分布在宁夏中缓坡丘陵半荒漠（州）危害区,数量极少,但在中卫市局部密度较高,并造成一定的危害。														
3. 鼠亚科 Murinae 种类数量	—	6	3	3	2	4	2							
（5）小家鼠 Mus musculus	10	3	3	2-3	2	3	2	轻-中	轻-中	中	中	轻-中	中	W
（6）褐家鼠 Rattus norvegicus	10	2	1-2	1-2	2	2	2	中	轻-中	轻-中	中	中	中	W
（7）黄胸鼠 R. flavipectus	8	—	1	—	1	—	—		轻		轻			O
（8）社鼠 Niviventer niviventer	3	2	1-2	—	—	1-2	—	轻-中	轻			轻-中		W
（9）北社鼠 N. confucianus	3	1	—	—	—	—	—	轻						W
（10）安氏白腹鼠 N. andersoni	3	1	—	—	—	—	—	轻						W
（11）大林姬鼠 Apodemus speciosus	4	3	0-1	—	—	1-2	—	重	轻			重		W
（12）黑线姬鼠 A. agrarius	2	2-3	—	—	—	—	—	轻-中				轻-中		P
（13）中华姬鼠 A. draco	3	0-1	—	—	—	—	—	轻						W

续表 3-3 宁夏啮齿动物区系和区划及其危害程度（续1）

啮齿动物种类及其分类位置	分布型	数量类型						危害程度						区系成分
		I A	I B	II A	II B	III A	III B	I A	I B	II A	II B	III A	III B	
C. 仓鼠科 Cricetidae 3亚科10属14种。黑线仓鼠、子午沙鼠和长爪沙鼠分布较广，局部危害较重；大沙鼠为稀有种，在黄土高原丘陵、宁中缓坡丘陵半荒漠（州）危害区和腾格里沙漠沙地荒漠（州）危害区均有零星分布。东方田鼠主要分布在银川平原（州）危害区，是该区的主要农林害鼠。洮州绒鼠和根田鼠，仅分布于六盘山山地（州）危害区，数量极少，不造成危害	—													
4. 仓鼠亚科 Cricetinae 种类数量	—	2	4	3	6	4	3	—	—	—	—	—	—	—
(14)小毛足鼠 Phodopus roborovskii	4	—	0-2	2-3	2	0-1	1-2	—	轻	—	—	—	—	P
(15)大仓鼠 Tscherskia triton	4	1-2	0-2	—	0-1	—	—	轻-中	轻-中	—	轻	—	轻	P
(16)黑线仓鼠 Cricetulus barabensis	4	2	1-2	1	1	1-2	1	轻-中	轻-中	轻	轻	轻	轻	P
(17)灰仓鼠 C. migratorius	7	1	—	1	1	1-2	1	轻-中	轻-中	轻	轻-中	—	—	P
(18)长尾仓鼠 C. longicaudatus	4	—	—	—	1	0-1	0-1	—	—	—	—	—	—	P
(19)短尾仓鼠 C. eversmanni	6	—	—	—	0-1	0-1	—	—	—	—	—	—	—	P
5. 水田鼠亚科 Arvicolinae 种类数量	—	3	0	3	2	1	0	—	—	—	—	—	—	—
(20)麝鼠 Ondatra zibethica	10	—	—	0-1	1	—	0	—	—	—	—	—	—	P
(21)鼹形田鼠 Ellobius talpinus	4	—	—	0-1	—	—	—	—	—	轻	—	—	—	P
(22)洮州绒鼠 Eothenomys eva	8	1-2	—	—	—	—	—	轻	—	—	—	—	—	O
(23)根田鼠 Microtus oeconomus	1	0-1	—	—	—	—	—	轻	—	—	—	—	—	P
(24)东方田鼠 M. fortis	3	0-1	—	0-2	2-3	1	—	轻	—	轻-中	中-重	轻	—	—
6. 沙鼠亚科 Gerbillidae 种类数量	—	2	2	2	2	2	—	—	—	—	—	—	—	—
(25)子午沙鼠 Meriones meridianus	4	0-2	2	2-3	2-3	2	2-3	轻-中	—	轻-中	中	轻	轻-中	P
(26)长爪沙鼠 M. unguiculatus	4	0-2	1-3	2-3	2-3	2	2-3	轻-中	轻	轻-中	轻-中	轻	轻	P
D. 鼹形鼠科 Spalacidae 仅有鼢鼠亚科1个亚科，原属于仓鼠科，1属3种。其中，甘肃鼢鼠是宁南山区和黄土丘陵区的主要害鼠，对新植林和幼林，尤其对油松和樟子松危害十分严重。中华鼢鼠，仅分布于宁南黄土丘陵区，在盐池县南部密度相对较高，危害较重。斯氏鼢鼠仅发布在六盘山山区高海拔林区，数量较少，不造成危害。														

续表 3-3　宁夏啮齿动物区系和区划及其危害程度（续2）

啮齿动物种类及其分类地位	分布型	数量类型 ⅠA	ⅠB	ⅡA	ⅡB	ⅢA	ⅢB	危害程度 ⅠA	ⅠB	ⅡA	ⅡB	ⅢA	ⅢB	区系成分
7. 鼢鼠亚科 Myospalacinae 种类数量	-	2	2	1	0	0	0							-
(27) 甘肃鼢鼠 *Myospalax cansus*	9	3	0-3	2	0-1	0	0	重	轻-重					P
(28) 中华鼢鼠 *M. fontanierii*	9		0-2	0-1		0-1			轻-中	轻				P
(29) 斯氏鼢鼠 *M. smithi*	9		0-1			0-1			轻					P
E. 跳鼠科 Dipodidae　本亚科5属6种，是典型的古北界荒漠鼠类。其中，三趾跳鼠和五趾跳鼠分布较广，在宁夏中北部半荒漠平原（省）危害大区密度较高，为优势种，对直播造林和林木幼苗危害较大。巨泡五趾跳鼠仅分布于腾格里沙漠边缘，数量较少，不形成危害。蒙古羽尾跳鼠，五趾心颅跳鼠和三趾心颅跳鼠同域分布，为稀有种，数量很少。主要分布在宁夏中北部荒漠平原（省）危害大区和宁西北部贺兰山与荒漠（省）危害大区。														
8. 心颅跳鼠亚科 Cardiocraniinae 种类数量	-	0	0	2	1	1	1							-
(30) 五趾心颅跳鼠 *Cardiocranius paradoxus*	5		0-1	0-1	0-1									P
(31) 三趾心颅跳鼠 *Salpingotus kozlovi*	5		0-1	0-1										P
9. 五趾跳鼠亚科 Allactaginae 种类数量	-	1	1	2	1	1	1							-
(32) 五趾跳鼠 *Allactaga sibirica*	6	0-1	2-3	2-3	2	2-3	2	轻	中-重	中-重	中	中	中-重	P
(33) 巨泡五趾跳鼠 *A. bullata*	6		0-1	0-1									轻	P
10. 跳鼠亚科 Dipodidae 种类数量	-	1	1	2	2	2	2							-
(34) 三趾跳鼠 *Dipus sagitta*	4	0-1	1-2	2	1-2	1-2	2		轻	轻		轻	中	P
(35) 蒙古羽尾跳鼠 *Stylodipus andrewsi*	5		0-1	0-1		1								P
F. 林跳鼠科 Zapodidae　本亚科，单属单种。仅分布在六盘山林区，为珍稀物种。														
11. 林跳鼠亚科 Zapodinae	-		1											-
(36) 林跳鼠 *Eozapus setchuanus*	8		1											P
G. 睡鼠科 Gliridae　本亚科，单属单种，仅见于六盘山林区，数量稀少，极为珍贵。														
12. 睡鼠亚科 Glirinae 种类数量	-		1											-
(37) 六盘山睡鼠 *Chaetocauda* sp.	3		0-1											O

续表3-3　宁夏啮齿动物区系和区划及其危害程度（续3）

啮齿动物种类及其分类地位	分布型	数量类型						危害程度						区系成分
		ⅠA	ⅠB	ⅡA	ⅡB	ⅢA	ⅢB	ⅠA	ⅠB	ⅡA	ⅡB	ⅢA	ⅢB	
兔形目 Lagomorpha														
H. 兔科 Leporidae														
13. 兔亚科 Leporinae 种类数量	–	1	1	1	1	1	1							–
（38）蒙古兔 *Lepus tolai*	4	2-3	2-3	2	2-3	2-3	2	中-重	中	中-重	中-重	中	中-重	W
I. 鼠兔科 Ochotonidae														
（39）贺兰山鼠兔 *Ochotona argentata*	1						0-2					轻-中		P
（40）达乌尔鼠兔 *O. daurica*	4	2-3	1-3	1		18	18	中		轻				P
合计种数 /	–	27	18	23	18	18	14	27	23	19				–
							40							

注：分布型：1. 北方森湿型；2. 欧亚温湿型；3. 亚洲温湿型；4. 亚洲温湿型；5. 蒙新温旱型；6. 蒙新—哈萨克温旱型；7. 都兰—西南亚温旱型；8. 中国温湿型；9. 中国温旱型；10. 与人类半生种及放养种类。

危害区编号：I. 宁南黄土高原—六盘山地（省）危害大区，IA. 六盘山山地（州）危害区，IB. 黄土高原丘陵（州）危害区；II. 宁中北部荒漠半荒漠（省）危害大区，IIA. 宁夏坡丘陵半荒漠（州）危害区，IIB. 银川平原（州）危害区；III. 宁西北部贺兰山腾格里沙漠荒漠（州）危害区。

数量类型：1. 优势种；2. 常见种；3. 稀有种。

危害程度：重—严重危害；中—中度危害；轻—轻度危害；—无分布或无危害。

区系成分：P. 古北界种类；W. 广布种类；O. 东洋界种类。

6. 蒙新–哈萨克温旱型种类 蒙新–哈萨克温旱型种类包括仓鼠科仓鼠亚科的短尾仓鼠，跳鼠科的五趾跳鼠、巨泡五趾跳鼠 3 种，占 7.69 %。

7. 都兰–西南亚温旱型种类 都兰–西南亚温旱型种类也仅有仓鼠科仓鼠亚科的灰仓鼠 1 种，占 2.56 %，

8. 中国温湿型种类 有鼠科鼠亚科的黄胸鼠和仓鼠科水田鼠亚科的洮州绒鼠 2 种，占宁夏啮齿动物种数的 5.13 %。

9. 中国温旱型种类 中国温旱型种类只有鼹形鼠科鼢鼠亚科的甘肃鼢鼠、中华鼢鼠、斯氏鼢鼠 3 种，占宁夏种数的 7.69 %。

10. 与人类半生种及放养种类 与人类半生种及放养种类包括鼠科鼠亚科的小家鼠、褐家鼠，仓鼠科水田鼠亚科的麝鼠 3 种，占 7.69 %。

三、宁夏林草啮齿动物的地理区划

有关宁夏回族自治区林草啮齿动物区系及动物地理区划研究报道资料较少。马福祥（1926），王香亭等（1977），施银柱等（1981）以及 Allen（1938，1940）均进行了零星报道。从鼠传疾病观点，李效岚（1984）曾对宁夏动物地理划分为 5 个小区；秦长育（1991）根据宁夏啮齿动物的区系特点，将宁夏划分为 2 个省（Ⅰ级）和 4 个州（Ⅱ级）。张显理等（1995）分析了宁夏哺乳动物区系特征，将宁夏哺乳动物划分为 3 个动物地理省、6 个动物地理州，并对各省及各州动物区系之间的相似性等问题进行了探讨。宫战武等（2009）报道宁夏有啮齿动物 38 种，隶属 8 科 25 属。其中，小家鼠、褐家鼠和草兔广布种，达乌尔黄鼠、黑线仓鼠、灰仓鼠、五趾跳鼠、子午沙鼠和长爪沙鼠在宁夏大部分地区均有分布。1996 年至今，西北农林科技大学与自治区森防总站合作，对宁夏境内的啮齿动物进行了全面的普查和研究，基本摸清了宁夏啮齿动物的种类、分布及危害，掌握了主要害鼠的分布、危害特征、发生规律和治理方法。据此，根据张荣祖（1978）等、郑作新等（1959）的中国动物地理区划和宁夏啮齿动物的区系组成、地理分布以及自然地理条件，在全国性的区和亚区级区划的基础上，参照张显理等（1995）和秦长育（1991）对宁夏哺乳动物及啮齿动物区系与区划的研究结果，将宁夏森林和草原啮齿动物地理区划分为 3 个危害大区，6 个危害小区（表 3–3，图 3–1）。

（一）宁南黄土高原—六盘山山地（省）危害大区（Ⅰ）

该危害大区是沿大水坑—下马关—田老庄—王团—篙川—线以南的宁夏南部地区（图 3–1）。该危害大区主要由黄土高原、丘陵和六盘山山地组成，海拔 1 500～2 942 m。年平均气温为 5.3℃～7.6℃；冬季气温较高，1 月平均气温零下 6.5℃～9.3℃；夏季比

较凉爽，7 月月平均气温 20 ℃左右。属比较湿润的草原与森林草原气候类型，年降水量 350～800 mm。天然植被属温带草原植被带，为典型草原、森林草甸草原植物类型。土壤为温带草原黑庐土地带，可划分为偏西北的干草原淡黑沪土与偏东南的较湿润的草原普通黑庐土两个亚地带。

该危害大区有啮齿动物 29 种，占宁夏啮齿动物种数的 74.36%，隶属 9 科 22 属。其中，古北界种类 19 种，东洋界 3 种，广布种 7 种，分布占 65.52%、10.34% 和 24.14%，古北界的种类占绝对优势。全区东洋界种类仅有 7 种，在该危害大区就有 7 种，充分体现了东洋界种类经秦岭向北扩散的特征。

在该危害大区的 29 种啮齿动物中，北方寒湿型 3 种，欧亚温湿型 1 种，亚洲温湿型 5 种，亚洲温旱型 11 种，都兰—西南亚温旱型 1 种，中国温湿型 2 种，中国温旱型 3 种，与人类半生种 2 种。啮齿动物区系以华北区成分为主体，同时有黄土高原亚区特征。子午沙鼠、三趾跳鼠、五趾跳鼠、达乌尔鼠兔等蒙新区荒漠种类也扩散到该危害大区中。岩松鼠、黄腹花松鼠、黑线姬鼠、中华姬鼠、洮州绒鼠、根田鼠、甘肃鼢鼠、斯氏鼢鼠、林跳鼠和六盘山毛睡鼠 10 种在宁夏仅分布于该危害大区。甘肃鼢鼠和蒙古兔是该大区最主要的农林牧害鼠，也是鼠害治理的主要对象。小家鼠和褐家鼠是主要的卫生鼠害。达乌尔黄鼠、岩松鼠、黑线姬鼠、黑线仓鼠和达乌尔鼠兔在有些年份数量也很大，有必要对其种群进行监测。

1. 六盘山山地（州）危害区（ⅠA）　该危害区以新集—彭堡—黄铎堡—南华山北麓—线为东北界，以红井—关庄—夏寨—将台—兴隆—联财—线为西南界的带状区。六盘山包括两条南北走向的平行山脉，是陇东黄土高原与陇中黄土高原的界山及径河与渭河的分水岭。该危害区地貌以山地及丘陵为主，海拔多在 2 000 m 以上，年平均气温 5.3 ℃～6.5 ℃，无霜期 120～140 d，年降水量 500～800 mm。植被有森林、森林草原和草甸草原等类型。植物种类丰富，山地森林带较完整，1 700～2 200 m 有阔叶林带，以山杨、白桦、红桦、辽东栎等落叶木为主，还有绣线菊、刺梅、沙棘等灌木。2 200～2 800 m 有山杨、桦、油松、华山松、刺柏等组成的针阔叶混交林。2 400～2 600 m 还有成片的毛竹林分布。2 600～2 900 m 为山地草甸草原带，主要植物有苔草、小糠草、萎陵菜等。土壤垂直结构比较复杂，有山地黑沪土—山地褐色森林土—山地棕色森林土—山地草甸草原土—山地草甸土。

分布在该危害区的啮齿动物有 27 种，隶属 10 科 20 属。其中，古北界 15 种，占 60.00%；东洋界 3 种，占 12.00%；广布种 7 种，占 28.00%。北方寒湿型 3 种，占 12.00%；欧亚温湿、蒙新—哈萨克温旱型和都兰—西南亚温旱型各 1 种，均占

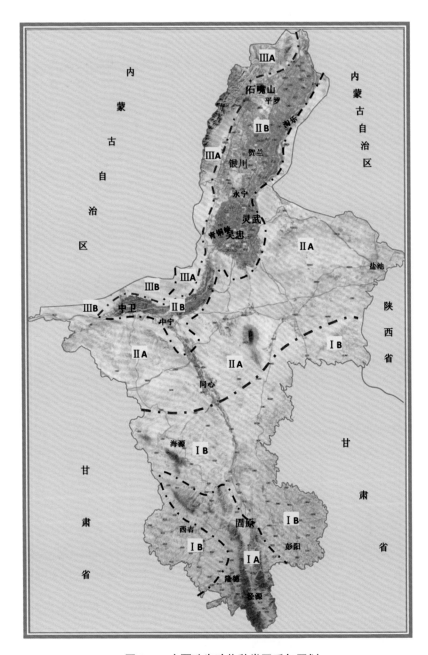

图 3-1　宁夏啮齿动物种类区系与区划

注：━·━·━·危害大区界；━·━·━·危害区界；Ⅰ.宁南黄土高原–六盘山山地危害大区，ⅠA.六盘
山山地危害区，ⅠB.黄土高原丘陵危害区；Ⅱ.宁中北部半荒漠平原危害大区，ⅡA.宁中缓坡丘陵
半荒漠危害区，ⅡB.银川平原危害区；Ⅲ.宁西北部贺兰山与荒漠危害大区，ⅢA.贺兰山山地危害
区，ⅢB.腾格里沙漠沙地荒漠危害区。

4.00％；亚洲温湿型 5 种，占 20.00％；亚洲温旱型 9 种，占 36.00％；中国温湿型、中国温旱型和与人类半生种各 2 种，分别占 8.00％；均属于温带森林草原类型。岩松鼠、黄腹花松鼠、黑线姬鼠、中华姬鼠、洮州绒鼠、根田鼠、斯氏鼢鼠、林跳鼠和六盘山毛睡鼠 9 种是该危害区的独有种类。在宁南黄土高原—六盘山山地（省）危害大区分布的社鼠和东方田鼠也仅在该危害区可见。大林姬鼠占野外鼠类的 10.3％～41.3％，黑线姬鼠占 6.7％～27.2％，数量较多；长尾仓鼠占 0.6％～2.0％，洮州绒鼠占 4.0％～28.9％，社鼠占 8.3％，林跳鼠占 3.4％～4.4％（秦长育，1991）。

甘肃鼢鼠和蒙古兔也是该危害区农林牧的主要害鼠。达乌尔鼠兔、达乌尔黄鼠、大仓鼠、岩松鼠、黑线姬鼠等在局部也能形成较高的密度，应密切监测，预防爆发成灾。

2. 黄土高原丘陵（州）危害区（ⅠB） 宁南黄土高原省中除六盘山地州以外的地区，主要包括彭阳、固原北部、海原北部和西吉西部。地貌类型以黄土丘陵为主，其间沟壑纵横交错，海拔 1 500～2 200 m，年平均气温 6.5 ℃～7.6 ℃，年降水量 350～500 mm。植被主要为温带干草原类型，温带干草原天然植被保持原貌者甚少。土壤主要为黑沪土和灰钙土。沟谷及缓坡多为农作区。

本危害区有啮齿动物 18 种，隶属 7 科 15 属。其中，古北界种类 15 种，占 83.33％，占绝对优势；广布种 3 种，仅占 16.67％；没有东洋界种类出现。北方寒湿型、蒙新—哈萨克温旱型和都兰—西南亚温旱型各有 1 种，均占 5.56％；亚洲温旱型最多，达 11 种，占 61.11％；中国温旱型和与人类半生种各有 2 种，各占 11.11％。

除去全区均有分布的小家鼠、褐家鼠、达乌尔黄鼠、黑线仓鼠、子午沙鼠、长爪沙鼠、五趾跳鼠、三趾跳鼠和蒙古兔外，花鼠、达乌尔黄鼠、大林姬鼠、大仓鼠和达乌尔鼠兔 5 个种是该危害大区两个危害区的共有种，小毛足鼠、灰仓鼠、大沙鼠和中华鼢鼠等 6 种仅在该危害区出现。

达乌尔黄鼠为优势种，在未灭鼠的地区，平均密度达 3.8 只/hm²，多为 1～1.5 只/hm²，占野外鼠类数量的 46％以上。甘肃鼢鼠和达乌尔鼠兔数量较多，分别占野外鼠的 14.0％～38.1％和 8.5％～18.0％。大仓鼠、黑线仓鼠、五趾跳鼠、灰仓鼠、长尾仓鼠、子午沙鼠等为常见种，分别占野外鼠的 2.6％～4.5％、1.7％～3.8％、1.7％～10.7％、0.7％～26％、5.0％和 1.0％～3.6％（秦长育，1991）。

甘肃鼢鼠、达乌尔黄鼠和蒙古兔是宁南黄土高原丘陵区优势种，也是该危害区治理的主要对象。达乌尔鼠兔在有些年份也很多，子午沙鼠、长爪沙鼠、三趾跳鼠和五趾跳鼠在局部也可形成较高的密度。

（二）宁中北部半荒漠平原（省）危害大区（Ⅱ）

宁中北部半荒漠平原（省）危害大区相当于中国动物地理区划中蒙新区东部草原亚区在宁夏的部分。南接宁南黄土高原—六盘山山地（省）危害大区，以黄河在宁夏的入口中卫县的南长滩沿黄河至沙波头—沿包兰铁路至青铜峡火车站—沿沿山公路至大武口—石嘴山火车站一线为西北界（图3-1）。包括宁夏中部缓坡丘陵、间山盆地和银川平原两大部分。主要地貌类型是丘陵和洪积冲积平原海拔1 090～1 800 m，年平均气温7～9 ℃，年降水量250～350 mm，降水集中于7～9月。天然植被以半荒漠草原为主。

本危害大区啮齿动物有26种，占宁夏啮齿动物种数的58.97 %，隶属7科20属。其中，古北界21种，东洋界1种，广布种3种，分别占80.77 %、3.85 %和11.54 %。东洋界物种黄胸鼠仅在该大区可见，为稀有种；另外，长尾仓鼠、麝鼠、鼹形田鼠、三趾心颅跳鼠和巨泡五趾跳鼠等在宁夏也仅分布于该危害大区。北方寒湿型和蒙新—哈萨克温旱型和与人类半生种各2种，分别占7.69 %；亚洲温湿型、都兰—西南亚温旱型、中国温湿型和中国温旱型各1种，均占3.85 %；亚洲温旱型15种，占57.69 %。说明该危害大区的啮齿动物区系组成蒙新区成分略占优势，动物区系基本属半荒漠草原类型，但在种类上华北区与蒙新区种类混杂程度大，带有明显的过渡特征，荒漠物种向该危害大区扩散的趋势明显。

与其他危害大区相同，小家鼠和褐家鼠也是其主要的卫生鼠害，在野外也有较高的密度。蒙古兔、达乌尔黄鼠、子午沙鼠、长爪沙鼠、三趾跳鼠、五趾跳鼠和小毛足鼠的数量较多。其中，蒙古兔、达乌尔黄鼠是重点治理对象。东方田鼠在银川平原黄河滩地密度很高，危害十分严重，是重点治理对象。

1. 宁中缓坡丘陵半荒漠（州）危害区（ⅡA）　宁中缓坡丘陵半荒漠（州）危害区以中卫市、中宁县、吴忠市和灵武市非灌区至平罗县陶乐镇鄂尔多斯台地西缘一线与银川平原（州）分界。中西部有香山、罗山等中低山及相间分布的缓坡丘陵，东北部为鄂尔多斯台地及其西南缘缓坡丘陵，海拔1 200～1 900 m（罗山主峰达2 624 m。年平均气温7 ℃～8 ℃年降水量300～400 mm。天然植被主要是半荒漠草原类型，中部罗山有部分森林和针茅干草原，鄂尔多斯台地为草原化荒漠，沙生植被占优势。

该危害区有啮齿动物23种，隶属7科19属。其中，古北界19种，占82.61 %；东洋界1种，仅在4.35 %；广布种3种，占13.04 %。黄胸鼠和巨泡五趾跳鼠在宁夏仅见于该危害区。本危害大区有分布的花鼠、鼹形田鼠、大沙鼠、中华鼢鼠、五趾心颅跳鼠和巨泡五趾跳鼠等也仅见于该危害区，而本危害大区有分布的大仓鼠、长尾仓鼠和短尾仓鼠在该危害区没有发现。宁夏境内分布的沙鼠和跳鼠种类（除林跳鼠外），在本危害区均有发现。其中，长爪沙鼠、子午沙鼠、三趾跳鼠和五趾跳鼠的密度较大。从种类看，华北区种类与蒙新区种类数量相当，但荒漠种类数量明显大于华北区种类，蒙新区成分占优势。也就是说，草原啮齿动物是本危害区的优势类群。在固定半固定沙丘和沙土半荒漠草地，长爪沙鼠为优势种，占野外鼠类的 56.9 % ~ 73.5 %；五趾跳鼠占 2.6 % ~ 12.6 %；子午沙鼠占 6.2 % ~ 30.9 %；黑线仓鼠占 2.7 % ~ 7.0 %；灰仓鼠占 0.3 % ~ 12.8 %；达乌尔黄鼠占 3.9 % ~ 52.6 %；东方田鼠占 1.9 %；小毛足鼠占 1.0 % ~ 4.7 %。

除小家鼠和褐家鼠外，达乌尔黄鼠、长爪沙鼠和子午沙鼠是该危害区的优势种，蒙古兔数量也较大，危害严重。小毛足鼠也是该危害区的常见种类，数量也较多；但因其个体小，危害较轻。

2. 银川平原（州）危害区（ⅡB）　银川平原（州）危害区以贺兰山和鄂尔多斯台地之间陷落地堑上形成的洪积、冲积平原，即银川平原为主，也包括黄河冲积的卫宁平原（中卫市和中宁县），是古老的引黄灌溉区。海拔 1 090 ~ 1 200 m，年平均气温 8 ℃ ~ 9 ℃，年降水量 250 mm 以下，植被以农田和防护林为主，亦有半荒漠草原植被和残存的草甸植被。

本危害区有啮齿动物 18 种，隶属 5 科 14 属。其中，古北界 15 种，广布种 3 种，东洋界种类没有发现。古北界种类占 83.33 %，处于绝对优势。亚洲温湿型和都兰—西南亚温旱型各有 1 种，占 5.56 %；亚洲温旱型的种类最多，有 9 种，占 50.00 %；蒙新温旱型和蒙新—哈萨克温旱型各 2 种，均占 11.11 %；与人类半生种及放养种类 3 种，占 16.67 %。分布在宁夏境内的 6 种仓鼠在本危害区均有分布，其中长尾仓鼠仅在本危害区出现，也是该危害区唯一的特有种。本危害大区的特有种——黄胸鼠、鼹形田鼠和巨泡五趾跳鼠在该危害区没有发现，说明其在宁夏境内分布区域狭小，属狭域性分布种类。另外，花鼠、中华鼢鼠和达乌尔鼠兔在本危害区也没有分布，证明花鼠和达乌尔鼠兔在宁夏仅分布于六盘山林区和黄土高原丘陵区及缓坡黄土丘陵区，往北在没有分布；而中华鼢鼠只在宁南黄土丘陵区和宁中缓坡黄土丘陵区的局部出现。区系组成中蒙新区成分的优势不太明显，仍具有华北、蒙新两区过渡地区的特征。

东方田鼠和蒙古兔是该危害区的主要害鼠，也是治理的主要对象。长爪沙鼠、子午沙鼠、五趾跳鼠和达乌尔黄鼠数量也较大，应加大生物治理和物理空间隔离治理力度，预防这些害鼠对直播造林种子的刨食和林木幼苗及其农作物青苗的破坏。三趾跳鼠和小毛足鼠局部密度也较高。

(三) 宁西北部贺兰山与荒漠 (省) 危害大区 (Ⅲ)

宁西北部贺兰山与荒漠 (省) 危害大区包括贺兰山地、山前洪积扇和腾格里沙漠东南边缘, 是中国动物地理区划中蒙新区西部荒漠亚区在宁夏西北的一个狭窄带状区。本危害大区包括山地和沙漠两种迥异的自然景观, 可分为 2 个危害区 (动物地理州), 也可分为 2 个独立的危害大区 (动物地理省)。

该危害大区啮齿动物有 19 种, 隶属 6 科 16 属, 占宁夏总种数的 48.71%。其中, 古北界 14 种, 广布种 5 种, 东洋界没有发现。古北界种类占宁夏境内种数的 73.68%; 去除宁夏境内的广布种, 古北界种类占 100%, 占绝对优势。北方寒湿型和都兰—西南亚温旱型种类各 1 种, 占 5.26%; 亚洲温湿型、蒙新温旱型、蒙新—哈萨克温旱型和与人类半生种及放养种类各 2 种, 均占 11.11%; 亚洲温旱型的种类也最多, 有 8 种, 占 44.44%。贺兰山鼠兔在宁夏是该危害大区的特有种, 只分布在贺兰山山地。社鼠和大林姬鼠属典型的森林种类, 在该危害大区也仅分布在贺兰山山地。除在宁夏境内广泛分布的小家鼠、褐家鼠、蒙古兔、达乌尔黄鼠、黑线仓鼠、子午沙鼠、长爪沙鼠、五趾跳鼠和三趾跳鼠等啮齿动物种类外, 灰仓鼠、短尾仓鼠、大沙鼠、五趾心颅跳鼠、蒙古羽尾跳鼠等也在本区出现。由于荒漠景观中物种丰富度小, 边缘效应和贺兰山地的特殊自然条件使大量华北区成分侵入等原因, 使该危害大区啮齿动物的蒙新区成分在种类上不占优势, 但在数量上仍有明显的优势。

小家鼠和褐家鼠仍然该危害大区的主要卫生鼠害。蒙古兔和达乌尔黄鼠, 是主要的治理对象。五趾跳鼠和三趾跳鼠密度也较大, 对直播造林和荒漠植物幼苗影响很大。子午沙鼠对固沙植物危害也较严重。

1. 贺兰山山地 (州) 危害区 (ⅢA) 　贺兰山山地 (州) 危害区包括银川平原以西的贺兰山地及其延伸区, 自中宁的石空向北延伸至贺兰山余脉的一段明长城是本危害大区 2 个危害区的分界。海拔 1 300 ~ 3 556 m。在 1 500 ~ 3 000 m 地区, 年平均气温约 4.1 ℃, 年降雨量 200 ~ 400 mm。植被有乔灌木林、高山草甸和干旱荒漠草原。海拔在 1 500 m 以下地区年平均气温约 8 ℃, 降雨量在 200 mm 以下。

本危害区, 啮齿动物有 18 种, 隶属 6 科 15 属, 占宁夏境内啮齿动物种数的 46.15%, 占本危害大区的 94.73%。其中, 古北界 13 种, 占 72.22%; 广布种 5 种, 占 27.78%; 没有东洋界种类。北方寒湿型和都兰—西南亚温旱型各有 1 种, 各占 5.56%; 亚洲温湿型、蒙新温旱型、蒙新—哈萨克温旱型和与人类半生种各有 2 种, 均占 11.76%; 亚洲温旱型 8 种, 占 44.45%。社鼠、大林姬鼠和贺兰山鼠兔主要分布在海拔 1 600 m 以上的有林地或者林间草地、草甸草原。其中, 社鼠是优势种, 占野外捕获率的 51.7 %；林姬鼠亦较多，占 27.6 %；小家鼠占 13.8 %；黑线仓鼠占 3.5 %（秦长育，1991）。在山足冲积扇海拔 1 750 m 以下，分布有达乌尔黄鼠、三趾跳鼠、五趾跳鼠、三趾跳鼠、子午沙鼠、长爪沙鼠、小毛足鼠、蒙古羽尾跳鼠、五趾心颅跳鼠。其中，达乌尔黄鼠、三趾跳鼠、五趾跳鼠、子午沙鼠和小毛足鼠数量较多。

蒙古兔是本危害区林木鼠害的主要防治对象，达乌尔黄鼠、三趾跳鼠、五趾跳鼠和子午沙鼠是山麓山前荒漠林鼠害监测和治理的对象。在林地，也要监测贺兰山鼠兔、社鼠和大林姬鼠的种群动态，预防其爆发对新造林、幼林和直播造林造成危害。

2.*腾格里沙漠沙地荒漠（州）危害区（ⅢB）*　该危害是腾格里沙漠东南缘在宁夏的部分。海拔 1 300～1 500 m，年平均气温 9.7 ℃，年平均降水量 185.6 mm，年蒸发量 3 000 mm 以上。植物组成单调，多为沙生耐旱种类，植被类型为红砂、珍珠草原化荒漠，在流动沙丘，仅丘间低地及背风坡脚散生有少量沙生植物，盖度不足 2 %。

本危害区啮齿动物种类较少，仅有 14 种，隶属 5 科 12 属，占宁夏种类的 35.90 %，占本危害大区种类的 73.68 %。其中，古北界种类 11 种，占 78.57 %；广布种 3 种，占 21.43 %；没有东洋界的种类。亚洲温旱型种类最多，有 8 种，占 57.14 %；蒙新温旱型和与人类半生种各有 2 种，均占 14.29 %；蒙新—哈萨克温旱型和都兰—西南亚温旱型的种类各有 1 种，均占 7.14 %。该危害区啮齿动物以蒙新区成分占优势。五趾跳鼠和子午沙鼠为优势种，长爪沙鼠、三趾跳鼠、小毛足鼠和蒙古兔数量也相对较多。由于边缘效应，在邻近灌区的黄河阶地及半固定沙丘，达乌尔黄鼠数量较多，黑线仓鼠、灰仓鼠等也有分布，但数量稀少。

蒙古兔、子午沙鼠和五趾跳鼠是该危害区荒漠林鼠害治理的主要对象。在荒漠边沿地带要监测达乌尔黄鼠和长爪沙鼠的数量变化。

啮齿动物危害大区是指亚区中与平均状况不符合的地区，啮齿动物地理危害区也是一样，反映了危害大区内部的差异状况。宁夏啮齿动物区系区划共有 3 个危害大区，6 个危害区，危害大区与危害区（州）的范围可延伸到相邻省区中所属同一啮齿动物亚区的有关区域。其中最典型的是宁南黄土高原—六盘山地（省）危害大区可与陕、甘两省邻近有关地区连成一片，六盘山山地（州）危害区、贺兰山山地（州）危害区还应包括分别属甘肃、内蒙古的山地其余部分，腾格里沙漠则更应该统一划归为一个危害区（甚至提升为危害大区）。

第四章 啮齿动物取食危害特性与分类治理策略及方法

鼠害治理是一个系统工程，不仅需要了解害鼠和目的植物的生物学及生态学信息，也需要搞清害鼠与目的植物及其所处环境的关系，掌握害鼠治理的基本原理和科学方法，确定合理的治理策略，制定有针对性的、行之有效的可持续无害化治理标准和方案。更需要按照国家生态文明建设和新时代社会主义新农村建设的要求，根据当地社会、经济发展水平和国家农林牧产业结构调整的需求，整合现有植保、森防和疾控体系，吸纳社会力量，建立新型的由政府主导，全社会参与的鼠害治理联动机制，将鼠害治理纳入国家应急处理保证范畴，实现鼠害治理法律化、制度化、规范化和标准化。同时，还要建立强有力的害鼠治理政府组织体系和科学完善的资金投入和筹措制度，保障鼠害治理的组织领导和资金投入需求。为此，在初步制定宁夏森林和草原啮齿动物种类区系与地理区划的基础上，根据害鼠取食危害特性与目的植物的关系，结合各地农林牧生产实际和农民群众对鼠害治理的不同需求，制定了宁夏各类型害鼠的治理策略、方案和可供选择的可持续无害化治理措施。

第一节 松鼠科害鼠的取食危害特性和治理策略及方法

一、松鼠类的取食危害特性和治理策略及方法

松鼠类是松鼠科松鼠亚科动物的总称。在宁夏有岩松鼠、花鼠和黄腹花松鼠3种，主要分布在宁南六盘山地区。其中，岩松鼠是典型的种食害鼠，也是六盘山林区及其附近泾源县、隆德县和原州区南部农林种食害鼠治理的主要对象（表4-1）。

（一）松鼠的取食危害特性

在林区，松鼠类以盗食林木种食、种子为主，影响林木更新，降低经济林干果的产量和品质；也刨食直播造林和飞播造林种子，降低造林效果，是主要的种食害鼠（表4-1）。在农区，松鼠类盗食和刨食各种农作物的种子，同时也啃食林木幼苗、农作物青苗和瓜果、蔬菜。

岩松鼠是在六盘山林区及其农林交错地带数量较高。啃食核桃青皮，盗食贮存成熟的核桃及各种坚果。对核桃的盗食率17.8%~36.2%，且盗食的均是品质优良核桃，严重降低核桃的产量和品质，影响果农收入（韩崇选等，2015）。在农林交错区及山脚农田区，岩松鼠常与褐家鼠、大林姬鼠、黑线姬鼠和长尾仓鼠等窜入农田，盗食农作物的种食。在泾源县冶家村山前农田及其农民房前屋后种植的玉米，被害率达35.6%~95.2%，严重地块颗粒无收。该鼠也常窜入农户房屋粮仓，偷盗农户贮存的粮食，啃食瓜果蔬菜和厨余剩餐。

（二）松鼠的治理策略及方法

松鼠类治理应该采取天敌调控和降低密度的策略。

1. 天敌调控　在保护利用当地天敌资源的基础上，利用家猫驱赶和捕食松鼠。在果园或者种子园，每公顷修建1个猫舍，将家猫拴在猫舍边驯养3周。第一周，按照猫食量每天傍晚足量投食喂养一次；第二周，每天按1/2猫食量傍晚投食喂养一次；第三周，坚壁清野，每天按照1/3猫食量傍晚投食喂养一次，喂养后，将猫放开，让猫自由在园内寻食。待家猫适应园内环境后，将猫彻底放开，不再人工投食喂养。通常一只家猫可以有效控制2~3 hm²面积林地或者农田的害鼠危害（韩崇选等，2015）。

2. 隔离带+阻止上树装置　预防松鼠上树按树冠间距不小于5 m的标准，在果园与周围林木之间设隔离带，防止松鼠窜冠。同时清理林下灌木杂草，在树干1.0~1.2 m高处套管，或者安装刺环预防松鼠上树盗食林木果实。采用该项专利技术，可使松鼠对核桃、板栗等果实的盗食率降低85.0%~90.6%（韩崇选等，2015）。

3. 破坏松鼠贮食场所　寻找松鼠食场所，取回被松鼠盗食的坚果和林木种子，并尽量破坏松鼠的贮食场所，断绝松鼠冬季食量，迫使松鼠转移，或者增加松鼠冬季死亡率，减少来年春季鼠口密度。采用该技术，不仅能够降低松鼠密度，且能够挽回一定的损失。2016年9月，在陕西彬县牛背村核桃园周围寻找挖掘岩松鼠贮食场所，发现岩松鼠洞穴及其贮食点多分布在沟边地势较高处，共计挖掘岩松鼠贮食点361处，共计挖出核桃504.6 kg，相当于当年核桃园总产量的25.2%。挖出的核桃颗粒饱满，颜色鲜亮，品质上乘。2017年春季调查，挖掘贮食场所的核桃园附近，岩松鼠的捕获率仅为 0.36 %，比没有挖掘贮食场所的核桃园周围捕获率下降了 13.82 %，治理效果达 97.5 %。

4. 人工捕杀　将捕鼠笼或者捕鼠夹布设在松鼠经常出没的沟边、崖畔，诱饵选用落花生、葵花籽、麻子等。捕捉前先预捕 2 天，然后支起鼠笼、鼠铗。

5. 药剂杀灭　用无公害鼠密度调节剂或者 0.5 % 溴敌隆原液，以落花生和葵花籽作诱饵，配制毒饵，采用毒饵站投饵，每亩设立一个毒饵站。投饵后定期检查毒饵站毒饵的存有量，发现毒饵耗完，及时补充（韩崇选等，2015）。

6. 药剂拌种　直播造林和飞播造林时，用多效抗旱驱鼠剂、纳米型作物抗逆剂拌种，每千克药剂拌种 200 ~ 250 kg，能有效地预防松鼠及其他地面鼠对种子的刨食（韩崇选等，2017）。

二、黄鼠类的取食危害特性和治理策略及方法

黄鼠类是松鼠科、土拨鼠亚科、黄鼠属种类的总称。宁夏境内只有达乌尔黄鼠一种，属广布种，广泛栖息在宁夏各种生境中，属典型草原种类，也是宁夏草原和农田害鼠治理的主要对象（表 4-1）。

（一）黄鼠的取食危害特性

达乌尔黄鼠主要以啃食农作物和牧草青苗为食，造成农作物缺苗断垄，草场大片枯萎，降低农作物产量，减少草场产草量；也啃食林木幼苗，降低造林成活率。另外，该鼠还取食农作物和牧草种子。

（二）黄鼠的治理策略及方法

黄鼠类治理应采用招引天敌为主的策略集中连片治理。

1. 天敌调控　黄鼠类栖息环境开阔，植被稀疏。设立招鹰架，给捕食性猛禽提供栖息和瞭望的场所，对控制黄鼠有一定效果。在银川滨河新区、贺兰县设立的招鹰架上经常发现栖息的猎隼、红脚隼等猛禽。招鹰架下，也能观察到猛禽排泄物中的鼠毛及其食余中的鼠毛和鼠骨。

2. 人工捕捉　除采用板夹和鼠笼捕鼠外，可利用黄鼠洞穴简单的特点，采用人工挖掘或者洞口挖陷阱的方法捕捉，也可采用水灌法捕杀。

3. 药剂杀灭　黄鼠类生境相对脆弱，治理药剂选择必须从保护生物多样性角度出发，可采用不育剂类药剂和无毒灭鼠毒饵治理。在鼠口密度高，或者有疫情发生时，可选用急性灭鼠剂或者第二代抗凝血剂等药剂毒杀，但最好不要将毒饵直接投到地面上，最好采用毒饵站方式投饵，也可将毒饵直接投到黄鼠洞内。治理后，要及时清理掩埋鼠尸，防止猛禽和捕食性兽类误食。

（1）毒饵杀灭　春季（4～5月），是黄鼠活动盛期，也是幼鼠分居前母鼠与仔鼠对不良条件抵抗力较弱的时候。此时，草尚未返青，食料缺乏，是药剂杀灭黄鼠的最佳时机。用5%～10%磷化锌毒饵防治，小麦毒饵的投饵量为10～15粒，玉米毒饵8～10粒，豆类毒饵5粒。条投时，可按行距30～60 m投放，也可在黄鼠洞外16 cm处投放。飞防时，间隔40 m，喷幅40 m，于5月中旬喷撒为宜，毒饵量6.0 kg/hm²。采用毒饵消灭黄鼠时，毒饵要求新鲜，选择晴天投放，雨天会降低毒效。夏季（6～7月份），由于植物生长茂盛，黄鼠的食物丰富，不适于使用毒饵法。

（2）药水灭鼠　在夏天，采用液体（药水），尤其是对于高温干旱地区效果较优。由于黄鼠属昼行性动物，外出活动时间正是一天中比较热的时间，因此液体比颗粒或粉末药物灭鼠更具诱惑力。但存在液体易蒸发，放置时间较短，液体易被碰倒等不足之处。

（3）药剂熏蒸　在气温不低于12 ℃时，黄鼠洞道有两个洞口，用土封住一个洞口，在另一洞中投入氯化苦、磷化铝和磷化钙熏蒸，灭效较高。若投放磷化钙时加水10 ml，立即掩埋洞口，灭鼠效果更好。

第二节　鼠科害鼠的取食危害特性和治理策略及方法

鼠科种类多是种食害鼠，在宁夏有4属9种。其中，小家鼠和褐家鼠与人为伍，是典型的家栖鼠类，属广布种，宁夏全境都有分布，且密度很高，危害严重。社鼠、黑线姬鼠、大林姬鼠和中华姬鼠多在野外栖息，局部成灾（表4-1）。

一、家栖鼠类的取食危害特性和治理策略及方法

小家鼠和褐家鼠是世界性的卫生害鼠，也是宁夏卫生害鼠监测和治理的主要对象。

（一）家栖鼠的取食危害特性

小家鼠属杂食性，主要以农作物和牧草种子及粮食为食，是重要的卫生、农田和草原害鼠，易爆发成灾。爆发时，能使农作物减产7成以上，严重时颗粒无收。褐家鼠杂食性，喜水，主要取食农作物、牧草、林木等的种子及粮食，也啃食青苗和林木幼树根基部树皮；有时也取食昆虫及其他小动物，甚至攻击熟睡的婴幼儿。褐家鼠是主要的卫生、农田、林木害鼠。在宁夏各地，该鼠在农田盗食玉米种食，咬断麦穗、稻穗，啃食青苗，造成农作物缺苗断垄。在田埂，褐家鼠啃食林木根基部树皮，造成林木死亡。在人类居住活动场所，小家鼠和褐家鼠盗食粮食，啃咬家具、门窗、书籍、衣物，咬断电缆、电线；在养殖场糟蹋饲料，咬伤家禽家畜。更可怕的是污染粮

食和食物，传染多种疾病（表4-1）。

（二）家栖鼠的治理策略及方法

应根据家栖鼠类的栖息环境和治理目的确定治理策略，选择治理方法。对于城镇乡村居民区鼠害治理应采用设施防鼠与药剂灭鼠预防相结合的策略，对于田间害鼠治理要采取保护利用天敌为主，毒饵站治理为辅的治理策略。

1. 设施防鼠　杜绝害鼠侵入的途径，防止害鼠进入。适用于食品加工车间、库房、厨房、养殖场等使用。首先，在门外侧30 cm以下镶上铁皮。要求门与门框、门底边与地面的间隙小于6 mm。其次，在库房出入口安装防鼠板。防鼠板用铁皮或铝板制作，高30 cm，宽度与出入口相同。防鼠板的底边与地面和固定槽（框）缝隙野外应小于6 mm。再次，在酒店、饮食店、食品店、单位食堂等重点单位的库房、厨房窗户、排气扇、通气孔、排水孔、各种管口等安装防鼠网。防鼠网用孔径小于6 mm（40目）、网丝直径的铁丝网大于1 mm的铁丝网。下水道排水出口处也可安装活动的装有防鼠网的挡板。排气扇处防鼠网的孔径可达13 mm，以免烟尘堵塞网眼。最后，用水泥抹平墙壁上管道、电缆过墙洞口缝隙，不能堵塞的孔洞要安装防鼠网。

对于养殖场，除了采取以上措施外，还有用水泥硬化养殖舍内外地面，及时清理散落的饲料，及时整理库房，精饲料等物品摆放整齐，容易被老鼠咬坏的东西尽可能放在上层，墙角不摆放东西，不给老鼠有躲藏和做窝的地方；用完的饲料袋须将剩余的饲料清理干净并打包，摆放整齐；定期熏蒸仓库，破坏老鼠熟悉的路线，限制鼠类活动。

2. 机械捕鼠　利用各种工具捕杀害鼠，利用关、压、扣、堵（洞）、灌（洞）等方法灭鼠。此类方法可就地取材，简便易行。使用鼠笼、鼠夹之类工具捕鼠，应注意诱饵的选择、布放的方法和时间。诱饵以鼠类喜吃的为佳。捕鼠工具应放在鼠类常常活动的地方，如田埂、墙角、鼠道及洞口附近。

3. 天敌调控　鼠类天敌包括猫、狐狸、鼬、蛇、鹰、隼、鸮等。在药物控制鼠害的基础上，设立鹰架招鹰、驯养放养沙狐、家猫等方法是有效治理的方法。

4. 毒饵灭鼠　毒饵灭鼠要选择国家允许使用的灭鼠剂，诱饵可因地制宜，选择鼠类喜食的食物作诱饵。城镇灭鼠毒饵要采用毒饵站或者毒饵盒投放，将其摆放在鼠类经常出没的地方，一般紧贴墙壁、角落摆放。天花板上、门的两侧、门窗上面、下水道、饲料仓库、鼠粪和鼠洞比较多的地方、靠近水源的地方都是投饵的地点。田间投饵最好采用毒饵站。在室内也可采用毒水灭鼠。

5. 毒水灭鼠　仓库类环境可选用0.015%溴敌隆水剂进行防治，每隔3 m左右布放 1 塑料碟毒水。也可用防治箱防治，防治箱规格为 20 cm × 15 cm × 10 cm，内设自动供毒水系统，一次供水可足够 3 个月使用。将防治箱沿墙边布于室内，每天检查一次害鼠的死亡情况。

二、姬鼠类的取食危害特性和治理策略及方法

姬鼠类是鼠科姬鼠属种类的总称。宁夏有 3 种，主要分布在宁南六盘山山地及其附近的丘陵区，大林姬鼠在贺兰山林区也有分布。其中，黑线姬鼠和大林姬鼠数量较高（表 4–1）。

（一）姬鼠的取食危害特性

姬鼠类是典型的种食害鼠。其中，大林姬鼠主要取食和盗食林木种子，常将种子分门别类分散成堆贮存在洞穴中的粮仓里。一个洞穴有粮仓 4 ~ 39 处，贮存种子 0.69 ~ 4.25 kg。春季常能发现树洞巢穴洞口流出散落的发霉腐烂的种子。黑线姬鼠和中华姬鼠以各种林木和农作物的种子为食，也常窜入居民区及住户家里盗食粮食，啃食厨余。另外，黑线姬鼠和中华姬鼠也取食农作物青苗和林木幼苗、嫩枝，啃食林木根基部树皮。与棕背䶄和红背䶄不同，姬鼠啃食林木根基部树皮后，根基部四周地面上很少留有食物残渣。这是林地判断姬鼠危害的主要特征。更为重要的是姬鼠能传播多种疾病，危害人们身体健康，甚至生命。因此，姬鼠类不仅是重要的种食害鼠，也是重要的农田害鼠和卫生害鼠。

（二）姬鼠的治理策略及方法

姬鼠治理应根据不同的治理目标采用不同的治理策略。城镇居民区可采用家栖鼠的治理方法。林区和农田在借鉴松鼠治理经验的基础上，应根据具体鼠害，制定相应的治理策略，选择合理的治理方法。

1. 农田姬鼠治理　农田姬鼠应采取生态调控为主的治理策略。密度高时，可进行大面积药物防治，防治期主要在春、秋繁殖高峰来临之前进行，即 3 月中旬至 4 月下旬和 8 月中旬至 9 月下旬投饵较好。

（1）农业技术　深翻土地，破坏其洞系及识别方向位置的标志，增加天敌捕食的机会。清除田园杂草，恶化其隐蔽条件。作物采收时要快并妥善储藏，断绝或减少鼠类食源。

（2）人工捕捉　在黑线姬鼠数量高峰期或冬闲季节，可发动群众采取夹捕、封洞、陷阱、水灌、鼓风、剖挖或枪击等措施进行捕杀。

（3）毒饵杀灭　用 0.1% 敌鼠钠盐毒饵、0.02 % 氯敌鼠钠盐毒饵、0.01 % 氯鼠酮毒饵、0.005 % 溴敌隆毒饵、0.03 % ~ 0.05 % 杀鼠脒毒饵，以小麦、莜麦、大米或玉米作

诱饵，采取封锁带式投饵技术和一次性饱和投饵技术，防效较好。

（4）烟雾炮法杀灭　将硝酸钠或硝酸铵溶于适量热水中，再把硝酸钠40％与干牲口粪60％或硝酸铵50％与锯末50％混合拌匀，晒干后装筒，筒内不宜太满太实，秋季，选择晴天将炮筒一端蘸煤油、柴油或汽油点燃，待放出大烟雾时立即投入有效鼠洞内，入洞深达15～17 m处，洞口堵实，5～10 min后害鼠即可被毒杀。

（5）熏蒸杀灭　在有效鼠洞内，每洞把注有3～5 ml氯化苦的棉花团或草团塞入，洞口盖土；也可用磷化铝，每洞2～3片。

2. 林地姬鼠治理　对新植林和幼林地，应选择无害化治理策略，采用物理空间隔离与药剂驱避的方法。

（1）根基部套网　选用孔径不大于6 mm，丝径3～5 mm的镀锌铁丝网，在林木根基部套网，预防姬鼠对林木根基部树皮的啃食。要求，套网高25～30 cm，套网直径大于林木根基部直径3～5 cm。套网时，把套网底部埋入土表5 cm以下，扎紧套网接口连接处。也可在根基部套塑料管，或者用废旧塑料饮料瓶（韩崇选，2015）。

（2）药剂涂干　按多效抗旱驱鼠剂、纳米型作物抗逆剂：水：生石灰粉：食盐=1：（300～500）：（50～60）：1的比例兑成石灰水浆，用涂干机或者人工在树干1.2 m以下涂白。不仅能有效地预防冬春季害鼠与其他动物对林木根基部树皮的啃食，还可杀死树皮中越冬的其他有害生物，预防冻害（韩崇选等，2015）。另外，用其他防啃剂及动物血、动物性油脂等兑成石灰水浆涂白，也可起到预防害鼠及其他动物冬春季对林木树皮的啃食。

第三节　仓鼠科害鼠的取食危害特性和治理策略及方法

仓鼠科种类繁多，生境多样，是啮齿动物中最大的一科。宁夏境内分布有13种，隶属3亚科8属。其中，仓鼠亚科3属6种，是典型的种食害鼠；田鼠亚科4属5种，危害类型多样；沙鼠亚科1属2种，是典型的荒漠、半荒漠类型（表4-1）。

一、仓鼠类的取食危害特性和治理策略及方法

仓鼠类是仓鼠科仓鼠亚科种类的总称，是主要的农田害鼠，也是重要的草原害鼠和卫生害鼠（表4-1）。

（一）仓鼠的取食危害特性

仓鼠类以取食农作物及草原植物的种子为主，也啃食农作物青苗、瓜果蔬菜和林木幼苗，捕食昆虫和其他小动物。其中，黑线仓鼠和大仓鼠有时也窜入农家盗食粮

食。仓鼠春季刨食播种的小麦、玉米、豌豆等种子，继而啃食青苗，尤其喜欢吃豆类幼苗；作物灌浆期，啃食果穗，并有跳跃转移为害的特点，啃食瓜果时专挑成熟、甜度大的为害。秋季夜间盗运成熟的种子，贮备冬季食物。其中，黑线仓鼠每个洞穴可贮粮 1.0 ~ 1.5 kg；大仓鼠可贮粮 0.25 ~ 7.23 kg，平均 3.40 kg。由于仓鼠危害，常造成农作物严重减产，甚至颗粒无收。在林区，仓鼠盗食林木种子，严重影响飞播造林和直播造林质量。在牧区，则影响草原植被的更新。更为严重的是仓鼠能传播鼠疫、流行性出血热、钩端螺旋体病、蜱性斑疹伤寒、蜱传回归热等传染病，危害人类健康。

（二）农田仓鼠治理策略及方法

仓鼠类治理应因地制宜，根据各地害鼠发生情况，与治理其他害鼠相结合。

农田仓鼠治理应从长远规划，以生态治理为中心。在治理策略上，首先是掌握鼠情，做到心中有数，科学地制定治理方案。了解当地仓鼠的鼠种、数量分布、为害程度、受害面积等，准确划定治理区及重点治理对象；调查了解仓鼠的活动规律、繁殖特点、消长规律，科学确定灭鼠时机；调查了解仓鼠的食性、生活方式，以选择适口性好的毒饵及适当的方法，如仓鼠喜食甘薯、小麦、大米、生葵花籽、瓜果、蔬菜等，选用这些制作毒饵效果最佳；根据治理面积，确定毒饵用量。其次是与治理其他害鼠结合起来。三是统一行动，大面积治理。四是农业措施与药剂防治相结合。

1. 农业技术　深耕土地，整治田埂，破坏鼠类洞道，抑制鼠类数量恢复；减少荒地及并耕地面积，消除鼠类被动性迁移的临时栖息地场所。在水利条件较好的地区，利用冬季和春季农田灌溉，水溺幼鼠、残鼠，可降低春季鼠类数量。

2. 人工捕杀　大仓鼠、黑线仓鼠活动范围大，社交群中个体交往十分频繁，按洞口放置鼠夹效果很好，有时在一个洞口可连续捕鼠十几只。每次捕到后，应将夹上血迹用热水洗净，以免以后引起其他鼠的警觉。

3. 保护天敌　保护猫头鹰、蛇类等食鼠动物，可减轻鼠害。

4. 药剂杀灭　化学灭鼠剂分为急性灭鼠剂和慢性灭鼠剂两大类。急性灭鼠剂主要有磷化锌、毒鼠磷、溴代毒鼠磷等。按照使用说明与各种仓鼠喜食的食物，配成毒饵，在每个洞口放毒饵 3 ~ 5 g。也可将药剂制成毒糊，涂在纸或布上塞进洞中，让鼠通过撕咬，使之中毒。此类杀鼠剂优点是杀伤快，在 24 h 内可使害鼠中毒死亡。缺点是早死的鼠类能引起其他鼠类的警觉，且能引起二次中毒。使用时要注意人畜安全。慢性灭鼠剂也称缓效杀鼠剂，主要有敌鼠钠盐、氯敌鼠（氯鼠酮）、杀鼠灵、杀鼠迷（立克命）、溴敌隆、大隆、杀它仗等抗凝血剂。敌鼠钠盐使用毒饵浓度为 0.05 % ~ 0.1 %，氯敌鼠使用毒饵浓度为 0.025 % ~ 0.05 %，饵量为 3.0 kg/hm²；杀鼠灵使用毒饵浓度为0.025%，杀鼠迷使用毒饵浓度为0.075%，溴敌隆使用毒饵浓度为0.005%，大隆使用毒饵浓度为0.002%～0.005%，杀它仗一般使用毒饵浓度为0.005%。此类药消灭率高，一般3～4 d死亡，有的需7～10 d。除后两种药外，二次中毒危险性小。如杀鼠灵是一种高效低毒的灭鼠新药，老鼠吃了杀鼠灵毒饵，5～6 d后内脏就大出血死亡，而且老鼠对这种毒饵不拒食，吃了还想吃；对人、畜、禽毒性小，基本无危险。使用方法：取药5 g，加295 g粉料或滑石粉稀释，加入9.7 kg甘薯块（切碎）拌匀，制成毒饵，加少量植物油效果更好。投放在老鼠经常活动的地方，每堆3 g，当天食去毒饵，次日补充，连投3～4 d。

5. 药剂熏蒸　利用熏杀剂的气体，通过害鼠呼吸道进入体内，影响正常生理活动，也可使鼠中毒而死。主要优点是没有明显的选择性，灭鼠效果好，可以节省诱饵，作用快，一般在2～3 h即可发挥作用，野外使用安全，害鼠被熏死在洞内，没有二次中毒现象。缺点是用量大、投工多、开支大。常用的有磷化铝、氯化苦等。使用时，先将鼠洞洞口封闭严，留1～2个洞口，将磷化铝或氯化苦药剂放入洞内（氯化苦可以玉米芯作载体），烟雾炮点燃后投入洞内，用泥土迅速封严洞口。烟雾剂多为剧毒，操作时应戴防毒面具，以防中毒。在人居住的房间禁止使用。

（三）仓储仓鼠治理

仓储仓鼠除采用家栖鼠类治理策略和方法外，还应按仓鼠的生活习性、活动规律和库房建筑条件来灭鼠。首先采用河沙或熟石灰粉，在库房内、外布点（20 cm×20 cm）调查，根据河沙或熟石灰薄层上的鼠迹，掌握仓鼠活动场所和密度，有的放矢地投放毒饵或用灭鼠器进行捕杀。仓鼠繁殖盛期，选择晴朗天气，按鼠迹和通往有水源之处，傍晚统一投放毒饵或灭鼠器。仓鼠狡猾，胆小多疑，味觉灵敏，往往对投放的毒饵避而不吃，布下的灭鼠器，绕道或跳过而行。捕杀时，要选择当地仓鼠最喜食的食物作诱饵；当发现鼠迹的来回道时，适当将多条的来回道堵塞，留出2～3条来回道，1～2 d后，再布放灭鼠器。仓鼠耐渴力差，多种水源附近活动，特别是在干燥气温下，2～3 h必须寻找水源。因此，要将库房门窗关闭严密，断绝库内仓鼠的水源。

二、田鼠类的取食危害特性和治理策略及方法

田鼠类是仓鼠科水田鼠亚科种类的泛称。宁夏有4属5种，主要分布在六盘山林区及其，银川平原及其相邻的黄灌区。其中，麝鼠是人类散养的水生种类，主要栖息在中卫、中宁、利通、灵武、淘乐、石嘴山、青铜峡、银川、平罗、惠农、贺兰、永宁等县（市、区）的河流、湖泊、池塘的岸边，以及河漫滩、黄河中滩、芦苇沼泽中。鼹形田鼠仅分布于盐池县鄂尔多斯台地靠近水源的草原、农田，局部密度较高。

洮州绒鼠和根田鼠仅分布在六盘山林地，局部密度较高，对幼林根系及根基部有所危害。东方田鼠在六盘山林区密度较低，在银川平原及其相邻的黄灌区数量较大，局部对幼树根系及根基部树皮危害严重，应重点治理（表4-1）。

（一）田鼠的取食危害特性

田鼠类属干部害鼠，东方田鼠、根田鼠、洮州绒鼠和鼹形田鼠对林木根系也造成危害。

东方田鼠危害各种农作物，造成减产；冬春季节转而危害林木，啃咬树皮和幼枝，造成苗木死亡或生长不良。在东北主要危害赤松、樟子松，红松、杨树的幼树及大树，在山区果园中危害杏、李子等幼树，咬断树根，树干基部环状剥皮，咬断幼树顶梢枝条，造成林木死亡。对造林地中的非目的树种柞树、柳树、苕条、悬钩子等也有较严重的危害（佟勤等，1989）。在宁夏黄灌区主要危害杨树和柳树，在永年县黄河滩，对1年生杨树苗木根部危害率可达31％~45％；对造林2~6年的幼树根基部啃皮环剥可达30％以上。另外该鼠在洪水季节被迫迁移常引发钩端螺旋体、流行性出血热等病疫（陈安国等，1998）。

根田鼠主要在秋、冬、春季对林木产生危害，其危害症状因树种、树龄和发生地点有所差异。危害后往往在林木周围不留残渣；但在啃食不喜食林木时，会残留大片被啃撕下的树皮碎片和被咬断的枝条。根田鼠对新造林和幼树主要是截根危害和啃食土表下3~5 cm的树皮和嫩枝。另外，在苹果、红枣和桃等成熟季节，根田鼠也上树啃食水果。对针叶树主要危害新造林和幼树，主要啃食林木下半部主干树皮和幼嫩枝条，很少取食针叶；危害后林地仅残留带有针叶的枝梢。冬季时营雪下觅食活动，幼树雪下部分的外皮多被它啃光，致林木早期枯死。根田鼠在草场上啃食优良牧草，加之其洞道弯曲多枝，破坏草皮，致使牧草成条带式枯死，影响牧草的生长及产草量；在农区，盗食作物种。同时为土拉伦斯病、细螺旋体病或丹毒的病原天然携带者。

麝鼠以水中的甲壳类和双壳类为食。在土坝的水下坝壁打洞营巢，危及河堤和防洪设施等的安全。也是兔热病、鼠疫、李氏杆菌病、野兔热（土拉伦菌病）的宿主动物。鼹形田鼠常年在地下啃咬植物根系，拱掘地道，不断挖掘坑道觅食，将大量下层土壤抛出地面，掩盖草被，抑制植被的正常发育，致使牧草大量减产。

（二）农田田鼠治理的策略及方法

农田害鼠治理对策主要是控制鼠类的生存条件，其中以减少鼠类的隐蔽场所和食物来源为主要内容，以便减少环境对鼠类种群的容纳量。

1.生态控制 生态控制的核心是恶化害鼠的生存条件，如合理安排作物茬口，早中晚作物品种规模化和区域化种植，及时收获成熟的粮食并予妥善储藏，要做到随收随运、随脱粒、随入库、随耕地等，可以断绝或减少鼠类食粮；精耕细作、减少农田夹荒地、修整田埂、中耕翻地、开挖鼠洞等，能减少和破坏鼠类的孳生繁殖场所。

2. 保护天敌　保护和利用猫头鹰、黄鼬、蛇、豹猫、狐狸、獾等天敌，对抑制害鼠种群增长、维护生态平衡也具有重要作用。要制定有效的法律手段，禁止乱捕、乱杀蛇类和黄鼬等有益动物，促进生态平衡，提高生物制约能力。

3. 机械捕杀　及时布放适宜当地的捕鼠器于田埂、鼠洞口和鼠道上捕鼠。这种方法只适用于小范围的鼠害和灭鼠后残留个体，如使用得当也能起到一定的效果。

4. 药剂杀灭　当害鼠种群密度高时，采用杀鼠剂灭杀农田害鼠是一种有效的方法。灭鼠时最好采用大面积连片灭治，根据不同生境和作物制定相应的灭鼠方案，以达到高效的目的。建议使用慢性抗凝血杀鼠剂。常用的有溴敌隆、氯敌鼠钠盐、敌鼠钠盐、杀鼠迷、杀鼠灵等，诱饵选用小麦或稻谷。采用毒饵站投饵，灭鼠的最佳季节是春季 2～4 月和秋季 8～10 月。

5. 社区灭鼠　鼠类具有较强的迁移习性，加上农村生态环境复杂，因此，靠单家独户或小范围灭鼠均难以奏效，只有开展区域性的统一治理行动，才能取得好的灭鼠效果。社区鼠害治理的主要措施是推行统一灭鼠行动，即在一般鼠害发生区，灭鼠区域至少要在一个乡或几个乡的范围内统一进行，鼠害重灾区，灭鼠区域要求扩展到几个县、几个地区甚至全省。

（三）林地田鼠治理的策略及方法

林地害鼠治理必须按照不同营林期制定相应的治理策略，选用最佳的治理措施。造林期应该采取林业生态调控与空间隔离预防相结合为主的策略，现有林应采取降低鼠口密度与空间隔离预防为主的综合治理策略。

1. 生态控制　生态控制措施，是指通过加强以营林为基础的综合治理措施，破坏鼠类适宜的生活和环境条件，影响害鼠种群数量的增长，以增强森林的自控能力，形成可持续控制的生态林业。造林设计时，首先考虑营造针阔混交林和速生丰产林，要加植害鼠厌食树种、优化林分及树种结构，并合理密植以早日密闭成林。造林前，要对造林地深翻，进行深坑整地，并清除造林地内的杂草及枝丫、梢头、倒木等，破坏鼠群栖境。造林时，对苗木用树木保护剂进行预防性处理，要深坑栽植，挖掘防鼠阻隔沟（韩崇选等，2005）。造林后，在抚育时及时清除林内灌木和藤蔓植物，破坏害鼠的栖息场所和食物资源；控制抚育伐及修枝的强度，合理密植以早日密闭成林；定点堆积采伐剩余物（树头、枝丫及灌木枝条等），让害鼠取食。在害鼠数量高峰年，可采用代替性食物防止鼠类危害，如为害鼠过冬提供应急食物，以减轻对林木的危害。对于新植幼林，营林部门要切实加强监管，发现鼠害，要立即对害鼠进行化学药剂防治。

2. 生物调控　严格实行禁猎、禁捕等项措施，保护鼠类天敌，最大限度地减少人类对自然生态环境的干扰和破坏，创造有利于鼠类天敌栖息、繁衍的生活条件。在人工林内堆积石头堆或枝柴、草堆，招引鼬科动物；在人工林缘或林中空地，保留较大的阔叶树，设立招鹰架等，以利于食鼠鸟类的栖息和繁衍。有条件的地区，可以人工饲养繁殖黄鼬、伶鼬、白鼬、苍鹰等鼠类天敌进行灭鼠（韩崇选等，2005，2015）。

3. 空间隔离　空间隔离是采用物理阻隔原理，将林木与害鼠隔离预防害鼠危害的手段。对于根部害鼠，造林时可采用根部套网的方法预防。预防田鼠的套网选用孔径小于 15 mm，丝径大于 6 mm 的镀锌铁丝网为材料。造林时，先用水泥浆对铁丝网进行挂浆处理，或者给铁丝网喷上防锈漆。然后在造林坑四周围上铁丝网，将苗木定值在套网正中央，套网埋入土中深度为 35～40 cm。对于危害林木根基部的田鼠，可采用孔径小于 6 mm，丝径大于 0.5 mm 镀锌铁丝网进行干部套网预防。套网高度 25～40 cm，冬季积雪较深的林地，网高可采用 90 cm；套网直径大于林木根基部直径 5 cm；套网底部埋入土中约 5 cm。套网前也要对铁丝网进行防锈处理，套网时，要将铁丝网接口扎紧。对于新造林或者幼林，也可用废弃饮料瓶套在根基部处，同样能起到预防作用（韩崇选等，2015）。

4. 人工捕杀　对于害鼠种群密度较低、不适宜进行大规模灭鼠的林地，可以使用鼠铗、地箭、弓形铗、捕鼠笼等工具进行人工捕杀。但东方田鼠和鼷形田鼠等在地貌活动时间较短，捕杀时应采用接洞式方法进行。

5. 药剂蘸根　造林时，用 150～200 倍多效抗旱驱鼠剂和纳米型作物抗逆剂的水溶液兑成泥浆，对裸根苗进行蘸浆处理；对于容器苗，起苗前结合苗圃灌水，用 8 的水溶液对苗床进行浇灌。可以预防造林后害鼠对苗木根系及根基部树皮的啃食，预防有效期 12 年，预防效果 85.6 %～97.9 %（韩崇选等，2013）。

6. 药剂浇灌　结合果园和苗圃根施液态肥，混入 800～1 000 倍多效抗旱驱鼠剂和纳米型作物抗逆剂灌根；也结合果园和苗圃灌溉，用 800～1 000 倍多效抗旱驱鼠剂和纳米型作物抗逆剂的水溶液浇根预防田鼠对根部的危害（韩崇选等，2015）。

7. 药剂杀灭　鼠密度高，面积大的林地应采用无公害灭鼠药剂治理。药剂杀灭应在春、秋两季进行，具体时间由各地根据实际情况自行决定。但是，造林地的药剂杀灭应在造林前的 7～10 d 进行；未成林造林地和幼林地应在霜降上冻后降雪前这一期

表 4-1 宁夏啮齿动物取食危害特性及治理对策 (1)

啮齿动物种类	地理分布范围	取食特性								害鼠类型
		根部	根基部	枝干	幼苗	芽叶花	果实	种子	小动物	
1. 松鼠科 Sciuridae										
(1) 岩松鼠 Sciurotamias davidianus	I A	○	○	○	◎	◎	★	★	◎	FR1+FR+AR
(2) 花鼠 Eutamias sibiricus	I+II A	○	○	○	◎	◎	★	★	☆	FR1+FR+AR
(3) 黄腹花松鼠 Tamiops swinhoei	I A	○	○	○	◎	◎	★	★	◎	FR1+FR+AR
(4) 达乌尔黄鼠 Spermophilus dauricus	I+II+III	◎	○	◎	★	★	☆	☆	◎	PR+AR+HR
2. 鼠科 Muridae										
(5) 小家鼠 Mus musculus	I+II+III	○	◎	○	○	◎	★	★	◎	FR+AR+PR+HR
(6) 褐家鼠 Rattus norvegicus	I+II+III	○	◎	○	☆	☆	★	★	☆	FR+AR+HR
(7) 黄胸鼠 R. flavipectus	II A	○	◎	○	☆	☆	★	★	☆	FR+AR+HR
(8) 社鼠 Niviventer niviventer	I A+III A	○	○	○	☆	☆	★	★	◎	FR1+FR+AR+HR
(9) 大林姬鼠 Apodemus speciosus	I+III A	○	○	○	○	○	★	★	☆	FR1+FR+HR
(10) 黑线姬鼠 A. agrarius	I A	◎	☆	☆	☆	☆	★	★	☆	FR1+FR+SR+AF+HR
(11) 中华姬鼠 A. draco	I A	◎	◎	☆	☆	☆	★	★	☆	FR1+FR+SR+AF+HR
3. 仓鼠科 Cricetidae										
(12) 小毛足鼠 Phodopus roborovskii	I B+II+III	○	○	○	○	◎	◎	★	☆	DR+FR+PR+HR+AR
(13) 大仓鼠 Tscherskia triton	I+II A	○	○	○	☆	☆	☆	★	☆	FR+SR+AR+HR
(14) 黑线仓鼠 Cricetulus barabensis	I+II+III	○	○	○	◎	◎	★	★	☆	FR+AR+HR
(15) 灰仓鼠 C. migratorius	I B+II+III	○	○	○	◎	☆	☆	★	◎	FR+AR+PR+HR
(16) 长尾仓鼠 C. longicaudatus	II B	○	○	○	★	★	☆	★	☆	FR+AR+PR+HR
(17) 短尾仓鼠 C. eversmanni	II B+III A	○	○	○	☆	☆	☆	★	◎	FR+AR+PR+HR
(18) 麝鼠 Ondatra zibethica	II	★	◎	○	★	★	◎	◎	☆	AR1+AR2
(19) 鼹形田鼠 Ellobius talpinus	II A	☆	☆	○	★	◎	◎	◎	◎	GR+AR+PR
(20) 洮州绒鼠 Eothenomys eva	I A	◎	☆	○	★	★	◎	◎	◎	FR1+GR+SR
(21) 根田鼠 Microtus oeconomus	I A	☆	◎	◎	☆	★	◎	◎	◎	FR1+GR+SR+HR

续表 4-1　宁夏啮齿动物取食危害特性及治理对策 (2)

啮齿动物种类	地理分布范围	取食特性								害鼠类型
		根部	根基部	枝干	幼苗	茅叶花	果实	种子	小动物	
(22) 东方田鼠 *M. fortis*	I A+II+IIIA	☆	☆	☆	★	★	★	◎	◎	AR1+GR+SR+AR+HR
(23) 子午沙鼠 *Meriones meridianus*	I+II+III	◎	☆	☆	★	★	☆	☆	☆	DR+FR1+SR+GR+PR+HR
(24) 长爪沙鼠 *M. unguiculatus*	I+II+III	○	◎	◎	☆	☆	★	★	◎	DR+AR+SR+PR+HR
4. 鼹形鼠科 Spalacidae										
(25) 甘肃鼢鼠 *Myospalax cansus*	I	★	☆	◎	★	★	★	☆	☆	AR+FR1+PR+GR
(26) 中华鼢鼠 *M. fontanierii*	I B+II A	★	☆	◎	★	★	★	☆	☆	AR+FR1+PR+GR
(27) 斯氏鼢鼠 *M. smithi*	I A	★	☆	◎	★	★	★	☆	☆	FR1+PR+GR
5. 跳鼠科 Dipodidae										
(28) 五趾心颅跳鼠 *Cardiocranius paradoxus*	II A+III	○	○	○	★	★	☆	◎	○	DR+PR
(29) 三趾心颅跳鼠 *Salpingotus kozlovi*	II	○	○	○	★	★	☆	◎	○	DR+PR
(30) 五趾跳鼠 *Allactaga sibirica*	I+II+III	○	○	○	☆	☆	★	★	☆	DR+PR+FR1
(31) 巨泡五趾跳鼠 *A. bullata*	II A	○	○	◎	☆	☆	★	★	◎	DR+PR+FR1
(32) 三趾跳鼠 *Dipus sagitta*	I+II+III	☆	○	○	☆	☆	★	★	◎	DR+SR+GR+PR+FR1
(33) 蒙古羽尾跳鼠 *Stylodipus andrewsi*	II+III	○	○	○	★	★	★	☆	◎	DR+Fr+PR+FR1
6. 林跳鼠科 Zapodidae										
(34) 林跳鼠 *Eozapus setchuanus*	I	○	○	○	◎	◎	★	★	◎	FR1+FR
7. 睡鼠科 Gliridae										
(35) 六盘山毛睡鼠 *Chaetocauda* sp.	I	○	○	○	◎	☆	★	◎	○	FR1+FR
8. 兔科 Leporidae										
(36) 蒙古兔 *Lepus tolai*	I+II+III	◎	◎	☆	★	★	★	☆	○	PR+FR1+AR+SR

续表 4-1　宁夏啮齿动物取食危害特性及治理对策 (3)

啮齿动物种类	地理分布范围	取食特性								害鼠类型
		根部	根基部	枝干	幼苗	芽叶花	果实	种子	小动物	
9. 鼠兔科 Ochotonidae										
(37) 贺兰山鼠兔 Ochotona pallasi	ⅢA	○	○	◎	★	★	☆	☆	◎	FR1
(38) 达乌尔鼠兔 O. daurica	Ⅰ+ⅡA	◎	◎	☆	★	★	★	☆	☆	PR+FR1+AR+SR

注：取食特性：★主食对象，☆喜食对象，◎可食对象，○拒食对象。
害鼠类型：FR 种食害鼠（主要取食植物种子和果实），SR 干部害鼠（主要啃食林木枝干，树皮，嫩枝及植物绿色部分和花芽，花瓣），GR 根部害鼠，GR 根部害鼠（主要啃食林木根系和根基部树皮），AR 农业害鼠，FR1 森林害鼠，PR 草原害鼠，DR 荒漠害鼠，HR 卫生害鼠（终生或大部分营地下生活，主要啃食地下根系和根基部树皮），AR1 水生鼠类（主要生活在湖泊，水塘和湿地环境，以水生植物和水生鱼虾为食），AR2 人为散养鼠类。
治理方法：Br 生物调控，Ec 生态调控，Hm 栖息地治理，Dp 深坑栽植，Pb 物理阻隔，Nr 根部套网，Sn 干部套网，Ak 人工捕杀，Mk 机械捕杀，Rh 合理狩猎，Bk 生物诱杀，Ps 毒饵站治理，Pm 毒饵盒治理，Dr 药剂驱避，Pr 药剂灌根，Pf 药物熏蒸，Pd 药剂涂干，Ab 碳酸氢铵熏避。

间进行。实施防治时以林场（乡、镇）为单位。

（四）草原田鼠的治理策略及方法

草原田鼠治理要协调农业、林业、草原、环保和疾控等部门的力量，由政府牵头，组成联防机构，形成联防联动机制，发挥各行业人才和技术优势，集中连片治理。改变目前政令不通、沟通不畅、各自为战的局面。

1. 生态调控　合理协调经济发展与草原生态文明建设的关系，实行封育禁牧，建立科学草原和荒漠林生态恢复补偿机制和激励政策，是恢复草原和荒漠自然植被生态景观，维护草原和荒漠生态系统平衡的必由之路。

2. 生物调控　生物调控是草原和荒漠林鼠害治理最有效、最可行的方法。首先是保护当地鼠类天敌资源，严禁滥捕滥杀行为，杜绝好吃野生动物恶习。其次是设立招鹰架、招鹰墩、石碓等，为天敌提供栖息、瞭望的场所，提高天敌捕食鼠类的能力。最后是加强对当地鼠类捕食性天敌（银狐、黄鼬、荒漠猫、鹰、隼、蛇等）的研究力度、饲养、驯化、繁殖、扩大当地鼠类天敌的自然种群数量。

3. 药剂杀灭　草原与荒漠生态脆弱，使用药剂杀灭必须谨慎。非疫情发生区，尽可能不要使用具有光谱杀生和具有连锁致死作用的药剂。首先是要选择安全、有效的无害化使用药剂。其次是要加强药剂的无害化使用技术研究，推广毒饵站和洞内投饵技术，研发适合草原和荒漠地区大面积鼠害治理使用的，高效的，无害化投饵技术。再次是建立准确及时的监测预警体系，掌握治理的地点、范围和面积，确定最佳的治理时机。最后是制定科学的治理规划、方案、流程和实施方案，健全领导组织，做好充足的人力、物力、财力和机械保障。另外，还要加强人员培训和治理范围内牧民的安全意识教育，保障灭鼠活动安全、有序、高质量地完成。

三、沙鼠类的治理策略及方法

沙鼠类是仓鼠科沙鼠亚科种类的总称，属典型的荒漠类型。在宁夏有1属2种。其中，子午沙鼠除泾源县和隆德县没有发现外，宁夏其他地区均有发现，是宁夏沙鼠中的优势种；长爪沙鼠与子午沙鼠同域，但在原州区、西吉县、彭阳县和海原县南部也没有发现（表4-1）。

（一）沙鼠的取食危害特性

沙鼠类是危害农作物和破坏荒漠和半荒漠草场，并危害固沙植物的主要害鼠。在牧场，沙鼠啃食牧草，掘洞盗土，破坏草场植被，减少载畜量，危害畜牧生产；盗食牧草种子，严重影响草地植被的更新和牧草的繁衍，造成草地植被退化，引起土地大面积沙化。在农田，盗食农作物种子，啃食青苗，造成大面积减产，是在农区和半农半牧区人工林地的重要害鼠。在林区，啃食固沙植物梭梭、柽柳、沙柳、拐枣和沙枣的幼树、根基部、嫩枝、嫩芽和树叶；同时，在梭梭、沙柳和柽柳灌丛根部打洞，破坏根系，引起林木枯死，是危害固沙植物的主要害鼠。同时，沙鼠也是鼠疫、利什曼原虫病（即黑热病）和布鲁氏菌病等疾病病原的宿主，也是疫区疾控部门重点监测和治理的对象。

（二）荒漠沙鼠治理的策略及方法

沙鼠类治理除遵循草原田鼠类治理原则外，还要根据沙鼠发生规律特性和鼠害发生区面积大、人力匮乏、条件艰苦等现实，提出科学的治理对策，选择合理的治理方法，制定可行的实施方案。荒漠林沙鼠治理应采取以天敌调控为主，人工物理治理为辅的原则。

1. 招引天敌　设立招鹰架、招鹰堆、石碓，给狐狸、鼬、鹰、隼、蛇等鼠类捕食性天敌提供隐蔽的栖息场所和瞭望观察的落脚点，增强天敌捕食害鼠的能力。

2. 陷阱捕鼠　在沙鼠聚集分布区的鼠道及其两旁，或者在沙鼠密度高的荒漠林地设置捕鼠陷阱，是长期控制沙鼠数量的有效方法。陷阱可用塑料桶和废弃的食用油桶、涂料桶等制作，桶高要求大于 35 cm，桶直径或者边长 15～20 cm，不能太大。布设时，在鼠道两旁每隔 20 m，或者在沙鼠密度高的林地间隔 50 m，将陷阱埋入土中。陷阱上缘不要高于地面，或略低于地面。陷阱设置好后，在陷阱内及其四周撒上诱饵，吸引沙鼠取食。随后，每月检查清理一次，更换破损的陷阱，重新撒上诱饵。采用该方法，对幼鼠捕获率很高。

3. 人工捕鼠　子午沙鼠可选用双开门捕鼠笼捕捉，长爪沙鼠要用单开门捕鼠笼捕捉；也可采用中型板夹捕捉。与陷阱捕鼠方法一样，该方法也仅适用沙鼠密度高的林地使用。捕鼠时，选择沙区栖息聚集区，按 5 m×5 m 或者 10 m×10 m 棋盘式布设。使用双开门捕鼠笼和单开门捕鼠笼，2016 年 9 月和 2017 年 7 月，在中卫市沙坡头铁道南沙地荒漠林试验，前者一昼夜对子午沙鼠的捕获率介于 45.6 %～78.5 %之间。其中，一笼捕获 2 只以上幼鼠的占捕获笼总数的 28.5 %～32.0 %。而单开门捕鼠笼捕获率为 25.2 %～45.0 %，且一笼只有一鼠。

（三）草原沙鼠治理的策略与方法

草原沙鼠要结合其他害鼠治理集中连片治理。具体治理方法可参照草原田鼠类。

（四）农田沙鼠治理的策略与方法

农田沙鼠治理除依照农田田鼠类治理方法外，还要根据沙鼠分布密集、危害严重等特性，采取压低鼠口密度的治理措施。

1. 农业技术　农田建设要考虑到防治鼠害，如深翻土地，破坏其洞系及识别方向位置的标志，增加天敌捕食的机会。清除田园杂草，恶化其隐蔽条件，可减轻鼠害。作物采收时要快并妥善储藏，断绝或减少鼠类食源。

2. 人工捕杀　在数量高峰期或冬闲季节，可发动群众采取夹捕、封洞、陷阱、水灌、鼓风、剖挖或枪击等措施进行捕杀。有条件的地区也可用电猫灭鼠。

3. 挖粮灭鼠　沙鼠具有冬季贮食的习性。秋收后挖掘沙鼠洞道，拿回沙鼠盗食的粮食，断绝沙鼠冬季食物主要来源，提高沙鼠冬季死亡率，减少来年春季鼠口密度。也可在土壤结冻前，机械深翻，破坏扰动沙鼠洞道，打乱打散沙鼠粮仓中的贮粮，降低沙鼠冬季对贮食的利用率。

4. 毒饵杀灭　用 0.1 敌鼠钠盐毒饵、0.02 ％氯敌鼠钠盐毒饵、0.01 ％氯鼠酮毒饵、0.005 ％溴敌隆毒饵、0.03 ％～0.05 ％杀鼠脒毒饵，以小麦、莜麦、大米或玉米（小颗粒）作诱饵，采取毒饵站投饵技术。

5. 烟雾炮法　将硝酸钠或硝酸铵溶于适量热水中，再把硝酸钠 40 ％与干牲口粪 60 ％或硝酸铵 50 ％与锯末 50 ％混合拌匀，晒干后装筒，筒内不宜太满太实，秋季，选择晴天将炮筒一端蘸煤油、柴油或汽油，点燃待放出大烟雾时立即投入有效鼠洞内，入洞深达 15～17 m 处，洞口堵实，5～10 min 后害鼠即可被毒杀。

6. 熏蒸灭鼠　在有效鼠洞内，每洞把注有 3～5 ml 氯化苦的棉花团或草团塞入，洞口盖土；也可用磷化铝，每洞 2～3 片。

第四节　鼹形鼠科害鼠的取食危害特性和治理策略及方法

鼹形鼠科种类是营地下生活的鼠类。在我国仅有鼢鼠亚科一个亚科，隶属仓鼠科鼢鼠亚科。宁夏有 1 属 3 种，主要分布于宁南山区及其附近的黄土丘陵区，是典型的根部害鼠。其中，甘肃鼢鼠分布于宁南六盘山自然保护区，固原市的原州区、隆德县、西吉县、泾源县、彭阳县，以及中卫市的海原县以及吴忠市同心县的黄土高原丘陵、草原以及六盘山林区数量较大；是主要的农林牧害鼠，也是主要的治理对象。中华鼢鼠只分布在宁南黄土丘陵区，数量较少，只在局部造成危害。斯氏鼢鼠仅分布在六盘山山地，数量稀少，危害较轻（表 4-1）。

一、鼢鼠类的取食危害特性

鼢鼠以植物根系为食物，食性很杂，适应性强，除紫苏和蓖麻外，农作物、蔬菜、杂草、果树及林木的幼苗、幼树等均受其害。最喜食双子叶植物的根，对多汁肥大的轴根、块根、鳞茎尤为嗜爱；也喜欢取食马铃薯、苜蓿、草木樨、豆类、小麦、萝卜、甘薯、花生等的根及部分幼茎。在林区中，鼢鼠除喜欢取食林下草本植被（苦菜、剑草、长芒草等）的根及幼茎外，最喜欢取食的是油松，樟子松，落叶松、沙棘等幼树的根系皮层及毛根；狼牙刺、文冠果、桃树、旱柳，刺槐、小叶杨等树种；可取食树种有山杏、花椒、酸枣、胡桃等；不取食树种仅发现有柽柳、臭椿、桧柏和接骨木等。

鼢鼠喜食林木含水分较多的嫩根及须根，对于粗大的主根则食根皮。取食时，环状剥去一圈仅留下光秃的木质部，使树木失去输导养分和水分的能力而死亡。在鼢鼠的食料中，以带有肥大块根的绿色幼苗最喜食；其次是小麦、洋芋等粮食；最后是树根。单纯用树根饲喂，会导致鼢鼠食量愈来愈小，最后拒食。必须间隔绿草或粮食饲喂才能恢复食欲。在林地鼢鼠粮仓内除贮存短细的树根外，还混有一半以上的杂草茎叶和根。说明在林区鼢鼠除危害树根外，同样离不开草本植物。林内无杂草，纯食树根，鼢鼠是无法生存的。这就是清除杂草治理鼢鼠的生物学基础。

鼢鼠的食性常随季节的不同而改变。早春3月，大地未解冻前，甘肃鼢鼠经过漫长的冬季，贮存食物多已耗尽，急需补充营养，而田间杂草和农作物还未出苗，鼢鼠常常在饥饿难忍的情况下，大批向田埂和林区转移，寻求新的食源。从实际林木危害率看，早春3~4月是林木被害最盛时期，树根成了鼢鼠主要食源之一。到了夏秋季节，地里果实累累，一片葱绿，其食料十分丰富，又出现了季节性向农田迁移。秋季是它的贮粮季节，鼢鼠开始从林区往农田迁移，把大量的洋芋、豆子、玉米、杂草及树根往洞里拉运以备越冬。从所挖洞道看，林区鼢鼠的粮仓常常是杂草、树根各占一半，很少有全部是树根的。

5月，鼢鼠对植物喜食度是小麦苗>刺儿菜>茵陈蒿>马铃薯=萝卜>玉米苗>花生>大葱。6月，鼢鼠最喜食的是莴笋、平车前和小麦粒；其次喜食马铃薯、茵陈蒿、菜花和豆角；可食的有韭菜、小麦苗、花生和大葱。9月，鼢鼠最喜欢取食的是平车前、苦荬菜和蒲公英；喜食的有刺二菜、马铃薯和茵陈蒿；可食的种类是碱茅、花生和芦苇。所以在农林牧鼢鼠药剂治理时，要根据鼢鼠对食物的喜食度和各种食物的理化特性，根据不同的季节，不同的立地条件，选用合适的食物作饵料，以便获得最佳的治理效果。

鼢鼠对树木根系的喜食程度和取食量与根系成分有关，其粗脂肪含量愈高，粗纤维含量愈低，鼢鼠喜食，食量愈小；而粗脂肪含量愈低，粗纤维含量愈高，鼢鼠愈不喜食，食量愈大。这是因为鼢鼠个体小，体表面积大，散热多，必须取食一定量的脂肪，才能使体温保持相对恒定，维持正常生活。

鼢鼠终年均有贮粮的习性，秋季贮粮活动更加明显。农田每只鼢鼠洞道内有粮仓1~3个，多数建在地势较高，且比较干燥的田边地埂处。少数粮仓内仅有一种食物，多数贮存两种以上食物。粮仓内的食物分类存放，各自成堆。每个鼢鼠洞道贮存食物重量0.5~2.5 kg。粮仓内贮存的食物种类和数量，因鼢鼠所处的栖息地食物种类和结构不同而有差异，主要包括马铃薯、花生、麦穗、豆荚、甘薯、谷穗、萝卜以及杂草肥大的根茎等。

夏秋季节，鼢鼠为了寻找更合适的食物，常常作大量的迁移。大部分个体一次迁移的距离多在200 m以内，个别可超过1 000 m。在迁移过程中，幼鼠常常和母鼠从此分居，另立新巢。所以秋季一过，地面土丘就逐渐变多。

二、鼢鼠类的治理策略及方法

鼢鼠终生营地下生活，因其独特的生活方式和神秘的生活习性，使其成为举世公认的最难治理的害鼠。因各生境下鼢鼠的发生规律、取食特性有所差异，不同生产经营活动的目的不同，加之各种治理措施的适应范围、操作性和成本等不同，因此很难用相同的策略和方法治理所有的鼢鼠危害。而是要从生产的实际出发，根据不同行业生产经营目的和鼢鼠发生规律，以保护目的植物为中心，选择最有效、最经济、最环保的治理方法，制定切实可行的治理方案，达到鼢鼠治理的无害化、制度化、标准化、持续化，生产安全可靠的农林牧产品，满足人们日益增长的物质需求。

（一）林地鼢鼠治理的策略及方法

林地鼢鼠治理要根据不同时期、不同林中和不同经营目的，确定治理策略，选择治理方法，制定治理方案。

1.造林期鼢鼠治理　造林期鼢鼠治理，要坚持空间阻隔预防为主的无害化治理策略，适当采用林业生态调控和鼠口密度控制措施，实现从造林源头预防林地鼢鼠危害的目的。

（1）清除杂草　在保留造林地原有林木和灌木的基础上，清除造林地及其沟边、崖畔的杂草，减少鼢鼠食物来源。

（2）整地措施　以不破坏造林地原有土壤结构为目的，采用穴状深坑整地。坑间距按照造林设计执行。坑深90~100 cm，坑径60~65 cm。造林时，往坑中回填土至80 cm处，将苗木定植到坑正中央。苗木定植后，坑底部距地表深度40~50 cm。也可采用水平沟整地方式造林。水平沟沿等高线走向，沟宽70~80 cm，沟深100~120 cm，沟长不超过8 m，两沟间距不小于100 cm。定植前，回填表土至沟80~90 cm处；然后将苗木按照造林设计，等距离定植在水平沟中央。定植后，沟面距造林地地面深度为不小于 50 cm。采用该技术，使苗木根系与鼢鼠取食洞道层错开，降低了鼢鼠对苗木根系取食的风险，有效地预防了鼢鼠危害。该方法适用于土壤水土流失轻，坡度较缓，台地、水平梯田等造林地造林；不适合水土流失严重的立地造林。采用此项技术，还可有效预防蒙古兔、达乌尔黄鼠、根田鼠、东方田鼠、黑线姬鼠等其他害鼠对林木的危害。确定是适用范围有限，费工、费时，成本较高（韩崇选等，2006，2015）。

（3）针阔混交 尽量不营造油松、樟子松、华北落叶松等纯林，提倡营造刺槐和榆树与油松和樟子松，油松和樟子松与云杉等混交林。造林时，先营造刺槐、榆树和云杉疏林，密度为常规造林的 1/2。造林 2 ~ 3 年后，在林间空地，采用根部套网、药剂蘸根措施补植油松、樟子松，形成针阔混交林。该措施适合于油松、樟子松、云杉、落叶松、刺槐、榆树等主要造林树种生存的各种生境使用。不仅能有效地预防林地鼢鼠危害，促进林木生长，提早成林；而且能够增强林分成林后的稳定性，提高林分抵御其他有害生物发生的能力，降低重大森林火灾的发生。缺点是对造林设计要求高，造林组织、施工繁琐（韩崇选等，2006）。

（4）根部套网 根部套网是从造林源头无害化预防鼢鼠危害最有效的措施。造林时，按照造林设计，在造林地中采用机械或者人工挖坑。坑深 80 cm，坑径 60 ~ 65 cm。定植时，往坑中回填表土至 65 cm 处，在坑四周围铺上防鼠网（最好在坑底也铺上防鼠网），将苗木定植在防鼠网正中央。防鼠网用孔径 0.6 ~ 1.0 mm，网孔径小于 15 mm 的镀锌铁丝网制作。使用前，用水泥浆、防锈漆对铁丝网防锈处理。晾干后，按照剪裁成长大于栽植坑周长 1 ~ 3 cm，宽 50 ~ 60 cm（具体宽度因不同地方鼢鼠取食危害的深度而定）的防鼠网备用。布设时，网口不要漏出地面，接口一定要接牢固，防止苗木定植填土时冲破接口降低预防效果。若造林地同时发生根田鼠、东方田鼠、黑线姬鼠等，防鼠网的孔径应小于 6 mm，网宽也要适当加大，网口漏出地面不小于 10 cm。此项技术适合各种立地的造林鼢鼠预防，效果好，持续时间长。缺点是防鼠网布设麻烦，造林成本相对较大（韩崇选等，2015）。

（5）药剂蘸根 造林时，用 150 ~ 200 倍多效抗旱驱鼠剂、或者纳米型作物抗逆剂水溶液兑成泥浆，对裸根苗进行蘸浆处理后造林；造林起苗前，结合苗圃灌水，用 800 ~ 1 000 倍多效抗旱驱鼠剂、或者纳米型作物抗逆剂随水浇灌，对裸根苗和容器苗进行药剂根部处理，等水渗干后起苗造林。使用药剂根部蘸浆时，要使埋入苗木土下部分均匀蘸上泥浆，不要遗漏。蘸浆后及时定植，不要等泥浆晾干。苗圃灌根处理的苗木要随起、随运、随造。该措施能够有效预防各种害鼠及其他野生动物对苗木的啃食，预防效果 91.5 %～98.4 %，有效期 9～23 个月（韩崇选等，2006，2015）。

2. 有林地鼢鼠治理　有林地主要包括新植林和幼林。鼢鼠治理采取控制鼠口密度为主的策略，将林地鼢鼠危害控制在经济损失允许水平以下，在保护生态环境和生物多样性的前提下，实现有鼠不成灾的目的，促进现有林早日成林。

（1）器械捕杀　器械捕杀是人工采用器械捕捉鼢鼠，局部降低鼠口密度的有效方法。捕杀鼢鼠的器械分为活捕器、弓箭和鼠铗三类。常用的有接洞式鼢鼠活捕器、三箭捕鼠器、单箭捕鼠器、丁字形弓、地弓箭、门字形地箭和钢弓铗等。捕鼠器械没有优劣之分，捕鼠效果的高低主要取决于操作者对器械安装与鼢鼠洞道及其活动规律掌握的熟练程度。也就是从某种意义上说，捕鼠器械的好坏可以用初学者掌握操作要领的难易程度判断。但无论何种器械捕鼠，捕鼠时必须把好以下关（韩崇选等，2006）。

第一关　判断洞道关。鼢鼠捕杀的关键是找寻和判断有效洞。也就是面对纵横交错的鼠洞怎么样去寻找鼢鼠，如何判断有效洞以及鼠的去向等。要解决这些问题，除了要掌握鼢鼠的生活习性和发生规律外，还必须具有一定的辨别方法和经验。首先是地面观察。鼢鼠在地下活动中，会在地面形成大小不等的土丘和纵横交错的裂纹。在鼢鼠活动猖獗的地方，作物、蔬菜、林木等常受危害，这些都是寻找鼢鼠最可靠的地面痕迹。其次是开洞查看。找到鼢鼠洞系后，用铣切开洞道，察看其鼻印或爪印在隧道壁上的痕迹，是新的还是旧的，若洞壁光滑，鼻印明显，洞内既无露水、蛛网，也没有长出的杂草根系，说明洞内有鼢鼠存在，为有效洞；否则，洞内无鼢鼠存在。在有效洞内可通过观察鼻印、爪印及草根的方向来判断鼢鼠的去向。草根歪向哪一方，鼢鼠就在哪一方。只有鼻印、爪印没有草根时，则鼻印、爪印朝向就是鼢鼠去向。再次是利用鼢鼠堵洞验证。根据鼢鼠堵洞习性，也可用堵洞法鉴别鼢鼠的有无。即切开洞道，第二天观察其堵洞情况，若洞口被堵，说明洞内有鼠，且在堵洞一方。这是检查鼢鼠最可靠的方法。最好是小蝇引导。常洞一般要深于食草洞，用脚踩没有下陷的感觉。夏季识别常洞时，也可以观察洞内小蝇的飞向，因为鼢鼠身上发出一股臭味，当洞口切开后，小蝇飞往常洞追逐臭气，为人们指引方向。

第二关　安装位置关。器械在洞口安装的位置是决定着能否准确捕捉鼢鼠的关键。器械距离洞口过近，鼢鼠推土引发机关、箭或者钢铗提前触发，难以捉到鼢鼠。地箭类距离洞口的最佳距离是首箭距离洞口 4 指宽；钢弓铗安装在距离洞口大于 8 cm 的洞道下方，弓夹打开时平面略低于洞道地面水平，然后在钢弓铗上盖上浮土伪装；接洞式鼢鼠活体捕捉器必须将捕捉器管口均匀地镶嵌进鼢鼠洞口四周土中约 1.5 cm，保证鼢鼠洞口正好在捕捉器管口的正中央，捕捉器后端略向下倾斜。

第三关　提箭高度关。弓箭类捕鼠器必须选择通直的鼢鼠常洞安装，直洞长度应大于 80 cm。安装时，将洞道上方铲平，洞口上方土层厚度以弓箭提起后箭头不露出洞顶为宜；不能靠上，更不能让箭头露出洞道顶部。如果箭头过于靠上，会影响箭体下落轨迹，使射中率下降；如果箭体露出洞道顶部，鼢鼠就会发现，并提前推土在箭头前堵洞，使捕捉失败。另外，箭体要垂直插入洞道的正中央，并保证箭体能自由活动，这样才能最有效地命中鼠体。如果箭体歪斜，箭头就会走偏，降低命中率；即使射中，也可能射偏，扎不到鼢鼠要害部位，鼢鼠就会挣脱逃跑，若出现这种情况，再想捕捉到它就会很困难。

第四关　触发机关连接关。捕鼠器械触发机关的触发均是借助鼢鼠推土堵洞触动引发机关，使器械发动射中或者关住鼢鼠。触发机关的正确连接、连接后的灵敏度都关系到器械的命中效果。

第五关　营造鼢鼠上箭环境关。器械安装过程中，必须注意不要让接触鼢鼠洞道内部的箭头、封洞土有人的汗渍等气味。土壤干燥时，接洞式鼢鼠活体捕捉器安装前，要在管内喷上水，黏上一层细湿土；土壤太湿时，在捕鼠器管内撒上一些干土粉。安装后，在捕鼠器管上覆盖一层土，预防外界温度对捕鼠器管内的影响。

（2）爆破灭鼠　爆破灭鼠是利用向鼢鼠洞道内注入液化气与氧气混合气体，电子引爆的灭鼠方法。该方法对洞内鼢鼠杀灭彻底，对环境安全，不污染土壤，是一种最有前景的物理灭鼠技术，具有广阔的开发利用前景。

（3）药剂杀灭　药剂杀灭是鼢鼠治理的主要方法，目前常用的投饵方法是洞内投饵法，使用的药剂主要是不育剂。西北农林科技大学研制的高效鼠密度调节剂生物诱杀专用型胶囊剂，采用活体葱苗携带技术，改变了传统洞内投饵方式，极大地提高了治理功效。

● 毒饵杀灭　毒饵杀灭是目前鼢鼠治理的主要方法。使用的毒饵主要有 0.005 % 溴敌隆、0.05 % 地鼠钠盐、0.02 % 氯地鼠钠盐、0.04 % 杀鼠迷等小麦、玉米、洋葱、马铃薯等毒饵。投饵方法主要有以下三种（韩崇选等，2006）。

＞插洞法　用探棍在鼢鼠洞道上面插一个小孔。探洞时，不要用力过猛，探到洞道时有一种下陷的感觉，这时轻轻旋转退出探棍，把毒饵从此孔用药勺投到鼢鼠洞道内，然后用湿土把此孔盖严。此法的优点是省工、省时，人为因素对甘肃鼢鼠的影响极小。

＞切洞法　用铁锨在鼢鼠洞道上挖一个上大下小的坑，取净洞内的土，判断是否为有效洞，若是有效洞则投饵。其投饵有两种，一种是用长柄勺将毒饵放进洞内深处；另一种是用50～60 cm长的细棍，探其洞道深浅，用插洞法把毒饵投在距开口处40～50 cm的洞道内，投饵后立即用湿土封住切开的洞口。另外投饵还有单向和双向投饵之分，对有经验的投饵者，可以根据鼢鼠鼻印判断鼢鼠所在方向，拟采用单向投饵；而对于一般投饵者应采用双向投饵。此法的优点是较插洞法投饵准确率高，且较省药。

> 切封洞法　此法基本上与切洞法相似，只是开洞24 h后在封洞的洞内投饵。此法的优点是投饵的效率极高，非常省药，缺点是费工、费时，工作量大，易受人为因素的干扰而影响鼢鼠对饵的取食。

投饵时，对于插洞法来说不要用手触摸探棍的端部，否则会在探棍上留下汗渍味；而对于切洞法和切封洞来说，封洞时，不要用手摸对着洞口一面的土。特别是女性投饵者，投饵前不要使用气味大的化妆品或用香皂洗手、洗脸，否则会影响投饵效果，降低鼢鼠对饵料的取食，影响杀灭效果（韩崇选等，2006）。

● 生物诱杀　生物诱杀是西北农林科技大学自主研发的专门杀灭鼢鼠的高效无害化药剂治理技术。该技术解决了传统药剂杀灭洞内投饵费工、费时的问题，变人找洞为鼠找诱饵，提高了功效，降低了成本，使大面积治理成为了可能。使用药剂为生物诱杀专用型高效鼠密度调节剂，也可用溴敌隆、地鼠钠盐、贝奥雄性不育剂等药剂，通过微胶囊化制成生物诱杀专用剂型；诱饵直径为2～3 mm的大葱苗。制作时，将大葱苗叶从葱白1.5～2.0 cm处切掉，去除须根后备用；把生物诱杀专用型药剂配制成10倍水溶液。按照每棵葱苗0.3 ml药液用量，将制备好的葱苗浸泡在药液中搅拌，待到葱苗将药液吸净后取出晾干，用保鲜膜每60株包装后装箱备用（韩崇选等，2015）。

造林时，随苗木定植，将诱饵葱苗以45°斜埋进距离苗木10 cm左右，深15～20 cm的造林坑内。在造林地和现有林地及其四周50 m范围内的沟边、崖畔等鼢鼠主要活动区，采用线性投饵方式，每隔5 m投放1颗诱饵葱苗；或在鼢鼠每个采食点投放3～5颗诱饵葱苗；或者按照225～300颗/hm²密度在造林地和现有林地均匀投放诱饵葱苗。投放时，用直径1.2～1.5 cm，长70 cm的丁字形探棍，旋转插一个深20～25 cm的小孔，将诱饵葱苗放进孔中，用湿土填埋。注意不要将诱饵葱苗漏出地面。

与其他药剂杀灭治理方法一样，该方法的最小治理面积20～30 hm²，或者一面整坡。采用该方法，诱饵葱苗可以在土中保持药效30～45 d，对鼢鼠杀灭率为95.3 %～97.8 %，残余鼠口繁殖率下降75.9 %～91.3 %，鼢鼠种群数量恢复周期4～6年。

● 药剂灌根　与预防根部田鼠危害相同，在果园和苗圃预防鼢鼠危害时，也可结根施液态肥，混入 800～1 000 倍多效抗旱驱鼠剂和纳米型作物抗逆剂灌根；也结合果园和苗圃灌溉，用 800～1 000 倍多效抗旱驱鼠剂和纳米型作物抗逆剂的水溶液浇根预防田鼠对根部的危害。每年春秋各用 1 次，对鼢鼠危害预防效果可达 95.4％以上（韩崇选等，2006）。

（二）农田鼢鼠治理的策略及方法

农田鼢鼠治理必须坚持农业技术为主，药剂治理为辅的综合治理原则。在保证生产优质高产农产品的基础上，采用与农田生态系统保护相协调的无害化可持续治理措施，实现农田害鼠治理的有效控制。

1. 生态调控　加强农田基本建设，平整农田四周土地，清除农田周围沟边、崖畔的杂草、杂灌，硬化沟坡、田埂，减少农田周围鼢鼠栖息场所。结合春秋播种机械深翻，破坏鼢鼠洞道，迫使鼢鼠转移。扩大水浇地面积，春季大水灌溉，冲毁田内鼢鼠洞道，杀死洞内鼢鼠。

2. 机械捕杀　利用器械灭鼠是群众喜闻乐见的灭鼠方法。器械种类繁多，可供不同季节、环境、场合、位置的灭鼠选用，常用的具有代表性的鼢鼠捕杀器械主要有以下几种：

（1）钢弓铗　钢弓铗也叫西林鼠铗、弓形铗、踩铗、钢闸等。钢弓铗以两个半圆形铁片环为铗，两端轴状，套于底部铁片两端的孔中，能转动。另用 1～2 个两端挖有空心的弹性钢弓把两个铁片环套住。支时把钢弓压下，铁片环向两边张开，用支棍压住一环，使其保持不稳定平衡，将支棍略微别在铗心踏板上。支起后捕鼠面的直径为 14 cm、10 cm、6 cm。不用诱饵，布放在洞内。下夹时，将鼢鼠常洞打开一部分，特别好的钢弓铗放在洞内，夹上撒一些细土，再将打开的洞道用土块封好，保证鼠洞像原来的样子，鼠在洞道中通过，触踏板时支棍脱开，钢弓弹起，铁片环合拢，鼠被捕获。钢弓铗应拴有细铁链，以便用铁钉、木桩等固定，防止鼠类或食鼠动物将铗带走。这种工具只能夹住鼠爪，所以能捕捉活鼠，对于进行活鼠饲养的科研工作者是理想的捕鼠工具。

（2）丁字形弓箭　丁字形弓箭是一种较为先进的灭鼠器械，具有速度快、准确率高、操作简便等优点，为林区群众所接受。丁字形弓箭主要由以下部分构成：

立柱 45 cm×4 cm×1 cm 的木条，要求结实耐用。

撬杠线 17 cm 长的细尼龙线，通过它控制撬杠的位置和角度。

撬杠 7 cm 长的细木棍，把钢钎提起后由它固定在立柱上。

塞洞线 60 cm 长的细线，和封洞的土块一起封洞。

橡皮条车内胎剪成 35 cm × 1 cm 的长条，穿过钢钎顶部的环，两端用扎丝固定于立柱上。

弓背 35 cm × 4 cm × 1 cm 的木块，中间打一 3 cm × 1.5 cm 的洞，立柱插入其中，形成丁字形框架。

钢钎 45 cm 长的 8 号铁丝，一端磨尖，一端绕成环形。

安弓时，箭头离洞口一般 6~8 cm，箭头插下时带下的表土应掏尽，然后用探棍检查箭头是否插在洞中央。如果箭头正好在洞中央，此时用土将弓背固定好，然后将钢钎提起，用撬杠固定，用手掌搓成的土块，连同塞洞线一起封洞，土块要中间厚，四周薄，要求湿度适中，不能用泥，以免封得过死，土块贴洞口的一面要求人手未接触过。如果鼢鼠触动封洞的土块，塞洞线放松，带动撬杠松开，钢钎借助橡皮条弹力射下，正好射中鼠体（杨学军等，1995）。

（3）三脚架踏板法　用长约 1 m 的三根木棍做成三脚架，用长为 40 cm 的细棍作为杠杆，杠杆的一端系一条长 50 cm 左右的绳子，在杠杆 1/10 处绑一条短而较粗的绳子悬于三脚架下作为支点。然后用绳子将 5 kg 左右的石板吊起悬于杠杆上。支架前，先用一根长约 80 cm 的直木棍（称探棍）伸到洞内探知曲直，如为弯洞，再向前挖，直到鼠洞为直洞为止。然后将洞口铲齐，洞上表土铲平，此时可支架下箭。下箭距离可根据洞口大小及天气情况来定。天气晴朗时，第一箭距洞口 10 cm，箭间距为 6~7 cm，共三支箭。洞口越大，说明鼠体较大，遇到阴雨天，由于鼢鼠行走时带土，箭距洞口及箭间距应大一些。下箭时每支箭应插在洞中央，插好一支即提起一支用湿土固定，箭刚提到道上面为准。全部插好后，用杠杆将石板吊起，然后用牵线一端缠一小石块，塞进洞口。鼢鼠推土封洞时，将洞口的石块推出，杠杆失去平衡，石板迅速下落，压箭入洞，即可捕获鼢鼠。在有的地区，由于石板少，用别的东西代替费工费时，所以它有一定的局限性。以这种原理为基础，可以演变成许多人工捕鼠的工具和方法。

（4）红外线电子鼢鼠捕捉器　红外线电子鼢鼠捕捉器是由辉县鹰隼电器有限公司—西北农林科技大学鼠害治理研究中心中试基地研发生产的系列专利鼢鼠捕杀箭，两次被中央电视台《我爱发明》栏目报道。产品已在甘肃、青海、陕西、山西、河南、河北、内蒙古等省区推广使用。

（5）彭林弓箭　彭林弓箭是由彭阳县林业局研发的单箭捕杀鼢鼠专利产品。该产品结构简单，携带方便，是宁南地区群众喜欢使用的鼢鼠捕杀工具之一。

三箭捕杀箭是在单箭捕杀箭基础上改进的产品。目前使用较多的是宝鸡新绿商贸科技有限公司研发生产的新绿牌产品。该产品具有整体折叠功能，便于携带，已在我国三北地区推广使用。

（6）接洞式鼢鼠捕捉器 接洞式鼢鼠捕捉器是由宝鸡新绿商贸科技有限公司研发生产的，具有自主产权的专利鼢鼠活体捕捉器。2017 年 10 月被中央电视台《我爱发明》栏目报道。该活体捕捉器采用接洞原理，巧妙地将栅栏、弹簧与触发机关相连接，利用鼢鼠推土触动筒内尽头的机关，通过连线，引发弹簧回缩，关闭筒口栅栏，将鼢鼠关在筒内。安装时，切开鼢鼠有效洞口，把洞口铲齐，将捕捉器筒口插入鼢鼠洞口垂直面土中 1.0 ~ 1.5 cm，捕捉器筒后端略低于前端。然后提起栅栏连杆，挂好连接机关.最后在捕捉器上覆盖 0.5 ~ 1.0 cm 厚土。该捕捉器安装方便，捕捉率高，且能捕捉健康的活体，特别适合研究者捕捉鼢鼠活体使用。现已在宁夏、青海、陕西、河北、山西、内蒙古广泛使用，为西北农林科技大学、陕西师范大学、中科院西北高原生物所等单位，提供了大量的研究用活体鼢鼠标本，取得了较好的社会反响。

药剂拌种、药剂杀灭和药剂灌根等措施参见林地鼢鼠治理部分。

第五节 跳鼠科害鼠的取食危害特性和治理策略及方法

跳鼠科种类是典型的荒漠类型害鼠。宁夏有 5 属 6 种。其中，五趾跳鼠和三趾跳鼠在宁夏为广布种，全境均有分布。数量较大，是主要的治理对象。三趾心颅跳鼠和五趾心颅跳鼠个体较小，分布地域狭小，为稀有种。蒙古羽尾跳鼠和巨泡五趾跳鼠数量也很少，不造成危害，需要重点监测（表 4-1）。

一、跳鼠类的取食危害特性

跳鼠类主要以草原植物和荒漠植被的种子为食，也啃食植物的绿色部分，对荒漠植被的更新影响较大。尤其是三趾跳鼠和五趾跳鼠刨食直播固沙植物种子，啃食直播幼苗，降低固沙造林苗木的保持率，影响固沙造林和荒漠造林成效。

二、跳鼠类的治理策略及方法

（一）沙地与荒漠林跳鼠类的治理策略及方法

跳鼠类的生存环境艰苦，生态极其脆弱。治理要在不干扰当地生态系统平衡的前提下，采用利用天敌与物理保护为主，人工捕杀与药剂驱避为辅的策略，尽量减少人为因素对其生态环境的影响，维持荒漠生态系统中的食物链动态平衡，保护沙区景观多样性和生物多样性，促进沙地生态文明建设。

1.平衡旅游开发与沙地保护的关系 平衡沙漠地区沙漠保护与旅游开发的关系，在促进沙地产业发展的同时，实现对沙地生态系统的有效保护和修复。

2. **天敌调控** 设立招鹰架，为荒漠捕食鼠类的猛禽提供栖息瞭望场所，提高天敌发现鼠类、捕食鼠类的能力。

3. **物理隔离** 直播时，将一次性纸质口杯倒扣在直播种子点上，用沙土填埋，上部漏出 1/4，可有效地预防跳鼠类对种子的刨食。

4. **药剂浸种** 直播前，用多效抗旱驱鼠剂、纳米型作物抗逆剂水溶液浸种，用量为 200～250 kg 种子/1 kg 药剂。浸种时，根据种子量，称取药剂，加入适量水让药剂充分溶解。然后将药液倒进放在大小合适容器的种子里，加水搅拌均匀，加水量以浸没种子 2～3 cm 深为宜，具体加水量以种子含水量大小确定。浸泡后，每隔 2 h 搅拌一次，直到种子将药液吸净为止。浸种后，将种子去除铺开晾晒、装袋备用。采用该措施，浸种的种子最好在 13 d 内用完。采用该技术，在 30～45 d 有效期内，对鼠类盗食种子的预防效果达 95.6%～98.4%，同时具有促进种子发芽，提高幼苗根系生长的功效（韩崇选等，2017）。

(二) 农田跳鼠治理的策略及方法

治理跳鼠类应从生态控制途径着手，当害鼠数量增加到生态失控时，需进行大面积突击联合药物治理，应适时在春、秋两个繁殖高峰来临之前，即 3 月中旬至 4 月下旬和 8 月中旬至 9 月下旬（具体时间根据鼠情预报确定），其中春季防治效果较好，且此时雨季尚未来临，毒饵在田间不易霉变，对灭鼠有利。

1. **农业技术** 农田建设要考虑到防治鼠害，如深翻土地，破坏其洞系及识别方向位置的标志，能增加天敌捕食的机会。清除田园杂草，恶化其隐蔽条件，可减轻鼠害。作物采收时要快并妥善储藏，断绝或减少鼠类食源。

2. **人工捕杀** 在跳鼠数量高峰期或冬闲季节，可发动群众采取夹捕、封洞、陷阱、水灌、鼓风、剖挖或枪击等措施进行捕杀。有条件的地区也可用电猫灭鼠。对三趾跳鼠，可用长约 3 m 的柳条棍，顶端装一铁质倒钩，以此杆迅速插入有鼠的洞道钻通堵洞的土拴，将三趾跳鼠拧在挑杆钩上，拖出击毙。或在三趾跳鼠密集区，在无月光的黑夜，点燃火堆，当跳鼠发现火光后即会前来，此时，人们可手持树枝贴地横扫其足，使其腿部受伤，不能跳跃，乘机捕捉。也可采用挖洞法消灭，找到跳鼠洞口后，先在洞口附近用手指探查暗窗，然后用物品将暗窗的开口盖住，再循洞找鼠，但须时刻警惕它由洞口窜出。

3. **毒饵杀灭** 用 0.1% 敌鼠钠盐毒饵、0.02% 氯敌鼠钠盐、0.01% 氯鼠酮、0.005% 溴敌隆、0.03%～0.05% 杀鼠脒等的小麦、莜麦、大米或玉米（小颗粒）毒饵，毒饵站投饵。也可使用克鼠星，该毒饵使用前不需要投放前饵，杀灭效果达 95% 以上。

有条件的地方可以采用机械投饵或采用飞机投饵。

4.烟雾炮法　将硝酸钠或硝酸铵溶于适量热水中，再把硝酸钠40％与干牲口粪60％或硝酸铵50％与锯末50％混合拌匀，晒干后装筒，筒内不宜太满太实，秋季，选择晴天将炮筒一端蘸煤油、柴油或汽油，点燃待放出大烟雾时立即投入有效鼠洞内，入洞深达15～17 cm处，洞口堵实，5～10 min后害鼠即可被毒杀。

5.熏蒸灭鼠　在有效鼠洞内，每洞把注有3～5 ml氯化苦的棉花团或草团塞入，洞口盖土；也可用磷化铝，每洞2～3片。

6.药剂拌种　播种时用多效抗旱驱鼠剂、纳米型作物抗逆剂，或其他拒避剂拌种或浸种，可有效地预防跳鼠对种子的盗食（韩崇选等，2017）。

第六节　蒙古兔的取食危害特性和治理策略及方法

蒙古兔属广布种，在宁夏全境均有分布。蒙古兔种群数量较大，周期性爆发，是主要农林牧害鼠，也是宁夏森林啮齿动物治理的主要对象（表4-1）。

一、蒙古兔的取食危害特性

蒙古兔是我国重要的资源动物。干燥粪便为中药望月砂，有杀虫、明目之功效；其肉、血、骨、脑、肝亦可供药用，同时也是传统的裘皮资源。但是，蒙古兔对农作物和林木危害较重。小麦、花生和大豆等作物播种后即盗食种子，出芽后则啃食幼苗，甚至连根一齐吃光。冬季啃食树苗和树皮，对林木和果树破坏很大。在牧区则与家畜争食牧草。同时又是兔热病、丹毒、布氏杆菌病和蜱性斑疹伤寒病等病原体的天然携带者。

蒙古兔数量18年一个周期。2003年蒙古兔在西北、华北及东北地区普遍发生，仅陕甘宁地区种群数量就达2 000万～3 300万只，给当地农林牧业生产造成了巨大的损失。蒙古兔危害通常集中发生。在同一区域或同一片林地内，有的地块几乎每株树都被啃食；在造林地里，蒙古兔顺行顺垄一株一株地啃咬，边吃边拉，林地兔道、爪印和兔粪随处可见，成百上千亩的林木被啃食危害；局部区域甚至出现了"边栽边吃，常补常缺"的现象。预计2018年～2022年，蒙古兔数量又将进入高峰期（韩崇选等，2015）。

（一）蒙古兔对林木被害类型

蒙古兔对林木的危害可分为以下4种类型（韩崇选等，2015）：

1.剪株型　以侧柏为例，地径在1.5 cm以下时，草兔只在地上10 cm左右处将苗

木剪断，取食苗木嫩枝；地径在 1.5 cm 以上时，剪株现象不明显，草兔取食干部的幼嫩枝条及鳞片。

2.啃皮型 主要危害大树，危害部位以 1 m 以下为主，将树皮环剥，或全部啃光，或从下到上呈条状剥皮。

3.食根型 主要危害 1 年生幼苗。将新栽植的幼苗连根拔起，然后取食幼苗根部，以对沙棘苗的危害最为突出。

4.食苗型 危害农作物青苗以及林木的实生苗和萌生苗。将新萌发的实生苗和萌生幼苗，平地面咬断，取食茎叶部分。以刺槐和仁用杏表现较多。

（二）蒙古兔对主要造林树种危害规律

1.侧柏 蒙古兔从地面以上 10 cm 处咬断树苗，或吃掉幼树枝干，致使苗木生长缓慢或死亡。咬断部位为斜型，为一次性咬断，被咬断的树苗有些可从地上部位另发侧芽，可继续生长但生长缓慢，影响成林。

2.刺槐 主要危害 3 年生以下的小苗木。冬季，特别是在下雪后，受食源匮乏的影响，蒙古兔啃咬刺槐树皮，影响林木的生长，有 5% ~ 10% 苗木地面以上 10 ~ 40 cm 处的树皮被蒙古兔啃光，致使林木死亡；树皮被啃掉后，少数树木伤口可以愈合，林木还可以继续存活。3 年生以上的林木因树皮老化变硬，基本不再受蒙古兔危害。

3.仁用杏 主要危害 3 年生以下的仁用杏，对 3 年生以上的仁用杏危害较轻。危害症状以咬断树干和啃皮为主，咬断部位断面十分光滑，如刀削一样；少数可见蒙古兔取食幼树叶片、枝梢等。若树皮不被整圈环剥，林木还可存活，但生长受到一定影响。

4.沙棘 主要危害新栽的沙棘幼苗，白天栽的沙棘苗，晚上就会连根拔起把根吃掉。

5.油松 主要啃食油松树皮，也取食幼嫩的木质部。危害时在取食部位啃咬，形成楔形缺口，缺口内可见明显齿痕；偶然可见咬断的林木（韩崇选等，2015）。

（三）蒙古兔在农田的危害规律

在北方，从 1 月下旬开始，蒙古兔多在麦田边缘取食麦苗，麦苗长出便被吃掉。在 5 月中旬偶见其匿于麦田中部取食麦苗。6 月上旬麦收以后，蒙古兔则转向大豆地取食新生豆苗。与麦田相似，边缘部分受害严重。在 8 月下旬，长大的豆叶仍是蒙古兔的主要食物。另外，蒙古兔也啃食即将成熟且距地面较低的水果，啃食后 3 ~ 5 d 开始腐烂，失去商品价值。

二、兔害的治理策略及方法

兔害治理要在国家政策引导下，合理狩猎，开展资源利用和开发，将种群数量控制在经济允许损失水平以下。

（一）合理狩猎

由于野兔属毛皮动物，是一种宝贵资源，因此治理工作应结合狩猎进行。从理论上来讲，每年的猎取量不能超过野兔每年通过繁殖后能补充到种群中的数量。后者涉及野兔的繁殖力，幼仔的存活率及种群中个体的死亡率，这些数据均需通过大量动物学研究才能取得。倘若这一系列问题能够解决，便可求得野兔的最佳猎取量。通过数年核对，求得最佳猎取量范围，对具体地区的猎取量逐年规定，适量猎取，既可实现野兔资源的可持续利用，又可维持野兔的种群数量的相对稳定，使其有兔不成灾（韩崇选等，2015）。

狩猎应在公安、林业等多部门参与下，组织狩猎队，对猎手进行技术培训和法规学习，而后开展猎兔活动。狩猎期应在冬季和早春，因其越冬期间肉质佳，毛皮质量好，同时压低野兔种群数量基数，可减轻当年及来年的兔害。

（二）人工捕杀

可用活套、弓形铗、张网等方法捕捉。活套可用 10 多根马尾搓成细绳或 22 号铁丝制成，直径约 15 cm，置于野兔经常出没的道路上，活套距地面约 18 cm，当兔的头部进入活套后，便极力挣扎，促使活套收紧而把兔勒死。弓形铗也可置于其通道上，但要进行伪装。

（三）保护天敌

在山区进行保护天敌的宣传，各地应建立起天敌保护制度，切实做好天敌的保护工作，禁止捕猎鸟类（特别是猛禽类）、肉食性兽类（如狐、狼、獾）等，并给这些动物创造一个良好的生殖环境，以遏制野兔的繁殖速率，保持自然界的物种平衡。

（四）农业技术

1.深坑栽植　将根系周围 25 cm 的地面下降 20～30 cm，可有效避免野兔类对林木地上部分的危害。经在吴旗、固原等地小范围试验，效果明显。也可将苗木栽植在水平沟沟中央，栽植面距离地面 30～40 cm，沟宽 70～90 cm，也能预防兔害。

2.适地适树　在造林时应该考虑野兔的危害因素，在适地适树的原则下，增加抗兔害树种的数量，如河北杨等，从林种结构上减少兔害。

3.堆土预防　结合冬季防寒，在上冻前培土堆，高达第一主枝以下，可预防野兔对果树的危害。

（五）物理阻隔

1.障碍防治　用稻草和其他干草搓成细绳，将地上 50 cm 树干绕严密，形成保护层。也可在植株外 10～15 cm 处，三角形埋 3 根 50～60 cm 高木桩，将废弃的塑料包装袋去底套在 3 根木桩外围，形成外套。另外，对于当年秋季截干造林苗木，可以从上套上防风塑料袋，也可起到预防兔害的目的。这三种办法简单易行，预防效果也较好。

2. 套筐预防　套筐预防林木兔害是陕西横山县预防樟子松兔害使用的有效措施。利用当地盛产柳条和当地农民有编柳筐的便利，政府组织收购，将无底柳筐套在定植当年的樟子松幼苗上，既阻止风沙流动，也预防兔害。据调查，采用该措施，樟子松成活率比对照提高了 36.9%，套筐苗木没有发现兔害，兔害率减少 29.4%。

3. 干部套网　干部套网是预防林木兔害的有效措施。用丝径不小于 0.2 mm，孔径 15~20 mm 的镀锌铁丝网，在树干 50 cm 以下部分套上铁丝网，铁丝网底部埋入土中 5 cm，扎紧套网接口，可以避免兔害，有效期 5 年以上（韩崇选等，2015）。

（六）化学防治

（1）药剂驱避　在造林时，利用多效抗旱驱鼠剂、纳米型作物抗逆剂、忌避剂等泥浆蘸根，或在冬、春季节将其喷洒在苗木上，可避免野兔啃食，药效可达一个生长季节。也可在下雪或立春前用生石灰加少量动物油和红矾（三氧化二砷）加水调匀后涂抹在树干上，预防兔害。

（2）毒饵杀灭　利用野兔喜食的饵物如麦芽、土豆等拌以杀鼠药物，成堆撒在野兔出没的地方，以毒杀野兔，可兼治鼠类。

第七节　鼠兔类的取食危害特性和治理策略及方法

鼠兔类是鼠兔科种类的总称。宁夏有 2 种。其中，贺兰山鼠兔仅分布在贺兰山林区。达乌尔鼠兔主要分布在宁南六盘山区及其周围的黄土丘陵区。

一、鼠兔的取食危害特征

鼠兔类植食性。在草原，达乌尔鼠兔不但取食大量的牧草，而且因挖掘洞穴破坏大片的牧场。每一洞系破坏面积可达 6.43 m²。在农田，啃食农作物的幼苗，造成缺苗断垄。在林区，主要危害固沙植物的幼苗，冬春季节啃食林木幼树根基部的树皮，引起直播造林和人工造林大面积的死亡。达乌尔鼠兔主要在秋、冬、春三季啃食林木幼树基部离地面 5~15 cm 处的树皮，严重者造成环剥。被害树木的生长缓慢，树枝发黄，叶子发黄、萎蔫、脱落，甚至死亡。主要危害树种有落叶松、油松、苹果、核桃、杏树、山桃和山楂等。另外，达乌尔鼠兔在荒坡灌丛和林地内掘洞筑巢，密度大的地方常将地下挖空，切断树根或使树根裸露洞内，既影响树木生长，破坏造林工程，又容易引起土壤沙化和水土流失。

二、鼠兔类治理的策略与方法

鼠兔类具有不定期爆发成灾的特征，治理必须以准确监测为前提，制定应急治理预案、做好应急治理的技术、药剂、器械和物资等储备，根据监测预报结果，及时实施应急治理，把治理工作进行在鼠兔大爆发之前，压低种群密度，降低鼠兔危害。

（一）药剂杀灭

药剂杀灭是鼠兔应急治理的主要措施。使用药剂以慢性抗凝血剂为主，以不育剂类药剂为辅；诱饵选用燕麦、青稞、玉米渣、胡萝卜、马铃薯、青草节、干草节等。灭鼠时间应在春季 3～4 月和秋季 9～10 月进行。夏季也可选用毒水灭鼠。

（二）药剂驱避

在造林时，利用多效抗旱驱鼠剂、纳米型作物抗逆剂、忌避剂等泥浆蘸根，或在冬、春季节将其喷洒在苗木、农作物青苗上预防鼠兔啃食，药效可达一个生长季节。也可在入冬前，用生石灰加少量动物性油脂和红矾（三氧化二砷）加水调匀后，涂抹在树干上预防鼠兔害（韩崇选等，2005）。

（三）抗逆袋造林

新型植物抗逆袋是采用目前较先进的纳米技术和微电磁技术，结合多效抗旱驱鼠剂的驱鼠成分，研发的植物抗逆林木栽植袋。通过室内外试验，对定植当年侧柏的成活率提高 18％，高生长提高 12 cm，径生长提高 6 mm；油松成活率提高 21％，高生长提高 6 cm，径生长提高 3 mm。对鼠兔危害的预防效果可达 95％以上（韩崇选等，2013，2015）。

（四）人工治理

利用鼠兔遇到急促气浪即警惕逃窜的特性，向其洞内鼓风，趁它向外逃跑时捕捉，效果很好。捕捉时，把有鼠的洞口堵住，只留 2 个，在 1 个洞口张 1 个布袋，从另 1 个洞口向洞内鼓风，鼠兔突然遭到急促气浪，就向顺风的一端逃窜，钻入布袋而被捉住。或者在 5 月初，幼鼠开始出洞活动时，在洞口附近跑道上挖一深约 30 cm 的垂直洞，当幼鼠受惊吓乱窜时，就会掉入其中，或被捉住或饿死在陷阱中。另外，冬季用泥或雪将鼠兔洞口堵死，结冻后，不易挖开洞口，鼠兔就会闷死于洞中。

（五）根基部套网

在根基部套网是预防鼠兔危害的最佳选择。用丝径不小于 0.2 mm，孔径小于 15 mm 的镀锌铁丝网，在根基部 25 cm 以下部分套上铁丝网，铁丝网底部埋入土中 5 cm，扎紧套网接口，可有效预防鼠兔对林木根基部树皮的啃食。有效期可达 5 年以上（韩崇选等，2015）。

参考文献

1. 韩崇选，李建春，韩翔，等.药剂拌种对飞播油松的影响研究[M].杨凌：西北农林科技大学出版社，2017

2. 韩崇选，王培新，韩翔，等.林木鼠（兔）害无害化控制及效益评价研究[M].杨凌：西北农林科技大学出版社，2015

3. 韩崇选，杨学军，王明春，等.中国农林啮齿动物与科学管理[M].杨凌：西北农林科技大学出版社，2005

4. 韩崇选，李金钢，杨学军，等.农林啮齿动物灾害环境修复与安全诊断[M].杨凌：西北农林科技大学出版社，2004

5. 韩崇选.林区害鼠综合治理技术（中英文版）[M].杨凌：西北农林科技大学出版社，2003

6. 罗泽珣，陈卫，高武，等.中国动物志·兽纲第六卷（下册）啮齿目仓鼠科[M].北京：科学出版社，2000

7. Andrew T.Smith，解焱，汪松，等.中国兽类野外手册[M].长沙：湖南教育出版社，2009

8. 郑胜武，刘世英.秦岭兽类志[M].北京：中国林业出版社，2010

9. 韩崇选，杨学军，王明春，等.主要啮齿动物的特异性研究[J].西北林学院学报，2002，17（3）：48~52

10. 韩崇选，杨学军，王明春，等.林区鼢鼠的综合管理研究[J].西北林学院学报，2002，17（3）：53~57

11. 罗泽珣.中国野兔[C].北京：中国林业出版社，1988

12. 韩崇选，胡忠朗，杨学军，等.林地甘肃鼢鼠空间格局研究[J].西北林学院学报，1995，10（1）：74~79

13. 韩崇选，胡忠朗，陈孝达，等.桥山林区甘肃盼鼠发生规律研究[J].陕西林业科技，1994，4：23~29

14. 韩崇选，杨林.鼠类的危害与可持续控制技术研究[J].西北林学院学报，2003，18（1）：49~52

15. 汪诚信，潘祖安.灭鼠概论[M].北京：人民出版社，1983

16. 赵肯堂，郑智民.鼠类·鼠害及其防治[M].北京：中国农业出版社，1986

17. 夏武平.中国兽类生态学的进展[J].兽类学报，1984，4（3）：223~238

18. 夏武平.大林姬鼠种群数量与巢区的研究[J].动物学报，1961，13（1~4）：171~182

19. 严志堂，李春秋，朱盛侃.小家鼠种群年龄研究及其对预测预报的意义[J].兽类学报，1983，3（1）：53~63

20. 王廷正，许文贤.陕西啮齿动物志[M].西安：陕西师范大学出版社，1992：1~221

21. 王廷正.陕西省啮齿动物区系与区划[J].兽类学报，1990，10（2）：128~136

22. 李金钢，王廷正，何建平，等.甘肃鼢鼠的震动通讯[J].兽类学报，2001，21（2）：153~

154，152

23．李金钢，何建平，王廷正，等.甘肃鼢鼠鸣声声谱分析[J].动物学研究，2000，21（6）：458～462

24．李金钢，何建平，王廷正，等.甘肃鼢鼠的求偶和交配行为[J].兽类学报，2001，21（3）：234～236

25．李金钢，王廷正.甘肃鼢鼠种群性比的研究[J].动物学研究，1999，20（6）：431～434

26．胡忠朗，王廷正，韩崇选，等.黄土高原林区鼢鼠综合治理研究[M]，西安：西北大学出版社，1995：139～149

27．柳枢.农林鼠类及防治[M].太原：山西人民出版社，1980

28．柳枢.鼠害防治大全[M].北京：中国人民卫生出版社，1988

29．王祖望，李俊荣，梁杰荣，等.中华鼢鼠的数量变动与繁殖特点[A].青海省生物研究所，灭鼠和鼠类生物学研究报告（第一集）[C].北京：科学出版社，1973：61～71

30．王祖望，张知彬.鼠害治理的理论与实践[M].北京：科学出版社，1996

31．樊乃昌，施银柱.中国鼢鼠（EOSPLAX）亚属分类研究[J].兽类学报，1982，2（2）：183～199

32．樊乃昌，谷守勤.中华鼢鼠的洞道结构[J].兽类学报，1981，1（1）：67～72.

33．王香亭.甘肃脊椎动物志[M].兰州：甘肃科学技术出版社，1991

34．王香亭.宁夏脊椎动物志[M].银川：宁夏人民出版社，1990

35．张洁，严志堂，徐平宇.麝鼠种群的研究[J].动物学报，1974，20（1）：89～104

36．刘仁华.东北鼢鼠研究[M].哈尔滨：黑龙江科学技术出版社.1997.

37．刘仁华.中国鼢鼠的分类及地理区划[J].国土与自然资源研究，1995，3：54～55

38．张荣祖，林永烈.中国及其邻近地区兽类的分布的趋势[J].动物学报，1985，31（2）187～196

39．张荣祖，赵肯堂.关于《中国动物地理区划》的修改[J].动物学报，1978，24（2）：196～204

40．杜新勋.河北鼠类图志[M].石家庄：河北科学技术出版社，1987

41．杨春文.林业害鼠及其防治[M].哈尔滨：黑龙江科学技术出版社，1991

42．陈荣海.鼠类生态学及鼠害防治[M].沈阳：东北师大出版社，1991

43．李效岚.中国鼠传疾病的地理区划[M].北京：中央爱国卫生委员会办公室，1984

44．李维贤.辽宁省啮齿动物的地理区划[J].动物学报，1983，29（4）：383～390

45．赵桂芝，施大钊.中国鼠害防治[M].北京：中国农业出版社，1994

46．赵桂芝.中国鼠类防治[M].北京：中国农业出版社，1994

47．卢浩泉，马勇，赵桂芝.害鼠的分类测报与防治[M].北京：中国农业出版社，1986

48．卢浩泉.山东省哺乳动物区系初步研究[J].兽类学报，1984，4（2）：155～158

49．郑生武，孙儒泳.啮齿动物的巢区面积估算法[J].兽类学报，1982，2（1）：95～105

50．侯希贤，董维惠，周延林，等.子午沙鼠种群数量动态及预测[J].生态学报，2000，20（4）：711～714

51．孙儒泳.动物生态学原理（第二版）[M].北京：北京师范大学出版社，1992

52．中国药用动物志协作组.中国药用动物志[M].天津：天津科学技术出版社，1979：258～269.

53．中国科学院西北高原生物研究所编著.青海经济动物志[M].西宁：青海人民出版社，1989

54．马勇.新疆北郊地区啮齿动物的分类和分布[M].北京：科学出版社，1987

55．马壮行，王正存.鼠害的化学防治[M].北京：化学工业出版社，1983

56．马壮行，陈化新.中国灭鼠工具图谱[M].北京：中国农业出版社，1990

57．马壮行.农田鼠害测报浅说[M].北京：中国农业出版仕，1986

58．卢欣.草兔繁殖生物学的初步研究[J].兽类学报，1995，15（2）：122～127

59．浙江动物志编辑委员会.浙江动物志（兽类）[M].杭州：浙江科学技术出版社，1989

60．黄文几.中国啮齿类[M].上海：复旦大学出版社，1995

61．郑涛.甘肃啮齿动物[M].兰州：甘肃人民出版社，1982

62．郭亨孝.林木病虫鼠害防治[M].成都：天地出版社，1999

63．马逸清.黑龙江省兽类志[M].哈尔滨：黑龙江省科学技术出版社，1986

64．马勇.中国有害啮齿动物分布资料[J].中国农学通报，1986，（6）：76～82

65．史先春，张一杰.鼠与鼠源性疾病[M].济南：山东大学出版社，1991

66．冯祚建，蔡桂全，郑昌琳.西藏哺乳类[M].北京：科学出版社，1986

67．王酉之.四川资源动物志（第二卷兽类）[M].成都：四川科技出版社，1984

68．胡思军，郭聪，王勇，等.东方田鼠昼夜活动节律观察[J].动物学杂志，2002，37（1）：18～22

69．朱盛侃，陈安国.小家鼠生态特性与预测[M].北京：科学出版社，1993

70．施大钊，王志洲，卜祥忠，等.内蒙古达茂地区鼠类群落的初步研究[J].干旱区资源与环境，1988，2（4）：80～89

71．太田嘉四夫.北海道野生鼠类研究[M].北京：中国林业出版社，1996

72．伊藤嘉昭.动物生态学研究法[M].北京：科学出版社，1986

73．夏武平.动物分类学工作之我见[J].兽类学报，2009，29（2）：112～115

74．李继光.固原市原州区林区啮齿类区系研究及防治对策[J].宁夏农林科技，2002，（5）：3～6

75．刘少英，孙治宇，冉江洪，等.四川九寨沟自然保护区兽类调查[J].兽类学报，2005，25（3）：273～281

76．刘少英，靳伟，廖锐，等.基于Cyt b基因和形态学的鼠兔属系统发育研究及鼠兔属1新亚属5新种描述[J].兽类学报，2017，7（1）：1～43

77．秦长育，万力生，武新，等.宁夏啮齿动物及其危害调查研究[J].草业科学，1990，7（1）：19～25

78．秦长育.宁夏啮齿动物区系及动物地理区划[J].兽类学报，1991，11（2）：143～151

79．王酉之.睡鼠科一新属新种四川毛尾睡鼠[J].兽类学报，1985，5（1）：67～78

80．侯兰新，蒋卫.五趾心颅跳鼠（Cardiocranius paradoxus）一新亚种[J].西北民族大学（自然科学版），2015，36（4）：42～44

81．赵肯堂.五趾心颅跳鼠的生态调查[J].内蒙古大学学报（自然科学版），1997，（1）：61～68

82. 侯兰新，欧阳霞辉.心颅跳鼠亚科（Cardiocraniinae）在中国的分布和分类[J].西北民族大学（自然科学版），2010，31（3）：64~67

83. 牛屹东，魏辅文，李明，等.中国鼠兔亚属分类现状及分布[J].动物分类学报，2001，26（3）：394~400

84. 冯柞建，郑昌琳.中国鼠兔属（Ochotona）的研究—分类与分布[J].兽类学报，1985，5（4）：269~289

85. 于宁，郑昌琳，冯柞建.中国鼠兔亚属（subgenus Ochotona）种系发生的探讨[J].兽类学报，1992，12（4）：255~2266

86. 官占威，刘增加，石胜刚，等.宁夏啮齿动物种类与地理分布[J].医学动物防制，2009，25（9）：654~655，658

87. 李晓晨，王廷正.论鼢鼠属Eospalax亚属的分类及系统演化[J].陕西师范大学学报（自然科学版），1996，24（3）：75~78

88. 李保国，陈服官.鼢鼠属凸颅亚属（Eospalax）的分类研究及一新亚种[J].动物学报，1989，35（1）：89~94

89. 宋世英.两种鼢鼠的分类订正[J].动物世界，1986，2~3（3）：31~38

90. 张向东，刘荣堂，张三亮，等.凸颅鼢鼠亚属5个种的主要形态性状变异及其聚类分析[J].草原与草坪，2007，（5）：54~56

91. 郑绍华，张兆群，崔宁.记几种原鼢鼠（啮齿目，鼢鼠科）及鼢鼠科的起源讨论[J].古脊椎动物学报，2004，42（4）：297~315

92. 何娅，周材权，刘国库，等.斯氏鼢鼠物种地位有效性的探讨[J].动物分类学报，2012，37（1）：36~43

93. 郑涛，王香亭.甘肃及其附近地区黄鼠分类位置的研究[J].甘肃及其附近地区黄鼠分类位置的研究[J].兰州大学学报（自然科学版），1988，25（2）：124~128

94. 李国军，石杲，李保荣.内蒙古啮齿目松鼠科种类鉴别与分类探讨[J].医学动物防制，2013，29（2）：199，201

95. 孙养信，陈宝宝，安翠红，等.陕西地区黄鼠分类地位的研究[J].医学动物防制，2015，31（2）：123~128

96. 安冉，刘斌，徐艺玫，等.林睡鼠幼鼠的活动规律和行为初步观察[J].兽类学报，2015，35（2）：170~175

97. 邹垚.六盘山地区甘肃鼢鼠的遗传多样性研究[D].西北农林科技大学硕士学位论文，2018

98. 杨静，南小宁，邹垚.等.不同环境因素对六盘山地区甘肃鼢鼠肠道细菌多样性的影响[J].微生物学报，2018，

99. 李惠萍，张放，韩崇选，等.陕西草兔头骨形态的地理学分化[J].西北林学院学报，2011，26（1）：109~112

100. 杨学军，韩崇选，李继光，等.固原退耕林区经济林木甘肃鼢鼠防治经济阈值研究[J].林业科

学，2006，42（9）：74-78

101．杨学军，王显车，吴凤霞，等.多效抗旱驱鼠剂（RPA）的研制与应用[J].西北农林科技大学学报（自然科学版），2004，32（4）：37~40

102．郎杏茹，王培新,，韩崇选，等.黄土高原次改林地林下植物与鼢鼠繁殖的关系[J].西北林学院学报，2007，22（6）:78~84

103．韩崇选，杨学军，王明春，等.林区啮齿动物群落管理中的生态阈值研究[J].西北林学院学报，2005，20（1）：156~161

104．韩崇选，杨学军，杨清娥，等.陕西林区草兔空间格局及区域变化研究[J].西北农林科技大学学报（自然科学版），2004，32（11）：65~72

105．韩崇选，吕复扬，卜书海，等.陕西林区啮齿动物群落多样性研究[J].西北林学院学报，2004，19（3）：99~104

106．王明春，韩崇选，杨学军，等.草兔对幼树的选择危害及其防治技术研究[J].西北农林科技大学学报（自然科学版），2004，32（12）：52~56

107．王明春，韩崇选，杨学军，等.林区甘肃鼢鼠危害特征及生态控制对策[J].西北林学院学报，2004，19（3）：105~108

108．崔迅，韩崇选，王明春，等.黄土高原次生林改造林地鼢鼠发生规律研究[J].西北林学院学报，2007，22（1）:96~101

中文索引

A	页码
阿拉善黄鼠	121
埃氏仓鼠	217
矮三趾跳鼠	315
矮跳鼠	318
安静期	35
安氏白腹鼠	183
安氏跳鼠	210
安氏羽尾跳鼠	304
暗窗	27

B	页码
保护天敌	403，406，426
白肚鼠	121
白腹鼠属	174
白尾巴鼠	174
白尾鼠	178
半地下池养测定法	87
豹鼠	109
爆破灭鼠	418
北方寒湿型种类	383
北社鼠	178
北社鼠河北亚种	178
北社鼠海南亚种	178
北社鼠闹牛亚种	178
北社鼠山东亚种	178
北社鼠台湾亚种	178
北社鼠玉树亚种	178
北社鼠西藏亚种	178
北社鼠雅江亚种	178

北社鼠德钦亚种	178
北社鼠指明亚种	178
北鼹形田鼠	181，225
背部	3
背面	3
背纹仓鼠	200
鼻骨	13
鼻骨长	17
鼻后孔	13
鼻甲骨	13
鼻间缝	6
鼻骨突	17
鼻前颌缝	6
鼻吻部	2
鼻吻长	17
笔尾睡鼠亚科	224
标本采集	74
标本制作	75
标志重捕法	23，71
哺乳动物群	359
哺乳纲	97，326
哺乳期	37，81
不定期冬眠	39
不间断冬眠	39

C	页码
仓储仓鼠治理	404
仓鼠科	130，185，166，381，402
仓鼠类	402
仓鼠属	200
仓鼠亚科	186
草兔	334，372

草兔川西南亚种	337	巢区	52
草兔湟水河谷亚种	337	巢室	27
草兔内蒙古亚种	336	朝天洞	27
草兔帕米尔亚种	337	朝鲜林姬鼠	155
草兔西域亚种	337	齿式	15
草兔长江流域亚种	337	齿突	16
草兔中亚亚种	337	齿隙	15，19
草兔中原亚种	337	齿虚位	16，19
草原黄鼠	121	出生率	41
草原沙鼠治理	412	触须	2
草原田鼠治理	411	雌性动情期	35
厕所	27	刺毛灰鼠	174
侧纹岩松鼠属	102	刺睡鼠科	174
长鼻目	1	粗毛兔属	334
长耳跳鼠	297	存活曲线	44
长耳跳鼠亚科	297		
长江田鼠	232	**D**	**页码**
长尾仓鼠	212，367		
长尾仓鼠曲麻莱亚种	214	达呼尔鼠兔	348，354
长尾仓鼠指明亚种	214	达乌尔黄鼠	121，364
长尾黑线鼠	145	达乌尔黄鼠阿拉善亚种	124
长尾鼠	167	达乌尔黄鼠东北亚种	124
长尾心颅跳鼠	315	达乌尔黄鼠甘肃亚种	124
长吻鼩鼱亚科	132	达乌尔黄鼠河北亚种	124
长爪沙鼠	247，369	达乌尔黄鼠指明亚种	124
长爪沙鼠内蒙古亚种	250	达乌尔鼠兔	348，372
长爪沙鼠指名亚种	250	达乌尔鼠兔甘肃亚种	350
长爪砂土鼠	247	达乌尔鼠兔山西亚种	350
插洞法	418	达乌尔鼠兔指名亚种	350
查洞法	94	达乌里鼠兔	354
场拨鼠属	121	达乌里啼兔	348
巢区	23	大仓鼠	192，366
插洞法	418	大仓鼠东北亚亚种	194
产仔数	37	大仓鼠东北亚种	194
场拨鼠属	121	大仓鼠甘肃亚种	194

大仓鼠韩国亚种	194	东方田鼠江苏亚种	234
大仓鼠秦岭亚种	194	东方田鼠乌苏里江亚种	234
大仓鼠山西亚种	194	东方田鼠新民亚种	235
大仓鼠属	187，192	东方田鼠指名亚种	234
大仓鼠太白亚种	194	冬眠	39
大仓鼠乌苏里亚种	194	动情后期	35
大仓鼠指名亚种	194	动情期	35
大仓鼠华中亚种	194	动情前期	35
大仓鼠内蒙古亚种	194	动物界	97，326
大仓鼠宁陕亚种	194	洞道	25，27
大家鼠	159	洞口	26
大林姬鼠	155，365	洞口系数调查法	69
大林姬鼠东北亚种	157	洞穴	25
大林姬鼠华北亚种	157	洞穴结构	79
大林姬鼠青海亚种	157	胴体重	5
大面积捕尽法	69	都兰—西南亚温旱型种类	388
大田鼠	232	毒饵灭鼠	400
单齿亚目	102	毒饵杀灭	399，401，413，418，423，427
单个试验	91	毒水灭鼠	400
等级	52	短耳仓鼠	217
地理区划	377，388	短耳沙鼠	246
地形地貌	377	短耳沙鼠属	246
蝶腭孔	10	短耳鼠兔属	347
蝶骨	12	短尾仓鼠	217，367
丁字形弓箭	420	短尾仓鼠哈萨克亚种	218
顶骨	11	短尾仓鼠蒙古亚种	218
顶骨缝长	19	短尾仓鼠属	186，218
顶间缝	6	短尾仓鼠指明亚种	218
顶间骨	11	堆土预防	426
顶间骨长	20		
顶间骨宽	20	E	页码
定面积堵洞法	69		
定面积铗日法	67	额部	2
东方田鼠	232，368	额骨	11
东方田鼠福建亚种	234	额骨缝长	20

额嵴	6
腭骨	12
腭后孔	8，12
腭裂	8
腭前部宽	20
腭前孔	8
腭长	18
腭桥宽	20
耳咽管	8，12
耳长	5

F	**页码**
繁殖	34
繁殖活力	18
繁殖末期	81
繁殖期	36
繁殖期迁移	52
繁殖指数	81
方氏鼢鼠	262
方形祥方	67
防水洞	26
分类治理	396
分类治理策略	396
分类治理方法	396
非密度制约因素	51
非周期性迁移	53
肥尾跳鼠属	306
肥尾心颅跳鼠	1，314
分布型	383
分娩	37
鼢鼠类	413
鼢鼠密度调查法	69
鼢鼠属	262
鼢鼠亚科	262

鼢鼠亚属	262
腹部	3
腹面	3

G	**页码**
甘肃仓鼠属	200
甘肃大仓鼠	192
甘肃鼢鼠	266，369
干部套网	427
肛门	3
钢弓夹	420
高山鼠兔贺兰山亚种	357
睾丸	3
戈壁五趾跳鼠	312
隔离带	397
根部套网	416
根基部套网	402，428
根田鼠	241，368
根田鼠阿尔泰亚种	243
根田鼠柴达木亚种	243
根田鼠甘肃亚种	243
根田鼠天山亚种	243
弓形窝	11
沟鼠	159
古兔亚科	333
鼓骨	11
鼓骨上嵴	6
鼓膜沟	13
关节突	13
冠鼠亚科	185
冠状缝	6
冠状缝长	20
冠状突	13
冠状突	13

颧弓长	20	黑线仓鼠兴安岭亚种	202
颧弓后宽	20	黑线仓鼠宣化亚种	202
颧弓前宽	20	黑线仓鼠指名亚种	202
广食性	29	黑线姬鼠	145，365
非洲巢鼠	1	黑线姬鼠东北亚种	146
非洲鼹形鼠亚科	261	黑线姬鼠东南亚种	146
肥沙鼠属	165	黑线姬鼠福建亚种	146
		黑线姬鼠河北亚种	146
H	**页码**	黑线姬鼠华北亚种	146
		黑线姬鼠台湾亚种	146
海牛目	1	黑线姬鼠天山亚种	146
害鼠减少率	94	黑线姬鼠长江亚种	146
旱獭属	121	黑线姬鼠指名亚种	146
豪猪型模式	99	黑线鼠	145
耗兔亚属	238	黑爪蒙古沙土鼠	247
合理狩猎	426	横缝	6
河狸	1	红外线电子鼢鼠捕捉器	421
颌鼻甲骨	13	后头宽	15
颌骨	98	后足长	5
贺兰山山地（州）危害区（ⅢA）	394	后背	3
贺兰山鼠兔	354，372	花背仓鼠	200
褐家鼠	159，364	后破裂孔	7
褐家鼠东北亚种	162	花鼠	109，363
褐家鼠甘肃亚种	162	花鼠北京亚种	111
褐家鼠华北亚种	161	花鼠甘肃亚种	111
褐家鼠指名亚种	161	花鼠黑龙江亚种	111
黑线仓鼠	200，366	花鼠属	109
黑线仓鼠阿尔泰山脉亚种	202	花鼠太白亚种	111
黑线仓鼠阿穆尔州亚种	202	花鼠乌苏里亚种	111
黑线仓鼠布里亚特亚种	202	花鼠榆林亚种	111
黑线仓鼠东北亚种	202	花鼠指名亚种	111
黑线仓鼠俄罗斯亚种	202	花松鼠属	117
黑线仓鼠萨拉齐亚种	202	荒漠毛蹠鼠	187
黑线仓鼠三江平原亚种	202	荒漠治理	412
黑线仓鼠图瓦亚种	202	荒漠睡鼠科	324

黄腹花松鼠	117，364	基长		17
黄腹花松鼠北京亚种	119	极点排序		65
黄腹花松鼠滇北亚种	119	脊索动物门	97，326	
黄腹花松鼠福建亚种	119	脊椎动物亚门	97，326	
黄腹花松鼠海南亚种	119	季节变动		34
黄腹花松鼠青平亚种	119	季节性迁移		52
黄腹花松鼠台湾亚种	119	家鹿		159
黄腹花松鼠指名亚种	119	家栖鼠类		399
黄腹鼠	167	家田鼠		241
黄喉姬鼠	155	铗日捕获率		67
黄鼠类	398	铗日法		66
黄鼠属	121	铗线法		67
黄土高原丘陵（州）危害区（ⅠB）	391	颊部		2
黄尾巴老鼠	354	校正法		94
黄尾鼠	247	间断性冬眠		39
黄胸鼠	167，365	间接观测法		23
黄胸鼠云南亚种	170	肩部		3
黄胸鼠指名亚种	170	简田鼠		141
灰仓鼠	207，366	剪株型		424
灰仓鼠北疆亚种	210	接洞式鼢鼠捕捉器		422
灰仓鼠南疆亚种	210	茎乳突孔	8，11	
灰仓鼠帕米尔亚种	210	经济田鼠		241
灰仓鼠指明亚种	210	鲸目		1
喙突	13	颈部		3
活动距离	54	颈动脉孔		8
		颈静脉孔		8
J	**页码**	臼齿		14
		臼齿咀嚼面		15
喉部	2	臼后孔		9
机械捕鼠	400	咀嚼肌		98
机械捕杀	406，420	巨泡五趾跳鼠	312，371	
姬鼠类	401	蹶鼠亚科		321
姬鼠属	143			
基底长	17			
基蝶骨	12			

K	页码		林跳鼠指明亚种	323
			林兔属	334
抗逆袋造林	428		鳞状骨	11
柯氏矮三趾跳鼠	315		鳞状骨颧突	5
颏孔	14		灵长目	1
髁状突	13		领域	52
啃皮型	425		硫磺腹鼠	178
空间隔离	407		六盘山毛尾睡鼠	325，371
空间因素	52		六盘山睡鼠	325
矿物营养	32		六盘山山地(州)危害区（ⅠA）	389
眶间宽	19		笼养测定法	87
眶裂	8		颅部	2
眶下孔	8，10		颅骨	6
空间因素	52		颅骨背面	6
口盖长	19		颅骨腹面	7
扣笼法	85		颅基长	17
			颅全长	17
L	页码		颅长	17
			卵圆孔	8
老窝	27		洛氏鼢鼠	182
泪骨	12			
犁骨	13		M	页码
粮仓	27			
林地鼢鼠治理	415		马岛鼠亚科	185
林地田鼠治理	406		毛被	4
林地姬鼠治理	402		毛脚跳鼠	298
林木鼠害调查方法	95		毛色	4，5
林睡鼠	325		毛尾睡鼠属	325
林睡鼠属	325		毛足鼠	187
林睡鼠亚科	325		毛足鼠属	187
林跳鼠	321，371		美洲林跳鼠属	321
林跳鼠甘肃亚种	323		门齿	14
林跳鼠科	321，371，382		门齿孔长	20
林跳鼠属	321		门齿孔宽	20
林跳鼠亚科	321		蒙古黄鼠	121

蒙古沙鼠	247	农田田鼠治理	405
蒙古鼠兔	348，324	农田跳鼠治理	423
蒙古鼠兔贺兰山亚种	325	农田沙鼠治理	412
蒙古兔	334，372，424	农业技术	401
蒙古五趾跳鼠	306	挪威鼠	159
蒙古羽尾跳鼠	304，371		
蒙新—哈萨克温旱型种类	388	**O**	**页码**
蒙新温旱型种类	383		
泌尿生殖孔	3	澳洲水鼠亚科	136
泌殖口	3	欧亚温湿型种类	383
密度制约因素	49		
棉鼠亚科	185	**P**	**页码**
棉尾兔属	334		
鸣兔科	346	胚斑	37
模鼠兔科	327	胚胎发育	37
目标取样法	84	胚胎数	81
		彭林弓箭	421
		平颅鼢鼠亚属	262
N	**页码**	亚科	185，220
		破坏松鼠贮食场所	397
脑颅高	20	普通地鼠	225
脑颅部	3	普通松鼠	109
内鼻孔	13	隐纹花松鼠	117
内禀增长力	43		
年龄结构	42		
啮齿股	78，97	**Q**	**页码**
啮齿目	97，99，381		
颞骨	11	栖息场所	21
颞嵴	6	鳍脚目	1
宁南黄土高原—六盘山山地(省)危害大区(Ⅰ)	388	气候特点	377
宁中北部半荒漠平原(省)危害大区(Ⅱ)	392	气候因素	51
宁中缓坡丘陵半荒漠(州)危害区(ⅡA)	392	器械捕杀	417
宁西北部贺兰山与荒漠(州)危害区(Ⅲ)	394	前背	3
农田仓鼠治理	403	前蝶骨	12
农田鼢鼠治理	420	前颌骨	12
农田姬鼠治理	401	前白齿	14

前破裂孔	8	人字缝	6
前筛孔	10	妊娠初期	80
潜伏期	80	妊娠后期	80
切洞法	418	妊娠率	80
切洞封洞法	70	妊娠期	37，80
切封洞法	419	妊娠中期	80
青眼貂	221	日活动规律	32
清除杂草	415	绒毛	5
丘状结节	16	绒鼠属	230
区系	377	乳鼠阶段	37
区系调查	73	乳头	3
区系组成	381	乳突骨	12
躯干	3	乳突间距	19
取食危害特征	396		
去除取样法	73	S	页码
颧弓	6，12		
颧骨	6，12	水田鼠亚科	185，220
颧宽	19	水豚	1
犬齿	14	三道眉	117
群落多样性	56	三箭	421
群落丰富度	59	三脚架踏板法	421
群落划分依据	55	三趾跳鼠	298，370
群落结构	55	三趾跳鼠阿克苏亚种	300
群落空间结构	55	三趾跳鼠暗灰亚种	300
群落命名	55	三趾跳鼠北疆亚种	300
群落时间结构	56	三趾跳鼠华北亚种	300
群体试验	92	三趾跳鼠奴日亚种	300
		三趾跳鼠属	298
R	页码	三趾跳鼠指明亚种	300
		三趾心颅跳鼠	315，370
人工捕杀	391，403，407，413，423，426	三趾心颅跳鼠属	315
人工捕鼠	412	三趾心颅跳鼠向氏亚种	316
人工捕捉	398，401	三趾心颅跳鼠指名亚种	317
人工治理	428	扫描取样法	84
人工放养种类	388	森林姬鼠	151

森林跳鼠	321	生态控制	406
沙鼠亚科	185，245	生态死亡率	41
砂土鼠	247	生态调控	405，420
筛骨	12	生态位	59
山鼠	174	生态位分离	63
山鼠兔亚属	348	生物调控	407
山兔属	334	沙地与荒漠林跳鼠类治理	422
上背部	3	沙漠跳鼠属	306
上鼻甲骨	13	沙鼠亚科	245
上齿列长	19	沙鼠类	411
上颌骨	12	沙鼠属	246
上颌骨齿槽突	12	生殖周期	79
上颌骨腭突	12	实际出生率	41
上颌骨颧突	5	食虫目	1
上颊齿列长	19	食根型	425
上下法或称阶梯法	90	食量	29，31
舌下神经孔	8	食量测定	87
设施防鼠	400	食苗型	425
社区灭鼠	400	食肉目	1
社群状况	21	食物多样性	86
社鼠	174，365	食物关系	51
社鼠海南亚种	176	食性	30
社鼠缅甸亚种	176	食性测定	82
社鼠台湾亚种	176	食性地理变化	31
社鼠指明亚种	176	食性季节性变化	30
麝鼠	221，367	矢状缝	6
麝鼠属	221	始啮亚目	101
麝香鼠	221	视神经孔	10
深坑栽植	426	适地适树	426
深坑整地	415	适口性测定	87
生活型命名法	55	首鼠	159
生境命名法	55	斯氏鼢鼠	293，370
生理寿命	41	梳趾跳鼠亚科	297
生命表	43	鼠铗法	66，94
生态出生率	41	鼠科	130，131，364，381，399

鼠类活动规律	32	松鼠科	102，363，381，396
鼠类群落排序	64	松鼠类	396
鼠属	159	松鼠型模式	99
鼠兔科	346，372，383	松鼠型亚目	101
鼠兔类	427	松鼠亚科	102
鼠兔类治理	428	松鼠总科	102
鼠兔属	347	苏门答腊兔属	334
鼠兔亚属	348	孙氏点斜法	89
鼠鼷腺	3	孙氏综合法	89
鼠型模式	100		
鼠形亚目	130	T	页码
鼠亚科	132，134		
鼠总科	130	胎后发育	37
树皮鼠亚科	132	苔原田鼠	241
树鼩目	1	洮州绒鼠	230，367
树鼠亚科	132	洮州绒鼠川西亚种	230
数量特征	31	洮州绒鼠指名亚种	230
数量调查	66	套筐预防	427
双子宫	34	腾格里沙漠沙地荒漠(州)危害区（ⅢB）	395
水平沟整	294	体侧	3
水田鼠亚科	185，220	体长	5
生态位宽度	60	体重	5
生态位重叠	61	天敌调控	397，398，400，423
生物群落	54	田姬鼠	145
生物诱杀	419	田鼠类	404
睡鼠科	324，371，382	田鼠属	232
睡鼠亚科	324	田鼠亚科	185，220
睡鼠总科	324	条带形样方	68
死胎	37	跳鼠科	297，370，382，422
死胎率	37	跳鼠类治理	422
死亡率	41	跳鼠亚科	297，298
四川林跳鼠	321	跳鼠总科	297
四川林晓跳鼠	321	听泡	11
四川毛尾睡鼠六盘山亚种	324	听泡短径	20
四肢	4	听泡长径	20

听泡宽	19	五趾跳鼠	306，370
听泡间距	20	五趾跳鼠北疆亚种	309
听泡长	19	五趾跳鼠哈萨克斯坦亚种	309
听泡外宽	20	五趾跳鼠华北亚种	309
同位素标志法	24	五趾跳鼠阿尔泰亚种	309
统计洞口法	67	五趾跳鼠蒙古亚种	309
头部	2	五趾跳鼠属	306
头冒结构	6	五趾跳鼠亚科	297，306
凸颅鼢鼠亚属	262	五趾跳鼠指明亚种	309
土拨鼠亚科	121	五趾心颅跳鼠	318，370
土丘	26	五趾心颅跳鼠长尾亚种	320
土丘群系数法	70	五趾心颅跳鼠指明亚种	320
兔害治理	425	午时砂土鼠	254
兔科	328，372，382	物理隔离	423，426
兔类	331		
兔属	334	**X**	**页码**
兔形目	97，326，382		
兔亚科	334	西伯利亚五趾跳鼠	306
臀部	4	瞎老鼠	266
托氏心颅跳鼠	218	瞎鼠科	261
		狭食性	29
W	**页码**	下背部	3
		下齿列长	19
挖粮灭鼠	413	下颌骨	13，101
外鼻孔	8	下颌骨长	19
外耳	2	下颌切迹	13
外耳道	9	下颌窝	8
外形特征	1，2	下颊齿列长	19
外形测量	5	现场试验	92
尾部	4	陷阱捕鼠	412
尾长	4	项嵴	6
胃内容物分析	82	小家鼠	135，364
屋顶鼠	167	小家鼠北疆亚种	138
无线电遥测法	24	小家鼠东北亚种	137
五道眉	109	小家鼠华北亚种	137

小家鼠华南亚种	138	岩嵴	11
小家鼠四川亚种	138	岩松鼠	103，364
小家鼠西南亚种	138	岩松鼠褐腹亚种	106
小家鼠喜马拉雅亚种	138	岩松鼠黑足亚种	106
小家鼠指明亚种	137	岩松鼠属	103
小毛足鼠	187，366	岩松鼠指明亚种	105
小鼠属	135	颜面部	2
小跳鼠	318	眼部	2
晓跳鼠	321	眼窝	9
心颅跳鼠	318	鼹形鼠	225
心颅跳鼠属	318	鼹形鼠科	130，261，369，382，413
心颅跳鼠亚科	297，314	鼹形鼠属	225
性比	43	鼹形鼠亚科	262
性成熟	34	鼹形田鼠	225，367
性活动期	81	鼹形田鼠北疆亚种	226
性未成熟期	81	鼹形田鼠准噶尔亚种	226
性周期	34	鼹形田鼠哈密亚种	226
胸部	4	鼹形田鼠蒙古亚种	226
雄性动情期	36	鼹形田鼠伊犁亚种	226
须毛	5	样方捕尽法	69
序贯法	90	圆形样方	68
选择比率	86	药剂拌种	398，424
选择性指数	29	药剂灌根	419
穴兔类	334	药剂浇灌	407
穴兔属	334	药剂浸种	423
熏蒸灭鼠	402，413，424	药剂驱避	427，428
		药剂杀灭	398，403，406，407，418，428
Y	**页码**	药剂涂干	399，402
		药剂熏蒸	399，404
牙齿	14，98	药剂蘸根	407，417
亚成体阶段	37	药水灭鼠	282
亚洲温旱型种类	383	野外观察法	83
亚洲温湿型种类	383	一铗日	66
烟雾炮法	402，413，424	异耳鼠兔亚属	248
岩骨	11	翼蝶管	10

翼骨	12	枕外结节	6
翼肌窝	13	整地措施	415
翼间孔	8	直接观察法	23
翼内窝宽	20	植被类型	377
翼手目	1	致死中量测定	88
翼窝	8	中国林跳鼠	321
银川平原(州)危害区 （ⅡB)	393	中国温旱型种类	388
优势种及判别	76	中国温湿型种类	388
优势种命名法	55	中华仓鼠	200
有林地治理	417	中华鼢鼠	283，369
幼鼠阶	37	中华姬鼠	151，365
隔突	13	中华姬鼠川藏亚种	154
与人类半生种	388	中华姬鼠台湾亚种	154
羽尾跳鼠	298	中华姬鼠西南亚种	154
羽尾跳鼠属	304	中华姬鼠指名亚种	153
原仓鼠属	200	中华龙姬鼠	151
圆孔	10	中破裂孔	7
缘木林跳鼠属	321	中午沙鼠	254
远东田鼠	232	种间关系	50，59，60
越冬	38	种内调节	50
		种群	40
Z	页码	种群密度	40
		种群年龄结构	78
造林期鼢鼠治理	415	种群数量波动	46
泽鼠亚科	132	种群数量调节	48
沼泽田鼠	232	种群性比	77
招引天敌人	412	种群增长	44
蛰眠	39	种群组成	42
针阔混交	416	周期性迁移	52
针毛	5	子宫斑	81
枕鼻骨长	17	子午沙鼠	254，368
枕骨	11	子午沙鼠阿勒泰亚种	258
枕骨大孔	7	子午沙鼠麻札塔格亚种	258
枕基长	17	子午沙鼠蒙古亚种	258
枕外嵴	6	子午沙鼠木垒亚种	258

子午沙鼠塔里木亚种	258	最大出生率	41
子午沙鼠叶氏亚种	258	最低死亡率	41
子午沙鼠伊犁亚种	258	最适生境	22
子午沙鼠指明亚种	257	竹鼠科	132
自然痕迹法	23	竹鼠亚科	262
阻止上树装置	397	贮存食物	38

外文索引

A 页码

abdomen 3
aboral zygomatic width 20
acetone body 5
age pyramid 42
age ratio 42
age specific life table 43
akrokranion 17
Alienauroa 348
alisphenoid canal 99
Allactaga 306
Allactaga bullata 306，312，371
Allactaga sibirica 306，370
Allactaga sibirica annulata 309
Allactaga sibirica ruckbeili 309
Allactaga sibirica saltator 309
Allactaga sibirica semideserta 309
Allactaga sibirica sibirica 309
Allactaga sibirica suschkini 309
Allactaginae 297，298，306
Allactodipus 306
Allocricetulus 186
Allocricetulus 219
Ammospermophilus 121
Animalia 97，326
Anteliomys 230
anterior palatal breadth 21
anus 3
Apodemus 135，143
Apodemus agrarius 144，145，365
Apodemus agrarius agrarius 146
Apodemus agrarius coreae 146
Apodemus agrarius gloveri 146
Apodemus agrarius harti 146
Apodemus agrarius insulaemus 146

Apodemus agrarius ningpoensis 146
Apodemus agrarius pallidior 146
Apodemus agrarius tianshannicas 146
Apodemus draco 144，151，365
Apodemus draco draco 153
Apodemus draco latronum 154
Apodemus draco orestes 154
Apodemus draco semotus 154
Apodemus latronum 154
Apodemus peninsulae 365
Apodemus speciosus 144，155，365
Apodemus speciosus praetor 157
Apodemus speciosus qinghaiensis 157
Apodemus speciosus sowerbyi 157
arcus zygomaticum 6，11
Arvicolinae 185，220
auris length 5
avoirdupois 5

B 页码

back leg length 5
basal length 17
basilar length 17
Behavioral characteristics 132
biotic community 54
body 3
body back 3
body length 5
bosom 3
Brachiones 246
Brachiones przewalskii 246
Brachylagus 334
Brachylagus idahoensis 334
breast 3
brisket 3

bristle	5
Bunolagus	334
Bunolagus monticularis	334
C	页码
canalis alisphenoidale	10
Apodemus agrarius mantchuricus	146
Cansumys	186
Caprolagus	334
Caprolagus hispidus	334
capture−mark−recapture	23
Cardiocraniinae	297, 314
Cardiocranius	318
Cardiocranius paradoxus	315, 318, 371
Cardiocranius paradoxus longicaudatus	320
Cardiocranius paradoxus paradoxus	320
Carnivora	1
Caryomys	230
Castor fiber	1
Castor zibethicus	367
ccrista infeaorbitalis	10
cement	14
cephalic os	6
cervix	2
Cetacea	1
Chaetocauda	324, 325
Chaetocauda sichuanensis liupanshanensis	325
Chaetocauda sp	325, 371
character displacement	62
chest	3
Chiroptera	1
Chordata	97, 326
Circetidae	130, 185
Citellus	121
clavicles	99
Claviglis	324
cohort life table	43
CohortGlires	97

Communication	133
community diversity	57
compitiive coefficient	64
condylobasal length	17
condylobasilar length	17
Conothoa	348
coronal suture length	20
coronoid process	101
Creeberg index	57
Cricetinae	185, 186,
Cricetines	186
canine tooth	14
Cricetulus	187, 200
Cricetulus barabensis	200, 366
Cricetulus barabensis barabensis	202
Cricetulus barabensis ferrugineus	202
Cricetulus barabensis fumatus	202
Cricetulus barabensis furunculus	202
Cricetulus barabensis griseus	202
Cricetulus barabensis manchuricus	202
Cricetulus barabensis obscurus	202
Cricetulus barabensis pseudogriseus	202
Cricetulus barabensis tuvinicusis	202
Cricetulus barabensis xinganensis	202
Cricetulus eversmanni	200, 217, 367
Cricetulus eversmanni beljawi	219
Cricetulus eversmanni curatus	219
Cricetulus eversmanni eversmanni	219
Cricetulus longicandatus	200, 212, 367
Cricetulus longicandatus chiumalaiensis	214
Cricetulus longicandatus longicandatus	214
Cricetulus migratorius	200, 207, 366
Cricetulus migratorius caesius	210
Cricetulus migratorius coerulescens	210
Cricetulus migratorius fulvus	210
Cricetulus migratorius migratorius	210
Cricetulus obscurus	366
Cricetulus triton	366
Cricetus	186

crista frontalis	6	ecological separation		63
crista nuchalis	6	Ecosystem Roles		133
crista occipitalis externa	6	*Eliomys*	324， 221，	225
crista petrosa	11	*Ellobius talpinus*		225
crista supratympanica	6	*Ellobius talpinus*		367
crista temporalis	6	*Ellobius talpinus albicatus*		226
Cynomys	121	*Ellobius talpinus coenosus*		226
		Ellobius talpinus larvatus		226
D	页码	*Ellobius talpinus tancrei*		226
		Ellobius talpinus ursulus		226
Delanymys brooksi	1	*Ellobius tancrei*		367
dental formulae	15	enamel		14
dentation	16	endangered species		133
dentine	14	*Eospalax*	262，	264
diastema	15	*Eothenomys*	221，	230
diatesma length	19	*Eothenomys eva*	230，	367
Dipodidae	297， 298	*Eothenomys eva alcinous*		230
Dipodoidea	130， 297	*Eothenomys eva eva*		230
Dipus	298	*Eoz apus setchuanus*		321
Dipus sagitta	298， 371	*Eoz apus setchuanus setchuanus*		323
Dipus sagitta aksuensis	300	*Eoz apus setchuanus vicinus*		323
Dipus sagitta deasyi	300	*Eozapus*		321
Dipus sagitta fuscocanus	300	*Eozapus setchuanus*		371
Dipus sagitta sagitta	300	*Euchoreutes naso*		297
Dipus sagitta sowerbyi	300	*Euchoreutinae*		297
Dipus sagitta zaissanensis	300	*Eurymylcidea*		327
direct gradient analysis	64	*Eurymylidae*		327
distance between the tympanic bulla	20	eustachian tube		11
dogtooth	14	*Eutarnias*		109
Dryomys	324， 325	*Eutarnias sibiricus*	102， 109，	363
Dryomys nitedula	325	*Eutarnias sibiricus albogularis*		111
Duplicidentata	97， 326	*Eutarnias sibiricus lineatus*		111
dynamic life table	43	*Eutarnias sibiricus ordinalis*		111
		Eutarnias sibiricus orientalis		111
E	页码	*Eutarnias sibiricus senecens*		111
		Eutarnias sibiricus sibiricus		111
ecological mortality	41	*Eutarnias sibiricus umbrosus*		111
ecological natality	41	exteral nares		8
ecological niche	59	exteral perihaemal canal		9

extremity	4	fundamental niche	60
eye	2	fuzz	5
eyehole	9		
eye—socket	9	**G**	页码
F	页码	gena	2
		Gerbillidae	130，185，245
face	2	Gerbillinae	186
fissura orbitalis	8	gingiva	16
fissura palatinum	8，20	Gliriavinae	324
fissura petrotympanica	8	Gliridae	324
fluff	5	Glirinae	324
foramen anteriora	8，20	Gliroidea	130
foramen carotis	8	Gliroidea	324
foramen ethmoida leanterius	10	Glirulus	324
foramen hypoglossi	8	Glirulus japonicus	324
foramen incisivum length	20	Gouse' hypothesis	63
foramen infraorbitalis	10	Graphiurinae	324
foramen interpterygoigeum	8	Graphiurus	324
foramen jugulare	8	Graphiurus ocularis	324
foramen lacerum anterius	8	greatest diameter of the tympanic bulla	20
foramen lacerummedius	8	greatest length	16
foramen mentale	14	greatest length of the nasals	17
foramen occipitale magnum	7	greatest length of zygomatic	20
foramen opticum	10	greatest mastoid breadth	19
foramen palatinum posteriora	8	greatest palata breadth	19
foramen postglenoidale	9	greatest width of nasal	17
foramen rotundum	10	greatestlength	17
foramen sphenopalatinum	10	grelis	15
foramen stylomastoideum	8		
foramen lacerum posterius	8	**H**	页码
foramenovale	8		
foramina incisive width	20	hair	4
fore—tooth	14	hamsters	186
fossa arcuata	11	Hares	331
fossa mandibularis	8	head	2
fossa pterygoidea	8	height of braincase	20
frons	2	home range	23
frontal length	21	Hydrochaerus hydrochaeris	1

hypervolume niche	60	length of upper cheek teeth	19
Hystricomorpha	101	Leporidae	328，333，334
hystricomorphous condition	99	Leporinae	334
		Lepus	334
I	页码	*Lepus capensis*	334，337
		Lepus capensis aurigineus	337
incisor	14	*Lepus capensis centrasiaticus*	337
incisuramandibu lae	13	*Lepus capensis huangshuiensis*	337
indirectgradient analysis	65	*Lepus capensis lehmanni*	337
infradentale	19	*Lepus capensis pamirensis*	337
infraorbital aperture	9	*Lepus capensis swinsis*	337
infraorbital foramen	99	*Lepus capensis tolai*	336，372
Insectivora	1，15	*Lepus tolai*	372
interorbital length	19，20	*Lepus tolai centrasiaticus*	337
interparietal length	21	*Lepus tolai cinnamomeus*	337
interparietal width	21	life table	43
inverse ordination	64	Lifespan	132
		limb	4
J	页码	Lincon index method	72
		Longevity	132
jaw	98	Lophiomyinae	185
		Lotka−voltcrra	63
K	页码	lower risk species	134
ketone body	5	**M**	页码
L	页码	Macropodidae	333
		Mammalia	15，97，326
Lagomorpha	97，326	mandible	99
Lagotona	348	mandibula	13
laryngeal	2	mandibular fossa	98
lateral masseter	99	mandibular length	19
least breadth between the orbits	19	*Marmota*	121
least diameter of the tympanic bulla	20	*Marmotinae*	102，121
Leithiinae	324，325	masseter	98
Lemuridae	16	masseter lateralis	99
length of lower cheek teeth	19	masseter medialis	99
length of the diastema	19	masseter superficialis	99
length of tympanic bulla	19，20	masseteric tubercle	99

mastoid width	19	
maximum natality	41	
median lethal dose，LD50	88	
medial masseter	99	
Meriones	246	
Meriones meridianus	247，	368
Meriones meridianus buechneri	258	
Meriones meridianus cryptorhinus	258	
Meriones meridianus jei	258	
Meriones meridianus lepturus	258	
Meriones meridianus meridianus	258	
Meriones meridianus muleiensis	258	
Meriones meridianus penicilliger	258	
Meriones meridianus psammophilus	258	
Meriones unguiculatus	247，	369
Meriones unguiculatus chihfengensis	250	
Meriones unguiculatus unguiculatus	250	
Microtinae	186， 185，	220
Microtus	221，	232
Microtus fortis	232，	368
Microtus fortis calamorum	234	
Microtus fortis dolichocephalus	235	
Microtus fortis fortis	234	
Microtus fortis fujianensis	234	
Microtus fortis pelliceus	234	
Microtus oeconomus	241，	368
Microtus oeconomus altaicus	243	
Microtus oeconomus flaviventris	243	
Microtus oeconomus limnophilus	243	
Microtus oeconomus montiumcaelestinum	243	
midian frontal length	18	
milk dentition	14	
Mimotonidae	327	
minimum mortality	41	
mixed population	40	
monogamous	132	
mortality	41	
Mountain group	348	
Multituberculates	16	

Multituberculates	98		
Muridae	130，	132	
Murinae	132，	135	
Murioidea	130		
Mus	135		
Mus musculus	135，	346	
Mus musculus bactrianus	137		
Mus musculus castaneus	137		
Mus musculus decolor	138		
Mus musculus domesticu	137		
Mus musculus gasnuesnis	137		
Mus musculus homourus	137		
Mus musculus manchu	138		
Mus musculus musculus	137		
Mus musculus tantillus	138		
Mus musculus urbanus	138		
Mus musculus wagneri	138		
Muscardinus avellanarius	324		
Myomiminae	324		
Myomimus	324		
Myomorpha	101，	130	
myomorphous condition	100		
Myospalacinae	262		
Myospalax	262		
Myospalax cansus	266，	369	
Myospalax fontanieri	283，	369	
Myospalax fontanierii	266		
Myospalax rufescens	296		
Myospalax rufescens rufescens	296		
Myospalax rufescens baileyi	296		
Myospalax smithi	266， 294，	370	
Myoxus	324		
Myoxus glis	324		
Mystromyinae	186		

N 页码

Napaeozapus	321
nares	2

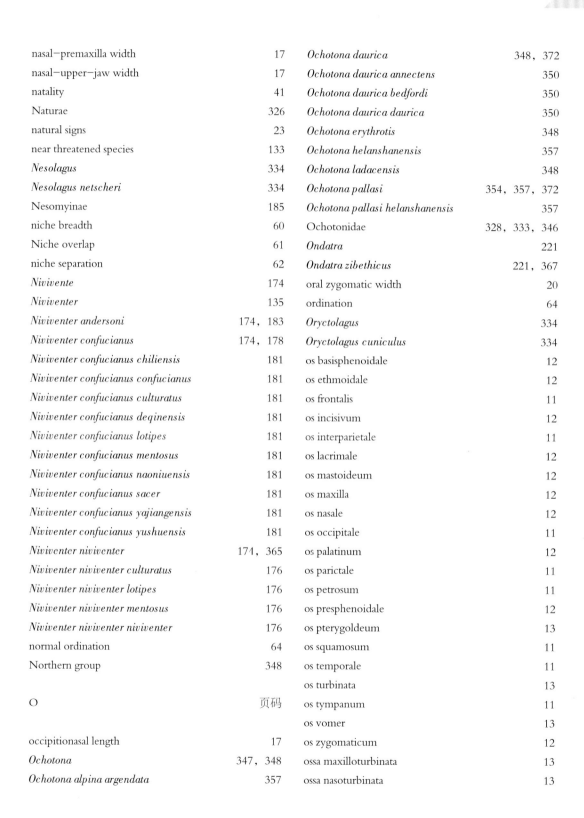

nasal−premaxilla width	17
nasal−upper−jaw width	17
natality	41
Naturae	326
natural signs	23
near threatened species	133
Nesolagus	334
Nesolagus netscheri	334
Nesomyinae	185
niche breadth	60
Niche overlap	61
niche separation	62
Nivivente	174
Niviventer	135
Niviventer andersoni	174, 183
Niviventer confucianus	174, 178
Niviventer confucianus chiliensis	181
Niviventer confucianus confucianus	181
Niviventer confucianus culturatus	181
Niviventer confucianus deqinensis	181
Niviventer confucianus lotipes	181
Niviventer confucianus mentosus	181
Niviventer confucianus naoniuensis	181
Niviventer confucianus sacer	181
Niviventer confucianus yajiangensis	181
Niviventer confucianus yushuensis	181
Niviventer niviventer	174, 365
Niviventer niviventer culturatus	176
Niviventer niviventer lotipes	176
Niviventer niviventer mentosus	176
Niviventer niviventer niviventer	176
normal ordination	64
Northern group	348
O	页码
occipitionasal length	17
Ochotona	347, 348
Ochotona alpina argendata	357
Ochotona daurica	348, 372
Ochotona daurica annectens	350
Ochotona daurica bedfordi	350
Ochotona daurica daurica	350
Ochotona erythrotis	348
Ochotona helanshanensis	357
Ochotona ladacensis	348
Ochotona pallasi	354, 357, 372
Ochotona pallasi helanshanensis	357
Ochotonidae	328, 333, 346
Ondatra	221
Ondatra zibethicus	221, 367
oral zygomatic width	20
ordination	64
Oryctolagus	334
Oryctolagus cuniculus	334
os basisphenoidale	12
os ethmoidale	12
os frontalis	11
os incisivum	12
os interparietale	11
os lacrimale	12
os mastoideum	12
os maxilla	12
os nasale	12
os occipitale	11
os palatinum	12
os parictale	11
os petrosum	11
os presphenoidale	12
os pterygoldeum	13
os squamosum	11
os temporale	11
os turbinata	13
os tympanum	11
os vomer	13
os zygomaticum	12
ossa maxilloturbinata	13
ossa nasoturbinata	13

P | 页码

palata lbridge width | 20
palatal bridge length | 20
palatilar length | 18
Paleolaginae | 333
palp | 2, 5
Paradipodinae | 297
parietal suture length | 19
paroccipital processes | 98
Perception | 133
permanent dentition | 14
Phascolomidae | 16
Phodopus | 186, 187
Phodopus roborovskii | 187, 366
Phodopus sungorus | 187
physiological longevity | 41
Pika | 348
Pinnipedia | 1
Platacathomyidae | 324
polar ordination，PO | 65
polygynandrous | 132
population | 40
population density | 40
post palatal width | 20
postglenoid process | 98
postorbital processes | 98
Predation | 133
preference ilndex，PI | 40
premolar | 14
premolare-prosthion length | 17
Primates | 1, 326
Principal Components Analysis；PCA | 65
principle of competitive exclusion | 63
Proboscidea | 1
proboscis | 2
processusa ngularis | 14
profundus | 99

Prolagus | 347
Prolagus sardus | 347
promiscuous | 132
Proportional similarity | 60
prosthion | 17
Protogomorpha | 101
protrogomorphous condition | 99
protuberantia occipitalis externa | 6
Psammomys | 246
Pteromyinae | 102
Pygeretmus | 306

R | 页码

Rabbits | 331
radioactive materials technique | 24
radio-telemetr technique | 24
Rattus | 135, 159
Rattus flavipectus | 159, 167, 365
Rattus flavipectus flavipectus | 170
Rattus flavipectus yunnauensis | 170
Rattus niviventer | 365
Rattus norvegicus | 159, 364
Rattus norvegicus caraco | 162
Rattus norvegicus humiliatus | 161
Rattus norvegicus norvegicus | 161
Rattus norvegicus socer | 162
Rattus rattus flavipectus | 170
Rattus rattus yunnauensis | 170
Ratufa | 102
Ratufa bicolor | 102
realized natality | 41
realized niche | 60
Reproduction | 132
Rhizomyidae | 130, 262
Rhombomys | 245
richenss | 59
rodent dominant species | 76
Rodentia | 97, 98, 326

Rupestes	102	skull	2
		snout	2
S	页码	Spalacidae	130，261
		Spalacinae	262
Salpingotulus michaelis	297	species diversity	57
Salpingotus	315	*Spermophilu*	121
Salpingotus crassicauda	1	*Spermophilus alashanicus*	124
Salpingotus crassicauda	315	*Spermophilus dauricus*	121，364
Salpingotus kozlovi	315，370	*Spermophilus dauricus alashanicus*	124
Salpingotus kozlovi kozlovi	317	*Spermophilus dauricus dauricus*	124
Salpingotulus michaelis	297	*Spermophilus dauricus mongolicus*	124
Salpingotus kozlovi xiangi	316	*Spermophilus dauricus obscurus*	124
Salpingotus thomasi	315	*Spermophilus dauricus ramosus*	124
Scandentia	1	staphylion	19
Schnable method	72	static life table	43
Sciuridae	102	*Stylodipus*	298，304
Sciurinae	102	*Stylodipus andrewsi*	298，304，371
Sciuroidea	102	*Stylodipus sungorus*	304
Sciuromorpha	101	*Stylodipus telum*	298，304
sciuromorphous condition	99	sulcus tympanicus	11
Sciurotamias	103	superficial masseter	99
Sciurotamias davidianus	103，364	sutura coronalis	6
Sciurotamias davidianus consobrinus	106	sutura coronalis length	20
Sciurotamias davidianus davidianus	105	sutura inernasalis	6
Sciurotamias davidianus saltitans	106	sutura interparictalis	6
Sciurotamias forresti	102	sutura lambdoidea	6
Sciurus	102	sutura nasoincisiva	6
Selevinia	324	sutura sagittalis	6
Seleviniida	324	sutura transversalis	6
seta	5	*Sylvilagus*	334
Shannon-weiner index	57	*Sylvilagus dicei*	334
shoulder	3	*Systema*	326
Shrub-steppe group	348	Systematic and Taxonomic History	132
Sicistinae	321		
Sigmodontinae	185	**T**	页码
Simplicidentata	97		
Simpson's index	57	Tachyoryctinae	262
single population	40	tail length	5
Sirenia	1	*Tamias*	102，109

Tamiops	117
Tamiops macclellandi	117
Tamiops swinhoei	117, 364
Tamiops swinhoei chingpingensis	119
Tamiops swinhoei clarkei	119
Tamiops swinhoei formosanus	119
Tamiops swinhoei hainanus	119
Tamiops swinhoei maritimus	119
Tamiops swinhoei swinhoei	119
Tamiops swinhoei vestitus	119
temporalis muscle	99
tentacle	2, 5
therapsids	16
Therapsids	98
threatened species	133
time specific life table	44
tooth	14
total length	19
trail	4
Tscherskia	186, 187, 192
Tscherskia canus	194
Tscherskia triton	192, 366
Tscherskia triton albipes	194
Tscherskia triton arenosus	194
Tscherskia triton bampensis	194
Tscherskia triton canus	194
Tscherskia triton collinus	194
Tscherskia triton fuscipes	194
Tscherskia triton incanus	194
Tscherskia triton meihsienensis	194

Tscherskia triton nestor	194
Tscherskia triton ningshaanensis	194
Tscherskia triton triton	194
tuba auditiva	8
tuba custachii	8
V	页码
venter	3
Vertebrata	97, 326
viscerocranium length	17
vulnerable species	133
W	页码
width between oral point of the tympanic bulla	20
width of brain case	19
width of front−end nasal	17
width of tympanic bulla	19
Z	页码
Zapodidae	297, 321
Zapodinae	321
Zapus	321
Zapus setchuanus	371
zygomatic arch	98
zygomatic breadth	19
zygomatic length	19